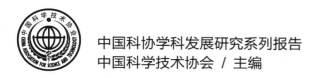

中国科协学科发展研究系列报告
中国科学技术协会 / 主编

REPORT ON ADVANCES IN ROCK MECHANICS AND ENGINEERING

2020—2021
岩石力学与岩石工程学科发展报告

中国岩石力学与工程学会　编著

中国科学技术出版社
·北 京·

图书在版编目（CIP）数据

2020—2021 岩石力学与岩石工程学科发展报告 / 中国科学技术协会主编；中国岩石力学与工程学会编著 .-- 北京：中国科学技术出版社，2022.6

（中国科协学科发展研究系列报告）

ISBN 978-7-5046-9540-6

Ⅰ. ①2… Ⅱ. ①中… ②中… Ⅲ. ①岩石力学—学科发展—研究报告—中国— 2020-2021 ②岩土工程—学科发展—研究报告—中国— 2020-2021 Ⅳ.① TU4-12

中国版本图书馆 CIP 数据核字（2022）第 056157 号

策　　划	秦德继
责任编辑	余　君
封面设计	中科星河
正文设计	中文天地
责任校对	焦　宁
责任印制	李晓霖

出　　版	中国科学技术出版社
发　　行	中国科学技术出版社有限公司发行部
地　　址	北京市海淀区中关村南大街16号
邮　　编	100081
发行电话	010-62173865
传　　真	010-62173081
网　　址	http://www.cspbooks.com.cn

开　　本	787mm×1092mm　1/16
字　　数	631千字
印　　张	30
版　　次	2022年6月第1版
印　　次	2022年6月第1次印刷
印　　刷	河北鑫兆源印刷有限公司
书　　号	ISBN 978-7-5046-9540-6 / TU・124
定　　价	138.00元

（凡购买本社图书，如有缺页、倒页、脱页者，本社发行部负责调换）

2020—2021
岩石力学与岩石工程学科发展报告

首 席 专 家 何满潮　冯夏庭

专 家 组（按姓氏笔画排序）
　　　　　　王明洋　方祖烈　左建平　卢应发　朱合华
　　　　　　邬爱清　李术才　杨　强　吴顺川　佘诗刚
　　　　　　宋胜武　林　鹏　赵阳升　施　斌　殷跃平
　　　　　　唐春安　康红普　谢富仁

学 术 秘 书　王　焯

序

　　学科是科研机构开展研究活动、教育机构传承知识培养人才、科技工作者开展学术交流等活动的重要基础。学科的创立、成长和发展，是科学知识体系化的象征，是创新型国家建设的重要内容。当前，新一轮科技革命和产业变革突飞猛进，全球科技创新进入密集活跃期，物理、信息、生命、能源、空间等领域原始创新和引领性技术不断突破，科学研究范式发生深刻变革，学科深度交叉融合势不可挡，新的学科分支和学科方向持续涌现。

　　党的十八大以来，党中央作出建设世界一流大学和一流学科的战略部署，推动中国特色、世界一流的大学和优势学科创新发展，全面提高人才自主培养质量。习近平总书记强调，要努力构建中国特色、中国风格、中国气派的学科体系、学术体系、话语体系，为培养更多杰出人才作出贡献。加强学科建设，促进学科创新和可持续发展，是科技社团的基本职责。深入开展学科研究，总结学科发展规律，明晰学科发展方向，对促进学科交叉融合和新兴学科成长，进而提升原始创新能力、推进创新驱动发展具有重要意义。

　　中国科协章程明确把"促进学科发展"作为中国科协的重要任务之一。2006年以来，充分发挥全国学会、学会联合体学术权威性和组织优势，持续开展学科发展研究，聚集高质量学术资源和高水平学科领域专家，编制学科发展报告，总结学科发展成果，研究学科发展规律，预测学科发展趋势，着力促进学科创新发展与交叉融合。截至2019年，累计出版283卷学科发展报告（含综合卷），构建了学科发展研究成果矩阵和具有重要学术价值、史料价值的科技创新成果资料库。这些报告全面系统地反映了近20年来中国的学科建设发展、科技创新重要成果、科研体制机制改革、人才队伍建设等方面的巨大变化和显著成效，成为中国科技创新发展趋势的观察站和风向标。经过16年的持续打造，学科发展研究已经成为中国科协及所属全国学会具有广泛社会影响的学术引领品牌，受到国内外科技界的普遍关注，也受到政府决策部门的高度重视，为社会各界准确了解学科发展态势提供了重要窗口，为科研管理、教学科研、企业研发提供了重要参考，为建设高质量教育体系、培养高层次科技人才、推动高水平科技创新提供了决策依据，为科教兴国、人才强国战略实施做出了积极贡献。

2020年，中国科协组织中国生物化学与分子生物学学会、中国岩石力学与工程学会、中国工程热物理学会、中国电子学会、中国人工智能学会、中国航空学会、中国兵工学会、中国土木工程学会、中国风景园林学会、中华中医药学会、中国生物医学工程学会、中国城市科学研究会等12个全国学会，围绕相关学科领域的学科建设等进行了深入研究分析，编纂了12部学科发展报告和1卷综合报告。这些报告紧盯学科发展国际前沿，发挥首席科学家的战略指导作用和教育、科研、产业各领域专家力量，突出系统性、权威性和引领性，总结和科学评价了相关学科的最新进展、重要成果、创新方法、技术进步等，研究分析了学科的发展现状、动态趋势，并进行国际比较，展望学科发展前景。

在这些报告付梓之际，衷心感谢参与学科发展研究和编纂学科发展报告的所有全国学会以及有关科研、教学单位，感谢所有参与项目研究与编写出版的专家学者。同时，也真诚地希望有更多的科技工作者关注学科发展研究，为中国科协优化学科发展研究方式、不断提升研究质量和推动成果充分利用建言献策。

中国科协党组书记、分管日常工作副主席、书记处第一书记
中国科协学科发展引领工程学术指导委员会主任委员
张玉卓

前言

我国大型基础设施建设和深部资源开发等工程活动正处于快速发展阶段，岩石力学与岩石工程学科作为国家重大基础工程建设的技术支撑，对服务国家重大工程具有十分重要的意义。近年来，中国在岩石力学的理论与工程实践中取得的成果已达到一个新的历史水平，在基础理论研究、岩石工程技术及应用、岩石力学仪器与装备、岩石力学软件开发方面，我国学者做出了许多创新性贡献，而且部分研究先于国外开展，与发达国家相比各有特色。大型水电站建设、新型煤矿开采技术研发及应用等领域的研究处于国际领先水平。

中国岩石力学与工程学会高度重视学科发展报告编撰工作，2020年10月，以何满潮院士为首席科学家成立了编写组，先后十一次组织召开相关工作会议。学科发展报告撰写工作列入《中国岩石力学与工程学会"十四五"规划》，并由理事长何满潮院士、副理事长康红普专项负责。根据学会党委、理事会相关部署，编写组总结以往经验并进行深度改革，要求大数据为基础，强调岩石力学与岩石工程学科发展的客观性和历史性，力求展现本学科发展的客观事实。本报告检索包括WOS、EI、CNKI等学术论文数据库，国家科技管理信息系统公共服务平台、科学技术部政务服务平台、国家自然科学基金大数据知识管理服务门户、国家标准全文公开系统、中国工程建设标准化网等数据资源库，查阅、整理了与本领域相关的国家"973"项目、国家重点研发计划共二十八项，国家自然科学基金"重点""重大""仪器""杰青"共三十七项，国家科学技术奖、中国岩石力学与工程学会科学技术奖及本领域相关国际奖共三十二项。大量扎实的检索、查阅和整理工作保障了本报告的"多层次、多角度、多渠道、全覆盖"，提炼了岩石力学与工程领域学科发展的突破点和战略支点，并形成了本报告的特色和亮点。同时本报告的组织、撰写工作也为构建良好学术生态、打造学会科研品牌，进一步提升学会的学术影响力，提升学会"服务会员"，提供高水平、高层次文献载体做出了积极贡献。

报告由学科发展的综合报告和二十个专题报告两大部分构成。综合报告由超过一百位专家提供相关研究资料，吴顺川、林鹏、左建平、方祖烈、王焯撰写，何满潮、吴顺川最后审查定稿。专题报告由三十一个学会专业委员会、分会的一线知名专家撰写，经编写组认真研究筛选，最后由佘诗刚、卢应发、王焯校改并统编出二十篇专题报告。其间，徐奴文、张洁、刘春、李莉参与了部分校对工作。项目实施过程中，编写组得到了学会党委、理事会的大力支持，以及所有涉及专家的全力配合。

衷心希望本书的出版，对推动我国岩石力学与岩石工程学科的发展能够起到积极的作用。由衷地感谢参与编写及修改工作的全体学者！我们相信岩石力学与岩石工程学科具有强大的生命力和科学价值，必将为国家重大基础设施建设提供更强大的技术支撑、为全面推进我国社会主义新时代建设做出更大的贡献！

中国岩石力学与工程学会
2022 年 5 月

序 / 张玉卓

前言 / 中国岩石力学与工程学会

综合报告

岩石力学与岩石工程学科发展研究 / 003
  一、引言 / 003
  二、学科发展现状与主要创新成果 / 007
  三、学科发展的展望 / 041
  参考文献 / 060

专题报告

地质与岩土工程监测技术进展与展望 / 071
软岩工程与深部灾害控制的现状与展望 / 084
隧道与地下工程关键技术研究进展与展望 / 103
滑坡防灾减灾研究进展与展望 / 119
地面岩石工程研究进展与展望 / 135
海洋工程地质灾害防控研究进展与展望 / 163
红层工程研究进展及展望 / 181
城市地下空间研究现状与展望 / 205
采矿岩石力学学科研究进展 / 224
岩石力学试验与测试技术及其应用研究 / 248
地壳应力场评估技术与应用研究进展 / 264
高放废物地质处置学科发展研究 / 280
深部工程硬岩岩体力学研究进展 / 294
深部硬岩破碎技术发展现状与展望 / 313
岩土介质多场耦合机理研究进展 / 329

岩体工程数值仿真研究及工程软件新进展 / 348

岩土锚固与注浆领域研究进展及展望 / 370

复合地层盾构隧道工程创新技术研究现状与展望 / 386

水下盾构隧道工程关键技术研究进展 / 403

岩土体非连续变形分析发展研究 / 421

ABSTRACTS

Comprehensive Report

Report on Advances in Rock Mechanics and Engineering / 441

Report on Special Topics

Report on Advances in Geoengineering Monitoring Technologies / 445

Report on Advances in Soft Rock Engineering and Deep Disaster Control / 446

Report on Advances in Key Technologies of Tunnel and Underground Engineering / 446

Report on Advances in Landslide Disaster Prevention and Mitigation / 447

Report on Advances in Surface Rock Engineering / 448

Report on Advances in Marine Engineering Geological Disaster Prevention and Control / 449

Report on Advances in Red Layer Engineering / 450

Report on Advances in Urban Underground Space / 450

Report on Advances in Mining Rock Mechanics / 451

Report on Advances in Rock Mechanics Test and Testing Technology / 452

Report on Advances in Crustal-stress Field Evaluation Technology / 453

Report on Advances in Geological Disposal of High-level Radioactive Waste / 453

Report on Advances in Hard Rock Mass Mechanics in Deep Engineering / 454

Report on Advances in Deep Hard Rock Breakage Technology / 455

Report on Advances in Multiphysical Coupling Mechanism in Geotechnical Media / 456

Report on Advances in Numerical Simulation and Software of Rock Mass Engineering / 456

Report on Advances in Geotechnical Anchoring and Grouting / 457

Report on Advances in Technology of Shield Tunneling in Mixed Face Ground Condition / 458

Report on Advances in Key Technologies of Shield Tunneling under Water / 458

Report on Advances in Advances in Discontinuous Deformation Analysis for Geotechnical Engineering / 459

索 引 / 461

岩石力学与岩石工程学科发展研究

一、引言

岩石力学与岩石工程学科，包含"岩石力学"与"岩石工程"两方面内容，二者相辅相成、不可分割。岩石力学主要研究岩石在荷载、水流、温度变化等外界因素作用下的力学行为，又称岩体力学，是力学的一个分支，与应用数学、固体力学、流体力学、地质学、土力学等多学科相互交叉；岩石工程侧重于研究岩体作为地质体处在工程状态时所具有的力学意义。人类要借助于岩石力学知识去认识岩体在工程状态下的力学行为，研究其发生、发展的规律和机理。

岩石工程的发展历史与人类文明的进程同步，但由其催生的岩石力学诞生仅半个多世纪。在巨大的岩石工程需求牵引下，作为一门新兴的、与岩石工程实践紧密结合的工程学科，岩石力学与岩石工程发展迅速，目前不仅涉及采矿、水利水电、土木建筑、交通、地质、石油、海洋工程等传统工程领域，也延伸到地热开发、非常规油气开发、核废料与二氧化碳储存等新兴工程领域，既涉及近地表的人地工程系统，又涵盖深地环境下人类无法触及的地质构造力学行为等，是多个工程领域的基础学科。

当今世界正经历百年未有之大变局，我国发展面临的国内外环境已发生显著变化，然"青松寒不落，碧海阔逾澄"，我国经济社会发展和民生改善比过去任何时候都更加需要科学技术解决方案，国内大型基础设施建设和深部资源开发等工程活动处于快速发展阶段，岩石力学与工程学科作为国家重大基础工程建设的重要支撑，对引领科技前沿、服务国家战略具有重要意义。因此，在"十三五"规划圆满收官和"十四五"规划全面开启的时空交汇之际，站在历史和时代的高度，以世界眼光和国际视野，全面总结近年来我国在岩石力学与工程领域的进展与成就，及时展望学科未来发展的趋势与方向，不仅是实现学科跨越式、可持续发展的客观需要，更是对我国建设世界科技强国事业的积极响应与有力支持。

回顾近年来国内外岩石力学与岩石工程的发展进程,梳理 2017—2020 年国家科学技术奖励、国家重点研发计划和国家自然科学基金等重要奖励及科技项目情况,我国岩石力学与工程学科的进展总体呈现以下特点。

第一,抢占先机、迎难而上——中国加速迈向岩石力学与工程科技强国。

近年来,中国的岩石工程建设速度之快、规模之大,举世罕见。工程实践的需求引领了岩石力学学科的深入发展,学科的发展也同时为工程实践提供了重要的理论基础与指导。面对千载难逢的工程建设机遇和迫在眉睫的工程实际需求,岩石力学与工程科技工作者把握先机,主动作为,在服务国家重大工程建设方面做出了巨大贡献。尤其在南水北调工程、白鹤滩水电站等超级工程建设中,复杂的岩石力学难题被一一攻克,一次又一次刷新了岩石力学研究的深度和广度,有力促进了岩石力学学科的深化与发展。基于 WOS 核心数据库分析 2017—2020 年世界范围内岩石力学与工程学科的国际合作研究动态,其中我国学者发表的岩石力学类论文 30365 篇,美国学者 7488 篇,澳大利亚学者 3525 篇。如图 1 所示,表明中国在推动国际科研合作、引领学科发展方面已居于主导地位。

国际岩石力学与岩石工程学会前主席哈德森(J. A. Hudson)认为:"无论是理论岩石力学、岩石工程实践,还是地面岩石工程、深部岩石工程,中国都正在引领世界、位居前沿。"攻坚克难实不易,砥砺前行战犹酣。短期内我国深井矿山数量将达世界第一,"三高一扰动"将成为资源开发的常态工程环境,同时被称为"最难建铁路"的川藏铁路、在建的最大跨流域调水"滇中引水"工程、为攻克高放废物地质处置世界性难题而建设的北山地下实验室等一大批世界级工程陆续开建,中国岩石力学与工程界提出的"中国理论和中

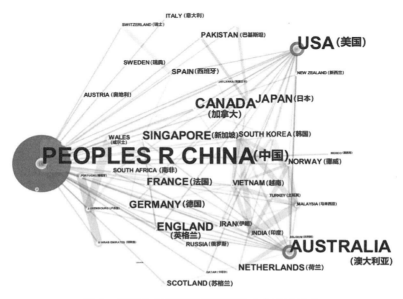

图 1 岩石力学与工程学科国际合作研究动态

国方法",将为这些重大工程的建设保驾护航。

第二,产研并重、研以致用——重量级科技成果不断涌现并转化为生产力。

与其他工程材料不同,岩石因其特有的组成成分与特定的赋存环境,经受过构造、地震、热化学、大气变化和降雨等作用,在长时间的内外动力演化过程中,其力学性质呈现高度复杂性,包括非连续性、非均匀性、各向异性、时效性以及尺寸效应等。针对岩石工程的复杂性与特殊性,我国岩石力学与工程科技工作者肩负为经济建设主战场服务的使命,紧紧围绕工程实践与具体需求展开科学研究和科技创新,重量级科技成果实现"井喷",并已转化为生产力,有力促进了岩石工程相关行业高质量发展。例如,在井工煤矿安全高效开采、矿井灾害源超深探测、深部资源电磁探测、矿山千米深井建设、巨型地下厂房硐室群稳定性控制、特高拱坝基础适应性开挖与整体加固、分布式光纤传感监测、重大工程滑坡监测预警与治理、复合地层及深部隧道掘进、深长隧道突水突泥灾害预测预警与控制、深部岩爆及软岩大变形控制、高放废物地质处置、非常规油气开采钻井与压裂技术等方面,科学家与工程师紧密配合,协同创新,不仅解决了重大岩石工程建设和地质灾害防治的"卡脖子"问题,使科技成果转化为生产力,同时有效推动了岩石力学与工程学科的快速发展。

第三,量质并进、成果斐然——我国科研成果对国际岩石力学学术发展的贡献日益突出。

近年来,我国科研体制机制改革成效日渐显现,国内学者科研创新的潜能得到进一步释放,岩石力学与工程相关的学术论文越来越多地刊登在国际权威学术期刊上。根据文献统计,WOS数据库收录中国学者发文量及被引用率稳步上升,其中2017—2020年WOS核心数据库收录中国学者发表的岩石力学类论文共计30365篇,中国学者年发文量占比从2017年的38.4%上升至2020年的53.6%。同时,根据对国际顶级的6种岩石力学类期刊发文量统计,中国学者发文量占比达56.4%,其中在 *International Journal of Rock Mechanics and Mining Sciences*、*Rock Mechanics and Rock Engineering*、*Engineering Geology* 和 *Tunnelling and Underground Space Technology* 期刊发文量占比均超半数,分别为51.7%、58.7%、57.6%、64.6%。无论是发文数量还是发文质量,均表明中国岩石力学与工程学科的学术水平稳中有升,发展态势迅猛。

第四,英才辈出、于斯为盛——中国学者在国际岩石力学与岩石工程界影响力不断提升。

随着中国岩石力学与工程学科科技水平的不断提高,越来越多中国学者受到国际学术界的重视与认可。2018年,何满潮院士当选阿根廷国家工程院外籍院士;冯夏庭院士继2009年成为国际岩石力学与岩石工程学会成立五十年来首位担任主席的中国科学家后,又于2018年当选国际地质工程联合会主席;赵阳升院士于2019年获得国际地质灾害与减灾协会科技进步奖;同年殷跃平教授获颁国际地质灾害与减灾协会和中国岩石力学与工程学会联合授予的杰出工程奖;2020年,伍法权教授获得国际工程地质与环境协会终身成就奖。青年学者中，庄晓莹教授于2018年获得德国联邦教育与研究部、德国科学基金会颁发的"海茵茨-迈耶-莱布尼茨青年科学家"奖，左建平教授于2020年获得国际岩石力学与岩石工程学会科学成就奖，雷庆华博士、尚俊龙博士先后于2019年和2020年斩获国际岩石力学与岩石工程学会罗哈奖。限于篇幅，其他学者所获荣誉不一一罗列。诸多荣誉从不同角度和不同层面反映了我国岩石力学与工程界在原始性和引领性创新方面已形成明显优势，中国学者的国际话语权及影响力与日俱增。

为全面把握近年来国际岩石力学与工程学科的发展脉络，精准剖析我国的学科研究进展，基于大数据可视化分析技术，对2005—2020年WOS核心数据库收录的岩石力学类文献进行统计分析表明，学科研究热点不断发生变化（图2），其中2017—2020年主要集中于数值模拟（15290篇）、力学性质（8858篇）、声发射（1555篇）和岩爆（1338篇）等方面。进一步详细分析2017—2020年学术研究高频关键词（图3），失稳（26141篇）、强度（20840篇）、变形（15884篇）、数值模拟（15290篇）等关键词出现频度较高。

结合大数据分析结果，本报告对中国岩石力学与工程学科2017—2020年的研究进展进行了系统梳理，从岩石力学基础理论、岩石工程技术、岩石力学仪器与装备、岩石力学软件、岩石力学在重大工程中的应用、岩石力学与岩石工程标准规范制度及一流期刊建设六个方面进行具体阐述，并进一步展望学科未来发展动向与趋势，以期为中国岩石力学与工程学科的学术发展提供借鉴与参考。

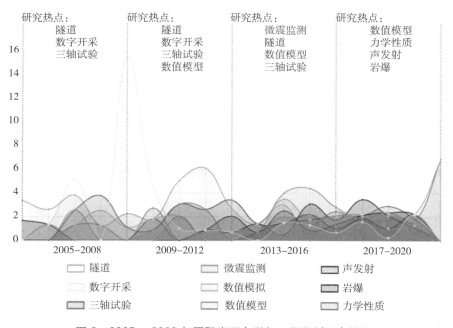

图2　2005—2020年国际岩石力学与工程学科研究热点

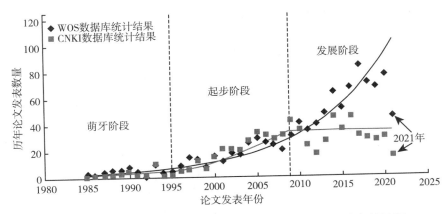

图3 2017—2020年国际岩石力学与工程学科学术研究高频关键词

二、学科发展现状与主要创新成果

（一）岩石力学基础理论进展

基于WOS核心数据库对2017—2020年岩石力学基础理论研究关键词进行统计分析，热点关键词主要包括岩石强度（20840篇）、岩体裂缝（17821篇）、各向异性（4140篇）等，基于聚类分析，研究主题主要集中于页岩（14600篇）、参数弱化（2726篇）、离散元（1917篇）、注浆（453篇）等方面。根据对关键词及研究主题的归类整理，以下具体阐述中国岩石力学与工程学科在基础理论方面的研究进展。

1. 岩石强度准则与本构模型

岩石作为一种自然界的天然介质存在于众多工程领域，岩石的强度、变形等力学特性与高陡边坡、大型硐室、深长隧道、深埋采场的稳定与安全息息相关，是工程设计和施工的重要依据，始终是岩石力学学科的研究热点。

（1）岩石强度准则方面。岩石强度准则也称破坏判据，用于表征岩石在极限状态（破坏条件）下应力状态和岩石强度参数之间的关系。吴顺川等[1,2]结合偏平面函数提出了一种适用于不同摩擦材料的广义非线性强度准则，实现了主流经典强度准则的统一，并进一步结合新的偏平面函数对经典Hoek-Brown岩石强度准则进行修正，提出了一种修正三维Hoek-Brown岩石强度准则。左建平等[3]基于煤岩破坏裂纹的演化机制，提出了煤岩破坏存在一个破坏特征不变参量，从理论上推导了与Hoek-Brown经验强度准则一致的强度公式。宫凤强等[4]根据黏聚力、内摩擦角和岩石参数与应变率（对数）的线性关系，建立了基于应变率效应的动态Mohr-Coulomb和Hoek-Brown强度准则。兰恒星等[5]基于新型含围压的岩石直接拉伸试验，建立了考虑摩擦过程的统一约束拉伸破坏准则。马晓东等[6]通过修正Matsuoka-Nakai准则和Lade-Duncan准则，提出了Matsuoka-Nakai-Lade-

Duncan 破坏准则，并采用孔隙砂岩真三轴试验结果进行了验证。冯夏庭等[7, 8]基于深埋硬岩在真三轴条件下表现出的拉压异性、Lode 效应和非线性强度特征，提出了三维硬岩破坏强度准则（3DHRC），并利用多种岩石试验结果进行了理论验证；同时为描述三大类弹塑延脆变形破裂过程，反映三维应力诱导各向异性，建立了三维硬岩弹塑延脆破坏力学模型。朱其志等[9]针对含孔压微裂隙 – 岩石基质特征单元体问题，推导了基于细观裂隙扩展机理的岩石破坏准则。李博等[10]基于水的物理化学作用试验，引入水岩物理作用下基本摩擦角与凸起体强度弱化系数，建立了考虑水岩作用影响的岩石裂隙抗剪强度准则。

（2）岩石本构关系方面。岩石本构关系是岩石在外力作用下应力（或应力率）与应变（或应变率）之间的关系，是岩石力学模型的重要组成部分，也是进行岩体应力场计算和稳定性分析的基础。谢和平等（附表 3-1 表示附表 3 中排序为 1 的项目，下同）通过裂纹扩展过程中的能量平衡得出了引入应变率参量的柔度矩阵系数，建立了不同深度赋存应力环境的岩石动态本构模型。陈勉等（附表 7-1）基于高温高压页岩力学测试，建立了页岩非线性破坏模式，提出了基于全应力 – 应变特征表征页岩脆度的数学力学模型，并基于页岩水化膨胀和破坏机理，建立了液体活度对页岩非线性本构方程的影响关系。周钟等（附表 2-1）建立了考虑大理岩脆延转换峰后特性的破裂扩展宏观力学本构关系，丰富了破裂与破裂扩展问题的理论成果。刘耀儒等[11, 12]基于 Duvaut-Lions 黏塑性过应力模型，提出了岩体结构非平衡演化的驱动力模型，进而建立了描述蠕变三阶段的弹 – 黏弹 – 黏塑性损伤本构模型。王苏生等[13]在连续损伤力学框架下，考虑局部化损伤演化，基于 Mohr-Coulomb 准则建立了岩石弹塑性局部化损伤本构模型。朱万成等（附表 4-1）基于损伤力学和流变理论，提出了岩石蠕变损伤本构模型。朱其志和邵建富[9, 14]基于北山花岗岩力学特性建立了岩石多尺度各向异性本构模型。

2. 岩石各向异性、时效性与尺寸效应

（1）岩石各向异性方面。岩石各向异性是指因岩石的层理、片理和夹层的存在使其性质随方向而异的特性，近年的研究进展主要包括：冯夏庭等[15-17]利用自主研发的硬岩真三轴试验装置，将岩石真三轴力学特性的研究重点由中间主应力效应提升到应力差效应的研究，发现了高应力差诱导岩石破坏各向异性的规律。陈勉等（附表 5-1）分析了力学、化学与热耦合条件下的页岩非线性变形动态破坏规律，构建了深层各向异性页岩地层的岩石物理预测理论与方法。

（2）岩石时效性方面。岩石在外荷载、温度等条件下呈现与时间有关的变形、流动和破坏等性质，主要表现为弹性后效、蠕变、松弛、应变率效应、时效强度和流变损伤断裂等，近年来我国学者针对岩石时效特性研究取得了一定进展。冯夏庭等[18, 19]基于真三轴压缩条件下时效破裂机理的实验结果，建立了硬岩三维时效破坏力学模型，模型预测结果与试验结果吻合较好。刘耀儒等[20]基于岩体结构非平衡演化规律，提出了时效余能范数和能量释放率的域内积分作为岩体结构长期稳定性的评价指标，基于 Lyapunov 稳定性给出了数学描述和证明，进而建立了时效变形稳定和控制理论。陶志刚等[21]建立了木寨岭隧道典型炭质板岩 Burgers 蠕变模型，通过"室内蠕变实验解"和"Burgers 蠕变模型解析解"的对比分析判断了蠕变模型的科学性，进而得出炭质板岩蠕变特征与板岩层理角度及含水率的关系，构建了不同含水率条件下炭质板岩的蠕变规律方程。针对红层大变形受长时荷载的蠕变效应控制问题，近年来对传统流变模型进行了改进，以适用于红层地质体灾变，形成了一系列流变时效模型，其中流变全过程效应的元件模型、基于积分原理的连续性分数阶流变模型、各向异性软岩的流变本构模型等具有一定的代表性[22-25]。

（3）岩石尺寸效应方面。岩石强度存在尺寸效应的本质是由于岩石内部包含孔隙、节理等缺陷，且呈随机状态分布。近年来多位学者基于数值模拟方法开展等效岩体技术（合成岩体技术）研究，探讨岩石的尺寸效应问题，部分学者开展了实验研究，陈勉等（附表7-1）基于高温高压页岩力学测试，提出基于全应力-应变特征表征页岩脆度的数学力学模型，揭示了多尺度条件下的页岩同步破坏机理。

3. 岩石动力特性

近年来关于岩石动力学的研究，主要集中于岩石中的应力波传播规律和冲击、地震、爆破等动力荷载作用下岩石的力学行为及响应特征。

（1）岩石应力波传播规律方面。李建春等[26, 27]结合理论分析和实验对应力波在岩体中的传播规律开展了研究，在理论分析方面，基于时域递归分析方法建立了应力波通过平行和非平行节理的传播方程，揭示了初始地应力、节理的空间分布特征和不同张开闭合力学特性以及入射波的方向对其透射率的影响机制，采用改进的时域递归方法分析了应力波作用下节理的动力响应，发现增大初始地应力和应力波幅值均会降低节理对应力波的衰减作用；在实验研究方面，将光弹试验技术与分离式霍普金森压杆（SHPB）试验方法相结合，基于一维波传播理论，结合动态光弹观测法，实现了应力波传播过程中节理附近应力场变化的可视化，揭示了节理形貌特征对其附近动应力集中现象影响的机理。朱建波等[28-31]研究了应力波在断续节理和液体填充节理中的传播规律，获得了波在单个断续节理处传播和绕射的解析解，揭示了节理参数与填充液体温度对应力波传播与衰减的影响机制。

（2）岩石动力学特性方面。作为岩石动力学研究的主要方向之一，研究地震、爆破等动力荷载作用下岩石的力学行为及响应特征具有重要的理论和工程实践意义。李海波等[32-36]开展了岩石动力响应变形和破坏机制的系统研究，提出了统一的岩石率效应表达式，得到了不同岩石特征应变率和应变率增长系数的推荐取值。在深部岩石压剪耦合动力响应方面，戴峰等[37-40]采用不同倾斜角度岩石试样开展了深部岩石的动态压剪耦合破坏试验，建立了适用于深部工程的动态压剪耦合破坏准则，揭示了不同深度岩石的动态强度及变形等非线性变化规律。

4. 岩石多场耦合特性

岩石介质多场耦合特性主要指在温度场（T）、渗流场（H）、应力场（M）和化学场

（C）的耦合作用下（简称THMC），岩石的固体力学、渗流和热力学等方面的特性。国内外几乎同步开展岩石多场耦合特性的研究，我国在某些方面的研究处于领先地位，相关创新理论在现场得到了应用。卢义玉等[41]系统研究了多场耦合条件下超临界二氧化碳对页岩力学性质的影响规律和影响机理，为超临界二氧化碳强化页岩气开采与地质封存一体化奠定了基础。周福宝等（附表4-2）建立了煤层、采空区等跨尺度裂隙场内瓦斯解吸－扩散、瓦斯－空气混流、煤岩体变形、煤氧化热传输多场耦合模型，揭示了抽采作用下漏气流场的分布规律。尹光志等（附表7-2）建立了考虑采动应力影响和真三轴各向异性的煤岩渗透率模型，提出了含瓦斯煤岩热流固耦合模型，结合现场测试与数值模拟，揭示了深部煤岩体在应力场、渗流场、温度场等多场耦合作用下的破断机理及瓦斯运移规律，为煤与瓦斯安全高效开采提供了理论基础。李树刚等（附表6-1）利用岩石力学、渗流力学、相似理论方法，推导了三维条件下岩体破裂与瓦斯渗流耦合综合控制模型，建立了固气耦合相似准则。周翠英等[42,43]通过定量表征流变过程中的多场耦合条件，包括循环扰动、复杂应力、温度、渗透压、干湿循环、水－力－热－化学等多场耦合条件，揭示了红层岩体流变机制，突破了以往多场耦合表征困难的瓶颈。马国伟等[44,45]提出了"统一管网"方法，将二维、三维裂隙网络模型中的多场耦合计算简化为多个一维计算过程，显著降低了多场耦合计算的复杂度。周小平等[46]提出了热－水－力－化耦合的近场动力学数值模型，模拟了岩体在多场耦合作用下的破裂过程。

5. 岩石断裂与损伤力学

岩石断裂与损伤力学是岩石力学的一个重要分支，近年来在岩石断裂损伤机制和裂纹扩展机制方面的研究进展较为显著。

（1）断裂与损伤机制方面

黄润秋等（附表2-2）揭示了卸荷条件下岩石损伤破坏过程中应变能积聚、耗散及释放的演化过程及转化机理，首次建立了损伤、破坏二阶段能量状态控制方程。刘冬桥等[47]根据脆性岩石单轴破坏试验结果，结合损伤力学和分叉理论，提出了可反映硬岩峰后和全应力应变行为的损伤力学模型。李海波等[33]分析了不同应变速率下试样沿晶和穿晶破坏特征，解释了损伤阈值随应变速率的变化规律，提出了脆性材料拉压双标量损伤演化方程。刘耀儒等[48]考虑了水对弹－黏弹性变形和黏塑性强度的影响，建立了考虑水影响的弹－黏弹－黏塑性蠕变损伤模型。戴峰等[49,50]对常用动态岩石断裂试件的渐进断裂过程开展了系统研究，模拟得到被经典线弹性断裂力学理论所忽视的重要现象——断裂过程区。

（2）裂纹扩展机制方面

周小平等（附表4-3）根据单轴压缩下裂纹扩展相似模型试验研究，分析了岩石脆性断裂的裂纹效应，并对含预制原始裂纹试样的裂纹扩展特征进行研究，为岩石材料的裂纹缺陷及断裂理论研究提供了实验依据，同时提出了一种基于"共轭键"的近场动力学模型，克服了传统"键"基近场动力学模型中泊松比固定的限制，揭示了二维和三维裂纹扩展机理。针对传统断裂力学准则（如最大周向应力准则）难以预测压剪状态下岩石破裂问题的缺陷，郑宏等[51]提出了一种能同时预测裂纹扩展方向和长度的压剪型裂纹扩展准则，解决了岩石破裂模拟中裂纹萌生及扩展预测难题。

6. 岩体裂缝模型与结构面力学特性

结构面对岩体变形与破坏起控制作用，针对岩体裂缝与结构面特征的研究，是岩石力学的重要课题之一。赵金洲等（附表5-2）建立了页岩人工裂缝扩展大型物理模拟方法，研究了各向异性页岩随机损伤–断裂特性与缝网体形成规律，发展了人工裂缝与天然裂缝交织的多裂缝压裂理论，形成了水平井水力裂缝网络设计方法。陈勉等（附表5-1）围绕钻采过程中页岩储层物理力学化学特征演化规律及其数学表征，精细刻画多尺度层理、节理及夹层发育特征，提出多节理、层理页岩的多尺度结构表征方法。朱万成等（附表4-1）提出了描述结构面粗糙度的半变异函数和平移交叠的二维与三维表征方法，并开展了对岩体质量和参数空间变异性的表征。周小平等（附表4-3）提出并发展了一种岩体特征化重构方法，用于理解和刻画岩体中的孔隙、节理和裂隙的特性。金衍等[52]为解决压后裂缝形态描述存在的局限性，开展了室内真三轴水力压裂物理模拟实验，结合声发射数据与压后裂缝形态，研究了垂向地应力差异系数、压裂液排量、黏度等对水力裂缝实时扩展行为的影响。李玉伟等[53]针对高应力多分层的复杂地层，基于断裂力学理论分析裂缝扩展过程中裂缝尖端应力集中产生的塑性区分布对缝高扩展的影响，建立了水力压裂缝高计算模型。王一博等（附表3-2）研究了各种倾角、强度、宽度的既有裂缝在不同压裂液注入速率以及应力条件下，水力压裂裂缝起裂、扩展及与既有裂缝交互贯通模式及破坏性质，明确了影响水力压裂裂缝形态的主控因素，揭示了复杂缝网的形成机理。

（二）岩石工程技术进展

基于WOS核心数据库对2017—2020年岩石工程技术研究方面的关键词进行统计分析，近几年热点关键词包括预测（20560篇）、稳定性分析（20251篇）等，根据对研究热点关键词的归类整理，以下具体阐述中国岩石力学与工程学科在岩石工程技术方面的进展。

1. 岩石边坡及地质灾害防治工程技术进展

近年来，我国岩质边坡减灾防灾成效显著，但受地震活动和全球极端气候变化影响，加之工程活动强度增大，边坡灾害防控仍面临很大困难。滑坡具有地形地貌隐蔽性、致灾因素极端性、失稳模式复杂性和成灾机理独特性等特点，不仅对滑坡体及周边环境造成影响与破坏，而且高速远程滑动形成的灾害链极为严重，可在数公里以外形成复合型灾害，成灾风险剧增。总体上，国内日益重视采用科技手段提高滑坡防灾减灾能力，在基础理论研究、技术研发与应用、综合灾害风险防范科技体系建设等方面取得了一定的进展。

（1）边坡稳定性评价

边坡稳定性评价方法主要包括定性分析方法、定量分析方法和不确定性分析方法。针对不同的工程地质环境，需采取不同的评价方法才能客观、合理、有效地评价边坡稳定性。近年来国内学者在边坡稳定性评价方面取得一定进展。

唐辉明等（附表1-1）构建了集滑坡特征识别、灾变阶段判识和时效稳定性评价为一体的重大滑坡动态评价方法体系。黄润秋等（附表2-2）提出了河谷高边坡卸荷破裂体系（模式）及动力演化机制，建立了基于岩体卸荷动态损伤原理及卸荷变形演化的高边坡开挖稳定性评价方法。吴顺川等[54, 55]提出了基于条分面法向力非均匀分布的极限平衡条分法，建立了边坡稳定性评价的"双安全系数法"。杜时贵等（附表2-3）根据露天矿山边坡稳定特性，提出了"贯穿结构面"和"非贯穿结构面"划分标准，建立了"贯穿结构面"主控整体稳定性理念，根据JRC全域搜索方法，发明了JRC尺寸效应取值技术，建立了露天矿山边坡稳定性精细评价体系。卢应发等[56]建立了全过程应力-应变本构模型和点、面、体滑坡多参量时空稳定性评价指标，形成了较为完整的边坡渐进破坏理论体系。地震对边坡稳定性的影响尤为严重，董建华等[57]将地震激励视为随机变量，采用虚拟激励法，获得边坡地震加速度反应功率谱，给出了最危险滑移面确定的极限状态方程和稳定性可靠度计算方法。杨春和等（附表7-3）针对高应力下尾矿材料的细观结构和宏观力学特性演化、大型尾矿坝沉积规律及复杂条件下高尾矿坝的劣化机制展开研究，利用电镜扫描和CT扫描技术，解释了微观结构下尾砂的结构特性，通过大型模型试验，揭示了尾矿的沉积特性，进而建立了尾矿坝综合稳定性评价方法。

（2）滑坡形成机制

滑坡与其所处的地质环境条件关系密切，包括气象水文、地形地貌、地质构造、地层岩性、岩土体力学特征、水文地质及人类工程活动等。

李滨等（附表3-3）开展了原位监测和室内大型物理模拟试验，研究了岩溶管道-裂隙-孔隙地下水流系统对山体崩滑孕灾过程的影响及致灾机理。秦四清等[58-60]构建了锁固段型滑坡演化灾变模式，建立了锁固段型滑坡快解锁突发型和慢解锁渐变型两种灾变模式的临界位移准则。高速远程滑坡触发机制一直是国际学术界关注的热点和难点问题，何思明等[61, 62]基于岩石高速旋转摩擦试验成果，构建了三阶段滑带温度场与运动演化方程，探索了不同功率转化系数下，热熔现象对不同规模整体性滑坡运动的影响。裴向军等（附表3-4）开展了斜坡地震动响应机制及其动力致灾机理研究，确定了震后隐患区早期判识方法，建立了滑坡泥石流运动分析模型，揭示了震后泥石流形成机制。

随着我国西部大开发新格局的形成，开展了西部特殊地质条件边坡的稳定性研究。邓建辉等（附表3-5）针对青藏高原地质环境的特殊性，分析了重大滑坡的地壳浅表层动力学成因，研究了强震条件下岩体结构动力学响应规律和高速远程滑坡动力学全过程机理，建立了重大滑坡动力学模型及其链生致灾模式，为高原高寒地带滑坡灾害识别和防护提供了理论支撑。

隐伏型顺层高边坡广泛存在于自然环境和工程环境，常见失稳模式包括溃屈破坏、倾倒破坏和深层滑剪破坏。陈从新等[63-65]揭示了隐伏型顺层高边坡深层滑剪破坏机制，建立了深层滑剪破坏柱状分析模型，推导了边坡临界高度和安全系数的计算公式，解决了该类边坡稳定性评价和设计难题，相关研究成果在新建川藏铁路怒江特大桥选址和边坡设计中得到应用。降雨是边坡失稳的重要影响因素之一，盛谦等[66]通过分析含石量与土石接触面强度对土石混合体强度特性的影响规律，揭示了"土－石－界面"体系的协同作用机制，揭示了降雨作用下"碎石土－基岩"类均质二元结构和"碎石土－块石土－基岩"类均质三元结构堆积体边坡失稳的力学机制。邵建富等（附表3-6）分析了强降雨环境下水库水位变动条件下特大滑坡形成机制，提出了滑坡失稳判识模型。

（3）滑坡预测预警技术

滑坡严重威胁工程建设安全，建立边坡灾害预测预警技术体系、实时监测边坡状态并发布滑坡预警信息，对防灾减灾具有重要意义，近年来我国在滑坡灾害预测预警理论创新和网络信息化建设等方面取得了丰富的创新性成果。

何满潮等[67-69]基于滑坡双体灾变力学模型，采用多源信息融合技术，将云服务器、云数据库和云网站等数据安全储存系统嵌入到"牛顿力变化监测预警系统"，开发了滑坡地质灾害牛顿力"数据采集－传输－存储－发射－接收－分析－处理－反馈"远程监测预警系统；同时研发了具有高恒阻、大变形和超强吸能特性的负泊松比（NPR）锚索，相关专利"恒阻大变形缆索及其恒阻装置"获得第二十一届中国专利金奖，并在全国范围内推广应用，成功解决了滑坡短临预报的科学难题。马海涛等[70-72]利用雷达干涉测量技术实时监测并预测边坡稳定性，将干涉相位精度均方根误差控制在2°以内，监测精度缩小至亚毫米级，大幅提高边坡稳定性监测精度和灵敏度，该成果已在国内外30余座大型矿山应用，成功预报滑坡40余次，并参与国家应急救援行动19次，为2万余名搜救人员提供了6000余小时的安全监测保障，多次成功预报险情，取得了良好的经济和社会效益。

殷跃平等[73,74]创新了易滑地质结构失稳机理和风险识别体系，建立了滑坡多场灾变监测信息融合与风险预警理论，显著提升了我国滑坡灾害的普适型专业监测预警能力。张勤等（附表3-7）基于特大滑坡渗流场、应力场多源信息融合的一体化监测预警技术，构建了基于长时间序列监测数据的自学习实时预警系统，形成了特大滑坡快速监测及混合组网即时通信技术。周平根等（附表3-8）基于大数据和云计算的地质灾害预警与快速评估方法研究，研发了突发性地质灾害多源基础数据快速获取与融合技术，构建了区域群发型和复杂山区特大型地质灾害高精度模型，研发了多尺度地质灾害预警云计算和特大型地质灾害全过程快速评估平台。张玉芳等（附表3-9）根据红层地质特点构建了红层地质灾害监测预警和防治的可视化物联网平台。胡瑞林等（附表7-4）研究了重大工程活动中土石混合体滑坡形成演化的结构控制机理，根据基建工程影响下的土石方滑坡特点，建立了滑坡预测预警体系，为施工过程提供安全保障。唐辉明等（附表1-1）研发了滑坡防治结构体系多场关联监测技术，解决了多场监测数据关联性低、融合性差的难题，并开发了多场信息动态监测预警平台，实现了重大滑坡智能预测预警。许强等（附表1-2）聚焦西部山区大型滑坡灾害防控关键技术难点，利用多学科交叉融合，构建了"地质+技术"有机结合的滑坡隐患早期识别体系，显著提升了重大地质灾害的综合识别能力和正确率，研发了适宜于高海拔高寒极端环境的地质灾害监测装备，建立了"阈值预警+过程预警"的地质灾害实时监测预警技术，成功识别并预警了多次大型滑坡灾害。邵建富等（附表3-6）揭示了水动力型滑坡致灾过程与时空演化规律，研发了灾害链空间预测与风险评估技术，创新了滑坡智能互联监测预警技术。裴向军等（附表3-4）提出了震后泥石流地质灾害风险预测方法，研发了基于地质灾害链的综合监测预警技术与仪器设备。

（4）滑坡及工程边坡灾害防治

殷跃平、张永双等[74-76]继承发展了地质力学"安全岛"理论，发展了以构造型式、早期识别和成灾动力学相结合的易滑地质结构防控理论。岩溶山区地质环境脆弱，人类工程活动强烈，灾难性滑坡频发，李滨等（附表3-3）从岩溶重大滑坡灾害及灾害链的孕灾背景、成灾机制、演化过程和防控问题出发，开展岩溶山区特大滑坡灾害孕育、成灾及演化过程的动力学机制、灾害早期识别与风险防控理论研究，为我国西南岩溶特大滑坡综合风险防范提供新理论和新技术方法。凌贤长等（附表3-10）开展了基于治理的滑坡体开发利用技术研究和示范，形成了特大滑坡应急处置与快速治理成套技术与设计标准，研发了大型水库及引水工程滑坡灾害治理工程健康诊断、实时监测与在线修复加固技术，形成滑坡灾害治理工程安全检测和防控标准化技术体系。唐辉明等（附表3-11）建立了滑坡灾变控制模型，提出了与演化阶段相适应的重大滑坡综合控制体系，研究了基于演化过程控制的抗滑桩和锚固工程优化设计技术。

2. 岩石地下工程技术进展

为确保地下工程稳定与安全、提高资源能源矿产的开发能力，近年来国内学者在勘察设计、工程致灾机理与防控、施工与监测预警、钻井与压裂技术等方面开展了研究，取得了一定进展。

（1）勘察与设计技术

1）勘察技术

作为岩石工程设计与施工的"先遣军"，近年来地质勘察不断融合工程地质测绘、地球物理勘探等技术手段，显著提高了对地形地貌、水文地质条件、岩石物理力学性质的勘察精度，部分勘察技术水平处于国际领跑阶段，其中隧道工程勘察技术最具代表性。

为解决隧道前方致灾水体探测预报问题，李术才等[77]开展了孔-隧电阻率探测现场应用研究，实现了隧道前方含水构造的三维探查。李宁博等[78]利用隧道三个前向钻孔的多钻孔体系，提出了隧道三维跨孔电阻率含水构造探测方法，并在滇中引水香炉山隧洞进行了现场试验验证。

为探明隧道掌子面前方不良地质体，保障隧道掘进施工安全，李玉波等[79]首次将三维地震波法引入引汉济渭工程TBM装备中,成功实现了隧道前方不良地质体的预测预报。为解决TBM受护盾、管片及电磁干扰的影响,杨继华等[80]根据双护盾TBM技术特点,提出了以地质分析法、物探法和超前钻探等为主的综合超前地质预报方法,有效降低了不良地质体的预测预报时间和成本。

采取物探、钻探等相结合的综合勘察方法可提高勘察成果的准确性。冯涛、蒋良文等[81]综合应用了高分航遥、无人机勘测、新型物探、轻便型全液压钻探及超深覆盖层多参数原位测试等多种勘察新技术,构建了适用于不同岩溶工程地质区、不同勘察阶段、不同工程类型的勘察技术组合模式,创建了复杂岩溶区高速铁路工程"空—天—地"一体化综合勘察成套技术体系,克服了复杂岩溶地质条件下勘察难度大、效率低、精度差等难题,形成了具有国际领先水平的复杂岩溶区高速铁路综合勘察关键技术。

在水利水电工程领域,长江科学院[82]自主研发了水工隧洞弹性波超前地质预报系统,获取开挖工作面前方的不良地质灾害信息,实现地下隧道施工期的长距离超前地质预报,编制了《水电水利地下工程地质超前预报技术规程》(DL/T 5783—2019),有效推动了我国水电水利地下工程地质超前预报技术的进步与发展。

2)设计技术

BIM技术为隧道与地下工程设计提供了崭新手段。在大跨度隧道设计方面,李德军等[83]基于BIM技术的大跨度市政隧道设计优化与安全双控信息化技术研究,采用二次开发地质插件和Civil 3D软件建立了宁波市平风岭隧道工程BIM地质模型,实现了隧道与地下工程的高效设计。针对超大直径盾构、盾构扩挖车站、富水地层等特殊工程,黄海斌等[84]研发了上软下硬地层超大直径盾构隧道设计关键技术。江权、冯夏庭等[85]针对高应力下大型硬岩地下硐室群突出的围岩灾害性破坏问题,以抑制硬岩内部破裂发展为关键切入点,提出高应力下大型硬岩地下硐室群稳定性优化的裂化-抑制设计方法新理念及其基本原理、关键技术和实施流程,提出了深部工程开挖支护设计与优化技术,并成功应用于拉西瓦水电站地下洞群开挖顺序优化、白鹤滩水电站地下厂房顶拱支护方案优化、中国锦屏深地实验室围岩支护参数复核等重大工程实践中,验证了该设计方法的合理性和实用性。邬爱清等(附表2-4)创立了大比尺隧洞锚现场缩尺模型试验成套技术,提出了基于缩尺模型试验的隧洞锚承载能力评价方法;通过室内地质力学模型试验、夹持效应现场缩尺模型对比试验、现场缩尺模型试验(考虑地形、岩性和岩体结构影响)、连续及非连续隧洞锚数值模拟分析等手段,揭示了隧洞锚围岩夹持效应力学机制和变形破坏机制,提出了考虑夹持效应的隧洞锚承载力计算方法,并在鹅公岩、四渡河、矮寨、普立等大跨度悬索桥隧洞锚工程中成功应用。

(2)工程致灾机理与防控技术

1)地下工程致灾机理

岩石地下工程的致灾机理研究是对岩体工程破裂、失稳及孕育成灾全过程作用机制的本质解释，对揭示地下工程灾害演化规律至关重要，国内学者开展了大量研究。齐庆新等（附表 3-12）围绕动力灾害必然存在大量弹性能积聚的事实，揭示了深部煤岩动力灾害的形成条件，凝练了以"应力、物性、结构"为关键的广义"三因素"理论，提出"应力为动力、物性为基础、结构为关键"的动力灾害通用孕灾机制，并给出了该理论的数学模型及描述。王卫军等（附表 7-5）通过对矿山顶板灾害致灾机理研究，建立了非等压环境下的巷道围岩力学模型，阐明了巷道围岩塑性区具有圆形、椭圆形和蝶形三种基本形态，给出了三种基本形态塑性区的数学界定标准和围岩应力判别准则，并基于蝶形破坏理论及其突变特性，揭示了巷道围岩塑性区恶性扩张引发冲击地压机理。周子龙等（附表 3-13）通过开展高应力岩石动力扰动试验，揭示了动力扰动对高应力岩石突发破坏的诱发机理，运用动静组合加载观点揭示了工程开挖及个别矿柱失稳卸荷扰动对矿柱群和围岩体系大规模失稳坍塌的诱发机理与影响规律。何富连等（附表 7-6）建立了矿山大面积基本顶岩板的结构力学模型，提出了基本顶破断的 kDL 效应，揭示了不同条件下的基本顶破断形态并获得砌体板结构失稳的临界条件和支护物的最低支护阻力，阐明了基本顶断裂过程中反弹压缩分区演化规律，建立了顶板局部关键块体滑落、松散漏冒和分离薄层化垮落的力学模型，提出了局部工程灾变的极限条件和控制方法。盛谦等（附表 3-14）构建了岩体动力本构模型与大规模动力数值仿真方法，从宏细观角度揭示了岩体动力特性，探究了不利地质结构强震动力响应及围岩与结构动力相互作用机制。

2）地下工程灾害防控技术

针对地下软岩工程支护难题，何满潮等[86,87]基于能量释放让压支护理念发明了适用于软岩大变形隧道的自适应钢拱架节点，通过滑移实现让压，显著降低围岩压力；并研发了具有高强、高延伸率特性、可施加高预紧力的恒阻吸能锚杆，并在深部高应力软岩巷道进行了应用。杨圣奇等[88]提出了新型"锚杆+锚索+格栅+喷浆"支护技术，用于深部软岩巷道稳定性控制。中铁隧道局集团有限公司[89]针对高应力软岩区提出了"边支边让、先柔后刚、柔让适度、刚强足够"的施工理念，形成了高地应力软岩区"应力释放大尺寸小导洞+圆形断面扩挖+四层支护+缓冲层+长锚杆+长锚索+注浆"的综合变形控制技术。

为保障深部巷道围岩的稳定与安全，康红普等（附表 1-3）开展了煤矿巷道抗冲击预应力支护关键技术研究，发明了高冲击韧性、超高强度、低成本预应力锚杆材料及其制造工艺与高预应力施加设备，研发出新型钻锚注一体化锚杆、锚固与注浆材料及配套施工设备，解决了冲击地压、深部高应力及强采动巷道支护难题，实现了煤矿巷道支护技术的重大突破。谢和平等（附表 3-1）建立了深部地下开采空间模型及生产计划动态优化模型，提出了深部掘进工作面卸荷技术、深部高应力矿柱一体化卸压控制对策以及深部卸压帷幕应力隔断技术。王卫军等（附表 7-5）研发了巷道锚杆（索）支护设计系统，实现了巷道冒顶隐患可视化分析和差异化设计，形成了巷道围岩稳定性控制技术体系，并在神华集团、潞安集团等大型煤炭集团推广应用,降低了支护成本,改善了支护效果,消除了冒顶安全隐患。王晓利等(附表1-4)创建了开采空间柔模材料支护体系,发明了柔模混凝土巷旁支护的无煤柱开采技术及复杂开采条件巷道柔模混凝土锚碹支护技术。任凤玉等(附表3-15)立足于全矿床完整性开采、采矿工艺技术适应矿床三律与可控危险源转化等理念,分析构建了完整性安全高效开采理论模型。

在复杂地形地质环境隧道群失稳灾变防控技术研究方面,何川等(附表1-5)创新发展了破碎岩体隧道支护结构体系及施工安全保障技术体系,提出了破碎岩体隧道抗震分析的拟静力方法及其抗震设防技术,构建了破碎岩体隧道群洞间超小净距施工稳定控制技术,解决了软弱破碎隧道失稳灾变控制难题,有效提升了我国复杂艰险山区高速公路建设和营运水平。樊启祥等(附表2-5)创建了玄武岩硐室群围岩时空变形全过程调控的成套技术与方法,创新提出了通过主洞与支洞联合开挖前主动预控贯穿性错动带不连续变形的抗剪结构型式,解决了高地应力下玄武岩卸荷破裂松弛、错动带不连续变形及巨型硐室群联动效应等关键难题。

在TBM隧洞围岩稳定性控制方面,刘泉声等(附表3-16)以新疆ABH引水隧洞、兰州水源地引水隧洞、吉林引松工程引水隧洞、引汉济渭引水隧洞、大瑞铁路高黎贡山隧道等TBM工程为依托,通过对深部复合地层围岩与TBM相互作用机理研究,提出了深部软弱地层挤压变形卡机灾害分步联合控制理论,发展了"超前管棚预注浆加固+锚注一体化分步支护+钢拱架衬砌支护"灾害分步联合控制成套技术。在水下隧道工程施工安全控制方面,周福霖等[90,91]发明了盾构隧道减隔震装置,建立了海底隧道抗震体系、全寿命抗震性能评价指标及方法等。

(3)施工与监测预警技术

1)施工技术

近年来在高效破岩、精细化爆破、深井建设以及特高拱坝施工等方面取得了明显的技术进步,为地下工程的安全、高效掘进提供了有效保障。

国内学者在大规模岩石破碎工程需求牵引下,发展了多项新型破岩技术,黄中伟等[92,93]研究了液氮射流冲击破岩技术,利用液氮与岩石接触时岩石表面温度骤降的原理,高温岩石经受低温冲击在岩石内部形成热应力,促使岩石破碎。刘泉声等(附表1-6)研究了深部复合地层隧(巷)道TBM安全高效掘进控制关键技术,提出了深部复合地层岩体结构和应力场探测表征方法,揭示了深部复合地层TBM高效破岩机理,提出了深部复合地层TBM掘进过程灾害预测控制方法,有效提升了TBM施工破岩技术水平。杨仁树等(附表1-7)发明了硬岩巷道超深大直径空孔直眼掏槽爆破技术、立井周边切缝药包梯度预裂爆破技术及掏槽预裂爆破减振技术,有效控制了浅埋隧道爆破震动效应,实现了爆破参数优化,同时发明了按功率控制的液压凿岩技术,实现了由有极分立控制向无极连续集中控制过渡,解决了施工过程中卡钎、卡钻等技术难题。康红普等(附表3-17)提出煤矿千米深井350米以上超长工作面集约化开采模式及围岩控制新理论，研发"支护－改性－卸压"三位一体围岩控制与多信息融合、设备群组智能耦合自适应协同控制的智能开采技术与装备，为我国深部煤炭资源开发提供有力的理论和技术支撑。何满潮等（附表3-18）研发了三场耦合注浆效果监测仪器及技术，构建了深井钻爆法高效施工和深井机械化掘进施工的工艺技术体系，研制了适用于井壁三维打印的混凝土支护材料。林鹏等（附表2-6）研发了分区分层精细开挖与主动保护、复杂坝基固灌与锚固时机及开裂风险控制、高防渗标准快速深孔帷幕灌浆和基于BIM技术的信息化施工精细管控等成套技术，提出了特高拱坝基础适应性开挖与整体加固成套工法，为保障大坝安全发挥了重要作用。

2）监测预警技术

近年来针对矿山、水利水电、交通隧道等地下工程中的工程地质灾害防控难题，发展了一系列工程监测预警技术与方法，主要包括针对煤与瓦斯突出、冲击地压等典型动力灾害的监测预警技术、煤矿采掘过程顶板灾害预警技术、矿山与隧道突水超前监测预警技术等。

为准确预测煤与瓦斯突出、冲击地压等典型煤矿动力灾害，袁亮等（附表3-19）提出了煤矿典型动力灾害多参量前兆信息智能判识理论及预警方法，建立了基于大数据与云技术的动力灾害多源海量前兆信息提取挖掘方法，设计了关键区域人机环参数全面采集和多元信息共网传输新方法，研发了煤矿典型动力灾害前兆深度感知、泛在采集技术和装备，实现了典型动力灾害监测预警基础研究－关键技术开发－应用示范的有机融合，全面提升了我国煤矿动力灾害风险判识及监控预警能力。何学秋等（附表7-7）研究了煤岩动、静态加载和冲击加载破坏过程的流变突变规律，从宏、微观角度研究煤岩不同尺度、不同能级破坏震动与伴随产生的电磁辐射间的耦合关系，建立煤岩冲击破坏过程的电－震耦合理论模型，揭示了冲击地压灾害孕育、发生发展过程的电－震耦合规律，建立了冲击地压灾害电－震耦合监测预警准则，研制了冲击地压电－震耦合监测预警现场实测系统。

在煤矿采掘过程顶板灾害预警技术方面，何富连等（附表7-6）建立了矿山顶板灾害预警指标、权重和临界值确定方法，形成了临界预警指标体系，研究了顶板支护体异常引发的信号特征及其拾取方法并确定了异常信号判据，构建了矿山顶板灾害综合预警模型。王卫军等（附表7-5）建立了岩石性质与钻进信号特征的关联模型，研发了冒顶隐患探测仪，实现了大变形巷道冒顶隐患的精确定位。

在隧道突水突泥等重大地质灾害监测预警防治方面，李术才等（附表3-20）在突水突泥致灾构造及其地质判别方法、灾害源超前预报方法与定量识别理论、多元信息特征与综合预测理论、灾害动态风险评估及预警理论等方面做出了突出贡献，研究成果成功应用于我国数十座深长隧道突水突泥灾害源的超前预报与灾害防控。在煤矿突水超前监测预警技术方面，赵阳升等提出了基于多含水层水力联系的区域性带压开采矿井底板突水监控理论、技术和软件系统，创新发展了带压开采分段后退式矿山开采系统布置方法，解决了矿井底板承压水突水难以有效预报预警的难题。

（4）钻井与压裂技术

钻井与压裂技术一般应用于石油与页岩气开采工程，其中压裂增渗技术在瓦斯抽采过程中也有所应用。近年来，随着非常规油气资源开发力度的加强，与之相关的钻井与压裂技术取得了明显进步。

孙宝江等（附表3-21）针对南海深水的海洋环境、复杂地质条件和深水导致的钻完井技术难题，通过"产、学、研"联合研究，形成了一套适合我国南海深水安全高效钻完井的基础理论体系，为实现我国深水油气开采技术的跨越式发展提供了理论支撑。

在页岩气开采方面，陈勉等（附表7-1）研究了复杂裂缝网络扩展理论和压裂优化设计技术，建立了多段多簇分段压裂力学模型、多级压裂流固耦合产能模型，提高了页岩气储层水平井分段分簇压裂有效缝网改造体积，为页岩气开发提供了技术保障。针对水平井钻进井壁垮塌严重、压裂裂缝效率差、单井产量低等技术难题，金衍等（附表4-4）提出了"抑制微观—封堵细观—支护宏观"三级尺度控制岩石强度弱化方法，形成了以工程甜点评价、缝网设计和井筒稳定优化为核心、基于地质力学的一体化压裂设计方法，并在涪陵页岩气开发中成功利用。姚军等（附表5-3，附表7-8）针对微纳观运移、裂缝扩展、多尺度缝网流动等页岩气藏高效开采的关键科学问题开展研究，编制了页岩气藏压裂优化及产能评价一体化方法，形成了页岩气藏分段压裂水平井油藏工程参数优化方法，为页岩气藏的高效开发提供了理论基础和技术支撑。葛洪魁等（附表5-4）研究了力学与化学、流体与固体双重耦合作用下的超长裸眼水平井页岩井筒失稳和储层污染规律，建立了水平井井筒完整性理论，探索了新型钻完井方式，形成了钻完井评估和设计方法。常旭等（附表7-9）针对页岩气开发水力压裂产生的微地震信号，建立了基于TTI各向异性介质三维弹性波方程的地震矩张量震源模型和基于反射透射系数矩阵的一般位错震源模型，提出了震源机制的反演算法，定量给出了震源非剪切成分和破裂裂缝的长宽比，为储层破裂的受力分析提供了基础数据和基本方法。

在深部煤层瓦斯抽采方面，赵阳升等通过低渗透煤层卸压破裂多孔化及增透条件与规律研究，创建了固气耦合煤层气运移理论，探明了煤层气开采的卸压破裂-增透技术原理，发明了深孔超高压水力割缝强化瓦斯抽采成套技术与装备，大幅提高了低渗透煤层的瓦斯抽采率。周福宝等（附表4-2）发明了大直径双层套管为基础的增强钻井井身稳定性方法，延长了地面钻井服务周期。尹光志等（附表7-2）通过真三轴应力条件下CO_2及水压致裂试验和理论研究，获得了煤岩致裂增渗的关键参数，提出了CO_2相变致裂-水力压裂耦合致裂增渗技术等。

（三）岩石力学仪器与装备进展

岩石力学理论的形成、发展与试验技术密切相关，通过试验可获取岩石破坏准则、屈服条件，表征其应力、应变、温度、时间等之间的关系。认识、利用和改造岩体的全过程依赖于岩石力学试验技术的进步与发展，近年来岩石力学仪器与装备的研究热点不断发生变化，2017—2020年研究进展主要集中于高温环境下的力学测试（10603篇）、大尺度模型试验（5777篇）、原位监测（1192篇）、动力扰动（840篇）等方面。

1. 室内试验与测试仪器

（1）基础岩石力学试验仪器

1）三轴加载试验仪器：如何使岩石试验对象保持理想的真三轴应力状态，是真三轴试验设备研制的核心技术难题。冯夏庭等[94]基于茂木式岩石真三轴试验原理，研发了新型硬岩真三轴试验机，该仪器对岩石体积变形测量、端部摩擦效应、应力空白角效应以及真三轴下的峰后行为捕捉等关键试验技术进行了改进。长江科学院针对裂隙岩体的结构和尺度效应等特征，研发了现场大尺度原位岩体真三轴试验系统[95]。李晓等（附表6-2）发明了高能加速器CT岩石力学试验系统，该系统能够获得岩石在单轴、三轴和空隙压力等条件下的全应力–应变曲线和所选应力点对应的破裂三维扫描图像。苏国韶等[96]发明了世界第一台高压伺服动真三轴岩爆试验机，研究了深部硬岩动力学特性和扰动破裂机制，实现了动力触发型岩爆物理模拟，揭示了动力扰动触发岩爆孕育过程和机理。在应力、温度、水压、气压耦合真三轴试验研究方面，马啸等[97]自主研制了实时高温真三轴试验系统，可真实模拟岩石在深部地层中温度–应力场耦合环境。肖晓春等[98]自主研发了含瓦斯煤岩真三轴多参量试验系统，具有高应力、真三向、高精度、多参量、多加/卸荷路径等特点。针对低应力条件下软岩或土样的真三轴试验，邵生俊等[99, 100]研制了能够实现上、下两端伺服控制同步加载的300毫米长、300毫米宽、600毫米高的大型真三轴仪。

2）渗流、应力等耦合条件下的试验技术与仪器：为满足复杂环境下地下工程岩石的物理力学特性和渗流规律研究的需要，研发具备渗流–应力耦合功能的试验设备成为近年的研究热点之一。陈卫忠等[101]研制了并联型软岩温度–渗流–应力耦合三轴流变仪，可同时对两个试样开展相同围压和水压、不同轴压和温度的流变试验研究。盛金昌等[102]在原有岩石应力–渗流耦合试验设备基础上，增加了可直接控制温度和化学环境的渗流–温度–应力–化学多因素耦合岩石试验系统。周翠英等[103]基于高强透明材料压力室，结合伺服控制、非接触三维量测与协同集成等技术，研制了软岩水–力耦合流变损伤多尺度力学试验系统。尹光志等（附表7-2）研制了多功能真三轴流固耦合试验系统，可实现多种复杂应力路径下单轴、双轴、真三轴应力状态下煤岩力学特性与流体渗流规律研究。夏才初等（附表6-3）研制了岩石节理全剪切–渗流耦合试验系统。在现场大尺度裂隙岩体渗流–应力耦合测试方面，邬爱清等[104, 105]研制了HMTS-1200型裂隙岩体水力耦合真三轴试验系统和HMSS-300型岩体水力耦合直剪试验系统。

3）三维霍普金森杆冲击加载系统：近年来真三轴围压霍普金森杆已日臻成熟，夏开文等[106]研发了主动三轴围压SHPB实验系统，其工作原理为将试样和杆件等部件封装于围压装置内，利用外源加压装置（压力泵）对充满承压流体介质（如：液压油、气体）的围压装置施加压力，从而实现试样侧向围压的加载。郝洪等（附表6-4）在一维霍普金森杆理论及加载装置的基础上，研制出三维霍普金森杆冲击加载实验系统，建立了一套调整三根入射杆端面与加载杆端面平行、同步接触的调节装置，可保证加载杆对三根入射杆的加载波形时间同步，波形与幅值相同。徐松林等[107]利用真三轴SHPB系统测试了混凝土材料在真三轴静载条件下的动态压缩性能，讨论了三轴围压下应力-应变关系以及中主应力对动态强度的影响。李夕兵等[108]通过动静组合加载岩石力学试验，揭示了深部岩石在各种动静组合受力状态下的力学响应、破坏特征以及能量规律，科学再现并解释了岩爆、板裂及冲击地压等非常规岩石破坏现象的机理。

4）岩体结构面粗糙度系数JRC测量技术与试验仪器：随着形貌测量和试验技术的进步，岩体结构面粗糙度定量表征取得了积极进展[109]。杜时贵等（附表2-3）建立了结构面粗糙度系数的定向统计测量方法和尺寸效应分形分析方法，研制了结构面粗糙度系数测量系列仪器，创建了结构面粗糙度系数野外快速测量技术，提出了工程岩体结构面抗剪强度确定方法，并编制了结构面抗剪强度评价技术规程；常规直剪试验仪器无法开展大尺度结构面（从10厘米×10厘米～100厘米×100厘米）直剪试验，杜时贵等（附表6-5）研制了岩体结构面抗剪强度尺寸效应试验系统，为结构面抗剪强度尺寸效应研究提供了基础试验平台。

（2）相似模拟试验系统

为揭示地下工程围岩/煤岩的灾变过程，袁亮等（附表6-6）研制了大型物理模拟试验设备，实现了大尺度模型加载充气保压条件下巷道掘进揭煤诱发煤与瓦斯突出试验模拟，掌握了瓦斯突出发生全过程的关键物理信息，为准确揭示突出机理奠定了基础。李术才等（附表1-8）采用物理模拟试验开展了多种组合条件下煤与瓦斯突出定量化模拟，研发了可考虑不同地质条件、地应力、煤岩体强度、瓦斯压力和施工过程的大型真三维煤与瓦斯突出定量物理模拟试验系统。李树刚等（附表6-1）研制了煤与瓦斯共采三维大尺度物理模拟实验系统，可实现覆岩裂隙演化规律、矿山压力分布规律、卸压瓦斯储运规律、瓦斯抽采规律等一体同步模拟研究。谢和平等（附表3-1）建立了岩体介质复杂孔隙结构的三维可视化模型，实现了裂纹动态扩展过程中应力场的可视化，研发了可视化物理模型的三维应力场冻结实验装置；通过三维打印得到的透明光敏模型，结合真三轴伺服加载系统的应力加载、温控系统精确控温的应力冻结实验，实现了复杂裂缝网络起裂扩展时全局三维应力场演化规律的直观观测和透明显示。王明洋等（附表6-7）设计了深部"一高两扰动"特征科学现象模拟及量测试验装置，该装置可重复试验并完成不同参数条件下的开挖卸荷扰动和爆炸冲击扰动诱发岩体内部能量释放导致工程灾变的模拟试验。

为合理模拟深部巷道、隧道岩爆的关键影响因素和实际条件，周辉等（附表6-8）研制了深部巷道、隧道动力灾害物理模拟试验系统，解决了深部巷道、隧道岩爆物理模拟中的模型材料和关键影响因素等一系列关键理论和技术难题。针对大尺度现场模型试验环境条件差、荷载高、监测传感器多、监测历时长等特点，李维树等[110]采用智能化程度高、适应性强的伺服控制与采集系统实现了试验全过程荷载伺服控制及数据自动采集。

2. 现场试验、监测与物探装备

我国地质条件复杂，构造活动频繁，崩塌、滑坡、泥石流、岩爆、地面塌陷、地面沉降、地裂缝等灾害隐患多、分布广，且隐蔽性、突发性和破坏性强，防范难度大，因此，开展现场试验、探测与监测并对潜在灾害（源）进行实时准确预报尤为必要。

在岩体与结构稳定性监测方面：许强等（附表1-2）基于北斗、LoRa、4G等多模组自适应组网无线数据通信技术，研制了低功耗、智能化的自适应变频数据采集软硬件，确保对地质灾害突变信息的自动跟踪和智能加密采集，实现了极低温、大温差等复杂环境条件下的灾害监测预警。施斌等（附表1-9，附表6-9）成功将分布式光纤感测技术应用于地质与岩土工程安全监测与预测预警中，在三峡库区滑坡、大范围地面沉降等地质灾害以及盾构隧道、埋地管道、桩基和基坑等岩土工程监测中发挥了独特的优势；同时构建了传感光纤性能综合测试平台，开发了传感光缆基本性能率定装置和光纤应变三维模拟实验台。吴智深等（附表1-10）通过光纤实现结构关键区域分布传感布设，建立了重大工程结构区域分布传感与健康监测的成套技术理论及装备，突破了现有监测系统耐久性差及现有技术难以进行结构"健康"评估的瓶颈。李振洪等[111,112]提出了从广域滑坡隐患早期识别、多平台实时监测到全民参与防灾减灾的全新滑坡预警减灾框架，联合星载InSAR与地震背景噪声数据，可精确确定滑坡体的结构和体积。中科院地理资源所[113,114]构建了高精度地上地下一体化多场监测体系，并对典型黄土边坡进行了多年长期观测。殷建华等[115]基于FBG技术研制了张力传感器、压力传感器和基底摩擦力传感器，并应用于落石和泥石流冲击柔性防护网的大型物理模型试验。倪一清等[116]研发了基于FBG的隧道变形在线监测系统，包括FBG传感模块、数据传输与存储模块和在线实时数据可视化与预警模块。

在地质与岩土工程勘察与探测方面：何继善等（附表1-11、附表6-10）发明了广域电磁法和高精度电磁勘探技术装备及工程化系统，建立了以曲面波为核心的电磁勘探理论，构建了全息电磁勘探技术体系。李术才等（附表6-11）提出了多同性阵列激发极化法，该方法充分利用TBM停机时间进行前方水体探测，实现了与TBM设备的集成搭载，形成了用于掘进机施工的隧道不良地质定量超前预报综合地球物理探测仪器，在引汉济渭、吉林引松供水工程等多条TBM施工隧道（洞）成功应用。底青云等（附表1-12）基于深部资源电磁探测理论技术，研发了电场和磁场传感器及地面电磁探测（SEP）系统，突破了电磁法的传统半空间范畴，使传统人工源电磁法的探测深度从1千米拓展到10千米。冯夏庭等[117]依托人工智能等技术，构建了岩体破裂信号自动采集–识别–定位的微震监测系统，促进了岩土工程安全监测智能化发展。杨峰等（附表1-13）开发了矿井低频地质雷达探测系统及CT透视反演软件，实现了80米范围内的地质构造和灾害源、透射法300m跨度工作面的地质构造和灾害源的精细探测。北京软岛时代科技有限公司与昆明理工大学吴顺川团队[118]合作研发了系列声发射仪及高速数据采集仪，其中便携式远程报警声发射监测仪实现了工程现场无人值守、远程报警，基于连续多通道全波形采集，"动态频谱""数字滤波""时间依赖的速度模型"等核心算法，实现了声发射监测的精确定位和多维可视化分析，结合任意波形发射技术实现了主/被动联合实时声发射监测。

在特殊地质环境岩土工程原位试验方面：贾永刚等（附表6-12）研发了复杂深海工程地质原位长期观测设备、海底沉积物力学特性原位测试装置等一系列海底工程地质性质原位监测设备，实现了深海工程地质环境监测和对深海底工程地质条件的定量描述。吉林大学极地研究中心（附表6-13）针对南极甘布尔采夫山脉的超低温气候、地理位置偏远、后勤保障困难等条件，设计了可移动、模块化的钻探系统，所有设施与设备集成于两个工作舱（钻探舱和发电及维修舱）中，该钻探系统于中国第35次南极科学考察期间（2018—2019南极工作季），在距离中国南极中山站约12千米的达尔克冰川边缘的冰盖上进行了成功试钻。

3. 重大岩石工程装备

在隧道施工成套装备与智能化技术方面，刘飞香等（附表2-7）针对传统钻爆法在复杂地质条件下修建大断面隧道过程中工序烦琐、工程质量及进度难以保证等突出问题，开发了智能建造装备大数据协同管理平台，实现人-机-岩三维信息互联互通；研制了面向装备智能精准作业的三维空间自主量测定位系统，开发了人机岩时空信息互联互通技术为核心的智能化成套装备，建立了与成套智能装备相适应的隧道施工全工序技术体系。

为拓宽盾构工法对复合地层的地质适应性，2000年广州地铁提出"土压+泥水"双模盾构概念，并进行现场试验；2005年与广东华隧正式提出研制"双模盾构"技术路线，并与三菱合作历经八年，于2012年研制并下线世界首台"土压+泥水"并联式双模盾构，并成功应用于广州地铁九号线的岩溶区隧道施工中；2016年广州地铁为解决七号线北延段极其复杂的复合地层工程难题，进一步提出了三模盾构概念和研制三模盾构的技术路线；2020年广州地铁集团有限公司、中铁工程装备集团有限公司、中铁华隧联合重型装备有限公司等单位共同研制了兼具土压平衡、泥水平衡、TBM三种掘进模式的盾构机，打破了单一模式盾构机的局限性，提升了其对多变地质条件、复杂周边环境等工况的适应性，已应用于广州地铁七号线西延段工程中，施工效果良好。

2018年，铁建重工自主研发了首台大直径土压/TBM双模盾构机，应用于珠三角城际铁路广佛环线大源站至太和站区间工程；2020年，中铁装备自主研发并下线国内最大直径的土压、泥水双模盾构，应用于成都紫瑞隧道工程。[119, 120]

在深地工程关键装备和控制技术方面，纪洪广等（附表3-22）提出了深井智能掘进装备与智能控制系统研发体系，从高效破岩与排渣、装备构成与空间优化、精确智能钻井控制三个方面解决了上排渣竖井掘进机设计与制造亟须攻克的科学问题与技术难题，形成了 1500 米以深、2000 米以浅金属矿深竖井高效掘进成井、大吨位高速提升与控制关键技术与装备能力，并制定了相应的技术标准和规范。2020 年 9 月 20 日，刘志强等研制的国内首台竖井掘进机"金沙江一号"在云南以礼河电站出线竖井工程成功始发，实现了井内掘进机械化、智能化、无人化，标志着我国已具备竖井掘进机的自主研发制造能力。

（四）岩石力学软件进展

近年来国际岩石力学软件研究热点不断变化，2017—2020 年离散元数值模拟软件（5832 篇）相关研究进展较多，裂隙扩展（3770 篇）模拟研究成为数值分析的新热点问题，我国岩石力学数值模拟软件也处于快速发展阶段，除基于有限元等连续介质力学方法的数值仿真软件外，针对岩体结构破坏机理和破坏仿真模拟的非连续、连续 – 非连续分析软件，已逐渐打破被国外软件垄断的局面，包括 RFPA、CASrock 等。同时，工程设计与决策软件也得到了国内广大学者的高度重视。

1. 模拟分析软件

（1）RFPA- 岩石破裂过程分析系统

岩石破裂过程分析系统（RFPA）是唐春安等（附表 2-8，附表 3-23）基于有限元计算方法和岩石破坏过程特殊机理研发、适用于脆性材料和工程结构安全性评价的真实破裂过程分析软件。RFPA 的优势在于通过精细单元与简单本构关系实现非均匀性岩石破坏问题的描述。在数值模拟算法方面，发挥 RFPA 模拟岩石裂纹萌生与扩展的优势，并结合 DDA 方法模拟块体运动的特点，研发了岩石连续 – 非连续变形、破坏与运动模拟软件 DDD。近年来，借助高性能并行计算技术的发展，RFPA 实现了更大规模计算，在微细观尺度、工程岩体尺度与地球大尺度的模拟方面，均取得了长足进步。

在岩石细观尺度模拟方面，郎颖娴等[121]针对岩石微细观非均质性和多孔隙特性，采用 CT 扫描技术、边缘检测算法、三维点阵映射与重构算法，建立了可反映岩体内部细观结构的三维非均匀数值模拟方法。李根等[122]提出了模拟岩石细观破坏过程的局部多尺度高分辨建模策略，即仅在关注区域采用逼近细观尺度网格，而无须建立全局一致精细网格模型，进而获得局部高精度应力场。在节理岩体尺度方面，基于 Baecher 模型、Monte-Carlo 方法，梁正召等[123]应用 RFPA3D 建立了等效岩体三维节理网络模型模拟方法，开展了三维节理岩体尺寸效应与各向异性研究。在地球宏观尺度方面，唐春安等[124]基于 RFPA 定量模拟地球岩石圈和超大陆裂解过程，开展了地球板块起源与早期构造机制的研究，并在 Nature Communications 发表，国际地质百科全书 Encyclopedia of Geology 在"板块构造"条目中收录了该文的主要观点。

（2）CDEM/GDEM 力学分析软件

中科院力学所联合北京极道成然科技有限公司以 CDEM 为基础，开发了基于 GPU 技术的商用软件GDEM，可有效模拟静、动载荷下地质体的破坏全过程。近年来GDEM软件取得了重要进展，新增了与爆炸冲击及矿山开采相关的大量算法及模型，软件应用范围已拓展到岩土爆破分析、道路冲击破裂过程分析、战斗部毁伤效应分析等领域。

李世海等[125]提出了一种描述岩土介质在冲击载荷下渐进破坏过程的显式数值分析方法，并通过实验及理论分析验证了正确性。冯春等[126]研究了相邻两孔间应力波叠加效应及起裂机理，探讨了节理特性对应力波传播及爆破效果的影响规律。赵安平等[127]建立了节理岩体一维分析模型并进行了量纲分析，探讨了节理特性对应力波传播规律的影响。张群雷等[128]将液压支架本构模型引入CDEM中，分析了放顶煤的机理，并提出了一种自动放顶煤技术。鞠杨等[129]基于CDEM模拟了多层非均质岩层中巷道掘进开采过程中采动应力与破裂的演化过程，分析了顶板垮落、底板凸出、垮落块压实以及直接顶板与主顶板之间的大变形、分离和垮落机理。王浩哲等[130]采用改进的连续-不连续单元法模拟弹头大变形等跨尺度计算问题，描述了弹壳破碎、碎片散射和着陆的完整过程，并结合战斗部静态爆炸和弹道炮试验数据进行了验证。

（3）同济曙光三维数值分析系列软件

同济曙光（TJSG®）是同济大学朱合华教授团队与上海同岩土木工程科技有限公司在多年技术积累基础上自主研发、具有完全知识产权的国产高端数值分析系列软件，包括岩土三维通用有限元数值分析（GeoFBA3D）、岩体三维非连续稳定性几何分析（GSP）和岩体三维非连续变形分析（BMA3D）。适用于岩土地下结构、地下管线、边坡与挡土结构、桩基、各类结构与基础的共同作用、软土地基处理、坝体、矿山井巷等各类土建、水电和能源工程的数值仿真分析。

岩土三维通用有限元数值分析软件（GeoFBA3D），集成了修正剑桥、HS、2D Hoek-Brown、GZZ（3D Hoek-Brown）、上海土等十六种岩土本构模型，能较好地模拟岩土体弹、塑性问题。软件经过近二十年的改进与迭代，不断趋于完善，拥有基础算法、几何构造、网格剖分、数值计算、图形交互等共享模块，具备二次开发能力。为解决三维有限元分析面临的三维几何交互建模、网格剖分、运行计算效率等难题，基于几何实体边界表达法和消息响应机制开发了三维有限元前处理模块，实现了有限元任意几何对象及边界对象（荷载、约束、地层弹簧等）的三维可视化、交互式、参数化构建，显著提升了有限元软件前处理建模效率和质量。GeoFBA3D细化数据类型及颗粒度，采用改进的对称逐步超松弛预处理共轭梯度法及并行计算技术构建有限元求解器，显著提升了计算性能。朱合华、张琦等将[131,132]修正广义Hoek-Brown破坏准则（GZZ）引入GeoFBA3D中，并给出了一类经典弹塑性力学问题的计算结果验证及其在隧道工程中的典型应用算例。在此基础上，新增三维渗流分析功能[133]，渗流模块采用饱和-非饱和固液气多场完全渗流-应力耦合有限元-有限差分方法。

在GeoFBA3D专用图形平台基础上，武威等开发了岩体形心滑动锥法（CSP）软件，实现了岩体不稳定块体快速分析；武威、刘新根等引入块体角点运动探针思想，改进了块体接触检索算法，研制了三维非连续变形分析软件（BMA3D）。

（4）LDEAS 深部软岩工程大变形力学分析软件

深部软岩工程大变形力学分析软件 LDEAS（Large Deformation Engineering Analysis System）是由中国矿业大学（北京）何满潮院士团队和飞箭软件公司梁国平先生团队合作研发的，用于深部软岩工程大变形破坏机理分析、支护设计及稳定性评价的有限元软件。

陈至达教授于 1979 年发展的有限变形理论[134, 135]，基于拖带坐标系提出了变形的和分解定理，解决了经典有限变形理论采用 Finger 极分解定理来分离变形和转动，Green 应变张量与转动张量不匹配、分解不唯一的缺点。为了对深部软岩工程的大变形破坏过程进行正确的模拟分析，将两种有限变形理论进行比较，何满潮院士于 2005 年主持了 LDEAS 软件的研发工作。该软件以梁国平先生提出的有限元程序自动生成系统 FEPG（1995）为平台进行研发，采用了何满潮院士提出的软岩工程大变形力学设计方法（1994），2009 年获得软件著作权。

软件的主要功能有[136]：①能模拟三类非线性问题（几何、材料和接触非线性）及其耦合。在几何非线性问题中，有限变形理论包含和分解、极分解大变形计算模块；在材料非线性问题中，岩块可选用弹性或弹塑性本构模型（M-C 和 D-P 准则等），节理、断层等用 Goodman 单元或非线性殷有泉单元模拟；在接触非线性问题中，采用拉格朗日乘子法处理开挖边界、节理单元的摩擦接触[137]。②包含多种支护结构单元：梁、刚架、桁架、锚杆/锚索（包括普通和恒阻大变形锚杆/锚索）等。③能实现地应力的计算与读入、开挖与建造过程的模拟（喷层、衬砌等）。

LDEAS 软件的研发及分析结果，已有多篇高水平论文[137-142]和论著[136]发表。在工程应用方面，该软件已经成功应用于对新生代膨胀性软岩巷道（龙口柳海 -480 米水平运输大巷）、古生代高应力软岩巷道（徐州旗山 -1000 米水平北翼轨道联络大巷）的围岩大变形破坏稳定性分析，以及新疆吉林台水电站在地质构造性运动下的区域稳定性分析。

（5）CASRock 工程岩体破裂过程细胞自动机分析软件

工程岩体破裂过程细胞自动机分析软件（CASRock），是冯夏庭、潘鹏志等基于多学科交叉和多种数值方法开发的模拟复杂条件下工程岩体破裂过程的软件平台，分析模块包括岩石弹脆塑性破裂过程分析模块（EPCA）、裂隙岩体流变过程分析模块（VEPCA）、温度-渗流-应力-化学耦合过程分析模块（THMC-EPCA）、岩体变形破坏过程连续-非连续分析模块（CDCA）等，能较好地模拟多场耦合、静力和动力等复杂环境下工程岩体从弹性到屈服、微裂纹萌生、扩展和贯通的整个破坏局部化过程。该方法的特点是工程岩体整体物理力学行为通过元胞与其邻居之间依据局部更新规则的相互作用依次传递来反映，避免了传统方法需求解大型线性方程组及其带来的复杂性，是一种"自下而上"模拟工程岩体破坏局部化过程的思路。近年来，结合不断进步的计算机技术，CASRock 分析软件在多场耦合和复杂应力环境下工程岩体破裂过程分析方面取得了进一步进展。

潘鹏志等[143-145]建立了融合超松弛和细胞自动机的岩体单元任意物理量邻域状态演化的快速自适应张量更新规则,大幅提升物理状态更新速度并节省计算资源;基于压力溶解理论、溶质运移方程等,实现了温度-渗流-应力-化学耦合过程模拟以及考虑蒸汽扩散和液态水对流的非饱和岩土体温度-渗流-应力耦合过程模拟,成为国际合作研究计划 DECOVALEX 高放废物地质处置多场耦合领域的代表性分析方法之一。潘鹏志、晏飞等[146]建立了裂纹萌生、裂纹交叉和块体识别算法,实现了从弹脆塑性到裂纹萌生、扩展、贯通和交汇全过程的模拟;冯夏庭、潘鹏志[147]等建立了融合细胞自动机和 MPI 的元胞三维状态并行更新规则,实现了工程岩体破裂过程的大规模仿真;冯夏庭、王兆丰等[148]提出了硬岩三维力学模型和工程岩体破裂程度指标 RFD,基于 CASRock 实现了深部工程岩体破裂位置、程度和范围的定量评价。潘鹏志、梅万全等[149, 150]建立了基于 CASRock 的工程活动模拟方法,实现了钻爆法开挖、TBM 开挖和衬砌支护等工程活动的表征。

(6) Massflow 地表过程动力学数值模拟软件

地表过程动力学数值模拟软件(Massflow)是欧阳朝军等基于广义深度积分连续介质力学模型开发的用以求解地表滑坡、泥石流、山洪等地质灾害运动过程模拟软件。Massflow 基于 MacCormack-TVD 有限差分方法,采用网格重划分技术、MPI 和 OpenMP 并行方法,针对地质灾害特征开发了友好的前后处理界面,获得了科研和工程技术人员的广泛认可和使用。近年来,Massflow 软件在滑坡、泥石流风险评估、灾害链过程模拟以及风险预报方面取得了积极进展。

针对土质滑坡,学者们通过 Massflow 数值模拟揭示和证实了超孔隙水压力是诸如深圳光明新区"12·20"滑坡、黑方台滑坡群等灾害的决定性因素[151, 152]。针对大型岩质滑坡,揭示了坡面铲刮规模放大效应,并建立了岩质滑坡危害范围和运动距离定量评估方法[153]。范宣梅等[154]耦合 Massflow 与溃口演化模型,开展了金沙江白格滑坡灾害链全过程分析。安会聪等[155]采用 Massflow 与 EDEM 软件耦合,综合考虑了连续流体与离散颗粒之间的相互作用。在中科院"美丽中国"先导专项支持下,该软件进一步耦合了降雨-植被截留-入渗和边坡失稳等模型,建立了小流域山洪泥石流演进全过程正演模拟方法,并将构建精细化的山洪泥石流风险模拟与险情预报系统。

(7) MatDEM 矩阵离散元法

MatDEM 是基于快速矩阵计算的岩土体离散元分析软件(Matrix-based Discrete Element Method),可有效地模拟地质及岩土领域的大变形和破坏问题,为岩石工程灾害分析提供了有力工具。针对颗粒离散元法工程应用存在的精确建模困难、多场耦合理论不完善和计算资源需求大等不足,MatDEM 软件在以下方面取得了创新性进展:建立了岩土体离散元宏微观转换方法,实现了岩土体材料的快速精确建模;提出了岩土体离散元能量转化和水热力耦合方法，实现了复杂多场耦合过程的数值分析；构建了高性能的矩阵离散元算法，提高分析效率数十倍[156]。软件于2018年5月发布，支持6种语言，综合了前处理、计算、后处理和强大的二次开发功能。目前，软件已支持200余家单位1600余名用户开展离散元分析。

基于MatDEM软件分析结果，已有多篇高水平论文发表，刘春等[157]将MatDEM软件应用于多孔砂岩的压密屈服破坏过程分析，通过建立紧密规则堆积的离散元模型，揭示了砂岩中曲折型压密带的形成机制；秦岩等[158]基于MatDEM中新的弹性团块模型，构建了常规三轴试验离散元数值模拟器，成功分析不同围压下砂岩共轭剪切破坏过程；张志镇等[159]基于MatDEM软件进行二次开发，构建了气固耦合计算程序，模拟了含瓦斯煤体在不同瓦斯压力下的三轴压缩过程；邢爱国等[160]结合地震信号反演求取动态参数，采用MatDEM模拟岩崩的运动学行为；陈卓等[161]考虑了滑坡的破坏过程、速度、位移、热量产生和能量转换，采用MatDEM对滑坡的变形行为和动力学特征开展了研究。

（8）KBT、DDA和NMM系列非连续变形数值分析软件

非连续变形分析系列方法是由著名华人岩石力学专家石根华先生提出，包括关键块体理论（key block theory，KBT）、非连续变形分析（discontinuous deformation analysis，DDA）和数值流形方法（numerical manifold method，NMM）等，已被广泛应用于岩土工程中存在的与非连续地质环境有关的科学与工程问题研究。近年来，DDA系列方法主要在通用接触计算理论、数值方法的能力拓展、规模效率提升和软件开发方面取得了重要进展。

在接触计算理论方面，石根华先生历经数十年潜心研究，将任意两个块体A和B间的接触关系简单而有效地描述为A中的一个点与一个进入块$E(A，B)$之间的位置关系，建立了自然界中任意接触问题的绝对精确通解，彻底解决了接触从几何转为代数的难题，为非连续体的几何接触问题给出了完备的解析解答，解决了困扰三维非连续计算的接触检测瓶颈问题。

在非连续数值方法的能力拓展方面：KBT方法在理论上已趋于完备，进展主要体现在工程应用和软件开发方面；DDA方法的进展主要体现在郑宏等[162]提出的力法DDA、陈光齐等[163]建立的能量法断裂理论DDA解析、黄刚海等[164]发展的三维球颗粒算法等；NMM方法的主要进展包括马国伟等[165]发展的显式NMM法、郑宏等[166]提出的集中质量矩阵逐片累加算法NMM、王媛等[167]建立的多场耦合NMM法等。

在规模和效率提升方面：黄刚海等[164]研究了三维球颗粒DDA各类大规模线性方程组的求解效率，从理论上解决了三维DDA的快速求解问题；焦玉勇等[168]建立了三维球颗粒DDA的并行计算和云计算模式，深度探讨了三维球颗粒DDA的计算规模和效率问题；张国新等[169]完成了DDA程序并行化重构，实现了接触搜索、刚度计算、方程求解的多进程并行运算，规模达10万单元；陈光齐等[170]采用基于OpenMP的CPU并行架构和基于CUDA的GPU并行架构，实现了处理器并行和显卡并行的协同计算，显著提升了DDA

方法的计算效率；杨永涛等[171]发展了基于GPU并行计算的二维和三维非连续变形分析方法；林绍忠等[172]利用Jacobi预处理共轭梯度并行求解方法大幅提高了DDA和NMM的求解效率，建立了高阶初应力的准确表达式，提出了基于独立覆盖的新型NMM。

非连续方法的软件开发方面：中国科学院大学联合华根仕公司发布的CNKBT已经商业化；张奇华开发的块体分析软件KBTE进入软件发布阶段；目前，DDA和NMM方法的计算软件为各科研团队自主开发，有的已渐趋成熟，但暂时未进入商业化阶段。

2. 工程设计与决策软件

（1）基于BIM的工程设计方法

BIM技术是在传统三维几何模型基础上，整合多重信息数据和参数，构建全生命周期的设计平台，可实现岩土工程、结构工程的高效设计[173]。针对特高拱坝基础复杂、水推力巨大、应力水平高、基础开挖和加固难度大等问题，林鹏等（附表2-6）建立了基于BIM技术的信息化施工精细管控成套技术，提出了特高拱坝基础适应性开挖与整体加固成套工法方案，解决了施工、运行期大坝基础面临开裂破坏的难题。赵琳等[174]基于Bentley平台的大体量工程、三维曲线元素、可二次开发的优点，建立了BIM协同管理平台，解决了轨道交通工程在设计、施工、运营中的难题。吕刚等[175]基于三维BIM模型、VR技术和GIS漫游建立的可视化、信息化智慧施工管理监控平台，实现了对掘进、拼装、注浆等施工环节的全过程管理和监控以及对风险的可视化实时预测和分析。徐振等[176]针对建筑物震后修复过程评估和决策难题，提出了基于BIM的建筑物震后修复过程的五维仿真方法，开发了BIM组件与其维修计划之间的自动映射算法，实现了地震后维修过程的5D模拟。

（2）基础设施智慧服务系统（iS3）及应用

在基础设施数字化、建养一体化等研究基础上，朱合华教授团队[177]从信息流角度提出了基础设施智慧服务系统（iS3，infrastructure smart service system）的理念，即基础设施全寿命周期的数据采集、处理、表达、分析和服务的一体化智慧决策系统，在国际上提供了首个开源的数据集成管控系统（https://github.com/iS3-Project），突破了跨平台信息集成的瓶颈。iS3系统平台借鉴了GIS和BIM的数据存储、数据管理、空间分析等功能，为集成其他建模软件（如GoCAD、GeoModeller等地质建模软件和Revit、MicroStation、Catia等BIM类结构建模软件）提供开放式接口，从信息流角度扩展了数据采集、数据处理、统一数据模型和信息共享平台，从而在iS3系统平台上实现各种分析和一体化决策服务[178]。iS3系统平台主要服务于道路、桥梁、隧道、综合管廊、基坑等基础设施对象，涵盖从规划、勘察、设计、施工到运营维护各阶段不同信息流节点的全寿命周期。

针对岩体工程的复杂性和隐蔽性，传统的建模和分析方法难以满足较高精度要求，在iS3系统平台框架内，将隧道工程中高精度采集与分析方法及技术进行了改进和高度集成，形成了一套针对岩体隧道的精细化采集、分析与服务系统，并已在工程实践中应用；针对3D-DDA建模问题，开发了一套三维多目摄影测量和非连续变形分析（DDA）的集成系统，实现了岩石地下工程的块体稳定性分析，解决了传统三维建模精度差、耗时长的难题[179]。

（3）TBM掘进智能化软件

在隧道施工成套智能装备技术方面，李建斌等（附表3-24）围绕TBM掘进过程地质信息感知、融合和识别、TBM掘进状态智能控制与优化决策等科学问题开展研究，构建了TBM掘进过程海量信息大数据仓库和云计算平台，研究了TBM智能控制策略和优化决策方法，开发了TBM掘进智能化控制支撑软件TBM-SMART。

（五）岩石力学在重大工程中的应用

1. 白鹤滩水电站建设

（1）工程简介及挑战

白鹤滩水电站位于金沙江下游四川省宁南县和云南省巧家县境内，距巧家县城45千米，距昆明260千米左右。白鹤滩水电站上接乌东德梯级，下邻溪洛渡梯级。白鹤滩水电站装机1600万千瓦，左右岸地下厂房各布置八台100万千瓦的水轮发电机，电站多年平均发电量640.95亿千瓦·时，为在建世界第一的水电工程，建成后将成为仅次于三峡工程的世界第二大水电站，是西电东送的骨干电站，是长江流域防洪体系的重要组成部分。

白鹤滩水电站枢纽由拦河坝、泄洪消能设施、引水发电系统等主要建（构）筑物组成。拦河坝为混凝土双曲拱坝，最大坝高289米，坝体方量803万立方米，规模巨大；布置三层孔口，结构复杂；坝基为柱状节理玄武岩，地质条件复杂；坝址位于高地震烈度区，干热河谷、大风频发，气候恶劣。坝基和地下厂房开挖变形控制、混凝土温控难度高于同类工程，主要技术指标和综合技术难度位居世界前列。白鹤滩水电站左右岸地下厂房采用首部式地下厂房。左右岸地下厂房轴线分别为N20°E、N10°W。两岸500千伏开关站均采用地下GIS布置型式，布置在主变洞内，地面仅设出线场。主副厂房洞尺寸：438米×34米×88.7米，规模世界第一，地下硐室群开挖量达2500万立方米，为世界水电工程中最大的地下硐室群，围岩地质条件复杂且地应力水平较高，普遍存在脆性岩体的高应力破坏、软弱层间带导致的深层变形、柱状节理玄武岩的破裂松弛三类典型岩石力学问题。

（2）工程创新

白鹤滩水电站首次采用百万千瓦机组，地下厂房规模巨大。针对面临的高地应力、长大错动带、硬脆玄武岩等复杂地质条件下建造巨型地下硐室群的技术难题，通过理论分析、室内试验与现场测试、数值分析与工程类比、实时监控与反馈优化、工程设计与工程建设管理相结合的研究思路，在岩石力学领域取得以下创新性成果。①揭示了高地应力下地下硐室群硬脆玄武岩的破裂力学特性与错动带的不连续变形特性，提出了与高地应力围岩分区破裂特性相适应的理论模型与设计原则，为高地应力下硬脆玄武岩稳定控制提供了理论基础。②提出了玄武岩硐室群围岩时空变形全过程调控的成套技术与方法，解决了高地应力下玄武岩卸荷破裂松弛、错动带不连续变形及巨型硐室群联动效应等关键难题。

③提出了"认识围岩、利用围岩、保护围岩、监测反馈"的原则,形成了适应高地应力玄武岩开挖卸荷导致的时空松弛特点的快速施工工艺及配套设备,建立了地下工程建造和管理一体化的技术体系。

(3)效果及推广价值

通过精细化开挖和弱爆破扰动控制,有效保障了白鹤滩水电站地下硐室群开挖成型,减少了地下石方开挖22.8万立方米、混凝土回填13.7万立方米;确保了硐室群围岩稳定和安全,避免了反复补强支护,节约喷射混凝土0.8万立方米、锚杆2.3万根、锚索0.093万束,直接经济效益显著。研究成果解决了柱状节理玄武岩岩石力学关键问题及其灾害防控的技术难题,实现了复杂地质条件下建造巨型地下硐室群的技术创新与管理创新,为我国地下硐室群高效设计、精益建设和安全运行提供了关键技术支撑,增强了我国在水电建设领域的核心竞争力。同时,研究成果在水利、水电、交通、矿山、国防等行业地下工程建设中具有广阔的推广应用前景。

2. 边坡灾害预测预报预警典型案例

(1)工程简介及挑战

截至2020年,全国已发现地质灾害隐患点33.2万余处,直接威胁1300余万人安全,其中,93.5%分布在广大偏远山区和乡村,主要动员约35万名村民进行汛期群测群防,耗费大量人力物力,急需研发可以在复杂山区可靠运行和大规模推广的性价比高的监测预警系统,以全面提升我国地质灾害监测预警能力,实现地质灾害监测预警从"人防"向"人防+技防"的模式转变。

我国滑坡类型复杂多样规模不一,以及地质条件复杂、供电保障难、安装环境恶劣、通信不稳定,致使无法规模化实时精准监测,同时,由于缺乏工业化生产,监测预警技术装备适配性、可靠性和性价比差,导致监测预警网络化、数字化和智能化水平偏低,严重制约滑坡专业化监测预警。2018年以来,在自然资源部支持下,中国地质调查局殷跃平率领的地质灾害监测预警团队联合数十家企业、院校等单位在全国范围开展了滑坡监测预警试验示范,突破了基于工程岩体的斋藤加速变形监测预报理论,研发了基于滑坡拉裂变形、倾覆加速和降雨触发等基本测项的系列实时监测技术装备,初步提出了基于多测项指标异常和威胁人员数量的滑坡风险预警理论,并开发了全国滑坡灾害监测预警云平台。目前,已在全国丘陵山区、黄土地区、强震山区和高山峡谷区四类地区约25000处滑坡体上进行推广示范,推动了我国滑坡监测预警"人防+技防"模式的科技进步。

(2)工程创新

1)集成研发低功耗、轻便型、高性价比的滑坡普适型监测设备。瞄准滑坡灾害"防"的核心需求,聚焦降雨与地表形变两类关键要素,创新进展包括:①创新集成微机电传感技术,形成多参数普适型监测设备,通过多源效验大幅提升监测数据可信度;②采用地基增强精准定位技术,大幅提高北斗位移监测数据解算可靠性并降低规模化监测成本;③采用压电传感技术，解决了传统机械式雨量计量程小、易堵塞的问题；④采用频域反射传感技术，解决了传统插针式土壤含水率计安装难、标定难的问题；⑤采用智能休眠与变频监测技术，有效降低设备运行功耗；⑥应用 5G 与天地窄带物联通信技术，大幅降低设备传输功耗，并实现前端自组网与中继通信。

2）聚焦隐患点多场耦合风险预警，研发全国滑坡灾害智能风险预警平台。基于全国滑坡普适型监测工程，研发全国滑坡灾害智能监测预警平台，显著提升全国地质灾害监测预警业务数字化、信息化、智能化、标准化水平。利用多源、多尺度时空大数据存储、分布式索引、大数据分析等技术，构建滑坡灾害智能监测预警并行计算和分析框架，实现监测数据标准化接入、数据聚合、智能分析、决策处置，支持国家－省－市多级动态调度、数据双向共享。充分依靠监测数据与深度自学习算法，结合专家的知识经验与现场宏观判断，建立集成灾害体宏观预警、监测形变趋势智能预测和受威胁对象危害程度并实现人工智能混合优化的多参数风险预警模型，实现人机融合研判，提升滑坡风险预警决策的准确度。基于滑坡的运动过程及边界条件的模糊属性，提出基于模糊控制系统和智能混合优化的多参数风险预警方法，以期从行为上模仿人的模糊推理和决策过程，得到兼顾滑坡形变和威胁对象的定量化风险预警结果，可为基于普适型监测的滑坡风险预警提供一种有效的工作方法，进一步提升风险预警的精准性和科学性。

3）制定滑坡灾害监测预警技术标准，推动全国滑坡监测"万物皆连"。编写《地质灾害专群结合监测预警技术指南》《地质灾害监测数据通信技术要求》《地质灾害监测预警数据库建设规范》三部国家行业标准，通过统一数据格式、接口方式和传输协议，科学规范监测设备选型布设、数据采集传输到数据汇聚管理等监测预警工作的关键环节，有效指导全国地质灾害监测预警工作。

（3）效果及推广价值

截至 2021 年 8 月，已建立覆盖全国 17 个省、约 2.5 万处滑坡的监测预警示范，完成 10 万余台套监测设备的安装和运行，实现地表形变与降雨等六个测项监测数据的实时采集、传输、分析和风险预警，初步建成全国滑坡灾害监测预警网络，总体运行稳定可靠，效果良好。据不完全统计，已实现至少 55 次成功预警，监测预警成效初显。

3. 高瓦斯矿井 110 工法及 N00 工法应用

（1）工程简介及挑战

高瓦斯矿井主要集中在云贵川及山西等地区，其中贵州占比达 34%。目前高瓦斯矿井多采用长壁开采 121 工法，引发了掘巷成本持高不下、采掘接续困难以及资源浪费等一系列问题。为治理瓦斯一个工作面需掘进四条巷道，万吨掘进率 95 米 / 万吨，约为全国平均 34 米 / 万吨的 3 倍。瓦斯治理钻孔 2460 米 / 万吨，考虑治理瓦斯时间月均单进约 50 米，造成煤矿生产接续持续紧张，个别矿井每年因采掘接续问题导致 3~5 个月的生产"空窗期"。以贵州为例，每年平均掘巷量超过 200 万米，按照综合掘巷成本（含瓦斯治理成本）8000元/米计算，掘巷费用约160亿元；贵州地区地质条件复杂，容易造成掘进安全事故，严重影响矿井年产量及经济效益；由于煤柱的留设，导致贵州地区矿井煤炭采出率低于50%，每年浪费煤炭资源约3亿吨。因此，就贵州地区乃至全国煤炭行业而言，急需采用科技手段从根本上解决高瓦斯矿井掘巷成本高、施工安全性低、采掘接续困难、资源浪费四大难题，从而实现煤炭企业的绿色、安全、高效、可持续发展。

110、N00工法相比传统121工法而言，每个回采工作面只需掘进一条巷道或不掘巷道，取消了区段煤柱，大幅降低掘巷成本，解决采掘接续问题，提高资源回收率，实现采掘一体化，使矿井实现无人化智能开采成为可能。贵州煤层赋存条件复杂，以安晟能源公司发耳矿为例，主要表现为高瓦斯近距离煤层群，如何在复杂条件下安全、科学、高效实施高瓦斯矿井110、N00工法是无煤柱自成巷开采面临的重大挑战。

（2）工程创新

①研究了110、N00工法工艺下开采对煤与瓦斯突出的影响，总结110、N00工法工艺下开采卸压瓦斯运移通道的形态及形成规律，并根据开采后应力变化、卸压瓦斯释放情况，将开采扰动影响的区域划分为突出危险性升高区、突出危险性无异动区和突出危险性降低区。②提出110、N00工法工艺下开采煤与瓦斯突出防治措施，形成采前与采后联合抽采、通风系统优化及碎石帮挡矸防漏风一体化的突出煤层切顶卸压无煤柱自成巷综合技术体系。③形成了煤与瓦斯突出矿井利用瓦斯抽采巷110、N00工法开采的立体通风方法及系统，解决了高突矿井采用110工法初期掘进工程量大及不能正常通风问题。④提出了110工法近距离突出煤层群立体式瓦斯抽采方法，利用留巷段治理瓦斯，从空间和时间上优化了瓦斯抽采布局，减少了瓦斯治理巷道工程量，缩短了瓦斯治理时间。

（3）效果及推广价值

以贵州安晟能源公司为例，无煤柱自成巷110工法开采技术在发耳煤矿、五轮山煤矿、青龙煤矿、小屯煤矿应用，节约掘巷及瓦斯治理成本5000万元，多回收煤柱14万吨，回收煤炭资源直接经济效益约7000万元。

发耳煤矿为西南地区典型的高瓦斯和突出矿井，110工法在该矿成功应用对贵州省110工法推广奠定了基础且具有深远影响，以变革性技术推动煤炭产业变革，促进贵州省传统产业高端化、绿色化、集约化发展。

安晟能源公司青龙煤矿采用N00工法，取消了采煤工作面煤巷掘进，采煤掘进一体化，使得全矿井实现无人化开采成为可能。N00工法采用全新采煤工艺，改变采煤工作面的装备布局，突破了长壁开采先掘巷后采煤的传统模式，实现整个盘区内无煤柱留设和无巷道掘进。其中4G N00智能化矿井提出了"N00+地面站"模式，利用地面站实现全矿井智能化控制，最终实现"井下无人地面出煤"。

综上，无煤柱自成巷110、N00工法在高瓦斯矿井的成功应用，实现了无煤柱开采，消除了安全隐患，避免了采掘接续紧张，降低了生产成本，实现了煤炭企业的绿色安全高效生产，经济社会效益显著，具有广阔的推广应用前景。

4. 新城金矿超深竖井超前序次动态释压理论与控制方法

（1）工程简介及挑战

深部矿产资源开发已成为未来世界采矿工业发展的必然趋势，竖井是地下矿山生产系统的咽喉，也是矿山基建过程中难度最大的基础项目。随竖井建设深度的不断增加，井筒围岩承受的原岩应力逐渐增加，井筒开挖后，井筒围岩内应力重新分布，围岩体内应力高度集中，导致围岩发生破裂、碎胀、塑性扩容或岩爆等破坏现象。

山东黄金矿业股份有限公司新城金矿新主井，深度1527米，为我国目前已建成的最深竖井，该井2017年3月31日开始建设，井筒净直径6.7米，井口标高+32.9米，井底标高-1494.1米。

（2）工程创新

超深井筒开凿穿越复杂地层构造，区域构造应力随凿井深度增加而增加，且井筒开挖扰动应力随时间推移和开挖空间转换诱致井筒围岩变形破坏增加。为防控超深竖井建设面临的高地压灾害，揭示高应力、高承水压力、高岩温及非线性动荷载作用下钻爆法开凿超深井筒（1500米以上深度）围岩体失稳力学机制及其响应特征，项目研究突破依靠提高衬砌混凝土强度及井壁厚度"随掘随砌"被动维护井筒稳定的理论，基于应力调控和释压机理，提出了超深井筒超前序次动态释压理论，通过序次提高井壁衬砌与井筒掘进工作面距离，释放积聚在井筒围岩体内的高应力；采用卸压爆破和释能支护系统主动调控未衬砌段井筒围岩受力状态与分布特征，使围岩-释能支护结构体逐渐承受井筒围岩重分布形变荷载，分别考虑围岩变形、支护约束以及井筒开挖面的空间约束，确定井筒支护时机和释能支护结构，继而采用低强度等级混凝土衬砌井筒。

（3）效果及推广价值

通过在新城金矿1527米深新主井采用超前序次动态释压理论与释能支护系统（见图4），革新了传统凿井"随掘随砌"被动维护井筒长期稳定的思想，形成了深部高地应力岩层条件下超深竖井施工工艺，解决了超深竖井建设地压难防难控的瓶颈问题，应用效果显著，为超深竖井设计与施工提供了新理论和新方法，为我国超深竖井建设提供了理论与技术参考。

5. 深地岩爆灾害控制典型案例

（1）工程简介及挑战

川藏铁路拉林段巴玉隧道平均海拔3500米，隧道全长13073米，最大埋深2080米。隧道线路地处亚欧板块与印度洋板块交汇地带，穿越沃卡地堑东缘断裂带，地壳活动活跃。地层以坚硬花岗岩为主，岩爆灾害问题突出，正洞预测岩爆段落共计12242米，占全隧的94%，是世界首座高原重度岩爆隧道，也是目前世界岩爆最强、独头掘进距离最长、埋深最大的高原铁路隧道。高岩爆风险严重威胁施工人员安全，施工队伍频繁更换，工期

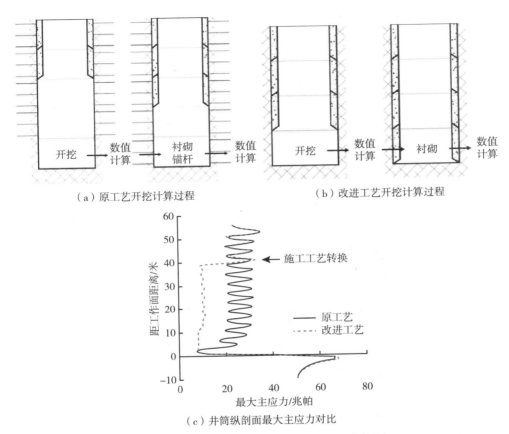

图 4 新城金矿 1527 米超深井筒围岩释能控制

严重延误。隧道横剖面见图 5。

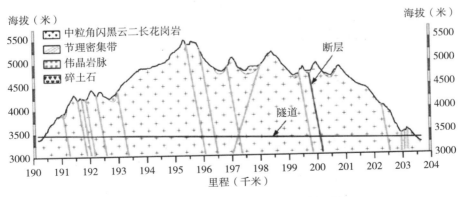

图 5 川藏铁路拉林段巴玉隧道横剖面图

工程面临的挑战包括：①新型间歇型岩爆机理认识不清，导致无法确定一次岩爆后是否还会发生同等级或更高等级的岩爆，严重威胁隧道施工安全；②岩爆在隧道横断面上赋存位置不断偏转、变化，其不确定性增加了岩爆监测和预警的难度和危险性；③岩爆微震监测数据量庞大，人工处理不能满足岩爆预警的及时性。

（2）工程创新

①结合自主研发的深部工程硬岩破裂过程系列真三轴试验装置、微震监测系统和大型三维数值模拟软件（CASRock 软件），创立了岩爆机理的"毫米－厘米－米级多尺度""多手段"综合研究方法，科学认知了新型间歇式岩爆的孕育规律。②揭示了结构面对岩爆发生位置的影响机制，发现了结构面、隧道与最大主应力方向三者间的空间关系影响岩爆发生位置的规律。③搭建了高原长距离深埋隧道的无线微震监测系统，建立了岩石破裂波形智能识别方法、到时智能拾取方法、考虑空区绕射的智能定位方法，提高了数据分析速度和精度。④基于"减能""释能"和"吸能"的岩爆防控"三步走"思想，制定了岩爆分级控制策略，建立了"五方联动"的岩爆风险防控机制。

（3）效果及推广价值

通过在巴玉隧道应用岩爆智能监测、预警与防控技术，依据岩爆风险预警结果，合理施作调控措施，有效降低隧道开挖过程中的岩爆等级和岩爆段落长度。开展岩爆微震监测、预警与动态控制期间，未发生岩爆灾害相关的安全事故，有效稳定了施工队伍。同时，施工管理人员依据岩爆预警结果合理调整施工速率和施工工序，做到开挖快、慢有的放矢，提高了施工工效。在场开展岩爆微震监测预警 918 天，预警洞段总长度 4650 米，施工工效提高 30%，其成功经验将为 800 多千米新建川藏铁路隧道提供有力支撑。

6. 高放废物地质处置应用

（1）工程简介及挑战

高水平放射性废物（简称高放废物）安全处置是关系到核工业可持续发展和环境保护的重要课题。目前，国际上普遍接受的高放废物最终安全处置方案是深地质处置，即把高放废物埋在距离地表深约 300~1000 米的地质体中，使之与人类的生存环境永久隔离。高放废物处置库普遍采用包括处置容器、缓冲材料、处置围岩的"多重屏障系统"设计。目前，以高放废物玻璃固化体为处置对象、以甘肃北山为参考场址、以花岗岩为处置库围岩、以膨润土为缓冲材料基材，我国提出了处置库的基本构想。

（2）工程创新

我国于 2021 年 6 月正式开工建设高放废物地质处置北山地下实验室。该项工程从始至终体现了技术创新与工程创新。

1）地下实验室设计

我国首座高放废物地质处置地下实验室建设地点位于甘肃省北山预选区新场，建设周期为 2021—2027 年。地上部分为场区地表试验设施和配套设施。地下部分为地下实验室主体工程，最大埋深 560 米，主体结构为"螺旋斜坡道＋三竖井＋两层平巷"，其功能主要是为出入地下实验室建立通道，为地下实验室正常运行提供技术和安全保障，为开展现场试验提供研究平台；地下实验室设置两层试验水平，其中 –560 米水平为主试验水平，–280 米水平为辅助试验水平，斜坡道和三竖井均与 –280 米、–560 米两层试验水平贯通。

2）地下实验室开挖施工方法

北山地下实验室斜坡道是目前世界上第一条拟采用 TBM 开挖的螺旋斜坡道，全长 7 千米，断面为圆形，直径 7 米，水平转弯半径 250 米，竖曲线转弯半径 500 米，最大坡度 10%，平均坡度 9%。可行性研究结果表明，采用 TBM 方法可以有效破岩，滚刀磨损率在可接受范围内；采用刀盘、主机、主轴承优化设计，可实现 250 米转弯半径；通过加高胶带输送机内侧机架可以解决转弯处可能的掉渣问题；采用先进的激光导向系统可以实现螺旋下降精准掘进导向。

3）高放废物处置库围岩适宜性定量评价体系

围绕高放废物处置工程特点，结合我国高放废物处置预选区场址特征，在国际上首次提出了高放废物处置库围岩适宜性定量评价体系（QHLW）。该方法体系根据处置库对大型断裂的规避原则和要求，首先确定候选场址；再针对选出的候选场址，在其可建造性指标基础上，同时考虑岩体地下水化学指标、温度影响、渗透特性和强度应力比水平等对处置库长期安全性的影响。这是国际上第一个专门针对高放废物处置库工程围岩适宜性的定量化评价方法，实现了对工程围岩可建造性和长期安全性的综合评价，解决了处置库围岩适宜性评价这一瓶颈难题，筛选出我国首座高放废物处置地下实验室场址，得到了国家主管部门的认可。该场址是世界上首个"特定场区地下实验室"场址，场址条件符合我国地下实验室的总体定位和功能，与国外地下实验室场址相比具有先进性。

4）岩石裂隙网络建模

以我国高放废物处置甘肃北山预选区的稀疏裂隙岩体为研究对象，系统开展了处置库围岩裂隙网络建模技术研究。将无人机摄影技术和三维激光扫描技术引入地表露头和硐室编录工作，提高了裂隙基础数据的精准度；优化了裂隙产状数据分布模型及其参数确定方法，提出了新的产状数据相似性判定方法，弥补了传统方法在小样本领域的缺失；改进了裂隙迹线统计分析方法，提出了新的裂隙直径推算方案，解决了概率密度取负值等问题；提出了可同时修正迹长和角度误差的裂隙迹线中点密度计算方法；研发了"高放废物处置三维裂隙网络建模软件"，建立了北山坑探设施围岩以及地下实验室场址岩体的三维裂隙网络模型，为硐室局部稳定性分析和裂隙围岩地下水渗流模拟提供了基础模型。

（3）效果及推广价值

北山地下实验室是世界首例采用 TBM 开挖斜坡道的工程，使用 TBM 开挖斜坡道，对围岩损伤小，施工效率高，并且目前先进的 TBM 转弯半径可以小至 50 米，这为我国未来高放废物处置库和其他国家处置库的设计和施工提供一种新的工法，有可能成为未来高放废物处置库施工的主流工法。

高放废物处置库围岩适宜性评价方法实现了对工程围岩可建造性和长期安全性的定量

化综合评价，提升了地下实验室和处置库选址和场址评价的系统性、科学性和可信度，可以在我国和其他国家的处置库场址筛选和评价工作中推广应用。此外，自主研发的三维裂隙网络建模技术优化和改进了裂隙关键参数计算方法，形成了具有自主知识产权的软件，具有重要的推广应用价值。

（六）岩石力学与工程标准规范制定及一流期刊建设

1. 标准规范制定

近年来，岩石力学与工程标准化工作取得了较大进展。2017年5月，中国岩石力学与工程学会全面开展标准化建设实质性工作，当年年底成功在国家团体标准管理信息平台申请注册成功。为了保证团体标准编制质量，学会出台了一系列团体标准管理文件，实行制度管人、程序做事；明确团标编制过程中，编制大纲、初稿、送审稿、报批稿必须召开会评会，会评时必须有跟踪专家参与；征求意见稿需发给20家相关单位且不少于30位专家征求意见。同时团体标准编制工作实行宽进严出，成熟一批启动一批，编制过程责任到人，具备条件的团标应实行双语化，向国际化迈进。

截至2021年9月，学会已批准立项团体标准69项，正式发布团体标准18项，发布名录见表1。

表1　学会团体标准批准发布名录

序号	标准号	标准名称	主　编	主编单位
1	T/CSRME 001	《岩石动力特性试验规程》	李夕兵 李海波	岩石动力学专业委员会 中国科学院武汉岩土力学研究所
2	T/CSRME 002	《海上风电工程桩基检测技术规程》	陈文华	中电建华东勘测设计院
3	T/CSRME 003	《岩溶注浆工程技术规范》	彭春雷	湖南宏禹工程集团有限公司
4	T/CSRME 004	《岩体真三轴现场试验规程》	邬爱清	长江科学院
5	T/CSRME 005	《露天矿山边坡岩体结构面抗剪强度准确获取技术规程》	杜时贵	宁波大学、绍兴文理学院
6	T/CSRME 006	《滑坡涌浪危险性评估规范》	黄波林 殷跃平	三峡大学 中国地质环境监测院
7	T/CSRME 007	《岩石真三轴试验规程》	冯夏庭	东北大学
8	T/CSRME 008	《隧道结构地温能利用工程技术规范》	夏才初	绍兴文理学院、同济大学
9	T/CSRME 009	《露天矿山岩质边坡工程设计规范》	吴顺川	昆明理工大学
10	T/CSRME 010	《岩质边坡安全性数值分析与评价方法技术规程》	李世海	中国科学院力学研究所
11	T/CSRME 011	《工程岩体参数计算与岩体质量分级技术规程》	伍法权	绍兴文理学院
12	T/CSRME 012	《城市地下空间品质评价标准》	雷升祥 李文胜	中国铁建股份有限公司、中铁第四勘察设计院集团有限公司、同济大学

续表

序号	标准号	标准名称	主编	主编单位
13	T/CSRME 013	《城市地下大空间施工安全风险评估技术规程》	谭忠盛	北京交通大学、中国铁建股份有限公司、中铁第五勘察设计院集团有限公司
14	T/CSRME 014	《城市网络化地下空间规划设计技术规范》	谢雄耀	同济大学、中国铁建股份有限公司、中铁第四勘察设计院集团有限公司
15	T/CSRME 015	《管幕预筑结构设计规范》	雷升祥 李占先	中国铁建股份有限公司、中铁十四局集团有限公司、石家庄铁道大学
16	T/CSRME 016	《城市地下空间网络化拓建工程技术规范》	雷升祥 黄双林	中国铁建股份有限公司、中铁第一勘察设计院集团有限公司
17	T/CSRME 017	《地下工程模块化空间网架装配式支护技术规程》	雷升祥 张旭东	中国铁建股份有限公司、中铁十一局集团有限公司、北京交通大学
18	T/CSRME 018	《城市地下空间施工安全自动监控系统技术指南》	王立新 雷升祥	中国铁建股份有限公司、中铁第一勘察设计院集团有限公司、长安大学

另外，在采矿、交通、水利水电等工程领域，近年也陆续制定并发布了多部岩石力学与工程相关的国家及行业标准，详见附表8。

2. 一流期刊建设

（1）《岩石力学与岩土工程学报》

《岩石力学与岩土工程学报》（简称JRMGE）是由中国科学院武汉岩土力学研究所、中国岩石力学与工程学会和武汉大学三家主办单位共同创办的学术期刊，目前协办单位11家，为中国岩石力学与工程学会会刊。国家最高科技奖获得者钱七虎院士亲自担任前两届（2009—2020年）主编，冯夏庭院士担任第三届主编（2021年起）。伴随着中国岩石力学与工程学科的快速发展，JRMGE也不断发展壮大，先后被评为2015中国国际影响力优秀学术期刊、2016—2020年中国最具国际影响力学术期刊，并继续朝着世界一流领军期刊的目标迈进。

1）2008—2013年初期发展——创业艰难。艰辛筹备五年后，2008年11月11日正式启动JRMGE创办申请工作；2009年8月13日刊号获批；2013年因JRMGE文章学术水平与影响力较高，创刊3年即被CSCD优先收录。2013年JRMGE克服重重困难，抓住机遇与国际出版商Elsevier合作，在稿源十分紧张的情况下将刊期改为双月刊。

2）2014—2019年稳步成长——守业更难。JRMGE于2012—2021年连续十年获中国岩石力学与工程学会国际能力提升资助奖金（20万元/年），2016年获"中国科技期刊国际影响力提升计划"B类资助（100万元/年，连续3年）；2019年获中国科技期刊卓越行动计划领军期刊资助（150万元/年，连续5年）。2017年和2021年分别获湖北省科协颁发的"科技创新源泉工程"优秀期刊奖。此外，JRMGE先后被CNKI、Ulrich、CSCD（2013）、GEOBASE（2014）、Scopus（2015）、ESCI（2016）和SCIE（2019）等国内外重要数据库收录检索。

3）国际影响力不断提升，争创世界一流期刊。一方面，2017—2021 年海外论文比分别为 87.6%、85.3%、84.3%、65.6% 和 65.8%，发达国家论文比例攀高且保持相对稳定；另一方面，期刊影响因子逐年提高（图 6 左）：2019 年首个影响因子达 2.829，在 39 种岩土工程 SCI 期刊中位列第 11 位，Q2 区，2020 年影响因子提升至 4.338，在 41 种岩土工程 SCI 期刊中位列第十位，Q1 区；同时在 Scopus 数据库相应新版 CiteScore 指标提升幅度明显（图 6 右），从 2014 年的 0.8（88 名 /163），分别提升至 2019 年的 5.7（20 名 /189）和 2020 年的 6.8（18 名 /195）。另外，通过对比 JRMGE 与六家国际顶级岩土工程英文期刊 Citescore 指标，如图 7 所示，表明 JRMGE 与国际顶级期刊的差距不断缩小，发展态势良好。

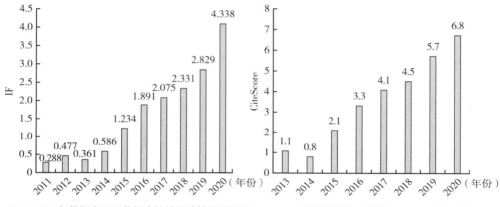

2011–2018 年数据为 ESCI 数据库统计的计算影响因子
2019 年 JCR 第 1 个影响因子为 2.829（#11/39，Q2）
2020 年 JCR 第 2 个影响因子为 4.338（#10/41，Q1）

Scopus 数据库统计的新版 CiteScore 指标进展
2019 年指标为 5.7（#20/189，Q1）
2020 年指标为 6.8（#18/195，Q1）

图 6　JRMGE SCIE 数据库 JCR 影响因子（2012—2018 年为计算值，2019 年正式获得第一个影响因子）及新版 CiteScore 指标

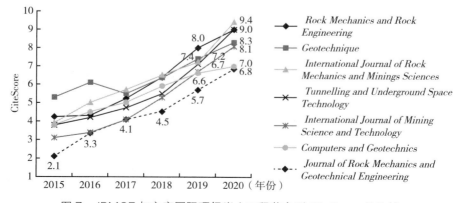

图 7　JRMGE 与六家国际顶级岩土工程英文刊 CiteScore 值比较

（2）《岩石力学与工程学报》

《岩石力学与工程学报》（下文中简称《学报》）是1982年在国际著名岩石力学专家陈宗基先生倡导下创办的科技期刊，由中国科协主管、中国岩石力学与工程学会主办、中国科学院武汉岩土力学研究所承办。《学报》为中国科协精品科技期刊、中国百强报刊、中国最具国际影响力学术期刊、湖北省十大名刊及EI核心收录期刊。

历经三十九年建设，《学报》在期刊质量、学术品牌与影响力建设方面取得了长足进展，已成为我国岩土工程领域的权威学术期刊。《学报》紧密围绕国家科技强国战略，致力打造学科出版话语权，全面推动《学报》学术质量、刊网融合与岩土工程信息共享平台、学术品牌与影响力建设三维度发展，创新推出"陈宗基讲座"高端论坛，打造中国岩土工程领域最权威学术论坛之一。"十三五"期间，《学报》核心引证指标得到跨越式提升，据《中国科技期刊引证报告（核心版）》，核心影响因子从2016年1.232提升到2020年1.998，增幅62.6%，同期核心自引率逐年降低至0.08低位（图8），核心影响因子在2070种核心期刊中排65位；据《2020版中国学术期刊影响因子年报》，《学报》复合影响因子3.295；影响力指数1048.566，在169种土木建筑工程期刊中排名第一，国际他引总频次6012，国际他引影响因子0.746；国际影响力指数238.123，在包含SCI期刊的国内所有学术期刊中排名44位，非SCI期刊排名第一。

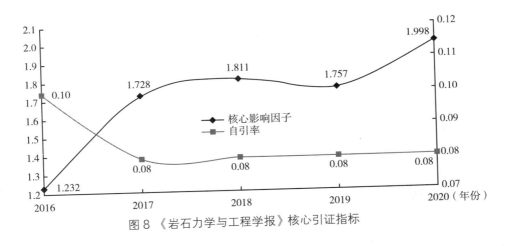

图8 《岩石力学与工程学报》核心引证指标

三、学科发展的展望

近年来岩石力学与岩石工程学科在基础理论、工程技术、仪器与装备、数值仿真软件、重大工程建设和标准化工作等领域均取得了重要进展，获得了丰硕成果，有效支撑了国家一系列重大基础设施工程建设，促进了国民经济高质量快速发展。

传统岩土工程主要是以固体力学等基础学科为支撑，随着岩石力学的发展，其与工程地质学、信息学、环境学的交叉越来越重要，单凭经验越来越难以适应日益发展的工程规模和环境的复杂性，需要新的科学范式应对新的挑战。主要表现为：研究内容将从传统静态平均、局部现象向新型的动态结构、系统行为范式转变；研究方法将从传统定性分析、单一学科、数据处理和模拟计算向新型的定量预测、学科交叉、人工智能和虚拟仿真范式转变；研究范畴将从传统知识区块、传统理论、追求细节和层次分科向新型的知识体系、复杂科学、尺度关联和探索共性范式转变。由此可见岩石力学与工程学科面临重大发展机遇，未来发展趋势主要包括以下十个方面。

（1）岩石力学基础理论。随着地下空间开发和矿产资源开采的纵深向发展，岩石的赋存条件更为复杂，处在高地应力、高地温、高渗透水压和复杂水化学环境中的岩体将发生极其复杂的温度–水流–应力–化学（THMC）多场耦合作用。岩石在长期载荷作用及高温、水流、化学等多场环境中会出现蠕变变形–蠕变损伤–蠕变断裂，多场耦合作用下岩石的蠕变特性、非线性分析是岩石长期稳定性研究的重点方向。目前结合人工智能深度学习方法，在隧道超前探测、地震波速反演方法、滑坡图像检测、岩石薄片分析、堆石料粒度分布等岩石力学领域均有一定的有益探索，传统岩石力学理论结合深度学习方法将是未来学科发展的重要方向。

（2）基础实验与原位试验。传统岩石力学体系是以浅部开采背景发展起来的，很少考虑围岩的初始应力环境和应力路径。随着对深部开挖岩石力学科学认识的不断深入和提高，岩石力学学术界逐渐形成共识：必须同时考虑深部围岩开采前所承受的静力状态和开采过程及开采完成后所受的扰动状态，即必须研究动静组合加载岩石力学，才能全面深入科学地掌握深部围岩在开采全过程中的力学特性和规律。如：发展能实现"三维高静应力+卸载+冲击扰动"功能的真三轴 SHPB 动静组合加载试验机，发展大尺寸岩石内部卸荷真三轴试验机，基于三维动静组合加载岩石力学试验聚焦深部围岩发生岩爆灾害的能量机理，开展深部原位保真取芯的三维动静组合加载岩石力学试验等。

（3）地质与岩土工程监测技术。在天基监测方面面临消除卫星轨道误差和硬件延迟误差的挑战，需通过引入先进的数据处理方式提高星载监测精度；在空基监测技术方面，通过数据融合技术解决不同机载监测数据源不相协同问题；在地基监测方面，要提高地面全天时、全天候、高精度、自动跟踪待测目标的监测性能，对策是大力研发测量机器人，实现自动目标搜索、跟踪、识别、照准和分析功能；在体基监测方面，要加强深部地质体传感器安装技术的研发，以满足极端条件下传感器的存活率，不断提高深部地质体的透明度；在智能监测方面，未来应将智能机器人技术与工程地质岩土测试技术有机结合，打破传统单兵作战模式的桎梏，突破特殊地质结构精细探测、原位测试智能自适应、阵列式各向异性变形测试及多类型关键参数协同控制测试等核心技术，赋予地质与岩土工程的智能监测功能。

（4）重大装备与工艺工法。依托重点领域、重大工程，大力振兴岩石工程领域装备制造业，提高岩石工程领域重大技术装备的国产化率，是一个国家现代化的基础和经济实力的集中体现。加强岩石工程领域重大高端技术装备研制能力建设，通过吸引高端人才，整合产业链上下游资源，进一步提升科技创新体系化能力，打通产学研创新链、产业链、价值链，加快提升岩石工程领域国家重大技术装备基础材料研发制造能力。统筹国家级岩石工程领域研发试验创新平台建设，加大跨学科、跨领域、大协作、高水平的研发试验创新平台建设力度，形成前沿技术研究、应用基础研究、颠覆性技术研究、技术开发与转化相配套的梯次研发体系，加快在岩石工程领域突破一批关键核心技术，形成一批具有国际竞争力的核心工艺工法。

（5）数值方法与自主软件。我国现代工程规模大、埋藏深，赋存地质环境日趋恶劣，对数值分析方法提出了新的更高的要求，具有自主知识产权的计算分析软件也需要应运而生。非连续数值分析方法将迎来绝佳发展机遇，也面临巨大挑战。以现场勘察、施工及监测数据为支撑，以已有工程、灾害案例为基础，发展基于人工智能机器学习的参数反演分析方法，实现基于时效多监测点的多参数反演，是未来的发展趋势。加强地质工程与非连续岩土体的三维自动化建模研究，改进非连续计算理论算法，提高算法的计算规模、计算效率和稳定性，发展非连续分析多场耦合算法，拓展裂隙岩体在复杂地质环境下多场耦合行为的数值模拟功能，完善非连续变形分析程序，推出商业化民族软件，形成岩土工程数值模拟软件研发的完整链条，建立良好的数值仿真软件的生态环境。

（6）城市物流与深层空间利用。城市地下空间规划过程中需要统一规划和开发，特别是在城市新区建设中，需要将地下空间开发纳入新区建设总规划，使城市地下空间开发规范化。此外，让城市地下空间规划及方案设计在其建设过程中发挥重要的科学、合理、有序的建设指导作用，使城市地下空间由功能单一、独立开发利用转向多功能、各领域综合开发。将大数据、人工智能技术应用于城市地下空间中，利用GIS、互联网为代表的信息技术对大量的地下空间数据进行结构化和智能化处理。开发建设应从整个城市的空间体系的角度进行考虑，围绕城市发展目标，确定功能时序，满足城市发展需求，并与地上、中浅层、深层的空间相协调。深部地下空间开发利用的功能选择也首先要获得相关的政策支持，例如建立深部地下空间利用的法律法规体系，尤其关于权属问题、技术问题应予以研究界定，作为开发指导。

（7）生态低碳岩石力学与工程。"双碳"目标与中国岩石力学学科整体水平紧密相关，中国岩石力学工程的优化升级直接决定着行业实现"双碳"目标的进程。将来需大力发展以绿色化、智慧化、工业化为代表的新型岩石力学工程建造方式，推动中国岩石工程建设优化升级，推动学科高质量发展，为实现"双碳"目标助力。首先要开展碳排放定量化研究，确定碳排放总量及强度约束，制定投资、设计、生产、施工、建材、运营等碳排放总量控制指标，建立量化实施机制，推广减量化措施；其次要加强减碳技术的应用与研发，建立绿色低碳岩石力学工程建造技术体系。聚焦"双碳"战略目标，围绕新型建造方式、清洁能源、节能环保、碳捕集与封存利用、绿色施工等领域，促进岩石力学在低碳、零碳、负碳关键核心技术研究中的作用。

（8）智能岩石力学与工程。岩石力学工程建造与其他工业产品制造一样，必须立足于产品的全生命期的经济技术性能和效益的最大化。推进岩石工程智能建造应该着重从三个重点内容着手：一是构建岩石工程建造信息模型（Engineering Information Modeling，简称EIM）管控平台，EIM管控平台是针对岩石工程项目建造的全过程、全参与方和全要素的系统化管控而开发的建造过程多源信息自动化管控系统；二是数字化协同设计，利用现代化信息技术对岩石工程项目的工程立项、设计与施工的策划阶段，进行全专业、全过程、全系统协同策划；三是机器人施工，在EIM管控平台和建筑信息模型技术的驱动下，机器人完成工程量大、重复作业多、危险环境、繁重体力消耗等施工作业。岩石工程智能建造应特别强调机器人代替人进行现场施工，从而改善岩石工程作业形态，逐渐实现施工现场少人化、无人化施工。

（9）高海拔地区关键岩石力学与工程问题。中国后续的水电资源开发主要集中在高海拔地区，工程建造环境更加复杂，具有高寒、高应力、高地震烈度、高水头、大埋深、大落差、大保护、大温差，及长冬歇、长隧洞、长周期等特点，水电工程建设中生态环保的绿色水电建设与运行系统以及复杂地基上的混凝土大坝、深厚覆盖层上的土石坝、深埋长大隧洞与地下发电系统等水工建筑物将面临更严峻的挑战。解决这些难题，需要发展智能建造管理理论及其技术与方法，如人与环境及智能体的互信互助机制、智能安全和交互协同管控平台、有限空间下绿色水电开发卫生健康环境智能监测调控系统等；研发智能建造关键技术，如长大隧洞智能开挖与支护技术、地基水文地质数据驱动的智能灌浆工艺、深埋高地应力长大隧洞变形控制和预警监控、水工隧洞岩体–支护体–衬砌体–排水体–灌浆体多层复合整体结构等；通过智能建造管理来优化施工资源配置，减少人类活动，提高工程建设全过程的可靠性、稳定性，确保工程建设的安全、优质、绿色与高效，为社会提供具有价值创造能力的水电优质资产。

（10）深空、深地、深海关键岩石力学与工程问题。近年来，随着我国经济的快速发展，资源开发与基础建设的逐步深化，向深空、深地、深海进军已经势在必行。月球、火星等深空基础岩石力学与开采、基地建设问题的研究，深海采矿的关键水下岩石扰动带来的环境变化影响研究，深地人造环境构建、深部岩石工程与高放射性核废料处置、地热开采等研究，对我国的资源开发及基础工程建设具有重要指导意义。

附表1　2017—2020年岩石力学与工程研究相关的国家奖励

序号	获奖项目名称、等级及第一完成人	主要创新点与成就
1	重大工程滑坡动态评价、监测预警与治理关键技术（2019），国家科学技术进步奖二等奖，唐辉明	在重大工程滑坡动态评价、监测预警与治理关键技术方面，取得了一批具有国际影响和广泛应用价值的创新研究成果，构建了基于多场信息的滑坡动态评价方法体系，研发了滑坡大型原位原型试验技术，研发了滑坡多场动态关联监测与智能预测预警技术，提出了重大工程滑坡关键治理方法与优化技术

续表

序号	获奖项目名称、等级及第一完成人	主要创新点与成就
2	西部山区大型滑坡潜在隐患早期识别与监测预警关键技术（2019），国家科学技术进步奖二等奖，许强	揭示了西部山区高位隐蔽性滑坡启动和高速远程运动机理，建立了典型滑坡发展演化过程的地质力学模型及特殊成灾模式，为西部大型滑坡早期识别提供了科学依据和理论支撑；突破了"二指标"国际滑坡分类，构建了"三指标"滑坡分类和三维识别图谱，实现了大型隐蔽性滑坡快速高效的"地质识别"；构建了天—空—地—内一体化滑坡长时间动态观测体系和隐患早期识别体系；揭示了滑坡变形时空动态演化普适性规律，构建了基于时空变形规律的滑坡综合预警体系，研发了地质灾害实时监测预警系统，实现了业务化运行、推广应用及成功预警
3	煤矿巷道抗冲击预应力支护关键技术（2020），国家技术发明奖二等奖，康红普	发明了动静载锚杆力学性能综合测试系统；发明了高冲击韧性、超高强度、低成本预应力锚杆材料和制造工艺及高预应力施加设备；发明了新型钻锚注一体化锚杆、锚固与注浆材料及配套施工设备。形成了煤矿巷道抗冲击预应力支护成套技术体系，解决了冲击地压、深部高应力及强采动巷道支护难题，实现了煤矿巷道支护技术的重大突破
4	煤矿柔模复合材料支护安全高回收开采成套技术与装备（2018），国家科学技术进步奖二等奖，王晓利	发明了煤矿柔模复合材料，创建了开采空间柔模复合材料支护体系，发明了柔模混凝土巷旁支护的无煤柱开采技术，发明了复杂开采条件巷道柔模混凝土锚碹支护技术，研发出柔模复合材料采空区支护的充填开采技术与装备
5	复杂艰险山区高速公路大规模隧道群建设及营运安全关键技术（2019），国家科学技术进步奖一等奖，何川	在复杂地形地质环境隧道群失稳灾变防控技术、大规模隧道群通风照明环境保障技术、大规模隧道群防灾救援联动控制技术等三大方面取得了系列重大创新性成果，形成了隧道群建设与营运安全的关键技术体系，实现了隧道群建设与营运的安全、高效与节能目标
6	深部复合地层隧（巷）道TBM安全高效掘进控制关键技术（2020），国家科学技术进步奖二等奖，刘泉声	提出了深部复合地层岩体结构和应力场探测表征方法；揭示了深部复合地层TBM高效破岩机理，提出了深部复合地层TBM掘进性能评价预测方法；提出了深部复合地层TBM掘进过程灾害预测控制方法；建立了深部复合地层TBM适应性设计理论与评价决策系统
7	煤矿岩石井巷安全高效精细化爆破技术及装备（2018），国家技术发明奖二等奖，杨仁树	发明了周边定向断裂控制爆破技术，发明了岩石井巷分阶分段掏槽爆破技术，发明了预裂爆破减振技术，研发了井巷爆破智能设计和爆破质量信息管理系统，发明了液压凿岩控制的钻装锚一体机
8	复杂环境深部工程灾变模拟试验装备与关键技术及应用（2020），国家技术发明奖二等奖，李术才	发明了深部工程大型真三维多场耦合物理模拟试验装备系统，研发了系列化的固液、固气模型相似材料，在复杂大型地质模型高效制作、开挖和测试方面取得创新进步
9	地质工程分布式光纤监测关键技术及其应用（2018），国家科学技术进步奖一等奖，施斌	创建了地质体多参量传感光缆系列，攻克了地质工程多场灾变信息分布式监测技术瓶颈；研制了地质工程长距离分布式光纤解调设备，破解了地质体内部灾变远程高精度监测困局；创建了地质工程分布式光纤监测系统，提升了地质灾害风险预警能力；基于分布式光纤监测信息，揭示了多种地质灾害新机理，提出了理论新判据

续表

序号	获奖项目名称、等级及第一完成人	主要创新点与成就
10	土木工程结构区域分布光纤传感与健康监测关键技术（2017），国家技术发明奖二等奖，吴智深	开发了具有微宏观损伤覆盖与多功能直接映射功能的传感探测装置，安装在结构关键区域获取区域分布信息，进而实现结构全面识别、损伤早期探测及性能评估与预测；开发了土木工程结构（群）健康监测与评估的理论体系及成套技术装备，从而为各类工程基础设施监测项目提供解决方案
11	大深度高精度广域电磁勘探技术与装备（2018年），国家技术发明奖一等奖，何继善	发明了广域电磁法，颠覆了人工源频率域电磁法只能在"远区"测量的思想；发明了广域电磁法仪器系统，打破了国外电磁法仪器的长期垄断；实现了信号—噪声的高度分离，攻克了电磁法纵向分辨率低的国际难题，有力支撑了国家"深地"战略
12	深部资源电磁探测理论技术突破与应用（2019），国家科学技术进步奖二等奖，底青云	揭示了电离层—大气层—岩石层天波传播机制，构建了全空间电磁探测理论；创建了多尺度电磁探测立体技术体系，拓展了人工源电磁探测作业范围和深度；自主研发了低噪声、宽频带、多功能电磁探测装备，实现了整装技术的市场化；在重点矿集区开展示范应用，实现了深部矿产资源勘察突破
13	矿井灾害源超深探测地质雷达装备及技术（2017），国家技术发明奖二等奖，杨峰	研发了地质雷达便携式防爆主机，研发了矿井地质雷达探测系统，实现了地质构造和灾害源的精细探测；提出了基于维纳预测的干扰信号滤波算法和基于现代滚动谱技术的病害识别算法，实现隐伏灾害源的智能化地质参数解释，并建立了灾害源信息管理系统

附表2 2017—2020年中国岩石力学与工程学会科学技术奖一特等奖

序号	项目名称及负责人	主要创新点与成就
1	锦屏一级地下厂房洞室群围岩破裂扩展机理与长期稳定控制关键技术（2017），科技进步奖，周钟	①首次采用全空间赤平投影方法进行地应力张量解析，提出了多源信息融合的地应力场反演方法，获得了与实测资料相符合的河谷地应力场；②揭示了大理岩脆性破裂与三轴应力下卸荷扩容的力学机制，提出了高驱动应力强度比是脆性岩时效破裂扩展及变形渐进发展的主控因素；③首次建立了考虑大理岩脆延转换峰后特性的破裂扩展宏观力学本构关系，研发了基于FLAC和PFC的连续－非连续宏细观耦合的岩体破裂扩展数值模拟技术；④提出了"浅表固壁－变形协调－整体承载"协同抑制洞室群围岩破裂扩展与时效变形的稳定控制技术；⑤提出了反映岩石卸荷时效机制的非定常黏弹塑性流变模型及相应的数值分析方法，建立了支护结构安全及围岩变形长期稳定评价的控制指标，评价了锦屏一级地下厂房洞室群围岩－支护体系长期稳定性
2	高地应力环境下岩石高边坡卸荷破坏机理及稳定性评价基础理论（2018），自然科学奖，黄润秋	①研究了岩石卸荷力学性质及损伤破坏的能量转化机理；②提出了岩体裂隙卸荷扩展及断续裂隙边坡阶梯状破裂贯通理论；③揭示了河谷高边坡卸荷破裂体系（模式）及动力演化机制，奠定了高边坡三阶段变形破坏演化的理论基础，进而建立了基于岩体卸荷动态损伤原理及卸荷变形演化的高边坡开挖稳定性评价方法

续表

序号	项目名称及负责人	主要创新点与成就
3	浙江省露天矿山边坡稳定性精细评价（2018），科技进步奖，杜时贵	①提出了"贯穿结构面"和"非贯穿结构面"划分标准，建立了"贯穿结构面"主控整体稳定性理念，实现了浙江省量大面广的露天矿山边坡稳定性现场判别；②提出了JRC全域搜索方法，发明了JRC尺寸效应取值技术，开发了JRC统计测量的软件，大幅提高了JRC测量速度和精确度，保证了测量结果的唯一性和可重复性；③按照全覆盖评价与重点研究相结合的原则，提出了定性分析与定量计算协同联动一体化边坡稳定性评价方法，实现了量大面广露天矿山边坡稳定性全覆盖的定量评价
4	大跨度悬索桥隧洞锚岩石力学关键技术及应用（2018），科技进步奖，邬爱清	①提出了隧洞锚围岩特性综合评价研究方法，实现了隧洞锚锚址区岩体性状精细评价；②创立了大比尺隧洞锚现场缩尺模型试验成套技术，提出了基于缩尺模型试验的隧洞锚承载能力评价方法；③揭示了隧洞锚围岩夹持效应力学机制和变形破坏机制，提出了考虑夹持效应的隧洞锚承载力计算方法；④提出了集勘探洞岩体结构调查、岩体质量评价、岩石力学试验、大比尺现场缩尺模型试验、跨尺度非线性数值模拟于一体的隧洞锚安全评价系统研究方法
5	白鹤滩水电站巨型地下厂房洞室群岩石力学关键问题及其防控技术（2019），科技进步奖，樊启祥	①率先从岩石、岩体、工程岩体三个层次揭示了白鹤滩玄武岩岩石强度高、岩体强度应力比低、压缩变形小、浅层开裂与分区破裂显著的力学特性，捕捉了分层开挖下长大错动带非连续变形特征；率先从围岩变形破坏、支护结构受力等多个方面的量化数据确切揭示了高地应力、硬脆岩体和贯穿性错动带耦合作用下地下洞群联动效应，为高地应力下硬脆玄武岩洞室群围岩时空变形全过程调控奠定了理论基础。②创建了玄武岩洞室群围岩时空变形全过程调控的成套技术与方法，解决了高地应力下玄武岩卸荷破裂松弛、错动带不连续变形及巨型洞室群联动效应等关键难题。③建立了地下工程建造和管理一体化的技术体系；形成了适应高地应力玄武岩开挖卸荷导致的时空松弛特点的快速施工工艺及配套设备
6	特高拱坝基础适应性开挖与整体加固关键技术（2020），科技进步奖，林鹏	①揭示了特高拱坝不同岩性基础开挖开裂破坏、松弛变形机理，解决了特高拱坝基础跨尺度节理岩体取值和坝-基整体稳定评价的定量描述难题；②创建了以适应性开挖、整体加固与稳定评价为三大支柱的特高拱坝基础成型控制方法，提出了坝-基应力、变形、刚度及安全度控制定量指标体系，以及适应基础应力、地质、大坝结构的分区分层分段开挖、整体加固方法，实现了特高拱坝复杂坝基成型控制定量评价与优化设计；③研发了分区分层精细开挖与主动保护，复杂坝基固灌、锚固时机与开裂风险控制，高防渗标准快速深孔帷幕灌浆施工和基于BIM技术的信息化施工精细管控等成套技术，提出了特高拱坝基础适应性开挖与整体加固成套工法方案
7	隧道钻爆法施工成套装备与智能化技术（2020），科技进步奖，刘飞香	①研发了人—机—岩时空信息互联互通技术为核心的隧道钻爆法全工序施工智能化成套装备；②研制了面向装备智能精准作业的三维空间自主量测定位系统，解决了装备精准作业、超欠挖动态评价等施工难题；③研发了智能装备大数据协同管理平台；④建立了与成套智能装备相适应的隧道施工全工序技术体系，实现了底层工法拓展、智能化升级和装备集成的一体化创新

续表

序号	项目名称及负责人	主要创新点与成就
8	岩石破裂过程灾变机理与失稳前兆规律（2019），自然科学奖，唐春安	①建立了岩石破裂失稳灾变模型，突破了传统刚性稳定加载理论束缚，在普通试验机上成功测得了失稳条件下岩石的应力－应变全过程曲线，发现了岩体组合结构中非破裂体应变反向是破裂体失稳前兆的重要特征，为岩体工程灾害孕育过程和失稳前兆规律研究奠定了新的理论基础；②提出了岩石细观统计损伤本构模型，探讨了岩石破裂过程的损伤演化规律，发现了岩石变形破裂过程的非线性源于岩石介质的非均匀性，研发了用细观非均匀性模拟宏观非线性、用细观连续介质力学方法模拟宏观非连续介质力学问题的岩石破裂过程分析 RFPA 新方法，实现了大型岩体工程结构灾害孕育发生过程的大规模精细模拟计算；③揭示了岩石内部微破裂是岩体工程灾害存在前兆的本质，揭示了岩爆、突水、煤与瓦斯突出等岩体工程灾害孕育过程的岩石微破裂前兆共性特征，提出了基于模拟与监测相结合的岩体工程灾害分析预警新方法，在大型矿山、重大水电工程和交通工程的灾害预警中得到成功应用

附表3　2017—2020 年岩石力学与工程研究相关的国家重点研发计划及"973"项目

序号	项目名称及负责人	关键科学问题与主要研究内容
1	深部岩体力学与开采理论（2016—2021），谢和平	①初步形成了原位保真取芯、保真移位、保真测试的技术体系并开展不同深度原位恢复物理力学试验；②系统探索了扰动条件下不同赋存深度岩体原位长期力学行为，构建了不同赋存应力环境的岩石动态本构模型；③提出了适用于复杂地质条件下深部非线性岩体平均应力与变形模量的关系式，开发了批数据处理网络算法反演深部地应力场，系统研究了岩石破坏过程中的能量积聚、能量耗散特性；④提出了"强扰动"和"强时效"特征的判定依据，探索了深部开采强扰动应力路径下煤体损伤规律及非连续支承压力理论，研究了深部开采强扰动煤体损伤破裂、能量演化及渗透特性；⑤建立了岩体介质复杂孔隙结构的三维可视化模型，实现了裂纹动态扩展过程中应力场的可视化，研发了可视化物理模型的三维应力场的冻结实验装置；⑥开展了深部硬岩矩形隧洞围岩板裂破坏的试验模拟，提出了深部近采场区域应力平稳释放理论与方法，研发并应用了深部硬岩高应力诱导与爆破耦合的破岩方法与技术；⑦概括了深部硬岩强卸荷下三种灾害模式的破裂孕育分异演化机制，提出了基于物质点原理描述岩体连续—非连续计算分析新方法，创新了硐室稳定的裂化—抑制支护方法；⑧分析了深部煤炭安全绿色开采的主要影响因素，初步构建了"高保低损"型深部煤炭安全绿色开采新模式；⑨建立了深部地下开采空间模型及生产计划动态优化模型，提出了深部掘进工作面卸荷技术、深部高应力矿柱一体化卸压控制对策以及深部卸压帷幕应力隔断技术。基于以上内容，初步构建了深部岩体力学与开采理论研究体系

续表

序号	项目名称及负责人	关键科学问题与主要研究内容
2	致密储层压裂诱发微地震的发震机理与波传播规律（"973"项目）（2015—2019），王一博	从地震学和岩石力学两个角度研究了水力压裂微地震的发震机理，建立了各向异性一般位错震源机制表示理论及波传播模拟方法；建立了可同时考虑震源位置、震源激发时间以及储层介质物性参数动态变化的联合反演方法；基于矩张量方法利用颗粒元模型中微裂纹与宏观裂纹张剪性质判别准则，分析了体积压裂裂缝与天然裂缝的破裂与扩展特征，同时提出了研究致密储层压裂缝网贯通和演化的微地震描述方法，实现了利用微地震震源参数信息进行裂缝网络扩展过程的描述；研究了各种倾角、强度、宽度的既有裂缝在不同压裂液注入速率以及应力条件下，水力压裂裂缝起裂、扩展及与既有裂缝交互贯通模式及破坏性质，明确了影响水力压裂裂缝形态的主控因素，揭示了复杂缝网的形成机理
3	岩溶山区特大滑坡成灾模式与风险防范技术（2018—2022），李滨	研究岩溶山体工程地质力学特征，开展原位监测和室内大型物理模拟试验，揭示岩溶管道–裂隙–孔隙地下水流系统对山体崩滑的孕灾过程与致灾机理；研究地下开采方式对山体失稳的作用机理，建立新型实时监测和早期预警系统，揭示地下开采区大型岩溶山体崩滑灾害形成过程与破坏模式；研究岩溶岸坡岩体损伤机理与斜坡失稳成灾模式，研发崩塌滑坡涌浪风险减灾与预警评估方法；研究岩溶山体大型崩滑灾害高位远程动力学特征，提出空间预测与风险防控方法
4	强震山区特大地质灾害致灾机理与长期效应研究（2017—2022），裴向军	研究断裂不同活动方式下的地质灾害效应及成灾模式，开展斜坡地震动响应机制及其动力致灾机理研究，确定了隐患区早期判识方法，建立滑坡泥石流运动分析模型；研究强震区灾害动态演化机制和长期效应，揭示震后泥石流形成机制并建立分析模型和地质灾害风险预测方法技术，研发基于地质灾害链的综合监测预警技术与仪器设备
5	青藏高原重大滑坡动力灾变与风险防控关键技术研究（2018—2022），邓建辉	研究青藏高原内外动力耦合过程对斜坡岩体变形的作用规律，分析重大滑坡的地壳浅表层动力学成因；揭示强震条件下岩体结构动力学响应规律，构建重大滑坡岩体工程地质学模式；研究高速远程滑坡动力学全过程机理，建立重大滑坡动力学模型及其链生致灾模式；研究滑坡堰塞坝溃坝机理，提出溃坝危险评价方法；研究重大滑坡高精度遥感调查与识别技术；开展重大滑坡灾害动态风险防控示范，形成灾害动态风险评估与防控关键技术方法体系
6	水动力型特大滑坡灾害致灾机理与风险防控关键技术研究（2017—2022），邵建富	研究强降水和库水变动环境下特大滑坡破坏机制，提出滑坡失稳判识模型；揭示了水动力型滑坡致灾过程与时空演化规律，研发灾害链空间预测与风险评估技术；创新滑坡智能互联监测预警技术，发展水动力型滑坡新型防护结构设计方法与技术标准
7	特大滑坡实时监测预警与技术装备研发（2018—2022），张勤	开发特大滑坡地表三维矢量变形实时监测技术及装备，形成特大滑坡快速监测及混合组网即时通信技术，研制便携式监测预警智能装备；研制地基大视场合成孔径雷达形变监测设备；研发基于特大滑坡渗流场、应力场多源信息融合的一体化监测预警技术及装备；构建基于长时间序列监测数据的自学习实时预警系统，开展重大滑坡监测预警应用示范

续表

序号	项目名称及负责人	关键科学问题与主要研究内容
8	基于地质云的地质灾害预警与快速评估示范研究（2018—2022），周平根	开展基于大数据和云计算的地质灾害预警与快速评估方法研究，研发突发性地质灾害多源基础数据快速获取与融合技术；构建区域群发型和复杂山区特大型地质灾害高精度模型，研发多尺度地质灾害预警云计算和特大型地质灾害全过程快速评估平台，建立地质灾害预警和快速评估关键技术方法并开展示范应用
9	红层地区典型地质灾害失稳机理与新型防治方法技术研究（2018—2022），张玉芳	研究红层地区公路、铁路等线性工程穿越切割的地质体失稳机理和成灾模式；提出红层软岩软化的多过程多尺度测试技术及致灾理论，形成干湿交替、动荷载等环境下红层软岩自持－易损性评价方法；研究红层软岩旨在的非冗余探测与复合测试技术，构建红层地质灾害监测预警和防治的可视化物联网平台方法技术；形成红层地质灾害防治的低扰动柔性支护与生态防护综合方法技术；开展红层地区地质灾害监测预警和防控方法应用示范
10	特大滑坡应急处置与快速治理技术研发（2018—2022），凌贤长	针对特大滑坡灾害，研究地质灾害快速锚固成套技术、突发滑坡灾害轻型－机械化快速支挡技术和埋入式微型组合桩群技术；开展基于治理的滑坡体开发利用技术研究和示范，形成特大滑坡应急处置与快速治理成套技术与设计标准；研发大型水库及引水工程滑坡灾害治理工程健康诊断、实时监测与在线修复加固技术，形成滑坡灾害治理工程安全检测和防控标准化技术体系
11	基于演化过程的滑坡防治关键技术与标准化体系（2017—2022），唐辉明	建立滑坡灾变控制模型，提出与演化阶段相适应的重大滑坡综合控制体系，研究了基于演化过程控制的抗滑桩和锚固工程优化设计技术；构建滑坡－防治结构体系多参量时效稳定性评价体系、防治方法技术标准，开展基于演化过程的滑坡防治关键方法技术应用示范
12	煤矿深部开采煤岩动力灾害防控技术研究（2017—2022），齐庆新	建立用于统一描述冲击地压和煤与瓦斯突出发生机理的广义"三因素"（物性因素、应力因素及结构因素）理论，确定我国煤矿典型冲击地压的4种类型，分析影响冲击地压和煤与瓦斯突出的主要因素，从思想认知、原则方法及技术核心等方面凝练了煤矿动力灾害多尺度分源防控技术，提出深部开采冲击地压巷道"三级"吸能支护思想与成套技术，开发煤与瓦斯突出井上下联合抽采防控技术和超高压水射流"横切纵断"防治复合煤岩动力灾害技术，为我国今后煤矿煤岩动力灾害的防治提供了科学依据
13	复杂采空区大规模坍塌的灾害孕育机理研究（"973"项目）（2015—2019），周子龙	①地下采空区的快速精细成像与多信息融合建模；②多因素作用下采空区矿柱体系协同承载及失稳机理；③采空区坍塌引起地表沉降监测与预测；④采空区群大规模坍塌灾害动态识别与风险评估。对复杂采空区中关键矿柱及坍塌范围的进行预测，结合复杂采空区岩体系微震、地表变形监测中的特点和难点进行研究，提出系列监测理论和方法，最终实现复杂采空区大规模坍塌的灾害预报，保障矿山安全
14	强震区重大岩石地下工程地震灾变机理与抗震设计理论（"973"项目）（2015—2019），盛谦	提出了地下工程区域近场地震动传播理论及输入方法，构建了岩体动力本构模型与大规模动力数值仿真方法，从宏细观角度揭示了岩体动力特性，探究了不利地质结构强震动力响应及围岩与结构动力相互作用机制，研发了新型减震材料与技术，在总结强震动力灾变破坏模式的基础上提出了全寿命服役期抗震性能设计理论

续表

序号	项目名称及负责人	关键科学问题与主要研究内容
15	金属非金属矿山重大灾害致灾机理及防控技术研究（2016—2021），任凤玉	研发颠覆性采选技术，建立金属非金属矿山完整性安全开采理论和实践模型，促进矿山节能减排与安全高效开采，实现矿产资源、生态环境、矿山灾害等重大科学问题的理论与技术系列化原始创新，为我国矿产资源的完整性安全开采、矿山环境保护与灾害防控的同步提高开辟新途径。推进"两化"融合，打造了智慧矿山，解决贫铁矿高效安全利用的难题，形成了节约、清洁、绿色、安全的生产经营模式
16	深部复合地层围岩与TBM相互作用机理及安全控制（"973"项目）（2014—2018），刘泉声	围绕大型交通、矿山和水利工程深部复合地层隧道TBM掘进适应性与安全控制的重大需求，开展TBM高效破岩、工程灾害防控及围岩稳定控制、TBM系统适应性设计评价决策的基础理论研究，为国家大型基础设施建设安全和深部资源开采可持续发展提供理论支撑和技术平台，为国家TBM高端制造业发展提供基础支撑
17	煤矿千米深井围岩控制及智能开采技术（2017—2022），康红普	项目围绕国家深部煤炭资源开发的重大战略需求，针对煤矿千米深井存在高应力、强采动、大变形、开采效率低等难题和安全高效开采的迫切需求，提出煤矿千米深井350米以上超长工作面集约化开采模式及围岩控制新理论，研发"支护－改性－卸压"三位一体围岩控制与多信息融合、设备群组智能耦合自适应协同控制的智能开采技术与装备，为我国深部煤炭资源开发提供强有力的理论和技术支撑
18	煤矿深井建设与提升基础理论及关键技术（2016—2021），何满潮	针对深部矿建井工程灾害成因、深竖井高效掘进支护方法和深竖井大吨位提升与控制方法3个关键科学问题，以"深部非均压建井模式""深部N00矿井建设模式""深井SAP（Self-Adapting Pre-stressed）提升模式"三大原始创新为核心，系统开展相关基础理论、关键技术、工程示范研究
19	煤矿典型动力灾害风险判识及监控预警技术研究（2016—2021），袁亮	创新发展基于多场耦合的煤与瓦斯突出、冲击地压灾害灾变新理论与新技术，建立基于大数据分析和数据挖掘的煤矿重大灾害判识预警模型，提出灾害前兆多源信息挖掘方法，致力于实现煤矿典型动力灾害隐患在线监测、智能判识、实时预警
20	深长隧道突水突泥重大灾害致灾机理及预测预警与控制理论（"973"项目）（2013—2017），李术才	深长隧道在施工前期难以全部查清沿线不良地质情况，导致施工过程中往往遭遇突水突泥等重大地质灾害，严重影响了隧道工程建设安全，针对这一难题，开展的研究内容主要包括：突水突泥致灾构造及其地质判别方法、灾害源超前预报方法与定量识别理论、灾变演化机理、多元信息特征与综合预测理论、灾害动态风险评估及预警理论和灾害控制理论与协同治理技术等方面，致力于推动我国隧道工程安全高效建设
21	海洋深水油气安全高效钻完井基础研究（"973"项目）（2015—2019），孙宝江	针对南海深水的海洋环境、复杂地质条件和深水导致的钻完井技术难题，在深水钻井地质灾害预测与浅层钻井作业风险防治、海底井口—隔水管—平台动力学耦合机理与安全控制、深水钻井非稳态多相流动规律与井筒压力精细控制、深水钻完井工程设计理论与风险管控等四个方面取得了突破性进展，形成了一套适合我国南海深水安全高效钻完井的基础理论体系，为实现我国深水油气开采技术的跨越式发展提供了理论支撑

续表

序号	项目名称及负责人	关键科学问题与主要研究内容
22	深部金属矿建井与提升关键技术（2016—2021），纪洪广	通过研究高应力硬岩地层快速建井过程中机械与爆破破岩的能耗、破岩效率、振动响应、围岩扰动等机理，改进刀具加工工艺，研发硬岩地层机械破岩滚刀及纠偏钻具和精准爆破成井技术；研究多种有害因素对井筒及井壁结构的劣化作用机理，研发井筒井壁新型结构、井壁材料和井帮围岩控制技术，攻克金属矿深竖井井筒在开采扰动、废烟废气等力学与化学因素耦合作用下的长期稳定性和服役安全性问题
23	重大岩体工程灾害模拟、软件及预警方法基础研究（"973"项目）（2014—2018），唐春安	研究极端载荷条件下大型岩体工程结构（如高陡边坡、深埋长大隧洞或隧道等地下工程）的力学响应、变形、破坏和失稳机制，发展具有特色的节理岩体地质结构特征描述方法与建模理论，建立大型岩体工程失稳灾变过程模拟的高效数值分析方法，构建岩体工程灾害模拟、监测与预警平台
24	TBM安全高效掘进全过程信息化智能控制与支撑软件基础研究（"973"项目）（2015—2019），李建斌	构建TBM掘进海量信息大数据仓库和云计算平台，实现TBM施工地质与力学信息动态获取与定量虚拟表达，利用大数据分析建立TBM岩-机映射关系，研究TBM智能控制策略和优化决策方法，开发及应用TBM掘进智能化控制支撑软件（TBM-SMART）

附表4 2017—2020年岩石力学与工程研究相关的国家自然科学基金杰出青年科学基金项目

序号	项目名称及负责人	关键科学问题与主要研究内容
1	深部岩体损伤与破裂及其致灾机理（2016—2020），朱万成	①岩体赋存环境参数的表征方法与多尺度建模：提出了描述结构面粗糙度的半变异函数和平移交叠的二维和三维表征方法；通过八叉树原理对地质块体特定精度的网格划分，实现了三维地质力学模型岩体参数的空间分区化赋值。②煤岩体变形与损伤过程多物理场耦合效应：建立了热流固耦合条件下的岩体损伤模型，开展了各因素对岩体损伤演化过程的机理分析；建立了基于流固耦合理论的岩石爆破损伤模型，开展了爆破损伤过程的分析；建立了煤层气解吸—扩散过程和双重介质煤吸附瓦斯的热流固损伤耦合模型，揭示了煤层气解吸—扩散机理和吸附诱发煤损伤的机制。③岩石损伤与破坏过程多应变率效应：基于损伤力学和流变理论，提出了岩石蠕变损伤本构模型；研发了岩石蠕变-冲击试验机和岩石松弛扰动试验机，揭示了动态扰动触发岩体失稳破坏的时间效应；研发了顶板关键块冒落试验装置，揭示了顶板冒落的前兆规特征；考虑充填体与围岩相互作用过程中的力学效应，分析了围岩蠕变对充填体力学特性的影响。④采动致灾过程分析与矿山灾害监测预警：建立了地表变形支持向量机预测模型；建立了现场监测与数值模拟相结合的矿山灾害风险监测预警方法，搭建了矿山地质灾害监测预警云平台，实现了冒顶片帮、滑坡等矿山地质灾害的实时预测预警

续表

序号	项目名称及负责人	关键科学问题与主要研究内容
2	矿井瓦斯抽采与安全（2014—2017），周福宝	瓦斯抽采理论创新填补了传统瓦斯抽采理论的研究空白：①建立了描述瓦斯吸附解吸过程的分数阶反常扩散动力学模型，揭示了非均质煤基质瓦斯运移机理，提高了煤层瓦斯含量预测精度。②建立了煤层、采空区等跨尺度裂隙场内瓦斯解吸—扩散、瓦斯—空气混流、煤岩体变形、煤氧化热传输多场耦合模型，揭示了抽采作用下漏气流场的分布规律，阐明了抽采诱发煤自燃的动力学演化机制。③首次阐明了瓦斯抽采安全与效率的内涵，定义了抽采安全与效率准则数，科学评定了瓦斯抽采安全与效率。抽采技术创新成果攻克了目前瓦斯抽采工程亟须解决的技术难题：①发明了大直径双层套管为基础的增强钻井井身稳定性方法，延长了地面钻井服务周期；②揭示了软煤钻孔蠕变塌孔机制，划分了松软煤层钻孔稳定性等级，开发了内附导向衬管式钻杆、阶梯式护孔管以及内支撑式护孔管，发明了磁吸牙片式通管钻头，形成了"推进式""分步式"和"协同式"钻护一体化技术体系，钻进护孔深度达 90 米以上；③构建了颗粒封堵裂隙模拟实验平台，定量了输送压力、气固比、颗粒分散度等参数对封堵效果的影响，确定了最佳封堵参数，瓦斯抽采浓度提高 25% ~ 50%；④揭示了低温流体输送过程中的特殊热力学非稳态现象，发明了相应气液分离与缓冲的装置，保障整个液氮系统的高效、安全运行，集成创新了液氮高效率防灭火与降温协同式一体化技术，发明了配套的煤矿瓦斯抽采安全保障系统及装备，降温惰化效果显著
3	岩土体本构关系与数值模拟（2014—2017），周小平	①根据单轴压缩下裂纹扩展相似模型试验研究，分析了岩石脆性断裂的裂纹效应，并且对含预制原始裂纹试样的裂纹扩展特征进行研究，为岩石材料的裂纹缺陷及断裂理论的研究提供了实验依据。②提出了一种新的数值模拟技术研究岩石材料中裂纹的动态扩展问题。③提出了广义粒子动力学（GPD）算法，通过引入非局部"键"损伤因子，本算法克服了 SPH 算法中的一些缺陷，假设粒子相互作用的"键"在达到应力强度准则时失效，同时失效粒子在模拟过程中不再对周边相邻粒子继续产生影响，形成新的边界。④提出了一种基于"共轭键"的近场动力学模型，揭示了二维和三维裂纹扩展机理，该模型克服了传统"键"基近场动力学模型中泊松比固定的限制。⑤提出并发展一种可靠且有效的岩体特征化重构方法来理解和刻画广泛存在于自然界岩体中的孔隙、节理和裂隙的特性
4	石油工程岩石力学（2014—2017），金衍	①揭示了水岩作用下页岩微裂缝萌生、扩展到失稳引起的岩石强度弱化机理，提出了"抑制微观—封堵细观—支护宏观"三级尺度控制岩石强度弱化方法，形成了钻井液性能和材料强化井壁岩石强度、液柱压力支护井壁的失稳控制协同技术；②发现了裂缝网络流体流动力学行为，阐明了天然裂缝与人工裂缝相互作用机制，提出了以工程甜点评价、缝网设计和井筒稳定优化为核心的一体化压裂设计方法，形成了基于地质力学的一体化压裂设计方法，相关研究成果有效支撑了涪陵页岩气开发

附表5 2017—2020年岩石力学与工程研究相关的国家自然科学基金重大项目

序号	项目名称及负责人	关键科学问题与主要研究内容
1	页岩非线性工程地质力学特征与预测理论（"页岩油气高效开发基础理论"子课题之一）（2015—2019），陈勉	围绕钻采过程中页岩储层物理力学化学特征演化规律及其数学表征，精细刻画多尺度层理、节理及夹层发育特征，提出多节理、层理页岩的跨尺度结构表征方法；研究深部页岩的细观和宏观变形破坏机理、强度特性及峰后脆性特征，建立非连续页岩岩体力学特性及其脆性峰后评价理论；揭示具有强烈构造活动特征的储层异常压力及地应力场形成机制，针对压裂引发页岩地层三维扰动过程，建立地应力场和孔隙压力场的演化模型，形成各向异性非连续页岩地层的地球物理预测理论与方法，为我国页岩油气开发中的技术瓶颈突破奠定科学理论基础
2	页岩地层动态随机裂缝控制机理与无水压裂理论（"页岩油气高效开发基础理论"子课题之一）（2015—2019），赵金洲	建立页岩人工裂缝扩展大型物理模拟方法，研究各向异性页岩随机损伤—断裂特性与缝网体形成规律，发展人工裂缝与天然裂缝交织的多裂缝压裂理论，探索新概念无水压裂方式，形成水平井水力裂缝网络设计方法
3	页岩油气多尺度渗流特征与开采理论（"页岩油气高效开发基础理论"子课题之一）（2015—2019），姚军	研究页岩储层多尺度流体运移机制以及微纳米尺度和宏观尺度的数值模拟方法，建立页岩油气藏的试井解释、产能预测和开发潜力评价等理论和方法，形成复杂地质条件下的井工厂优化设计方法
4	多重耦合下的页岩油气安全优质钻井理论（"页岩油气高效开发基础理论"子课题之一）（2015—2019），葛洪魁	研究力学与化学、流体与固体双重耦合作用下的超长裸眼水平井页岩井筒失稳和储层污染规律，建立水平井井筒完整性理论，探索新型钻完井方式，形成钻完井评估和设计方法

附表6 2017—2020年岩石力学与工程研究相关的国家自然科学基金重大科研仪器项目

序号	项目名称及负责人	关键科学问题与主要研究内容
1	煤与瓦斯安全共采三维物理模拟方法及综合实验系统研究（2014—2017），李树刚	成功研制了煤与瓦斯共采三维物理模拟系统，采用模块式设计方法，将高强度刚体框架、开采系统、通风系统、瓦斯注入系统、瓦斯抽采系统、加载系统、声电监测系统以及数据采集控制系统等有机集成，研发了煤与瓦斯共采物理模拟实验平台，实现了矿山压力分布规律、瓦斯运移规律、覆岩移动破坏规律、瓦斯抽采规律等一体同步研究；研制了适合三维物理模拟实验的相似材料，建立了三维条件下覆岩裂隙演化与瓦斯运移耦合相似准则，揭示了采动覆岩裂隙演化与卸压瓦斯运移耦合机理
2	高能加速器CT多场耦合岩石力学试验系统（2013—2017），李晓	成功研制了世界上首台高能加速器CT可旋转式岩石力学刚性伺服试验机，可以获得岩石材料在应力、温度、流体等多种环境力场作用下的损伤破裂演化过程，揭示地质类材料变形破坏宏观力学行为的细观动因，突破多相多场耦合基础理论，建立科学合理的本构模型，具有重要的科学意义
3	岩石节理全剪切-渗流耦合试验技术和系统研制（2014—2017），夏才初	成功研制了全新的节理剪切渗流试验系统，该试验装备是国内外首台能达到3MPa渗透压力的岩石节理剪切渗流仪器，填补了在较高渗透压力下岩石节理剪切达到峰值后直至残余强度整个过程中渗流试验和研究的空白

续表

序号	项目名称及负责人	关键科学问题与主要研究内容
4	三维霍普金森杆冲击加载装置研制（2013—2016），郝洪	成功研制出三维霍普金森杆冲击加载实验系统，弥补了材料三维动态加载领域的空白，为描述材料三维动态本构特征，可为建立考虑应变率的三维材料动态本构模型提供有效的实验数据
5	岩体结构面抗剪强度尺寸效应试验技术与系统研制（2015—2019），杜时贵	成功研制了世界第一套岩体结构面抗剪强度尺寸效应试验系统与技术，首次在同一台试验机上实现了11个连续尺寸结构面试样（尺寸范围10厘米×10厘米至110厘米×110厘米）的直剪试验，攻克了岩体结构面抗剪强度尺寸效应试验技术难题
6	用于揭示煤与瓦斯突出机理与规律的模拟试验仪器（2015—2019），袁亮	成功研制了与现场高度相似的大尺度真三维煤与瓦斯突出定量模拟试验系统，可开展1∶30几何比尺的石门掘进致突正交模拟试验，实现巷道开挖揭煤突出全过程的定量模拟
7	深部"一高两扰动"特征科学现象模拟及量测试验装置（2016—2020），王明洋	成功研制了深部"一高两扰动"特征科学现象模拟及量测试验装置，该装置可重复试验并完成不同参数条件下的开挖卸荷扰动和爆炸地冲击扰动诱发岩体内能量释放导致工程灾变的模拟试验
8	深部巷道/隧道动力灾害物理模拟试验系统（2015—2019），周辉	研制了可合理模拟深部巷道/隧道岩爆的关键影响因素和实际条件的深部巷道/隧道动力灾害物理模拟试验系统，重点解决了深部巷道/隧道岩爆物理模拟中的模型材料和各种关键影响因素的相似性、加载条件的准确性、加载和开挖顺序的合理性、监测和测试系统的适应性和完备性等一系列关键理论和技术难题，保证了所研发的试验系统具有先进和全面的技术性能
9	地质体多场多参量分布式光纤感测系统研制（2015—2019），施斌	成功研制出了具有完全自主知识产权的布里渊和拉曼背向散射光一体化的应变温度分布式光纤测试仪；研制出了20余种多参量传感光缆（器件），简化了传感光纤的施工难度，降低了工程成本；研制出了10余个地质体多场多参量分布式光纤感测系统，为我国基础地质研究和工程灾害防治提供了强有力的手段
10	大深度三维矢量广域电磁法仪器研制（2013—2017），何继善	发明了广域电磁法和高精度电磁勘探技术装备及工程化系统，建立了以曲面波为核心的电磁勘探理论，构建了全息电磁勘探技术体系。探测深度、分辨率和信号强度分别是世界先进方法——CSAMT法的5倍、8倍和125倍，实现了探得深、探得精、探得准，满足了"深地"战略需求
11	用于掘进机施工的隧道不良地质定量超前预报综合地球物理探测仪器（2014—2018），李术才	成功研制了综合地球物理联用主机、激发极化、地震与雷达硬件单元，形成了用于掘进机施工的隧道不良地质定量超前预报综合地球物理探测仪器，开发了不良地质超前预报联合解译与决策系统，并在依托工程中开展了掘进机搭载探测现场试验与验证
12	复杂深海工程地质原位长期观测设备研制（2015—2019），贾永刚	成功研制了一套复杂深海工程地质原位长期观测设备，主要功能包括：海底沉积物三维电阻率量测、海底沉积物声波量测、海底沉积物孔压量测、数据远程传输控制、原位长期观测供电、液压静力贯入、水动力观测、侵蚀淤积观测等
13	极地深冰下基岩无钻杆取芯钻探装备（2014—2020），达拉拉伊帕维尔	成功研制了极地深冰下基岩无钻杆取芯钻探装备，验证了钻探设备的可靠性，为我国深入开展极地钻探工程、获取更多南极深冰下的岩芯样品提供了强有力的技术支撑。为研究南极冰盖运动和演化以及东南极冰下地质学研究提供了重要的科学依据，为后续更好地进行南极冰盖考察与研究奠定基础

附表7　2017—2020年岩石力学与工程研究相关的国家自然科学基金重点项目

序号	项目名称及负责人	关键科学问题与主要研究内容
1	页岩气开采岩石力学（2013—2017），陈勉	①基于高温高压页岩力学测试，建立了页岩各向异性特征和非线性破坏模式，提出基于全应力—应变特征表征页岩脆度的数学力学模型，揭示了多尺度作用页岩同步破坏机理。②实验研究了页岩水化膨胀和水化破坏机理，建立液体活度对页岩非线性本构方程的影响关系，全面掌握了动态钻井参数对井壁稳定的影响规律，形成了力学化学耦合条件下维持页岩钻井井壁稳定的优化设计方法。③针对页岩水平井压裂改造，建立了多段多簇分段压裂力学模型，数值模拟了水力裂缝在复杂裂缝网络中的扩展规律。④建立了多级压裂流固耦合产能模型，通过优选页岩水平井多级压裂裂缝参数，提高页岩气储层水平井分段分簇压裂有效缝网改造体积
2	深部低渗透高瓦斯煤层瓦斯抽采基础研究（2015—2019），尹光志	①成功研制了由"多功能真三轴流固耦合试验装置""多场耦合煤与瓦斯共采模拟试验系统""三向加载大型三维相似模拟试验系统""煤岩CT热流固耦合试验装置"和"煤岩热流固耦合试验装置"等7套装置组成的"深部低渗透高瓦斯煤层瓦斯抽采基础研究系列试验系统"，为深入系统地开展深部低渗透高瓦斯煤层瓦斯抽采基础研究提供了先进的试验手段与方法。②建立了考虑采动应力影响和真三轴各向异性的煤岩渗透率模型，提出了含瓦斯煤岩热流固耦合模型，结合现场测试与数值模拟，揭示了深部煤岩体在应力场、渗流场、温度场等多场耦合作用下的破断机理及瓦斯运移规律，为煤与瓦斯安全高效开采提供了理论基础。③开展了真三轴应力条件下CO_2及水压致裂的试验和理论研究，获得了真三轴应力条件下气、水致裂煤岩起裂压力、方向及裂纹扩展规律等煤岩致裂增渗的关键参数，提出了"CO_2相变致裂—水力压裂耦合致裂增渗技术"，为提高煤层瓦斯抽采率提供了理论和技术基础
3	尾矿坝稳定性评价与安全监控基础性研究（2013—2017），杨春和	通过室内试验和数值模拟研究多因素影响下的尾矿材料静力学特性，建立了高压力作用下尾矿的抗剪强度幂指数模型，形成了高压下尾矿材料颗粒破碎的模拟方法，建立了考虑干密度影响的尾矿材料土水特征曲线模型；建立了循环荷载下尾矿的孔隙水压力双S型模型，提出了尾矿材料液化的判别方法；基于改进响应面法提出了尾矿坝可靠度分析方法，基于一维固结及小变形假定提出了尾矿坝超静孔隙水压力的预测方法，分析了细粒粒径、高应力、非饱和、降雨等因素作用下的尾矿坝稳定性，形成了尾矿坝综合稳定性评价方法；基于突变理论提出了尾矿坝的失稳破坏描述模型，分析了尾矿坝溃坝启动条件；开展了大尺度的尾矿坝室内物理模型试验，揭示了降雨条件下尾矿坝漫顶溃坝的力学机制，建立了尾矿坝漫顶溃坝过程的数学物理模型；给出了尾矿坝的安全等级划分标准，针对尾矿库灾害的特征研发了尾矿坝安全健康诊断及预警平台；基于现场实验数据建立了尾矿坝颗粒沉积的预测模型，揭示了尾矿坝的排渗淤堵机理，研发了化学淤堵防治技术，提出了"多点集中放矿—废石格网尾矿联合筑坝法"的新型筑坝方法，从而为建立有效的尾矿坝稳定性与监控体系、实现从"被动救灾"向"主动防灾"的转变提供坚实的技术基础

续表

序号	项目名称及负责人	关键科学问题与主要研究内容
4	工程活动影响下土石混合体滑坡形成演化的结构控制机理研究（2014—2018），胡瑞林	①提出并初步实现了基于"探窗组合技术"的土石混合体斜坡隐伏结构的精细化探测，为最终建立真实的土石混合体滑坡三维地质模型提供了技术途径和应用示范。②系统揭示了土石混合体非线性渗流的结构控制规律及其流场特性，建立了土石混合体非线性渗流计算模型，并提出了土石混合体抗渗变形的优化设计方法。③分析了不同结构要素对土石混合体强度特性的影响，获得了土石混合体变形破坏的声学特性及其演化规律，展现了土石混合体细观损伤开裂过程及其发育条件，系统揭示了土石混合体细观结构的演进规律及其对宏观力学特性的控制作用，提出了不同结构状态下强度参数的正确获取方法。④揭示了基覆面粗糙度、角度及形状对土石混合体斜坡稳定性的控制规律。⑤分析了块石/基质强度差异对土石混合体边坡中裂缝扩展的影响，重现了不同块石结构影响下的土石混合体斜坡基质变形—结构演化—整体失稳的破坏演进全过程，为全面建立基于真实土石结构和非线性本构关系的新一代土石混合体滑坡预测预警体系奠定了理论基础
5	深部大变形巷道围岩破坏与稳定性控制研究（2015—2019），王卫军	①开展了岩体加卸载与细观损伤试验，发现岩体强度、破坏形态、损伤程度及塑性变形均与其加载历史水平密切相关，应力水平越高，卸载后的岩体强度越小，塑性变形量越大，宏观与细观裂隙数量越多，岩体的损伤程度越加严重。②建立了非等压环境下的巷道围岩力学模型，阐明了巷道围岩塑性区具有圆形、椭圆形和蝶形的三种基本形态，给出了塑性区三种基本形态的数学界定标准和应力围岩判别准则。③分析了高偏应力环境下的巷道围岩塑性区演化过程，揭示了蝶叶型冒顶力学本质，获得了应力偏量大小、围岩强度、巷道尺寸以及蝶叶方位角等蝶叶型冒顶的关键影响因素，构建了巷道冒顶隐患多参量评估指标体系，建立了冒顶隐患判别准则，获得了巷道不同地段的冒顶隐患级别。④建立了岩石性质与钻进信号特征的关联模型，研发了冒顶隐患探测仪、超高强柔性锚杆以及大延伸柔性锚杆，实现了大变形巷道冒顶隐患的精确定位，形成了大变形巷道围岩控制技术体系。⑤基于蝶形破坏理论及其突变特性，揭示了巷道围岩塑性区恶性扩张引发冲击地压机理。⑥研制了三轴加载试验装置，分析了锚杆支护强度、支护密度以及预紧力对预裂试件的锚固特征，构建了锚杆支护的劈裂板梁结构模型，揭示了深部巷道围岩锚杆锚固机理
6	矿山顶板灾害预警（2013—2017），何富连	①研究了矿山顶板灾害形态与围岩体环境的关系；得到了采掘工程扰动岩体的应力位移场演化规律及破坏机理，揭示了采动顶板岩体的劣化过程中引起的震动和红外的前兆信号分布特征，明确了矿山顶板灾害活动特征和力学机制。②建立矿山大面积基本顶岩板的结构力学模型，提出基本顶破断的kDL效应，指出不同条件下的基本顶破断形态并获得砌体板结构失稳的临界条件和支护物的最低支护阻力，阐明了基本顶断裂过程中反弹压缩分区演化和监测预警方法；建立了顶板局部关键块体滑落、松散漏冒和分离薄层化垮落的力学模型，得到了局部岩体失稳的力学过程和关键影响因素，确定了局部工程灾变的极限条件和控制方法。③研究了矿山顶板异常地质构造的探地雷达信号特征和方法，探析了顶板岩层岩性与钻进信号之间的动态响应理论；建立了煤层顶板灾害风险评估指标体系和分级方法，实现了分类指标的量化处理；开发了顶板灾害风险程度分区量化的可视化软件。④研究得出了矿山顶板灾害预警指标、相应权重和临界值确定方法，形成了临界预警指标体系；获取了顶板支护体异常引发的信号特征和拾取方法并确定了异常信号判据；构建了矿山顶板灾害综合预警模型，开发了相应专家系统

续表

序号	项目名称及负责人	关键科学问题与主要研究内容
7	冲击地压电—震耦合监测预警原理与方法（2017—2021），何学秋	冲击地压灾害孕育发展过程中，煤岩破坏震动与伴随产生的电磁辐射耦合规律、冲击地压灾害电—震耦合监测预警原理与方法是本项目的基础科学问题。本项目拟研究煤岩动、静态加载和冲击加载破坏过程的流变突变规律，从宏、微观角度研究煤岩不同尺度、不同能级破坏震动与伴随产生的电磁辐射间的耦合关系，建立煤岩冲击破坏过程的电—震耦合理论模型，揭示冲击地压灾害孕育、发生发展过程的电—震耦合规律；研究建立冲击地压灾害电—震耦合监测预警准则，研究得出冲击地压灾害非接触、定位、大区域电—震耦合监测预警的原理与方法；研制冲击地压电—震耦合监测预警现场实测系统，对研究得出的理论、原理、方法进行现场实验验证与完善。研究成果对创新冲击地压灾害监测预警理论方法，指导灾害预防具有重要理论和现实意义
8	页岩气藏开采基础研究（2013—2017），姚军	①分子尺度上，形成了基于分子模拟的页岩气吸附解吸及运移机理研究方法，揭示了页岩气在干酪根、黏土等页岩中的吸附过程以及在多相环境下吸附和解吸行为。②孔隙尺度上，建立了一套多尺度数字岩芯构建方法及孔网模型提取分析方法，形成了考虑微尺度效应、气体高压影响和有机质吸附的影响基于孔隙网络模型和格子Boltzmann方法的页岩气/气水两相流动模拟方法，揭示了页岩气单相及气水两相孔隙尺度渗流规律。③油藏尺度上，建立了考虑天然裂缝影响的应力场—渗流场—缝内流场三场耦合的裂缝扩展数值模拟方法，从细观力学试验到宏观模拟揭示了页岩破裂和分段压裂水平井缝网扩展规律；基于均化理论，建立了考虑有机质分布和微观运移机理的页岩气宏观数学模型，形成了双重介质和嵌入式离散裂缝耦合的页岩气多尺度流动模拟方法；编制了页岩气藏压裂优化及产能评价一体化方法，形成了页岩气藏分段压裂水平井油藏工程参数优化方法，为页岩气藏的高效开发提供理论基础和技术支撑
9	页岩气开发中的微地震反演（2013—2017），常旭	①微地震有效信号的识别与提取方法；②微地震震源定位方法；③震源机制的反演方法。本项目建立了基于TTI各向异性介质的三维弹性波方程的地震矩张量震源模型和基于反射透射系数矩阵的一般位错震源模型，基于两个震源模型，建立了震源机制的反演算法，通过理论计算验证了适用于水力压裂岩石破裂的震源机制求解方法，定量给出了常规剪切型震源模型无法获取的震源非剪切成分和破裂裂缝的长宽之比，本成果为储层破裂的受力分析提供了基础数据和基本方法

附表8 近年发布的岩石力学与工程相关的国家、行业标准

序号	标准号	标准名称	主编单位
1	GB/T 25217.3—2019	《冲击地压测定、监测与防治方法第3部分：煤岩组合试件冲击倾向性分类及指数的测定方法》	天地科技股份有限公司等
2	GB/T 32864—2016	《滑坡防治工程勘查规范》	中国地质环境监测院等
3	GB/T 33112—2016	《岩土工程原型观测专用仪器校验方法》	水利部水文仪器及岩土工程仪器质量监督检验测试中心等
4	GB/T 34652—2017	《全断面隧道掘进机 敞开式岩石隧道掘进机》	中国铁建重工集团有限公司等
5	GB/T 34653—2017	《全断面隧道掘进机 单护盾岩石隧道掘进机》	中国铁建重工集团有限公司等

续表

序号	标准号	标准名称	主编单位
6	GB/T 35056—2018	《煤矿巷道锚杆支护技术规范》	中国煤炭工业协会煤矿支护专业委员会等
7	GB/T 37367—2019	《岩土工程仪器 位移计》	水利部水文仪器及岩土工程仪器质量监督检验测试中心等
8	GB/T 37573—2019	《露天煤矿边坡稳定性年度评价技术规范》	煤炭科学技术研究院有限公司等
9	GB/T 37697—2019	《露天煤矿边坡变形监测技术规范》	煤炭科学技术研究院有限公司等
10	GB/T 37807—2019	《露天煤矿井采采空区勘查技术规范》	煤炭科学技术研究院有限公司等
11	GB/T 38204—2019	《岩土工程仪器 测斜仪》	水利部水文仪器及岩土工程仪器质量监督检验测试中心等
12	GB/T 38509—2020	《滑坡防治设计规范》	中国地质环境监测院等
13	GB 51214—2017	《煤炭工业露天矿边坡工程监测规范》	中煤科工集团沈阳设计研究院有限公司
14	GB 51289—2018	《煤炭工业露天矿边坡工程设计标准》	中煤科工集团沈阳设计研究院有限公司
15	GB/T 51351—2019	《建筑边坡工程施工质量验收标准》	重庆市建筑科学研究院 中国建筑西南勘察设计研究院有限公司
16	SL/T 264—2020	《水利水电工程岩石试验规程》	长江水利委员会长江科学院
17	SL 319—2018	《混凝土重力坝设计规范》	长江勘测规划设计研究有限责任公司
18	SL 744—2016	《水工建筑物荷载设计规范》	中水东北勘测设计研究有限责任公司
19	NB/T 10139—2019	《水电工程泥石流勘察与防治设计规程》	中国电建集团成都勘测设计研究院有限公司
20	NB/T 10143—2019	《水电工程岩爆风险评估技术规范》	水电水利规划设计总院
21	NB/T 35103—2017	《水电工程钻孔抽水试验规程》	水电水利规划设计总院
22	TB 10003—2016	《铁路隧道设计规范》	中铁二院工程集团有限责任公司
23	TB 10012—2019	《铁路工程地质勘察规范》	中铁第一勘察设计院集团有限公司
24	TB 10077—2019	《铁路工程岩土分类标准》	中铁第一勘察设计院集团有限公司
25	TB 10120—2019	《铁路瓦斯隧道技术规范》	中铁二院工程集团有限责任公司
26	TB 10218—2019	《铁路工程基桩检测技术规程》	中铁二十局集团有限公司
27	TB 10313—2019	《铁路工程爆破震动安全技术规程》	中国铁道科学研究院集团有限公司

续表

序号	标准号	标准名称	主编单位
28	JTG 3370.1—2018	《公路隧道设计规范 第一册 土建工程》	招商局重庆交通科研设计院有限公司
29	YS/T 5230—2019	《边坡工程勘察规范》	中国有色金属工业昆明勘察设计研究院有限公司
30	DL/T 5783—2019	《水电水利地下工程地质超前预报技术规程》	长江水利委员会长江科学院

参考文献

［1］ Wu S, Zhang S, Guo C, et al. A generalized nonlinear failure criterion for frictional materials［J］. Acta Geotechnica, 2017, 12（6）: 1353-1371.

［2］ Wu S, Zhang S, Zhang G. Three-dimensional strength estimation of intact rocks using a modified Hoek-Brown criterion based on a new deviatoric function［J］. International Journal of Rock Mechanics and Mining Sciences, 2018, 107: 181-190.

［3］ Zuo J, Shen J. The Hoek-Brown Failure Criterion［M］//Zuo J, Shen J. The Hoek-Brown Failure criterion—From theory to application. Singapore: Springer Singapore, 2020: 1-16.

［4］ Si X, Gong F, Li X, et al. Dynamic Mohr-Coulomb and Hoek-Brown strength criteria of sandstone at high strain rates［J］. International Journal of Rock Mechanics and Mining Sciences, 2019, 115: 48-59.

［5］ Lan H, Chen J, Macciotta R. Universal confined tensile strength of intact rock［J］. Scientific Reports, 2019, 9.

［6］ Ma X, Rudnicki J W, Haimson B C. The application of a Matsuoka-Nakai-Lade-Duncan failure criterion to two porous sandstones［J］. International Journal of Rock Mechanics and Mining Sciences, 2017, 92: 9-18.

［7］ Feng X, Kong R, Yang C, et al. A Three-Dimensional Failure Criterion for Hard Rocks Under True Triaxial Compression［J］. Rock Mechanics and Rock Engineering, 2020, 53（1）: 103-111.

［8］ Feng X, Wang Z, Zhou Y, et al. Modelling three-dimensional stress-dependent failure of hard rocks［J］. Acta Geotechnica, 2021, 16（6）: 1647-1677.

［9］ 朱其志. 多尺度岩石损伤力学［M］. 北京: 科学出版社, 2019.

［10］ Li B, Ye X, Dou Z, et al. Shear Strength of Rock Fractures Under Dry, Surface Wet and Saturated Conditions［J］. Rock Mechanics and Rock Engineering, 2020, 53（6）: 2605-2622.

［11］ Li C, Hou S, Liu Y, et al. Analysis on the crown convergence deformation of surrounding rock for double-shield TBM tunnel based on advance borehole monitoring and inversion analysis［J］. Tunnelling and Underground Space Technology, 2020, 103.

［12］ Liu Y, Hou S, Li C, et al. Study on support time in double-shield TBM tunnel based on self-compacting concrete backfilling material［J］. Tunnelling and Underground Space Technology, 2020, 96.

［13］ Wang S, Xu W. A coupled elastoplastic anisotropic damage model for rock materials［J］. International Journal of Damage Mechanics, 2020, 29（8SI）: 1222-1245.

［14］ Zhu Q, Shao J. Micromechanics of rock damage: Advances in the quasi-brittle field［J］. Journal of Rock Mechanics and Geotechnical Engineering, 2017, 9（1）: 29-40.

［15］ Zhang Y, Feng X, Zhang X, et al. A Novel Application of Strain Energy for Fracturing Process Analysis of Hard Rock Under True Triaxial Compression［J］. Rock Mechanics and Rock Engineering, 2019, 52（11）: 4257-4272.

［16］ Zhao J, Feng X, Zhang X, et al. Brittle–ductile transition and failure mechanism of Jinping marble under true triaxial compression［J］. Engineering Geology, 2018, 232: 160-170.

［17］ Feng X, Kong R, Zhang X, et al. Experimental Study of Failure Differences in Hard Rock Under True Triaxial Compression［J］. Rock Mechanics and Rock Engineering, 2019, 52（7）: 2109-2122.

［18］ Feng X, Wang Z, Zhou Y, et al. Modelling three-dimensional stress-dependent failure of hard rocks［J］. Acta Geotechnica, 2021, 16（6）: 1647-1677.

［19］ Zhao J, Feng X, Zhang X, et al. Time-dependent behaviour and modeling of Jinping marble under true triaxial compression［J］. International Journal of Rock Mechanics and Mining Sciences, 2018, 110: 218-230.

［20］ 刘耀儒, 杨强. 岩体工程非线性分析理论与数值仿真［M］. 北京: 清华大学出版社, 2021.

［21］ 陶志刚, 罗森林, 康宏伟, 等. 公路隧道炭质板岩变形规律及蠕变特性研究［J］. 中国矿业大学学报, 2020, 49（05）: 898-906.

［22］ Tang H, Wang D, Huang R, et al. A new rock creep model based on variable-order fractional derivatives and continuum damage mechanics［J］. Bulletin of Engineering Geology and the Environment, 2018, 77（1）: 375-383.

［23］ Xu M, Jin D, Song E, et al. A rheological model to simulate the shear creep behavior of rockfills considering the influence of stress states［J］. Acta Geotechnica, 2018, 13（6）: 1313-1327.

［24］ Chu Z, Wu Z, Liu Q, et al. Analytical Solution for Lined Circular Tunnels in Deep Viscoelastic Burgers Rock Considering the Longitudinal Discontinuous Excavation and Sequential Installation of Liners［J］. Journal of Engineering Mechanics, 2021, 147（4）.

［25］ Shan R, Bai Y, Ju Y, et al. Study on the Triaxial Unloading Creep Mechanical Properties and Damage Constitutive Model of Red Sandstone Containing a Single Ice-Filled Flaw［J］. Rock Mechanics and Rock Engineering, 2021, 54（2）: 833-855.

［26］ Li Z, Li J, Li H, et al. Effects of a set of parallel joints with unequal close-open behavior on stress wave energy attenuation［J］. Waves in Random and Complex Media, 2020.

［27］ 李郑梁, 李建春, 刘波, 等. 浅切割的高山峡谷复杂地形的地震动放大效应研究［J］. 工程地质学报, 2021, 29（01）: 137-150.

［28］ Yang H, Duan H, Zhu J. Effects of filling fluid type and composition and joint orientation on acoustic wave propagation across individual fluid-filled rock joints［J］. International Journal of Rock Mechanics and Mining Sciences, 2020, 128.

［29］ Yang H, Duan H, Zhu J. Thermal Effect on Compressional Wave Propagation Across Fluid-Filled Rock Joints［J］. Rock Mechanics and Rock Engineering, 2021, 54（1）: 455-462.

［30］ Yang H, Duan H, Zhu J. Ultrasonic P-wave propagation through water-filled rock joint: An experimental investigation［J］. Journal of Applied Geophysics, 2019, 169: 1-14.

［31］ Zhu J, Ren M, Liao Z. Wave propagation and diffraction through non-persistent rock joints: An analytical and numerical study［J］. International Journal of Rock Mechanics and Mining Sciences, 2020, 132.

［32］ Li X, Li H, Zhang Q, et al. Dynamic fragmentation of rock material: Characteristic size, fragment distribution and pulverization law［J］. Engineering Fracture Mechanics, 2018, 199: 739-759.

［33］ Li X, Li X, Li H, et al. Dynamic tensile behaviours of heterogeneous rocks: The grain scale fracturing characteristics on strength and fragmentation［J］. International Journal of Impact Engineering, 2018, 118: 98-118.

［34］ Wu R, Li H, Li X, et al. Experimental Study and Numerical Simulation of the Dynamic Behavior of Transversely Isotropic Phyllite［J］. International Journal of Geomechanics, 2020, 20（8）.

[35] 李晓锋, 李海波, 刘凯, 等. 冲击荷载作用下岩石动态力学特性及破裂特征研究 [J]. 岩石力学与工程学报, 2017, 36 (10): 2393-2405.

[36] 武仁杰, 李海波, 李晓锋, 等. 冲击载荷作用下层状岩石破碎能耗及块度特征 [J]. 煤炭学报, 2020, 45 (03): 1053-1060.

[37] Du H, Dai F, Wei M, et al. Dynamic Compression-Shear Response and Failure Criterion of Rocks with Hydrostatic Confining Pressure: An Experimental Investigation [J]. Rock Mechanics and Rock Engineering, 2021, 54 (2): 955-971.

[38] Xu Y, Dai F. Dynamic Response and Failure Mechanism of Brittle Rocks Under Combined Compression-Shear Loading Experiments [J]. Rock Mechanics and Rock Engineering, 2018, 51 (3): 747-764.

[39] Xu Y, Dai F, Du H. Experimental and numerical studies on compression-shear behaviors of brittle rocks subjected to combined static-dynamic loading [J]. International Journal of Mechanical Sciences, 2020, 175.

[40] Du H, Dai F, Xu Y, et al. Mechanical responses and failure mechanism of hydrostatically pressurized rocks under combined compression-shear impacting [J]. International Journal of Mechanical Sciences, 2020, 165.

[41] Lu Y, Xu Z, Li H, et al. The influences of super-critical CO_2 saturation on tensile characteristics and failure modes of shales [J]. Energy, 2021, 221.

[42] Liu Z, He X, Cui G, et al. Effects of Different Temperatures on the Softening of Red-Bed Sandstone in Turbulent Flow [J]. Journal of Marine Science and Engineering, 2019, 7 (10).

[43] 刘镇, 周翠英, 陆仪启, 等. 软岩水-力耦合的流变损伤多尺度力学试验系统的研制 [J]. 岩土力学, 2018, 39 (08): 3077-3086.

[44] Chen Y, Ma G, Wang H, et al. Evaluation of geothermal development in fractured hot dry rock based on three dimensional unified pipe-network method [J]. Applied Thermal Engineering, 2018, 136: 219-228.

[45] Ren F, Ma G, Wang Y, et al. Two-phase flow pipe network method for simulation of CO2 sequestration in fractured saline aquifers [J]. International Journal of Rock Mechanics and Mining Sciences, 2017, 98: 39-53.

[46] Wang Y, Zhou X, Kou M. A coupled thermo-mechanical bond-based peridynamics for simulating thermal cracking in rocks [J]. International Journal of Fracture, 2018, 211 (1-2): 13-42.

[47] Liu D, He M, Cai M. A damage model for modeling the complete stress-strain relations of brittle rocks under uniaxial compression [J]. International Journal of Damage Mechanics, 2018, 27 (7): 1000-1019.

[48] Liu Y, Wa W, He Z, et al. Nonlinear creep damage model considering effect of pore pressure and analysis of long-term stability of rock structure [J]. International Journal of Damage Mechanics, 2020, 29 (1SI): 144-165.

[49] Li Y, Dai F, Wei M, et al. Numerical investigation on dynamic fracture behavior of cracked rocks under mixed mode I/II loading [J]. Engineering Fracture Mechanics, 2020, 235.

[50] Du H, Dai F, Xia K, et al. Numerical investigation on the dynamic progressive fracture mechanism of cracked chevron notched semi-circular bend specimens in split Hopkinson pressure bar tests [J]. Engineering Fracture Mechanics, 2017, 184: 202-217.

[51] Zheng H, Yang Y, Shi G. Reformulation of dynamic crack propagation using the numerical manifold method [J]. Engineering Analysis with Boundary Elements, 2019, 105: 279-295.

[52] 范濛, 金衍, 付卫能, 等. 水力裂缝扩展行为的声发射特征实验研究 [J]. 岩石力学与工程学报, 2018, 37 (S2): 3834-3841.

[53] 李玉伟, 龙敏, 汤继周, 等. 考虑裂尖塑性区影响的水力压裂缝高计算模型 [J]. 石油勘探与开发, 2020, 47 (01): 175-185.

[54] Wu S, Han L, Cheng Z, et al. Study on the limit equilibrium slice method considering characteristics of inter-slice normal forces distribution: the improved Spencer method [J]. Environmental Earth Sciences, 2019, 78 (20).

[55] 吴顺川, 韩龙强, 李志鹏, 等. 基于滑面应力状态的边坡安全系数确定方法探讨 [J]. 中国矿业大学学

报，2018，47（04）：719-726.

[56] 卢应发，张凌晨，张玉芳，等．边坡渐进破坏多参量评价指标［J］．工程力学，2021，38（03）：132-147.

[57] 董建华，董旭光，朱彦鹏．随机地震作用下框架锚杆锚固边坡稳定性可靠度分析［J］．中国公路学报，2017，30（02）：41-47.

[58] Chen H, Qin S, Xue L, et al. A physical model predicting instability of rock slopes with locked segments along a potential slip surface［J］. Engineering Geology, 2018, 242: 34-43.

[59] Xue L, Qin S, Pan X, et al. A possible explanation of the stair-step brittle deformation evolutionary pattern of a rockslide［J］. Geomatics Natural Hazards & Risk, 2017, 8（2）: 1456-1476.

[60] 杨百存，秦四清，薛雷，等．锁固段损伤过程中的能量转化与分配原理［J］．东北大学学报（自然科学版），2020，41（07）：975-981.

[61] Deng Y, Yan S, Scaringi G, et al. An Empirical Power Density-Based Friction Law and Its Implications for Coherent Landslide Mobility［J］. Geophysical Research Letters, 2020, 47（11）.

[62] Deng Y, He S, Scaringi G, et al. Mineralogical Analysis of Selective Melting in Partially Coherent Rockslides: Bridging Solid and Molten Friction［J］. Journal of Geophysical Research-Solid Earth, 2020, 125（8）.

[63] Sun C, Chen C, Zheng Y, et al. Limit-Equilibrium Analysis of Stability of Footwall Slope with Respect to Biplanar Failure［J］. International Journal of Geomechanics, 2020, 20（1）.

[64] Sun C, Chen C, Zheng Y, et al. Numerical and theoretical study of bi-planar failure in footwall slopes［J］. Engineering Geology, 2019, 260.

[65] Zheng Y, Chen C, Liu T, et al. Slope failure mechanisms in dipping interbedded sandstone and mudstone revealed by model testing and distinct-element analysis［J］. Bulletin of Engineering Geology and the Environment, 2018, 77（1）: 49-68.

[66] Zhang Z, Sheng Q, Fu X, et al. An approach to predicting the shear strength of soil-rock mixture based on rock block proportion［J］. Bulletin of Engineering Geology and the Environment, 2020, 79（5）: 2423-2437.

[67] 何满潮，郭鹏飞．"一带一路"中的岩石力学与工程问题及对策探讨［J］．绍兴文理学院学报（自然科学），2018，38（02）：1-9.

[68] 何满潮，陶志刚，张斌．恒阻大变形缆索及其恒阻装置［P］．2011-12-28.

[69] 陶志刚，张海江，彭岩岩，等．滑坡监测多源系统云服务平台架构及工程应用［J］．岩石力学与工程学报，2017，36（07）：1649-1658.

[70] Zheng X, Yang X, Ma H, et al. Integrated Ground-Based SAR Interferometry, Terrestrial Laser Scanner, and Corner Reflector Deformation Experiments［J］. Sensors, 2018, 18（12）.

[71] 秦宏楠，马海涛，于正兴．地基SAR技术支持下的滑坡预警预报分析方法［J］．武汉大学学报（信息科学版），2020，45（11）：1697-1706.

[72] 吴星辉，马海涛，张杰．地基合成孔径雷达的发展现状及应用［J］．武汉大学学报（信息科学版），2019，44（07）：1073-1081.

[73] 殷跃平，王文沛，张楠，等．强震区高位滑坡远程灾害特征研究——以四川茂县新磨滑坡为例［J］．中国地质，2017，44（05）：827-841.

[74] 殷跃平，朱赛楠．青藏高原高位远程地质灾害［M］．北京：科学出版社，2021.

[75] 张永双，杜国梁，郭长宝，等．川藏交通廊道典型高位滑坡地质力学模式［J］．地质学报，2021，95（03）：605-617.

[76] 黄波林，殷跃平．水库区滑坡涌浪风险评估技术研究［J］．岩石力学与工程学报，2018，37（03）：621-629.

[77] Li S, Xu S, Nie L, et al. Assessment of electrical resistivity imaging for pre-tunneling geological characterization-

A case study of the Qingdao R3 metro line tunnel [J]. Journal of Applied Geophysics, 2018, 153: 38–46.

[78] 李宁博, 张永恒, 聂利超, 等. 隧道三维跨孔电阻率超前探测方法及其现场应用研究 [J]. 应用基础与工程科学学报, 2021: 1–21.

[79] 李玉波. 三维地震波法超前地质预报在引汉济渭工程 TBM 施工中的应用 [J]. 水利水电技术, 2017, 48 (08): 131–136.

[80] 杨继华, 闫长斌, 苗栋, 等. 双护盾 TBM 施工隧洞综合超前地质预报方法研究 [J]. 工程地质学报, 2019, 27 (02): 250–259.

[81] 冯涛, 蒋良文, 曹化平, 等. 高铁复杂岩溶"空天地"一体化综合勘察技术 [J]. 铁道工程学报, 2018, 35 (06): 1–6.

[82] 国家能源局. 水电水利地下工程地质超前预报技术规程 [S]. 北京: 中国电力出版社, 2019.

[83] 李德军, 王哲, 谢东武, 等. BIM 地质建模在大跨度隧道工程中的应用研究 [Z]. 中国湖北武汉: 20208.

[84] 黄海斌. 上软下硬地层超大直径盾构隧道设计关键技术研究 [硕士论文] [D]. 成都: 西南交通大学, 2018.

[85] 江权, 冯夏庭, 李邵军, 等. 高应力下大型硬岩地下洞室群稳定性设计优化的裂化 – 抑制法及其应用 [J]. 岩石力学与工程学报, 2019, 38 (06): 1081–1101.

[86] 何满潮, 王博, 陶志刚, 等. 大变形隧道钢拱架自适应节点轴压性能研究 [J]. 中国公路学报, 2021, 34 (05): 1–10.

[87] 王琦, 何满潮, 许硕, 等. 恒阻吸能锚杆力学特性与工程应用 [J]. 煤炭学报, 2021: 1–11.

[88] Yang S, Chen M, Jing H, et al. A case study on large deformation failure mechanism of deep soft rock roadway in Xin'An coal mine, China [J]. Engineering Geology, 2017, 217: 89–101.

[89] 高攀, 李沿宗, 李志军, 等. 挤压破碎带极高地应力软岩大变形隧道建造关键技术 [Z]. 2018.

[90] 周福霖, 朱世友, 魏玉省, 等. 一种盾构隧道抗震消能减震节点结构 [P]. 2018-03-30.

[91] 张颖, 罗俊杰, 徐丽, 等. 一种隧道隔减震体系 [P]. 2019-12-24.

[92] Huang Z, Wu X, Li R, et al. Mechanism of drilling rate improvement using high-pressure liquid nitrogen jet [J]. Petroleum Exploration and Development, 2019, 46 (4): 810–818.

[93] 黄中伟, 温海涛, 武晓光, 等. 液氮冷却作用下高温花岗岩损伤实验 [J]. 中国石油大学学报 (自然科学版), 2019, 43 (02): 68–76.

[94] 张希巍, 冯夏庭, 孔瑞, 等. 硬岩应力 – 应变曲线真三轴仪研制关键技术研究 [J]. 岩石力学与工程学报, 2017, 36 (11): 2629–2640.

[95] 周火明, 张宜虎. 岩体原位试验新技术在水工复杂岩体工程中的应用综述 [J]. 长江科学院院报, 2020, 37 (04): 1–6.

[96] 苏国韶, 莫金海, 陈智勇, 等. 支护失效对岩爆弹射破坏影响的真三轴试验研究 [J]. 岩土力学, 2017, 38 (05): 1243–1250.

[97] 马啸, 马东东, 胡大伟, 等. 实时高温真三轴试验系统的研制与应用 [J]. 岩石力学与工程学报, 2019, 38 (08): 1605–1614.

[98] 肖晓春, 丁鑫, 潘一山, 等. 含瓦斯煤岩真三轴多参量试验系统研制及应用 [J]. 岩土力学, 2018, 39 (S2): 451–462.

[99] 邵生俊, 王永鑫. 刚柔混合型大型真三轴仪研制与验证 [J]. 岩土工程学报, 2019, 41 (08): 1418–1426.

[100] 邵生俊, 许萍, 邵帅, 等. 一室四腔刚 – 柔加载机构真三轴仪的改进与强度试验——西安理工大学真三轴仪 [J]. 岩土工程学报, 2017, 39 (09): 1575–1582.

[101] 陈卫忠, 李翻翻, 马永尚, 等. 并联型软岩温度 – 渗流 – 应力耦合三轴流变仪的研制 [J]. 岩土力学, 2019, 40 (03): 1213–1220.

[102] 盛金昌, 杜昀宸, 周庆, 等. 岩石THMC多因素耦合试验系统研制与应用[J]. 长江科学院院报, 2019, 36（03）：145-150.

[103] 刘镇, 周翠英, 陆仪启, 等. 软岩水-力耦合的流变损伤多尺度力学试验系统的研制[J]. 岩土力学, 2018, 39（08）：3077-3086.

[104] 邬爱清, 范雷, 钟作武, 等. 现场裂隙岩体水力耦合真三轴试验系统研制与应用[J]. 岩石力学与工程学报, 2020, 39（11）：2161-2171.

[105] Wu A, Fan L, Fu X, et al. Design and application of hydro-mechanical coupling test system for simulating rock masses in high dam reservoir operations[J]. International Journal of Rock Mechanics and Mining Sciences, 2021, 140.

[106] 夏开文, 王帅, 徐颖, 等. 深部岩石动力学实验研究进展[J]. 岩石力学与工程学报, 2021, 40（03）：448-475.

[107] 徐松林, 王鹏飞, 赵坚, 等. 基于三维Hopkinson杆的混凝土动态力学性能研究[J]. 爆炸与冲击, 2017, 37（02）：180-185.

[108] 李夕兵, 宫凤强. 基于动静组合加载力学试验的深部开采岩石力学研究进展与展望[J]. 煤炭学报, 2021, 46（03）：846-866.

[109] 侯钦宽, 雍睿, 杜时贵, 等. 结构面粗糙度统计测量最小样本数确定方法[J]. 岩土力学, 2020, 41（04）：1259-1269.

[110] 李维树, 王中豪, 李栋, 等. 隧道锚现场缩尺模型试验中的伺服控制与采集系统[J]. 地下空间与工程学报, 2018, 14（S1）：98-102.

[111] Dai K, Li Z, Xu Q, et al. Entering the Era of Earth Observation-Based Landslide Warning Systems: A Novel and Exciting Framework[J]. Ieee Geoscience and Remote Sensing Magazine, 2020, 8（1）：136-153.

[112] Song C, Yu C, Li Z, et al. Landslide geometry and activity in Villa de la Independencia (Bolivia) revealed by InSAR and seismic noise measurements[J]. Landslides, 2021, 18（8）：2721-2737.

[113] Zhao X, Lan H, Li L, et al. A Multiple-Regression Model Considering Deformation Information for Atmospheric Phase Screen Compensation in Ground-Based SAR[J]. Ieee Transactions On Geoscience and Remote Sensing, 2020, 58（2）：777-789.

[114] Lan H, Zhao X, Macciotta R, et al. The cyclic expansion and contraction characteristics of a loess slope and implications for slope stability[J]. Scientific Reports, 2021, 11（1）.

[115] Tan D, Yin J, Feng W, et al. Large-scale physical modelling study of a flexible barrier under the impact of granular flows[J]. Natural Hazards and Earth System Sciences, 2018, 18（10）：2625-2640.

[116] Zhou L, Zhang C, Ni Y, et al. Real-time condition assessment of railway tunnel deformation using an FBG-based monitoring system[J]. Smart Structures and Systems, 2018, 21（5）：537-548.

[117] 陈炳瑞, 冯夏庭, 符启卿, 等. 综合集成高精度智能微震监测技术及其在深部岩石工程中的应用[J]. 岩土力学, 2020, 41（07）：2422-2431.

[118] 吴顺川, 郭超, 高永涛, 等. 岩体破裂震源定位问题探讨与展望[J]. 岩石力学与工程学报, 2021, 40（05）：874-891.

[119] 中铁工程装备集团有限公司. 国产首台铁路大直径土压/TBM双模掘进机下线[J]. 隧道建设（中英文）, 2018, 38（04）：666.

[120] 中国铁建重工集团股份有限公司. 国内最大直径双模盾构下线，成都市域铁路网建设再提速[J]. 隧道建设（中英文）, 2020, 40（12）：1708.

[121] 郎颖娴, 梁正召, 段东, 等. 基于CT试验的岩石细观孔隙模型重构与并行模拟[J]. 岩土力学, 2019, 40（03）：1204-1212.

[122] Li G, Zhao Y, Hu L, et al. Simulation of the rock meso-fracturing process adopting local multiscale high-

resolution modeling [J]. International Journal of Rock Mechanics and Mining Sciences, 2021, 142.

[123] Liang Z, Wu N, Li Y, et al. Numerical Study on Anisotropy of the Representative Elementary Volume of Strength and Deformability of Jointed Rock Masses [J]. Rock Mechanics and Rock Engineering, 2019, 52（11）: 4387-4402.

[124] Tang C A, Webb A A G, Moore W B, et al. Breaking Earth's shell into a global plate network [J]. Nature Communications, 2020, 11（1）.

[125] 冯春，李世海，郝卫红，等. 基于CDEM的钻地弹侵彻爆炸全过程数值模拟研究 [J]. 振动与冲击, 2017, 36（13）: 11-18.

[126] Ding C, Yang R, Feng C. Stress wave superposition effect and crack initiation mechanism between two adjacent boreholes [J]. International Journal of Rock Mechanics and Mining Sciences, 2021, 138.

[127] 赵安平，冯春，郭汝坤，等. 节理特性对应力波传播及爆破效果的影响规律研究 [J]. 岩石力学与工程学报, 2018, 37（09）: 2027-2036.

[128] Zhang Q, Yue J, Liu C, et al. Study of automated top-coal caving in extra-thick coal seams using the continuum-discontinuum element method [J]. International Journal of Rock Mechanics and Mining Sciences, 2019, 122.

[129] Ju Y, Wang Y, Su C, et al. Numerical analysis of the dynamic evolution of mining-induced stresses and fractures in multilayered rock strata using continuum-based discrete element methods [J]. International Journal of Rock Mechanics and Mining Sciences, 2019, 113: 191-210.

[130] Wang H, Bai C, Feng C, et al. An efficient CDEM-based method to calculate full-scale fragment field of warhead [J]. International Journal of Impact Engineering, 2019, 133: 103331.

[131] Zhang Q, Zhu H, Zhang L. Studying the effect of non-spherical micro-particles on Hoek-Brown strength parameter m（i）using numerical true triaxial compressive tests [J]. International Journal for Numerical and Analytical Methods in Geomechanics, 2015, 39（1）: 96-114.

[132] 朱合华，黄伯麒，张琦，等. 基于广义Hoek-Brown准则的弹塑性本构模型及其数值实现 [J]. 工程力学, 2016, 33（02）: 41-49.

[133] 上海同岩土木工程科技有限公司. 同济曙光三维有限元分析软件V3.0【渗流模块】[J]. 岩石力学与工程学报, 2016, 35（02）: 214.

[134] 陈至达. 理性力学 [M]. 重庆：重庆出版社, 2000.

[135] 陈至达. 连续介质有限变形力学几何场论 [J]. 力学学报, 1979（02）: 107-117.

[136] 何满潮，陈新，周永发，等. 软岩工程大变形力学分析：原理、软件、实例 [M]. 北京：科学出版社, 2014.

[137] Guo H, Chen X, He M, et al. Frictional contact algorithm study on the numerical simulation of large deformations in deep soft rock tunnels [J]. Mining Science and Technology（China）, 2010, 20（4）: 524-529.

[138] Manchao H, Xin C, Guofeng Z, et al. Chapter 18 "Large deformation analysis in deep coal mines in china", Innovative Numerical Modelling in Geomechanics [M]. London, UK: Tylar & Francis Group, 2012.

[139] Manchao H, Leal E Sousa R, Müller A, et al. Analysis of excessive deformations in tunnels for safety evaluation [J]. Tunnelling and Underground Space Technology, 2015, 45: 190-202.

[140] Chen X, Guo H, Zhao P, et al. Numerical modeling of large deformation and nonlinear frictional contact of excavation boundary of deep soft rock tunnel [J]. Journal of Rock Mechanics and Geotechnical Engineering, 2011, 3: 421-428.

[141] 何满潮，郭宏云，陈新，等. 基于和分解有限变形力学理论的深部软岩巷道开挖大变形数值模拟分析 [J]. 岩石力学与工程学报, 2010, 29（S2）: 4050-4055.

[142] 何满潮，陈新，梁国平，等. 深部软岩工程大变形力学分析设计系统 [J]. 岩石力学与工程学报, 2007（05）: 934-943.

[143] Bond A E, Brusky I, Cao T, et al. A synthesis of approaches for modelling coupled thermal–hydraulic–mechanical–chemical processes in a single novaculite fracture experiment [J]. Environmental Earth Sciences, 2017, 76（1）.

[144] Graupner B J, Shao H, Wang X R, et al. Comparative modelling of the coupled thermal–hydraulic–mechanical （THM） processes in a heated bentonite pellet column with hydration [J]. Environmental Earth Sciences, 2018, 77（3）.

[145] Pan P, Yan F, Feng X, et al. Study on coupled thermo–hydro–mechanical processes in column bentonite test [J]. Environmental Earth Sciences, 2017, 76（17）.

[146] Pan P, Yan F, Feng X, et al. Modeling of an excavation–induced rock fracturing process from continuity to discontinuity [J]. Engineering Analysis with Boundary Elements, 2019, 106: 286–299.

[147] Feng X, Pan P, Wang Z, et al. Development of Cellular Automata Software for Engineering Rockmass Fracturing Processes [C]. Turin, Italy: Springer Science and Business Media Deutschland GmbH, 2021.

[148] Feng X, Wang Z, Zhou Y, et al. Modelling three–dimensional stress–dependent failure of hard rocks [J]. Acta Geotechnica, 2021, 16（6）: 1647–1677.

[149] Mei W, Li M, Pan P, et al. Blasting induced dynamic response analysis in a rock tunnel based on combined inversion of Laplace transform with elasto–plastic cellular automaton [J]. Geophysical Journal International, 2021, 225（1）: 699–710.

[150] Li M, Mei W, Pan P, et al. Modeling transient excavation–induced dynamic responses in rock mass using an elasto–plastic cellular automaton [J]. Tunnelling and Underground Space Technology, 2020, 96.

[151] Ouyang C, Zhou K, Xu Q, et al. Dynamic analysis and numerical modeling of the 2015 catastrophic landslide of the construction waste landfill at Guangming, Shenzhen, China [J]. Landslides, 2017, 14（2）: 705–718.

[152] Sun X, Zeng P, Li T, et al. From probabilistic back analyses to probabilistic run–out predictions of landslides: A case study of Heifangtai terrace, Gansu Province, China [J]. Engineering Geology, 2021, 280.

[153] Ouyang C, An H, Zhou S, et al. Insights from the failure and dynamic characteristics of two sequential landslides at Baige village along the Jinsha River, China [J]. Landslides, 2019, 16（7）: 1397–1414.

[154] Fan X, Yang F, Siva Subramanian S, et al. Prediction of a multi–hazard chain by an integrated numerical simulation approach: the Baige landslide, Jinsha River, China [J]. Landslides, 2020, 17（1）: 147–164.

[155] An H, Ouyang C, Wang D. A new two–phase flow model based on coupling of the depth–integrated continuum method and discrete element method [J]. Computers & Geosciences, 2021, 146.

[156] 刘春, 乐天呈, 施斌, 等. 颗粒离散元法工程应用的三大问题探讨 [J]. 岩石力学与工程学报, 2020, 39（06）: 1142–1152.

[157] Liu C, Pollard D D, Gu K, et al. Mechanism of formation of wiggly compaction bands in porous sandstone: 2. Numerical simulation using discrete element method [J]. Journal of Geophysical Research–Solid Earth, 2015, 120（12）: 8153–8168.

[158] Qin Y, Liu C, Zhang X, et al. A three–dimensional discrete element model of triaxial tests based on a new flexible membrane boundary [J]. Scientific Reports, 2021, 11（1）.

[159] Zhang Z, Niu Y, Shang X, et al. Characteristics of Stress, Crack Evolution, and Energy Conversion of Gas–Containing Coal under Different Gas Pressures [J]. Geofluids, 2021, 2021.

[160] Luo H, Xing A, Jin K, et al. Discrete Element Modeling of the Nayong Rock Avalanche, Guizhou, China Constrained by Dynamic Parameters from Seismic Signal Inversion [J]. Rock Mechanics and Rock Engineering, 2021, 54（4）: 1629–1645.

[161] Chen Z, Song D. Numerical investigation of the recent Chenhecun landslide (Gansu, China) using the discrete element method [J]. Natural Hazards, 2020, 105: 1–17.

[162] Yang Y, Xu D, Zheng H. Explicit Discontinuous Deformation Analysis Method with Lumped Mass Matrix for Highly Discrete Block System [J]. International Journal of Geomechanics, 2018, 18（9）.

[163] Yu P, Chen G, Peng X, et al. Exploring inelastic collisions using modified three-dimensional discontinuous deformation analysis incorporating a damped contact model [J]. Computers and Geotechnics, 2020, 121: 103456.

[164] Huang G, Xu Y, Yi X, et al. Highly efficient iterative methods for solving linear equations of three-dimensional sphere discontinuous deformation analysis [J]. International Journal for Numerical and Analytical Methods in Geomechanics, 2020, 44（9）: 1301-1314.

[165] Qu X, Wang Y, Fu G, et al. Efficiency and Accuracy Verification of the Explicit Numerical Manifold Method for Dynamic Problems [J]. Rock Mechanics and Rock Engineering, 2015, 48（3）: 1131-1142.

[166] Zheng H, Yang Y. On generation of lumped mass matrices in partition of unity based methods [J]. International Journal for Numerical Methods in Engineering, 2017, 112（8）: 1040-1069.

[167] Hu M, Wang Y, Rutqvist J. Fully coupled hydro-mechanical numerical manifold modeling of porous rock with dominant fractures [J]. Acta Geotechnica, 2017, 12（2）: 231-252.

[168] Jiao Y, Wu Z, Zheng F, et al. Parallelization of spherical discontinuous deformation analysis (SDDA) for geotechnical problems based on cloud computing environment [J]. Science China-Technological Sciences, 2021, 64（9SI）: 1971-1980.

[169] Lei Z, Zhang G, Li H. DDA Analysis of Long-Term Stability of Left Abutment Slope of Jinping I Hydropower Station [C]. 2020 International Conference on Intelligent Transportation, Big Data & Smart City (ICITBS), 2020.

[170] Peng X, Yu P, Chen G, et al. CPU-accelerated explicit discontinuous deformation analysis and its application to landslide analysis [J]. Applied Mathematical Modelling, 2020, 77: 216-234.

[171] Xu D, Wu A, Yang Y, et al. A new contact potential based three-dimensional discontinuous deformation analysis method [J]. International Journal of Rock Mechanics and Mining Sciences, 2020, 127: 104206.

[172] Lin S, Xie Z. A Jacobi_PCG solver for sparse linear systems on multi-GPU cluster [J]. Journal of Supercomputing, 2017, 73（1）: 433-454.

[173] Liao X, Lee C Y, Chong H. Contractual practices between the consultant and employer in Chinese BIM-enabled construction projects [J]. Engineering Construction and Architectural Management, 2020, 27（1）: 227-244.

[174] 赵琳, 张轩, 陈鹏飞, 等. 京张高铁八达岭地下车站BIM设计应用 [J]. 铁道勘察, 2020, 46（01）: 111-116.

[175] 吕刚, 刘建友, 赵勇, 等. 京张高铁隧道智能建造技术 [J]. 隧道建设（中英文）, 2021, 41（08）: 1375-1384.

[176] Xu Z, Zhang F, Jin W, et al. A 5D simulation method on post-earthquake repair process of buildings based on BIM [J]. Earthquake Engineering and Engineering Vibration, 2020, 19（3）: 541-560.

[177] 朱合华. 数字地下空间与工程-理论方法、平台及应用 [M]. 北京: 科学出版社, 2021.

[178] 朱合华, 武威, 李晓军, 等. 基于iS3平台的岩体隧道信息精细化采集、分析与服务 [J]. 岩石力学与工程学报, 2017, 36（10）: 2350-2364.

[179] Zhu H, Wu W, Chen J, et al. Integration of three dimensional discontinuous deformation analysis (DDA) with binocular photogrammetry for stability analysis of tunnels in blocky rockmass [J]. Tunnelling and Underground Space Technology, 2016, 51: 30-40.

撰稿人：吴顺川　林　鹏　左建平　方祖烈　王　焯

地质与岩土工程监测技术进展与展望

一、引言

我国是世界上地质灾害最严重、受威胁人口最多的国家之一，地质条件复杂，构造活动频繁，崩塌、滑坡、泥石流、岩爆、地面塌陷、地面沉降、地裂缝等灾害隐患多、分布广，具有隐蔽性、突发性和破坏性强等特点，防范难度大。特别是近年来受极端气候、地震、工程建设等自然和人类活动因素影响，加剧了地质灾害的发生，给人民生命财产造成严重损失。另一方面，在大规模的基础工程建设中，岩土工程问题大量出现，如基坑塌陷、隧道变形渗漏、地基不稳定、路基不均匀沉降等，严重威胁各类基础工程的安全运营，延长了工程周期，增加了建设和运维成本。因此，人类如何在地质资源利用与地质环境保护之间找到平衡，实现社会和经济的可持续发展，是地质与岩土工程科技工作者的中心任务。

为防治和减轻各类地质灾害和岩土工程问题，目前采取的解决途径主要有两条：一是灾害风险控制，即在对地质灾害和岩土工程目标区进行地质调查、探测与监测的基础上，通过工程地质条件分析、分区和风险评价，采取各种防治和工程措施，防患于未然，预防各类地质灾害和岩土工程问题的发生；另一条是临灾预警预报，即通过各种监测手段，对一些具体的地质灾害进行临灾预警，疏散人群，转移财产，减少损失。显然，在上述两个解决途径中，监测始终是实现防灾减灾目标的关键环节。

由于地质灾害、岩土工程等具有规模大、多场作用、影响因素复杂、隐蔽性强、跨越区域多、环境恶劣、实时性监测要求高、监测周期长等特点[1-3]，给各类地质灾害与岩土工程问题的监测与预警带来了巨大的挑战，而天—空—地一体立体化监测是克服这一挑战的发展方向[4]，如图1所示。

天即天基，利用卫星遥感技术对地球表面的地貌特征和地物分布，以及温度、形变、植被、水文等要素进行遥测。这类技术主要包括热红外遥感、光学遥感、多光谱遥感、高

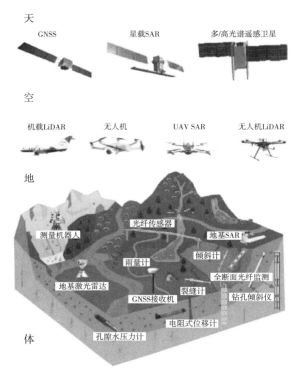

图 1　天—空—地—体立体化监测概念图

光谱遥感和合成孔径雷达干涉测量（InSAR）等，适用于地表大范围的生态环境和自然灾害监测，不足之处是大气和卫星轨道等因素对其观测结果带来一定影响，而且难以对地表以下一定深度的地质体及其变化进行遥测。

空即空基，利用近地航空器，特别是无人机、飞艇等，搭载测地摄影器和雷达等，对近地表的地貌与地物等进行观测，它比天基观测技术更接近地表，观测资料空间分辨率高，且灵巧方便，通常可根据需要提高时间分辨率，适合于地表局部和环境因子的精细化观测，不足之处同样是难以对地下地质体及其构筑物进行观测。

地即地基，立足地球表面，利用地面标志物、观测站，对地表局部区域内的地形、地物、环境因子及其变化进行测量，主要包括水准仪、全站仪、测量机器人、全球卫星导航系统（GNSS）、三维激光扫描仪、地基合成孔径雷达（GB-SAR）以及环境测量相关的传感技术等。这类技术主要适用于边界清晰的地表地貌和具体工程区域的精细化测量，评价与预测性能要求高。

体即体基，利用各种传感和探测技术，对地下一定深度的地质体和地下工程等内部的物质、结构和状态要素进行监测和探测。主要包括常规的埋入式传感器、钻孔测斜仪、时域反射仪（TDR）、分布式光纤传感技术、微机电系统（MEMS）、磁电压电技术和微震技术等。由于需要对地质体和工程体内部的物性和状态指标进行监测，因此对传感器的鲁棒性和长期稳定性以及布设工艺要求很高,而地球物理探测技术的多解性也是长期困扰相关技术在地质与岩土工程监测中应用的主要瓶颈。

天—空—地—体立体化的监测方式可以实现对大地从宏观到微观,从点到面再到体,从静态到动态的精细化监测,从而为防灾减灾提供第一手分析评价资讯,据此制定相应的防灾减灾措施,造福人类。

监测技术的先进程度决定了监测数据的获得性和准确性。近年来,随着我国基础工程建设不断向广度和深度进军,人类工程活动对地质环境的扰动前所未有,并大大加剧了各类灾害的发生,同时也推动了我国地质与岩土工程监测技术的进步。本文将较系统地评述国内外地质与岩土工程监测技术的发展现状,总结近四年来我国在理论、技术与应用方面取得的主要创新成果,并对面临的挑战和对策进行分析。

二、研究进展与创新

自 20 世纪 80 年代以来,我国在地质与岩土工程监测技术方面开展了卓有成效的研究。据中国知网（CNKI）数据库,以关键词"（地质 OR 岩土）AND 监测"搜索到的论文有 31153 条。图 2 是 1980 年以来我国在地质与岩土工程监测领域的发文量统计。从趋势曲线上分析,可划分为三个阶段。2000 年前为缓慢发展阶段,论文数量少,技术水平低;2000—2009 年,监测技术成果呈指数型井喷式的快速增长,这与我国基础工程建设的迅猛发展密切相关;2009 年开始监测技术成果进入了波浪式上升期,反映出这一时期我国的科技创新能力不断增强,从过去与国际先进技术跟跑、并跑到部分技术领跑的过程。每当一些新技术如 RS、GPS、GIS、光纤传感技术和 MEMS 等得到突破和应用推广时,就会推动一批科研成果的产生,成果数量呈现出波浪式的上升。

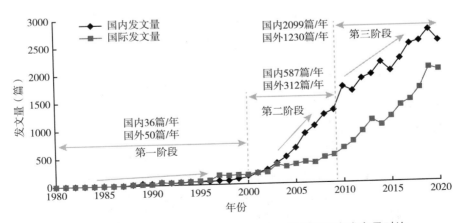

图 2　1980—2020 年国内外地质与岩土工程监测研究发文量对比

为了对比同一时期国际上的发文量，在 WOS 核心库以检索词"（TS=（geotechnical）OR TS=（geological））AND TS=（monitoring）"搜索，得到 19129 篇论文。从国内、国际发文对比可以发现，在第二个阶段我国监测技术成果远远多于国外，并在第三个阶段继续保持优势地位。从国别来看（见图3），近四年来我国在国际期刊上发表的论文数量明显多于欧美等发达国家，几乎是排名第二的美国的 4 倍。从引用数来看，2017—2020 年之间高被引 SCI 论文前十名中来自中国的达 7 篇，内容主要涉及煤矿开采、隧道施工、岩石开裂以及滑坡、地面沉降等问题，其余 3 篇分别来自意大利、西班牙和伊朗。

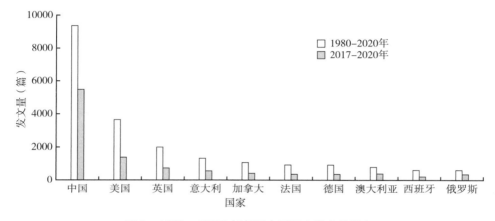

图 3　1980—2020 年各国在国际上发文量排名

在这一领域的科研投入方面，我国高度重视地质与岩土工程监测技术的研发。据不完全统计，近四年来我国批准立项的与地质与岩土工程监测相关的国家自然科学基金重大、重点和仪器专项项目就达 30 余项；2017 年至今，仅国家重点研发计划"十三五"重点专项"重大自然灾害监测预警与防范"就立项 145 项，另一专项"地球观测与导航"立项了 58 项。"十四五"期间，又将有一批重点研发计划项目启动。

与国际上地质与岩土工程监测技术比较先进的国家如日本、意大利、英国、法国、美国、瑞士等相比，我国在这一领域的整体科技实力已名列前茅，有些监测技术如遥感遥测解译、滑坡隐患早期识别、分布式光纤监测技术、滑坡牛顿力空地监测预警技术等已处在国际领先的地位。

（一）遥感与遥测技术

遥感与遥测技术具有大范围、高精度、高分辨率的特点，在地质与岩土工程监测上具有不可替代的作用。随着遥感卫星数据和种类的不断增多，多源数据融合成为目前主要的研究热点。成都理工大学许强团队提出通过构建天—空—地一体化的"三查"体系进行重大地质灾害隐患的早期识别，结合现场地面监测，进行地质灾害的实时预警预报[4, 5]。

长安大学李振洪团队提出了从广域滑坡隐患早期识别、多平台实时监测到全民参与防灾减灾的全新滑坡预警减灾框架[6]，并应用于川藏铁路、黄河流域生态保护等国家重大工程和战略中[7]。

在热红外遥感方面，近年来该技术与其他手段融合，在煤田火区探测[8]、铁路地质灾害调查等方面发挥了重要作用。在高光谱遥感方面，技术成熟度不断提高，已经在多个领域得到了成功的应用，如地震、滑坡[9]、火灾等的预测及灾情的评估。在合成孔径雷达遥感方面，该技术在应用的过程中能够对地质体覆盖层所反射的微波进行计算，从而消除雷达成像过程中的差异，进一步可以消除数据上的误差[10]。

中科院地理资源所基于高精度地基雷达干涉测量技术，并综合运用岩土体原位监测、空间几何建模，物理能量建模等手段，对典型黄土边坡进行了长期观测，揭示了温度循环波动作用下黄土边坡的呼吸效应，据此提出了边坡稳定健康诊断的新途径[11]。

（二）地表监测技术

随着传感器与电子自动化技术的发展，近年来国内外地表监测技术和装备的自动化和专业化程度迅速提升，形成了"数据自动采集—无线网络传输—云平台实时处理"的链条化体系。长安大学张勤团队研发了低成本毫米级的北斗实时监测装备和基于云平台的实时跟踪预警系统，将北斗形变监测装备成本从原有的5000元降至1000元，体积从300立方厘米降至100立方厘米，载波精度从5毫米提高至1毫米，能够实时捕捉毫米级的位移变化，推动地表实时监测装备向普适化方向发展[12]。在陕西、四川、重庆、云南、贵州、甘肃等13个省份建立了滑坡监测预警示范区。北方工业大学王彦平研发了地基大视场SAR地表变形监测技术和装备，将地基SAR的监测视场由原来的60°扩大到120°，填补了大视场地基SAR高精度形变信息获取的技术空白，实现了全天时全天候大面积亚毫米级精度形变信息的实时获取[13]。

（三）分布式光纤监测技术

南京大学施斌团队在二十余年地质与岩土工程分布式光纤感测技术研发与应用实践的基础上，提出了"大地感知系统与大地感知工程"的概念[14-16]，成功将分布式光纤感测技术应用于地质与岩土工程安全监测与预测预警中，取得了丰硕的成果，尤其在三峡库区滑坡[17-20]、苏锡常和京津冀地面沉降[21-23]、地裂缝等地质灾害，以及盾构隧道[24,25]、埋地管道[26-28]、基坑[29]和桩基等岩土工程监测中发挥了独特的作用。研究成果"地质工程分布式光纤监测关键技术及其应用"获得了2018年度国家科技进步奖一等奖。2019年，化建新和施斌主编的《基桩分布式光纤测试规程》正式颁布[30]。

光纤监测岩土体变形的一个瓶颈是传感光纤的脆弱性及其与土体变形间的不协调性问题，严重阻碍了光纤技术的应用[31]。为突破这一卡脖子问题，施斌团队基于他们在土体微观力学方面的深厚研究基础，从传感光缆与土体接触界面的力学机制出发，建立了裸纤与多层护套之间的剪滞应变传递模型，给出了复杂应力条件下光缆应变传递系数算法，解决了光缆感测性能的定量评价难题[32, 33]；在此基础上，根据传感光缆与土体界面间的剪切强度理论，提出了评判二者滑脱的黏结性判据，进而提出了裸纤—护套—土体变形协调性指标，形成了土体变形光纤感测耦合理论[34, 35]；在此理论指导下，对直径不足 0.25 毫米的裸纤封装增强，研制了满足多种强度和感测要求的传感光缆系列；提出了光缆锚固点失效理论判据，解决了松软土与传感光缆间的变形耦合问题[36, 37]。为使上述理论判据可测可用，施斌团队通过一系列技术发明[38]，构建了传感光纤性能综合测试平台。

除了变形监测，施斌团队基于分布式温度传感（DTS）技术，研发了主动加热式的地下水分场光纤监测系统[39-41]，通过钻孔测试可获取岩土体全断面的水分场信息。该系统在江苏、湖北、陕西、四川等地的滑坡、基坑、地面沉降和地裂缝监测项目中得到了推广应用。

在准分布式光纤监测方面，香港理工大学殷建华团队基于 FBG 技术研制了张力传感器、压力传感器和基底摩擦力传感器，并将其应用于落石和泥石流冲击柔性防护网的大型物理模型试验[42]。香港理工大学倪一清团队研发了基于 FBG 的隧道变形在线监测系统，包括 FBG 传感模块、数据传输与存储模块和在线实时数据可视化与预警模块[43]。该传感器已成功安装于我国高速铁路隧道中，进行实时的安全监测。西安科技大学柴敬团队采用 FBG、BOTDA 和数字图像等技术，研发了物理相似模型试验的"点—线—面"综合测试系统，对采场覆岩变形破坏机理进行了较为深入的分析[44]。

（四）柔性大变形测斜和管道轨迹仪技术

滑坡位移监测，尤其是深部位移监测，可为滑坡的演化机理分析、预测预报和抗滑工程治理等工作提供直观的量化参考数据[45]，是滑坡监测和预测预报领域至关重要的内容之一。中国地质大学（武汉）唐辉明团队以滑坡深部位移监测和分析为主线，在测量原理分析、测量仪器研发、管土变形耦合分析、位移与外部影响因素对应关系量化等方面开展了系统研究，研发了基于 MEMS 重力分量感应原理的多点分布式柔性测斜仪，构建了滑坡深部大位移多演化阶段连续实时监测系统，解决了深部位移监测的时空连续性瓶颈问题[46]。他们研发了基于惯性测量的滑坡位移分布式监测方法与仪器，提出了基于变形耦合管道轨迹分时惯性测量的内部位移监测方法，发明了"半捷联—半平台"式滑坡变形耦合管道轨迹仪，为滑坡位移精细化测量提供了新的方法和技术手段[47]。以上技术在中国地质大学（武汉）建设的三峡库区巴东野外综合试验场得到了成功的示范应用，并已辐射应用至三峡库区秭归县、广东深圳、湖北建始等滑（边）坡监测工程，取得了显著的社会经济效益。相关成果"重大工程滑坡动态评价、监测预警与治理关键技术"，获 2019 年度国家科技进步奖二等奖。

（五）滑坡隐患早期识别与监测预警关键技术

受青藏高原隆升的影响，我国是世界上地质灾害多发频发国之一，在我国超过33万处灾害隐患点中，约70%分布于西部山区，约70%的重大灾害为滑坡，约80%灾难性事件并不在已查明的隐患点范围内。西部山区大型滑坡的防控难度极大，其主要"痛点"和难点是如何提前识别和发现灾害隐患并在事前主动防范，避免灾难发生。围绕我国地质灾害防治的重大需求，瞄准西部山区大型滑坡成灾机理、早期识别和监测预警三大关键科技问题和难点，在"973"计划项目、国家自然科学基金创新群体项目等的支持下，成都理工大学通过将工程地质学、摄影测量与遥感技术、计算机应用等多学科交叉融合，历经十余年的攻关，揭示了西部山区大型滑坡特殊成灾模式和机理，构建了"地质+技术"有机结合的滑坡隐患早期识别体系[4, 48]，突破了滑坡提前预警的难题，使滑坡隐患早期识别和监测预警步入实用化和业务化阶段，使我国滑坡早期识别和监测预警研究走在世界前列。该技术的特色在于将地质与现代科技有机结合，通过"研究原理""发现隐患"到"监测隐患"和"发布预警"，实现了被动救灾向主动防灾、"人防"向"技防"的突破性转变。相关成果"西部山区大型滑坡潜在隐患早期识别与监测预警关键技术"由许强牵头，获得2019年度国家科技进步奖二等奖。

（六）微震技术

随着微震监测技术的不断发展与成熟，东北大学冯夏庭团队依托人工智能等技术，提出了自动采集－识别－定位微震监测系统等先进理论，大大促进了岩土工程安全监测智能化发展[49]。山东大学李术才团队等采用微震监测技术对煤矿巷道围岩破裂破坏规律进行了广泛的研究，取得了一批重要成果[50, 51]。大连理工大学唐春安团队基于微震监测，归纳总结了岩爆的三个判据，并对大岗山水电站高拱坝廊道的裂缝形成原因进行了较为深入的研究[52, 53]。四川大学徐奴文等将微震监测技术应用于白鹤滩、乌东德、双江口、猴子岩水电站等大型深埋地下洞室群[54, 55]，探究了微震信号的识别、降噪、定位和围岩动力灾害预警等问题[56, 57]。当前时期，微震监测技术已成为国内外岩土工程安全监测的重要手段。

（七）海洋工程地质长期监测技术

海底工程动力地质作用复杂，发育有滑坡、浊流、液化等多种地质灾害，威胁海洋工程安全，是国家深海开发亟待解决的风险问题。为此，中国海洋大学贾永刚团队进行了系统的研究，研发了复杂深海工程地质原位长期观测设备、海底沉积物力学特性原位测试装置等一系列海底工程地质性质原位监测设备，取得一系列重要成果[58-63]。

复杂深海工程地质原位长期观测设备采用深海底沉积物电阻率三维量测及数据反演技术、海底沉积物声波量测及数据反演技术、海底边界层动态变化同步量测技术、海水溶解氧电池供电技术等，实现了对深海底工程地质条件的定量描述，获悉工程地质环境动态变化过程与影响因素，为深海工程地质研究提供技术手段支撑。2020年，研发装备应用于我国南海北部陆坡第二次南海水合物试采工程地质环境安全保障的现场观测。

海底沉积物力学特性的原位测试装置可在11000米水深以内进行深海海底沉积物力学性质原位快速准确测试，实现了万米水深海底沉积物力学特性的快速准确测量，为深渊观测网建设提供了技术支持，推进了深渊科学研究。

（八）滑坡牛顿力空地监测预警技术

中国矿业大学何满潮团队研发的"滑坡牛顿力空地监测预警系统"，以宏观NPR新型材料和边坡岩土体之间的相互作用为理论核心，实现了对滑坡灾变全过程的实时监测和临滑预警[64-67]。该技术荣获中国专利奖金奖，并已在露天矿山开采、高速公路、西气东输及水利水电等工程中成功应用和推广，全国累计安装滑坡牛顿力空地监测预警系统500余套，监测点分布于吉林、辽宁、内蒙古等19个省份和地区，已成功预报滑坡灾害十余起，挽救了百余人生命和数以亿计的财产损失，具有显著的经济效益和社会效益。

三、地质与岩土工程监测技术面临的挑战与对策

（一）挑战

习近平总书记在2018年中央财经委员会第三次会议上指出，加强自然灾害防治关系国计民生，要建立高效科学的自然灾害防治体系，并部署了九项防灾减灾重点工程。因此，地质和岩土工程监测又进入了一个重要机遇期。

随着科技的不断进步，监测技术的总体发展趋势是：由过去的人工手动操作发展到无人值守式自动化监测；从地面监测发展到了天—空—地—体立体化监测，并向高精度、全覆盖、自动化和智能化方向发展。由于我们的监测对象是在漫长的地质历史时期形成的自然地质体，具有结构构造复杂，空间变异性大；规模广，距离长，深度大；不易穿透，隐蔽性强；多场作用，影响因素复杂；形态不规则，地质环境多样等特点，因此，地质与岩土工程监测在技术层面上面临诸多挑战，概括起来，有以下几个方面：①如何攻克遥感遥测等技术的毫米级定位芯片难题，突破山区植被干扰等技术瓶颈，创建低成本高精度智能监测体系；②如何克服岩土体变形场监测的实时、大变形、自适应瓶颈，研制深部多场多参量监测装备；③如何弥补监测指标单一、存在监测盲区等缺陷；④如何满足地质与岩土工程对传感设备精度、稳定性和耐久性的监测要求，提升传感器在低温或高温高压条件下的存活率和稳定性，开展复杂地质环境下的监测工作；⑤如何考虑多场耦合、多因素影

响，创建地下多源多场地质与岩土工程监测协同处理的一体化监测系统。

随着"一带一路"倡议、川藏铁路建设、长江经济带发展战略、粤港澳大湾区发展战略、黄河流域生态文明战略等的实施，我国基础工程建设面临的自然环境条件日趋复杂，如川藏铁路、"一带一路"沿线交通工程、海洋岛礁等工程涉及高寒、高海拔、不易到达、通信信号差、环境腐蚀性强等难题。为此，地质与岩土工程领域的监测项目常伴随电磁异常、供电困难、通讯中断、气候恶劣、无法到达等特殊环境条件，常规自动化监测技术面临"到不了、无法用、传不出、测不全、跟不上"等诸多卡脖子技术难题，亟须从技术层面取得重大突破。

（二）对策

在天基监测方面：监测中伪距与载波相位受到卫星的钟差、硬件延迟和大气等因素的影响，通过测站间差分算法可以部分消除误差；另外，多模 GNSS 数据融合处理可增强卫星观测几何结构，提高定位精度。在变形量测中，短基线双差相对定位可消除卫星轨道误差和硬件延迟误差，此外，通过引入先进的数据处理方式也可提高星载监测精度[68]。

在空基监测技术方面：不同机载监测数据源不相协同问题，可采用数据融合技术，有效校正和降低不同监测技术的测量误差，如绝对位移与相对位移（地基监测）、表面监测（三维激光扫描等）与内部监测（光纤传感）等多源异构数据。

在地基监测方面：要提高地面全天时、全天候、高精度、自动跟踪待测目标的监测性能，对策是大力研发测量机器人，实现自动目标搜索、跟踪、识别、照准和分析的功能。

在体基监测方面：要大力研发分布式、鲁棒性强、耐久性好和稳定可靠的传感监测技术，特别要加强深部地质体传感器安装技术的研发，以满足极端条件下传感器的存活率；对于非接触式的探测技术，要进一步提高探测精度，改善数据处理方法，以解决监测结果的多解性问题，不断提高深部地质体的透明度。

在智能监测方面：要引入各类智能算法进行误差修正、关联分析和数据挖掘[3, 19, 69, 70]，如借助人工智能算法对监测数据清洗，开展基于统计模式的稳定性诊断和基于多源数据融合的监测对象状态评估等；另一方面，可以将智能机器人技术与工程地质岩土测试技术有机结合，打破传统单兵作战模式的桎梏，突破特殊地质结构精细探测、原位测试智能自适应、阵列式各向异性变形测试及多类型关键参数协同控制测试等核心技术，赋予地质与岩土工程的智能监测功能。

（三）未来愿景

联合多学科、多领域专家协同攻关，研发高精度、高稳定性、智能化、便携的地质与岩土工程监测装备，构建天—空—地一体立体化高质量的精细化监测技术体系，服务于川藏铁路、黄河流域生态保护和高质量发展、长江经济带发展等国家重大工程和战略，为我国可持续发展提供智慧和方案，这是地质与岩土工程监测工作者的未来愿景。

创新理论体系：在多源遥感广域监测机制、地表和地下深部高精度监测理论等方面取得重大理论创新，拓展我国在国际地质与岩土工程监测领域中的领先优势。

突破技术瓶颈：以极端环境和特殊条件下存在的诸多卡脖子技术为出发点，研发先进的实时监测装备，构建我国地质与岩土工程监测技术创新体系。

服务国家需求：突破重大灾害风险监测预警瓶颈，为川藏铁路、黄河流域、长江经济带发展等国家重大工程和战略提供科技支撑。

创新人才队伍：凝聚一支居国际学术前沿、为国家重大战略决策服务的科研人才队伍，建立若干具有国际领先水平的研发基地。

参考文献

［1］ 施斌. 论工程地质中的场及其多场耦合［J］. 工程地质学报，2013，21（5）：673-680.
［2］ 许强. 对滑坡监测预警相关问题的认识与思考［J］. 工程地质学报，2020，28（2）：360-374.
［3］ 王浩，覃卫民，焦玉勇，等. 大数据时代的岩土工程监测——转折与机遇［J］. 岩土力学，2014，35（9）：2634-2641.
［4］ 许强，董秀军，李为乐. 基于天—空—地一体化的重大地质灾害隐患早期识别与监测预警［J］. 武汉大学学报（信息科学版），2019，44（7）：957-966.
［5］ 许强，彭大雷，亓星，等. 黑方台黄土滑坡成因机理、早期识别与监测预警［M］. 北京：科学出版社，2020.
［6］ DAI K, LI Z H, XU Q, et al. Entering the era of earth observation-based landslide warning systems: A novel and exciting framework［J］. IEEE Geoscience and Remote Sensing Magazine，2020，8（1）：136-153.
［7］ 张成龙，李振洪，余琛，等. 滑坡探测：GACOS辅助下InSAR Stacking在金沙江流域的应用［J］. 武汉大学学报（信息科学版），在线出版.
［8］ 许怡，范洪冬，党立波. 基于TIRS和TCP-InSAR的新疆广域煤田火区探测方法［J］. 金属矿山，2019，（10）：164-171.
［9］ YE C M, LI Y, CUI P, et al. Landslide detection of hyperspectral remote sensing data based on deep learning with constrains［J］. IEEE Journal of Selected Topics in Applied Earth Observations and Remote Sensing，2019，12（12）：5047-5060.
［10］ 张庆君，韩晓磊，刘杰，等. 星载合成孔径雷达遥感技术进展及发展趋势［J］. 航天器工程，2017，26（6）：9-26.
［11］ ZHAO X X, LAN H X, LI L P, et al. A Multiple-regression model considering deformation information for atmospheric phase screen compensation in Ground-Based SAR［J］. IEEE Transactions on Geoscience and Remote Sensing，2020，58（2）：777-789.
［12］ 白正伟，张勤，黄观文，等. "轻终端+行业云"的实时北斗滑坡监测技术［J］. 测绘学报，2019，48（11）：1424-1429.

[13] 洪文, 王彦平, 林赟, 等. 新体制SAR三维成像技术研究进展[J]. 雷达学报, 2018, 7(6): 633-654.
[14] 施斌. 论大地感知系统与大地感知工程[J]. 工程地质学报, 2017, 25(3): 582-591.
[15] 施斌, 张丹, 朱鸿鹄. 地质与岩土工程分布式光纤监测技术[M]. 北京: 科学出版社, 2019.
[16] ZHU H H, SHI B, ZHANG C C. FBG-based monitoring of geohazards: current status and trends[J]. Sensors, 2017, 17(3): 452.
[17] ZHANG C C, ZHU H H, LIU S P, et al. A kinematic framework for calculating shear displacement of landslides using distributed fiber optic strain measurements. Engineering Geology, 2018, 234, 83-96.
[18] SANG H, ZHANG D, GAO Y, et al. Strain distribution based geometric models for characterizing the deformation of a sliding zone[J]. Engineering Geology, 2019, 263. 105300.
[19] ZHANG L, SHI B, ZHU H H, et al. A machine learning method for inclinometer lateral deflection calculation based on distributed strain sensing technology[J]. Bulletin of Engineering Geology and the Environment, 2020, 79: 3383-3401.
[20] ZHANG L, SHI B, ZHANG D, et al. Kinematics, triggers and mechanism of Majiagou landslide based on FBG real-time monitoring[J]. Environmental Earth Sciences, 2020, 79: 200.
[21] 施斌, 顾凯, 魏广庆, 等. 地面沉降钻孔全断面分布式光纤监测技术[J]. 工程地质学报, 2018, 26(2): 356-364.
[22] GU K, SHI B, LIU C, et al. Investigation of land subsidence with the combination of distributed fiber optic sensing techniques and microstructure analysis of soils[J]. Engineering Geology, 2018, 240: 34-47.
[23] LIU S P, SHI B, GU K, et al. Land subsidence monitoring in sinking coastal areas using distributed fiber optic sensing: a case study[J]. Natural Hazards, 2020, 103: 3043-3061.
[24] WANG X, SHI B, WEI G, et al. Monitoring the behavior of segment joints in a shield tunnel using distributed fiber optic sensors[J]. Structural Control and Health Monitoring, 2018, 25: e2056.
[25] WANG T, SHI B, ZHU Y. Structural monitoring and performance assessment of shield tunnels during the operation period, based on distributed optical-fiber sensors[J]. Symmetry, 2019, 11(7): 940.
[26] 朱鸿鹄, 王德洋, 王宝军, 等. 基于光纤传感及数字图像测试的管—土相互作用试验研究[J]. 工程地质学报, 2020, 28(2): 317-327.
[27] 孙梦雅, 施斌, 段新春, 等. 基于FBG的管道渗漏监测可行性及其影响因素试验研究[J]. 防灾减灾工程学报, 2019, 39(5): 29-37.
[28] 王德洋, 朱鸿鹄, 吴海颖, 等. 地层塌陷作用下埋地管道光纤监测试验研究[J]. 岩土工程学报, 2020, 42(6): 143-149.
[29] 亓军强, 王宝军, 童立元, 等. 地下连续墙成槽施工引起的承压含水层—粉砂层的扰动机理分析及光纤传感验证[J]. 工程勘察, 2019, 47(2): 9-14.
[30] 中国工程建设标准化协会. T/CECS 622-2019 基桩分布式光纤测试规程[S]. 北京: 中国建筑工业出版社, 2019.
[31] ZHANG C C, SHI B, ZHU H H, et al. Toward distributed fiber-optic sensing of subsurface deformation: A theoretical quantification of ground-borehole-cable interaction[J]. Journal of Geophysical Research: Solid Earth, 2020, 125(3): e2019JB018878.
[32] ZHANG C C, SHI B, GU K, et al. Vertically distributed sensing of deformation using fiber optic sensing[J]. Geophysical Research Letters, 2018, 45(21): 11732-11741.
[33] 张诚成, 施斌, 刘苏平, 等. 钻孔回填料与直埋式应变传感光缆耦合性研究[J]. 岩土工程学报, 2018, 40(11): 1959-1967.
[34] WU H, ZHU H H, ZHANG C C, et al. Strain integration-based soil shear displacement measurement using high-resolution strain sensing technology[J]. Measurement, 2020, 166: 108210.

［35］李博, 张丹, 陈晓雪, 等. 分布式传感光纤与土体变形耦合性能测试方法研究［J］. 高校地质学报, 2017, 23（4）: 633-639.

［36］ZHANG C C, ZHU H H, CHEN D D, et al. Feasibility study of anchored fiber-optic strain-sensing arrays for monitoring soil deformation beneath model foundation［J］. Geotechnical Testing Journal, 2019, 42（4）: 966-984.

［37］ZHANG C C, ZHU H H, LIU S P, et al. Quantifying progressive failure of micro-anchored fiber optic cable-sand interface via high-resolution distributed strain sensing［J］. Canadian Geotechnical Journal, 2020, 57（6）: 871-881.

［38］施斌, 刘苏平, 顾凯, 等. 一种传感光缆与土体变形耦合性测试装置: 中国, CN103575198B［P］. 2017.

［39］施斌, 魏广庆, 孙鑫, 等. 内加热FBG传感器及其封装方法: 中国, CN106979791B［P］. 2017.

［40］CAO D F, SHI B, WEI G Q, et al. An improved distributed sensing method for monitoring soil moisture profile using heated carbon fibers［J］. Measurement, 2018, 123: 175-184.

［41］郝瑞, 施斌, 曹鼎峰, 等. 基于AHFO技术的毛细水运移模型验证试验研究［J］. 岩土工程学报, 2019, 41（2）: 376-382.

［42］TAN D Y, YIN J H, FENG W Q, et al. Large scale physical modelling study of a flexible barrier under the impact of granular flows［J］. Natural Hazards and Earth System Science, 2018, 18（10）: 2625-2640.

［43］ZHOU L, ZHANG C, NI Y Q, et al. Real-time condition assessment of railway tunnel deformation using an FBG-based monitoring system［J］. Smart structures and systems, 2018, 21（5）: 537-548.

［44］CHAI J, LEI W, DU W, et al. Experimental study on distributed optical fiber sensing monitoring for ground surface deformation in extra-thick coal seam mining under ultra-thick conglomerate［J］. Optical Fiber Technology, 2019, 53: 102006.

［45］ZHANG Y Q, TANG H M, LI C D, et al. Design and testing of a flexible inclinometer probe for model tests of landslide deep displacement measurement［J］. Sensors, 2018, 18（1）: 224.

［46］李长冬, 刘涛, 张永权, 等. 一种边坡位移自动化监测装置及其使用方法: 中国, CN106871836B［P］. 2018.

［47］张永权, 唐辉明, 道恩·田纳特, 等. 一种滑体深部孔外多参数监测系统及监测方法: 中国, CN110736498B［P］. 2020.

［48］许强. 对地质灾害隐患早期识别相关问题的认识与思考［J］. 武汉大学学报（信息科学版）, 2020, 45（11）: 1651-1659.

［49］陈炳瑞, 冯夏庭, 符启卿, 等. 综合集成高精度智能微震监测技术及其在深部岩石工程中的应用［J］. 岩土力学, 2020, 41（7）: 2422-2431.

［50］王雷, 王琦, 李术才, 等. 软岩巷道掘进期间微震活动特征及稳定性分析［J］. 采矿与安全工程学报, 2018, 35（1）: 10-18.

［51］李术才, 王雷, 江贝, 等. 动压影响煤柱下方巷道微震特征及破坏机制［J］. 中国矿业大学学报, 2019, 48（2）: 22-32.

［52］马克, 庄端阳, 唐春安, 等. 基于微震监测的大岗山水电站高拱坝廊道裂缝形成原因研究［J］. 岩石力学与工程学报, 2018, 37（7）: 1608-1617.

［53］MA T H, TANG C A, TANG S B, et al. Rockburst mechanism and prediction based on microseismic monitoring［J］. International Journal of Rock Mechanics and Mining Sciences, 2018, 110: 177-188.

［54］钱波, 徐奴文, 肖培伟, 等. 双江口水电站地下厂房顶拱开挖围岩损伤分析及变形预警研究［J］. 岩石力学与工程学报, 2019, 38（12）: 2512-2524.

［55］李彪, 徐奴文, 戴峰, 等. 乌东德水电站地下厂房开挖过程微震监测与围岩大变形预警研究［J］. 岩石力学与工程学报, 2017, 36（S2）: 4102-4112.

[56] 毛浩宇，徐奴文，李彪，等. 基于离散元模拟和微震监测的白鹤滩水电站左岸地下厂房稳定性分析[J]. 岩土力学，2020，41（7）：2470-2484.

[57] 董林鹭，蒋若辰，徐奴文，等. 基于 LMD-SVD 的微震信号降噪方法研究[J]. 工程科学与技术，2019，51（5）：126-136.

[58] 贾永刚，陈天，刘贵杰，等. 一种基于海洋观测探杆的海底静力贯入装置及贯入方法：中国，CN110117951B[P]. 2020.

[59] 刘涛，周蕾，郭磊，等. 带有量程保护装置的可拼接式海床超孔压测量探杆：中国，CN 105222947B[P]. 2017.

[60] JIA Y G, TIAN Z C, SHI X F, et al. Deep-sea sediment resuspension by internal solitary waves in the Northern South China Sea[J]. Scientific Reports, 2019, 9: 12137.

[61] SUN Z W, JIA Y G, SHAN H X, et al. Monitoring and early warning technology of hydrate-induced submarine disasters//[C]. IOP Conference Series on Earth and Environmental Science, 2020, 570（6）：062030.

[62] LIU L J, LIAO Z B, CHEN C Y, et al. A seabed real-time sensing system for in-situ long-term multi-parameter observation applications[J]. Sensors, 2019, 19: 1255.

[63] MENG Q S, LIU S B, JIA Y G, et al. Analysis on acoustic velocity characteristics of sediments in the northern slope of the South China Sea[J]. Bulletin of Engineering Geology and the Environment, 2017, 77（3）：923-930.

[64] 陶志刚，张海江，彭岩岩，等. 滑坡监测多源系统云服务平台架构及工程应用[J]. 岩石力学与工程学报，2017，36（7）：1649-1658.

[65] TAO Z, ZHU C, ZHENG X, et al. Slope stability evaluation and monitoring of Tonglushan ancient copper mine relics[J]. Advances in Mechanical Engineering, 2018, 10（8）：1-16.

[66] WANG L, TAO Z, HE M, et al. Experimental and optimization study on the sliding force monitoring and early warning system for high and steep slopes[J]. Advances in Civil Engineering, 2020, 2020（1）：1-14.

[67] TAO Z, WANG Y, ZHU C, et al. Mechanical evolution of constant resistance and large deformation anchor cables and their application in landslide monitoring[J]. Bulletin of Engineering Geology and the Environment, 2019, 78（7）：4787-4803.

[68] BIGGS J, TJ WRIGHT. How satellite InSAR has grown from opportunistic science to routine monitoring over the last decade[J]. Nature Communications, 2020, 11（1）：3863.

[69] ZHANG W, XIAO R, SHI B, et al. Forecasting slope deformation field using correlated grey model updated with time correction factor and background value optimization[J]. Engineering Geology, 2019, 260: 105215.

[70] THIRUGNANAM H, RAMESH M V, RANGAN V P. Enhancing the reliability of landslide early warning systems by machine learning[J]. Landslides, 2020, 17: 2231-2246.

撰稿人：施　斌　李振洪　朱鸿鹄　许　强　兰恒星　贾永刚
　　　　李长冬　裴华富　程　刚　徐东升　朱　武

软岩工程与深部灾害控制的现状与展望

一、引言

随着我国西部大开发战略和"一带一路"倡议的深入推进,我国许多在建和即将开建的隧道正朝着"长、大、深埋"方向发展,隧道建设规模之大、难度之高、数量之多已位居世界前列。然而,随着工程埋深的增加以及高地震烈度与构造活跃带隧道建设日趋增多,内外地质动力、高地应力、高地温、高渗透压耦合作用愈加复杂,由此引发的深部工程灾害日益严重,给深部软岩工程与灾害控制研究提出了严峻的挑战。一方面,由于深部软岩工程特性及地质环境条件复杂多变,特殊复杂地质条件下深部软岩工程灾害(如大变形、断层错动)的致灾机理及预测方法有待深入研究;另一方面,虽然大变形控制技术已经取得了很大进步,但对复杂地质条件下的极严重大变形控制方面,现有的常规支护材料、结构和技术还难以取得令人满意的控制效果。深部软岩工程灾害的控制问题已成为关系到国家财产和人民生命安全的重大问题,也是国内外岩石力学与地下工程领域研究的焦点问题。

近五年来,随着深部软岩工程经验的积累、理论计算体系的完善、数值仿真技术的进步以及支护新材料、新工艺的发展,软岩工程与深部灾害控制技术正经历着一系列特殊的、富有挑战性的新课题,取得了一系列原创性、引领性和颠覆性成果,在软岩工程及深部灾害控制实践中发挥了举足轻重的作用。本文将系统总结2017—2021年在深部软岩大变形致灾机理、软岩大变形灾变及控制数值模拟方法、软岩大变形灾变控制技术与方法、穿越活断层超长隧道断错灾变机制与防控技术等方面的重要研究进展和创新成果,并对该领域当前面临的挑战和今后的发展方向做出展望。

二、软岩工程与深部灾害控制研究进展与创新点

利用 CNKI、EI 及 SCI 数据库分别对关键词"软岩工程"（soft rock engineering）或"深部灾害控制"（control of deep disaster）检索了自 2017 年以来软岩工程与深部灾害控制领域的发文情况，如图 1 所示。从发文数量上看，该领域在 CNKI 数据库的发文量比较稳定，而在 EI、SCI 数据库的发文量呈逐步上升趋势（2021 年的数据仅统计到 8 月 25 日）。该领域中国发文量已经遥遥领先其他国家，如 EI 数据库中国共计发文 2812 篇，全球 4197 篇；SCI 数据库中国共计发文 1618 篇，全球 3586 篇。从中国发文量占比来看，2017 年以来中国在该领域的发文量和全球占比呈增长趋势（EI 数据库稍有波动），EI 数据库中中国发文量占该领域全部发文量的 67%，SCI 数据库中中国发文量占该领域全部发文量的 45%。

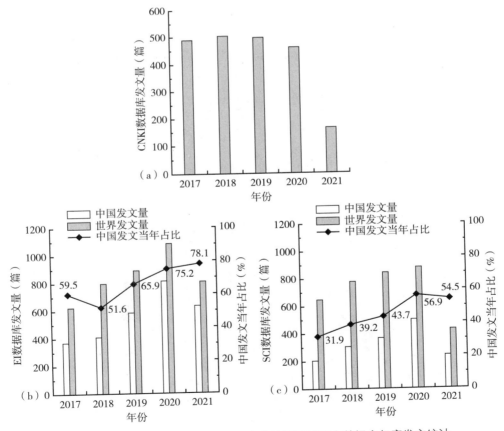

图 1　2017 年以来软岩工程与深部灾害控制领域三大数据库年度发文统计
（a）CNKI 数据库；（b）EI 数据库；（c）SCI 数据库

（一）软岩大变形致灾机理

软岩大变形作为一种特殊的围岩变形破坏形式，其形成机制、变形模式与一般的围岩变形破坏不同，往往存在地应力高、温度高、渗透压高等特点，同时具有较强的时间效应，使深部岩体的组织结构、基本行为特征和工程响应均发生根本性变化。软岩大变形致灾机理的研究相较于以往针对某单一角度和宏观尺度的机制分析和经验性总结，正在经历研究视角动态化、研究尺度层次化、研究手段多样化和研究对象具体化等转变。针对软岩大变形致灾机理，近年来主要的创新性研究进展和成果可从以下四个方面进行概括。

（1）软岩大变形工程经验更加丰富，对于大变形机制的总结更加全面。结合近些年来典型的工程案例，软岩大变形的具体力学机制模式总结如图2[1,2]，对于致灾机理的研究围绕断层挤压型大变形[3-14]、层状岩体大变形[15-22]、松散膨胀型大变形[20,23-33]以及复合型大变形[34-40]四种典型类别展开。隧道在穿越区域性断层带时，破碎带软弱围岩极易在较高的地应力环境和构造运动控制作用下，发生层间错动（图2a）、挤压碎裂（图2b）、塑性流动（图2c）、结构流变（图2d）等大变形现象，可概括为断层型大变形。层状岩体大变形则主要发生在顺层和缓倾岩层中，其破坏机理主要受到层理方向和围岩的共同控制作用以及结构面的物理力学特性影响，其破坏形式和变形破坏特征与均质岩体具有较大差异，常表现为板梁弯曲变形（图2e）或者顺层错动滑移（图2f）等现象。富含黏土矿物的软岩具有亲水性强、易软化、崩解性强等特点，遇水后其物理力学性质将会发生显著弱化，在长期持续荷载作用下极易发生松散膨胀型大变形（图2g），地下水赋存特性与围岩的水理特征则是这类大变形的主要控制因素。在一些围岩大变形实际问题中，很难

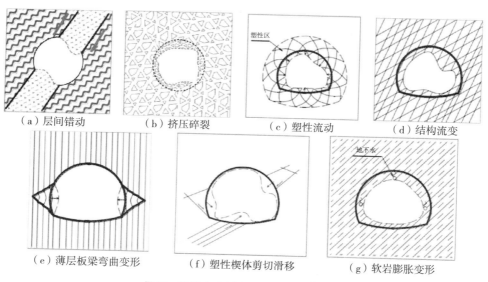

（a）层间错动　（b）挤压碎裂　（c）塑性流动　（d）结构流变

（e）薄层板梁弯曲变形　（f）塑性楔体剪切滑移　（g）软岩膨胀变形

图2　软岩大变形力学机制模式[1,2]

将不同类型的变形区分开来，挤压变形和膨胀变形往往同时发生、共同作用。围岩大变形问题也往往并不是某个单一机制造成，而是由地应力、隧道埋深、围岩强度、尺寸效应和卸荷力学效应等多种机制相互耦合的结果，即复合型大变形。除了上述三种典型大变形致灾机制外，多自由面围岩特性、主应力大小和方向、冲击载荷作用以及大变形的时空效应等也对大变形演化发展规律有一定的影响[41-43]。

（2）软岩大变形时效性理论与能量演化观点进一步发展。由于工程岩体的应力场、物理力学性质、变形破坏特征等均随着时间而不断发生变化，具有显著的时间效应，围岩蠕变特性对软岩大变形的致灾机理影响显著，因此软岩的流变特性与大变形的时间效应是近年来的研究热点[3, 7, 8, 10, 23, 25, 33-35]。例如，陶志刚等[8]建立了木寨岭隧道典型炭质板岩Burgers蠕变模型，通过"室内蠕变实验解"和"Burgers蠕变模型解析解"的对比分析判断蠕变模型的科学性，进而得出炭质板岩蠕变特征与板岩层理角度及含水率的关系，得到在不同含水率条件下炭质板岩蠕变规律方程；Liu WW等[7]分析了木寨岭隧道大变形的非线性特征以及典型断面变形的时空曲线特征，指出岩层倾角、岩层走向与隧道轴线夹角等影响隧道变形方式的重要因素；而对于一些大变形隧道围岩压力和变形情况、支护结构变形受力情况以及地应力演化情况进行长期监测，也为构建软岩大变形时效演化方程提供了大量参考[3, 10, 33-35]。能量观点以往在岩爆机理研究中较为普遍，近年来也运用到了软岩大变形破坏行为的研究之中，如陈子全等[19-21]为揭示深埋碳质千枚岩的遇水软化损伤特性和微层理结构各向异性，基于能量损伤演化机制对层理角度和含水状态对千枚岩储能机制和释能机制的影响效应进行了研究；张东明等[22]通过单轴压缩实验和CT层析扫描测试，分析了含层理岩石破坏特征、损伤演化过程中的声发射参数特征、能量耗散与传递规律，根据改进后的Duncan模型建立基于声发射、能量耗散参数的含层理岩石单轴损伤破坏模型。

（3）针对大变形围岩物理力学性质进行测试的创新性试验手段更加丰富。软弱围岩是软岩大变形发生的物质基础，围绕大变形围岩的强度、完整性、水理特性的岩石物理力学试验是研究大变形致灾机理的基本手段之一[4, 15-22, 24-36]。对于断层破碎型围岩，杨忠民等[4]研究了不同埋深条件下隧道穿越破碎带开挖过程中的围岩渐进性破坏及位移和应力变化规律；王兴开等[13]针对滑动构造区极松软煤层巷道开发大比例尺真三维锚固模型试验系统。对于层状围岩，李磊等[15]展开各向异性力学特性试验研究，确定了层状岩块的破坏形式与荷载角度、地应力水平的关系；Xu GW[16-18]通过层状千枚岩的一系列常规力学试验与PFC数值模拟结果，借助声发射、电镜扫描等手段，对其力学性能的各向异性进行了系统研究。对于松散膨胀型围岩，徐国文[2]采用矿物成分鉴定、电镜扫描、三维激光扫描等测试手段，揭示了碳质千枚岩的水理特性和细观破坏机理；Yang SQ等[24]针对砂质软岩开展了一系列岩石力学试验，对其力学性质、遇水软化机理、渗透系数演化、热处理后岩石力学性能等进行了深入研究。

（4）对于软岩大变形致灾机理分析综合性更强。近年来对软岩大变形致灾机理的分析往往综合工程地质情况调研、大变形围岩的物理力学试验、变形量与变形速率现场监测、大变形预测与数值仿真计算等各个方面展开，对大变形成因的掌握更加具体和完善[5, 6, 11-13, 23, 26-32, 37-40]。例如 Bian K 等[29]结合工程实践、室内力学试验与微观分析等手段开展黄家寨隧道大变形机理研究，表明高地应力、低岩石强度条件下隧道开挖引起的塑性流动及页岩的水化—力学耦合过程是大变形的主要成因；Yu WJ 等[28]以平顶山六矿硐室修复工程为基础，进行了现场调查、室内试验、数值模拟与理论分析研究，揭示了影响主泵室围岩稳定性的主要因素，并基于 Hoek-Brown 破坏准则，建立了围岩力学参数预测模型，指出围岩破碎与丰富的黏土矿物含量是大变形的主要动因；杨星智[38]以兰新客专大梁隧道高地应力软岩大变形问题为依托，从岩性、地质构造、地应力、初期支护和施工工法等因素综合分析大梁隧道大变形机理。此外，软岩大变形与围岩质量密切相关，关于软弱围岩质量分级方面，学者们也做了一些创新性工作，如吴敏等[44]基于 BQ 值修正了岩溶围岩的分级方法，尹春明等[45]借用水电规范分类和 Q 系统分类对巴基斯坦某水电站地下洞室软岩进行了分类，对类似工程提供了有益的借鉴。

总体而言，大量学者结合丰富的工程实践经验，从大变形的控制性因素、力学演化机制、变形破坏特征等不同角度对软岩大变形致灾机理进行了深入研究和经验性的归纳总结，对于大变形致灾机理的认识也更加全面和具体，相较于以往对于大变形机制的经验性总结与分类，随着致灾机理多场耦合作用理论、软弱岩体致灾时效演化理论、围岩松动圈扩展理论、大变形围岩压力分摊机制理论和软岩多场载荷流变模型理论的发展，对于大变形致灾机理的认识也更加深入。以关键词"软岩大变形机理"或"large deformation mechanism of soft rock"分别对 CNKI、EI、SCI 及专利数据库检索了自 2017 年以来的发文情况（如图 3 所示），其中 2021 年数据仅统计到 8 月 25 日。在大变形致灾机理研究方面较活跃的国内外研究机构包括中国矿业大学、中国科学院武汉岩土力学研究所、山东科技大学、西南交通大学、山东大学、成都理工大学、北京交通大学、长安大学、中南大学及法国国家科学研究中心等，较活跃的国内专家、团队包括何满潮院士团队、冯夏庭院士团队、李国良团队、周辉团队、刘泉声团队、王琦团队、何川团队、杨圣奇、刘建、柏建彪等。

（二）软岩大变形灾变及控制机理数值模拟方法

随着数值计算技术与软件的快速发展，数值模拟方法已被广泛应用于地下工程领域，成为研究岩体在复杂应力状态下变形破坏过程及机理的强有力工具。近五年来，国内外研究机构基于连续介质力学方法（FEM、FDM、BEM 等）、非连续介质力学方法（DEM、DDA 等）以及连续 - 非连续耦合计算方法（FDEM、NMM 等）发展了各种针对软岩大变形的数值模拟理论、方法，系统性地对各类深部软岩大变形工程进行了灾害预测和控制分

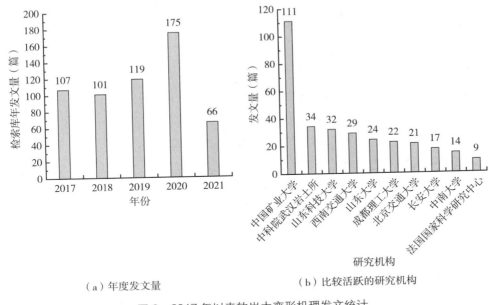

(a)年度发文量　　　　　　　(b)比较活跃的研究机构

图 3　2017 年以来软岩大变形机理发文统计

析,揭示了深部地层环境与软岩相互作用力学响应特征以及开挖扰动下软岩大变形的灾变机制和控制机理,有力推动了软岩工程与深部灾害控制理论与技术的发展。检索过去五年国内外学者围绕软岩大变形灾变及控制机理数值模拟理论和方法相关的论文、专利以及研究报告等成果,可总结出相应的主要进展和创新性成果如下。

首先,软岩大变形灾变过程模拟方面,近五年基于软岩大变形理论和实验研究的突破,软岩大变形灾变的模拟往模型精细化、本构准确化方向有了长足的发展。例如,孙钧院士团队[46]将一种能较完整地反映围岩二、三维大变形非线性流变全过程的"弹-线黏弹-非线性大变形黏塑性"流变模型嵌入了有限元软件 ABAQUS 中,实现了对软岩流变引发软岩大变形灾害过程更加准确的模拟预测。但是,由于其模拟研究中采用的单一连续方法存在一定的局限性,难以表征隧道软岩在开挖卸荷作用下发生破裂碎胀时的连续-非连续转变过程。为此,刘泉声和吴志军研究团队基于连续-非连续耦合算法(FDEM、NMM 等)对软岩大变形灾变过程及机制开展了大量深入研究[47-49],提出了更精细的围岩细观几何结构以及破裂过程表征算法[47],实现了对 TBM 隧道开挖扰动过程中围岩大变形灾害演化过程更加准确的模拟,并将该方法成功应用于引大济湟引水隧洞工程,探讨了 TBM 隧道管片支护安装时机和侧向地应力系数对开挖导致破裂碎胀区域形成过程的影响。进一步,Liu QS 等[48]引入了基于 GPU 的并行加速算法,极大地提升了现有连续-非连续数值模拟方法的计算效率,并基于该方法强大的计算能力,对软岩隧道大变形数值模拟中存在的块体单元尺寸效应问题进行探究。在此基础上,Liu QS 等[49]在连续-非连续模拟方法中引入了一种基于能量的岩石颗粒间破裂算法,实现了对软岩大变形过程中岩石破裂演化过程中的声发射过程的模拟，可以有效地用于深埋软岩破裂碎胀大变形机理的探究。Vazaios 等[50]提出了深埋地层中大量轻微或中度断裂的软弱岩体的本构模型，并将其嵌入现有 FDEM 方法，实现了对轻微或中度断裂软弱岩体大变形过程中破裂及剥落行为更加准确的模拟。

其次，大变形控制过程模拟方面，近五年基于数值模拟算法以及大变形灾害支护理论的发展，软岩大变形灾害控制过程的模拟研究往模型精细化、过程机理表征准确化方向快速发展。何满潮院士团队[51-55]基于三维 FDEM 数值方法，开发了负泊松比（NPR）锚杆（索）单元，更加准确地实现了对其自主研发的 NPR 锚杆（索）支护体系与巷道软岩相互作用的模拟，揭示了 NPR 锚杆（索）对软岩大变形灾害能够精细有效控制的机理，提出 NPR 锚网索支护设计的优化方向，为 NPR 锚杆（索）的二次优化奠定理论和实践基础。刘泉声团队[56]基于锚杆、锚固剂和围岩之间的相互作用理论，建立了不同的锚杆和保护层约束组合、不同锚固剂类型和不同岩石材料岩石间的相互作用数值模型，在 FDEM 数值模拟平台上实现了对围岩、锚固剂与锚杆三者间相互作用更加准确的表征。同时，刘泉声等[57, 58]基于宾汉姆流体理论，开发了宾汉姆浆液数值模型以及运移扩散模拟算法，实现了对浆液在岩体裂隙中扩散过程的精细化模拟，并据此探究了裂隙开度以及围岩应力对浆液在裂隙网络中运移扩散范围的影响[59]。在上述精细化锚杆单元模型以及浆液模型开发基础上，刘泉声团队[56, 60]成功实现了对"高强预应力锚杆 + 预应力锚索 + 分步注浆 +U 型钢支架 + 喷射混凝土衬砌"多重分步联合支护体系的开挖支护全过程精细化模拟，准确记录了分布联合支护过程中支护设施与大变形围岩之间相互作用的变化过程，有效揭示了联合支护体系对软岩巷道围岩破裂碎胀大变形灾变过程的控制机理。Li 等[61]开发管棚单元模型以及注浆加固算法，成功模拟了管棚预支撑和预注浆加固的组合加固过程，并探究了预支管棚角度、长度以及注浆量对支护效果的影响。孙钧院士团队[46]基于有限元 ABAQUS 开发了让压锚杆单元的本构模型以及表征算法，实现了软岩大变形过程中让压锚杆支护过程的精细化表征，并基于该模拟方法对兰新铁路乌鞘岭隧道、兰渝铁路木寨岭隧道以及云南滇中红层引水隧洞的软岩带和断层破碎带的隧道大变形支护控制过程进行了模拟分析，证明了所提出的"边支边让、大尺度让压锚杆"支护方法对软岩大变形的良好控制效果，同时揭示了大尺度让压锚杆对软岩大变形的控制机理。此外，陈卫忠[62]、刘泉声[63]等分别针对软岩隧道大变形控制的聚氨酯柔性支护以及恒阻大变形锚杆支护提出了基于 FEM 和 FDEM 的数值模拟方法，实现了深部软岩隧道大变形开挖支护模拟，揭示了两类软岩支护对围岩大变形的控制机理。

总体而言，近五年来针对软岩大变形灾害灾变及控制机理数值模拟方法的研究，呈现出高效化、精细化、准确化的发展趋势：提出了基于图形处理器（GPU）的数值模拟高效运行架构、并行接触算法以及数据并行存储结构，计算效率相比当前数值模拟方法提升了高达 2~3 个数量级；在计算效率大幅提升的基础上，提出了更加准确的开挖卸荷作用下软岩力学响应本构模型,开发了更加精细的岩石细观结构表征算法,实现了对不同条件下软岩大变形灾害演化过程更加精细的模拟;在此基础上,提出了不同支护措施的精细化建模以及表征算法,开发了各类支护单元的本构模型,实现了多步骤、多措施复杂支护体系的全过程模拟,探究了大变形软岩与支护系统中各支护单元的相互作用关系,揭示了软岩大变形灾变及控制机理。以关键词"软岩大变形机理(large deformation mechanism of soft rock)"和"数值模拟(numerical simulation)"分别对 CNKI、EI、SCI 及专利数据库检索了自 2017 年以来的发文情况(如图 4 所示),其中 2021 年数据仅统计到 8 月 25 日。可知,经过近些年国内外学者们的深入探索研究,围绕软岩大变形灾变及控制机理的数值模拟方法研究方面,逐渐形成了一批引领单位,如国内的中国矿业大学、西南交通大学、武汉大学、山东科技大学、中国科学院武汉岩土力学研究所、兰州交通大学、西安科技大学、北京交通大学以及国外的法国国家科学研究中心及加拿大多伦多大学等,同时也形成了一批引领科技创新的专家团队,如何满潮院士团队、刘泉声团队、Hossain M. S.、Grasselli G.、Rougier E.、Munjiza A.、马刚团队、郑宏团队、Mahabadi O. K.、严成增等。

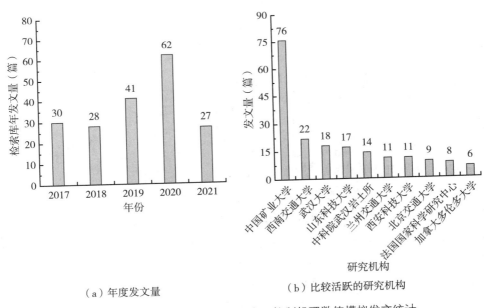

(a)年度发文量 (b)比较活跃的研究机构

图 4 2017 年以来软岩大变形灾变及控制机理数值模拟发文统计

(三)软岩大变形灾害控制技术与方法

我国中东部矿井陆续进入深部开采阶段,高应力条件下的破碎软弱围岩巷道比例骤增,软岩大变形灾害时有发生。同时,随着我国川藏线等重大工程的实施,大量隧道需穿越破碎软弱地层,围岩安全稳定面临严重威胁。软岩大变形灾害控制需综合考虑围岩应力环境及其演化规律、围岩强度特征、结构面发育、地下水等多方面因素，针对不同诱因的软岩大变形问题，采取合理的控制方法。近年来，国内外软岩大变形灾害控制技术与方法研究取得一定的进展，相关研究主要集中在开挖扰动条件下高应力破碎软弱围岩矿山巷道、交通水利隧道、地下洞室等工程的支护技术改进与支护设计优化等方面。目前，针对软岩大变形灾害控制技术与方法的研究可大致归纳为以下几个方面：①以加强型预应力锚杆、锚索为代表的增强型主动支护技术；②以改进型刚性支架、喷浆、衬砌为代表的被动支护方法；③以注浆、让压等方法为主导思想的软岩改性技术；④多重改进方法联合支护技术。

以增强型主动支护技术为核心的软岩支护技术在实际工程中得到了广泛应用，其中树脂加长、全长树脂锚固高强度螺纹钢锚杆成为锚杆支护的主要形式。如 Sun XM 等[53]试验了负泊松比（NPR）恒阻大变形锚索，在煤矿软岩大变形控制中获得了理想效果；陶文斌[64]通过对锚杆支护工艺进行改进，提出了锚杆锚固优化方案，并应用于高应力软岩巷道支护实践中；王琦等[65]研发了具有高强、高延伸率特性、可施加高预紧力的恒阻吸能锚杆，并在深部高应力软岩巷道进行了试验应用；刘泉声等[66]研发了一种软弱泥岩锚杆/索孔的低扰动成孔设备，有效提高了软岩锚杆锚索孔的钻进效率；薛翊国等[67]发明了一种适用于软岩大变形隧道支护的多级让压式锚杆，发明了让压机构，可实现让压距离调整。

另一方面，以改进型被动支护技术为核心思想的软岩大变形控制技术也得到了较大发展。如 Tan XJ 等[68]提出了泡沫混凝土+U 型钢支架+预应力锚杆/索为支护主体的软岩支护技术；安徽理工大学[69]发明了深部软岩三维网壳锚喷支护结构，可显著提高喷层的抗弯能力，能承受高地压及采动荷载；赵立财[70]研发了一种软岩隧道钢架刚性锁脚支护结构，可有效提高承载力，避免收缩裂缝的产生。

利用注浆、让压等围岩改性技术亦可较好地解决软岩大变形灾害控制难题。如 Liu QS 等[71]通过开展裂隙岩体注浆胶结试验，研究了破碎岩体注浆加固效果；张海波等[72]研发了新型微纳米无机注浆材料，使其渗透性和注浆效果得到显著提高；孙海良等[73]研发了千米深井高地应力条件下对巷道进行加固支护的千米深井软岩劈裂注浆加固支护方法；何满潮院士等[74]基于能量释放的让压支护理念发明了一种适用于软岩大变形隧道的自适应钢拱架节点，通过滑移实现让压，能够显著降低围岩压力，充分发挥支护材料的性能。

针对特殊软岩工程稳定控制难题，单一技术手段往往难以取得理想效果，研究人员越来越重视多重支护手段的联合改进，针对特殊软岩工程提出相应的支护技术方案。如 Yang SQ[75]等提出了新型"锚杆+锚索+格栅+喷浆"支护技术，用于深部软岩巷道稳定控制；Yang RS[76]等提出了高强锚杆、高强混凝土、深浅孔注浆、高预应力锚索为支护结构主体的支护技术；刘泉声等[77, 78]提出了精准介入围岩结构和扰动应力场演化过程的分步联合控制方法，针对富水断层破碎带高应力软弱围岩大变形难题，提出了高压超前预注浆、封闭拱架、高强预应力锚杆（索）、滞后分步注浆、底板锚注技术为主体的支护技术体系，成功应用于淮南矿区顾桂井田 F104 断层破碎带岩石大巷；中铁隧道局集团有限公司[79]提出了"边支边让、先柔后刚、柔让适度、刚强足够"的施工理念，形成了高地应力软岩区"应力释放大尺寸小导洞＋圆形断面扩挖＋四层支护＋缓冲层＋长锚杆＋长锚索＋注浆"的综合变形控制技术；Wang XL 等[80]提出了一种由临时支护、刚性拱架、喷浆、帮脚锚杆（FRB）、衬砌等为支护主体的超强软岩支护体系；康红普院士[81]提出了锚架充协同控制技术，并试验证明锚架充协同控制技术能有效控制千米深井软弱围岩大变形；程利兴等[82]提出了沿空掘巷以"高预应力主动支护、注浆改性加固、强帮护顶"为核心的沿空掘巷支护技术；莫智彪等[83]研发了一种控制高地应力软岩隧道变形的施工方法。

总体而言，近五年来针对软岩大变形灾害控制技术的研究呈现出由单一化改进向多元化结合转变的趋势，支护材料设备多样化发展，新型理念的锚杆、锚索等产品层出不穷，注浆"囊袋"、轻型注浆机等新型注浆产品在两淮等矿区推广应用，注浆材料发展迅速，出现了多种多样的有机无机复合材料、功能各异的化学材料。学者们和工程技术人员针对特殊软岩大变形难题，不断探索、推陈出新，尝试多种多样的新型产品和支护方法，取得了丰富的研究成果，例如何满潮院士团队研发[84]的 NPR 恒阻大变形锚索得到了进一步发展和应用，在软岩大变形灾害控制方面发挥了重要作用；刘泉声团队[85]研发的适用于软岩流变应力恢复地应力测试方法得到了进一步发展和推广应用，并以此为基础发展了软岩应力场扰动演化过程分析方法，提出了精准介入围岩结构和应力场扰动演化过程的分步联合控制的思想；何川主持了国家重点研发计划项目"区域综合交通基础设施安全保障技术"，在隧道软岩大变形灾害控制方面做出了重要贡献；中国科学院武汉岩土力学研究所陈卫忠团队[86]进一步发展应用泡沫混凝土应对隧/巷道软岩大变形控制难题。近年来，国内外研究机构针对软岩大变形灾害控制难题开展了颇具成效的应用基础研究，形成了百家齐鸣、特色千秋的发展局面。以关键词"软岩大变形（large deformation mechanism of soft rock）"和"控制技术与方法"（control technique/technology or method）分别对 CNKI、EI、SCI 及专利数据库检索了自 2017 年以来的发文情况（如图 5 所示），其中 2021 年数据仅统计到 8 月 25 日。由检索数据可知，关于软岩大变形灾害控制技术与方法研究较为活跃的国内外研究机构主要包括：中国矿业大学、中国科学院武汉岩土力学研究所、山东科技大学、西南交通大学、武汉大学、成都理工大学、山东大学、安徽理工大学、澳大利亚西澳大学、法国国家科学研究中心等；关于软岩大变形灾害控制技术研究较为活跃的国内外专家及团队主要包括何满潮院士团队、康红普院士团队、李术才院士团队、刘泉声团队、何川团队、Michael P.、Andreas A.、Yoshikazu Y.、陈卫忠团队、柏建彪等。

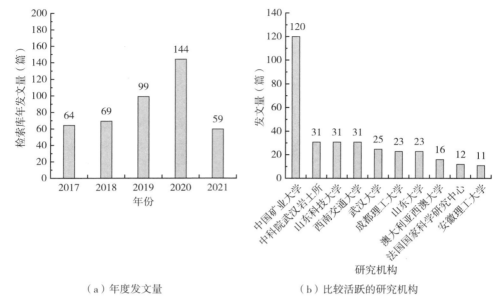

（a）年度发文量　　　　　　　　（b）比较活跃的研究机构

图 5　2017 年以来软岩大变形控制技术与方法方面发文统计

（四）穿越活断层超长隧道断错灾变机制与防控技术

活动断层（以下简称活断层）是指晚第四纪以来有活动的断层。受周边板块作用的影响，我国辽阔的国土上广泛分布着各种规模的活断层，特别是西部和西南地区，断层活动十分频繁。在此背景下，一大批已建、在建和待建的长大线性工程不可避免地要穿越活断层，如川藏铁路、云南滇中引水工程、南水北调西线工程、锦屏二级水电站工程等。国内外已建成的跨活断层输水隧洞、铁路隧道和公路隧道工程多位于地球板块运动活跃区，这些区域同时也是地震多发区，这些断裂活动性很强，是隧道遭受断错灾害最直接的地质因素。

以关键词"活动断层（active fault）"和"错动"（slippage）和"隧道（tunnel）"分别对 CNKI、EI、SCI 及专利数据库检索了自 2017 年以来的发文情况（如图 6 所示），其中 2021 年数据仅统计到 8 月 25 日。由检索结果可以看到致力于本方向研究的主要研究单位有中国矿业大学、西南交通大学、中国科学院武汉岩土力学研究所、北京交通大学、中铁二院、石家庄铁道大学、北京工业大学、河北工业大学、科罗拉多矿业大学、德黑兰大学等；主要专家及团队有：何满潮院士、高波、张志强、申玉生、Ghalandarzadeh A.、赵伯明、何川、崔光耀、张传健、陈卫忠等。根据调研结果，体现出了从针对隧道断错机制的研究到隧道断错防控新技术研究的发展，从单一研究断层震动断错，到同时研究断层蠕滑、黏滑产生的断错，再到根据断层结构地质事实研究不同断层结构产生不同断错形式的发展过程。下面从灾变机制和防控技术两个方面论述五年来国内外研究机构的研究进展。

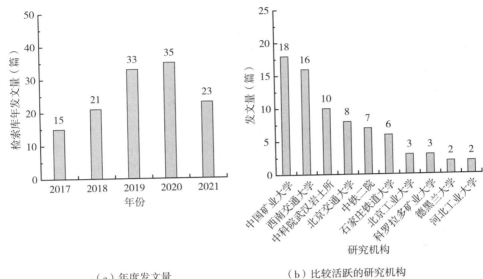

(a) 年度发文量　　　　　　(b) 比较活跃的研究机构
图6　2017年以来穿越活断层超长隧道断错灾变机制与防控技术发文统计

穿越活断层超长隧道断错灾变机制方面，Ma Y 等[87]用3D离散-连续耦合方法研究了香炉山隧道穿越活动断层的变形和破坏机制；Sabagh M. 等[88]通过离心机研究了隧道穿越逆断层时的破坏机制、过程和损坏位置；Sabagh M. 等[89]通过离心机对隧道穿越正断层时的破坏机制、破坏形态进行了分析；Zhong Z 等[90]建立了穿越多条走滑活动断层的输水隧道三维数值模型，综合考虑断层运动幅度、相邻断层面之间的距离、断层断裂带隧道-断层相交角及岩体力学特性四个主要影响因素；Fan L 等[91]通过振动台模型试验研究了活断层滑动作用下隧道地震性能为隧道震害的防治措施及抗减震设计提供参考；Ghafari M. 等[92]通过模型试验，评估各种土壤性质、各种断层角度和隧道深度对跨正、逆断层隧道的影响；Zhang C 等[93]研究了穿越断层破碎带隧洞沿线蠕滑位移的分布模式。

穿越活断层超长隧道断错防控技术方面，Cui G 等[94,95]开展黏滑裂缝隧道段减位错层抗断裂技术模型试验研究；Hu H 等[96]通过落锤试验以及数值模拟发现橡胶衬砌的能量吸收率较高，橡胶衬砌可以满足隧道穿越断层带的抗震要求；Zhao K 等[97]通过实验室测试和数值模拟验证了混凝土在防止断层运动对隧道衬砌造成损坏方面的有效性；Shen YS 等[98]详细分析了汶川地震后隧道穿过断层的典型震害特征，通过缩比模型振动台试验研究隧道柔性接头在正常断层作用下的抗震性能；Yan G 等[99]提出了一种具有柔韧性和延展性的钢增强橡胶接头；崔光耀等[100]基于能量守恒原理，对断层错动作用下隧道的抗断错设计方法进行研究；闫高明等[101]采用振动台模型试验研究了单一错动方式与断层错动-震动综合加载方式下带有接头的衬砌结构响应。

随着国家一大批重大工程的实施，许多学者取得了一些颇具创新性的专利成果。试验装置及方法创新方面，如杨长卫等[102]提出了一种用于模拟断层错动下隧道动力响应的装置及方法；付兴伟等[103]提出了一种模拟隧道穿越多倾角走滑断层的破坏试验；王浩权等[104]提出了一种模拟穿越断层隧道开挖的实验装置；吴子瀛[105]提出了一种便于安装的四车道超大断面隧道断层破碎带支护装置；崔臻等[106]提出了一种恒压伺服地应力加载隧道抗错断试验装置。装置新型支护结构创新方面，周辉等[107,108]提出了一种跨活断层隧道的减震结构及隧道衬砌结构及一种跨活断层隧道的支护结构及隧道衬砌结构；张志强等[109]提出了一种跨活断层隧道抗震抗错断初支支护结构；李国良等[110]提出了一种隧道穿越活动断层的连接结构；薛翊国等[111]提出了一种适用于穿越活动断裂带的隧道柔性环式支撑系统；肖明清等[112]提出了一种适应活动断层竖直断错的盾构隧道环缝抗剪结构。

总体而言，近年来针对试验模拟中断层模型较为单一、不能反映地质事实的情况，一些国内学者开始了基于断层地质事实的断层错动致灾机理研究。对于跨断层隧道抗断错措施的改进和研究也已成为我国学者研究的热点，新的结构（双剪位错层等）、新材料（刚增强橡胶接头、塑性混凝土等）的应用研究极大地提高了措施的可靠性。NPR锚杆（索）等已在工程中得到成功应用的新材料和新技术也逐渐在隧道跨断层断错防控中得到高度关注和研究，从隧道断错灾变机制入手，提出跨断层隧道NPR锚杆（索）的断错防控原理（"双隔双控"），研究断层错动过程中NPR锚杆（索）对围岩和隧道结构稳定性的控制技术，以及对断层错动行为进行局部调控以重构有利于保障隧道安全的局部地质环境，从而构建基于NPR锚杆（索）的防控体系。同时，针对铁路隧道轨道对断错位移的适应性与调控研究也成为本方向的热点之一。

三、软岩工程与深部灾害控制研究面临的挑战与对策

目前，我国的岩土工程和采矿工程规模居于世界首位，而与之对应的是我国地质环境复杂多变，隧道和采矿工程建设难免需要穿越软弱地层，构造应力高、围岩破碎软弱、结构复杂多变、赋存地下水等不良地质条件下深部软岩工程问题突出，深部软岩工程灾害频发，对隧道的施工和运营安全提出诸多严峻的挑战。虽然近年来在广大科技工作者和工程人员的努力下，软岩工程与深部灾害控制技术方面的研究和应用取得了长足的发展，但面对我国新一轮的西部交通建设工程、调水工程、跨江越海交通工程、战略能源储备工程等重大需求仍存在许多技术瓶颈亟待突破。概括起来，下一步需重点开展以下几个方面的研究。

（1）相较于以往的软岩隧道工程案例，针对强内外地质动力扰动与高地应力、高地温、高渗透压耦合作用下的极严重大变形灾变机理需要进行系统深入的研究。

（2）目前绝大多数数值模拟研究均基于国外软件开展，随时可能面临被西方国家"卡脖子"的风险。因此，应开发和推广一批具有自主知识产权的数值模拟仿真平台，重点提升数值模拟计算效率，全面提升针对深部软岩灾害及其控制过程机理的模拟规模和精细程

度,最终形成具有自主知识产权、高效、快速的预测(警)数值仿真分析平台是未来的发展方向。

(3)随着材料、机械等交叉学科的发展,新型锚索/锚杆、新型支架、新型注浆材料等产品和工艺仍有很大的发展提升空间。应重点研发可适用于深部复杂地质环境条件下(如高地应力、高地温、高渗透压)软岩大变形控制的新型经济型高强高韧注浆材料、新型 NPR 支护材料、新型支护结构及多重支护协同作用系统。

(4)对隧道断错灾变机制的揭示依赖于所采用的工程地质模型、断层力学模型、错动位移模式,现有模型在反映活断层地质特征、黏滑动力特性等方面存在欠缺,导致解析方法、数值模拟、物理模拟所揭示的机制仅适用于特殊情况下的破坏,为此需强化断层围岩错动力学性质演化、黏滑断错动力学模拟和线路断错曲线半径影响等方面的研究。

(5)随着计算机、机械、信息技术等学科的发展,充分利用物联网、云计算、大数据、第五代互联网、人工智能等新一代信息技术与软岩工程与深部工程灾害控制技术深度融合,构建深部软岩工程掘进"感知—互联—分析—自学习—预测—决策—控制"的基本运行框架,研发信息集成化、设备互联化、虚实一体化和控制网络化的智慧掘进装备与系统,是实现深部软岩灾害控制走向高效、安全、快速的发展方向。

参考文献

[1] 陈子全. 高地应力层状软岩隧道围岩变形机理与支护结构体系力学行为研究[D]. 西南交通大学,2019.
[2] 徐国文. 层状千枚岩地层隧道稳定性分析[D]. 西南交通大学,2017.
[3] Cao C,Shi C,Lei M,et al. Squeezing failure of tunnels:A case study[J]. Tunnelling and Underground Space Technology,2018,77:188-203.
[4] 杨忠民,高永涛,吴顺川,等. 隧道大变形机制及处治关键技术模型试验研究[J]. 岩土力学,2018,39(12):4482-4492.
[5] 李磊,谭忠盛. 挤压性破碎软岩隧道大变形特征及机制研究[J]. 岩石力学与工程学报,2018,37(S1):3593-3603.
[6] 尹建勋. 软弱炭质板岩隧道大变形特征及应对措施研究[J]. 铁道建筑技术,2019(07):110-113.
[7] Liu W,Chen J,Chen L,et al. Nonlinear deformation behaviors and a new approach for the classification and prediction of large deformation in tunnel construction stage:a case study[J]. European journal of environmental and civil engineering,2020:1-29.
[8] 陶志刚,罗森林,康宏伟,等. 公路隧道炭质板岩变形规律及蠕变特性研究[J]. 中国矿业大学学报,2020,49(05):898-906.
[9] 王福善. 木寨岭隧道极高地应力软岩大变形控制技术[J]. 隧道与地下工程灾害防治,2020,2(04):65-73.
[10] 胡鹏,宋浪,张红义. 白马隧道软岩大变形机理及长锚杆变形控制效果评价[J]. 现代隧道技术,2019,

56（S2）：239-246.

［11］陈晓祥，吴俊鹏. 断层破碎带中巷道围岩大变形机理及控制技术研究［J］. 采矿与安全工程学报，2018，35（05）：885-892.

［12］陈秀义. 高地应力状态下硬质碎裂岩隧道变形机理研究［J］. 铁道标准设计，2017，61（11）：56-60.

［13］王兴开，谢文兵，荆升国，等. 滑动构造区极松散煤巷围岩大变形控制机制试验研究［J］. 岩石力学与工程学报，2018，37（02）：312-324.

［14］张广泽，邓建辉，王栋，等. 隧道围岩构造软岩大变形发生机理及分级方法［J］. 工程科学与技术，2021，53（01）：1-12.

［15］李磊，谭忠盛，郭小龙，等. 高地应力陡倾互层千枚岩地层隧道大变形研究［J］. 岩石力学与工程学报，2017，36（7）：1611-1622.

［16］Xu G, He C, Chen Z, et al. Effects of the micro-structure and micro-parameters on the mechanical behaviour of transversely isotropic rock in Brazilian tests［J］. Acta Geotechnica, 2018, 13（4）：887-910.

［17］Xu G, He C, Su A, et al. Experimental investigation of the anisotropic mechanical behavior of phyllite under triaxial compression［J］. International Journal of Rock Mechanics and Mining Sciences, 2018, 104：100-112.

［18］Xu G, He C, Chen Z, et al. Transverse Isotropy of Phyllite Under Brazilian Tests：Laboratory Testing and Numerical Simulations［J］. Rock Mechanics and Rock Engineering, 2018, 51（4）：1111-1135.

［19］陈子全，何川，吴迪，等. 深埋碳质千枚岩力学特性及其能量损伤演化机制［J］. 岩土力学，2018，39（02）：445-456.

［20］陈子全，何川，董唯杰，等. 北疆侏罗系与白垩系泥质砂岩物理力学特性对比分析及其能量损伤演化机制研究［J］. 岩土力学，2018，39（08）：2873-2885.

［21］陈子全，何川，吴迪，等. 高地应力层状软岩隧道大变形预测分级研究［J］. 西南交通大学学报，2018，53（06）：1237-1244.

［22］张东明，白鑫，尹光志，等. 含层理岩石单轴损伤破坏声发射参数及能量耗散规律［J］. 煤炭学报，2018，43（03）：646-656.

［23］Yang S, Chen M, Jing H, et al. A case study on large deformation failure mechanism of deep soft rock roadway in Xin'An coal mine, China［J］. Engineering Geology, 2017, 217：89-101.

［24］Yang S, Xu P, Li Y, et al. Experimental investigation on triaxial mechanical and permeability behavior of sandstone after exposure to different high temperature treatments［J］. Geothermics, 2017, 69：93-109.

［25］Zhang C, Cui G, Zhang Y, et al. Squeezing deformation control during bench excavation for the Jinping deep soft-rock tunnel［J］. Engineering Failure Analysis, 2020, 116：104761.

［26］Liu D J, Zuo J P, Wang J, et al. Large deformation mechanism and concrete-filled steel tubular support control technology of soft rock roadway-A case study［J］. Engineering Failure Analysis, 2020, 116：104721.

［27］Wang X, Xie W, Bai J, et al. Large-Deformation Failure Mechanism of Coal-Feeder Chamber and Construction of Wall-Mounted Coal Bunker in Underground Coal Mine with Soft, Swelling Floor Rocks［J］. Advances in Civil Engineering, 2019, 2019：1-16.

［28］Bian K, Liu J, Liu Z, et al. Mechanisms of large deformation in soft rock tunnels：a case study of Huangjiazhai Tunnel［J］. Bulletin of Engineering Geology and the Environment, 2019, 78（1）：431-444.

［29］Yu W, Li K. Deformation Mechanism and Control Technology of Surrounding Rock in the Deep-Buried Large-Span Chamber［J］. Geofluids, 2020, 2020：1-22.

［30］Liu W, Chen J, Luo Y, et al. Deformation Behaviors and Mechanical Mechanisms of Double Primary Linings for Large-Span Tunnels in Squeezing Rock：A Case Study［J］. Rock Mechanics and Rock Engineering, 2021, 54（5）：2291-2310.

［31］Yuan Q, Chen S, Xiao J, et al. Research on Large Deformation Mechanism and Countermeasures of Shallow

Buried Soft Rock Tunnel with Abundant Water［J］. IOP conference series. Earth and environmental science, 2021, 783（1）：12004.

［32］陈建勋, 陈丽俊, 罗彦斌, 等. 大跨度绿泥石片岩隧道大变形机理与控制方法［J］. 交通运输工程学报, 2021, 21（02）：93-106.

［33］汪祥国. 类土质隧道大变形机理及处治方案［J］. 铁道建筑技术, 2021（05）：127-130.

［34］孟庆彬, 韩立军, 乔卫国, 等. 泥质弱胶结软岩巷道变形破坏特征与机理分析［J］. 采矿与安全工程学报, 2016, 33（06）：1014-1022.

［35］Xue G, Gu C, Fang X, et al. A Case Study on Large Deformation Failure Mechanism and Control Techniques for Soft Rock Roadways in Tectonic Stress Areas［J］. Sustainability, 2019, 11（13）：3510.

［36］Wang D, Jiang Y, Sun X, et al. Nonlinear Large Deformation Mechanism and Stability Control of Deep Soft Rock Roadway：A Case Study in China［J］. Sustainability, 2019, 11（22）：6243.

［37］张羽军, 丁浩江. 成贵高铁高坡隧道软岩大变形机理分析及病害整治［J］. 科学技术与工程, 2020, 20（01）：327-334.

［38］杨星智. 大梁隧道大变形发生机理及特性分析［J］. 现代隧道技术, 2020, 57（S1）：813-819.

［39］江权, 史应恩, 蔡美峰, 等. 深部岩体大变形规律：金川二矿巷道变形与破坏现场综合观测研究［J］. 煤炭学报, 2019, 44（05）：1337-1348.

［40］吴树元, 程勇, 谢全敏, 等. 西藏米拉山隧道围岩大变形成因分析［J］. 现代隧道技术, 2019, 56（04）：69-73.

［41］Wang M, Cao P. Experimental Study on the Validity and Rationality of Four Brazilian Disc Tests［J］. Geotechnical and Geological Engineering, 2018, 36（1）：63-76.

［42］Li H, Yang X, Zhang X, et al. Deformation and failure analyses of large underground caverns during construction of the Houziyan Hydropower Station, Southwest China［J］. Engineering Failure Analysis, 2017, 80：164-185.

［43］李季, 马念杰, 丁自伟. 基于主应力方向改变的深部沿空巷道非均匀大变形机理及稳定性控制［J］. 采矿与安全工程学报, 2018, 35（04）：670-676.

［44］吴敏, 黄智, 刘大刚. 基于BQ值修正的岩溶隧道围岩分级方法研究与应用［J］. 高速铁路技术, 2020, 11（06）：1-5.

［45］尹春明, 侯钦礼, 沈金刚, 等. 巴基斯坦卡洛特水电站软岩地下洞室围岩分类及应用［J］. 水利水电快报, 2020, 41（03）：27-32.

［46］孙钧, 钦亚洲, 李宁. 软岩隧道挤压型大变形非线性流变属性及其锚固整治技术研究［J］. 隧道建设（中英文）, 2019, 39（03）：337-347.

［47］Wu ZJ, Jiang YL, Liu QS, et al. Investigation of the excavation damaged zone around deep TBM tunnel using a Voronoi–element based explicit numerical manifold method［J］. International Journal of Rock Mechanics and Mining Sciences 2018, 112：158-170.

［48］Liu Q, Xu X, Wu Z. A GPU-based numerical manifold method for modeling the formation of the excavation damaged zone in deep rock tunnels［J］. Computers and Geotechnics, 2020, 118（11）：103351.

［49］Liu QS, Jiang YL, Wu ZJ, et al. Numerical modeling of acoustic emission during rock failure process using a Voronoi element based-explicit numerical manifold method［J］. Tunnelling and Underground Space Technology, 2018, 79：175-189.

［50］Vazaios I, Vlachopoulos N, Diederichs MS. Mechanical analysis and interpretation of excavation damage zone formation around deep tunnels within massive rock masses using hybrid finite–discrete element approach：case of Atomic Energy of Canada Limited（AECL）Underground Research Laboratory（URL）test tunnel［J］. Canadian Geotechnical Journal, 2019, 56（1）：35-59.

［51］Tao Z, Cao J, Yang L, et al. Study on deformation mechanism and support measures of soft surrounding rock in

Muzhailing deep tunnel [J]. Advances in Civil Engineering, 2020, (2): 1-14.

[52] Xue G, Gu C, Fang X, et al. A case study on large deformation failure mechanism and control techniques for soft rock roadways in tectonic stress areas [J]. Sustainability, 2019, 11 (13): 3510.

[53] Sun X, Zhang B, Gan L, et al. Application of Constant Resistance and Large Deformation Anchor Cable in Soft Rock Highway Tunnel [J]. Advances in Civil Engineering, 2019, 2019 (8): 1-19.

[54] 胡杰, 何满潮, 李兆华, 等. 基于三维离散-连续耦合方法的NPR锚索-围岩相互作用机理研究 [J]. 工程力学, 2020, 37 (07): 27-34.

[55] 陶志刚, 罗森林, 李梦楠, 等. 层状板岩隧道大变形控制参数优化数值模拟分析及现场试验 [J]. 岩石力学与工程学报, 2020, 39 (3), 491-505.

[56] 刘泉声, 邓鹏海, 毕晨, 等. 深部巷道软弱围岩破裂碎胀过程及锚喷注浆加固FDEM数值模拟 [J]. 岩土力学, 2019, 10: 1-19.

[57] Liu QS, Sun L. Simulation of coupled hydro-mechanical interactions during grouting process in fractured media based on the combined finite-discrete element method [J]. Tunnelling and Underground Space Technology, 2019, 84: 472-486.

[58] Liu Q, Sun L, Tang X. Investigate the influence of the in-situ stress conditions on the grout penetration process in fractured rocks using the combined finite-discrete element method [J]. Engineering Analysis with Boundary Elements, 2019, 106: 86-101.

[59] Sun L, Grasselli G, Liu QS, et al. Coupled hydro-mechanical analysis for grout penetration in fractured rocks using the finite-discrete element method [J]. International Journal of Rock Mechanics and Mining Sciences, 2019, 124: 104138-104149.

[60] Deng P, Liu Q, Ma H, et al. Time-dependent crack development processes around underground excavations [J]. Tunnelling and Underground Space Technology, 2020, 103: 103518.

[61] Li R, Zhang D, Wu P, et al. Combined Application of Pipe Roof Pre-SUPPORT and Curtain Grouting Pre-Reinforcement in Closely Spaced Large Span Triple Tunnels [J]. Applied Sciences, 2020, 10 (9): 3186.

[62] 伍国军, 陈卫忠, 谭贤君, 等. 一种用于隧道缓冲支护的聚氨酯大变形数值模拟方法 [P]. 湖北省: CN112647970A, 2021-04-13.

[63] 邓鹏海, 刘泉声. 隧道围岩破裂碎胀大变形失稳灾变过程2D-FDEM数值模拟方法 [P]. 湖北省: CN113177248A, 2021-07-27.

[64] 陶文斌. 高应力软岩巷道锚杆支护优化及工程应用研究 [D]. 北京: 北京交通大学, 2020.

[65] 王琦, 何满潮, 许硕, 等. 恒阻吸能锚杆力学特性与工程应用 [J/OL]. 煤炭学报, 2021: 1-11 [2021-06-16]. https://doi.org/10.13225/j.cnki.jccs.2021.0383.

[66] 康永水, 侯聪聪, 孙兴平, 等. 一种软弱泥岩锚杆/索孔的低扰动成孔装置: CN212359616U [P]. 2021-01-15.

[67] 薛翊国, 杨帆, 王立川, 等. 一种适用于软岩大变形隧道支护的多级让压式锚杆: CN112983520A [P]. 2021-06-18.

[68] Tan XJ, Chen WZ, Liu HY, et al. A combined supporting system based on foamed concrete and U-shaped steel for underground coal mine roadways undergoing large deformations [J]. Tunnelling and Underground Space Technology, 2017, 68: 196-210.

[69] 安徽理工大学土木建筑学院. 深部软岩巷道三维网壳锚喷支护技术 [R]. 2018, 应用技术成果.

[70] 赵立财. 软岩隧道钢架刚性锁脚支护结构: CN113006827A [P]. 2021-06-22.

[71] Liu QS, Lei GF, Peng XX, et al. Rheological Characteristics of Cement Grout and its Effect on Mechanical Properties of a Rock Fracture [J]. Rock mechanics and Rock Engineering, 2018, 51 (2): 613-625.

[72] 张海波, 狄红丰, 刘庆波, 等. 微纳米无机注浆材料研发与应用 [J]. 煤炭学报, 2020, 45 (3): 949-955.

[73] 孙海良，李延河，曹其俭，等. 千米深井软岩劈裂注浆加固支护方法：CN109798140B [P]. 2020-12-18.

[74] 何满潮，王博，陶志刚，等. 大变形隧道钢拱架自适应节点轴压性能研究 [J]. 中国公路学报，2021，34（5）：1-10.

[75] Yang SQ, Chen M, Jing HW, et al. A case study on large deformation failure mechanism of deep soft rock roadway in Xin'An coal mine, China [J]. Engineering Geology, 2017, 217: 89-101.

[76] Yang RS, Li YL, Guo DM, et al. Failure mechanism and control technology of water-immersed roadway in high-stress and soft rock in a deep mine [J]. International Journal of Mining Science and Technology, 2017, (27): 245-252.

[77] Kang YS, Liu QS, Xi HL, et al. Improved compound support system for coal mine tunnels in densely faulted zones: A case study of China's Huainan coal field [J]. Engineering Geology, 2018, 240: 10-20.

[78] 刘泉声，王栋，朱元广，等. 支持向量回归算法在地应力场反演中的应用 [J]. 岩土力学，2020，41（增1）：319-328.

[79] 中铁隧道局集团有限公司. 挤压破碎带极高地应力软岩大变形隧道建造关键技术 [R]. 2019，应用技术成果.

[80] Wang XL, Lai JX, Garnes RS, et al. Support System for Tunnelling in Squeezing Ground of Qingling-Daba Mountainous Area: A Case Study from Soft Rock Tunnels [J]. Advances in Civil Engineering, 2019, 8682535.

[81] 姜鹏飞，康红普，王志根，等. 千米深井软岩大巷围岩锚架充协同控制原理、技术及应用 [J]. 煤炭学报，2020，45（3）：1020-1035.

[82] 程利兴，康红普，姜鹏飞，等. 深井沿空掘巷围岩变形破坏特征及控制技术研究 [J]. 采矿与安全工程学报，2021，38（2）：227-236.

[83] 莫智彪，许殿瑞，刘国生，等. 控制高地应力软岩隧道变形的施工方法：CN112901185A [P]. 2021-06-04.

[84] 陶志刚，郑小慧，李干，等. 一种软岩隧道围岩大变形灾害的恒阻大变形锚索控制方法：CN110005434B [P]. 2020-11-13.

[85] 朱元广，刘泉声，苏兴矩，等. 一种流变应力恢复法地应力测量的安装装置：CN107271089A [P]. 2017-10-20.

[86] 谭贤君，陈卫忠，秦川，等. 一种凝结时间可控超早强型微膨胀注浆材料及其制备方法和应用：CN112647979A [P]. 2021-04-13.

[87] Ma Y, Sheng Q, Zhang G, et al. A 3D discrete-continuum coupling approach for investigating the deformation and failure mechanism of tunnels across an active fault: a case study of xianglushan tunnel [J]. Applied Sciences, 2019, 9 (11): 2318.

[88] Sabagh M, Ghalandarzadeh A. Centrifuge experiments for shallow tunnels at active reverse fault intersection [J]. Frontiers of Structural and Civil Engineering, 2020, 14 (3): 731-745.

[89] Sabagh M, Ghalandarzadeh A. Centrifugal modeling of continuous shallow tunnels at active normal faults intersection [J]. Transportation Geotechnics, 2020, 22: 100325.

[90] Zhong Z, Wang Z, Zhao M, et al. Structural damage assessment of mountain tunnels in fault fracture zone subjected to multiple strike-slip fault movement [J]. Tunnelling and Underground Space Technology, 2020, 104: 103527.

[91] Fan L, Chen J, Peng S, et al. Seismic response of tunnel under normal fault slips by shaking table test technique [J]. Journal of Central South University, 2020, 27 (4): 1306-1319.

[92] Ghafari M, Nahazanan H, Md Yusoff Z, et al. A Novel Experimental Study on the Effects of Soil and Faults' Properties on Tunnels Induced by Normal and Reverse Faults [J]. Applied Sciences, 2020, 10 (11): 3969.

[93] Zhang C, Liu X, Zhu G, et al. Distribution patterns of rock mass displacement in deeply buried areas induced by active fault creep slip at engineering scale [J]. Journal of Central South University, 2020, 27 (10): 2849-2863.

［94］ Cui G, Wang X. Model test study on the antibreaking technology of reducing dislocation layer for subway interval tunnel of the stick-slip fracture［J］. Advances in Civil Engineering, 2019, 4328103.

［95］ Cui G, Wang X, Wang D. Study on the Model Test of the Antibreaking Effect of Fiber Reinforced Concrete Lining in Tunnel［J］. Shock and Vibration, 2020, 5419650.

［96］ Hu H, Zhu Y, Qiu W. Energy Absorption Level Test of Tunnel Lining Section Crossing Active Fault［M］//ICTE 2019. Reston, VA: American Society of Civil Engineers, 2020: 827-834.

［97］ Zhao K, Chen W, Yang D, et al. Mechanical tests and engineering applicability of fibre plastic concrete used in tunnel design in active fault zones［J］. Tunnelling and Underground Space Technology, 2019, 88: 200-208.

［98］ Shen Y S, Wang Z Z, Yu J, et al. Shaking table test on flexible joints of mountain tunnels passing through normal fault［J］. Tunnelling and Underground Space Technology, 2020, 98: 103299.

［99］ Yan G, Shen Y, Gao B, et al. Damage evolution of tunnel lining with steel reinforced rubber joints under normal faulting: An experimental and numerical investigation［J］. Tunnelling and Underground Space Technology, 2020, 97: 103223.

［100］ 崔光耀, 宋博涵, 王明年, 等. 基于能量守恒原理的跨活动断层隧道抗错断设计方法研究［J］. 土木工程学报, 2020, 53（S2）: 309-314.

［101］ 闫高明, 申玉生, 高波, 等. 穿越黏滑断层分段接头隧道模型试验研究［J］. 岩土力学, 2019, 40（11）: 4450-4458.

［102］ 杨长卫, 张良, 瞿立明, 等. 一种用于模拟断层错动下隧道动力响应的装置及方法: CN112116861A［P］. 2020-12-22.

［103］ 付兴伟, 周光新, 翁文林, 等. 一种模拟隧道穿越多倾角走滑断层的破坏试验装置: CN112113816A［P］. 2020-12-22.

［104］ 王浩权, 张军伟, 钱进, 等. 一种模拟穿越断层隧道开挖的实验装置: CN112067789A［P］. 2020-12-11.

［105］ 吴子瀛. 一种便于安装的四车道超大断面隧道断层破碎带支护装置: CN212079384U［P］. 2020-12-04.

［106］ 崔臻, 盛谦, 马亚丽娜, 等. 一种恒压伺服地应力加载隧道抗错断试验装置: CN111289349A［P］. 2020-06-16.

［107］ 周辉, 沈贻欢, 朱勇, 等. 一种跨活断层隧道的减震结构及隧道衬砌结构: CN112096418A［P］. 2020-12-18.

［108］ 周辉, 沈贻欢, 朱勇, 等. 一种跨活断层隧道的支护结构及隧道衬砌结构: CN112096431A［P］. 2020-12-18.

［109］ 张志强, 陈彬科, 洪闰林, 等. 一种跨活断层隧道抗震抗错断初支支护结构: CN212027818U［P］. 2020-11-27.

［110］ 李国良, 张景, 刘国庆, 等. 隧道穿越活动断层的连接结构: CN111810189A［P］. 2020-10-23.

［111］ 薛翊国, 傅康, 邱道宏, 等. 一种适用于穿越活动断裂带的隧道柔性环式支撑系统: CN110159314B［P］. 2020-08-25.

［112］ 肖明清, 孙文昊, 李翔, 等. 一种适应活动断层竖直断错的盾构隧道环缝抗剪结构: CN210564533U［P］. 2020-05-19.

撰稿人: 刘泉声　孙晓明　郭志飚　吴志军　张晓平
　　　　康永水　周　辉　黄　兴　朱　勇

隧道与地下工程关键技术研究进展与展望

一、引言

近年来，随着国家"十三五"规划和"一带一路"倡议的实施，一大批交通（铁路、公路、地铁等）基础设施和水利水电重大工程等开工建设或逐步提上日程，极大地促进了我国隧道与地下工程建设的繁荣发展[1]。

以公路和铁路等交通设施为例，全国已建设完成超过3.5万余座隧道、总里程近4万千米（数据截至2020年底）[1,2]。其中正在修建的川藏铁路全线桥隧占比超过80%，隧道总长达1200千米，包括易贡隧道（54千米）、色季拉山隧道（38.3千米）、多木格隧道（36千米）等多条深埋特长隧道。大瑞铁路重点控制性工程高黎贡山隧道，全长34.5千米，最大埋深1155米是目前亚洲最长的山岭铁路隧道。陕西西康高速公路秦岭终南山隧道埋深800~1500米，长18.02千米。在建的新疆乌尉高速公路天山胜利隧道全长22.11千米，海拔3200米，是全国在建的最长高速公路隧道。

以水利水电工程为例，随着雅鲁藏布江、金沙江、澜沧江、雅砻江、怒江等多条重要江河流域的开发以及南水北调等跨流域调水工程的规划，二十多个世界级的大型水利水电工程正在规划和建设。如滇中引水工程输水线路总长超过600千米，由六十余座隧洞组成，关键性控制工程香炉山隧洞全长约60千米，最大埋深超过1000米；已经开工建设的引汉济渭工程秦岭引水隧洞全长约98.3千米，最大埋深超过2000米。

上述铁路、公路隧道和水工隧洞等，多修建在地形地质条件极端复杂的山区和岩溶发育地区，通常伴随着"高地应力、高水压、高地温、强岩溶发育、构造复杂、灾害频发"

等显著特点，在勘察、设计、施工、运维等方面带来巨大的技术挑战。此外，突涌水、岩爆、围岩垮塌等重大地质灾害频发，极易造成重大人员伤亡、设备损坏、工期延误以及生态环境破坏等次生灾害。

本报告重点针对2017—2020年期间隧道与地下工程领域发表的重要文献进行分析，总结了我国隧道与地下工程建设过程中所取得的关键技术研究进展与发展趋势，对隧道与地下工程建设以及学科发展具有指导意义。四年来，隧道与地下工程领域共发表文献总数6816篇，中国学者发表文章4358篇（占比64%），美国文章数量530篇（占比8%），如图1所示。从四年的文章发表数量上看，我国学者的文章数量和所占比例保持着逐年增长的趋势，标志着我国在隧道与地下工程基础理论和关键技术研究上取得了重大突破，整体研究进展表现出技术集成化、建造智能化、管理数字化等特点。因此，专题报告首先从复杂地质勘察方法、地下结构设计方法、智能建造装备与技术、智慧运维技术四个方面出发，介绍了隧道与地下工程各建设阶段的共性关键技术的研究进展与创新点。其次，针对高海波隧道绿色施工、地下封存CO_2技术、长距离引水隧洞衬砌结构、地下环境和生产辅助系统等特性问题，讨论了当前研究热点和所取得的创新性成果。再次，以突涌水、岩爆和围岩垮塌三类典型隧道地质灾害为例，重点介绍了其灾变机理、监测预警和防控技术方面取得的研究进展。最后，针对上述的研究问题，分析了隧道与地下工程中当前面临的难题与技术挑战，并对未来的发展趋势进行了预测。

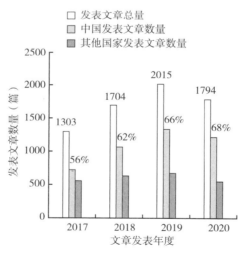

图1 2017—2020年期间隧道与地下工程发表文章情况

二、隧道与地下工程技术研究进展与创新点

（一）复杂地质勘察方法

1. "空—天—地"一体化勘察方法

在西部复杂地质条件区修建高速铁路对地质勘察技术和方法带来了巨大的挑战，由于地质条件的不均一性、复杂性、隐蔽性和地形地貌的多样性等问题，常规勘察技术和手段很难满足设计和施工的要求。2018年6月，中铁二院工程集团[3]通过对常规勘察和新型勘察技术的应用特点进行了深入的分析，提出了高分辨率航空遥感（天）、无人机摄影测量（地）、多孔电磁波层析成像、轻便型全液压钻探和超深覆盖层原位测试（地）等多种勘察新技术，构建了复杂岩溶区高速铁路工程"空—天—地"一体化综合勘察成套技术体系，创新了复杂岩溶区勘察技术的组合模式，解决了复杂条件下勘察难度大、效率低、精细度差等难题。

2. 综合地质预报方法

在地质勘察中，由于单一预报方法的物理基础不同，对不同地质体的属性敏感程度也不同，尚不存在某种预报方法对多种不良地质体均可有效探测。综合超前预报技术根据不同地质体赋存特征和地球物理响应规律，结合各类预报方法在探测距离、适应范围、识别精度等方面的优点，可提高预报结果的可靠性与准确性[4,5]。比如，融合了隧道地震电测和地质雷达的 TSEP-GPR 预报体系[6-8]，改变了传统单一预报的模式，提高了不良地质预报的准确性，同时在一定程度上节省了预报工作量和成本。山东大学在地质预测理论和综合预报数据反演的基础上，提出了"宏观地质分析 – 地震波法（长距离）– 瞬变电磁法（中距离）– 激发极化法（短距离）– 地质钻孔（近距离）"五阶段渐进式综合超前预报技术体系[4,9]，可显著提高不良地质体的探测精度。

3. 超长水平定向钻探方法

水平定向钻是一种新兴的非开挖管道建设技术，通过导向和控向技术可实现精准巡线水平钻进，目前该法已开始用于天山胜利隧道地质勘察中[1,10]，最长钻孔可达5.2千米。此外，"世纪工程"——川藏铁路，是人类历史上极具挑战性的铁路建设工程，所处川西高原平均海拔高、生态脆弱、人烟稀少、交通不便，特别是横断山脉原始森林茂盛、地形切割大、地质构造复杂[10-13]。极端的地质、地理条件给川藏铁路地质勘察带来了极大的挑战，超长水平定向钻探技术可以很好地解决这些特殊条件隧道工程的地质勘察难题。

4. 重大装备搭载的预报技术

TBM 隧道具有其特殊性和复杂性，掘进机体积庞大，占据隧道大部分空间，同时由于护盾及管片的影响，隧道边墙很难布置炮孔、激振点和传感器，导致以地震波法为主的预报方法应用较为困难。引汉济渭工程 TBM 装备中引入了三维地震波法[14]，发现其对隧

道前方不良地质体的预报具有较好的响应，但目前仅能用于断层、溶洞、破碎带等不良地质体的识别，对含水体的识别效果欠佳。中铁科研院研发的 HSPTBM 系统是利用 TBM 刀盘切削岩石所产生的振动波作为震源信号进行不良地质预报，其探测原理和地震波法相似。此外，由于掘进机自身配备大量电气设备，电磁环境极其复杂、周围电磁场变化大，导致地质雷达和瞬变电磁法无法正常使用。山东大学[15, 16]发明了适用于 TBM 施工环境下的三维激发极化法探测装置及布设方法，可以充分利用狭小探测空间开展地质预报，并可实现水量大小的初步估算。目前该项技术已在新疆 EH 供水工程引水隧洞和亚洲最长的铁路山岭隧道 – 高黎贡山隧道中得以应用。此外，在城市地铁超大直径盾构机搭载地质感知装备及预报技术方面也取得了重要进展，已应用于贵阳地铁隧道的地质超前探测。

（二）地下结构设计方法

1. 动态设计方法

隧道与地下工程的勘察、设计、施工等各阶段之间存在交叉和相互影响，传统的经验类比和理论设计无法对设计方案进行实时动态优化。在动态设计方法中，首先，依据地质调查和试验资料为基础，采用经验方法或理论计算进行预设计，初步选定支护结构参数；其次根据预设计方案进行施工，在施工过程中进行监控量测、超前预报，获取围岩和支护结构的实时动态信息，反馈至初始的预设计方案中，进行支护参数和施工方案的动态调整，从而得到更贴合工程实际的施工方案[17]。

2. 基于 BIM 的工程设计方法

隧道与地下工程建设过程中存在地质勘察数据不完整、设计方案不完善、施工难度大等困难，BIM 技术的出现给隧道与地下工程设计带来了新的技术革命。BIM 技术是在传统三维几何模型基础上，整合多重信息数据和参数，构建全生命周期的 BIM 设计平台，实现隧道与地下工程的高效设计[18-21]。如北京某地铁站 BIM 应用项目[22]，通过建立地铁站点工程模型，同时采用计算机对整体建设工程进行了仿真和 4D 施工模拟，实现了各作业工序之间的检查和完善，在施工中减少设计变更 86%，缩短工期 34 天。此外，BIM 工程设计方法在数字地下工程[23]的三维地层模型构建与可视化方面也具有重要应用价值。

（三）智能建造装备与技术

1. 智能施工机器人装备

随着工业化进步和计算机技术的不断发展，智能机器人技术已经渗透到各行各业的实际应用中，并发挥着越来越重要的作用，但在地下工程施工中应用起步相对较晚[24]。由于隧道与地下工程建设环境较为恶劣，采用智能机器人技术逐步替代传统工人进行现场作业，可有效地减少施工安全隐患、提高施工效率，因此，智能机器人在隧道及地下工程方面应用具有十分重要的应用价值。

随着国家重点研发计划"智能机器人"重点专项的实施,我国新研发成功的机器人具有高智能化、高精准度以及操作方便等显著特点,在隧道与地下工程智能建造方面的应用也越来越多。比如在英国 Crossrail 隧道施工中,采用的智能机器人施工装备装有激光测距系统,能够自动控制喷射层厚度,来保证隧道内衬结构的光滑度[24, 25]。法国研发的隧道智能开挖 EPC Metrics 系统,通过高分辨率拍摄获取掌子面三维映射图,通过软件处理后上传至信息化决策平台,可实现钻爆法开挖的远程监测与控制。中南大学自主设计研发的自动喷浆机器人,能够完成实际喷浆轨迹的识别和智能喷射作业,尤其在某些隧道特殊部位也可以自适应调整喷浆模式,实现从环境感知到轨迹规划再到远程控制管理的系统化设计[26, 27]。此外,在隧道围岩结构扫描与地质编录机器人装备上也有所突破,可以实现岩体结构亚毫米精度的自动识别,结构面产状、间距、迹长等信息的自动编录,已应用于川藏铁路康定隧道施工超欠挖测量分析。

2. TBM 智能施工装备

隧道掘进机(TBM)具有快速、优质、安全的施工特点,已被我国隧道与地下工程建设领域广泛应用。由于连续掘进长度的增大,地质条件不可避免地呈现多样化,遭遇不良地质体的概率也大大增加,TBM 工程自适应性问题变得尤为突出。近年来,随着计算机与智能化技术发展,模式识别、智能感知等先进技术得以逐步引入 TBM 施工装备,主要体现在岩–机相互作用信息动态感知方法与融合分析模型、掘进参数自适应控制以及大数据决策分析与管理平台等[28-30],使得 TBM 施工装备迈向集成化、自动化、数字化和智能化的发展道路。

(四)智慧运维技术

1. 现代传感技术

随着现代传感技术的发展,涌现出越来越多的新型传感器,尤其是近年来发展起来的光纤传感监测技术,具有分布式、长距离、实时性、耐腐蚀、抗电磁、轻便灵巧等优点[31-35],能够精确地获得结构体的连续变形和应力特性。此外,光纤数据的监测采用自动采集和实时传输模式,十分适用于隧道与地下工程的监测。微机电系统传感器(MEMS),主要包括加速度传感器、压力传感器、倾角传感器、陀螺仪系列产品,具有重量轻、体积小、功耗低、成本低、可靠性高、适于批量化生产、易于智能化操控等特点,适用于地下结构体各类应力、振动与瞬时转动监测,应用前景十分广阔[36]。

智能化管理与决策平台能够直观而形象地展示现场施工信息,有助于提高施工安全性和作业效率、降低维护管理成本。基于多种感知技术(如光纤传感技术、无线 MEMS 技术、陀螺仪等),对隧道支护结构(如锚杆、衬砌结构、管片等)进行性能监测,然后,采用 ZigBee 与 5G 等技术将监测数据进行网络远程传输,建立远程管理与决信息化策平台,实现隧道与地下工程建设安全的实时监测与智能化管理[1, 37, 38]。例如,山东高速集团与山东大学联合研发的工程建设安全管理与风险决策平台系统，应用于世界最大规模双向八车道超大断面公路隧道群，实现了京沪高速与济南绕城高速连接线的实时监测和远程管理。

2. 智能巡检机器人

在隧道与地下工程运营维护阶段，智能巡检机器人可以克服恶劣环境的影响，提高检测效率、降低运营维护成本，具有很好的应用前景。2018年6月13日，一款名为"奔跑的兔子"的地铁隧道智能巡检机器人在"2018北京国际城市轨道交通展览会"惊艳亮相，该机器人采用了多传感器融合定位和图像测量与探测等先进技术，可用于地铁隧道特殊环境检测[40]。中国铁道科学院自主研发的爬壁机器人利用海绵真空负压吸盘组进行吸附，改善了机器人在行走推进方面的适应能力，同时搭载地质雷达可用于运营隧道曲面衬砌状态检测[41]。广州地铁研发了全断面一体化隧道智能检测装备，有效提高了隧道养护的检测效率和信息化管理。此外，山东大学研发了隧道运营期结构表观检测机器人装备，已成功应用于公路、铁路、地铁等隧道运营期病害巡检。总体来说，我国新研发的巡检机器人具有智能化、高精准度、操作方便等显著特点，在隧道自动化监测发挥着重要作用[39, 40]。

（五）高海拔隧道施工技术

与普通隧道相比，高海拔隧道在建设中面临极端严寒气候和低压缺氧两大重难点问题[43]。目前在西部高海拔地区，我国已有大批公路和铁路隧道相继建成通车，相关隧道在长度和所处的海拔高度上屡次刷新世界纪录。这些隧道工程的建设带来了巨大的技术挑战，但也在保温防冻技术[46]、通风供氧技术[44, 45]等方面积累了大量经验。

1. 保温防冻技术

随着海拔高度的增加，气温降低、积雪厚度增大、气象条件愈加恶劣，隧道冻害成为影响其正常服役的首要问题。冻胀作用是产生隧道冻害的前提，影响冻胀作用的三要素为水、围岩和温度。因此，抗防冻设计应以三要素出发，最大限度地减小或削弱冻胀作用，才能解决冻胀灾害。近年来，高海拔寒区隧道建设中形成的抗防冻技术包括衬砌结构的保温和抗冻设计、防排水优化设计等。比如米拉山隧道[47]建立了混凝土拌合站保温、原材料的质量控制与保温、混凝土运输保温和浇筑保温、钢筋及钢拱架施工保温以及附属设施的保温养护等系列化保温防冻技术。

2. 通风供氧技术

随着海拔高度增加，大气含氧量降低，人员和机械施工效率下降，甚至威胁着施工人员的生命安全，因此可靠的施工通风和制氧供氧技术是保障建设过程中施工人员安全、提高施工作业效率的关键问题。针对通风供氧难题，提出采用PSA制氧技术、弥散式和鼻吸式相结合的供氧方式为高海拔隧道施工人员进行主动供氧，同时建立高海拔隧道通风海拔高度系数计算方法，形成适用于海拔 5000 米的隧道通风计算新标准。此外，在色季拉山隧道[48, 49]建设中采用了隧道智能化通风控制系统，通过在洞内布设通风监测传感器，收集洞内空气质量、温度、湿度、风速等数据，传输至智能终端来自动控制风机工作状态。

（六）地下封存 CO_2 技术

为了防治全球气候变暖，世界各国正采取各种手段来控制由于大量使用化石燃料而造成的 CO_2 等温室气体的排放量，其中最为有效的手段是 CO_2 的捕集、利用与地下封存技术（CCUS，全称 carbon capture，utilization and storage）[50, 51]。CCUS 作为应对全球气候变化的关键技术，已受到世界各国的高度重视，我国已将其纳入《国家中长期科学和技术发展规划纲要（2006—2020）》[56]。CO_2 地质封存是构成 CCUS 技术的主要环节，包括咸水层封存、驱油驱气开采地热等，近年来，随着国家重点研发计划项目"CO_2 低能耗捕集与地质封存利用的关键基础科学问题研究"的实施，取得了较大的研究进展。

1. CO_2 封存机理

地层中的 CO_2 封存机理可以分为物理封存 / 置换封存和化学封存两大类。物理封存是将气态或超临界阶段的 CO_2 固定在地质构造的过程，包括结构捕集、残余捕集和吸附捕集。化学封存是在流体形态（水 / 烃）中通过溶解或离子诱捕进行的封存，包括溶解度捕获和矿物捕获[52-55]。在 CO_2 地质封存过程中，捕集的 CO_2 以超临界压力状态注入储层，储层多孔结构中地下水流动以及地下水和岩石间的化学反应，将直接影响 CO_2 在储层内的赋存状态，是二氧化碳地质封存长期安全性评价的关键。

2. 封存能力评估方法

由于地下封存 CO_2 的泄漏会造成地下水环境污染，破坏生态环境系统平衡，直接威胁人类身体健康。地质封存能力的监测与风险评价是确定 CO_2 封存潜在环境影响重要环节，近年来，发展了地震成像监测、地表植被光谱特征监测、地下示踪剂监测、重力测井、地下水监测、InSAR 卫星等系列化监测技术和评估方法。

（七）长距离引水隧洞衬砌结构

1. 衬砌结构快速施工

引水隧洞多为圆形小断面隧洞，施工操作空间狭小，严重制约着施工效率，影响着衬砌结构施工质量。近年来，中铁十二局发展了针梁式钢筋混凝土衬砌施工台车，以及钢筋绑扎、定位浇筑等系列化工艺，实现小断面隧洞衬砌结构的快速施工。此外，在提升引水隧洞衬砌结构防渗漏水性能方面，提出了衬砌施工缝先导后排、优化混凝土材料配比、精确控制浇筑工艺等一系列提高混凝土结构安全及使用寿命的措施。

2. 耐高温衬砌结构

引水隧洞所处地质环境极其复杂，往往伴随着严重的高地温、高地应力及高渗压等地质问题，同时由于承担着引流低温水流的作用，其围岩和衬砌结构在高地温和低温水流双重作用下，形成了明显的高低温差，极易造成衬砌结构的开裂甚至破坏。通过室内试验模拟高地温隧道热环境作用对喷射混凝土的抗压强度和结构特征的影响规律，发现了混凝土结构在高地温热环境作用下抗压强度和性能劣化机制[58,59]，同时提出了通风降温、冰块降温以及预制混凝土隔温等衬砌结构优化设计方案。

（八）地下环境和生产辅助系统

1. 地下有害气体监测

地下工程施工中遇到有毒气体，导致施工人员中毒窒息的情况时有发生，此外，当可燃气体达到爆炸浓度或遇到明火时，极易发生爆炸事故，对隧道施工和人民生命财产安全造成重大威胁。航天科工二〇三所自主研发的有害气体监测仪，山东大学研发的盾构隧道作业环境多合一气体综合检测装备，可实现甲烷、一氧化碳、硫化氢、氧气等有害气体的有效监测和动态感知，保障了隧道与地下工程的安全绿色化施工。

2. 智能管理辅助系统

隧道与地下工程施工和运营过程中重大安全事故时有发生，造成人员和生命财产的损失，其原因是隧道与地下工程处于隐蔽环境下，其危险因素无法一一洞悉。近年来，为了杜绝或减少事故的发生，研发隧道施工作业环境综合检测装备与物联网调控辅助系统，构建基于LPWAN—LoRa技术的交叉多气体传感信号无线传输平台，形成了基于BIM、GIS、移动互联网等先进感知技术相融合的隧道施工智能管理辅助系统，实现隧道与地下工程施工进度管理、人员安全定位、生产环境监测、动态监控管理。

（九）重大地质灾害预警与防控技术

隧道与地下工程中突涌水、岩爆、围岩垮塌等地质灾害频频发生，严重威胁了施工安全，已成为制约我国隧道与地下工程建设发展的瓶颈问题[60,61]。以突涌水、岩爆、围岩垮塌等典型地质灾害为例，介绍地下工程灾害预警与防控方面的研究进展。

1. 突涌水灾害

突涌水的灾变机理相对比较复杂，表现出显著的地区性和工程差异性，近年来在突水破坏模式、突水通道形成机理等方面取得了很多研究成果。根据其防突结构不同，可以将其划分为两大类型：一是裂隙岩体渐进破坏突水，即施工动力扰动和高水压劈裂作用下的裂隙岩体中局部裂纹萌生、扩展直至贯通形成突水通道的过程，多发生于深埋隧道与地下工程[62]；二是充填结构渗透失稳突水，即施工开挖过程揭露充填型致灾构造，导致充填体内部介质发生侵蚀破坏和渗流场突变进而诱发突涌水灾害的形成过程[63-66]。

突涌水灾害实质上是构成防突结构的岩土体逐步破坏形成突水通道的过程，该过程伴随着能量的积蓄与释放，同时产生微弱的震动现象，通过微震技术采集和分析该震动信号，即可实现突涌水灾害的监测和预警。中国矿业大学[67-69]将微震监测技术引入到煤矿突涌水灾害监测，通过建立微震能量释放率、密度计算模型，实现防突岩体破裂的空间定位和突涌水灾害可能性预测。山东大学[70-72]从充填结构渗透失稳和裂隙岩体渐进破坏两类突涌水灾害的机理出发，分析了其灾变演化过程中微震响应机制，建立了突涌水灾害的微震监测分析方法。在灾害主动防控方面，首先，确定不同类型突涌水灾害演化阶段的关键因素与控制参数；其次，结合突涌水过程中应力场、渗流场以及位移场等监测信息，划分其灾变过程的演化阶段，实现突涌水灾变过程和演化阶段的状态判识；最后，针对突涌水灾害发生位置、时间和量级进行有效预测，得出不同类型突涌水灾变演化状态及其相适应的最佳控制模式。

2. 岩爆灾害

岩爆是一种高应力下围岩动力破坏现象，其破坏方式由浅至深表现为岩石弹射、大量岩石坍塌或矿震等，高等级的强烈岩爆所释放的能量相当于数吨至上百吨TNT炸药同时引爆，类似小型地震，对现场施工人员和装备的安全作业产生重大威胁[73]。

由于岩爆影响因素较为复杂，其发生机制的理论研究仍停留在定性解释阶段。为了研究这一动力学破坏问题，何满潮等[74]开发了深部岩爆过程实验系统，通过实验手段模拟加载型和卸载型等不同岩爆现象。通过深部圆形巷道岩爆模拟试验揭示了岩爆的孕育发生过程[75, 76]，即地下洞室开挖后围岩应力重分布，局部产生应力集中、能量聚集直至突然释放的过程。

岩爆特征作为岩爆发生与否最为直观、有效的观测判别依据，其典型特征有：钻孔岩芯饼化、岩层剥离、侧帮片状垮落、支护体发生拉裂破坏、岩体脆性破坏响声、岩石弹射等[77-80]。微震技术作为岩爆灾害监测的有效手段之一[81]，近年来，通过综合集成了传感–采集–传输一体化集成技术、32位A/D与元器件联合降噪采集技术、微震信号递归STA/LTA-BP神经网络综合识别方法以及基于PTP高精度时间同步策略的速度模型数据库微震源定位算法，形成了集成化高精度智能化微震监测技术[82, 83]。基于微震监测信息的岩爆评价和预警方法，在锦屏二级水电站[84]、川藏铁路巴玉隧道[85]等高风险岩爆隧道与地下工程中得以推广应用。此外，无线微震监测安全预警系统的研发，使得微震系统采集的数据可通过无线网桥传输到远端信息化监测平台，实现了岩爆灾害的远程监测与预警。

3. 围岩垮塌灾害

由于地下施工环境极端复杂，缺乏有效的围岩结构探测装备与灾害预测方法，围岩垮塌已成为影响隧道与地下工程建设安全的威胁之一[86, 87]。

围岩结构信息获取与解译是围岩稳定性分析和灾害预测的基础，国内外学者将数字摄影测量和激光扫描技术引入围岩结构探查中，取得了较好的应用效果。在数字摄影测量方面，日本、澳大利亚等利用数码图像技术为掌子面结构提取有效地质信息[88, 89]。在围岩结构表面信息获取方面，三维激光扫描技术具有海量点云数据以及强大的三维坐标解算功能，在围岩结构面产状智能识别与信息提取上具有独特的优势[90-93]，已成为国内外关注的热点[94-97]。

在围岩垮塌预警和防控方面，通过监测信息的变化，超前分析围岩体失稳趋势，对实现围岩垮塌灾害的主动防控具有重要意义。采用岩体结构损伤识别[98-100]和光纤光栅监测进行围岩结构信息的识别，是围岩垮塌监测预警的新思路。地下结构是封闭空间，围岩结构特征难以探明，对围岩体进行锚固防护时往往存在锚不准、锚不住的问题。通过对锚杆进行了改进和创新，分别研发了恒阻大变形锚杆、囊式扩体锚杆、让压锚杆[101-103]。此外，在传统穿透式全长锚固技术基础上，提出了围岩的外表和内部裂隙加固方法，解决传统锚固技术对于围岩体锚不住的技术难题。

三、隧道与地下工程技术研究面临的挑战与对策

随着交通强国、海洋强国等国家级战略的深入实施，川藏铁路、西藏水电开发、滇中引水、南水北调西线、渤海湾跨海隧道等具有世界级规模和挑战的重大工程逐步上马或提上日程，隧道与地下工程建设面临着更为复杂的极端地质条件和极端建造环境。虽然隧道与地下工程建设关键技术已取得了重要进展，但在极端条件下工程建设仍面临着许多科学难题和技术挑战，尚需开展具有针对性的基础理论和关键技术攻关。

极端地质条件下勘察方法：隧道与地下工程建设从规划、设计、施工到运维等都依赖于对准确的地质条件。近年来川藏铁路、郑万铁路等在建项目以及正在规划的渤海湾跨海通道等，造就了高地温、高地应力、高水压、无限海水补给等极端地质条件，常规的勘察技术很难完全探清工程沿线的地质情况，因此，研究卫星平台（遥感等）、航空平台（航空瞬变电磁等）、地面平台、钻孔和洞内相融合的"空—天—地—孔—隧"多视域立体化探测技术，实现工程区域全域覆盖、高精度的"透明地质"信息获取，成为隧道与地下工程勘察阶段的首要任务。

BIM+GIS工程设计体系：BIM技术已成为工程设计领域的热点问题，通过BIM与GIS、物联网等技术的无缝融合，将为隧道与地下工程设计、施工、运营等创造新的管理模式。针对BIM工程设计方法，尚需进一步研究BIM与GIS的跨界融合，使得微观领域的BIM信息与宏观领域的GIS信息实现交换，将BIM的应用从单体工程延伸到整体建设规划，提升了BIM应用深度。

智能施工机器人体系：地下工程建设是放样、钻孔、装药、爆破、出渣、钢拱架支护、混凝土注浆、锚杆加固等系列化工序的复杂组合，现有施工装备（如凿岩台车、混凝土湿喷机、钢拱架台车、吊车、注浆泵等）智能化水平低、无法完全实现无人化作业，尚需研发新型智能施工机器人系列化装备，形成科学合理的隧道与地下工程智能施工装备与

技术体系。

全周期智慧运维技术：经过多年努力，我国隧道与地下工程运营维护方面的自主创新能力得以大幅提升，但在运营期数据采集和应用上仍存在着许多技术瓶颈，比如，长期监测数据积累欠缺，大数据分析和动态监控技术不足，预防性养护技术和养护科学决策水平有待提升等。未来，应紧扣全寿命周期智慧运维的需求，力争突破基于智能巡检机器人的内外联动海量信息的实时获取与远端交互数据融合分析系统，打造隧道与地下工程智慧运营维护技术体系。

高海拔隧道绿色施工技术：高海拔高寒隧道在施工通风供氧、保温防冻等方面积累了大量经验，但由于工程地质、水文地质以及赋存环境的多样性，新建高海拔隧道仍要面临许多新难题，比如在混凝土衬砌结构防冻保温方面，需进一步研发新型耐冻性碳纤维混凝土复合结构材料，力争实现高寒隧道结构的主动防冻；在生态环境敏感区隧道建设的生态环境保护问题，尚需设计、施工与科研人员共同探索，不断完善高海拔高寒隧道设计与绿色施工关键技术体系。

地下封存 CO_2 智能监测：CO_2 地质封存依然面临许多严峻的问题与挑战，在地质封存监测技术方面，需要建立更为系统化、更为完善的环境智能监测系统与防治体系，避免或者降低地下封存 CO_2 泄漏的概率以及对生态环境的影响。同时，考虑 CO_2 封存体积大、量多，必须保证足够的孔隙度和渗透性，寻找充足的可注入性地下储存空间。

引水隧洞衬砌结构：引水隧洞狭小的操作空间严重制约了隧洞施工效率和质量，亟须发展适用于狭小操作空间的小断面隧道（洞）衬砌快速、绿色、安全、高效施工智能化装备与技术体系。同时，在衬砌结构的防渗性能上，亟须发明新型防渗混凝土材料，完善衬砌结构防渗施工工艺，提升引水隧洞衬砌结构的主动防渗能力。

地下环境和生产辅助系统：深长隧洞赋存高压、随机性强、成分复杂的有害气体，研发基于空气二次分离与特异催化剂的有害气体类型、浓度抗交叉干扰监测传感器，构建集成激光吸收光谱、电化学、非色散红外等技术于一体的隧道长距离有害气体智能实时监测报警系统，实现有害气体的智能化探测及评价，对保障施工安全至关重要。此外，在生产管理辅助系统上，尚需构建基于人工智能的隧道施工灾害主动防控与智能决策辅助平台，实现隧道施工安全的全链条防灾减灾。

地质灾害智能预警与主动防控：研究极端环境下不良地质体的赋存特征与内外动力耦合致灾新模式，提出高烈度地震断层错断、高原岩溶高温涌水、海底断层渗透失稳等极端地质条件下重大灾害的诱发条件。针对高原高烈度地震区和海底极端环境，研究断错作用与隧道灾变机制，针对高原岩溶深部环境，研究高压高温涌水与软岩损伤时效变形机理，揭示极端环境下不良地质体灾变前兆信息演化规律及临灾特征。研究不良地质体大范围透彻感知与灾害前兆信息智能识别方法，形成基于机理模型与数据模型双驱动的地质灾害预测预警方法，构建极端环境下工程大范围透彻感知与智能决策平台。

参考文献

[1] 陈湘生，徐志豪，包小华，等. 中国隧道建设面临的若干挑战与技术突破 [J]. 中国公路学报，2020，33（12）：1-14.

[2] 田四明，王伟，巩江峰. 中国铁路隧道发展与展望（含截至 2020 年底中国铁路隧道统计数据）[J]. 隧道建设（中英文），2021，41（2）：308-325.

[3] 冯涛，蒋良文，曹化平，等. 高铁复杂岩溶"空天地"一体化综合勘察技术 [J]. 铁道工程学报，2018，35（06）：1-6.

[4] Li SC, Liu B, Xu X, et al. An overview of ahead geological prospecting in tunneling [J]. Tunnelling and Underground Space Technology, 2017, 63: 69-94.

[5] Li LP, Tu WF, Shi SS, et al. Mechanism of water inrush in tunnel construction in karst area [J]. Geomatics, Natural Hazards and Risk, 2017, 7 (s1): 35-46.

[6] Liu B., Guo Q, Li SC, et al.Deep Learning Inversion of Electrical Resistivity Data [J]. IEEE Transactions on Geoscience and Remote Sensing, 2020, 58 (8): 5715-5728.

[7] Lu YZ, The application of geological advanced prediction in tunnel construction [J]. Earth and Environmental Science, 2017, 6: 1-8.

[8] 卢庆钊. 高铁隧道穿越富水软弱破碎区综合地质预报及治水技术 [J]. 铁道建筑技术，2021，5：139-145.

[9] Bu L., Li SC, Shi SS, et al. Application of the comprehensive forecast system for water-bearing structures in a karst tunnel: a case study [J]. Bulletin of Engineering Geology and the Environment, 2019, 78: 357-373.

[10] 肖华，刘建国，徐正宣，等. 川藏铁路勘察超长水平孔绳索取心钻探技术 [J]. 钻探工程，2021，48（05）：18-26.

[11] 陈仕阔，李涵睿，周航，等. 基于岩爆危险性评价的川藏铁路某深埋硬岩隧道方案比选研究 [J]. 水文地质工程地质，2021，48（5）：81-90.

[12] 兰恒星，张宁，李郎平，等. 川藏铁路可研阶段重大工程地质风险分析 [J]. 工程地质学报，2021，29（02）：326-341.

[13] 陈馈，冯欢欢，贺飞. 川藏铁路 TBM 隧道建设挑战及装备创新设计探讨 [J]. 隧道建设（中英文），2021，41（02）：165-174.

[14] 李玉波. 三维地震波法超前地质预报在引汉济渭工程TBM施工中的应用 [J]. 水利水电技术,2017,48(8)：131-136.

[15] Li SC, Chen L, Liu B, et al. Three-Dimensional Seismic Ahead-Prospecting Method and Application in TBM Tunneling [J]. Journal of Geotechnical and Geoenvironmental Engineering, 2017, 143 (2): 04017090.

[16] Li Shucai, Nie Lichao, Liu Bin. The Practice of Forward Prospecting of Adverse Geology Applied to Hard Rock TBM Tunnel Construction: The Case of the Songhua River Water Conveyance Project in the Middle of Jilin Province [J]. Engineering, 2018, 4 (1): 131-137.

[17] 张衍. 地下工程参数化标准设计开发平台 [R]. 上海隧道工程有限公司，2018.

[18] 李德军，王哲，谢东武，等. BIM地质建模在大跨度隧道工程中的应用研究 [C]// 中国地质学会. 第十一届全国工程地质大会论文集. 中国地质学会，2020：8.

[19] 周均法，王玉田，刘冠男，等. BIM 技术在隧道工程中的应用 [J]. 土工基础，2020，34（03）：273-276.

[20] James Fountain, Sandeep Langar, Building Information Modeling（BIM）outsourcing among general contractors［J］. Automation in Construction, 2018, 95: 107–117.

[21] Liao XF, Lee CY and Chong HY. Contractual practices between the consultant and employer in Chinese BIM-enabled construction projects［J］. Engineering Construction and Architectural Management, 2017, 27（1）: 227–244.

[22] 李洪鑫, 高晗, 徐宝. 建筑信息模型（BIM）技术在国防工程建设中的应用探讨［J］. 防护工程, 2018, 40（03）: 50–53.

[23] 刘喆. 铁路隧道智能建造技术的发展与应用［J］. 现代隧道技术, 2019, 56（S2）: 550–556.

[24] Loupos K, Doulamis A D, Stentoumis C, et al. Autonomous robotic system for tunnel structural inspection and assessment［J］. International Journal of Intelligent Robotics and Applications, 2018, 2（1）: 43–66.

[25] Menendez E, Victores J G, Montero R, et al. Tunnel structural inspection and assessment using an autonomous robotic system［J］. Automation in Construction, 2018, 87: 117–126.

[26] 林学斌. 隧道自动喷浆机器人喷浆轨迹规划研究［D］. 中南大学, 2020.

[27] 谢斌, 秦觅, 宋迪, 吴迪. 八自由度全自动隧道喷浆机器人系统设计［J］. 华中科技大学学报（自然科学版）, 2020, 48（01）: 115–120.

[28] 陈馈, 冯欢欢, 贺飞. 川藏铁路TBM隧道建设挑战及装备创新设计探讨［J］. 隧道建设（中英文）, 2021, 41（02）: 165–174.

[29] 杨华勇, 周星海, 龚国芳. 对全断面隧道掘进装备智能化的一些思考［J］. 隧道建设（中英文）, 2018, 38（12）: 1919–1926.

[30] 张娜, 李建斌, 荆留杰, 等. 基于隧道掘进机掘进过程的岩体状态感知方法［J］. 浙江大学学报: 工学版, 2019, 53（10）: 1977–1985.

[31] 王彩荣. 光纤光栅传感器在隧道测量变形和温度中的应用研究［J］. 铁道建筑技术, 2019（10）: 102–105.

[32] 廖开宇, 孙庆华, 欧阳华, 等. 光纤光栅管式封装及其传感特性［J］. 光纤通信技术, 2021, 45（12）: 9–13.

[33] 刘闯闯, 朱学华, 苏浩. 高灵敏度全光纤电流传感器研究进展［J/OL］. 激光技术, 2021, 6.

[34] 巫涛江, 吕清明, 刘开俊, 等. 探针式结构极大倾角光纤光栅传感器特性研究［J］. 压电与声光, 2021, 43（03）: 313–316, 384.

[35] 单一男, 马智锦, 曾旭, 等. 基于分布式光纤传感技术的结构变形估计方法研究［J］. 仪器仪表学报, 2021, 42（04）: 1–9.

[36] 左自波, 龚剑, 吴小建, 等. 地下工程施工和运营期监测的研究与应用进展［J］. 地下空间与工程学报, 2017, 13（S1）: 294–305.

[37] You G. and Zhu Y., Structure and Key Technologies of Wireless Sensor Network［C］. 2020 Cross Strait Radio Science & Wireless Technology Conference（CSRSWTC）, 2020, 1–2.

[38] 王文凯, 宋孟丹, 李梦, 等. 基于3S技术的矿山监测监管信息化平台建设研究［J］. 地质论评, 2021, 67（S1）: 283–284.

[39] Rubinstein A, Erez T. Autonomous robot for tunnel mapping［C］. Science of Electrical Engineering. IEEE, 2017.

[40] 隧道建设编辑部. 隧道智能巡检机器人问世, 地铁运维进入AI时代［J］. 隧道建设（中英文）, 2018, 38（6）: 1028.

[41] 陈东生. 一种基于爬壁机器人装置的隧道检测方法［J］. 铁道建筑, 2017（5）: 79–82.

[42] 严金秀. 中国隧道工程技术发展40年［J］. 隧道建设（中英文）, 2019, 39（04）: 537–544.

[43] 王明年, 李琦, 于丽, 等. 高海拔隧道通风、供氧、防灾与节能技术的发展［J］. 隧道建设（中英文）,

2017, 37（10）：1209-1216.

［44］严涛，包逸帆，秦鹏程，等. 高海拔隧道施工通风及供氧关键参数研究综述［J］. 现代隧道技术，2019，56（S2）：572-577.

［45］高焱，朱永全，赵东平，等. 隧道寒区划分建议及保温排水技术研究［J］. 岩石力学与工程学报，2018，37（S1）：3489-3499.

［46］李建军，张国红，张品. 高海拔米拉山公路隧道建设关键技术研究［J］. 地下空间与工程学，2020，16（S1）：170-177.

［47］高治国，杨炳发，杨元红，等. 川藏铁路色季拉山特长隧道施工智能通风方案［J］. 云南水力发电，2021，37（04）：36-41.

［48］何远. 矿井通风监测监控系统自动智能化设计［J］. 煤炭科技，2017，（3）：199-201.

［49］Jamali A, Ettehadtavakkol A. CO_2 storage in residual oil zones: Field-scale modeling and assessment［J］. International Journal of Greenhouse Gas Control, 2017, 56: 102-115.

［50］Sneha R, Eswaran P, Basanta K, et al. Review of gas adsorption in shales for enhanced methane recovery and CO_2 storage［J］. Fuel, 2019, 175: 634-643.

［51］Siqueira T A, Iglesias R S, Ketzer J M. Carbon dioxide injection in carbonate reservoirs – a review of CO_2-water-rock interaction studies［J］. Greenhouse Gases: Science and Technology, 2017, 7（5）: 802-816.

［52］Goodman A, Sanguinito S, Tkach M, et al. Investigating the role of water on CO_2-Utica Shale interactions for carbon storage and shale gas extraction activities-Evidence for pore scale alterations［J］. Fuel, 2019, 242: 744-755.

［53］Gallo Y L, J. Carlos de Dios. Dynamic characterization of fractured carbonates at the Hontomín CO_2 storage site［C］. Egu General Assembly Conference, 2017.

［54］Luo X, Ren X, Wang S. Supercritical CO_2-water-shale interactions and their effects on element mobilization and shale pore structure during stimulation［J］. International Journal of Coal Geology, 2019, 202: 109-127.

［55］刁玉杰，杨扬，李旭峰，等. CO_2 地质封存深部地下空间利用管理法规探讨［J］. 中国电机工程学报，2021，41（04）：1267-1273，1534.

［56］赵兴雷，崔倩，王保登，等. CO_2 地质封存项目环境监测评估体系初步研究［J］. 环境工程，2018，36（02）：15-20.

［57］Liu P, Cui SG, Li ZH, et al. Influence of surrounding rock temperature on mechanical property and pore structure of concrete for shotcrete use in a hot-dry environment of high—temperature geothermal tunnel［J］. Construction and Building Materials, 2019, 207: 329-337.

［58］Yan ZG, Zhang Y, Shen Y, et al. A multilayer thermoelastic damage model for the bending deflection of the tunnel lining segment exposed to high temperatures［J］. Tunnelling and Underground Space Technology, 2020, 95: 1-14.

［59］李燕波. 高温热害水工隧洞支护结构受力分析数值模拟研究［J］. 长江科学院院报，2018，35（02）：135-139.

［60］李利平，成帅，张延欢，等. 地下工程安全建设面临的机遇与挑战［J］. 山东科技大学学报（自然科学版），2020，39（4）：1-13.

［61］李利平，朱宇泽，周宗青，等. 隧道突涌水灾害防突厚度计算方法及适用性评价［J］. 岩土力学，2020，41（S1）：41-50，170.

［62］Li LP, Chen DY, Li SC, et al. Numerical analysis and fluid-solid coupling model test of filling-type fracture water inrush and mud gush［J］. Geomechanics and Engineering, 2017, 13（6）: 1011-1025.

［63］袁永才. 隧道突涌水前兆信息演化规律与融合预警方法及工程应用［D］. 山东大学，2017.

［64］周宗青，李利平，石少帅，等. 隧道突涌水机制与渗透破坏灾变过程模拟研究［J］. 岩土力学，2020，41（11）：3621-3631.

[65] Yang, J., Yin, Z. Y., et al. Hydromechanical modeling of granular soils considering internal erosion [J]. Canadian Geotechnical Journal, 2020, 57 (2): 157–172.

[66] Yang, J., Yin, Z. Y., et al. Three-dimensional hydromechanical modeling of internal erosion in dike-on-foundation [J]. International Journal for Numerical and Analytical Methods in Geomechanics, 2020, 44 (8): 1200–1218.

[67] 窦林名, 卢安良, 曹晋荣, 等. 双煤层不规则煤柱应力—能量演化规律及防冲技术研究 [J]. 煤炭科技, 2021, 42 (02): 1-9.

[68] 辛崇伟, 姜福兴, 等. 矿内-矿间微震监测技术研究 [J]. 煤炭工程, 2021, 53 (06): 107-112.

[69] 朱权洁, 姜福兴, 魏全德, 等. 煤层水力压裂微震信号P波初至的自动拾取方法 [J]. 岩石力学与工程学报, 2018, 37 (10): 2319-2333.

[70] Li SC, Liu C, Zhou ZQ, et al. Multi-sources information fusion analysis of water inrush disaster in tunnels based on improved theory of evidence [J]. Tunnelling and Underground Space Technology, 2021, 113: 103948.

[71] Li SC, Cheng S, Li LP, et al. Identification and Location Method of Microseismic Event Based on Improved STA/LTA Algorithm and Four-Cell-Square-Array in Plane Algorithm [J]. International Journal of Geomechanics, 2019, 19 (7): 04019067.

[72] Cheng Shuai, LiShu-cai, Li Li-ping, et al. Study on energy band characteristic of microseismic signals in water inrush channel [J]. Journal of Geophysics and Engineering, 2018, 15 (5): 1826-1834.

[73] 严鹏, 陈拓, 卢文波, 等. 岩爆动力学机理及其控制研究进展 [J]. 武汉大学学报（工学版）, 2018, 51 (1): 1-14.

[74] He M, Ren F, Liu D. Rockburst mechanism research and its control [J]. International Journal of Mining Science and Technology, 2018, 28 (5): 829-837.

[75] Gong FQ, Luo Y, Li X, et al. Experimental simulation investigation on rockburst induced by spalling failure in deep circular tunnels [J]. Tunnelling and Underground Space Technology, 2018, 81: 413-427.

[76] Gong FQ, Si XF, Li XB, et al. Experimental investigation of strain rock burst in circular caverns under deep three-dimensional high-stress conditions [J]. Rock Mechanics and Rock Engineering, 2019, 52: 1459-1474.

[77] 张传庆, 卢景景, 陈珺, 等. 岩爆倾向性指标及其相互关系探讨 [J]. 岩土力学, 2017, 38 (5): 1397-1404.

[78] Keneti A, Sainsbury BA. Review of published rockburst events and their contributing factors [J]. Engineering Geology, 2018, 246: 361-373.

[79] Zhou J, Li X, Mitri HS. Evaluation method of rockburst: state-of-the-art literature review [J]. Tunnelling and Underground Space Technology, 2018, 81: 632-659.

[80] 李鹏翔, 陈炳瑞, 周扬一, 等. 硬岩岩爆预测预警研究进展 [J]. 煤炭学报, 2019, 44 (S2): 447-465.

[81] 陈炳瑞, 冯夏庭, 符启卿, 等. 综合集成高精度智能微震监测技术及其在深部岩石工程中的应用 [J]. 岩土力学, 2020, 41 (07): 2422-2431.

[82] 王永珍, 龚大银. 煤矿工作面微震信号特征及其能量变化研究 [J]. 中国矿业, 2020, 29 (S1): 209-212.

[83] 韩侃, 陈贤丰, 杨文斌, 等. 基于微震监测的川藏铁路某隧道岩爆预测研究 [J]. 铁道工程学报, 2020, 37 (11): 90-95.

[84] 王强, 肖亚勋, 姚志宾, 等. 特长深埋隧道无线微震监测技术 [J]. 实验室研究与探索, 2021, 40 (02): 80-84, 101.

[85] 田四明, 赵勇, 石少帅, 等. 川藏铁路拉林段隧道典型岩爆灾害防控方法及应用 [J]. 中国铁道科学, 2020, 41 (06): 71-80.

[86] 李术才, 刘洪亮, 李利平, 等. 隧道危石识别及防控研究现状与发展趋势 [J]. 中国公路学报, 2018,

31（8）：1-18.

［87］李利平，贺鹏，石少帅，等. 隧道施工过程巨石垮塌研究现状、问题与对策研究［J］. 隧道与地下工程灾害防治，2019，1（03）：22-31.

［88］王川婴，邹先坚，韩增强. 基于双锥面镜成像的钻孔摄像系统研究［J］. 岩石力学与工程学报，2017（9）：1000-6915.

［89］Yang M., Gan S., Yuan X., et al. Point Cloud Denoising Processing Technology for Complex Terrain Debris Flow Gully［C］. 2019 IEEE 4th International Conference on Cloud Computing and Big Data Analysis（ICCCBDA），2019：402-406.

［90］Buyer A., Aichinger S., Schubert W. Applying photogrammetry and semi-automated joint mapping for rock mass characterization［J］. Engineering Geology，2019，264：105332.

［91］Lin JY, Zuo YJ, Wang J, et al. Stability analysis of underground surrounding rock mass based on block theory［J］. Journal of Central South University，2020，27（10）：3040-3052.

［92］Li LP, Cui LY, Liu HL, et al. A method of tunnel critical rock identification and stability analysis based on a laser point cloud［J］. Arabian Journal of Geosciences，2020，13：538.

［93］葛云峰，夏丁. 基于三维激光扫描技术的岩体结构面智能识别与信息提取［J］. 2017（12）：1000-6915.

［94］Li, LP, Hu, J., Li, SC. et al. Development of a novel triaxial rock testing method based on biaxial test apparatus and its application［J］. Rock Mechanics and Rock Engineering，2021，54：1597-1607.

［95］Sun SQ, Li LP, Wang J, et al. Analysis and Prediction of Structural Plane Connectivity in Tunnel based on Digitalizing Image［J］. KSCE Journal of Civil Engineering，2019，23（9）：2679-2689.

［96］Battulwar R., Zare-Naghadehi M., Emami E., et al. A state-of-the-art review of automated extraction of rock mass discontinuity characteristics using three-dimensional surface models［J］. Journal of Rock Mechanics and Geotechnical Engineering，2021，13（4）：920-936.

［97］Kong DH, Wu FQ, Saroglou C. Automatic identification and characterization of discontinuities in rock masses from 3D point clouds［J］. Engineering Geology，2020，265：105442.

［98］李海轮，李刚，李奇，等. 基于半定位块体统计分析的地下洞室不稳定区域识别研究［J］. 水电能源科学，2021，39（02）：85，105-108.

［99］张敏思，杨勇，梁海安. 基于凹体凸化的全空间块体识别方法［J］. 岩土力学，2017，38（12）：3698-3706.

［100］蔡毅，唐辉明，葛云峰，等. 岩体结构面三维粗糙度评价的新方法［J］. 岩石力学与工程学报，2017，36（05）：1101-1110.

［101］江贝，王琦，魏华勇，等. 地下工程吸能锚杆研究现状与展望［J］. 矿业科学学报，2021，6（05）：569-580.

［102］朱淳，何满潮，张晓虎，等. 恒阻大变形锚杆非线性力学模型及恒阻行为影响参数分析［J］. 岩土力学，2021，42（07）：1911-1924.

［103］Hou DG, Zheng XY, Fu X. Study on monitoring technology of surrounding rock in deep layered roadway based on constant resistance and large deformation bolt［J］. Geotechnical and Geological Engineering，2021，39：3903-3916.

撰稿人：李术才　李利平　周宗青　刘　聪　高成路　屠文锋

滑坡防灾减灾研究进展与展望

一、引言

最近五年来，我国滑坡减灾防灾成效显著。但是，受地震活动和全球极端气候变化影响，加上工程活动强度增大，滑坡仍造成特大群死群伤和重大经济损失。2017年6月，四川茂县新磨村发生滑坡，致83人死亡[1]。2019年7月，贵州水城县鸡场镇发生滑坡，导致45人遇难[2]。2018年10月和11月，西藏江达白格接连两次发生滑坡堰塞金沙江，并形成洪水下泄，导致四川、云南和西藏近10万人转移，数座在建电站围堰受损，G318大桥被毁，下游良田被淤埋，经济损失达120亿元人民币[3]。在国际上，滑坡亦造成严重危害[4]。这些滑坡具有地形地貌隐蔽性、致灾因素极端性、失稳模式复杂性和成灾机理独特性等特性，不仅在滑坡体及周边造成破坏，而且高速远程滑动形成的灾害链非常严重，可以在数千米以外形成复合型灾害，成灾风险剧增。因此，复合型的高位远程滑坡及形成的灾害链成为近年来我国滑坡研究的重中之重，研究内容涉及特大滑坡灾害早期识别、监测预警、应急处置、工程治理和风险管理等方面。

近年来，欧美等发达国家不断增加防灾减灾科技投入，加大前沿基础研究和关键技术研发，强化前沿基础研究成果在关键技术研发和技术系统构建中的应用。①滑坡灾害隐患早期识别与风险评价。风险评价是当前国际上滑坡研究的热点，基于GIS、概率、模糊数学和人工智能算法的滑坡易损性和风险评价的研究论文被引次数在滑坡研究中处于前列[5,6]。②滑坡灾害监测预警。欧洲、美国和日本等在区域和单体尺度上开展滑坡监测预警始于上世纪七十年代。区域尺度上，主要采用统计方法分析降水量（强度）与滑坡灾害之间关系，在单体尺度上，多采用"埋置式传感器－中继站－数据处理分析中心－发出预警预报信息"的方法，开展地表变形、地裂缝、土壤湿度、基质吸力、孔隙水压力等指标监测并与气象数据进行统计分析，构建了从单体到区域的预报阈值和预警模式，建立了适用于不同类型地区的单体地质灾害监测预警方法[7,8]。机器学习等人工智能技术在区域地质灾害气象预警研究中得到应用，提高了监测预警结果的精度、确定性和可靠性，亦成为当前研究的热点[9]。③治理工程健康诊断与灾害风险管理。随着山区城镇化和道路建设的加强，边坡失稳成为滑坡造成人员伤亡的主要原因之一，边坡和滑坡的风险管理加强了自然属性和社会属性的结合。欧洲、美国和日本在边坡风险管理模式和健康诊断技术研发方面取得了较大进展。④滑坡防灾减灾技术服务体系。欧美地质调查机构围绕创新成果表达形式、拓宽成果服务渠道、提高成果实用性、强化智慧服务水平、增强服务易获取性等方面开展深入研究，构建了面向政府、部门、科研院所、公众等不同类型服务对象的滑坡灾害信息智慧服务体系，将基础调查和监测数据资料转化为更具可读性、理解性、传播性、趣味性、服务性的数据信息，以及防治对策、决策建议、科普信息等针对性的服务产品。同时，通过移动端设备，实现了基于社会大众和众包采集的数据收集，建成滑坡灾害大数据[10]。

总体上，国际和国内均日益重视依靠科技手段提高滑坡防灾减灾能力，不断增加科技投入，加大基础理论研究力度，加强技术研发与应用，推进综合灾害风险防范科技体系的建设[11]。特别是强化滑坡实时监测和早期预警技术研发，利用空间信息科学技术，构建"空—天—地"一体化的早期识别和动态监测，建设灾害监测预警与预测预报系统，实现监测手段现代化、预警方法科学化、规范化和信息传输网络化，大力建设滑坡灾害空间数据库、开发滑坡灾害风险信息共享平台，有力地支撑防灾减灾工作的开展。同时，加强灾害损失和灾害风险评估技术方法的研究，应用高精度遥感、高性能计算等技术方法，建立滑坡灾害损失与风险评估模型，通过灾害模拟分析测算人员伤亡、财产损失和生态环境影响，制定评估标准规范，建设完善的滑坡灾害风险评估系统。

二、研究进展与创新

随着青藏高原及周边城镇建设、国防建设、川藏铁路、中尼公路、金沙江和雅鲁藏布江下游等流域性水电开发规划建设中地质安全需要，复合型滑坡灾害孕育理论、高山极高山区"空—天—地"一体化滑坡早期识别与监测预警、高位远程滑坡链动成灾机理和综合防治理论的研究与技术研发方面总体处于国际前列，取得了多项原创性研究成果，同时，在保障三峡水库等重大工程长期安全运行健康诊断和风险管理方面也取得了系列创新性成果[12-17]。

（一）滑坡防灾减灾地质理论探索

滑坡灾害类型多样，地质条件非常复杂，特别是随着西部复杂山区重大工程建设活动的加速，难以沿用国外常见的理论体系指导我国的防灾减灾。因此，以青藏高原和西部复杂山区为载体的原创性滑坡防灾减灾系列理论得到创新和发展。

成都理工大学黄润秋、许强团队等在层状滑坡和高速远程滑坡理论研究方面取得了新进展[18,19]。通过四川盆地近水平岩层红层滑坡的研究，提出"平推式"滑坡成因模式，认为后缘拉裂缝静水压力和底部滑面扬压力是近水平岩层发生滑坡的主要驱动力，同时地下水对泥岩的泥化和软化作用使滑带土强度大幅降低是近水平岩层发生滑坡另一重要原因。利用高速环剪和高速摩擦试验，发现滑坡在滑动过程中滑带会因高温产生热熔、热分解、动态重结晶以及汽化等行为，致使其摩擦系数降低数倍到数十倍，超低摩擦阻力是滑坡高速滑动的内在原因。滑体冲出剪出口后会因撞击等原因碎裂解体，转化为碎屑流，实验发现碎屑等颗粒介质在高速运动过程中会发生类似于流体的"触变"现场，从固态转化为流态，并呈流态化运动，并据此构建了以"黏度"代替传统"摩擦系数"的滑坡运动学描述体系[20-22]。

中国地质大学（武汉）唐辉明、胡新丽团队提出了基于演化的滑坡过程控制理论[23-25]。基于降雨-库水波动联合作用下滑坡渗流场特征，揭示了基于渗透、浮托、软化效应的不同地质结构滑坡对库水位波动的动态响应机制；提出了牵引式和推移式滑坡结构次序生成和结构演变模式，构建了滑坡裂隙分期配套图谱，建立了滑坡演化动力学方程，揭示了"地质孕灾-演进致灾-动力成灾"演化全过程，构建了以多场演化、阶段判识、动态评价、过程控制为核心内容的水库滑坡灾害过程控制理论，提出了结构主控型滑坡孕灾学说，以滑坡结构为主控因素、地质演化与动力学特性为核心，系统提出了六种滑坡孕灾模式，构建了相应的物理力学模型，揭示了结构主控的滑坡孕灾机制，建立了滑坡演化动力学方程。

长安大学彭建兵带领的黄土滑坡研究团队围绕黄土滑坡的孕灾规律、致灾机理和防灾技术，黄土滑坡孕灾规律、致灾机理、防灾技术等方面取得了一系列创新成果[26-30]。以黄土高原区域地质为背景，首先揭示了区域构造作用与滑坡分区高发的关系，认为西部四个高发带受青藏块体隆升东挤的水平构造应力驱动、东部三个高发区受黄土高原隆升的垂直构造应力驱动、南部汾渭盆地高发带受区域拉张应力驱动，从本质上揭示了黄土滑坡形成区域的地质孕育机制和边坡地质结构的控滑机制，修正了对黄土滑坡分区高发原因的传统认识，使人们认识到区域和场地尺度黄土地质结构的重要性，为黄土灾害成因多尺度研究指明了新方向。揭示了黄土滑坡启动后形成高速远程滑坡，呈现出明显流动状态的机理。利用长历时的降雨和灾害资料，构建了不同概率下的黄土滑坡灾害预报模型，成为目前黄土滑坡灾害预报的常用方法。

中国科学院地质与地球物理研究所祁生文和秦四清滑坡研究团队在失稳机理和预报理论上取得了进展。祁生文等围绕板裂结构岩质边坡强震动力响应难题，在"岩体工程地质力学与岩体结构控制论"的理论框架基础上，通过野外监测、大型振动台物理模型试验、精细数值模拟、理论推导等综合研究手段，发展了板裂结构岩质边坡动力学理论，揭示了板裂结构岩质边坡地震动响应规律，建立了板裂结构岩质边坡地震稳定性评价方法，定量刻画了板裂结构岩质边坡地震动力渐进破坏过程[31-34]。秦四清等围绕锁固段型滑坡失稳预测难题，构建了锁固段型滑坡失稳预测理论，提出了锁固段型滑坡分类，构建了锁固段型滑坡演化灾变模式，建立了锁固段型滑坡快解锁突发型和慢解锁渐变型两种灾变模式的临界位移准则[35-37]。

中国地质调查局殷跃平、张永双带领的防灾减灾研究团队继承发展了地质力学"安全岛"理论，发展了以构造型式、早期识别和成灾动力学相结合的易滑地质结构防控理论[1, 14, 16, 38-42]，创新了板块构造混杂软岩带、活动断裂带、岩溶煤系褶皱地层、红层单斜地层、黄土泥岩复合地层、火山碎屑岩风化层等易滑地质结构失稳机理和风险识别体系，指导了全国滑坡灾害隐患早期识别和精细调查填图；初步建立了滑坡多场灾变监测信息融合与风险预警理论，显著提升了我国滑坡灾害的普适型专业监测预警能力。创新提出了复合型滑坡高位远程链动成灾模式和地质工程防控理论，针对复合型滑坡灾害具有块体滑动、颗粒流和水石流链动特征，提出了高消能、大库容和强排导的设计方法，指导了青藏高原及周边城镇与重大工程区复合型滑坡灾害链的综合防治。

总体上，滑坡触发机理研究方面进展明显[38, 40, 43-50]。许冲等[51, 52]基于地震滑坡大数据，建立地震滑坡贝叶斯概率易发性机器学习模型，计算了各种区域的滑坡在地震动峰值加速度下发生的真实概率。中国铁道科学院张玉芳团队进行了煤系地层、红层等特殊岩土性质滑（边）坡成灾机理研究，开展了不良地质体–支挡结构–桥梁工程现场足尺试验研究和不良地质体–支挡结构–隧道工程相互影响专题研究，取得了系列成灾机理研究成果，初步揭示了不良地质体–支挡结构–桥隧工程相互影响机理[53, 54]。同济大学汪发武团队在滑坡动力学研究方面取得了多项进展，发现火山灰风化后形成的水埃洛石（Hydrated Halloysite）能使滑带土体具有高度持水性，使其在处于地下水位以上状态也能保持完全饱和状态，在地震作用下产生滑动带液化现象[55, 56]。河海大学徐卫亚滑坡防灾减灾研究团队，针对西南澜沧江流域、雅砻江流域等高坝大库水动力型特大滑坡灾害致灾机理、滑坡灾害链涌浪灾害、滑坡堰塞坝形成机制及堆积演化过程等方面开展了理论创新[57-59]。针对滑坡堰塞坝形成过程，从滑体内在机理性质出发，分析应变率效应，提出适用于滑体颗粒材料的应力侵蚀动态本构模型和适用于离散介质的黏性边界等效方程，并引入周期性边界，对堰塞坝三维随机结构进行重构，基于多尺度方法分析堰塞坝工程力学特性及稳定性。西南交通大学胡卸文团队从易滑结构角度开展了高位震裂（山体）物源起动机理、规模预测评价研究，建立了震裂山体地质结构模型，以塑性变形区和稳定性系数突变为依据，确定了此类震裂山体滑动时间和空间部位[60, 61]。程谦恭团队长期开展高速远程滑坡的研究，揭示了高山峡谷区巨型高速远程滑坡的沉积学特征和运动就位机制，构建了考虑差异性动力破碎和运动路径物质效应的滑坡相变转化停积就位模型，在高速远程滑坡运动学和动力学研究方面取得了新进展，揭示了高速远程滑坡颗粒流流变转化的远程效应，提出了滑坡动力破碎扩散模型和块体动力破碎对滑坡运动的影响机制[62,63]。卢应发团队研究了滑坡渐进破坏机理，建立了全过程本构模型，提出了滑坡点、面和体稳定性评价指标，并应用于监测预警和抗滑设计[64]。为保障三峡库区城镇和航道长期地质安全，三峡大学黄波林团队和重庆大学刘新荣团队等[65-69]开展了因水位循环消落导致峡谷区岸坡崩滑导致涌浪的复合型灾害风险，构建了岸坡消落带劣化岩体强度指标评价方法、溃曲型岸坡稳定性评价方法和滑坡涌浪预测数值模型。哈尔滨工业大学凌贤长、唐亮团队围绕高寒冻融区高铁膨胀岩滑坡防控分析理论与评估方法，攻克了膨胀土冻融—胀缩耦合大变形分析理论与工程灾害控制技术难题，研究成果已在吉图珲高铁、哈佳高铁等膨胀土滑坡防治中得到了示范应用，取得了良好的社会经济效益[70]。

（二）复杂山区滑坡隐患早期识别

2017年6月23日，四川茂县新磨村发生高位远程滑坡，导致83人遇难。新磨滑坡发生后，意大利佛罗伦萨大学Emanuele Intrieri等人利用滑坡发生前的2014年10月9日至2017年6月19日时段的欧空局哨兵一号卫星45幅C波段SAR图像进行了形变分析，识别出了茂县新磨滑坡清晰的前兆形变信号。InSAR数据清楚地显示失稳前滑坡源区最大位移率达27毫米/年，且滑坡多处测点显示从2017年4月开始加速变形。结果显示卫星雷达数据具有大范围探测和间隔时间短的优势，可以作为不稳定斜坡区的调查手段，也可用于滑坡动态监测[71]。新磨滑坡灾害的惨痛教训推动了我国地质灾害"空—天—地"一体化早期识别技术的快速发展和规模化应用，中国地质调查局在西南山区滑坡灾害高易发区开展了流域性滑坡早期识别试验性研究[1]。2018年10月和11月，西藏金沙江白格特大滑坡发生后，中国地质调查局成立了地质灾害隐患识别中心，提出了融合"空—天—地"多源遥感观测，以"形态、形变、形势"为内容的重大隐蔽性地质灾害隐患识别技术方法，形成了从专题信息提取、隐患特征识别、野外核查验证的业务流程；构建了多源遥感地质灾害隐患关联要素智能识别技术，改进了广域InSAR集成处理与动态监测技术，开发了基于深度学习的滑坡智能识别技术与斜坡形变聚集区自动提取算法；发展了集成空天地联合观测的重大滑坡隐患变形动态监测技术，形成了融合InSAR、高分辨率影像变化监测的多尺度形变探测技术，实现了滑坡大变形的历史追溯，探索出了适应极高山区的高位远程滑坡InSAR识别技术；开发了隐患识别、成果管理与野外核查全流程一体化平台，构建了基于分布式并行计算的海量InSAR处理系统、隐患识别三维分析平台和野外核查PAD终端，具备PB级存储与数万InSAR点云数据的在线可视化能力（图1）。实现了工程化应用示范与核查验证，在9省市200余万平方千米地区开展应用，总体识别正确率超过50%，新增隐患识别占比20%~50%，成果为川藏铁路、大型水电站运营以及705工程等重大任务提供了技术支撑，现已推广至全国14个省份，成为新一轮地质灾害风险普

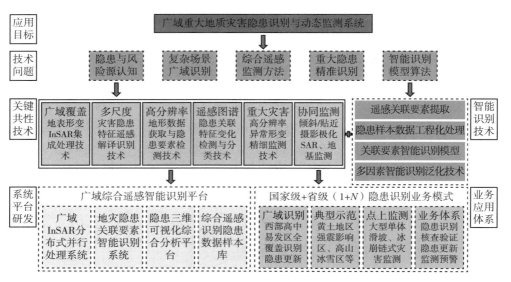

图 1 滑坡灾害隐患 InSAR 早期识别和动态监测技术框图

查、详查和精查的重要技术手段[41]。

长安大学张勤 InSAR 研究团队在不同滑坡孕育类型的空天地识别技术研究方面，取得了很好的进展[42,72-75]。针对青藏高原极端复杂的地质构造、急变多样的地形地貌和终年冰雪覆盖气象环境条件，初步提出了基于易滑地质结构控制理论和空间遥感技术相结合的中山、高山和极高山区滑坡灾害早期识别研究方法，集成优化了适用于青藏高原中高山区大型高位堵江滑坡早期识别和监测预警 InSAR 技术方法。以金沙江流域为重点，运用升降轨法对白格—石鼓段圭利和色拉等典型滑坡进行了变形监测及速度场分析，并运用偏移量法对短期内发生较大变形的白格滑坡进行应急监测预警。针对喜马拉雅山中段高山极高山区终年积雪和冰湖发育，由 DEM 误差及叠掩、阴影、冰雪和植被覆盖导致常规方法失相干问题，创新了短基线影像集、永久散射体、堆叠 InSAR 和偏移量跟踪等 InSAR 技术方法，提升了识别与监测效果，并应用于错郎玛冰川与冰湖动态监测、中尼与中印边境口岸大型滑坡监测和拟建的中尼铁路沿线断裂变形监测。针对雅鲁藏布江下游地区高程大于 5000 米的极高山区被永久性冰雪覆盖和常年厚层云雾遮挡等极端复杂条件，在采用大气延迟改正、解缠误差探测、坡向形变投影、DEM 配准等方法基础上，探索了可变窗口偏移量跟踪和跨平台偏移量跟踪等 InSAR 识别和监测技术方法，并成功应用于雅鲁藏布江大峡谷、帕隆藏布和易贡藏布超高位超远程复合型滑坡灾害的早期识别和动态监测；提出了基于光学遥感影像公网平台的高位滑坡特征提取与识别模型，通过构建本体、信息抽取和数据融合等技术手段提取重要信息，实现以知识图谱特征库方式对繁杂的滑坡灾害数据信息进行管理。

（三）滑坡灾害早期监测和风险预警

中国矿业大学何满潮团队系统开展了滑坡牛顿力监测预报理论的研究，并实现了远程监测预警工程应用[76-78]。针对目前滑坡监测预警存在的预警成功率低、预警时间滞后等问题，提出基于"滑坡发生的充分必要条件是牛顿力变化"这一学术思想的监测预警新方法，研发滑坡灾害牛顿力远程监测预警新系统。在岩石力学领域首次提出地质体灾变牛顿力变化定律，构建基于牛顿力变化测量的滑坡双体灾变力学模型和数学表达，形成一套完善的滑坡牛顿力测量理论体系。自主研发滑坡灾害牛顿力远程监测预警系统以及具有高恒阻、大变形、超强吸能特性的适用于滑坡牛顿力监测的负泊松比（NPR）锚索，提出滑坡牛顿力灾变预警模式及预警等级，形成滑坡"加固–监测–预警"一体化控制技术。

成都理工大学许强带领的地质灾害监测预警团队，针对性地研发了基于北斗/LoRa/4G等多模组自适应组网的无线数据通信技术，解决了高海拔复杂山区无基站环境下远程监控和数据传输难题[79]。研发了高海拔极寒区风光互补的组合式高效多源供电装置，解决极端恶劣条件下设备长期供电不足问题。针对滑坡不同变形阶段其拟合曲线差别较大的特点，提出以改进切线角来定量刻画和划分斜坡变形阶段，以速度倒数法为基础，通过分段拟合、逐步逼近的办法，将滑坡时间预报精度提高到小时级别。在地质灾害实时监测预警系统研发方面，针对地质灾害监测设备类型多、数据格式不统一的问题，研发多源传感器动态观测数据实时接入关键技术，构建地质灾害监测物联网云平台。基于物联网云平台，结合过程预警模型，研发了常态化、业务化的滑坡灾害实时监测预警系统，对接入系统的监测点实施全过程动态跟踪和实时自动预警[15]。

最近十多年来，测斜仪在滑坡深部位移监测技术应用中精度不断提高，自动化程度和多参数同步监测的系统化程度不断增强，和钻孔全断面分布式光纤监测技术可以长期监测钻孔全断面的地层变形、地下水位、温度场、水分场、孔隙水压力等定量信息的分布和变化，从而获得钻孔全断面地质体多参量的变化规律，实现灾变过程的精细化监测[80-83]。

针对我国滑坡灾害点多面广、"中心"向农村转移的特点，中国地质调查局殷跃平带领的滑坡监测预警团队，提出了监测滑坡拉裂变形"普适型"特征的思路（图2），集成MEMS的新型低功耗、压电式、光电式雨量计等技术，研制了一体化多参数监测预警设备，形成涉及雨量、裂缝位移、地表形变、倾角、加速度、土壤含水率六个测试项单参数触发，多参数综合预警系列普适型监测预警仪器；开发基于低轨窄带物联网通信并集成模块化或芯片化通讯组件的监测数据接收系统，根本上解决了现有技术监测数据传输稳定性、完整性问题；突破经典的滑坡预报斋藤理论，建立了融合灾变机理时间序列和空间阵列大数据的宏观指数法、动态趋势线和深度学习法滑坡风险预警模型（https://www.cgs.gov.cn/xwl/cgkx/202106/t20210623_674178.html）。所研发的基于地质云实时监测和风险预警平台已在全国推广运行，实现了全国尺度的滑坡监测预警由"人防"向"技防"的转型升级[84]。

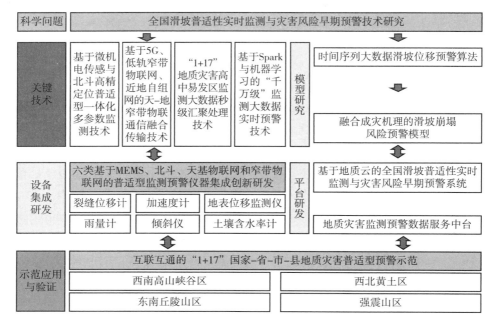

图 2　滑坡普适型实时监测和风险预警技术框图

（四）复合型滑坡与高位远程灾害链

高位远程滑坡灾害失稳机理、成灾模式和防治技术是世界性的难题，已引起国内外科学界和工程界的高度关注，特别是强震、极端暴雨和人类活动耦合作用下的滑坡灾害防治技术长期安全性成为研究的热点和难点[44,85-93]。殷跃平等[4]运用多期高分辨率遥感影像，对比分析了印度查莫利里希恒河流域高位冰岩山崩灾害发生前后滑源区、堆积区变化特征，初步探讨了山崩的运动过程，将这起灾害定名为"高位冰岩山崩堵江溃决洪水灾害链"，崩滑体失稳、解体后以碎屑流沿沟谷向下高速运动，受地形拦挡，部分碎屑颗粒在地形急变带堆积且形成堰塞坝，堰塞坝体溃决后，形成山洪灾害。Science 期刊近期也发表了加拿大 Calgary 大学 Shugar 等运用卫星影像、地震记录、数值模拟以及视频分析，认为查莫利灾害为岩体和冰川构成，体积达 2700 万立方米，下泄流体裹挟直径达 20 米的漂砾，而且泥位高达 220 米，提出了有关喜马拉雅山以及其他偏远高山环境的地质灾害监测预警和可持续发展等关键问题[94]。

2018 年 10 月 10 日和 2018 年 11 月 3 日，间隔 24 天，在西藏江达白格金沙江先后发生了两次高位滑坡，连续两次阻断金沙江干流河道，形成了典型的滑坡—碎屑流—堰塞坝—溃决洪水流域性特大链式地质灾害，造成了极大的经济损失和社会影响[95]。从地质角度来看，白格滑坡孕育于金沙江构造缝合带，属典型的高山峡谷地貌，该区内、外地质作用强烈，具有高构造应力、强震频发、活动断裂分布密集等特征，区内地层多以蛇绿混杂岩带为主，岩性复杂多变且相互夹杂[96-98]。如此复杂的地质环境导致白格滑坡引起的特大地质灾害链变得十分复杂，尤其是在滑坡的成因、滑坡高位启动后运动的动力学过程等方面涉及复杂的物理力学机制，也给白格滑坡后期应急处置带来了很大难题。白格滑坡的发生推动了我国流域性灾害链的早期识别、监测预警、风险评估和应急处置技术的研究[99-101]。

数值计算是科学研究的三大手段之一，也是目前我国滑坡动力学研究急需尽快推进的方向。围绕高位滑坡链生灾害涉及的多尺度、多过程及多相态特性，以滑坡灾害链发生的物理力学过程为基础，以不同数值方法在固体、流体、连续和非连续、细观和宏观等方面的优势为支撑，构建彼此间的耦合算法，聚焦解决地质体变形破坏全过程物理力学机制及其与流体（水/空气）的动力耦合作用，研发了高性能耦合模拟器，突破了目前在高位远程滑坡链动过程模拟中主要基于单一方法和单一过程条件，难以准确模拟滑坡灾害链动过程和成灾机理的瓶颈[102]。欧阳朝军等[103]在滑坡动力学机理和数值模拟方面取得了多项创新性成果，揭示大型滑坡高速远程的内在机制：坡面铲刮规模放大效应与剪切带孔压演化，提出倾斜坐标系下耦合基底侵蚀、侧向土压力和孔隙水压力的深度积分连续介质模型，建立了滑坡危害范围和运动距离定量评估方法，并基于滑坡灾害动力学理论成果，自主开发地质灾害动力学计算模拟软件平台——Massflow，软件具备情景预测、过程反演、决策优化、减灾效果评价等功能，不仅提供核心源代码和友好的界面，并且在整体性能上超过国际上同类型的 Flo-2D 和 RAMMS 软件[103]。

（五）高位远程滑坡综合防治技术

随着我国地质灾害防治重点的"西迁"，复合型滑坡和高位远程灾害链防治难度越来越大。殷跃平等[14]围绕青藏高原藏东金沙江、澜沧江、怒江三江地区，雅鲁藏布江下游地区和喜马拉雅山中段中尼交通网络为重点研究区，吸收汶川地震区高位远程地质灾害研究成果，开展了冰湖溃决山洪泥石流灾害的动力学过程和风险防控对策措施研究，并开展了现有防治技术适配性及防灾、抗灾、救灾和备灾综合减灾措施分析。建立了基于全链条链动机理的防治工程设计模式，即在高位崩滑区，采用固源与降险技术，控制上游风险源的启动以从源头上消除链式灾害；在势动转换区，采用刚韧性消能技术，由"储量"向"动量"转变，以消减冲击压力为工程防治重点；在动力侵蚀区，采用抗侧蚀与护底技术，通过降低剪切层饱和带孔隙水压力与通过增强剪切层固体结构强度等措施提高抗蚀能力；在流动堆积区，采用排导与冗余技术，根据流动区物源和流量的侵蚀/堵溃放大效应，设置复式排导系统和"高谷坊坝大库"骨干工程，降低极端灾害风险。

2017 年以来，西南交通大学赵世春、余志祥团队针对落石、崩塌、泥石流等坡面地质动力灾害的强冲击柔性防护关键难题，创建了柔性防护系统多体动力学计算理论，包括构建了高精度多柔体非线性动力学模型、多场多介质及多尺度耦合动力学分析模型、累积冲击损伤模型、薄膜等效快速计算模型等[104, 105]，系统解决了柔性防护系统的高效高精度计算难题，相比国际同期水平，计算效率提高 5～10 倍，误差降低一半；提出了 4D 柔性防护技术，包括高位远程落石崩塌灾害的能量演化规律，落石崩塌长程防护历程能量演化评价方程，落石崩塌灾害柔性防护的能量控制方法，高位远程落石崩塌的全历程压制和引导技术等[79]，开发的柔性防护系统能力可达 5 万千焦，是欧美产品性能的 4.5 倍；研发了大型足尺落石冲击试验台系统装备，建立了标准化测试技术与评价方法。未来，拟针对先进设计理论及方法、技术性能提升、新材料新工艺及 10 万千焦级柔性防护产品技术开展深入研究。

三、滑坡防治减灾面临的挑战与对策

目前，我国在滑坡灾害调查、监测预警与防治、应急救灾等方面取得了明显成效，滑坡灾害防治基础理论创新、防治技术研发、监测预警网络建设和信息化建设等方面得到了快速发展；总体上，处于国际"并跑"水平。但是，由于地质环境条件和社会经济发展阶段的差异，我国在滑坡防灾减灾方面仍需加强应对如下挑战。

（1）青藏高原复合型滑坡及高位远程灾害链

随着川藏铁路、雅鲁藏布江下游水电工程、"三江"（金沙江、雅砻江、怒江）上游水电工程、边疆城镇和国防建设的发展，对高位远程滑坡灾害的防治提出了前所未有的新挑战。青藏高原及周边地区高山极高山区普遍存在启动于数百米，甚至数千米高度的特大型高位远程滑坡灾害，其规模巨大，具有超远视距的隐蔽性，启动后高速运动，运移距离远，且成灾模式复杂，多形成滑坡、碎屑流、堰塞坝、涌浪等链生地质灾害，防治难度大，其失稳机理、成灾模式和防治技术仍是我国滑坡防灾减灾研究的热点和难点。

（2）滑坡灾害隐患空天地多源信息融合早期识别理论与技术

隐患点的早期识别是滑坡防灾减灾的前提。因此，必须加快研发能满足滑坡灾害地质详细调查、精细调查和精准调查的星载平台、航空平台、地面平台的"天—空—地"一体化多源立体综合遥感观测技术，研发地表变化和形变信息快速提取技术。基于地形地貌、工程地质岩组、地质构造、斜坡结构等地质条件和典型地质灾害早期识别标志，结合地表变化和形变信息，研发基于深度学习和人工智能算法的滑坡灾害隐患早期识别技术。

（3）滑坡多场多源实时监测与智能风险预警理论与技术

我国滑坡监测预警技术已突破了基于工程岩土体位移的斋藤"初始—匀速—加速"三阶段理论水平。由于地质体比一般工程岩土体结构和过程更为复杂，因此，必须研发新一代的多场多源监测系列仪器，建立智能化的风险预警理论。基于物联网及现代传感器技术，研发低功耗、低成本、适应复杂环境、普适性和反映地质灾害变化特征及影响因素的系列监测仪器；跟踪国际地球科学观测与人工智能芯片前沿技术，突破微机电、智能图像、高精定位、超宽带、毫米波雷达等新型传感器在地质灾害监测领域应用的共性关键技

术；研究智能变频与多源供电技术，降低运行功耗，提升供电能力；研究装备智能诊断与远程维护技术；研究无人值守自动监测巡检技术；深化北斗导航等技术应用，提高装备工程化水平与国产化比例；研发低成本的便携型和抛洒型滑坡灾害监测预警装备，提升设备快速部署能力。增强预警模型精准化智能化水平，提升预警判据及阈值依据可靠性等滑坡灾害监测预警关键科学问题，发展滑坡灾害预警预报理论体系。

（4）滑坡灾害动力学与风险防控理论技术研究

开展滑坡灾害动力演进过程研究，攻关单体滑坡灾害危险性评估时空概率预测、运动学及影响范围模拟，尤其是高位远程滑坡和灾害链研究，完善和发展滑坡灾害动力学理论。预期创新目标主要包括：围绕滑坡灾害动力学中固－液－气多相介质之间复杂混合作用、滑坡灾害与内外动力相互作用机制、滑坡灾害跨尺度模拟、灾害监测与动力学参数精准反演等关键科学问题开展深化研究，提升滑坡灾害动力演进模型精细化程度和计算结果的精度，为重、特大滑坡灾害精准防控提供基础理论支撑。

（5）滑坡防灾减灾大数据云计算平台建设和智慧化服务

国际上在滑坡灾害风险评价技术方法体系研究、风险区划支撑防灾减灾管理和国土空间规划、基于卫星遥感探测开展滑坡灾害隐患识别与监测等新技术新方法应用以及数据开放共享和社会化服务等方面的做法和经验值得我国学习借鉴[106]。基于滑坡灾害大数据和地质云平台，面向政府管理、技术业务、公众防灾和重大工程建设，提供更加科学性、更加预见性、更加精准性、更加时效性的智慧化服务。

参考文献

[1] 殷跃平，王文沛，张楠，等. 强震区高位滑坡远程灾害特征研究——以四川茂县新磨滑坡为例[J]. 中国地质，2017，44（5）：827-841.

[2] 高浩源，高杨，贺凯，等. 贵州水城"7.23"高位远程滑坡冲击铲刮效应分析[J]. 中国岩溶，2020，39（4）：535-546.

[3] 王立朝，温铭生，冯振，等. 中国西藏金沙江白格滑坡灾害研究[J]. 中国地质灾害与防治学报，2019，30（1）：1-9.

[4] 殷跃平，李滨，张田田，等. 印度查莫利"2·7"冰岩山崩堵江溃决洪水灾害链研究[J]. 中国地质灾害与防治学报，2021，32（03）：1-8.

[5] REICHENBACH P, ROSSI M, MALAMUD B D, et al. A review of statistically-based landslide susceptibility models [J]. Earth-Science Reviews, 2018, 180: 60-91.

[6] BINH T P, DIEU T B, PRAKASH I, et al. Hybrid integration of Multilayer Perceptron Neural Networks and machine learning ensembles for landslide susceptibility assessment at Himalayan area (India) using GIS[J]. Catena, 2017, 149: 52-63.

[7] FEY C, WICHMANN V, ZANGERL C. Reconstructing the evolution of a deep seated rockslide (Marzell) and its

response to glacial retreat based on historic and remote sensing data[J]. Geomorphology, 2017, 298: 72-85.

[8] DIEU T B, SHAHABI H, OMIDVAR E, et al. Shallow Landslide Prediction Using a Novel Hybrid Functional Machine Learning Algorithm[J]. Remote Sensing, 2019, 11(8): 931.

[9] CROSTA G B, AGLIARDI F, RIVOLTA C, et al. Long-term evolution and early warning strategies for complex rockslides by real-time monitoring[J]. Landslides, 2017, 14(5): 1615-1632.

[10] CHOI C E, CUI Y, ZHOU G G D. Utilizing crowdsourcing to enhance the mitigation and management of landslides[J]. Landslides, 2018, 15(9): 1889-1899.

[11] CASTELLER A, HAEFELFINGER T, CORTES D E, et al. Assessing the interaction between mountain forests and snow avalanches at Nevados de Chillan, Chile and its implications for ecosystem-based disaster risk reduction[J]. Natural Hazards and Earth System Sciences, 2018, 18(4): 1173-1186.

[12] 崔鹏, 贾洋, 苏凤环, 等. 青藏高原自然灾害发育现状与未来关注的科学问题[J]. 中国科学院院刊, 2017, 32(09): 985-992.

[13] 彭建兵, 崔鹏, 庄建琦. 川藏铁路对工程地质提出的挑战[J]. 岩石力学与工程学报, 2020a, 39(12): 2377-2389.

[14] 殷跃平, 朱赛楠, 李滨, 等. 青藏高原高位远程地质灾害[M]. 北京: 科学出版社, 2021.

[15] 许强. 对滑坡监测预警相关问题的认识与思考[J]. 工程地质学报, 2020a, 28(02): 360-374.

[16] 张永双, 杜国梁, 郭长宝, 等. 川藏交通廊道典型高位滑坡地质力学模式[J]. 地质学报, 2021, 95(03): 605-617.

[17] 兰恒星, 张宁, 李郎平, 等. 川藏铁路可研阶段重大工程地质风险分析[J]. 工程地质学报, 2021, 29(02): 326-341.

[18] 许强, 唐然, 等. 降雨诱发红层滑坡研究——以四川盆地为例[M]. 北京: 科学出版社, 2020.

[19] 许强, 彭大雷, 亓星, 等. 黑方台黄土滑坡成因机理、早期识别与监测预警[M]. 北京: 科学出版社, 2020.

[20] HU W, HUANG R Q, MCSAVENEY M, et al. Mineral changes quantify frictional heating during a large low-friction landslide[J]. Geology, 2018, 46(3): 223-226.

[21] HU W, HUANG R Q, MCSAVENEY M, et al. Superheated steam, hot CO_2 and dynamic recrystallization from frictional heat jointly lubricated a giant landslide: field and experimental evidence[J]. Earth and Planetary Science Letters, 2019, 510: 85-93.

[22] HU W, CHANG C S, MCSAVENEY M, et al. A Weakening Rheology of Dry Granular Flows With Extensive Brittle Grain Damage[J]. Geophysical Research Letters, 2020, 47(11): 1-10.

[23] TANG H M, YONG R, ELDIN M. Stability analysis of stratified rock slopes with spatially variable strength parameters: the case of Qianjiangping landslide[J]. Bulletin of engineering geology and the environment, 2017, 76(3): 839-853.

[24] TANG H M, WASOWSKI J, JUANG C H. Geohazards in the three Gorges Reservoir Area, China – Lessons learned from decades of research[J]. Engineering Geology, 2019, 261: 105267.

[25] HU X L, TAN F, TANG H, et al. In-situ monitoring platform and preliminary analysis of monitoring data of Majiagou landslide with stabilizing piles[J]. Engineering Geology, 2017, 228: 323-336.

[26] PENG J B, WANG G H, WANG Q Y, et al. Shear wave velocity imaging of landslide debris deposited on an erodible bed and possible movement mechanism for a loess landslide in Jingyang, Xi'an, China[J]. Landslides, 2017, 14(4), 1503-1512.

[27] PENG J B, TONG X, WANG S K, et al. Three-dimensional geological structures and sliding factors and modes of loess landslides[J]. Environmental Earth Sciences, 2018, 77(19): 1-14.

[28] PENG J B, WANG S K, WANG Q Y, et al. Distribution and genetic types of loess landslides in China[J].

Journal of Asian Earth Sciences, 2019, 170: 329–350.

[29] ZHUANG J Q, PENG J B, WANG G H, et al. Prediction of rainfall–induced shallow landslides in the Loess Plateau, Yan'an, China, using the TRIGRS model [J]. Earth Surface Processes and Landforms, 2017, 42（6）: 915–927.

[30] 彭建兵, 王启耀, 庄建琦, 等. 黄土高原滑坡灾害形成动力学机制 [J]. 地质力学学报, 2020, 26（05）: 714–730.

[31] GUO S F, QI S W, YANG G X, et al. An analytical solution for block toppling failure of rock slopes during an earthquake [J]. Applied Sciences, 2017, 7（10）: 1008.

[32] ZHAN Z F, QI S W. Numerical study on dynamic response of a horizontal layered–structure rock slope under a normally incident SV wave [J]. Applied Sciences, 2017, 7（7）: 716.

[33] HE J X, QI S W, ZHAN Z F, et al. Seismic response characteristics and deformation evolution of the bedding rock slope using a large–scale shaking table [J]. Landslides, 2021, 18: 2835–2853.

[34] YAO X L, QI S W, LIU C L, et al. An empirical attenuation model of the peak ground acceleration（PGA）in the near field of a strong earthquake [J]. Natural Hazards, 2021, 105（1）: 691–715.

[35] XUE L, QIN S Q, PAN X H, et al. A possible explanation of the stair–step brittle deformation evolutionary pattern of a rockslide [J]. Geomatics, Natural Hazards and Risk, 2017, 8（2）: 1456–1476.

[36] CHEN H R, QIN S Q, XUE L, et al. A physical model predicting instability of rock slopes with locked segments along a potential slip surface [J]. Engineering Geology, 2018, 242（C）: 34–43.

[37] 杨百存, 秦四清, 薛雷, 等. 锁固段损伤过程中的能量转化与分配原理 [J]. 东北大学学报（自然科学版）, 2020, 41（07）: 975–981.

[38] SUN P, WANG G, WU L Z, et al. Physical model experiments for shallow failure in rainfall–triggered loess slope, Northwest China [J]. Bulletin of Engineering Geology and the Environment, 2019, 78（6）: 4363–4382.

[39] WANG W P, YIN Y P, YANG L W, et al. Investigation and dynamic analysis of the catastrophic rockslide avalanche at Xinmo, Maoxian, after the Wenchuan Ms 8.0 earthquake [J]. Bulletin Of Engineering Geology and The Environment, 2020, 79（1）: 495–512.

[40] 黄波林, 殷跃平. 水库区滑坡涌浪风险评估技术研究 [J]. 岩石力学与工程学报, 2018, 37（03）: 621–629.

[41] 葛大庆, 戴可人, 郭兆成, 等. 重大地质灾害隐患早期识别中综合遥感应用的思考与建议 [J]. 武汉大学学报（信息科学版）, 2019, 44（07）: 949–956.

[42] 李滨, 殷跃平, 高杨, 等. 西南岩溶山区大型崩滑灾害研究的关键问题 [J]. 水文地质工程地质, 2020, 47（04）: 5–13.

[43] 黄润秋, 陈国庆, 唐鹏. 基于动态演化特征的锁固段型岩质滑坡前兆信息研究 [J]. 岩石力学与工程学报, 2017, 36（03）: 521–533.

[44] YIN Y P, XING A G, WANG G H, et al. Experimental and numerical investigations of a catastrophic long–runout landslide in Zhenxiong, Yunnan, southwestern China [J]. Landslides, 2017, 14（2）: 649–659.

[45] LIU X R, LIU Y Q, HE C M, et al. Dynamic stability analysis of the bedding rock slope considering the vibration deterioration effect of the structural plane. Bulletin Engineering Geology and the Environment [J]. 2018, 77（1）: 87–103.

[46] 周家文, 陈明亮, 李海波, 等. 水动力型滑坡形成运动机理与防控减灾技术 [J]. 工程地质学报, 2019, 27（05）: 1131–1145.

[47] CHEN G Q, LI T B, WANG W, et al. Weakening effects of the presence of water on the brittleness of hard sandstone [J]. Bulletin of Engineering Geology and the Environment, 2019, 78（3）: 1471–1483.

[48] LI W L, ZHAO B, XU Q, et al. Deformation characteristics and failure mechanism of a reactivated landslide in Leidashi, Sichuan, China, on August 6, 2019: an emergency investigation report [J]. Landslides, 2020, 17（6）:

1405-1413

［49］WANG K, XU H J, ZHANG S Q, et al. Identification and Extraction of Geomorphological Features of Landslides Using Slope Units for Landslide Analysis［J］. ISPRS International Journal of Geo-Information, 2020, 9（4）: 274.

［50］冯忠居, 朱彦名, 高雪池, 等. 基于熵权-灰关联法的岩质开挖边坡安全评价模型［J］. 交通运输工程学报, 2020, 20（02）: 55-65.

［51］许冲. 第一代中国地震滑坡概率分布图勘误［J］. 工程地质学报, 2020, 28（05）: 1066-1068.（XU Chong. THE FIRST GENERATION OF EARTHQUAKE-TRIGGERED LANDSLIDE PROBABILITY MAP OF CHINA: ERRATA［J］. Journal of Engineering Geology, 2020, 28（05）: 1066-1068.

［52］许冲, 徐锡伟, 周本刚, 等. 同震滑坡发生概率研究——新一代地震滑坡危险性模型［J］. 工程地质学报, 2019, 27（05）: 1122-1130.

［53］张玉芳. 西南红层软岩地区铁路滑坡形成机理分析及治理措施［J］. 铁道建筑, 2020, 60（04）: 150-154.

［54］ZHANG Y F, LI J, LI W, et al. Effects of Landslides on the Displacement of a Bridge Pile Group Located on a High and Steep Slope［J］. Advances in Civil Engineering, 2021, 6683967, 29.

［55］WANG F W, DAI Z L, ZHANG S. Experimental study on the motion behavior and mechanism of submarine landslides［J］. Bulletin of Engineering Geology and the Environment, 2018, 77（3）: 1117-1126.

［56］WANG F W, ZHANG S, LI R, et al. Hydrated halloysite: the pesky stuff responsible for a cascade of landslides triggered by the 2018 Iburi earthquake, Japan［J］. Landslides, 2021: 1-12.

［57］徐卫亚, 周伟杰, 闫龙. 降雨型堆积体滑坡渗流稳定性研究进展［J］. 水利水电科技进展, 2020, 40（4）: 87-94.

［58］王环玲, 屈晓, 徐卫亚, 等. 堰塞坝堆积演化过程及开发利用研究进展［J］. 中国地质灾害与防治学报, 2021, 32（1）: 84-94.

［59］WANG H L, LIU S Q, XU W Y, et al. Numerical investigation on the sliding process and deposit feature of an earthquake-induced landslide: a case study［J］. Landslides, 2020, 17（11）: 2671-2682.

［60］LIU B, HU X, HE K, et al. The starting mechanism and movement process of the coseismic rockslide: A case study of the Laoyingyan rockslide induced by the "5.12" Wenchuan earthquake［J］. Journal of Mountain Science, 2020, 17（5）: 1188-1205.

［61］HE K, MA G, HU X. Formation mechanisms and evolution model of the tectonic-related ancient giant basalt landslide in Yanyuan County, China［J］. Natural Hazards, 2021, 106（3）: 2575-2597.

［62］WANG Y F, DONG J Y, CHENG Q G. Velocity-dependent frictional weakening of large rock avalanche basal facies: Implications for rock avalanche hypermobility［J］. Journal of Geophysical Research: Solid Earth, 2017, 122（3）: 1648-1676.

［63］WANG Y F, DONG J Y, CHENG Q G. Normal stress-dependent frictional weakening of large rock avalanche basal facies: Implications for the rock avalanche volume effect［J］. Journal of Geophysical Research: Solid Earth, 2018, 123（4）: 3270-3282.

［64］卢应发, 张凌晨, 张玉芳, 等. 边坡渐进破坏多参量评价指标［J］. 工程力学, 2021, 38（03）: 132-147.

［65］HUANG B L, YIN Y P, TAN J M. Risk assessment for landslide-induced impulse waves in the Three Gorges Reservoir, China［J］. Landslides, 2019, 16（3）: 585-596.

［66］HUANG B L, YIN Y P, YAN G Q, et al. A study on in situ measurements of carbonate rock mass degradation in the water-level fluctuation zone of the Three Gorges Reservoir, China［J］. Bulletin of Engineering Geology and the Environment, 2020, 80（12）: 1-11.

［67］杨忠平, 李绪勇, 赵茜, 等. 关键影响因子作用下三峡库区堆积层滑坡分布规律及变形破坏响应特征［J］.

工程地质学报，2021，29（3）：617-627.

［68］ ZHANG W, TANG L, LI H, et al. Probabilistic stability analysis of Bazimen landslide with monitored rainfall data and water level fluctuations in Three Gorges Reservoir, China［J］. Frontiers of Structural and Civil Engineering, 2020, 14（5）：1247-1261.

［69］ 刘新荣，景瑞，缪露莉，等. 巫山段消落带岸坡库岸再造模式及典型案例分析［J］. 岩石力学与工程学报，2020，39（07）：1321-1332.

［70］ TANG L, CONG S Y, GENG L, et al. The effect of freeze-thaw cycling on the mechanical properties of expansive soils［J］. Cold Regions Science and Technology, 2018, 145: 197-207.

［71］ INTRIERI E, RASPINI F, FUMAGALLI A, et al. The Maoxian landslide as seen from space: detecting precursors of failure with Sentinel-1 data［J］. Landslides, 2018, 15（1）：123-133.

［72］ ZHAO C Y, KANG Y, ZHANG Q, et al. Landslide identification and monitoring along the Jinsha River catchment (Wudongde reservoir area), China, using the InSAR method［J］. Remote Sensing, 2018a, 10（7）：993.

［73］ ZHAO C Y, LU Z. Remote sensing of landslides—A review［J］. Remote Sensing, 2018b, 10（2）：279.

［74］ 李振洪，宋闯，余琛，等. 卫星雷达遥感在滑坡灾害探测和监测中的应用：挑战与对策［J］. 武汉大学学报（信息科学版），2019，44（07）：967-979.

［75］ LIU X J, ZHAO C Y, ZHANG Q, et al. Deformation of the Baige landslide, Tibet, China, revealed through the integration of cross-platform ALOS/PALSAR-1 and ALOS/PALSAR-2 SAR observations［J］. Geophysical Research Letters, 2020, 47（3）：1-8.

［76］ 何满潮，任树林，陶志刚. 滑坡地质灾害牛顿力远程监测预警系统及工程应用［J/OL］. 岩石力学与工程学报，2021，3：1-12.

［77］ 陶志刚，张海江，彭岩岩，等. 滑坡监测多源系统云服务平台架构及工程应用［J］. 岩石力学与工程学报，2017，36（07）：1649-1658.

［78］ 陶志刚，罗森林，朱淳，等. 滑坡动态力学监测及破坏过程案例分析［J/OL］. 工程地质学报，2021，3：1-12.

［79］ XU Q, PENG D L, ZHANG S, et al. Successful implementations of a real-time and intelligent early warning system for loess landslides on the Heifangtai terrace, China［J］. Engineering Geology, 2020, 278: 105817.

［80］ 唐辉明，蔡毅，张永权，等. 测斜仪在滑坡深部位移监测中的应用现状及展望［J］. 工程地质学报，2016，24（Sl.）：702-709.

［81］ 施斌，顾凯，魏广庆，等. 地面沉降钻孔全断面分布式光纤监测技术［J］. 工程地质学报，2018，26（2）：356-364.

［82］ ZHANG C C, ZHU H H, LIU S P, et al. A kinematic method for calculating shear displacements of landslides using distributed fiber optic strain measurements［J］. Engineering Geology, 2018, 234: 83-96.

［83］ ZHU H H, YE X, PEI H, et al. Real-time monitoring and early warning of Xinpu landslide in Three Gorges, China［J］. The Monitor, 2021, 1.

［84］ ZHAO W Y, ZHANG M Z, Ma J, et al. Research, development, and field trial of the universal Global Navigation Satellite System receivers［C］//IOP Conference Series: Earth and Environmental Science. IOP Publishing, 2020, 570（6）：062048.

［85］ WEN B P, JIANG X Z. Effect of gravel content on creep behavior of clayey soil at residual state: implication for its role in slow-moving landslides［J］. Landslides, 2017, 14（2）：559-576.

［86］ XING A G, YUAN X Y, XU Q, et al. Characteristics and numerical runout modelling of a catastrophic rock avalanche triggered by the Wenchuan earthquake in the Wenjia valley, Mianzhu, Sichuan, China［J］. Landslides, 2017, 14（1）：83-98.

［87］ ZHANG M, MCSAVENEY M J. Rock avalanche deposits store quantitative evidence on internal shear during runout

[J]. Geophysical Research Letters, 2017, 44（17）: 8814-8821.

［88］ 裴向军, 崔圣华, 黄润秋. 大光包滑坡启动机制: 强震过程滑带动力扩容与水击效应［J］. 岩石力学与工程学报, 2018, 37（02）: 430-448.

［89］ 兰恒星, 仉义星, 伍宇明. 岩体结构效应与长远程滑坡动力学［J］. 工程地质学报, 2019, 27（01）: 108-122.

［90］ GUO C B, MONTGOMERY D R, ZHANG Y S, et al. Evidence for repeated failure of the giant Yigong landslide on the edge of the tibetan plateau［J］. Scientific Reports, 2020, 10（1）: 1-7.

［91］ 文宝萍, 曾启强, 闫天玺, 等. 青藏高原东南部大型岩质高速远程崩滑启动地质力学模式初探［J］. 工程科学与技术, 2020, 52（05）: 38-49.

［92］ GAO Y, GAO H, LI B, et al. Experimental Preliminary Analysis of the Fluid Drag Effect in Rapid and Long-runout Flowlike Landslides［J］. 2021.

［93］ 王玉峰, 林棋文, 李坤, 等. 高速远程滑坡动力学研究进展［J］. 地球科学与环境学报, 2021, 43（01）: 164-181.

［94］ SHUGAR D H, JACQUEMART M, SHEAN D, et al. A massive rock and ice avalanche caused the 2021 disaster at Chamoli, Indian Himalaya［J］. Science, 2021.

［95］ 许强, 郑光, 李为乐, 等. 2018年10月和11月金沙江白格两次滑坡-堰塞堵江事件分析研究［J］. 工程地质学报, 2018, 26（6）: 1534-1551.

［96］ 邓建辉, 高云建, 余志球, 等. 堰塞金沙江上游的白格滑坡形成机制与过程分析［J］. 工程科学与技术, 2019, 51（1）: 9-16.

［97］ ZHANG S L, YIN Y P, HU X W, et al. Dynamics and emplacement mechanisms of the successive Baige landslides on the Upper Reaches of the Jinsha River, China［J］. Engineering Geology, 2020a, 278: 105819.

［98］ ZHANG S L, YIN Y P, HU X W, et al. Initiation mechanism of the Baige landslide on the upper reaches of the Jinsha River, China［J］. Landslides, 2020b, 17（12）: 2865-2877.

［99］ 王立朝, 温铭生, 冯振, 等. 中国西藏金沙江白格滑坡灾害研究［J］. 中国地质灾害与防治学报, 2019, 30（1）: 1-9.

［100］ FAN X, DUFRESNEB A, SUBRAMANIANA S S, et al. The formation and impact of landslide dams-State of the art［J］. Earth-Science Reviews, 2020, 203: 103116.

［101］ FAN X, DUFRESNE A, WHITELEY J, et al. Recent technological and methodological advances for the investigation of landslide dams［J］. Earth-Science Reviews, 2021, 103646.

［102］ 徐文杰. 滑坡涌浪流-固耦合分析方法与应用［J］. 岩石力学与工程学报, 2020, 39（07）: 1420-1433.

［103］ OUYANG C J, AN H C, ZHOU S, et al. Insights from the failure and dynamic characteristics of two sequential landslides at Baige village along the Jinsha River, China［J］. Landslides, 2019, 16（7）: 1397-1414.

［104］ YU Z X, LIU C, GUO L P, et al. Nonlinear Numerical Modeling of the Wire-Ring Net for Flexible Barriers［J］. Shock and Vibration, 2019, 13（10）: 1-23.

［105］ LIU C, YU Z X, ZHAO S C. Quantifying the impact of a debris avalanche against a flexible barrier by coupled DEM-FEM analyses［J］. Landslides, 2020, 17（1）: 33-47.

［106］ 殷跃平. 全面提升地质灾害防灾减灾科技水平［J］. 中国地质灾害与防治学报, 2018, 29（05）: 3.

撰稿人: 殷跃平　李　滨　张玉芳　胡卸文　徐卫亚　陶志刚
　　　　张鸣之　葛大庆　黄波林　高　杨　杨旭东　王文沛

地面岩石工程研究进展与展望

一、引言

地面岩石工程主要指为兴建大型工程和防治自然灾害,在地表区域围绕岩体所开展的工程建设活动,涉及水利水电、交通、矿山、国防、建筑等多个行业。我国幅员辽阔,地质条件复杂,地面岩石工程的规模大小不一、种类繁多,不同行业具有不同的工程要求。

随着我国重大工程建设向西部推进,复杂的地形地貌与破碎的地表岩体、强烈的构造活动与高烈度地震和大规模工程建造活动,使得地面岩石工程的变形与破坏机制较之以往更为复杂;而气候变化导致的强降雨等极端天气,改变了已有地面岩石工程的稳定状态乃至诱发灾害,威胁工程安全。因此,地面岩石工程建设与自然灾害防控对岩石力学研究提出了严峻挑战[1-3]。

随着我国能源和水利建设事业的加速发展,在"十三五"期间,以乌东德、白鹤滩等为代表的一批大型水利水电工程竣工[4]。坝基、高陡边坡与库区滑坡稳定问题成为工程建设成败的关键,对工程整体安全及其运行效益具有重要影响[5]。例如,乌东德水电站地处川滇菱形构造带,两岸边坡陡峭,自然边坡高达千米,河谷狭窄呈深"V"形,工程边坡以上的自然坡高达600~800米;金沙江下游的白鹤滩水电站坝址区两岸边坡谷坡高陡,高程均在800米以上,自然斜坡高达600米左右,右岸开挖边坡均在300米以上[6]。水电站建设面临着诸多高陡边坡稳定、高坝岩基稳定、库存滑坡等关键问题,高陡边坡的变形和稳定成为水利水电工程建设的关键技术问题。同时,锦屏一级、溪洛渡等高坝蓄水过程中均出现了谷幅收缩现象,这一新现象的机理认知成为学术与工程界的关注热点。

川藏铁路是由党中央和国务院决策、实现第二个百年奋斗目标的重大工程。川藏铁路穿越横断山脉,沿线地质环境条件极其复杂、地形地貌陡峻、新构造运动强烈,特殊的地质环境孕育了多种地质灾害和不良地质现象,并以类型齐全、数量众多、规模巨大为特点,特别是金沙江、怒江和雅鲁藏布江峡谷地段分布有大量滑坡和重大灾害隐患点,因而成为世界上最难修建的铁路工程,从施工建设到安全运营充满挑战,面临的问题复杂多样并且亟待解决[7]。

在活跃的内外动力耦合作用下,青藏高原成为高速远程滑坡的高易发区。这些重大滑坡呈现出规模大和复发频繁等特点,并具有高隐蔽性、突发性和危害性极大的特征,且通常以"滑坡 – 碎屑流 – 堵江成坝 – 滑坡坝溃决 – 洪水泥石流灾害链"的形式出现,容易形成巨大灾难。高速远程滑坡是链生灾害的源头与关键控制节点[8,9]。

我国是历史悠久的文明古国,拥有丰富的文化遗产,以敦煌莫高窟、大足石刻、乐山大佛为代表的石质文物是文化遗产的重要组成部分。由于长期处于风吹日晒雨淋等恶劣环境中,加之人为破坏,出现多种病害乃至破损。认识病害机理、提出针对性的修复技术与措施是石质文物保护的关键,是传承我国文化遗产的重要工作。

近年来,围绕重大工程建设、地质灾害防治与文物保护等,我国地面岩石工程研究者积极响应与落实习近平总书记在中央财经委员会第三次会议上发表重要讲话,以"建立高效科学的自然灾害防治体系,提高全社会自然灾害防治能力"为目标,在岩石工程变形与破坏演化机理、稳定性分析方法、工程灾害监测预警等方面开展了广泛研究,取得了丰硕的研究成果,有效推动了我国地面岩石工程的发展。

分析1990—2020年间我国学者在地面岩石工程领域内主要国际期刊发文情况,可见我国地面岩石工程研究SCI论文发文量呈现快速增长态势(图1);特别是近年来,在国际上的影响力不断提升,在世界范围内表现出领跑趋势,从2019年开始,中国发文量占世界发文总量一半以上;2017—2020年间,以成都理工大学、中国地质大学(武汉)、武汉大学、中国科学院武汉岩土力学研究所等为代表的高校和科研机构成果较为突出(表1)。图2对检索论文的关键词出现频率进行了分析,归纳了领域内"边坡稳定性影响机制""稳定性分析方法""边坡工程设计方法""边(滑)坡的监测预警""边(滑)坡变形机制与支护"等相关研究主题。

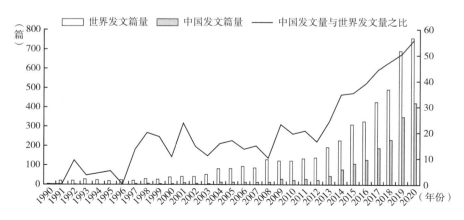

图1 国际主要SCI期刊1990—2020年发文情况

表1 2017—2020年国际主要SCI期刊中我国前十名发文机构

机构名称	发文篇量	总被引频次	篇均被引频次	h指数	高被引论文篇量
成都理工大学	115	1140	13.03	22	4
中国地质大学（武汉）	97	1123	11.58	19	2
武汉大学	83	1006	12.12	18	0
中国科学院武汉岩土力学研究所	65	875	13.46	18	2
长安大学	50	637	12.74	13	2
香港科技大学	44	646	14.68	15	0
河海大学	44	474	10.77	13	1
四川大学	42	440	10.48	14	0
清华大学	37	361	9.76	13	1
大连理工大学	24	237	9.88	9	1
中国矿业大学	13	215	16.54	5	2

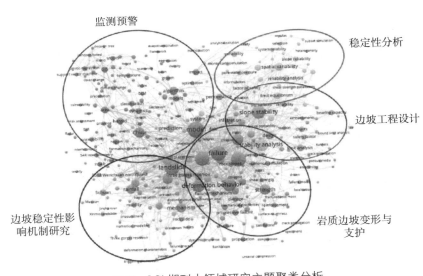

图2 SCI期刊本领域研究主题聚类分析

从国内论文发文情况来看，2000—2010年间，我国地面岩石工程领域研究论文发文量迅速增加，呈现出迅速发展态势；2010年之后呈现出稳定增长态势（图3）；2017—2020年间研究主要集中在边（滑）坡稳定性分析、高陡边坡、边坡支护、边坡稳定性影响机制、模型试验和监测预警等方面（图4）。

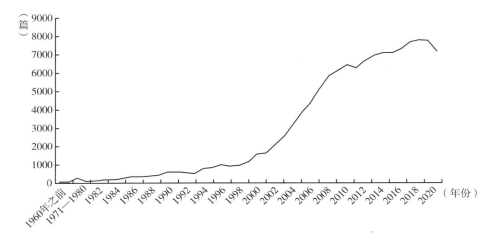

图 3　1982 年以来国内 CNKI 数据库历年发文情况

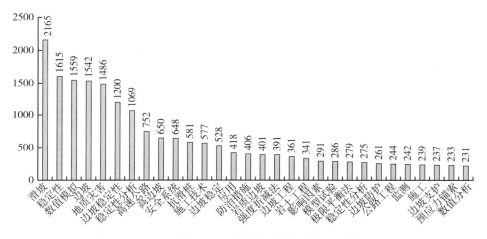

图 4　2017—2020 年 CNKI 期刊论文关键词分布情况

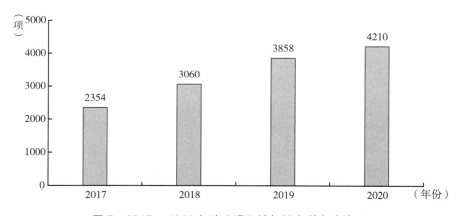

图 5　2017—2020 年边（滑）坡相关专利申请情况

据不完全统计，2017—2020 年间，我国地面岩石工程研究者聚焦崩滑灾害的成灾机理、监测预警技术和风险防控、特高坝的建设与安全运营等，共承担 29 项重点研发计划项目，在工程边（滑）坡监测预警、动态评价、加固与安全控制等方面取得 8 项国家科技进步奖励（见附表 2、附表 3）；编制并发布了 26 部国家、行业、地方与团体规范与标准；在边（滑）坡方面相关专利申请量由 2017 年的 2354 项增长至 2020 年的 4210 项，呈现近 1 倍的增幅。

二、进展与创新点

（一）代表性地面岩石工程

1. 乌东德、白鹤滩水电站坝基与边坡工程

乌东德、白鹤滩水电站坝址工程地质条件复杂，建设周期长，开挖规模大，工程扰动强烈，高坝岩基、高陡边坡与库区滑坡变形与稳定成为工程建设的关键技术问题。针对这些问题，众多学者与技术人员开展了深入研究[10-14]。

2014—2018 年间，长江科学院水利部岩土重点实验室围绕西南深切河谷区千米级高陡边坡的开挖卸荷响应与稳定性控制关键技术难题，针对乌东德水电站枢纽区主要工程高陡边坡开展了岩体质量评价、岩体力学参数分析、开挖卸荷力学响应、稳定性支护与控制、监测反馈分析等工作。结合乌东德坝址区高位自然边坡的防治设计实践，明确了高位自然边坡防治范围及防治目标的确定原则，搜索到 1000 多个（危岩）块体；提出依据块体稳定程度及对枢纽建筑物的危害大小，参考工程边坡的设计规范，依据"分类处理、防治结合、因地制宜、减少扰动、重点部位监测及动态设计原则"，对乌东德高位自然边坡进行了系统防治，形成了一套系统的高位边坡勘察、不稳定块体识别与设计原则，可供其他类似工程所借鉴。

清华大学林鹏教授团队、中国电建集团华东勘测设计研究院有限公司等针对白鹤滩工程柱状节理玄武岩成型坝基的世界难题，对柱状节理玄武岩时空松弛变形规律和玄武岩力学特性进行了研究，探讨了白鹤滩水电站左岸坝基变形特征与机理[13, 19, 20]。依托中国 8 座特高拱坝[15]，提出了基于适应性开挖、整体加固与稳定评价的特高拱坝基础成型控制方法及关键技术，揭示了特高拱坝不同岩性基础开挖开裂破坏、松弛变形机理，建立了基于节理分类的岩体开裂损伤和等效连续介质及坝-基整体应力均衡、变形协调、刚度匹配闭环控制模型；提出了坝-基应力、变形、刚度及整体安全度控制指标体系和特高拱坝基础适应性开挖与"传、锚、灌、填、换、垫、贴"[16-18] 等整体加固成套工法方案，实现了特高拱坝复杂坝基成型控制定量评价、优化设计与高效施工。

2. 西部地区特大桥梁边坡工程

西部地区桥址边坡的技术难点主要表现为：山高坡陡、岩体结构复杂，既受强震、强

卸荷和高低温变化、降水等恶劣环境影响，又受超大桥梁荷载、列车动荷载作用，其变形失稳机制、稳定性评价与防护措施是西部特大桥建设中亟待解决的技术难题。

针对以上难题，中国科学院武汉岩土力学研究所陈从新团队开展了川藏铁路雅安至林芝段金沙江、怒江特大桥岸坡稳定性评价专项研究[21-23]。通过资料收集、详细现场地质调查、室内试验及数值仿真等综合研究方法，完成了金沙江、怒江特大桥备选桥位稳定性评价研究，为大桥选址提供了重要依据；对怒江特大桥和金沙江大桥桥址边坡开展了工程地质分区及精细地质建模、岩土体特性研究和系统的稳定性研究工作，揭示了整体边坡及桥基处边坡可能的变形破坏模式，评价了桥址边坡稳定性，并划定了各边坡的稳定线，为怒江特大桥和金沙江大桥的勘察设计提供了重要依据，解决了川藏铁路金沙江、怒江特大桥桥址边坡评价和设计难题，保障了川藏铁路顺利选线和开工建设。

中国科学院武汉岩土力学研究所汤华团队[24,25]针对西南山区特殊的地震地质环境特征，提出了综合考虑区域、场地、工程、岩体等多尺度多要素层次分析方法，为山区桥梁优化选址提供技术保障；提出了考虑材料广义软化的边坡稳定性分析矢量和法，用于边坡的多级破坏问题评价；提出的边坡主动被动加固设计理论，可用于不同阶段不同稳定状态边坡的防治工程设计；开发了零龄期可回收锚杆锚索技术。上述方法和技术在云南龙江特大桥、普宣特大桥、北盘江特大桥等十余座超长特大桥梁边坡工程中得到了应用，有力保障了高海拔、高烈度区桥址岸坡的稳定与安全。

悬索桥隧道锚[26]是一种相对新型的锚碇结构，因为其承载机制复杂，现有设计方法和理论难以准确描述隧道锚的实际承载特征。近年来，长江科学院邬爱清团队联合国内相关科研、设计单位，通过隧道锚承载特性岩石力学研究[27-31]，围绕隧道锚承载机制、超载及变形特性、长期安全性等问题，持续开展隧道锚综合试验、数值模拟、理论分析、工程监测等方面关键技术研究，提出了兼顾试验尺度、真实岩体属性和力学全过程的三特征大比尺隧洞锚现场缩尺模型试验方法，研发了隧洞锚缩尺模型试验数千吨级荷载加载与控制技术、大温差环境条件地表变形微米级量测技术，提出了隧洞锚缩尺模型试验内外观相结合、变形-破坏全过程综合测试方法，为合理评价隧道锚承载特征提供了方法手段，获2018年度中国岩石力学与工程学会科技进步奖特等奖。

3. 地面岩石文物保护工程

由于长期处于露天风吹日晒恶劣环境中，加上人为破坏，文物出现风化和裂隙等诸多病害，地面岩石文物的保护是国内外公认的难题[32]。近年来，山西大同云冈石窟、河南洛阳龙门石窟和重庆大足石刻等受到高度重视，研究人员针对地面岩石文物保护材料评价指标和实验方法开展了较多研究[33-35]。

兰州大学王旭东、谌文武、张景科等[36-38]针对具有长期复杂演化过程的岩石文物综合体，基于精细地质技术研究了环境变化过程中石窟岩石材料的劣化进程及劣化影响因素，形成了石窟文物保护加固的关键材料体系，探究了2015尼泊尔地震后加德满都谷地文化遗产震害整体分布特征，划分了完全破坏、部分破坏和基本完好三类文化遗产震害等级标准，形成了六处世界文化遗产建筑的震害等级分布图，研究成果为我国同类遗产建筑抗震防护提供参考；针对杭州良渚古城遗址，采用三维数值模拟方法，研究了人工开挖作用下试验广场稳定性，为开挖方案的确定提供了技术支撑。

中国科学院武汉岩土力学研究所任伟中团队[39-41]针对大足石刻宝顶山大佛湾水害，采用钻孔 CT 和摄像、三维 GIS 等进行了动态精细化微损勘察，查明了水害成因机理，分析了水害治理前后及施工过程中各区段石刻崖壁边坡稳定性，揭示了卧佛区地下水渗流规律，实现了卧佛区高精度三维水文工程地质和治理工程可视化；通过对川渝地区大佛寺、千佛岩、卧佛院、仁寿大佛、乐山大佛等十九个典型石窟的工程地质调查，揭示了川渝地区节理裂隙发育规律及石窟病害发育规律；受国家文物局的邀请，对甘肃四十多个石窟保护修复工程项目进行了检查指导，提出了针对石窟保护管理的意见建议。

（二）地面岩石工程稳定性分析方法

1. 反倾与顺层岩质边坡稳定性分析方法

反倾岩质边坡弯曲倾倒、块状－弯曲复合倾倒破坏是水利水电与交通等工程中常见的工程灾害，对其进行准确分析和评价是地面岩石工程领域亟待解决的难题。武汉岩土力学研究所陈从新研究员团队[42-48]阐明了岩质边坡弯曲倾倒、块状－弯曲复合倾倒破坏机理、建立了弯曲倾倒、块状－弯曲复合倾倒力学分析模型，采用改进遗传算法（GA）、双向渐进结构优化法（BESO）和 Adam 深度学习理论，实现了反倾岩质边坡破坏面位置和形状、安全系数的搜索计算，解决了该类边坡的评价和设计难题。

成都理工大学黄润秋教授团队[49]探讨了不同坡体构成的陡倾顺层边坡在地震荷载作用下的失稳机理及动力响应规律，对汶川地震诱发地质灾害的规律和长期效应进行了系统研究，并因此获得国际工程地质与环境协会汉斯·克洛斯（Hans Cloos）奖[50]。重庆大学刘新荣教授[51, 52]通过振动台试验，深入探讨了三峡库区典型顺倾层岩质边坡在频发微震下的失稳演化过程和动力稳定性。

隐伏型顺层高边坡广泛存在于自然环境和工程环境，常见失稳模式主要有溃屈破坏、倾倒破坏和深层滑剪破坏。其中，深层滑剪破坏对应的滑坡深度和规模大，且预兆不显著，故其潜在危害往往比前两类破坏方式严重。陈从新研究员团队[53-57]揭示了隐伏型顺层高边坡深层滑剪破坏机制，建立了深层滑剪破坏柱状分析模型，推导出了边坡临界高度和安全系数的计算公式，解决了该类边坡稳定性评价和设计难题，相关研究成果成功应用于川藏铁路怒江特大桥选址和边坡设计。

2. 土石混合体边坡稳定性分析方法

《科学》在创刊 125 周年之际公布的第 43 个科学问题是能否发展关于湍流动力学和颗粒材料运动学的综合理论，而第四纪以来形成的土石混合体是一种典型的颗粒材料。土石混合体具有多物理机制和多结构层次的特点，人类对其动态行为的规律知之甚少，一般的力学对其许多现象较难做出很好的揭示。目前，国内外学者针对土石混合体，围绕结构特征、力学特性与失稳机制等方面开展了较为深入的研究。

中国科学院地质与地球物理研究所胡瑞林、李晓等[58]通过多尺度宏 – 微观室内和现场试验与模拟，对土石混合体的强度特性、变形特性和渗透特性及其结构控制机理开展了深入研究，阐明了含石量、块石形状、基质组分、土 – 石级配等关键结构因子的制约规律，揭示了土石混合体强度和变形特征随机性的土石结构控制规律，提出了不同结构状态下强度参数的正确获取方法，为全面建立基于真实土石结构和非线性本构关系的新一代土石混合体滑坡预测预警体系提供理论支撑。

中国科学院武汉岩土力学研究所盛谦研究员团队[59]定量分析了含石量与土石接触面强度对土石混合体强度特性的影响规律，揭示了"土 – 石 – 界面"体系的协同作用，引入广义 Hoek–Brown 非线性强度准则构建了适用于骨架结构、含石量为 30%～90% 的土石混合体等效力学强度模型；基于计算机模拟试验方法与分形理论，揭示了单轴压缩和直剪试验条件下土石混合体的尺寸效应特征，提出了不同最大粒径单轴抗压强度和抗剪强度参数的估算方法；提出了堆积体边坡的土石混合体力学参数确定方法，揭示了降雨作用下"碎石土 – 基岩"类均质二元结构和"碎石土 – 块石土 – 基岩"类均质三元结构堆积体边坡失稳的力学机制。

中国科学院武汉岩土力学研究所孙冠华研究员团队[60-65]以数值流形方法为基本分析工具，提出了土石混合体随机结构模型高效构建方法、基于环路的离散模型生成和更新算法、含多重数学覆盖系统的数值流形方法以及基于流形的对角质量矩阵生成方法；发展了弹塑性力学问题的虚单元法求解技术，将虚单元法应用于求解复杂几何条件下的岩土工程问题，分析了不同块石含量的土石混合体边坡变形与稳定性；探讨了岩块级配、块石分布对于土石混合体边坡的稳定性的影响；通过模拟土石混合体边坡开挖施工过程，动态评估了施工边坡的安全状态。

3. 高速远程滑坡全过程分析方法

近年来，全球气候变化、地震频发，诱发了大型滑坡 – 堰塞湖 – 溃决洪水的链生灾害，造成重大人员伤亡和财产损失，科学预测链生灾害的潜在风险是地质灾害防治领域的重大需求；而高速远程滑坡是链生灾害的源头与关键控制节点，是国际学术界高度关注的重大科学难题。

中国科学院、水利部成都山地灾害与环境研究所何思明研究员团队[66-68]基于大型滑坡 – 堰塞湖 – 溃决洪水灾害动力演进过程，分别构建各演化阶段动力学物理模型，并通过临界转化条件、初始条件和边界条件进行系统耦合，形成大型滑坡 – 堰塞湖 – 溃坝洪水灾害成灾全过程物理模型；分析控制方程结构特征，利用有限体积法在时间域和空间域上进行离散，基于界面重构技术提高离散精度，形成适合矩阵运算的变量形式；基于 MPI 并行策略和数据可视化软件,研发了世界上首套具有完全自主知识产权的滑坡-堰塞湖-溃决洪水灾害成灾全过程数值模拟系统与平台,平台具备情景推演、临灾预警、历史再现、对策优化等功能;已成功应用于 2000 年西藏易贡滑坡-堰塞湖-溃决洪水灾害模拟、2018 年金沙江白格滑坡-堰塞湖-溃决洪水成灾过程模拟以及川藏铁路康定车站选址冰湖溃决洪水灾害模拟,为大型滑坡-堰塞湖-溃决洪水灾害预测与定量风险评估提供关键平台支撑,相关研究成果获得 2020 年中国科学院杰出科技成就奖。

(三)地面岩石工程监测与预警技术

我国各类重大岩土工程灾害频繁发生,边滑坡灾害的早期识别和监测预警是主要关键技术难题,成为目前研究热点[69-70]。何满潮[71,72]、黄润秋[73]、殷跃平[74]、施斌[75,76]、许强[77-79]、谢谟文[80]、李振洪[81]、马海涛[82-84]等研究团队和单位开展了广泛研究,为地面岩石工程建设和安全保障提供了科技支撑。

在微芯系列态势感知传感器方面,北京科技大学、中关村智连安全科学研究院谢谟文教授团队研制出微芯桩智能传感器,基于安全态势感知理论,内置安全失稳预警模型,实现主动感知、无线传输、实时响应,形成集智能传感、低功耗无线传输、专业智能模型、精准预警一体化的安全预警系统,实现危岩稳定状态的实时动态可监测;构建分级预警模型,使预警由经验型向精准型转变,较好地解决了无法对地质灾害进行早期预警的技术难题。相关成果获应急管理部协会科技进步奖一等奖、石油工程科技进步奖一等奖等多项奖励,进入自然资源部、应急管理部、水利部推广系列;在三峡集团、中国电建、日本 PASCO 公司等五十余家国内外单位推广应用,并在北京冬奥山地边坡、白鹤滩工程边坡、猴子岩库岸边坡、云贵川地灾边坡等三百余个项目积累了大量监测数据,成功预警三十余起险情灾情。

在边坡失稳动力学监测预警技术方面,谢谟文教授团队基于牛顿运动定律,从边坡动力特征和运动规律入手,研究其从稳定到失稳破坏全过程的稳定性评价模型、失稳预警指标及早期预警方法,建立基于可测动力学及运动学指标边坡动态稳定评价的理论体系;从边坡动力学特征出发,引入涵盖加速度、倾角、振动频率和时程曲线的动力学指标,揭示了振动频率、振幅、粒子轨迹、阻尼比等动力学特征与边坡岩土体损伤破裂规律,建立了边坡动力特征-粘结程度-安全系数之间的定量关系;构建了基于动力学指标的边坡失稳早期预警理论体系及预警模型,奠定了边坡动态变化全过程监测预警理论基础。

(四)地面岩石工程变形与破坏机理认识

1. 西南水电工程的谷幅变形机制

随着我国西南地区水电工程投入运行,蓄水期库岸边坡变形和谷幅收缩引起了工程界和学术界的高度关注,锦屏一级、溪洛渡等高坝蓄水过程中均发现了谷幅收缩现象[85,86]。

清华大学杨强教授团队基于谷幅收缩监测资料的分析[87,88]，提出了非饱和裂隙岩体的广义有效应力原理；基于岩体结构非平衡演化原理，建立了考虑孔隙水压力的损伤和蠕变的耦合模型[89]；基于弹塑性理论建立了相应的计算方法，并在三维非线性有限元程序TFINE中实现，应用于锦屏一级与溪洛渡拱坝的谷幅变形分析，构建了溪洛渡蓄水过程中的边坡变形与库区地震的相关关系[90]，指出水库诱发地震和谷幅收缩变形的机理是一致的；基于广义有效应力原理，分析了拉西瓦果卜边坡在蓄水过程中的变形机理[91]。总结归纳了两种具有代表性的谷幅变形模式：以锦屏一级为代表的坝坡变形和以溪洛渡为代表的区域整体变形；针对两种变形模式，提出了孔隙塑性和岩体材料弱化、边界施加位移两种坝基变形模拟方法[92]，分析了白鹤滩拱坝坝基变形对坝体的影响，指出有效应力和岩体材料弱化只能产生有限的谷幅变形，且使得坝体产生新的应力集中区，而边界施加位移可以使得坝基产生很大的谷幅变形，但是对坝体应力影响较小，谷幅收缩导致的坝基不均匀变形是影响坝体应力的关键因素。

2. 高山峡谷地区地震动传播规律

我国西部地区诸多重大工程地处构造活跃区和高山峡谷场地，面临强震威胁。深切河谷地形呈现显著的地震波放大效应，其地震动传播规律是工程抗震设计的关键问题。

河海大学高玉峰教授团队开展了广泛研究[93,94]，创建了深切河谷地震波动理论，发现了深切河谷地震地形效应颠覆性新认知，实现了深切河谷桥隧、大坝与边坡抗震差动输入方法的突破；建立了V形河谷地震波传播解析模型，提出了河谷场地地震动输入方法，破解了V形河谷地震动输入工程抗震瓶颈难题；研发了近断层桥墩抗震减震、边坡与土坝抗震关键技术，实现了三级耗能、三向限位、中小震自复位及大震震损快速修复；建立了基于泛函数值获得拉裂区的边坡地震稳定性分析方法和非一致地震动输入的土坝动力时程分析方法，提出了"坝壳翻压、坝趾压重、坝顶降渗"三位一体的病险坝抗震加固设计方法和施工技术；相关研究成果获 2019 年度国家科学技术奖二等奖[95]。

3. 高速远程滑坡灾变机制

高速远程滑坡灾变机制一直是国际学术界关注的热点和难点问题。黄润秋教授团队[96]通过采用热重分析法对大光包滑坡进行调查研究，发现滑坡过程中底部温度可以达到 850℃，可分解产生大量二氧化碳气体；二氧化碳气体和高温水蒸气在底部形成高气压，使滑坡底部摩擦减小；同时，发现底部滑带表面存在一层约 0.1 毫米厚的矿物重结晶层，起到润滑作用；这些减摩机理在滑坡底部共同存在，润滑滑动面，形成高速远程滑坡。

何思明研究员团队[97,98]基于岩石高速旋转摩擦试验成果，将热熔过程划分为三个阶段：弱化阶段、剪切强化阶段和热熔润滑阶段，并分别构建三阶段滑带温度场与运动演化方程，定量评价高速滑坡运动演化过程中速度、黏性系数、熔融体体积分数、温度及摩擦系数变化趋势，探索不同功率转化系数下，热熔现象对不同规模整体性滑坡运动的影响。提出了基于功率密度摩擦弱化机制。从能量角度解读高速远程滑坡摩擦弱化具有更为深刻的物理含义，可以将高速滑坡的热效应、颗粒破碎、磨蚀、声学液化等假说都归结为功密度弱化机制。

四川大学邓建辉教授领衔的国家重点研发计划项目针对重大滑坡的成因机制与演变过程，围绕内外动力作用下高速远程滑坡的动力灾变机制、高速远程滑坡超强运动机理、高速远程滑坡制动机理与堆积分异规律，系统开展了青藏高原东南缘不同类型高速远程滑坡致灾机制和动力学过程研究，建立了高速远程滑坡全过程物理模型与数值模拟平台[99-102]。

西南交通大学程谦恭教授团队针对高速远程滑坡运动过程碎屑化开展了物理模型试验研究，建立了破碎-扩散模型对试验现象进行解释与表达，系统阐述了岩体结构、破碎程度对高速滑坡运动过程的影响机制，揭示了滑体动力破碎对于滑坡堆积结构的控制作用及对高速远程运动的潜在作用机理，提出了滑体动力破碎的促滑-阻滑作用机制假说。

4. 岩体动力响应变形与破坏机制

岩体动态力学特性和破坏机制是岩体工程动态稳定性分析的关键科学问题之一。爆破等动力荷载作用下岩体的动态响应特性与变形破坏机制是领域内的研究热点[103-105]。

中国科学院武汉岩土力学研究所李海波团队开展了岩体动力响应变形和破坏机制的系统研究[106-109]。在岩体爆破动力损伤灾害评价和控制研究方面：通过试验系统研究了岩石材料的动态力学行为及破坏特征；分析了不同应变速率下试样沿晶和穿晶破坏特征，解释了损伤阈值随应变速率的变化规律，提出了脆性材料拉压双标量损伤演化方程，发展了GB-DEM动态破碎及损伤数值模拟方法；通过爆破试验揭示了不同装药方式下岩体损伤和质点振动速度关系，提出了爆破方式情况下的振动速度控制标准。在岩体爆破振动传播规律分析与预测研究方面，分析了凸凹型地形以及空腔对地面振动影响规律，提出了反映地形特征和空腔效应的爆破振动表征公式，初步研发了岩体爆破动力灾害实时分析和评价系统。相关研究成果获2020年湖北省科学技术进步奖一等奖。

李建春教授团队围绕节理动力学响应和应力波传播开展了相关研究[110-114]，提出了反映地形地貌特征的动力学响应分析方法，系统研究了节理接触面积比和粗糙程度对应力波能量传递和节理岩石动态破坏特征的影响，采用改进的时域递归方法对应力波作用下节理动力响应的全过程进行了分析；在节理剪切波传播方面，开发了基于平面波动的剪切波传播和节理动态剪切实验装置；将球形颗粒及动态强度准则与数值流形法相结合，提出了颗粒流形元法，已成功应用于岩石层裂、岩爆、切割等动态破坏研究。

三、地面岩石工程面临的挑战与对策

（一）挑战

"十四五"期间，我国"交通强国"等国家战略和"一带一路"倡议将进一步实施，以川藏铁路、西部陆海新通道等为代表的国家重大工程向西部推进，高山峡谷、高地震烈度、高海拔、高寒气候与破碎地表等复杂环境将进一步凸显，其变形与破坏机制较以往更为复杂，在岩土体力学特性认识、变形与破坏机制的分析与认知、工程设计与加固技术研发等方面均面临严峻挑战。

气候变化诱发的极端天气，特别是大范围强降雨，改变了地面岩土体的渗透性质与演化过程，诱发了地面岩石工程的灾变。暴雨条件下岩土体渗透演化规律与表征模型需突破传统达西定律的制约，构建新型的应力渗流耦合分析理论与相应的数值模拟方法、创新防排水新技术与工艺，成为极端气候条件下地面岩石工程面临的严峻挑战。

全球气候变暖、冰川退缩、冰湖溃决诱发巨大滑坡，形成链生灾害，对下游社会经济发展特别是重大工程建设构成了严重威胁，滑坡灾害呈现结构复杂、体积规模大、运动距离远等特点，且受地形地貌与构造活动控制，其变形破坏机理复杂、致灾因素多样，使得在滑坡灾害演化过程的探测与监测、分析与预测以及下游工程设防等方面均面临严峻挑战。

（二）对策

面对地面岩石工程所呈现的严峻挑战，多学科交叉融合显得更为迫切，特别是要加强岩石力学与构造地质学、地震科学、气象科学、空间科学、计算机科学、工程制造等交叉融合，创新理论、构建方法、发展技术、研发装备，在复杂环境下岩土体力学演变规律与灾害诱发因素方面升华认知，形成特色鲜明的、面向西部复杂环境的工程设计方法与建造技术。

面对地面岩石工程赋存的内外动力环境及其呈现的复杂灾变过程，迫切需要创新反映连续—非连续、大变形、大位移、强扰动、强渗透、强地震等特征的分析理论与方法，特别是要构建破碎岩土体的本构与渗流模型，发展灾变全过程的数值模拟算法，研发与物理模拟、工程监测相融合的灾变情景推演平台，其关键在于打造具有自主知识产权的国产软件，突破国外垄断。

面对地面岩石工程复杂的地质与工程结构及其呈现的大变形运动特征，迫切需要发展大范围、全空间、全天候、多手段融合的探测与监测技术，特别要注重我国具有知识产权的地球物理、空间遥感、北斗导航、无人机航测、微机电感知、光纤传感以及无人区远程通信等技术的引进与系统应用，构建适应复杂环境与灾变机制的立体探测与监测技术体系。

面对地面岩石工程的多行业特征、灾害的区域分布特征、信息的多源异构特征，迫切需要构建集地质、环境与工程特征于一体的标准化数据库，采用大数据、云计算、人工智能、地理信息系统与数字孪生等方法，系统研判临灾环境与条件，发展智能评估与预测预警方法与技术，探索灾害预警的社会发布机制，进而形成面向多行业的工程与灾害数字化管理系统。

附表1 2017—2020年典型滑坡案例

发生时间	名称	规模/万方	诱因	灾害损失
2017.06.24	四川茂县叠溪镇新磨村滑坡（6·24新磨村滑坡）	450	地震、重力和降雨	堵塞河道，掩埋山下的新磨村，造成10人死亡，73人失踪
2017.08.08	四川省阿坝州九寨沟 M_s7.0地震滑坡	—	地震	震源深度20千米，由于地震导致的强烈地震动与显著地壳变形，导致发生大量同震滑坡
2017.08.28	贵州省纳雍县普洒村崩塌	60	采矿	造成26人死亡，9人失踪，8人受伤
2017.10.21	重庆巫溪大河乡滑坡	2480	降雨、采矿	26户房屋被掩埋，9人死亡
2018.04.09	兰州市海石湾煤矿"4.9"滑坡	300	地下水、弃渣	矿区广场、道路及绿地严重破坏
2018.05.20	重庆武隆区石桥乡八角村苟家堡滑坡	1.8	降雨	岩质顺层滑坡，造成5人死亡，1人受伤
2018.07.12	甘肃省舟曲山体滑坡	500	降雨	滑坡坡积物顺坡滑入白龙江，造成滑坡体上游江水水位上涨，部分道路被冲毁，附近两个村庄村民被困
2018.07.19	四川省盐源玻璃村特大型滑坡	1880	降雨	直接经济损失1300万元
2018.10.11	西藏江达县波罗乡白格村滑坡	2400	长期累积大变形、降雨	堵塞金沙江干流并形成白格堰塞湖，泄流洪水造成下游巨大经济财产损失
2018.11.3	西藏江达县波罗乡白格村滑坡	850	—	堵塞金沙江干流并形成白格堰塞湖，堰塞湖最大库容达7.7亿立方米，泄流洪水造成下游巨大经济财产损失
2019.03.05	山西乡宁"3·15"滑坡灾害	—	—	20人死亡，13人受伤，直接经济损失713.48万元
2019.07.23	贵州水城"7·23"特大山体滑坡	200	降雨	造成近1600人受灾，43人死亡，9人失踪，100余间房屋倒塌，2300余间不同程度受损，直接经济损失1.9亿元
2019.08.14	四川成昆铁路甘洛段山体崩塌	13.2	降雨	24人死亡，成昆铁路中断68天
2019.08.19-22	四川"8·20"强降雨特大山洪泥石流灾害	—	降雨	造成阿坝、雅安、乐山等9市（自治州）35县（市、区）44.6万人受灾，26人死亡，19人失踪，千余间房屋倒塌，1.5万间不同程度受损，直接经济损失158.9亿元
2020.07.06	湖南省常德市石门特大型山体滑坡	300	降雨	毁坏1座小型电站，35千伏高压电杆两根，阻碍省道S522约1千米，直接经济损失约2000万元
2020.08.21	四川汉源县山体滑坡	80	降雨	8栋房屋严重受损，造成7人死亡，2人失踪

附表 2　2017—2020 年国家重点研发计划部分项目

序号	关键科学问题	研究内容	牵头单位	立项时间
1	水动力型特大滑坡灾害致灾机理与风险防控关键技术研究	研究强降水和库水变动环境下特大滑坡破坏机制，提出滑坡失稳判识模型；揭示水动力型滑坡致灾过程与时空演化规律，研发灾害链空间预测与风险评估技术；创新滑坡智能互联监测预警技术，发展水动力型滑坡新型防护结构设计方法与技术标准	河海大学	2017
2	岸坡堤坝滑坡监测预警与修复加固关键技术及示范应用	研究膨胀土岸坡和堤坝滑坡渗透演化规律，建立全生命期行为预测模型和渗透失稳预警方法；提出膨胀土岸坡和堤坝滑坡渗滑动无损探测的检测识别关键技术。研究不同渗透滑动条件下的柔性防渗墙防控设计理论方法，形成岸坡和堤坝渗透滑坡的柔性防护非开挖修复集成系统	长江勘测规划设计研究有限责任公司	2017
3	强震山区特大地质灾害致灾机理与长期效应研究	研究断裂不同活动方式下的地质灾害效应及成灾模式，开展斜坡地震动响应机制及其动力致灾机理研究，确定隐患区早期判识方法，建立滑坡泥石流运动分析模型；研究强震区灾害动态演化机制及长期效应，揭示震后泥石流形成机制并建立其分析模型和地质灾害风险预测方法技术，研发基于地质灾害链的综合监测预警技术与仪器设备	成都理工大学	2017
4	基于演化过程的滑坡防治关键技术与标准化体系	建立滑坡灾变控制模型，提出与演化阶段相适应的重大滑坡综合控制体系，研究基于演化过程控制的抗滑桩和锚固工程优化设计技术；构建滑坡-防治结构体系多变量时效稳定性评价体系、防治方法技术标准，建立基于演化过程的滑坡防治关键方法技术应用示范	中国地质大学（武汉）	2017
5	山洪灾害监测预警关键技术与集成示范	分析山区暴雨洪水时空演变特征和不同地区成灾山洪暴雨阈值，研究山洪多要素立体监测技术与体系，开展山洪模拟模型和设计洪水计算方法研究，研发基于暴雨与土壤含水量动态监测的山洪灾害实时动态预报预警集成技术，构建山洪灾害动态预警与风险评估平台，开展示范应用	长江水利委员会长江科学院	2017
6	大型关键工程结构地震成灾机理与减隔震技术	针对强震区城市群与大城市交通、能源等重大基础设施中的大型、关键工程结构，如：高层建筑、大型复杂交通枢纽、城市地下管廊等，开展地震非线性反应与损伤破坏模拟、失效破坏模式与灾变机理模型、基于灾变模型的减灾技术理论与方法及技术等研究，研发抗震、减震、隔震新的结构体系，发展抗震、减震、隔震设计理论	同济大学	2017
7	重大工程地震紧急处置技术研发与示范应用	研究轨道交通、燃气管网等重大工程强震影响下安全运行状态评估方法、预警预测模型与策略；研究重大工程的处置风险概率模型、处置策略、误报恢复及震后恢复运行技术；研究地震预警信息实时接收平台，研制地震预警信息专用接收终端系统及紧急处置系统；开展地震紧急处置示范工程	中国地震局工程力学研究所	2017

续表

序号	关键科学问题	研究内容	牵头单位	立项时间
8	复杂条件下特高土石坝建设与长期安全保障关键技术	研究深厚覆盖层工程特性测试仪器与方法；研发深厚覆盖层处理及不良开挖料利用技术与装备；研究陡峻岸坡约束作用机制、大坝不均匀变形机制、长期变形时变特征和典型防渗体系性能演变规律；研究300米级特高土石坝变形性态的适应性和改善措施；研究特高土石坝长期安全分析评价理论和保障技术	水利部交通运输部国家能源局南京水利科学研究院	2017
9	300米级特高坝抗震安全评价与控制关键技术	研究300米级特高坝坝址地震动输入；完善大坝-地基-库水系统非线性动力耦合的分析与试验方法；大坝全级配混凝土动态特性试验；研究300米级特高坝极限抗震能力和时变规律；研发高性能非线性分析软件和震灾防御技术；研究水库诱发地震形成机制和判别准则	中国水利水电科学研究院	2017
10	黄土滑坡失稳机理、防控方法研究与防治示范	开展水、力耦合作用下黄土微-细-宏观结构演化及其渗流-力学效应研究，揭示斜坡损伤演化过程及其水力侵蚀机制，建立渗流-结构协同作用的黄土滑坡预测模型；开展工程-黄土相互作用机制的大型物理模拟试验研究，揭示工程扰动下黄土滑坡的成灾模式和形成演化过程，并提出相应的稳定性评价和预测新方法；针对黄土高原的高地震危险性，开展不同地貌单元黄土的动力学特性及其动力响应研究，揭示地震诱发黄土滑坡的力学机制，提出地震型黄土滑坡灾害链动力学模型及其风险评估方法；研究隐蔽性黄土滑坡精准探测关键技术，提出早期识别、预警预报和风险控制新方法；开展黄土滑坡综合防控技术利用工程示范	中国地质调查局西安地质调查中心	2018
11	岩溶山区特大滑坡成灾模式与风险防范技术	研究岩溶山体工程地质力学特征，开展原位监测和室内大型物理模拟试验，揭示岩溶管道-裂隙-孔隙地下水流系统对山体崩滑的孕灾过程与致灾机理；研究地下开采方式对山体失稳的作用机理，建立新型实时监测和早期预警系统，揭示地下开采区大型岩溶山体崩滑灾害形成过程与破坏模式；研究岩溶岸坡岩体损伤机理与斜坡失稳成灾模式，研发崩塌滑坡涌浪风险减灾与预警评估方法；研究岩溶山体大型崩滑灾害高位远程动力学特征，提出空间预测与风险防控方法	中国地质科学院地质力学研究所	2018
12	红层地区典型地质灾害失稳机理与新型防治方法技术研究	研究红层地区公路、铁路等线性工程穿越切割的地质体失稳机理和成灾模式；提出红层软岩软化的多过程多尺度测试技术及致灾理论，形成干湿交替、动静载等环境下红层软岩自持-易损性评价方法；研究红层软岩旨在的非冗余探测与复合测试技术，构建红层地质灾害监测预警和防治的可视化物联网平台方法技术；形成红层地质灾害防治的地扰动柔性支护与生态防护综合方法技术；开展红层地区地质灾害监测预警和防控方法应用示范	中国铁道科学研究院集团有限公司	2018

续表

序号	关键科学问题	研究内容	牵头单位	立项时间
13	青藏高原重大滑坡动力灾变与风险防控关键技术研究	研究青藏高原内外动力耦合过程对斜坡岩体变形的作用规律，分析重大滑坡的地壳浅表层动力学成因；揭示强震条件下岩体结构动力学响应规律，构建重大滑坡岩体工程地质力学模式；研究高速远程滑坡动力学全过程机理，建立重大滑坡动力学模型及其链生致灾模式；研究滑坡堰塞坝溃坝机理，提出溃坝危险评价方法；研究重大滑坡高精度遥感调查与识别技术；开展重大滑坡灾害动态风险防控示范，形成灾害动态风险评估与防控关键技术方法体系	四川大学	2018
14	特大滑坡实时监测预警与技术装备研发	开发特大滑坡地表三维矢量变形实时监测技术及装备，形成特大滑坡快速监测及混合组网即时通信技术，研制便携式监测预警智能装备；研制地基大视场合成孔径雷达形变监测设备；研发基于特大滑坡渗流场、应力场多源信息融合的一体化监测预警技术及装备；构建基于长时间序列监测数据的自学习实时预警系统，开展重大滑坡监测预警应用示范	长安大学	2018
15	复杂山区泥石流灾害监测预警与技术装备研发	分析复杂山区泥石流起动条件和演化规律，提出泥石流起动预判方法；优选不同类型泥石流起动、运动过程中监测指标，构建基于动力过程的泥石流重点要素全天候监测预警理论和技术方法；研发基于星载、机载等遥感技术和地面测量相结合的泥石流物源区识别和物源量估算技术；研发基于多学科、多技术手段的泥石流起动、运动的测量与监测技术，发展定量化预警方法；建立复杂地形条件下的山区泥石流监测预警系统并开展集成示范。依托多网融合传输环境（4G全网通/北斗卫星等），研发基于机器视觉的可见光视频数据采集融合技术和泥石流自动化识别系统	中国科学院水利部成都山地灾害与环境研究所	2018
16	特大滑坡应急处置与快速治理技术研发	针对特大滑坡灾害，研究地质灾害快速锚固成套技术、突发滑坡灾害轻型－机械化快速支挡技术和埋入式微型组合桩群技术。开展基于治理的滑坡体开发利用技术研究和示范，形成特大滑坡应急处置与快速治理成套技术与设计标准。研发大型水库及引水工程滑坡灾害治理工程健康诊断、实时监测与在线修复加固技术，形成滑坡灾害治理工程安全检测和防控标准化技术体系	哈尔滨工业大学	2018
17	强震区特大泥石流综合防控技术与示范应用	研究复杂山区宽缓与窄陡沟道型泥石流地形特点，研究泥石流沟域不同成因松散物源启动模式，尤其是震区高位单薄山脊部位震裂物源的启动机制及规模推演，考虑沟道多级、多点堵溃共同效应的堵塞系数合理取值等关键问题，剖析两种不同沟道类型泥石流的孕灾模式、旨在机理及其灾害链效应。研究两类沟道型泥石流各自沿途流速、流量、冲击力等动力学特征，分析泥石流运动特征与沟道微地貌变化的响应关系，研究泥石流能量耗散与冲淤特性变化关系，提出各自有效的泥石流防控理念，开发基于控制下泄能力的新型拦挡、排导等控流结构及其新工艺，形成特大泥石流防控标准化技术体系。研发新型泥石流拦挡技术，并开展大型物理模拟试验；以重点区域和典型突发事件为案例，开展规范、技术体系与防控系统集成的应用示范	四川省华地建设工程有限责任公司	2018

续表

序号	关键科学问题	研究内容	牵头单位	立项时间
18	基于地质云的地质灾害预警与快速评估示范研究	开展基于大数据和云计算的地质灾害预警与快速评估方法研究，研发突发性地质灾害多源基础数据快速获取与融合技术；构建区域群发型和复杂山区特大型地质灾害高精度模型，研发多尺度地质灾害预警云计算和特大型地质灾害全过程快速评估平台，建立地质灾害预警和快速评估关键技术方法并开展示范应用	中国地质环境监测院	2018
19	高寒复杂条件混凝土坝建设与运行安全保障关键技术	研究高寒大温差等复杂环境下混凝土与防护材料的配制技术及其热、力学特性与耐久性演化规律；研发高寒条件下新型绿色防护材料及耐磨材料，以及相应的施工工法；研发高寒复杂条件下混凝土坝多场耦合模拟及全生命期真实工作性态实时动态反馈仿真技术；研究高寒复杂条件下混凝土坝建设质量与运行安全保障措施及智能监控技术	天津大学	2018
20	新型胶结颗粒料坝建设关键技术	研究胶结颗粒料的配制技术及宏细观工程力学性能；研究胶结颗粒料坝的结构形式、分析理论与设计方法；研究胶结颗粒料坝的施工工艺、关键设备和质量控制技术	清华大学	2018
21	枢纽工程重要构筑物（群）与地质环境互馈作用机制与控制技术	研究水库蓄水和水位交变作用、开挖卸荷、高强度泄洪雨雾作用及库区气候变化等作用下库区及枢纽区地质环境的变化趋势和预测方法；研究变化环境下库岸边坡、坝基和坝肩边坡支护加固机理和锚固体系长期耐久性，研发锚固体系长效腐蚀防控与延寿成套装备、技术及工法，揭示构筑物与地质环境间的互馈及耦联作用机制。研究库岸、坝基和坝肩岩体以及大型地下洞室群围岩变形机制、演化规律及控制技术，提出大型地下洞室群稳定性分析方法和动态调控技术	中国水利水电科学研究院	2018
22	水库大坝安全诊断与智慧管理关键技术与应用	基于物联网+和云平台技术，研究水库大坝多源信息感知、信息融合和大数据挖掘方法，研发国家大坝安全监管云服务平台；研究大坝结构与服役环境动态仿真技术、钢筋混凝土结构与钢结构劣化过程及灾变发生机理、大坝健康诊断分析方法、预警技术及其指标体系和智能监控技术；研发水库大坝安全智慧管理决策系统，并在全国大型水库大坝安全监管中示范应用	水利部交通运输部国家能源局南京水利科学研究院	2018
23	地震易发区建筑工程抗震能力与灾后安全评估及处置新技术	研究我国地震易发区地震灾害风险等级及分区模型；针对我国地震灾害高风险区域典型既有建筑，研究地震破坏机理及剩余承载能力，建立抗震能力评价方法；研究震损建筑不同破坏特征与抗震能力的关系，建立震损建筑地震现场安全性鉴定方法；研究震损建筑不同破坏模式的实用加固新方法及技术方案；研究震损建筑加固后的抗震能力评价方法；研发地震现场建筑物安全性鉴定实用公共软件平台，并开展应用示范，形成安全鉴定与加固数据库	中国地震局工程力学研究所	2019

续表

序号	关键科学问题	研究内容	牵头单位	立项时间
24	滑坡崩塌灾害普适型智能化实时监测预警仪器研究	研发性价比高、易于推广普及的社区型地质灾害智能化系列实时监测预警仪器及动态信息平台；研发基于微机电（MEMS）技术或基于北斗定位的自组网地表形变传感器及卫星大数据快速处理系统，研制简便、易操作的位移监测预警仪；研发基于光电/压电的雨量传感器，研制智能分级雨量监测预警仪；研发空–地窄带物联网融合传输与大数据预警技术，有效支撑标准统一、互联互通的国家–省–市–县地质灾害监测预警物联网建设；研发适用于高山峡谷地区地质灾害快速布设与快速投放的地质灾害监测预警设备	中国地质调查局水文地质环境地质调查中心	2019
25	强震区滑坡崩塌灾害防治技术方法研究	研究强震区滑坡崩塌防治工程结构地震动力响应特征和防治工程失效破坏机理；开展强震区滑坡防治工程桩锚结构与岩土体动力耦合加固作用大型物理模拟试验；开展强震区崩塌新型主动消能防护技术大型物理模拟试验；研究地震动力作用下滑坡崩塌防治工程设计优化与测试技术系统；建立强震区滑坡崩塌灾害防治工程新标准和施工新工法，并示范推广	同济大学	2019
26	膨胀土滑坡和工程边坡新型防治技术研究	研究膨胀土滑坡和工程边坡水力作用失稳特征与安全性评价方法；研究膨胀土滑坡和工程边坡实际监测和早期预警技术；研究膨胀土滑坡和工程边坡防治工程新型材料与新型技术；研发膨胀土滑坡和工程边坡防护工程健康诊断和快速修复技术；建立标准化设计方法和施工工法，形成膨胀土滑坡与工程边坡生态防护综合技术体系	上海交通大学	2019
27	膨胀土滑坡与工程边坡新型防治技术与工程示范研究	研究膨胀土滑坡和工程边坡水力作用失稳特征与安全性评价方法；研究膨胀土滑坡和工程边坡实际监测和早期预警技术；研究膨胀土滑坡和工程边坡防治工程新型材料与新型技术；研发膨胀土滑坡和工程边坡防护工程健康诊断和快速修复技术；建立标准化设计方法和施工工法，形成膨胀土滑坡与工程边坡生态防护综合技术体系	同济大学	2019
28	土石堤坝渗漏探测巡查及抢险技术装备研发	面向堤坝异常渗流区监测、渗漏进口和通道探测和集中渗流应急抢险现实需求，研发用于土石堤坝内部隐患探测的多种装备集成应用技术，研发基于电场法和示踪法的渗漏通道快速探测技术装备，研发基于机载温度传感器的堤坝异常渗流区巡测系统，研发堤坝异常渗流区分布式光纤温度传感监测系统和装备。研发集自寻踪定位、材料输运和释放功能于一体的瞬时封堵装置，研发下游导渗结构材料和配套施工工艺装备，并进行试点应用。研发堰塞坝材料结构信息多源感知技术装备和应急泄流简易倒虹吸装备。解决软硬件集成、数据传输、数据快速解译分析、监测结果可视化等核心技术问题，实现快速发现险情、精准定位和高效抢险	长江勘测规划设计研究有限责任公司	2019

续表

序号	关键科学问题	研究内容	牵头单位	立项时间
29	石窟寺岩体稳定性预测及加固技术研究	开展卸荷带范围内石窟寺岩体稳定性勘察评估技术与预测技术研究，构建石窟岩体稳定性预测系统；开展石窟寺水平顶板岩体稳定性监测技术和失稳机理研究，研发洞窟水平顶板岩体加固技术；开展石窟寺岩体裂隙灌浆材料的粘结性能、渗透行为以及匹配性理化性能等研究，研发石窟岩体结构加固裂隙灌浆新技术与新材料；选择典型石窟开展应用示范	中国文化遗产研究院	2019

附表3 2017—2020年获国家级科学技术奖励项目

序号	项目名称	主要成果	获奖年度	主要完成单位	主要完成人	奖项等级
1	水库高坝/大坝安全精准监测与高效加固关键技术	自主发明了一种新型高效土坝堆石坝除险加固注浆材料，创新性开发了混凝土坝除险加固的高性能胶黏剂/CFRP板材及其应用技术，创新开发了混凝土坝运行状态监测的先进装置与技术，建立了混凝土坝运行状态与强震安全评估的理论方法	2017	哈尔滨工业大学，三峡大学	凌贤长，蔡德所，唐亮，咸贵军，乔国富	国家科学技术发明奖二等奖
2	土木工程结构区域分布光纤传感与健康监测关键技术	开发具有微宏观损伤覆盖与多功能直接映射功能的传感探测装置，安装在结构关键区域获取区域分布信息，进而实现结构全面识别、损伤早期探测及性能评估与预测。建立开发了土木工程结构（群）健康监测与评估的理论体系及成套技术装备，从而为各类工程基础设施监测项目提供解决方案	2017	东南大学，同济大学，苏交科集团股份有限公司，石家庄铁道大学	吴智深，张建，孙安，李素贞，张宇峰，张浩	国家科学技术发明奖二等奖
3	地质工程分布式光纤监测关键技术及其应用	创建了地质体多场传感光缆系列。研制了米级量程的大变形场和厘米级空间分辨率的温度场光纤传感器以及可加热的水分场监测复合传感光缆。研制了地质工程长距离分布式光纤解调设备。发明了能量分布的布里渊谱识别及BOTDR空间分辨率提升方法，研制了中国第一台商用化的分布式光纤应变单端解调设备。创建了地质工程分布式光纤监测系统。攻克了地质工程内部和深部变形监测瓶颈以及海量数据处理难点，创建了边坡、地面沉降、桩基、隧道等多场分布式光纤监测系统	2018	南京大学，中国电子科技集团公司第四十一研究所，苏州南智传感科技有限公司，中国矿业大学，中国地质调查局南京地质调查中心，山东大学，中铁隧道局集团有限公司	施斌，张丹，闫继送，魏广庆，张巍，朱鸿鹄，张志辉，朴春德，王静，姜月华，尹龙，顾凯，王宝军，唐朝生，袁明	国家科学技术进步奖一等奖

续表

序号	项目名称	主要成果	获奖年度	主要完成单位	主要完成人	奖项等级
4	300米级特高拱坝安全控制关键技术及工程应用	项目创建了300米级特高拱坝安全控制3K方法标准及成套技术，解决了特高拱坝结构抗裂、基础抗滑和整体稳定的安全控制难题；系统构建了特高拱坝防震抗震设计方法与安全评价体系，满足了特高拱坝极端地震不溃的控制要求；创建了特高拱坝施工期快速反馈设计技术和运行期安全评判体系，为特高拱坝长期运行安全提供了技术保障。项目成果全部用于依托工程，填补了我国特高拱坝设计的空白，项目成果已推广应用到国内外多座特高拱坝的设计	2018	中国电建集团成都勘测设计研究院有限公司，中国三峡建设管理有限公司，雅砻江流域水电开发有限公司，清华大学，中国水利水电科学研究院，四川大学，国电大渡河流域水电开发有限公司	王仁坤，祁宁春，洪文浩，李德玉，杨强，周钟，赵文光，杨建宏，张冲，邵敬东	国家科学技术进步奖二等奖
5	InSAR毫米级地表形变监测的关键技术及应用	项目建立了高精度InSAR大气改正理论与技术体系。突破了常规技术难以融入多源水汽资料、难以控制大范围复杂地形下的大气噪声问题；提出了基于最小二乘平差的InSAR失相关噪声最优滤波的理论与技术体系，形成了一套InSAR失相关噪声抑制技术，与国际经典滤波技术相比，改善20%以上；建立了附加约束的InSAR地表形变平差理论与技术体系，发明了角反射器约束的PSInSAR技术，解决了传统方法无起算数据的问题；在国际上率先引入物理力学约束，突破了传统方法地表匀速运动假设的限制，精度显著提高；提出了融合多源异质InSAR的三维形变估计理论与技术体系，解决了InSAR观测定权难题；发明了基于卡尔曼滤波的三维形变序贯平差技术，在国际上率先实现InSAR三维形变序列实时估计。项目成果总体达到了国际先进水平	2018	中南大学，香港理工大学，中国矿业大学，广东省地质测绘院，长安大学	朱建军，李志伟，丁晓利，胡俊，张勤，张杏清，谢荣安，陈国良，戴吾蛟，冯光财	国家科学技术进步奖二等奖
6	西部山区大型滑坡潜在隐患早期识别与监测预警关键技术	项目成果深入解释了"岩面控制型、锁固段型、软弱基座型和深层倾倒型"滑坡成灾机理及致灾因子，创新滑坡成因分类方案、建立了考虑关键致灾因子的新的滑坡分类体系及三维识别图谱，将"二指标"国际滑坡分类扩展到"三指标"，丰富完善了国际滑坡分类标准，提高了大型隐蔽性滑坡识别的科学性和实用性；提出了滑坡天—空—地—内立体协同观测理论	2019	成都理工大学，同济大学，武汉大学，中国地质调查局武汉地质调查中心，深圳市北斗云信息技术有限公司	许强，汤明高，刘春，廖明生，巨能攀，胡伟，朱星，张路，黄学斌，李慧生	国家科学技术进步奖二等奖

续表

序号	项目名称	主要成果	获奖年度	主要完成单位	主要完成人	奖项等级
		方法，建立了多层次多手段有机融合的重大滑坡隐患三查体系；首次揭示了大型滑坡变形时－空动态演化规律，提出了自适应调整采样频率的监测方法，研发了"突发型"滑坡变形监测技术，构建了基于时空变形的"过程预警"理论方法，研发了地质灾害实施监测预警平台，推动我国滑坡预警在国际上首先走向实用化和业务化。项目研究成果已有效识别出数十处大型滑坡隐患，多次成功预警滑坡，取得了显著的社会效益和经济效益				
7	重大工程滑坡动态评价、监测预警与治理关键技术	项目聚焦基于过程控制的滑坡防治体系关键技术研究，在重大工程滑坡动态评价、监测预警与治理关键技术方面，取得了一批具有国际影响和广泛应用价值的创新研究成果。构建了基于多场信息的滑坡动态评价方法体系，研发了滑坡原位原型精细试验技术和滑坡多场动态关联监测技术，提出了重大工程滑坡关键治理方法与优化技术。成果广泛应用于大型水利水电、交通和矿山工程等重大滑坡预测预警与治理设计，促进了行业技术进步，社会经济效益显著	2019	中国地质大学（武汉），中国电建集团成都勘测设计研究院有限公司，长江水利委员会长江科学院	唐辉明，胡新丽，李长冬，王亮清，熊承仁，吴益平，张世殊，章广成，黄书岭，吴琼	国家科学技术进步奖二等奖
8	河谷场地地震动输入方法及工程抗震关键技术	项目建立了V形河谷地震波传播解析模型，破解了V形河谷地震动输入工程抗震瓶颈难题，提出了河谷场地地震动输入方法，提高了河谷陡坡地基稳定性和桥墩抗震性能，研发了近断层桥墩抗震减震、边坡与土坝抗震关键技术，实现了三级耗能、三向限位、中小震自复位及大震震损快速修复；建立了基于泛函数值获得拉裂区的边坡地震稳定性分析方法和非一致地震动输入的土坝动力时程分析方法，提出了"坝壳翻压、坝趾压重、坝顶降渗"三位一体的病险土坝抗震加固设计方法和施工技术。项目成果可推广应用于土坝、地方、桥梁、边坡抗震分析与加固等方面	2019	河海大学，中铁二院工程集团有限责任公司，东南大学，重庆大学，北京工业大学，山东省临沂市水利勘测设计院，山东临沂水利工程总公司	高玉峰，王景全，吴勇信，韩强，肖杨，曾永平，张宁，张飞，胡遵福，刘夫江	国家科学技术进步奖二等奖

附表4　边坡与滑坡勘察与设计规范（2017—2021）

标准号	标准名称	实施日期	发布部门	标准类型
GB/T 37573—2019	露天煤矿边坡稳定性年度评价技术规范	2020-01-01	国家市场监督管理总局、中国国家标准化管理委员会	国家标准
GB/T 37697—2019	露天煤矿边坡变形监测技术规范	2020-01-01	国家市场监督管理总局、中国国家标准化管理委员会	国家标准
GB/T 38509—2020	滑坡防治设计规范	2020-10-01	国家市场监督管理总局、国家标准化管理委员会	国家标准
GB/T 51351—2019	建筑边坡工程施工质量验收标准	2019-09-01	中华人民共和国住房和城乡建设部、国家市场监督管理总局	国家标准
GB 51289—2018	煤炭工业露天矿边坡工程设计标准	2018-12-01	中华人民共和国住房和城乡建设部	国家标准
GB/T 32864—2016	滑坡防治工程勘查规范	2017-03-01	中华人民共和国国家质量监督检验检疫总局、中国国家标准化管理委员会	国家标准
GB 51214—2017	煤炭工业露天矿边坡工程监测规范	2017-07-01	中华人民共和国住房和城乡建设部、中华人民共和国国家质量监督检验检疫总局	国家标准
DL/T 5796—2019	水电工程边坡安全监测技术规范	2020-05-01	国家能源局	行业标准
YS/T 5230—2019	边坡工程勘察规范	2020-01-01	中华人民共和国工业和信息化部	行业标准
JT/T 1328—2020	边坡柔性防护网系统	2020-11-01	中华人民共和国交通运输部	行业标准
SL/T 165—2019	滑坡涌浪模拟技术规程	2020-02-06	中华人民共和国水利部	行业标准
JTG/T 3334—2018	公路滑坡防治设计规范	2019-03-01	中华人民共和国交通运输部	行业标准
NB/T 10139—2019	水电工程泥石流勘察与防治设计规程	2019-10-01	国家能源局	行业标准
T/ZS 0041—2019	建筑边坡工程施工质量验收标准	2019-07-16	—	行业标准
AQ/T 2063—2018	金属非金属露天矿高陡边坡安全监测技术规范	2018-12-01	中华人民共和国应急管理部	行业标准
T/GBMA 001—2020	露天采石矿高陡边坡生态修复工程技术规范	2020-02-01	广东省建筑材料行业协会	团体标准
T/CHTS 10010—2019	公路边坡浅层竹木稳固技术指南	2019-06-10	中国公路学会	团体标准
T/CAGHP 021—2018	泥石流防治工程设计规范（试行）	2018-04-01	中国地质灾害防治工程行业协会	团体标准

续表

标准号	标准名称	实施日期	发布部门	标准类型
T/CAGHP 038—2018	滑坡防治工程施工技术规范（试行）	2018-12-01	中国地质灾害防治工程行业协会	团体标准
T/CAGHP 042—2018	滑坡防治回填压脚治理工程施工技术规程（试行）	2018-12-01	中国地质灾害防治工程行业协会	团体标准
T/CAGHP 036—2018	崩塌滑坡灾害爆破治理工程设计规范（试行）	2018-12-01	中国地质灾害防治工程行业协会发布	团体标准
T/CAGHP 037—2018	崩塌滑坡灾害爆破治理工程施工技术规程（试行）	2018-12-01	中国地质灾害防治工程行业协会	团体标准
T/CAGHP 034—2018	泥石流泥位雷达监测技术规程（试行）	2018-12-01	中国地质灾害防治工程行业协会	团体标准
T/CECS G：E70-01—2019	在役公路边坡工程风险评价技术规程	2019-07-01	中国工程建设标准化协会	协会标准
DB43T 1788—2020	露天矿山采场边坡生态修复施工安全规程	2020-08-15	湖南省市场监督管理局	地方标准
DB41T 1893—2019	公路边坡生态防护施工技术指南	2019-12-30	河南省市场监督管理局	地方标准
DB37/T 5137—2019	边坡工程施工质量验收标准	2019-05-01	山东省住房和城乡建设厅、山东省市场监督管理局	地方标准

参考文献

[1] 殷跃平. 中国地质灾害减灾战略初步研究［J］. 中国地质灾害与防治学报，2004（02）：4-11.

[2] Li TB, Ma CC, Zhu ML, et al. Geomechanical types and mechanical analyses of rockbursts［J］. Engineering Geology, 2017, 222: 72.

[3] 陈子全，寇昊，杨文波，等. 我国西南部山区隧道施工期支护结构力学行为特征案例分析［J］. 隧道建设（中英文），2020，40（06）：800-812.

[4] 钟大宁，刘耀儒，杨强，等. 白鹤滩拱坝谷幅变形预测及不同计算方法变形机制研究［J］. 岩土工程学报，2019，041（008）：1455-1463.

[5] 杨莹，徐奴文，李韬，等. 基于RFPA~（3D）和微震监测的白鹤滩水电站左岸边坡稳定性分析［J］. 岩土力学，2018，39（06）：2193-2202.

[6] 邹玉君，严鹏，刘琳，等. 白鹤滩水电站坝肩边坡爆破振动对周边民房影响评价及控制［J］. 振动与冲击，2018，37（01）：248-358.

[7] 彭建兵，崔鹏，庄建琦. 川藏铁路对工程地质提出的挑战［J］. 岩石力学与工程学报，2020，39（12）：2377-2389.

[8] 李秀珍，钟卫，张小刚，等. 川藏交通廊道滑坡崩塌灾害对道路工程的危害方式分析［J］. 工程地质学报，2017，25（05）：1245-1251.

[9] 薛翊国，孔凡猛，杨为民，等. 川藏铁路沿线主要不良地质条件与工程地质问题［J］. 岩石力学与工程学报，2020，39（03）：445-468.

[10] Jiang Q, Yan F, Wu J, et al. Grading opening and shearing deformation of deep outward-dip shear belts inside high slope: A case study［J］. Engineering Geology, 2019, 250: 113-129.

[11] 杨建华，代金豪，姚池，等. 岩石高边坡爆破开挖损伤区岩体力学参数弱化规律研究. 岩土工程学报，2020，42（05）：968-975.

[12] 杨金旺，陈媛，张林，等. 基于地质力学模型试验综合法的顺层岩质高边坡稳定性研究. 岩石力学与工程学报，2018，37（01）：131-140.

[13] 徐建荣，何明杰，张伟狄，等. 白鹤滩水电站特高拱坝设计关键技术研究. 中国水利，2019（018）：36-38.

[14] 石杰. 特高拱坝柱状节理坝基变形稳定与加固机理研究［D］. 清华大学，2018.

[15] 林鹏，樊启祥，汪志林，等. 特高拱坝基础适应性开挖与整体加固关键技术［Z］. 第十一届中国岩石力学与工程学会科学技术奖特等奖，2020.

[16] 林鹏，石杰，宁泽宇，等. 不利结构面对高拱坝整体稳定影响及加固分析［J］. 水力发电学报，2019，38（05）：27-36.

[17] 魏鹏程，林鹏，汪志林，等. 白鹤滩特高拱坝坝基灌浆时机与抬动控制［J］. 清华大学学报（自然科学版），2020，60（07）：557-565.

[18] 林鹏，李明，彭浩洋，等. 特高拱坝基坑回填土石体与大坝作用机制研究［J］. 岩石力学与工程学报，2019，38（S2）：3680-3689.

[19] 吴家耀，陈浩，徐建荣，等. 白鹤滩拱坝左岸坝基变形特征及机理分析［J］. 人民黄河，2021，43（5）：137-141.

[20] 吴关叶，郑惠峰，徐建荣. 三维复杂块体系统边坡深层加固条件下稳定性及破坏机制模型试验研究［J］. 岩土力学，2019，40（6）：2369-2378.

[21] 孙朝燚. 隐伏型顺层高边坡滑剪破坏分析方法研究［D］. 中国科学院大学，2020.

[22] 陈从新，张伟，郑允，等. 新建铁路雅藏线雅安至林芝段怒江特大桥岸坡稳定性评价专项研究报告［R］. 中国科学院武汉岩土力学研究所，2021.

[23] 陈从新，张伟，郑允，等. 新建铁路川藏线雅安至林芝段金沙江特大桥岸坡稳定性评价专项研究报告［R］. 中国科学院武汉岩土力学研究所，2021.

[24] 尹小涛，冯振洋，严飞，等. 基于静力模型试验的华丽高速公路金沙江桥华坪岸顺层边坡安全性评估［J］. 岩石力学与工程学报，2017，36（05）：1215-1226.

[25] 尹小涛，薛海斌，汤华，等. 边坡局部和整体稳定性评价方法的辩证统一［J］. 岩石力学, 2018, 39（S1）：98-104.

[26] 张宜虎，邬爱清，周火明，等. 悬索桥隧道锚承载能力和变形特征研究综述［J］. 岩土力学，2019，40（09）：3576-3584.

[27] 邬爱清，等. 悬索桥隧道锚岩石力学关键技术及应用［M］. 北京：科学出版社，2019.

[28] 王东英，汤华，尹小涛，等. 隧道式锚碇承载机制的室内模型试验探究［J］. 岩石力学与工程学报，2019，38（S1）：2690-2703.

[29] 杨星宇，周火明，王中豪，等. 层状泥岩隧道锚围岩滑动破坏特性研究［J］. 地下空间与工程学报，2019，15（03）：755-761.

[30] 李维树，王帅，吴相超，等. 隧道锚原位缩尺模型试验的施力方式研究［J］. 地下空间与工程学报，2017，13（02）：453-458.

[31] Wen LN, Cheng QG, Cheng Q, et al. Stabilitationresearch of the tunnel anchorage of Dadu River bridge in Luding in Yaan to Kangding expressway [J]. American Journal of Civil Engineering, 2017, 5 (4): 196-204.

[32] 黄克忠. 石质文物保护若干问题的思考 [J]. 中国文化遗产, 2018, 86 (04): 6-14.

[33] 曾行娇. 砂岩类石质文物脱盐材料效果实验室评估研究 [D]. 西北大学, 2018.

[34] 黄继忠, 王金华, 高峰, 等. 砂岩类石窟寺保护新进展——以云冈石窟保护研究新成果为例 [J]. 东南文化, 2018 (01): 15-19.

[35] 李宏松. 石质文物保护工程勘察技术发展现状及趋势. 中国文化遗产, 2018, 86 (04): 15-20.

[36] Wang XD, Yu ZR, Zhang JK, et al. Numerical simulation of the behaviors of test square for prehistoric earthen sites during archaeological excavation [J]. Journal of Rock Mechanics and Geotechnical Engineering, 2018, 10 (3): 161-172.

[37] 张景科, 梁行洲, 叶飞, 等. 敦煌莫高窟北区崖体沿纵深方向风化特征研究 [J]. 工程地质学报, 2018, 26 (6): 1499-1507.

[38] 张景科, 李卷强, 谌文武, 等. 2015尼泊尔地震后加德满都谷地世界文化遗产破坏特征 [J]. 文物保护与考古科学, 2019, 31 (6): 19-31.

[39] 燕学锋, 王金华, 任伟中. 大足石刻保护工程举要 [M]. 北京: 中国地质大学出版社, 2019.

[40] 王金华, 任伟中, 刘斌. 大足石刻大佛湾摩崖造像渗水病害机理研究 [M]. 北京: 中国地质大学出版社, 2019.

[41] 任伟中, 王金华, 黎方银, 等. 大足石刻宝顶山大佛湾水害勘查及认识 [J]. 工程地质学报, 2017, 25 (Z1): 54-62.

[42] Zheng Y, Chen CX, Meng F, et al. Assessing the stability of rock slopes with respect to block-flexure toppling failure using a force-transfer model and genetic algorithm [J]. Rock Mechanics and Rock Engineering, 2020, 53: 3433-3445.

[43] Zheng Y, Chen CX, Meng F, et al. Assessing the stability of rock slopes with respect to flexural toppling failure using a limit equilibrium model and genetic algorithm [J]. Computers and Geotechnics, 2020, 124: 103619.

[44] Zheng Y, Chen CX, Liu TT, et al. Theoretical and numerical study on the block-flexure toppling failure of rock slopes [J]. Engineering Geology, 2019, 263: 105309.

[45] Zheng Y, Chen CX, Liu TT, et al. Stability analysis of anti-dip bedding rock slopes locally reinforced by rock bolts [J]. Engineering Geology, 2019, 251: 228-240.

[46] Zheng Y, Chen CX, Liu TT, et al. Study on the mechanisms of flexural toppling failure in anti-inclined rock slopes using numerical and limit equilibrium models [J]. Engineering Geology, 2018, 237: 116-128.

[47] Zhang HN, Chen CX, Zheng Y, et al. Centrifuge modeling of layered rock slopes susceptible to block-flexure toppling failure [J]. Bulletin of Engineering Geology and the Environment, 2020, 79: 3815-3831.

[48] 张海娜, 陈从新, 郑允, 等. 坡顶荷载作用下岩质边坡弯曲倾倒破坏分析 [J]. 岩土力学, 2019, 40 (8): 2938-2945.

[49] 巨能攀, 李龙起, 黄润秋. 陡倾顺层斜坡动力失稳机理分析 [J]. 工程科学与技术, 2018, 50 (03): 54-63.

[50] 伍法权, 沙鹏. 中国工程地质学科成就与新时期任务——2018年全国工程地质年会学术总结 [J]. 工程地质学报, 2019, 27 (01): 184-194.

[51] 刘新荣, 许彬, 刘永权, 等. 频发微小地震下顺层岩质边坡累积损伤及稳定性分析 [J]. 岩土工程学报, 2020, 42 (04): 632-641.

[52] 刘新荣, 何春梅, 刘树林, 等. 高频次微小地震下顺倾软硬互层边坡动力稳定性研究 [J]. 岩土工程学报, 2019, 41 (03): 430-438.

[53] Zheng Y, Chen CX, Liu TT, et al. Analysis of a retrogressive landslide with double sliding surfaces: A case study

［J］. Environmental Earth Sciences, 2020, 79 (1): 21.

［54］ Sun CY, Chen CX, Zheng Y, et al. Numerical and theoretical study of bi-planar failure in footwall slopes［J］. Engineering Geology, 2019, 260: 105234.

［55］ Sun CY, Chen CX, Zheng Y, et al. A limit equilibrium analysis of the stability of a footwall slope with respect to bi-planar failure［J］. International Journal of Geomechanics-ASCE, 2020, 20 (1): 04019137.

［56］ Zheng Y, Chen CX, Liu TT, et al. Slope failure mechanisms in dipping interbedded sandstone and mudstone revealed by model testing and distinct-element analysis［J］. Bulletin of Engineering Geology and the Environment, 2019, 77 (1): 49-68.

［57］ Chen LL, Zhang WG, Zheng Y, et al. Stability analysis and design charts for over-dip rock slope against bi-planar sliding［J］. Engineering Geology, 2020, 275: 105732.

［58］ 胡瑞林, 李晓, 王宇, 等. 土石混合体工程地质力学特性及其结构效应研究［J］. 工程地质学报, 2020, 28 (2): 255-281.

［59］ Zhang ZP, Sheng Q, Fu XD, et al. An approach to predicting the shear strength of soil-rock mixture based on rock block proportion［J］. Bulletin of Engineering Geology and the Environment, 2019, 79 (1): 2423-2437

［60］ Sun G, Lin S, Zheng H, et al. The virtual element method strength reduction technique for thestability analysis of stony soil slopes［J］. Computers and Geotechnics, 2020, 119: 103349.

［61］ Lin S, Zheng H, Jiang W, et al. Investigation of the excavation of stony soil slopes using the virtual element method ［J］. Engineering Analysis with Boundary Elements, 2020, 121: 76-90.

［62］ Chen T, Yang YT, Zheng H, et al. Numerical determination of the effective permeability coefficient of soil-rock mixtures using the numerical manifold method［J］. International Journal for Numerical and Analytical Methods in Geomechanics, 2019, 43 (1): 381-414.

［63］ Yang Y, Sun G, Zheng H, et al. An improved numerical manifold method with multiple layers of mathematical cover systems for the stability analysis of soil-rock-mixture slopes［J］. Engineering Geology, 2020, 264: 105373.

［64］ Yang Y, Chen T, Zheng H. Mathematical cover refinement of the numerical manifold method for the stability analysis of a soil-rock-mixture slope［J］. Engineering Analysis with Boundary Elements, 2020, 116: 64-76.

［65］ Wu W, Yang Y, Zheng H. Hydro-mechanical simulation of the saturated and semi-saturated porous soil-rock mixtures using the numerical manifold method［J］. Computer Methods in Applied Mechanics and Engineering, 2020, 370: 113238.

［66］ Liu W, He S. Dynamic simulation of a mountain disaster chain: landslides, barrier lakes, and outburst floods［J］. Natural Hazards, 2018, 90 (2): 757-775.

［67］ Liu W, Ju NP, Zhang Z, et al. Simulating the process of the Jinshajiang landslide-caused disaster chain in October 2018［J］. Bulletin of Engineering Geology and the Environment, 2020, 79: 2189-2199.

［68］ Liu W, He SM. A two-layer model for the intrusion of two-phase debris flow into a river［J］. Quarterly Journal of Engineering Geology and Hydrogeology, 2018, 51 (1): 113-123.

［69］ 刘传正. 崩塌滑坡灾害风险识别方法初步研究［J］. 工程地质学报, 2019, 27 (01): 88-97.

［70］ 伍法权, 沙鹏. 中国工程地质学科成就与新时期任务——2018年全国工程地质年会学术总结［J］. 工程地质学报, 2019, 27 (01): 184-194.

［71］ 陶志刚, 张海江, 彭岩岩, 等. 滑坡监测多源系统云服务平台架构及工程应用［J］. 岩石力学与工程学报, 2017, 036 (007): 1649-1658.

［72］ 何满潮, 郭鹏飞. "一带一路"中的岩石力学与工程问题及对策探讨［J］. 绍兴文理学院学报, 2018 (8): 1-9.

［73］ 黄润秋, 陈国庆, 唐鹏. 基于动态演化特征的锁固段型岩质滑坡前兆信息研究［J］. 岩石力学与工程学

报，2017，36（03）：521-533.

［74］ 中国成功研制出滑坡仪和智能预警系统，有效预警15起地灾［EB/OL］．［2021-01-29］．https://www.thepaper.cn/newsDetail_forward_10996893.

［75］ 汪其超，孙义杰，施斌，等．库岸边坡变形场与水分场光纤监测技术研究［J］．中国水利水电科学研究院学报，2017，15（06）：418-424.

［76］ 许星宇，朱鸿鹄，张巍，等．基于光纤监测的边坡应变场可视化系统研究［J］．岩土工程学报，2017，39（S1）：96-100.

［77］ 许强．对地质灾害隐患早期识别相关问题的认识与思考［J］．武汉大学学报（信息科学版），2020，45（11）：1651-1659.

［78］ 许强，董秀军，李为乐．基于天—空—地一体化的重大地质灾害隐患早期识别与监测预警［J］．武汉大学学报（信息科学版），2019，044（007）：957-966.

［79］ 许强．对滑坡监测预警相关问题的认识与思考［J］．工程地质学报，2020，28（02）：360-374.

［80］ 杜岩，谢谟文，蒋宇静，等．基于动力学监测指标的崩塌早期预警研究进展［J］．工程科学学报，2019，41（4）：14-22.

［81］ 李振洪，宋闯，余琛，等．卫星雷达遥感在滑坡灾害探测和监测中的应用：挑战与对策［J］．武汉大学学报（信息科学版），2019，44（07）：967-979.

［82］ Zheng X，Yang X，Ma H，et al．Integrated Ground-based SAR interferometry，terrestrial laser scanner，and corner reflector deformation experiments［J］．Sensors，2018，18（12）．

［83］ 吴星辉，马海涛，张杰．地基合成孔径雷达的发展现状及应用［J］．武汉大学学报（信息科学版），2019，044（007）：1073-1081.

［84］ 秦宏楠，马海涛，于正兴．地基SAR技术支持下的滑坡预警预报分析方法［J］．武汉大学学报（信息科学版），2020，45（11）：10.

［85］ 高克静，赵文光，王仁坤，等．谷幅收缩对高拱坝变形及应力状态的影响［J］．科学技术与工程，2018，018（016）：92-100.

［86］ 刘有志，相建方，樊启祥，等．谷幅收缩变形对拱坝应力状态影响分析［J］．水电能源科学，2017（02）：106-109.

［87］ Cheng L，Liu YR，Yang Q，et al．Mechanism and numerical simulation of reservoir slope deformation during impounding of high arch dams based on nonlinear FEM［J］．Computers and Geotechnics，2017，81：143-154.

［88］ Wang SG，Liu Y R，Yang Q，et al．Analysis of abutment movements of high arch dams due to reservoir impounding［J］．Rock Mechanics and Rock Engineering，2020，53（5）：2313-2326.

［89］ 吕帅．高拱坝蓄水期库岸变形及诱发区域地震分析［D］．清华大学，2019.

［90］ Liu YR，Wang XM，Wu ZS，et al．Simulation of landslide-induces surges and analysis of impact on dam based on stability evaluation of reservoir bank slope［J］．Landslides，2018，15（10）：2031-2045.

［91］ 钟大宁，刘耀儒，杨强，等．白鹤滩拱坝谷幅变形预测及不同计算方法变形机制研究［J］．岩土工程学报，2019，41（8）：1455-1463.

［92］ Liu YR，Wang WQ，He Z，et al．Nonlinear creep damage model considering effect of pore pressure and analysis of long-term stability of rock structure［J］．International Journal of Damage Mechanics，2020，29（1）：144-165.

［93］ Zhang N，Zhang Y，Gao YF，et al．An exact solution for SH-wave scattering by a radially multilayered inhomogeneous semicylindricalcanyon［J］．Geophysical Journal International，2019，217（2）：1232-1260.

［94］ Zhang N，Zhang Y，Gao YF，et al．Site amplification effects of a radially multi-layered semi-cylindrical canyon on seismic response of an earth and rockfill dam［J］．Soil Dynamics and Earthquake Engineering，2019，116：145-163.

［95］ 高玉峰，王景全，吴勇信，等．河谷场地地震动输入方法及工程抗震关键技术［Z］．国家科技进步奖二等奖，2019.

[96] Hu W, Huang R, Mcsaveney M, et al. Superheated steam, hot CO_2 and dynamic recrystallization from frictional heat jointly lubricated a giant landslide: Field and experimental evidence [J]. Earth and Planetary Science Letters, 2019, 510: 85-93.

[97] Deng Y, He S, Scaringi G, et al. Mineralogical analysis of selective melting in partially coherent rockslides: Bridging solid and molten friction [J]. Journal of Geophysical Research: Solid Earth, 2020, 125 (8): e2020JB019453.

[98] Deng Y, Yan S, Scaringi G, et al. An empirical power density-based friction law and its implications for coherent landslide mobility [J]. Geophysical Research Letters, 2020, 47 (11): e2020GL087581.

[99] 邓建辉, 高云建, 余志球, 等. 堰塞金沙江上游的白格滑坡形成机制与过程分析 [J]. 四川大学学报: 工程科学版, 2019, 051 (001): 9-16.

[100] 余志球, 邓建辉, 高云建, 等. 金沙江白格滑坡及堰塞湖洪水灾害分析 [J]. 防灾减灾工程学报, 2020, 40 (02): 286-292.

[101] 陈菲, 王塞, 高云建, 等. 白格滑坡裂缝区演变过程及其发展趋势分析 [J]. 工程科学与技术, 2020, 52 (05): 71-78.

[102] 杨仲康, 魏进兵, 高云建, 等. 金沙江白格滑坡裂缝区失稳概率分析 [J]. 工程科学与技术, 2020, 52 (06): 95-101.

[103] Yang GX, Qi SW, Wu FQ, et al. Seismic amplification of the anti-dip rock slope and deformation characteristics: A large-scale shaking table test [J]. Soil Dynamics and Earthquake Engineering, 2017, S0267726116305772.

[104] Niu LL, Zhu WC, Li SH, et al. Determining the viscosity coefficient for viscoelastic wave propagation in rock bars [J]. Rock Mechanics and Rock Engineering, 2018, 51: 1347-1359.

[105] Fan LF, Gao JW, Wu ZJ, et al. An investigation of thermal effects on micro-properties of granite by X-ray CT technique [J]. Applied Thermal Engineering, 2018, 140: 505-519.

[106] Zeng YQ, Li HB, Xia X, et al. Blast-induced rock damage control in Fangchenggang nuclear power station, China [J]. Journal of Rock Mechanics and Geotechnical Engineering, 2018, 10 (5): 914-923.

[107] Li XF, Zhang QB, Li HB, et al. Grain-based discrete element method (GB-DEM) modelling of micro fracturing in rocks under dynamic loadings [J]. Rock Mechanics and Rock Engineering, 2018, 51: 3785-3817.

[108] Li XF, Li X, Li HB, et al. Dynamic tensile behaviours of heterogeneous rocks: The grain scale fracturing characteristics on strength and fragmentation [J]. International Journal of Impact Engineering, 2018, 118: 98-118.

[109] Xiang X, Yu C, Liu B, et al. Experimental study on the seismic efficiency of rock blasting and its influencing factors [J]. Rock Mechanics and Rock Engineering, 2018, 51 (8): 1-11.

[110] Li JC, Rong LF, Li HB, et al. An SHPB test study on stress wave energy attenuation in jointed rock masses [J]. Rock Mechanics and Rock Engineering, 2019, 52 (2): 403-420.

[111] Li JC, Li NN, Li HB, et al. An SHPB test study on wave propagation across rock masses with different contact area ratios of joint [J]. International Journal of Impact Engineering, 2017, 105 (1): 109-116.

[112] Li ZL, Li JC, Li HB, et al. Effects of a set of parallel joints with unequal close-open behavior on stress wave energy attenuation [J]. Waves in Random and Complex Media, 2020 (2): 1-25.

[113] Liu TT, Li JC, Li HB, et al. Experimental study of S-wave propagation through a filled rock joint [J]. Rock Mechanics and Rock Engineering, 2017, 50 (10): 2645-2657.

[114] Li X, Zhao J. An overview of particle-based numerical manifold method and its application to dynamic rock fracturing [J]. Journal of Rock Mechanics and Geotechnical Engineering, 2019, 11: 684-700.

撰稿人: 盛　谦　张勇慧　陈　健　付晓东　李娜娜

海洋工程地质灾害防控研究进展与展望

一、引言

随着人类对海洋的开发能力逐步增强，针对海洋工程地质灾害的研究成为热点问题[1]。频发的海洋地质灾害可以给经济发达、人口密集的沿海地区的发展构成严重威胁。从时间角度看，20 世纪 70 年代以来，世界海洋产业以每 10 年左右翻一番的速度增长，海洋经济成为世界经济发展的新的重要增长点；从空间角度看，海洋面积约占地球总面积的 71%，沿海地区集中了世界约 60% 的人口与 2/3 的大中城市；联合国《21 世纪议程》数据显示，2020 年全世界沿海地区的人口达到世界人口总数的 75%[2]。

海洋地质灾害是指由自然或人为因素所引起的对人类生命财产、环境构成危害或潜在危害的海洋地质作用或现象。海洋地质灾害可以在所有海洋地质环境中发生，但主要集中在大陆边缘。我国近海地质环境复杂，既有宽阔的大陆架、大陆坡，也有深邃的边缘海盆地，海陆交互作用复杂，地质灾害类型多样。尤其近年来，海洋资源开发相关的众多海洋工程建设活动将海洋地质灾害研究推向了新的高潮。

在 Web of Science 数据总库（包含 SCI、CPCI- 原 ISTP、CSCD 等子库）中以"Marine engineering geology" or "Marine geologic hazards" or "Marine geohazards"作为搜索主题，进行文献检索，显示：中国发文量居首，约占 30.3%，优势明显；发文量前十名的国家依次为中国、美国（14.0%）、英国（8.5%）、意大利、法国、加拿大、德国、印度、澳大利亚、西班牙，总发文量约占 72.9%。在中国知网数据总库中以"海洋地质灾害""海洋工程地质"进行全文检索，共检索到 39215 篇文献，显示：2000 年以来，发文量剧增；中国海洋大学发文量位列第一，约占 5.3%；发文量位列前十的科研机构分别为中国海洋大学、天津大学、大连理工大学、中国地质大学（北京）、哈尔滨工程大学、浙江大学、华东师范大学、上海交通大学、中国石油大学（华东）、国家海洋局第一海洋研究所，总发文量约占 21.6%。

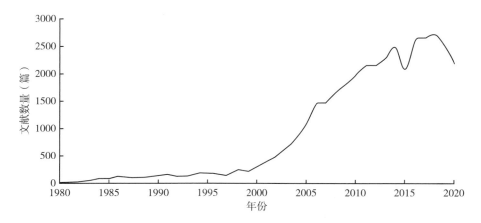

图 1 海洋工程地质灾害防控中国知网数据库历年发文量

第 42 届联合国大会将 20 世纪最后十年定为"国际减轻自然灾害十年";第 49 届联合国大会宣布 1998 年为"国际海洋年";进入 21 世纪,更有专家指出"21 世纪是海洋世纪"。"一带一路"倡议与党的十八大和十九大报告明确提出"建设海洋强国",这为海洋工程地质灾害研究注入了新的活力。加强海洋地质灾害的调查,完善海洋地质灾害基本特征、发育规律、致灾过程的理论,建立海洋地质灾害的监测预警体系和灾害防控体系,将是一项长期而艰巨的任务。这是挑战,更是机遇。

本文主要就海洋能源工程地质灾害、海洋交通工程地质灾害、海岸带工程地质灾害、岛礁工程地质灾害等领域的最新研究进展进行了总结,以期为海洋工程地质灾害研究,尤其是中国的海洋工程地质灾害研究,提供借鉴与指导。

二、海洋工程地质灾害防控研究进展与创新点

(一)海洋能源工程地质灾害防控研究进展

海上风电是全球的研究热点,将是未来发展的新能源之一。海上风电的开发、施工和运行时刻受到海洋水动力和海底地质灾害影响,这是亟待解决的关键性问题。据中国知网数据库,从 2012—2020 年,关于海上风电的论文数量有 11433 篇,专利 1415 项,项目成果 64 项。欧美地区海上风电监测防控技术发展相对成熟,建立了一整套的海上风电地理信息系统(OWE-GIS)和各类灾害预测模型来进行实时预测与防护[3-5]。天津大学的练继建团队为解决我国海上风电建设高效安全、大规模建造的技术瓶颈,针对软弱地基、台风、海流等对海上风电建设的影响,发明了风电结构体系运行减振的偏权重控制方法,有

效避免了共振效应,解决了风浪流-结构-地基耦合动力性安全的难题,此外还发明了海上风电基础-塔筒-风机整体浮运的新技术,攻克了风浪流和船舶-气浮基础结构-风机多体耦合动力安全性态控制难题[6-8]。中国华电集团的赵迎九团队针对海上风电系统如何解决软弱地基和泥沙冲刷等海洋地质灾害问题,首创了海上风电超大直径的单桩基础高含水量淤泥固化冲刷防护技术,拓展了持续打桩过程中桩-土耦合精细模拟理论方法,发明了溜桩超前预测与防控技术,解决了超大直径、高垂直度控制要求的海上风电单桩基础施工的世界性难题,填补了在该领域的技术空白[9]。中国电建集团华东勘测设计研究院的单治钢、赵生校团队针对海上风电场建设中的海洋工程地质勘测、风机基础、海上升压站、海底电缆等关键技术问题开展了相关研究和工程实践,研发了适合于复杂海况和地质条件的综合勘探平台,创新了海上钻探与取样、原位测试、测量及物探装备,形成了海上风电系列工程勘察装备,发明了中空圆柱状、表层流泥样、高含水率淤泥土等系列取样装备,研制了上拔式静力触探装置;该团队还针对海洋工程地质条件复杂性和水动力条件的多变性,创新了海上风电场工程测量、工程物探、钻探取样和原位测试技术,形成了全面系统的工程地质勘察评价体系,构建了海上风电工程地质勘探和测试的成套核心技术[10-13]。开展了近海滑坡探测与识别技术、成灾机制、稳定性评价体系和监测防控的研究,突破了近海海底滑坡的探测系统不完善、识别不精准的技术瓶颈,攻克了近海海底滑坡的成灾机理不清晰、评价方法不成熟的难题,填补了近海海底滑坡现场监测系统、预测预警平台缺失的技术空白。项目成果全面支撑和应用了数十个海上风电系列工程,具有显著的社会效益和经济效益。

  天然气水合物是一种高效清洁的新能源,分布范围广、体量规模大,但同时具有开采难度大、灾害易发性高等特点[14]。目前,国外对海域天然气水合物进行试采研究的国家和海域主要有美国的东西海岸和墨西哥湾、日本的南海海槽、韩国的东海郁龙盆地、印度大陆边缘海域等,在天然气水合物的物性、勘探开发技术、模拟实验、试采工程、环境风险评估、国家战略规划等方面取得了一些成果。我国天然气水合物研究虽然起步较晚,但近十多年来进展迅速,与国外的差距不断缩小,为了摸清南海水合物具体分布情况,探索水合物开采技术,开展了一系列勘探工作(表1)。同时,在近十多年时间里,国家批复了大量的基金项目来支撑天然气水合物的研究工作。据不完全统计,2011—2016年,国家自然科学基金委共批复7316万元用于天然气水合物各类研究,主要依托单位包括中国科学院、大连理工大学、中国石油大学、青岛海洋地质研究所、华南理工大学、广州海洋地质调查局等。2017—2020年国家自然科学基金委在该研究领域共立重大项目一项、重点项目两项和联合基金项目一项,主要涉及水合物钻采机理与调控、开采过程中水合物储层多场多相耦合机制和开采扰动下海床失稳灾变等问题[15-26]。具有代表性的中国海洋大学贾永刚团队研发的复杂深海工程地质原位长期观测设备、海底沉积物力学特性原位测试装置等一系列海底工程地质性质原位监测设备,取得一系列重要成果[27-31]，实现了对深海海底工程地质条件的定量描述，获悉工程地质环境动态变化过程与影响因素，为深海工程地质研究提供技术手段支撑。2018年，"基于光纤压差测量的深海底沉积物孔隙水压力原位长期监测系统"项目获年度海洋工程科学技术奖一等奖。2020年，研发装备应用于我国南海北部陆坡第二次南海水合物试采工程地质环境安全保障的现场观测。

表 1　我国天然气水合物研究标志历程

年份	重要标志事件
2007	在南海神狐海域首次钻获水合物实物样品
2011	启动天然气水合物勘查试采国家专项
2013	中国地质调查局广州海洋地质调查局在珠江口东部钻获高纯度天然气水合物样品，发现超千亿立方级的水合物矿藏，相当于一特大型常规天然气田[32]
2014	启动海域天然气水合物资源试采工程
2015	神狐海域水合物钻获成功率100%，再次证实存在超千亿方级的水合物矿藏[33]。利用自主研发"海马"号深潜器在珠江口盆地西部海域发现"海马冷泉"，并利用大型重力活塞取样器获取块状水合物实物样品
2016	锁定神狐海域为试采目标，获取试采目标井储层关键数据
2017	广州海洋地质调查局在神狐海域首次进行天然气水合物试采，成功从水深1266米海底以下203～277米的天然气水合物矿藏开采出天然气
2018	《中国矿产资源报告2018》正式发布，初步预测，中国海域天然气水合物资源量约8×10^{10}吨油当量[34]
2019	南海重点海域新区首次发现厚度大、纯度高、类型多、呈多层分布的水合物矿藏
2020	神狐海域天然气水合物第二轮试采成功

深海油气开发日渐成为世界各国海洋能源发展的焦点，海上油气逐渐走向深海，相应的海洋地质灾害严重威胁和制约着海上油气设施的安全和发展，海上油气灾害防控技术的重要性日渐凸显[35]。据中国知网数据库，2012—2020年，关于深海油气的论文数量有1117篇，专利70篇，项目成果10项。加拿大的Rahman团队基于海上恶劣的环境条件（大风、海浪和结冰条件）以及不良地质问题，开发一个强大的风险模型，帮助分析促成因素的关键性，进行海上油气设备的防护[36]。中海石油的吴立伟团队针对复杂地质条件下储层油气评价难题，创新建立了基于烃组分分析的油气定量识别评价技术，解决了中深层复杂岩性储层、潜山井、"三低"储层油气水层评价难题[37-39]。中石油有限公司和中石油研究总院等研究单位人员考虑南海内波流等特殊灾害条件，创新研发出针对中国南海环境条件的工作水深达3000米的海上油气开采平台，建立了"波流–地质–技术"相结合的监测和防护技术，解决了深海3000米细长隔水管安全、海底防喷器失效等世界性难

题[40-43]。相关成果"超深水半潜式钻井平台研发与应用"获得 2014 年度国家科学技术进步奖特等奖。

（二）海洋交通工程地质灾害防控研究进展

海底隧道是海峡、海湾和河口等处的海底之下建造沟通陆地间交通运输的交通管道技术工程。随着社会发展的需要，越来越多的海峡与海湾需要建设海底隧道。据中国知网数据库，2012—2020 年，关于海底隧道的论文数量有 1420 篇，专利 101 项，项目成果 15 项。据不完全统计，2012—2020 年，我国开展了大量的海底隧道建设工程，如海沧海底隧道、厦漳海底、青岛地铁一号和八号线过海段隧道、厦门过海隧道、汕头苏埃湾海湾隧道、深中大桥海底隧道、大连湾海底隧道以及湛江湾高铁隧道等。随着海底隧道工程建设难度的增大，其防护难度也在增大，为此北京交通大学张永刚（2015）提出了压注止水等防控方法[44]，对渤海湾海底隧道工程进行了风险评估和评价，对突涌水和围岩坍塌等地质灾害做了相关分析。山东大学李术才团队[45]研究了海底隧道突水演化机制与过程控制方法，建立了围岩厚度与隧道安全关系模型，形成了隧道工程重大突涌水关键技术，并获得 2014 年度国家科技进步奖二等奖，此外，通过数学统计分析的方法研究了大尺度隧道施工围岩 - 支护稳定影响[46]，有效指导海底隧道建设。邱康敏（2021）[47]对青岛胶州湾跨海隧道施工安全风险控制进行研究，总结出一套适合软弱地层、大断面、海底隧道施工的安全技术和方法。不仅如此，现代高精度算法与探测手段也被应用到海底隧道建设中，Shekari（2021）[48]等利用耦合数值方法来模拟地震频率含量对海底隧道抗震性能的影响。Gao（2019）[49]等在海底隧道结构平面研究中认为，数字指南针接触测量、近距离光谱测量和激光扫描已成为支持海底隧道结构平面地质调查发展的重要手段，在结构平面网络模拟的基础上，初步形成了三维岩体结构信息集成分析方法，在海底隧道结构的测控中，形成了有效的海底隧道灾害源探测控制体系。Yuan（2017）[50]等基于 GIS 数据管理的地下开挖对地表建筑破坏的影响分析，可以快速评估地下开挖对地表建筑破坏的影响，为挖掘过程中地下工程的防灾减灾提供技术支持。

随着我国国民经济的高速发展，快速、便捷的交通运输越来越引起人们的重视，跨海桥梁以其能显著缩短两地间陆路运输距离的优势，在我国得到了快速发展。据中国知网数据库，2012—2020 年，关于跨海桥梁的论文数量有 204 篇，专利 36 项，项目成果 9 项。跨海桥梁工程地质灾害主要有断层破碎带、浅层气、海床冲淤、地面沉降、突涌水、岩溶等。北京交通大学江辉（2019）[51]等以跨海桥梁深水桥墩为对象，建立可考虑波浪、海流及地震共同作用的精细化双向流固耦合计算模型，系统讨论了不同波、流参数下桥墩的地震响应特性及参数影响规律。浙江省工程勘察设计院集团有限公司姚文杰（2020）[52]等利用多波束测深系统，获取桥梁基础水下岸坡的详细测深数据，生成水下地形图，分析海底地形地貌特征，为后期岸坡整体稳定性分析评价提供了基础地形数据。近年来，部分跨海桥梁出现了一定程度的桥位海床冲淤变化，对桩基造成了巨大的损害[53]。在我国港珠澳大桥建设时，人工岛是在近岸浅海水域人工建造的一种具有多功能的近海工程结构物，其建设将产生新的人工岸线并改变海底地形，但是海床冲淤却成为最大的地质灾害隐患。在海床淤积的防范方面，传统方法为人工水下作业检测，但是水下作业严重威胁着检测人员的生命安全，并且检测精度依赖于检测人员的经验性。目前，国内外学者对海底隧道和跨海桥梁海床淤积处理方面提出了许多监测防护方法，如浮力探测仪、磁力滑动环、声纳、雷达、时域反射仪（TDR）、光纤光栅传感器（FBG）、多波束等[54,55]。在工程方面，采用抛填防护层方案对大桥沉井基础进行冲刷防护是极为有效的，在群桩施工前采用抛投袋装沙作预防护，把下沉护坦原理作为冲刷防护设计理念，有效预防海浪流冲刷造成的海床淤积地质灾害[56]。由于砂类土的加固需要振密与挤密，因此，对于海砂的地面沉降防护，可以采用的方法包括强夯法、振冲密实法、井点降水联合堆载预压法、挤密砂石桩法及爆破挤密法、真空联合堆载预压等[57,58]。对人工岛出现的地面沉降防护方法采用挤密砂桩的大型基础处理方法，对靠近人工岛及人工岛位置非常软弱的土体条件进行加固，使沉降保持在可接受的范围[59]。

我国国民经济的持续高速发展，港口运输能力已不适应日益繁忙的国内外运输需要。目前，沿海港口运输总能力缺口达5亿吨，与2015年需求相比，缺口20亿吨以上[60]，为此，迫切需要加快离岸大型深水港口建设。然而，目前我国港口布局不尽合理，港口虽多却缺少大型深水码头，易开发的近岸岸线资源已基本开发使用殆尽。岸线资源是不可再生的，迫切需要寻找新的岸线资源。据中国知网数据库，2012—2020年，关于港口航道的论文数量有1337篇，专利96项，项目成果7项。山东省港口集团有限公司范江山[61]根据自己多年的工作经验，提出了优化工艺技术希望提高港口航道施工技术；南京水利科学研究院缴健[62]以盘锦港拟建10万吨级航道为例，采用数学模型模拟的方法研究了航道开挖后十年一遇与二十五年一遇的SSW风向（常风向、强风向）以及与ESE风向（垂直航道方向）下的航道淤积情况；唐光文[63]以某港口航道整治工程为例，对模袋混凝土护坡施工技术进行深入的分析，充分发挥模袋混凝土港口航道整治工程中的有效运用；中国交通建设股份有限公司孙子宇为我国现行《海港总平面设计规范》相关内容的完善和修订提出了具体建议，首次全面系统地进行了混凝土结构耐久性调查和长期海洋环境暴露试验研究，揭示了海工混凝土结构耐久性失效、构件性能退化和损伤破坏规律，提出了适合于水深大于25米、覆盖层较薄的岩基和砂性地基的外海开敞式深水码头结构型式——重力式复合结构，给出重力式复合结构上部钢管桩与下部沉箱结构的合理分界位置及中间桩基与上、下部结构的刚性连接节点处的构造要求，解决了重力式复合结构应用的关键技术问题[64-66]。相关成果"离岸深水港建设关键技术与工程应用"获得2013年度国家科学技术进步奖一等奖。

（三）海岸带工程地质灾害防控研究进展

海岸在风、浪、潮、流和人类活动的影响下发生侵蚀灾害，长期以来严重威胁着沿海地区人民生命财产安全和经济生产活动。诸多学者针对海岸带沉积物侵蚀的机理、观测技术、治理与防护做了大量的研究工作，并召开相关国际学术会议，如国际海岸工程地质学术研讨会（ISCEG-Shanghai 2012）等。相关的国家标准和行业标准也在不断发展和完善。在沉积物侵蚀机理认识方面，中国海洋大学贾永刚团队立足黄河水下三角洲，系统地研究了黄河水下三角洲沉积物特性的动态变化和侵蚀再悬浮机制[67]，创新了传统剪切侵蚀的理论，引入"液化度"的概念定量、参数化地分析波浪循环荷载作用下沉积物的抗侵蚀性变化[68-70]，并且提出波致孔压累积导致的渗流将海床内部细颗粒输运到海床表面进而被水流搬运的概念化模型。在海岸侵蚀监测技术方面，中国地质调查局起草了《海岸带地质环境监测技术规范》，详细规定了海岸带侵蚀淤积动态监测的内容、方法、精度、数据整理方法和图件编制方法[71]；国家海洋局第三海洋研究所杨燕明团队应用无人机（UAV）遥感技术在大连、秦皇岛、烟台、上海、厦门等多个海岸带地区开展了岸线潮滩侵蚀监测，该方法具有性能可靠、机动灵活、三维高程精度高等优点[72]，Turner等也应用UAV技术在澳大利亚的Narrabeen海滩进行了岸滩侵蚀的详细测量[73]；华东师范大学沈芳团队应用地球同步海洋彩色成像卫星（GOCI），分析了长江口水域悬浮泥沙浓度和水体的剪切应力时间变化[74]；为了实现海床侵蚀过程的实时监测，中国海洋大学贾永刚团队基于海水-沉积物的自然电位差异，研发了海床面位置动态变化原位监测探杆[75]，循环测量各电极环间的电势差值，从而识别海床界面位置，进而实现侵蚀淤积的原位动态监测。在海岸带侵蚀灾害评估治理与防护方面，中国地质调查局青岛海洋地质研究所印萍团队通过研究山东海岸侵蚀的现状，指出应用防波堤等硬防护措施能有效地保护海岸侵蚀，但不能改变侵蚀的根本原因，应采用人工沙滩等软防护措施或者组合措施进行防护[76]；湿地生物也可以很好地保护海岸线不被侵蚀[77]。在海岸带软土地质灾害防灾减灾方面，同济大学黄雨团队开展了基于软土地层变形控制的减灾理论研究，研发了基于软土地层变形控制的减灾关键技术，相关成果获2019年度教育部科学技术进步奖一等奖。

海水入侵的发生一般是由于滨海地区人为超量开采地下水，引起地下水位大幅度下降，导致咸和淡水界面向陆地方向移动。使用生物、化学和物理等技术方法防控海水入侵是一个非常费时、费力的过程，具体取决于地下水盐度的扰动水平和入侵来源，不同的方法在海水入侵防控中的实际操作和控制方面都有其自身的优势和局限性[80]。由于超量开采地下水是海水入侵的直接原因，因此减少地下水开采量是控制海水入侵问题的最简单、最直接和最具成本效益的措施。通过将地下水位保持在海平面以上，以提供适当的向海水力梯度，减少海水入侵造成的地下淡水过度损失[81]。此外，可以通过在沿海海水前设置屏障的方法进行治理，如通过地下混凝土、灌浆、膨润土、泥浆和板桩等防渗墙的物理屏障[82, 83]，通过注入细菌或营养液产生胞外聚合物堵塞多孔基质以降低地下层的导水率渗透性的生物屏障[84]，相比而言物理屏障方法成本较高，而生物屏障的经济成本与传统物理屏障相比降低约24%。近年来，应用水力屏障来控制海水入侵比其他方法更受欢迎。淡水补给、咸水抽送和补给抽送相结合是水力屏障的三种主要类型[85]。淡水补给的目的是提高地下水位，缓解过度抽水，最终改善水质并抑制咸水体[86]。近年来更加重视利用可再生水源作为缓解海水入侵的补给来源，例如处理过的废水[87, 88]。咸水抽送通过位于海岸附近的深抽水井连续泵送地下咸水，提取的水可以直接排入大海，也可以用作海水淡化厂的水源。该方法可以作为入侵不广泛的地区的应急措施[89, 90]。通过结合各个方法的优点，上述一些策略的组合可以帮助更好地控制海水入侵。例如，降低抽水率和补给屏障以及通过人工补给控制抽水率的组合已被许多研究建议作为最有效的海水入侵防控方法。为了进一步科学指导地下水资源和环境的协调发展，2021年4月1日，中华人民共和国自然资源部发布了海洋行业标准《海水入侵监测与评价技术规程》（HY/T 0314—2021），并于2021年6月1日正式实施[91]。

波 – 土 – 结构相互作用方面也取得了重要进展。波浪的循环荷载或地震荷载既直接作用于海洋结构物，又会使海床内土骨架之间的孔隙水压力升高而降低有效应力，诱发海床液化，导致海上结构物失稳破坏[92, 93]。并且，结构物也反过来改变其周围的流场和海床土体的应力分布[94]，波浪 – 海床 – 结构物之间的相互作用非常复杂。物理模拟实验方面，学者采用不同的实验方式模拟波浪作用下不同结构物周围海床的响应机制。天津大学水利工程仿真与安全国家重点实验室建立了大比尺的波浪—防波堤—软土地基物理模型，研究了不同防波堤形状、不同波浪条件下软土地基孔隙水压力、竖向应力的变化和分布规律，但是将波浪与结构物相互作用、软黏土地基强度变化分割开来进行研究[95-97]。对于海底桩基，吕豪杰等应用改进的圆筒实验设备分析了波浪荷载下桩周土体孔隙水压力的影响因素和分布情况[98]。Wang等、Zhang等通过波浪水槽实验研究了规则波和不规则波作用下单桩周围孔隙水压力的变化和分布规律，总结了最大孔隙水压力的位置[99, 100]。金小凯等建立了1∶25比尺的波浪—海床—桩基三维模型，进行了单桩静载荷试验，得到了桩基沉降曲线和其附近海床土的孔压响应规律[101]。关于海底管线，Sun等应用室内波浪水槽研究了沟槽层中埋设的管道周围的波致孔隙水压力，发现沟槽越深、埋层越厚对管道更有利[102]。数值计算方面，格里菲斯大学的郑东生团队开发了PORO–FSSI–FOAM模型[103]，中科院武汉岩土力学研究所叶剑红团队提出了FSSI-CAS-2D和FSSI-CAS-3D模型[104, 105]，应用FSSI-CAS-2D模型对浅埋海底钢管道及其周围松散沉积海床进行了数值计算，结果表明该模型在研究复杂的流固耦合 – 海床相互作用方面具有优势。周李杰将FSSI-CAS-2D模型应用于大连烟台港防波堤稳定性计算[106]。Akbari等提出了带防渗层的沉箱防波堤的SPH模型来模拟沉箱防波堤与波浪的耦合作用[107]。Lin等、Zhao等、Sui等针对单桩周围海床的孔隙水压力累积响应问题建立了波浪 – 桩基 – 弹塑性海床相互作用模型，并总结了瞬态液化和残余液化规律[108-110]。段伦良基于有限体积法建立了波流-结构物-海床相互作用数值模型，分析下了单桩和群桩周围海床土体对波浪和流的动力响应规律[111]。对于海底管道，Wu 等考虑了海床渗透系数动态变化这一特性提出了海底管道周围波浪海床管道相互作用新概念模型[112]。

（四）岛礁工程地质灾害防控研究进展

目前钙质砂是岛礁工程中的主要研究对象。钙质砂，通常是指海洋生物（珊瑚、海藻、贝壳等）成因的富含碳酸钙或其他难溶碳酸盐类物质的特殊岩土介质[113]，是一种内部多孔隙，形状不规则，易发生破碎的特殊岩土材质，其力学性质与普通砂性能并不相同[114]。国外很多科研机构对钙质砂展开了研究，比较具有代表性的有澳大利亚的悉尼大学、莫纳什大学、西澳大学、英国的剑桥大学、谢菲尔德大学和地质工程顾问公司、美国的 McClelland 工程公司、印度的 Farmagudi 工学院及日本的山口大学。澳大利亚的研究机构以野外和室内试验为主，非澳大利亚的科研机构主要以室内试验和理论分析为主，针对某一特定工程展开研究。我国由于国防工程的需要一直对钙质砂领域研究较为密切，包括近几年来涉及钙质砂的国家自然科学基金有 24 项，其中面上基金项目 13 项，青年科学基金项目 10 项，地区科学基金项目 1 项，学术论文发表 400 余篇，申请专利 90 余项，对钙质砂的研究一直是岛礁工程研究领域的热点。国内研究团队及机构主要针对钙质砂的结构特性与力学性能，及其对岛礁建设工程桩基稳定性的影响开展研究，这也是未来针对钙质砂研究的热点及难点。其中，中国科学院武汉岩土力学研究所汪稔团队针对南海钙质砂进行了大量的研究，对钙质砂基本物理力学性质[115]、动力学特性[116]、颗粒破碎特性[117]以及桩基工程特性[118]等展开了全面系统的研究，并出版专著《南沙群岛珊瑚礁工程地质》，开创了珊瑚礁工程地质及其物理力学性质的研究领域；重庆大学刘汉龙团队对钙质砂的胶结特性、微生物加固技术的研究[119-122]较为成熟；陆军工程大学的王明洋团队对钙质砂的动态力学特性开展了研究[123]；同济大学、天津大学蒋明镜团队对南海钙质砂的破碎试验开展了研究[124]，大连理工大学杨庆团队对南海钙质土微观结构与渗透性的关联机理开展了研究[125-127]。此外，海军工程设计研究院、中国科学院力学所、华东勘察设计院、中科院南海海洋研究所等研究机构针对钙质砂的物理力学性质开展了研究，这些研究极大地推动了我国对钙质砂性能的认识，使钙质砂土力学理论上逐渐发展为成熟阶段，为未来岛礁建设提供了理论与实践基础，为我国的国防安全中的岛礁研究领域贡献重要的科研力量。

相较于钙质砂的研究，目前对礁灰岩的研究处于初步探究阶段。礁灰岩是珊瑚礁岩体的基础和主体部分，因其成岩作用复杂，岩石结构发育不均匀，物理力学性能很大程度受颗粒胶结程度影响，与常规软岩和脆岩明显不同。近年来，随着岛礁建设如火如荼开展，世界主要大国争相开始对礁灰岩工程地质性质展开了探索研究，如英国利兹大学[128]、德国歌德大学地球科学研究所[129]研究了礁灰岩的成岩机制，澳大利亚悉尼大学[130]研究了礁灰岩的桩基承载力性能等，对礁灰岩的工程地质性质的研究，我国走在世界前列。我国由于对南海岛礁建设的迫切需求，以中国科学院武汉岩土所、中国地质大学、自然资源部第一海洋研究所、中国人民解放军海军研究院、中国科学院南海海洋研究所等科研院所为代表对礁灰岩的分类、微观结构成分、静/动力学性能及工程性质等方面进行了大量研究[131-135]。国家自然科学基金近年来也开始逐步资助礁灰岩工程地质性质方面的研究项目，分别在2018年和2019年各资助了一项自然科学基金面上项目，分别为"考虑海水压作用的礁灰岩细观损伤演化机理与峰后力学特性研究"和"基于软硬互层礁灰岩地层的嵌岩桩荷载传递规律研究"，拟突破海洋环境对礁灰岩力学性质的影响以及复杂礁灰岩地层桩基础持力特性方面的瓶颈。近年来CO_2浓度过高带来的海水酸化问题已经不容忽视，美国斯坦福大学和夏威夷大学已经开启了海水酸化对珊瑚礁平台影响的研究[136-138]，并且逐渐成了研究热点。

珊瑚岛礁筑岛技术已较为成熟，岛礁工程引发的生态环境问题是今后研究的热点。大型绞吸疏浚设备是岛礁建设所需的核心海洋工程装备，我国于2013年11月开始在南海进行大规模珊瑚岛吹岛造陆建设得益于海上大型绞吸疏浚装备的突破，由上海交通大学中交天津航道局有限公司、中交上海航道局有限公司等单位联合研制的海上大型绞吸疏浚装备，突破了高效挖掘海底岩土并远距离输送技术瓶颈，打破了西方技术封锁，使我国在该方面走在世界前列，该项目"海上大型绞吸疏浚装备的自主研发与产业化"获得了2019年度国家科学技术进步奖特等奖。珊瑚礁筑岛也面临许多问题，包括地基塌陷、场地液化和工程护坡失稳等，筑岛后珊瑚岛礁场地地震稳定性如何亟待解决。近年来，国家自然科学基金委和科技部分别立项了自然科学基金联合基金项目"珊瑚岛礁岩土动力特性及场地地震稳定性评价方法"和国家重点研究计划项目"海域地震区划关键技术研究"，拟解决岛礁场地地震稳定性评价问题。然而，筑岛导致岛礁生态环境严重退化，将威胁渔业资源、海洋环境及国土安全。岛礁建设对海洋环境的影响，以及岛礁生态修复将是未来的研究热点。夏景全等[139]不仅系统梳理了珊瑚礁生态修复的主要流程，还详细论述了现阶段国内外珊瑚礁生态修复的主要进展和修复技术，并提出我国未来需要重点关注的研究方向。赵焕庭等[140]结合南海诸岛珊瑚礁的实际情况，分析了南海诸岛珊瑚礁适宜建造人工岛的地质地貌条件，并指出人工岛建造工程对珊瑚礁生态系统的影响以及人工岛建造导致的水动力改变对珊瑚礁地貌的影响。

三、海洋工程地质灾害防控面临的挑战与对策

（一）挑战

2012年党的十八大报告首次提出建设"海洋强国"战略，2017年党的十九大报告指

出"坚持陆海统筹,加快建设海洋强国"。"海洋强国"建设过程中必然涉及海洋基础设施建设、海底资源能源开发等。当前,海洋工程地质灾害防控面临以下几方面的挑战。

(1)海底锰结核、稀土等新兴海底矿产资源勘探开发活动为海洋工程地质灾害防控与环境保护提出了新的挑战,目前国内外对此尚没有开展系统的科学研究。

(2)海洋多圈层相互作用机制及海底灾害成因与演化过程有待进一步细化研究与系统揭示,以科学理论指导灾害防控。

(3)海底工程地质灾害的预测、预警、防控,亟须海底探测、监测、模拟技术的进一步发展,以技术进步提高灾害防控水平。

(二)对策

(1)关于海洋能源工程地质灾害防控方面,加强能源及基础地质调查,进行能源赋存区岩土体物理力学性质研究,进行能源开发前、开发时、开发后的环境地质灾害监测,是对海洋能源工程地质灾害防控的有效对策。

(2)关于海洋交通工程地质灾害防控方面,人类足迹往往可以到达海洋交通工程建设的大多数场地,对陆地工程地质灾害防控的成熟的监测预警设备及方法加以利用,可以应用于海洋交通工程地质灾害防控。

(3)关于海岸带工程地质灾害防控方面,海岸带是人类活动最频繁的区域,在法律允许的范围内对海岸带的开发,加强海岸防护工程建设是海岸带工程地质灾害防控的有效手段。

(4)关于岛礁工程地质灾害防控方面,要以保护生态系统、提高经济效益及统筹人类与自然和谐发展为目标,加强钙质砂基础理论研究,提高远海岛礁综合保障能力。在建设中坚持全过程保护,在建设后构建闭合性系统,以兼顾军事效益、社会效益、经济效益和环境效益。

海洋工程地质灾害防控往往涉及多学科交叉,结合国家需求,突破现有的基础理论体系、卡脖子的关键技术并建立优秀的人才研究队伍,是未来海洋工程地质灾害防控的重要保障。

参考文献

[1] Jia Y, Zhu C, Liu L, et al. Marine geohazards: Review and future perspective [J]. Acta Geologica Sinica-English Edition, 2016, 90 (4): 1455–1470.

[2] 朱超祁, 贾永刚, 刘晓磊, 等. 海底滑坡分类及成因机制研究进展 [J]. 海洋地质与第四纪地质, 2015,

35（6）：153-163.

［3］ Decastro M，Salvador S，Moncho G G，et al. Europe，China and the United States：Three different approaches to the development of offshore wind energy［J］. Renewable and Sustainable Energy Reviews，2019，109：55-70.

［4］ Cavazzi S，Dutton A G. An Offshore Wind Energy Geographic Information System（OWE-GIS）for assessment of the UK's offshore wind energy potential［J］. Renewable Energy，2016，87：212-228.

［5］ Staffan J，Kersti K. Formation of competences to realize the potential of offshore wind power in the European Union［J］. Energy Policy，2012，44（none）：374-384.

［6］ 练继建. 海上风电新型筒型基础与高效安装成套技术［D］. 天津大学，2020.

［7］ 练继建，马煜祥，王海军，等. 筒型基础在粉质黏土中的静压沉放试验研究［J］. 岩土力学，2017，38（07）：1856-1862，1910.

［8］ 练继建，贺蔚，吴慕丹，等. 带分舱板海上风电筒型基础承载特性试验研究［J］. 岩土力学，2016，37（010）：2746-2752.

［9］ 赵迎九. 海上风电10米单桩基础施工关键技术与工程应用［R］. 中国华电集团有限公司，2019.

［10］ 赵生校. 海上风电场关键技术及其工程应用［R］. 中国电建集团华东勘测设计研究院有限公司，2016.

［11］ 姜贞强，何奔，单治钢，等. 黄海海域极端荷载下海上风力机结构累积变形及疲劳性状-3种典型基础对比研究［J］. 太阳能学报，2021，42（04）：386-395.

［12］ 迟永宁，梁伟，张占奎，等. 大规模海上风电输电与并网关键技术研究综述［J］. 中国电机工程学报，2016，36（14）：3758-3771.

［13］ 李炜，张敏，刘振亚，等. 三脚架式海上风电基础结构基频敏感性研究［J］. 太阳能学报，2015，36（01）：90-95.

［14］ 苏明，沙志彬，乔少华，等. 南海北部神狐海域天然气水合物钻探区第四纪以来的沉积演化特征［J］. 地球物理学报，2015，58（008）：2975-2985.

［15］ Kuang Y，Yang L，Li Q，et al. Physical characteristic analysis of unconsolidated sediments containing gas hydrate recovered from the Shenhu Area of the South China sea［J］. Journal of Petroleum Science and Engineering，2019，181：106173.

［16］ Ma S，Zheng J N，Lv X，et al. DSC Measurement on Formation and Dissociation Process of Methane Hydrate in Shallow Sediments from South China Sea［J］. Energy Procedia，2019，158：5421-5426.

［17］ Li Q P，X Lv，Pang W X，et al. Numerical Simulation of the Effect of Porous Media Permeability on the Decomposition Characteristics of Natural Gas Hydrate at the Core Scale［J］. Energy & Fuels，2021，35（7）：5843-5852.

［18］ Wang B，Zhen F，Zhao J，et al. Influence of intrinsic permeability of reservoir rocks on gas recovery from hydrate deposits via a combined depressurization and thermal stimulation approach［J］. Applied Energy，2018，229：858-871.

［19］ Zhao J，Xu L，Guo X，et al. Enhancing the gas production efficiency of depressurization-induced methane hydrate exploitation via fracturing［J］. Fuel，2020，288：119740.

［20］ 蒋明镜，刘俊，周卫，等. 一个深海能源土弹塑性本构模型［J］. 岩土力学，2018，39（4）：1153-1158.

［21］ Jiang M，Liu J，Shen Z. DEM simulation of grain-coating type methane hydrate bearing sediments along various stress paths［J］. Engineering Geology，2019，261：105280.

［22］ Guo Z Y，Wang H N，Jiang M J. Elastoplastic analytical investigation of wellbore stability for drilling in methane hydrate-bearing sediments［J］. Journal of Natural Gas Science and Engineering，2020，79：103344.

［23］ Chen Y，Zhang L，Liao C，et al. A two-stage probabilistic approach for the risk assessment of submarine landslides induced by gas hydrate exploitation［J］. Applied Ocean Research，2020，99：102158.

［24］ Jiang M, Shen Z, Wu D. CFD–DEM simulation of submarine landslide triggered by seismic loading in methane hydrate rich zone［J］. Landslides, 2018, 15（11）: 2227–2241.

［25］ Fang L A, Lin T A, Gc B, et al. Spatiotemporal destabilization modes of upper continental slopes undergoing hydrate dissociation［J］. Engineering Geology, 2020, 264: 105286.

［26］ Lin T, Fang L, Yu H B, et al. Production–induced instability of a gentle submarine slope: Potential impact of gas hydrate exploitation with the huff–puff method［J］. Engineering Geology, 2021, 289: 106174.

［27］ Jia Y, Tian Z, Shi X, et al. Deep–sea Sediment Resuspension by Internal Solitary Waves in the Northern South China Sea［J］. Scientific Reports, 2019, 9: 12137.

［28］ Monitoring and Early Warning Technology of Hydrate–induced Submarine Disasters［J］. IOP Conference Series: Earth and Environmental Science, 2020, 570（6）: 062030（21pp）.

［29］ Liu L, Liao Z, Chen C, et al. A Seabed Real–Time Sensing System for In–Situ Long–Term Multi–Parameter Observation Applications［J］. Sensors, 2019, 19（5）: 1255.

［30］ Meng Q S, Liu S B, Jia Y G, et al. Analysis on acoustic velocity characteristics of sediments in the northern slope of the South China Sea［J］. Bulletin of Engineering Geology and the Environment, 2017, 77（3）: 923–930.

［31］ Xu H B, Xia G S, Liu H N, et al. Electrochemical activation of commercial polyacrylonitrile–based carbon fiber for the oxygen reduction reaction［J］. Physical Chemistry Chemical Physics, 2015, 17（12）: 7707–7713.

［32］ Zhang G X, Yang S X, Zhang M, et al. GMGS2 expedition investigations rich and complex gas hydrate environment in the South China Sea［J］. NETL, Fire in the Ice（Methane Hydrate Newsletter）, 2014, 14（1）: 1–5.

［33］ 中国地质调查局. 科技创新, "首次"背后的实力支撑: 我国海域天然气水合物成功试采的前因后果深度透视之三［N］. 中国矿业报, 2017–06–05.

［34］ 我国海域天然气水合物资源量约800亿吨油当量［J］. 中国石油石化, 2018（21）: 16.

［35］ Nengye, Liu. The European Union's Potential Contribution to Enhanced Governance of Offshore Oil and Gas Operations in the Arctic［J］. Review of European, Comparative & International Environmental Law, 2015, 24（2）: 223–231.

［36］ Liu N. The European Union's Potential Contribution to Enhanced Governance of Offshore Oil and Gas Operations in the Arctic［J］. Review of European, Comparative & International Environmental Law, 2015, 24（2）: 223–231.

［37］ 吴立伟. 海上复杂条件下井场油气高效识别评价技术创新与应用［Z］. 中海石油, 2017–04–13.

［38］ 耿立军, 陶林, 吴立伟, 等. 海上大斜度井钻柱疲劳寿命预测方法研究［J］. 石油化工应用, 2016, 35（09）: 65–68.

［39］ 谭忠健, 吴立伟, 郭明宇, 等. 基于烃组分分析的渤海油田录井储层流体性质解释新方法［J］. 中国海上油气, 2016, 28（03）: 37–43, 149.

［40］ 陈胜红, 米立军, 施和生, 等. 海上一体化地震勘探技术在珠江口盆地东部恩平凹陷油气勘探中的应用［J］. 成都理工大学学报（自然科学版）, 2016, 43（04）: 460–466.

［41］ 谢彬, 李阳, 张威, 等. 超深水半潜式钻井平台设计技术创新与应用［J］. 海洋工程装备与技术, 2015, 2（06）: 353–360.

［42］ 施和生. 油气勘探"源–汇–聚"评价体系及其应用–以珠江口盆地珠一坳陷为例［J］. 中国海上油气, 2015, 27（05）: 1–12.

［43］ 刘在科, 李家钢, 雷方辉. 不同波浪观测技术在南海海上油气平台的应用［C］//2014年第三届中国海洋工程技术年会论文集, 2014.

［44］ 张永刚, 王永红, 王梦恕. 渤海湾海底隧道工程施工风险评估与控制分析［J］. 土木工程学报, 2015, 48（S1）: 414–418.

［45］ 周宗青, 李利平, 石少帅, 等. 隧道突涌水机制与渗透破坏灾变过程模拟研究［J］. 岩土力学, 2020,

41（11）：3621-3631.

［46］齐辉，商成顺，胡超，等．超大断面隧道施工围岩-支护结构稳定性研究［J］．人民长江，2020，51（09）：135-141.

［47］张顶立，孙振宇，宋浩然，等．海底隧道突水演化机制与过程控制方法［J］．岩石力学与工程学报，2020，39（04）：649-667.

［48］Shekari M R. A coupled numerical approach to simulate the effect of earthquake frequency content on seismic behavior of submarine tunnel［J］. Marine Structures, 2021, 75: 102848.

［49］Gao X, Ba X, Cui E, et al. Development Status of Digital Detection Technology for Unfavorable Geological Structure of Submarine Tunnel［J］. Journal of Coastal Research, 2019, 94（sp1）: 306.

［50］Yuan C, Wang X, Ning W, et al. Study on the Effect of Tunnel Excavation on Surface Subsidence Based on GIS Data Management［J］. Procedia Environmental Sciences, 2012, 12: 1387-1392.

［51］江辉，白晓宇，黄磊，等．波浪、海流环境中跨海桥梁深水桥墩的地震响应特性［J］．铁道学报，2019，41（03）：117-127.

［52］姚文杰，王华俊，马玉全．多波束测深系统在跨海大桥桥梁基础水下岸坡稳定性检测中的应用［J］．土工基础，2020，34（06）：750-752，756.

［53］陈述．东海大桥桥墩基础冲刷防护方案研究［J］．世界桥梁，2019，47（04）：17-21.

［54］郑锋利，谷志敏．温州瓯江北口大桥中塔沉井冲刷防护技术［J］．桥梁建设，2018，48（01）：106-111.

［55］高正荣，杨程生，唐晓春，等．大型桥梁冲刷防护工程损坏特性研究［J］．海洋工程，2016，34（02）：24-34.

［56］何杰，辛文杰．港珠澳大桥沉管隧道基槽异常回淤分析与数值模拟［J］．水科学进展，2019，30（06）：823-833.

［57］李英，汉斯·德维特．港珠澳大桥沉管隧道技术难点和创新［J］．南方能源建设，2017，4（02）：1-16.

［58］王延宁，蒋斌松，于健，等．港珠澳大桥岛隧结合段高压旋喷桩地基沉降试验及研究［J］．岩石力学与工程学报，2017，36（06）：1514-1521.

［59］季荣耀，徐群，莫思平，等．港珠澳大桥人工岛对水沙动力环境的影响［J］．水科学进展，2012，23（06）：829-836.

［60］贾大山，徐迪，李源．我国海运需求2015年回顾与2016年展望［J］．交通与港航，2016（2）：8-11.

［61］范江山，魏纳龙．港口航道施工工艺技术的研究［J］．珠江水运，2020（7）：13-14.

［62］缴健，窦希萍，高祥宇，等．大风对航道回淤影响的数学模型研究［C］//第十九届中国海洋（岸）工程学术讨论会论文集（下），2019.

［63］唐光文．港口航道整治工程的模袋混凝土护坡施工技术［J］．建筑·建材·装饰，2020，000（004）：106，113.

［64］王胜年，田俊峰，范志宏．基于暴露试验和实体工程调查的海工混凝土结构耐久性寿命预测理论和方法［J］．中国港湾建设，2010：7.

［65］董桂洪，范志宏，王迎飞．海港工程混凝土结构耐久性寿命预测与健康诊断系统的设计与开发［J］．水运工程，2013.

［66］杨莉．新型全固态混凝土氯离子检测传感器的研制与性能测试［J］．华中科技大学，2016.

［67］Jia Y G, Liu X L, Zhang S T, et al. Wave-Forced Sediment Erosion and Resuspension in the Yellow River Delta ［M］. Springer, 2020.

［68］Jia Y G, Zhang L P, Zheng J W, et al. Effects of wave-induced seabed liquefaction on sediment re-suspension in the Yellow River Delta［J］. Ocean Engineering, 2014, 89: 146-156.

［69］Zheng J W, Jia Y G, Liu X L, et al. Experimental study of the variation of sediment erodibility under wave-loading conditions［J］. Ocean Engineering, 2013, 68（aug.1）: 14-26.

[70] Zhang S T, Jia Y G, Zhang Y P, et al. Influence of Seepage Flows on the Erodibility of Fluidized Silty Sediments: Parameterization and Mechanisms [J]. Journal of Geophysical Research: Oceans, 2018, 123 (5): 1-32.

[71] 中国地质调查局. DD2012-05 海岸带地质环境监测技术规范 [S]. 2012.

[72] 杨燕明, 陈本清, 文洪涛, 等. 四旋翼无人机遥感技术在海岛海岸带中的应用实践 [C] // 中国海洋学会 2013 年学术年会第 14 分会场海洋装备与海洋开发保障技术发展研讨会论文集. 2013.

[73] Turner I L, Harley M D, Drummond C D. UAVs for coastal surveying [J]. Coastal Engineering, 2016, 114 (8): 19-24.

[74] Ge J Z, Shen F, Guo W Y, et al. Estimation of critical shear stress for erosion in the Changjiang Estuary: A synergy research of observation, GOCI sensing and modeling [J]. Journal of Geophysical Research: Oceans, 2015, 120 (12): 8439-8465.

[75] 贾永刚, 范智涵, 徐海波, 等. 基于自然电位测量的海底边界层原位实时监测装置及方法 [P]. 国家发明专利, 授权号: CN110411923B, 2020.

[76] Yin P, Duan X Y, Gao F, et al. Coastal erosion in Shandong of China: status and protection challenges [J]. China Geology, 2018, 01 (04): 512-521.

[77] Smee D L. Coastal Ecology: Living Shorelines Reduce Coastal Erosion [J]. Current Biology, 2019, 29 (11): 411-413.

[78] Zhang S T, Jia Y G, Wen M Z, et al. Vertical migration of fine-grained sediments from interior to surface of seabed driven by seepage flows- "sub-bottom sediment pump action" [J]. Journal of Ocean University of China, 2017, 16 (1).

[79] Zhang S T, Jia Y G, Zhang Y P, et al. In situ observations of wave pumping of sediments in the Yellow River Delta with a newly developed benthic chamber [J]. Marine Geophysical Research, 2018, 39 (04): 463-474.

[80] Ketabchi H, Ataie-Ashtiani B. Review: Coastal groundwater optimization—advances, challenges, and practical solutions [J]. Hydrogeology Journal, 2015, 23 (6): 1129-1154.

[81] 高茂生, 骆永明. 我国重点海岸带地下水资源问题与海水入侵防控 [J]. 中国科学院院刊, 2016, 31 (10): 1197-1203.

[82] Hussain M S, Abd-Elhamid H F, Javadi A A, et al. Management of Seawater Intrusion in Coastal Aquifers: A Review [J]. Water, 2019, 11 (12): 2467.

[83] 吕盼盼, 宋健, 吴剑锋, 等. 水力屏障和截渗墙在海水入侵防治中的数值模拟研究 [J]. 水文地质工程地质, 48 (4): 9.

[84] Shi L, Jiao J J. Seawater intrusion and coastal aquifer management in China: a review [J]. Environmental Earth Sciences, 2014, 72 (8): 2811-2819.

[85] Xevgenos D, Bakogianni D, Haralambous K J, et al. Integrated Brine Management: A Circular Economy Approach [M]. 2018.

[86] Allow K A. The use of injection wells and a subsurface barrier in the prevention of seawater intrusion: a modelling approach [J]. Arabian Journal of Geosciences, 2011, 5 (5): 1151-1161.

[87] Kourakos G, Mantoglou A. Development of a multi-objective optimization algorithm using surrogate models for coastal aquifer management [J]. Journal of Hydrology, 2013, 479 (1): 13-23.

[88] Hussain M S, Javadi A A, Ahangar-Asr A, et al. A surrogate model for simulation-optimization of aquifer systems subjected to seawater intrusion [J]. Journal of Hydrology, 2015, 523: 542-554.

[89] Javadi A, Hussain M, Sherif M, Farmani R. Multi-objective Optimization of Different Management Scenarios to Control Seawater Intrusion in Coastal Aquifers [J]. Water Resources Management, 2015, 29 (6): 1843-1857.

[90] Hussain M S, Javadi A A, Sherif M M. Assessment of different management scenarios to control seawater intrusion in unconfined coastal aquifers [J]. J Duhok Univ, 2017, 20: 259-275.

[91] 中华人民共和国自然资源部. HY/T 0314—2021 海水入侵监测与评价技术规程 [S]. 2021.

[92] Huang Y, Han X. Features of Earthquake-Induced Seabed Liquefaction and Mitigation Strategies of Novel Marine Structures [J]. Journal of Marine Science and Engineering, 2020, 8（5）：310.

[93] Huang Y, Bao Y, Zhang M, et al. Analysis of the mechanism of seabed liquefaction induced by waves and related seabed protection [J]. Natural Hazards, 2015, 79（2）：1399-1408.

[94] Jeng D S. Mechanics of Wave-Seabed-Structure Interactions：Modelling, Processes and Applications [M]. Cambridge University Press, 2018.

[95] 孙百顺, 孟祥玮, 戈龙仔, 等. 波浪作用下软土地基半圆型防波堤稳定性模型实验研究 [J]. 地震工程与工程振动, 2018, 038（001）：97-107.

[96] Yan Z, Zhang H Q, Sun X P. Tests on wave-induced dynamic response and instability of silty clay seabeds around a semi-circular breakwater [J]. Applied Ocean Research, 2018, 78：1-13.

[97] Yan Z, Zhang H Q, Sun X P, et al. Model Tests and Parametric Analysis on Pore Pressure Response in Silty Clay Seabed under Vertical Caisson Breakwater [J]. Journal of Testing and Evaluation, 2019, 47（3）：20180016.

[98] 吕豪杰, 周香莲, 王建华. 波浪荷载作用下桩周土体孔隙水压力试验研究 [J]. 上海交通大学学报, 2018, 52（7）：757-763.

[99] Wang S, Wang P, Zhai H, et al. Experimental Study for Wave-Induced Pore-Water Pressures in a Porous Seabed around a Mono-Pile [J]. Journal of Marine Science and Engineering, 2019, 7（7）：237.

[100] Zhang Q, Zhai H, Wang P, et al. Experimental study on irregular wave-induced pore-water pressures in a porous seabed around a mono-pile [J]. Applied Ocean Research, 2020, 95：102041.

[101] 金小凯, 陈锦剑, 廖晨聪. 波浪荷载对单桩承载力影响的水槽模拟试验研究 [J]. 上海交通大学学报, 2021, 55（4）：7.

[102] Sun K, Zhang J, Gao Y, et al. Laboratory experimental study of ocean waves propagating over a partially buried pipeline in a trench layer [J]. Ocean Engineering, 2019, 173（2）：617-627.

[103] Liang L. PORO-FSSI-FOAM：Seabed response around a mono-pile under natural loadings. 2019.

[104] Ye J, Jeng D, Wang R, et al. Validation of a 2-D semi-coupled numerical model for fluid-structure-seabed interaction [J]. Journal of Fluids & Structures, 2013, 42：333-357.

[105] Ye J, Jeng D S, Chan A, et al. 3D integrated numerical model for Fluid-Structures-Seabed Interaction (FSSI)：Loosely deposited seabed foundation [J]. Soil Dynamics & Earthquake Engineering, 2017, 92：239-252.

[106] 周李杰. 烟台港抛石防波堤波浪动力响应的数值分析 [D]. 武汉理工大学, 2018.

[107] Akbari H, Taherkhani A. Numerical study of wave interaction with a composite breakwater located on permeable bed [J]. Coastal engineering, 2019, 146（4）：1-13.

[108] Lin Z, Pokrajac D, Guo Y, et al. Investigation of nonlinear wave-induced seabed response around mono-pile foundation [J]. Coastal Engineering, 2017, 121（3）：197-211.

[109] Zhao H Y, Jeng D S, Liao C C, et al. Three-dimensional modeling of wave-induced residual seabed response around a mono-pile foundation [J]. Coastal Engineering, 2017, 128：1-21.

[110] Sui T, Zhang C, Jeng D S, et al. Wave-induced seabed residual response and liquefaction around a mono-pile foundation with various embedded depth [J]. Ocean Engineering, 2019, 173（2）：157-173.

[111] 段伦良, 波流荷载作用下桩基周围海床动力响应及液化机理研究 [D]. 2019, 西南交通大学.

[112] Wu S, Jeng D S. Effects of dynamic soil permeability on the wave-induced seabed response around a buried pipeline [J]. Ocean Engineering, 2019, 186（8）：106132.1-106132.9.

[113] 余克服, 张光学, 汪稔. 南海珊瑚礁：从全球变化到油气勘探——第三届地球系统科学大会专题评述 [J]. 地球科学进展, 2014, 29（11）：1287-1293.

[114] 刘汉龙, 肖鹏, 肖杨, 等. MICP胶结钙质砂动力特性试验研究 [J]. 岩土工程学报, 2018, 40（01）：

38-45.

[115] 朱长歧，陈海洋，孟庆山，等. 钙质砂颗粒内孔隙的结构特征分析［J］. 岩土力学，2014，35（07）：1831-1836.

[116] 徐学勇，汪稔，王新志，等. 饱和钙质砂爆炸响应动力特性试验研究［J］. 岩土力学，2012，33（10）：2953-2959.

[117] 秦月，姚婷，汪稔，等. 基于颗粒破碎的钙质沉积物高压固结变形分析［J］. 岩土力学，2014，35（11）：3123-3128.

[118] 秦月，孟庆山，汪稔，等. 钙质砂地基单桩承载特性模型试验研究［J］. 岩土力学，2015，36（06）：1714-1720，1736.

[119] 刘汉龙，张宇，郭伟，等. 微生物加固钙质砂动孔压模型研究［J］. 岩石力学与工程学报，2021，40（04）：790-801.

[120] 肖鹏，刘汉龙，张宇，等. 微生物温控加固钙质砂动强度特性研究［J］. 岩土工程学报，2021，43（03）：511-519.

[121] 刘汉龙，马国梁，赵常，等. 微生物加固钙质砂的宏微观力学机理［J］. 土木与环境工程学报，2020，42（04）：205-206.

[122] 刘汉龙，马国梁，肖杨，等. 微生物加固岛礁地基现场试验研究［J］. 地基处理，2019，1（01）：26-31.

[123] 魏久淇，王明洋，邱艳宇，等. 钙质砂动态力学特性试验研究［J］. 振动与冲击，2018，37（24）：7-12.

[124] 蒋明镜，杨开新，陈有亮，等. 南海钙质砂单颗粒破碎试验研究［J］. 湖南大学学报（自然科学版），2018，45（S1）：150-155.

[125] 任玉宾，王胤，杨庆. 颗粒级配与形状对钙质砂渗透性的影响［J］. 岩土力学，2018，39（2）：491-497.

[126] 吴野，王胤，杨庆. 考虑钙质砂细观颗粒形状影响的液体拖曳力系数试验研究［J］. 岩土力学，2018，39（9）：3203-3212.

[127] 王胤，周令新，杨庆. 基于不规则钙质砂颗粒发展的拖曳力系数模型及其在细观流固耦合数值模拟中应用［J］. 岩土力学，2019，40（5）：2009-2015.

[128] Beger M, Sommer B, Harrison P L, et al. Conserving potential coral reef refuges at high latitudes［J］. Diversity and Distributions, 2014, 20（3）: 245-257.

[129] Gischler E, Dietrich S, Harris D, et al. A comparative study of modern carbonate mud in reefs and carbonate platforms: Mostly biogenic, some precipitated［J］. Sedimentary Geology, 2013, 292: 36-55.

[130] Zhang C, Nguyen G D, Einav I. The end-bearing capacity of piles penetrating into crushable soils［J］. Géotechnique, 2013, 63（5）: 341-354.

[131] Zhu C Q, Liu H F, Zhou B. Micro-structures and the basic engineering properties of beach calcarenites in South China Sea［J］. Ocean Engineering, 2016, 114: 224-235.

[132] Zhu C Q, Qin Y, Meng Q S, et al. Formation and sedimentary evolution characteristics of Yongshu Atoll in the South China Sea Islands［J］. Ocean Engineering, 2014, 84: 61-66.

[133] Yang S, Yang C, Huang M, et al. Study on bond perfor-mance between FRP bars and seawater coral aggregateconcrete［J］. Construction and Building Materials, 2018, 173: 272-288.

[134] Zhu C Q, Liu H F, Wang X, et al. Engineering geotechnical investigation for coral reef site of the cross-sea bridge between Malé and Airport Island［J］. Ocean Engineering, 2017, 146: 298-310.

[135] Wang J C, Wang C Y, Han Z Q. Analysis of coral reef rock mass Integrity based on RMDI method［J］. Applied Mechanic sand Materials, 2014, 580-583: 641-650.

[136] Drupp P S, De Carlo E H, Mackenzie F T. Porewater CO_2-carbonic acid system chemistry in permeable carbonate

reef sands [J]. Marine Chemistry, 2016, 185: 48-46.

[137] Clark A C, Vanorio T. The rock physics and geochemistry of carbonates exposed to reactive brines [J]. Journal of Geophysical Research: Solid Earth, 121 (3): 1497-1513.

[138] Albright R, Takeshita Y, Koweek D A, et al. Carbon dioxide addition to coral reef waters suppresses net community calcification [J]. Nature, 2018, 555: 516.

[139] 夏景全，任瑜潇，陈煜，等. 珊瑚礁生态修复技术进展 [J]. 海南热带海洋学院学报, 2019, 26 (05): 23-33.

[140] 赵焕庭，王丽荣. 南海诸岛珊瑚礁人工岛建造研究 [J]. 热带地理, 2017, 37 (05): 681-693.

撰稿人：贾永刚　杨　庆　黄　雨　单治钢　汪　稔　陆永军

红层工程研究进展及展望

一、引言

红层是地球同步相伴生命演化和人类发展的最具标志性地层，是生产生活、工程建造、资源开采等人类活动的主要地层之一。其中，以中-新生代陆相沉积红色碎屑岩层及其风化物为主的红层遍布七大洲四大洋，陆地红层分布集中。我国陆地及南海均有红层出露，陆地红层至少188.75万平方千米，95%以上分布在西北、东南、西南，其已成为工程、地质、灾害、资源、生态、环境、能源、材料等领域关注的焦点之一。进一步地，红层工程涉及的主要地质体包括红层泥质岩（软岩）、砂砾岩（硬岩）、软硬相间岩体等，因软化、大变形、崩解等灾变效应导致地质灾害、工程病害、生态损害等问题十分突出，加之红层组构较其他岩土体特性集聚，红层地质工程、红层岩石工程、红层生态工程、红层利用工程已成为红层工程研究的主要方向。因此，人类如何从红层的本底属性出发，做好红层地质灾害防治、红层工程安全保障、红层生态维护修复、红层绿色低碳利用等，实现以红层为基底的工程可持续发展，是红层工程科技工作者的中心任务。

红层地质工程主要针对红层地质灾害防治与致灾机理的研究。红层地质灾害主要包括滑坡、泥石流、塌陷等。自20世纪50年代起，布伦若河谷大滑坡、金川露天矿边坡大变形等红层地质灾害引起了我国科技工作者广泛关注。随着人类活动越来越剧烈，恶劣天气越来越频繁，滑坡等红层地质灾害频发，特别是秭归红层连续性滑坡群、天水稍子坡滑坡群、通县特大滑坡群、果洛特大滑坡群、叠溪地震滑坡群、东乡泥石流、屏山泥石流、喜德泥石流等重大红层地质灾害已严重影响红层地区经济社会发展，使得红层地质工程研究成为地质工程与灾害领域的焦点。其中，地质灾害孕育形成机制、水岩作用致灾机理、监测预警及防控措施等是国内外长期以来关注的主要问题。因此，红层地质工程研究的主要任务是解决红层地质灾变理论与有效防治技术的难题。

红层岩石工程主要面向红层地区重大工程。自战国时代都江堰起，到当代的葛洲坝工程、三峡工程、武广高铁、京珠高速、川藏铁路及一系列城市轨道交通、地下空间、港口码头、水电站等红层岩石工程一直引起了广泛关注。随着经济社会的快速发展，水利、铁路、公路、市政、矿山等红层岩石工程建造与运维规模、数量快速增长，特别是三峡工程、川藏铁路等一批红层重大工程，已成为国之重器，使得红层岩石工程研究已成为基础设施领域的焦点。其中，复杂条件下红层软岩软化、硬岩崩解、岩层蠕变效应、裂隙渗流等易导致大变形、塌方、岩爆、涌水突泥等病害，是红层岩石工程长期以来关注的主要问题。因此，红层岩石工程研究的主要任务是解决复杂条件下红层岩体稳定性控制理论与技术难题。

红层生态工程主要针对红层地貌保护与荒漠化治理的研究。自2010年中山大学牵头主持中国丹霞申遗成功后，丹霞、雅丹、彩丘、风城等红层地貌保护及其荒漠化问题引起了广泛关注。随着人类活动越来越剧烈，恶劣天气越来越频繁，自然灾害和人类活动成为红层地貌破坏、荒漠化加速的两大主要因素。红层地貌保护与荒漠化治理难度越来越大，使得红层生态工程研究已成为生态环境领域的焦点。其中，红层浅表层演化、生态修复问题是红层生态工程长期以来关注的主要问题。因此，红层生态工程研究的主要任务是解决地貌保护、荒漠化治理的难题。

红层利用工程主要集中在红层矿物材料复配与改性。自20世纪80年代湖南莲易高速公路采用红层作为路基填料[1]，红层利用工程引起了广泛关注。随着经济社会的快速发展，红层岩土体及其风化物复配与改性研究及应用越来越多，特别是引入高性能绿色材料等改性以不同级配颗粒为主的红层岩土体技术的成功研发与应用，已逐渐成为改善、替代建筑、生态等领域传统材料及技术的重要工具之一，使得红层利用工程研究成为材料工程领域的焦点。其中，红层作为路基填料、泥膜和护坡等材料研发应用是红层利用工程长期以来关注的主要问题。因此，红层利用工程研究的主要任务是解决红层岩土材料性能提高及大规模应用技术的难题。

红层工程的水平是一个国家或地区的综合科技实力的反映，也是其可持续发展的标志之一。我国以红层为基底的地质灾害、工程病害、生态损害规模全球少有，形成环境十分独特，人类活动异常强烈，灾害天气尤为频发，重大灾害极其严重，高危风险长期隐伏，这为红层工程带来了重大科学技术挑战与机遇，是红层工程水平提升的重要推动力。本报告将比较系统地评述红层工程国内外研究现状，凝练其进展与创新点，阐述挑战与对策，为今后红层工程研究发展提供参考与支持。

自20世纪70年代以来，红层工程研究有了长足进步。图1是1970年以来红层工程文献数量统计，从总趋势曲线上分析，可划分为三个阶段。1980年前为红层工程研究缓慢发展阶段，论文数量少，综合水平不高；进入1980年，红层工程研究成果数量呈稳步上升阶段；2000年开始红层工程研究成果进入了井喷式上升期，反映出近年来关于红层地质工程、红层岩石工程、红层生态工程、红层利用工程等方面的研究越来越多、综合水平越来越高。通过对比国内、国外发文量可看出，国内与国外总发文量较为接近，且我国关于红层研究的发文量远高于其他国家。

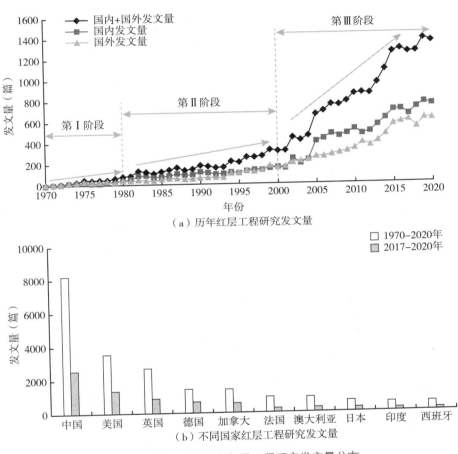

图 1　1970—2020 年红层工程研究发文量分布

随着科技的不断进步，红层工程已由过去的灾害防治发展到材料利用；从反向控制发展到正向调控，并向智能化、规模化、绿色化等方向发展，逐渐形成以地质、工程、生态、利用等为主的红层工程体系。

（一）红层地质工程研究现状

随着人类活动广度、深度不断加大，灾害性天气频发，由重大工程建造运维触发的崩塌、滑坡、泥石流等红层地质灾害问题越来越突出，其灾变机制、致灾机理与防治技术成为学术界与工业界的重点关注对象。1970 年以来红层地质工程文献数量从总趋势上分析，可划分为三个阶段，各阶段变化趋势与图1一致，但国内发文量远高于国外发文量。2017—2020年，以中国为代表的科技机构和学者完成一系列成果，约发表了450篇文献，公开了20余件专利，获批了6项科技项目。

红层地质灾变机制方面，重点通过现场勘测、阐明红层灾变的地形地貌、地层岩性、地质构造、气象水文等条件，以及与地震、工程等的联系。在此基础上，概化红层地质体赋存条件，开展滑带体环剪试验、全应力应变渗透试验、耐崩解试验等，揭示红层岩土体静止、运动等不同阶段的剪切、位移过程、应力-应变变化、渗透性演化及强度软化等规律，探讨红层崩塌、滑坡、泥石流发生机制。结合有限元、离散元、有限差分等数值模拟方法，研究断层、地震、工程对红层崩塌、滑坡、泥石流形成的影响规律[2-7]。

红层地质的力学性质复杂，水理性较差，对水、力、热等环境因素敏感。同时红层地质体在水力耦合等环境因素的诱发下会发生时效性的破坏，致灾过程从小尺度发展为工程尺度。因此红层地质致灾机理方面，重点结合多场耦合方法及其试验仪器设备改进、研制等，开展了大量的不同条件下红层地质体破坏试验，以揭示机理。在水、力、热等多场耦合理论方面，通过建立水-力耦合模型等来描述红层水岩相互作用，阐释红层软岩软化致灾因素等[9-15]，包括对地热系统作用下红层软岩的力学性能试验研究、红层软岩遇水崩解试验研究；通过建立不同受荷条件耦合作用下红层岩体蠕变和跨尺度损伤模型，研究红层软岩遇水软化的时效弱化过程，揭示红层灾变机理[11,13,14,16,17]；建立循环加卸载条件下红层软岩力学响应与本构模型研究[18]，揭示红层软岩疲劳致灾机理；通过研究水-力耦合作用下红层软岩长期强度参数降低现象，揭示了红层软岩劣化机理[19]；通过分析化学场、温度场、非稳定流等多种工况[20,21]下红层地质体稳定性演化规律，揭示红层软化致灾机理；通过离散元模拟等方法，建立红层岩土体的宏细微观模型[8,22,23]，揭示红层蠕变、损伤的跨尺度致灾机理[24,25]。在试验仪器设备改进与研制方面，通过研制岩石多场耦合损伤全程高时空分辨三维可视化试验系统、高温高压程控岩石热导仪、高效液相-电感耦合等离子体-质谱联用仪等新仪器，开展水、力、热、化学等多场耦合条件下的声发射[26-29]、CT[30-32]等量测，结合电镜扫描[33-35]结果，揭示红层岩土体细宏观损伤全过程机理；其中，岩石多场耦合损伤全程高时空分辨三维可视化试验系统，能够捕捉流固热化学耦合作用下岩石内外损伤变化瞬间，并可高时空分辨三维可视化再现损伤演化全过程，填补了多相多场耦合作用下岩石损伤试验的空白。

红层地质灾害防治技术方面，重点通过监测反馈开展截排、支挡、防渗等。在监测方面，主要监测环境因素、地表位移、深部位移及崩塌、滑坡及泥石流的宏观地质观测；利用监测数据，通过机器学习建立仿真平台进行红层时效性破坏预测，以预报灾害[36,37]。在截、排水工程方面，通过改善沿边坡等工程周界的排水沟，避免雨水直接进入岩土体加剧滑坡变形[38-40]。在支挡工程方面，主要通过在滑块中前部布设抗滑桩，以支挡滑坡的剩余下滑力，或通过锚杆、挡土墙等，实现坡体加固[41-43]。在护坡防渗工程方面，通过优化坡面植被，增加植被覆盖面积与根系网络深度，实现防渗固土[44-46]。

上述2017—2020年红层地质工程国内外研究现状中，针对中国西南地区红层崩塌、滑坡、泥石流等多场耦合灾变机制机理研究较为集中，涉及文献194篇，中国处于领跑地位，是为研究热点。同时，关于红层跨尺度关联致灾机理研究较少，涉及文献2篇，但受到的关注越来越多，是为研究冷点。

（二）红层岩石工程研究现状

由于重大工程不断增加，红层隧道、地基、基坑、边坡等工程数量、密度、规模增长迅速，与之伴随的红层工程病害问题也成为学术界与工业界的重点关注对象。1970年以来红层岩石工程文献数量统计总趋势可划分为三个阶段，但国内发文量在2000年后远高于国外发文量。2017—2020年，以中国为代表的科技机构和学者完成一系列成果，约发表了640篇文献，公开了三十余件专利，获批了十七项科技项目。

红层隧道工程方面，主要集中于大变形控制上，涉及开挖与支护两个方面。红层软岩其遇水软化特性和膨胀特性对隧道施工及长期稳定性造成了严重影响，所以在对红层地区隧道工程的变形控制研究集中于软化性和膨胀特性上。通过室内红层软岩吸水膨胀时膨胀力和软化时软化系数的研究，结合隧道监测数据和数值模拟技术，为红层软岩地区隧道工程大变形控制提供决策[47-49]。针对红层遇水软化，隧道围岩稳定性差问题，通过研究不同等级围岩的隧洞开挖时地下水位对围岩的位移和应力的影响，提出台阶法改进法[50, 51]，为不同围岩等级大变形隧道工程开挖方式提供新手段。在开挖方面，红层裂隙岩体的应力集中和大变形监测控制研究较多，通过新型探针及测力计、监测预警云平台等[52-55]，快速获取开挖过程围岩变化信息，提高开挖施工安全保障能力；通过泥浆成膜技术等，改善围岩压力及开挖护壁温度[56-59]；通过数值模拟分析裂隙岩体渗流效应，结合化学注浆等防渗漏技术，保障富水红层软岩隧道开挖稳定性[60-62]。在支护方面，通过监测反馈、解析计算、室内测试、现场试验、数值模拟与优化设计等，改进红层裂隙岩体大变形支护措施。具体地，通过改进锚杆测力计、光纤传感器等，建立围岩-支护稳定性监测系统[66]，开展支护监测反馈分析[52, 64, 65]，以优化支护系统[56, 57]或建立新支护系统[66-68]。进而基于红层软岩隧道失稳机理分析，结合钢-混组合等新型支护结构，研究了多因素耦合作用下支护稳定性，改善围岩应力环境[69-71]。结合数值模拟计算，揭示了不同因素对支护变形的影响机理，验证了钢格栅混凝土核心筒支护结构等的合理性与实用性[68, 72, 73]。在此基础上，由于传统的锚杆支护受锚杆屈服强度和抗剪强度的影响而支护效果有限，层间滑移易发且极易剪断，建立了锚喷网-U型钢支架联合支护体系、先成预应力锚杆支护体系等新型支护体系关键技术，改善了支护效果[66, 74-76]。

红层地基工程方面，集中在对红层地基软岩体的改良和加固研究。针对改良研究，采用孔内高压射流定向切削破坏剪切带泥化夹层原岩结构，冲出红层工程地基的软弱碎屑和泥质，从而达到明显提升剪切带泥化夹层抗剪强度的目的[77]。针对富水红层黏土路基含水率高、无法压实等问题，如川藏铁路成雅段沿线工程，在原状红层黏土中掺入一定粒径配比的弱风化红层泥岩碎石，制成不同级配和含水率的改良填料，提高红层地基的压实性和强度[78,79]。在地基加固中，对红层地基黏土所表现出的超固结性和长期变形不均匀性，通过研究旋喷桩[80]、孔内深层强夯桩[81]、大直径素混凝土桩[82]在红黏土地基所表现出的物理力学特性，提出更细化的地基加固措施和建议。

红层基坑工程方面，主要集中在基坑开挖、支护变形特性上。红层基坑开发对周边环境产生影响的监测与评价，通过开挖过程变形控制指标[83,84]、仿真模拟[85-88]等，揭示开挖全过程变形机理，提出评价方法。红层基坑支护多开展排桩研究，通过研究双排桩支护结构性状[89]，分析了桩土界面特性、前后排桩间距等因素对支护结构的内力和变形的影响；建立了基于等效桁架模型的基坑双排桩结构计算模型，模拟了双排桩支护结构与周围土体之间的相互作用，分析了接触面刚度对双排桩支护结构的影响[90]；改善双排桩布置形式和深度提高支护整体稳定性与抗倾覆稳定性[91,92]。

红层边坡工程方面，相对于其他边坡工程，由于红层地区边坡的顺层破坏与遇水弱化的特性，研究集中于典型的红层边坡顺层滑坡和红层在干湿循环及耦合条件下的稳定性分析。采用突变理论，考虑降雨对边坡的影响，建立了红层软岩顺层边坡的新的尖点突变模型，分析了边坡的突变的力学机制和突变演化过程[93,94]。通过研究干湿循环条件下红层泥岩微观结构及强度劣化规律，并耦合其他作用，在数值模拟技术中充分考虑红层软岩的胀缩特性以及边坡初始孔隙裂隙分布状态，模拟分析了边坡稳定性变化规律，总结了边坡失稳机理[95,96]。

红层岩爆方面，一般发生岩爆为深部硬岩，但最新研究表明红层软岩也会发生岩爆。对于红层岩爆机理研究，现场通过微震监测、声发射和钻孔摄像等多种手段，得出红层岩爆发生前的微震活动规律和能量释放规律，分析岩爆的孕育发展过程和形成机制规律；通过对微震活动的时间和空间演变特征进行综合分析，提出了基于微震活动监测的红层岩爆预测模型[97]。通过微震监测数据，提出了基于四个参数（微震活动的密度分布、微震活动强度和频率之间的关系、微震活动强度、应力集中强度）的岩爆判断准则[98]。同时，学者们基于新分析算法，如 SVM 预测模型、T-FME 岩爆倾向性预测模型、RS-TOPSIS 模型等新分析算法模型对红层岩爆进行预测[99-102]。

对红层崩解塌方，红层在遇水的条件下将会发生软化，颗粒脱落崩解，强度大幅降低，工程上易造成塌方。主要研究集中于红层软岩遇水时的崩解特性与微观机理分析研究，以及崩解塌方的预测与稳定性研究[103-106]。

红层软岩在内外地应力的作用下极易风化，风化层遇水泥化容易诱发泥石流灾害。目前对红层泥石流的研究主要分为泥石流的形成机理研究、泥石流过程动力研究以及红层泥石流灾害的防治措施研究[107-109]。

红层发育的盆地和湖泊环境周围是石灰岩丘陵山地时，在适宜气候条件下，该丘陵山地提供大量的石灰岩砾石和富钙溶液进入盆地，形成红层可溶岩[110]。目前，关于红层岩溶的研究大多集中在岩溶发育特征或坍塌机理上，研究人员总结了红层中岩溶发育的地层类型，如钙质砾岩、砾屑石灰岩、钙质砂砾岩；概化了红层岩溶的三种塌陷模式：红层上覆松散层塌陷、红层溶洞顶板垮塌以及红层整体垮塌等。红层岩溶地层中地下工程主要的风险是突水突泥和塌陷，其中矿山（钻爆）法塌陷风险概率高，产生的塌陷影响范围最大[111]。这系列地理、地质、地貌方面的基础研究成果为在红层岩溶发育区的工程建设提供了指引。

在红层岩体隧道中，在一定的构造背景、岩性组合、水文地质条件组合下，存在发生涌水突泥的可能[112,113]。现有研究在大量的地表水和地下水的化学分析的基础上，进行物理模型试验，采用基于宏量组分的聚类分析能够确定地下水的来源[113,114]，并结合数值模拟建立裂隙网络岩体渗流模型[115]，为预测红层隧道涌水突泥问题提供了指导性意义。

上述2017—2020年红层岩石工程国内外研究现状中，针对红层隧道、边坡工程大变形研究较多，涉及文献452篇，是为研究热点，中国处于领跑地位。同时，关于红层地基、基坑变形支护研究较少，涉及文献63篇，但受到的关注越来越多，是为研究冷点。

（三）红层生态工程研究现状

红层地区在自然和人为因素干扰下发生植被退化、水土流失，会造成红层地貌破坏与荒漠化层，产生损害，严重制约红层地区可持续发展，与之伴随的红层生态损害问题也成为学术界与工业界的重点关注对象。1970年以来红层生态工程文献数量总趋势可划分为两个阶段，1992年以前相关研究较少、研究水平不高，1992年以后相关研究呈井喷式增长。国内发文量在1992年后低于国外发文量。2017—2020年，以中国为代表的科技机构和学者完成一系列成果，约发表了1360篇文献，公开了20余件专利，获批了11项科技项目。

红层地貌破坏与荒漠化机制机理方面，通常开展红层的持续高温试验、高温 – 低温交替试验、干湿循环试验、耐崩解试验等，以揭示红层风化地貌的成因和动力机制[116-119]；通过现场调查、监测和室内试验，定量研究红层岩体崩解速率，评价其稳定性[120-122]；通过研究红层地区植被退化过程及退化过程中生物量的变化，定量评价植被退化对红层地貌影响程度[123-126]；通过研究红层水土流失演化过程中的侵蚀沟类型及特征，揭示不同演化阶段红层岩土体物理化学性质的变化规律，并通过雨强、径流量及侵蚀量的监测来定量表征红层水土流失量[127-129]。

红层地貌保护与荒漠化治理方面，主要根据丹霞、雅丹、彩丘、风城等红层地貌保护与治理工程的实践，通过现场勘测、试验分析、机制研究、生态修复等，改进相关技术措施和解决策略。现场勘测主要在红层地貌野外调查的基础上，通过pH值、色度、粒度、含水率及荒漠化侵蚀沟形态特征等量测，查明红层地貌演化阶段及发育特征，给出生态修复建议与措施[130-133]。试验分析主要在针对红层生态防护开展，采用高性能酯类材料、生物酶纤维、聚合物固化剂水泥浆等新型材料，进行室内抗冲刷试验与现场原型试验，分析新材料对红层生态防护的有效性[134-137]。机制研究侧重红层与地貌发育 – 自然灾害 – 水土流失 – 生态退化 – 综合地理环境 – 生产和生活之间相互关系，涉及基于常规外动力作用的关联性和消长机制的外动力作用系统研究、基于外动力综合作用机制的红层特性 – 地表侵蚀 – 地貌发育 – 生态演化等外动力系统集成研究、红层地貌侵蚀 – 红层荒漠化 – 生态退化的一般动力机制和控制原理[138-142]。生态修复主要包括水利修复、红壤改良、植物种植改良等三类。水利修复主要采用滴灌、喷灌或者灌溉等，使得红壤中水分空间布局分布均匀，盐分在水压作用下渗到深层红壤，从而降低表层红壤中的盐分[143-146]。改良土壤主要采用化学改良试剂或者绿色生态材料等对红壤物理结构进行改善，以实现固土培根[147-150]。植物种植改良主要改良物种、优化种植结构等，可直接增加地表覆盖面积，从而降低水分蒸发量，防止盐分随水分的蒸发而上升至土壤表层，植物根系生长改善土壤物理性状，以防治土壤侵蚀、防风固沙和改善土壤，从而减少荒漠化面积[151-155]。

上述2017—2020年红层生态工程国内外研究现状中，针对中国西部、南部地区的丹霞、雅丹、彩丘、风城等红层地貌风化水蚀及其修复研究较多，涉及文献196篇，是为研究热点，中国处于领跑地位。同时，关于红层地貌保护与荒漠化治理的新型功能材料研究较少，涉及文献七篇，但受到的关注越来越多，是为研究冷点。

（四）红层利用工程研究现状

红层利用工程主要利用了红层岩土体比传统材料成本低、无污染、与天然岩土体及其环境条件的相容性好、水土耦合作用强烈等特点，在填料、泥膜、生态防护、油气储存等方面开展了不少实验研究工作，但实际情况复杂多变，大规模应用技术仍处于探索阶段。1970年以来红层利用工程文献数量总趋势可划分为三个阶段。国内发文量仍高于国外发文量。2017—2020年，以中国为代表的科技机构和学者完成一系列成果，约发表了270余篇文献，公开了20余件专利，获批了17项科技项目。

红层填料方面，由于红层在我国广泛分布，大量公路、铁路线不可避免地穿越红层地区，红层岩土体既是施工对象，又可以作为建筑材料有效利用。红层岩土体经过破碎、压实等处置后作为基床填料，经大量试验和工程实践证明可以满足沉降要求，提高整体承载性[156-160]，与传统填料相比可以降低工程成本[156, 161, 162]。红层填料不仅可用于公路路基，也可应用于铁路路基，将红层、碎石与土工膜共同使用作为铁路路基，能达到一定的强度且变形较小[161,163,164]。在公路、铁路领域的红层填料填筑技术较为成熟，而针对红层填料病害防治也形成了一套措施，总体可概括为：充分破碎、充分压实、隔离水分，公路与铁路部门的具体要求有差异。但在道路长期运营过程中，红层填料路基变形破坏问题一直存在，特别是由于红层的水土耦合作用强烈，红层填料在长期干湿循环作用下的病害未能得到有效解决[165]。

红层成膜方面，主要利用红层风化土黏土矿物含量高的特点应用于泥浆成膜。由于传统的人造泥浆材料成本高、影响环境，而天然红层风化土分布广且储量大，其中含有大量黏土矿物，其微聚体中广泛分布的微孔和裂缝提供了必要的水分迁移通道，可产生一定结构强度[166]，可作为成膜材料。通过开展红层风化土泥浆成膜控制试验，研究了其成膜效果并进行质量评价，建立了砂土地层中红层风化土泥浆成膜控制方法，验证了红层风化土泥浆成膜在砂土地层中的良好适应性以及成膜质量的有效可控性[57]；总结了红层风化土成膜的基本模式和破坏裂纹的主要形态，为红层风化土泥浆在地层中渗透距离的控制和红层风化土泥膜薄弱位置的确定提供指导[167]。由此，将红层风化土作为泥浆成膜材料，具有成本低、无污染、与天然岩土体及其环境条件的相容性好等优势，可应用于盾构开仓后在开挖面上形成致密泥膜，从而平衡地层中的土水压力，以维持开挖面稳定性、预防突泥涌水等问题较为有效[168]；也可应用于地下连续墙、深孔钻探等工程[169]。

红层生态防护方面，主要包括红层自身的生态防护和红层作为生态防护材料的应用两种情况。红层自身的生态防护主要应用红层软岩具有强度低、水稳定性低、抗扰动性能差的特点[34,170]，一般通过改性来改变这些特点。传统方法是通过化学改性、水泥改性以及复合改性的方法，来抑制红层软岩的变形，改变红层软岩的结构，抑制其软化[171-174]。近年来对红层风化土的崩解机理从土体的组分和组构的角度进行了分析，向红层中加入特制高性能酯类材料，能够有效提高红层风化土体颗粒间的联结性，进而对其崩解产生抑制作用[175,176]，改性后的红层软岩强度增大，水稳定性提高。抗扰动性变强，自身生态防护效果显著。红层作为生态防护材料的应用，同样是利用了红层改性原理，主要针对边坡坡面易冲刷并造成表面水土流失或失稳等问题，从生态护坡角度，将一定配比的红层风化土和高性能酯类材料混合用于土壤改性，实现长效生态防护[177,178]。改性后的红层风化土作为生态防护材料，不仅具有水稳定性，还具有良好的生态性能以利于植被生长[179-181]。因此，研究开发低成本、高性能、无污染、可降解、施工便利的红层生态防护材料是未来之趋势。

红层油气储存方面，主要是将红层作为标志性地层加以利用，充分发挥其油气勘探的指示功能。红层大多形成于封闭干燥的易于沉积的古盆地和古湖盆环境，多发育有膏岩层；红层本身不具有生烃条件，但红层断裂输导体系、圈闭条件使其往往变成油气储层，是油气勘探的指示剂和有力工具[182]。油气勘探深度日益提高，突破难度也随之增加。利用红层分布预测油气储藏成为新的突破口。塔里木盆地中志留系塔塔埃尔塔格组即为红层,最大残余厚度在800米以上。该层在全盆地易于追踪,故可作为整个志留系的对比标志层,明显反映志留系重要古构造变革期后古环境及古气候的转变;志留系红层之下具有很好生油层,故红泥岩段的发育和分布对志留系的油气保存和成藏具有重要影响,同时红层的研究也对志留系油气有利圈闭的预测具有一定的指导和实践意义[183]。

上述2017—2020年红层利用工程国内外研究现状中,针对红层填料研究较多,涉及文献201篇,是为研究热点,中国处于领跑地位。同时,关于泥膜、生态防护、油气储存研究较少,涉及文献35篇,但受到的关注越来越多,是为研究冷点。

二、红层工程研究的进展与创新点

近三年,红层工程在地质工程、岩石工程、生态工程、利用工程等四个方面均取得了重要进展,形成了一批创新性成果。

(一)红层地质工程研究的进展与创新点

红层地质工程研究重要进展主要体现在复杂多场耦合条件下红层岩体破坏的时效性表征。大多数红层地质灾害过程中的大变形受到长时荷载的蠕变效应控制,改进传统流变模型以适用于红层地质体灾变,形成了一系列流变时效模型,代表性的包括流变全过程效应的元件模型、基于积分原理的连续性分数阶流变模型、各向异性红层软岩的流变本构模型等[19,184-191]。这些模型可较好地定量表征红层灾变的时效性,丰富了红层地质工程理论研究,为红层地质工程设计与灾害防治提供了依据。

红层地质工程研究进展中的主要创新点体现在:通过研发新设备、新算法模拟与定量表征流变过程中的多场耦合条件,包括循环扰动[192,193]、复杂应力条件[194]、温度[195,196]、渗透压[194]、干湿循环[197]、水-力-热-化学[197,198]等各种多场耦合条件,进而揭示流变机制。这突破了以往多场耦合表征困难的瓶颈。研究发现极端不良的赋存环境都会对红层地质体带来劣化效应,其中扰动作用下红层地质体瞬时蠕变、减速蠕变、等速蠕变速率都会受到影响;渗透压与复杂应力条件会减少不同阶段蠕变时间导致破坏提前发生;蠕变位移会随着温度的升高而增加、长期强度随着冻融循环逐渐降低。这些发现可对清晰地揭示红层地质灾害形成机理提供重要帮助。

(二)红层岩石工程研究的进展与创新点

红层岩石工程研究重要进展主要体现在隧道、边坡工程上。深部红层软岩隧道工程提出了以锚索支护为核心的新型耦合支护理论和技术[199],发展了红层软岩松动圈理论和主次承载区支护理论[200]。红层边坡工程采用数值模型与微震监测数据进行反馈计算,提出基于微震损伤的边坡稳定性分析方法[201]。这些研究不但大大地提高了人们认识和分析岩石工程安全性的能力，也促进了岩石工程稳定性分析理论和应用发展及岩石工程监测预警和数值分析一体化。

红层岩石工程研究进展中的主要创新点体现在：无论是设计计算还是加固措施、稳定监测，都是以耦合条件下的联合支护为核心开展的，弥补了以往各要素独立进行的不足，其综合支护理论－数值模拟－实践－动态监测的一体化优势，具有较好发展趋势。

（三）红层生态工程研究的进展与创新点

红层生态工程研究重要进展主要体现在红层风化土改良与生态护坡。红层风化土改良主要利用有机肥、植被纤维复合土、新型生态材料等活化土壤，利用生活污泥和废弃塑料为原料，采用微乳化、高剪切和非均相混聚技术，制备纳米、亚微米级高分子复合材料改良土壤。生态护坡主要利用植被混凝土、厚层基材喷射植被等技术；其中，基材中各种材料的配比成为研究的核心[124, 202-205]。

红层生态工程研究进展中的主要创新点体现在：引入更丰富的绿色新型功能材料参加生态修复，并研发了相关配套技术，实现比传统技术更低碳、更环保、更节约的修复，这正逐渐成为取代传统建筑材料为主应用模式的方向。

（四）红层利用工程研究的进展与创新点

红层利用工程研究重要进展主要体现在细化了红层填料影响因素、成膜可行性与可靠性、生态防护材料应用快速推进。红层填料对路基、轨道、列车的动力响应影响的细化分析，更优化了填料质量和工艺；并通过进行不同基床填料的现场激振试验，形成一套填料质量判别及应用方法。红层风化土作为材料在泥浆成膜试验与控制研究上取得了重要进展，红层成膜的适应性和质量可控性完全满足一般工况要求，具有较强可行性和可靠性。红层岩土体作为生态材料与其他改性材料调配一起，可提高土体保水/持水性、增强土体强度、改善土体结构，具有更好的固土培根效果，具有更低碳、更环保、更节约的优势。

红层利用工程研究进展中的主要创新点体现在：充分利用红层岩土体自身的特性，实现适应性较广的材料应用，不仅将红层材料应用范围扩大，也弥补了传统人工材料性能、环保等方面的不足。

三、红层工程研究的挑战与对策

红层工程正处于前所未有快速发展阶段，同时伴随着人类活动、气候变化、环境演化等越来越剧烈，其在地质工程、岩石工程、生态工程、利用工程等四个方面均面临前所未有的挑战。这也为红层工程研究带来了难得的机遇，亟须给出对策并落实。

（一）红层地质工程研究的挑战与对策

红层地质体的岩体力学性质脆弱，对水、力、热等环境因素敏感，其发生破坏过程往往是从小尺度的损伤往大尺度的工程灾害逐渐演化的。红层地质工程研究的挑战主要体现在多效应跨尺度关联表征上。红层地质灾害机制机理的清晰揭示直接关系到防护的基础和效果，而清晰揭示就必须建立红层地质体灾变过程中物理、化学、力学效应的跨尺度关联。虽然这方面研究一直在进行，但鲜具有推进意义的重要成果，无论是数值计算的理论模型还是CT、SEM试验技术，均是某一效应在某两个尺度上或某两个效应在一个尺度上的简单关联，难以形成具有同步时效的完整系统。

针对这一挑战，我们需从系统的角度建立红层灾变过程中多效应能量跨尺度关联表征方法。灾变过程中的热量、电势、机械能等能量的转化始终贯穿于红层软岩灾变全过程与各个尺度上，无论是物理、化学、力学等各种效应，还是微观、细观、宏观等各个尺度，均不是独立存在的，均是以能量流为线索紧密形成多尺度级联效应的，以能量密度状态存在并展示于界面效应上，且界面过程在这一联系中起着核心控制作用[206]。因而能量转移、转化作为物质演化的本质特征之一，为研究红层灾变过程中多效应能量跨尺度关联提供了重要的突破口与解决途径。同时，按照上述思想，可以研制具有同步时效的多效应跨尺度关联试验装置也非常重要，这将很可能实现多效应跨尺度关联的可视化，将会极大改变这一挑战的应对策略。

（二）红层岩石工程研究的挑战与对策

红层岩石工程研究的挑战主要体现在传统红层工程理论方法不符合超大尺度工程实践要求上。红层岩土体介质充满着随机性、模糊性等不确定性，以及几何非线性的大变形等不确知性，存在长期流变，加之红层地区存在从厘米级到百米级断层，跨尺度特征明显。另外，红层的水理特征明显，遇水急剧软化，吸水膨胀，还存在大变形与裂隙渗流问题，在实际工程大尺度上，往往多因素多尺度耦合，随着红层工程深度和广度的不断增大，这对相应的理论分析、其数值模拟、监测预警、设计原理、支护方法与防护技术等提出了更高的要求。传统理论模型与方法技术已难以适应川藏铁路等红层工程建造运维需要。

针对这一挑战，红层岩石工程亟须工程、地质、信息、材料、机械等多学科融合协作，建立新理论模型、数值模拟方法、物理模拟与现场测试技术等，研发适于超大尺度工程实践的新材料、新工艺、新技术和新装备的应用；充分利用5G等新手段，构建有效的完整的理论、数值、试验与原型的一体化互馈模式。这不仅将提升红层岩石工程的建造运维能力，还可提升对红层工程的认识水平。

（三）红层生态工程研究的挑战与对策

红层生态工程研究的挑战主要体现在红层地貌破坏和荒漠化速度远大于生态修复速度。红层荒漠的基本特征为基岩裸露和生态功能丧失。红层荒漠化不同于一般定义下的荒漠化，也不同于"红土荒漠化"和喀斯特"石漠化"，而是由于岩性特殊的红层软岩在受到人类干扰加上自然营力的共同作用所产生的土地退化过程。中国是世界上受红层地貌破坏和荒漠化影响最严重的国家之一。虽然红层生态环境已有较大改善，但是在全球气候变暖及灾害性天气频发的大背景下，加之人类活动影响越来越大，在红层分布区，地表原有的生态结构遭到破坏，在各种外动力综合作用下，土层快速侵蚀，红层基岩或其风化壳裸露，呈现红色荒漠景观，土地生产力衰竭的极端性土地退化过程应属于荒漠化。加强湿润区红层区荒漠化问题研究，对于荒漠化问题的研究及该类地区生态环境的保护、治理有重要的理论和实践意义。目前常规修复方法与技术难以满足红层生态工程需求，红层生态损害问题尚未得到根本性逆转，亟待开展突破性工作。

针对这一挑战，红层生态工程亟须研发新型功能材料及其配套技术，以使生态修复速度超过地貌破坏和荒漠化速度。通过开展红层新型功能材料特性、利用原理和绿色技术的系统研究，开展大规模示范应用，构建红层生态修复新材料与绿色防护理论、方法与技术体系，是改善红层生态现状的主要途径。

（四）红层利用工程研究的挑战与对策

天然红层岩土材料强度低、水稳定性低、抗扰动能力差，但黏土矿物含量高，水土耦合作用强烈，红层利用工程研究的挑战主要体现在天然红层岩土材料特性的精准利用。红层岩土体的离散性导致其功能特性具有一定的随机性，这束缚了大规模推广应用。挑战的核心是红层材料的适用性问题：红层填料对不同工况的适用性，红层泥膜对复杂地质环境条件的适应性，生态防护材料对不同气候、基地的适应性。这些问题直接导致红层材料选择标准的困难，筛分技术的复杂，相容性控制难。因此，红层作为材料利用的进一步开展，亟须解决上述挑战难题。

针对这一挑战，红层利用工程应先研究天然红层岩土材料性能与功能的对应关系，再根据材料的底层属性研究统一的选择标准、筛分技术、相容性方法等，也可根据不同领域应用情况研究各自的选择标准、筛分技术、相容性方法等。上述研究需要开展大量的红层材料与工程的适用性调查工作，且需要由跨专业、跨地区的多家单位联合才能高效完成。这将是红层利用工程快速发展中不可回避的关键步骤。

（五）未来愿景

红层工程涉及地质、工程、生态、材料、力学、大气、机械、电子等多学科交叉融合，需多领域科技工作者共同面对挑战，从红层本底属性出发，协同攻关，以红层与工程互馈为主线，开展前瞻性研究工作，为经济社会可持续发展提供红层方案，是全球红层工程科技工作者的未来愿景；而面向国家重大需求，凝聚全球红层工程科技工作者，突破瓶颈束缚，取得红层工程科技原创性成果，建设全球红层工程科技中心，进而继续引领红层工程科技发展，保持全球红层工程研究前沿高地，更好地服务国家战略服务人民需要，则是当代红层工程科技工作者的责任与义务。

本报告的撰写特别感谢中国岩石力学与工程学会红层工程分会秘书处的支持，感谢秘书处殷浩、廖进、彭建文、夏昌等为报告付出的辛苦努力。

参考文献

[1] 吴六徕. 连易公路水泥路面病害分析[J]. 湖南交通科技，1997（S1）：66-69.

[2] ZHANG Q, XU Q, LI J, et al. Study on characteristics and cause mechanism of grouping inclined - shallow soil mass landslides on September 16, 2011 in Nanjiang [J]. Journal of Natural Disasters, 2015, 24（3）: 104-111.

[3] YAN Q W, LI X P, HE S M, et al. Experimental study of self-healing of slip zone soil in typical red bed landslide [J]. Rock and Soil Mechanics, 2020, 41（9）: 3041-3048

[4] XIANG G, XU M, CUI J, et al. Study on characteristics and formation mechanism of Dongjialiang landslide in Hualou Town, Wanyuan City, Sichuan Provinc [J]. South-to-North Water Transfers and Water Science & Technology, 2017, 15（1）: 145.

[5] MU W P, WANG K, QIAN C, et al. Study of formation mechanism of giant red bed old landslide in Shangwan of Qinghai province [J]. Rock and Soil Mechanics, 2017, 37（3）: 802-812.

[6] LIU Y, WU X, WANG B, et al. Formation mechanism and stability evaluation of a bedding landslide in red-bed strata in Xining north basin, eastern Qinghai province-a case study of Shibantan landslide [J]. The Chinese Journal of Geological Hazard and Control, 2017, 27（3）: 34-41.

[7] CAO W, LI W, TANG B, et al. PFC study on building of 2d and 3d landslide models [J]. Journal of Engineering Geology, 2017, 25（2）: 455-462.

[8] 周翠英，梁宁，刘镇. 红层软岩遇水作用的孔隙结构多重分形特征[J]. 工程地质学报，2020, 28（01）: 1-9.

[9] 刘家顺，靖洪文，孟波，等. 含水条件下弱胶结软岩蠕变特性及分数阶蠕变模型研究[J]. 岩土力学，2020, 41（08）: 2609-2618.

[10] 陈秀吉，陈群，周承京，等. 不同相对密实度含软岩堆石料的蠕变特性研究[J]. 岩土工程学报，2020, 42（S2）: 118-122.

[11] 陈卫忠，李翻翻，雷江，等. 热-水-力耦合条件下黏土岩蠕变特性研究[J]. 岩土力学，2020,41（02）: 379-388.

[12] 周翠英，苏定立，邱晓莉，等. 红层裂纹软岩在水-应力耦合作用下的变形破坏试验[J]. 中山大学学报（自然科学版），2019, 58（06）: 35-44.

[13] 王乐华,牛草原,张冰祎,等. 不同应力路径下深埋软岩力学特性试验研究[J]. 岩石力学与工程学报,2019,38(05):973-981.

[14] 杨秀荣,姜谙男,江宗斌. 含水状态下软岩蠕变试验及损伤模型研究[J]. 岩土力学,2018,39(S1):167-174.

[15] 邓华锋,方景成,李建林,等. 含水状态对红层软岩力学特性影响机理[J]. 煤炭学报,2017,42(08):1994-2002.

[16] 钟志彬,李安洪,邓荣贵,等. 高速铁路红层软岩路基时效上拱变形机制研究[J]. 岩石力学与工程学报,2020,39(02):327-340.

[17] 熊德发,王伟,杨广雨,等. 软岩非定常分数阶导数流变模型研究[J]. 三峡大学学报(自然科学版),2018,40(01):39-43.

[18] ZHAO B Y, LIU D Y, LI Z Y, et al. Mechanical behavior of shale rock under uniaxial cyclic loading and unloading condition [J]. Advances in Civil Engineering, 2018.

[19] WANG Y C, CONG L, YIN X M, et al. Creep behaviour of saturated purple mudstone under triaxial compression [J]. Engineering Geology, 2021, 288.

[20] LIU Z, HE X F, FAN J, et al. Study on the softening mechanism and control of red-bed soft rock under seawater conditions [J]. Journal of Marine Science and Engineering, 2019, 7(7).

[21] LIU Z, HE X F, ZHOU C Y. Influence mechanism of different flow patterns on the softening of red-bed soft rock [J]. Journal of Marine Science and Engineering, 2019, 7(5).

[22] 周翠英,梁宁,刘镇. 红层软岩压缩破坏的分形特征与级联失效过程[J]. 岩土力学,2019,40(S1):21-31.

[23] 白永健,葛华,冯文凯,等. 乌蒙山区红层软岩滑坡地质演化及灾变过程离心机模型试验研究[J]. 岩石力学与工程学报,2019,38(S1):3025-3035.

[24] LI H, YANG C H, MA H L, et al. A 3d grain-based creep model (3d-gbcm) for simulating long-term mechanical characteristic of rock salt [J]. Journal of Petroleum Science and Engineering, 2020, 185.

[25] ZHOU M J, SONG E X. A random virtual crack dem model for creep behavior of rockfill based on the subcritical crack propagation theory [J]. Acta Geotechnica, 2017, 11(4):827-847.

[26] Raziperchikolaee S, Alvarado V, Yin S D. Quantitative acoustic emissions source mechanisms analysis of soft and competent rocks through micromechanics-seismicity coupled modeling [J]. International Journal of Geomechanics, 2021, 21(3).

[27] SONG H Q, ZUO J P, LIU H Y, et al. The strength characteristics and progressive failure mechanism of soft rock-coal combination samples with consideration given to interface effects [J]. International Journal of Rock Mechanics and Mining Sciences, 2021, 138.

[28] ZHU X Y, CHEN X D, Dai F. Mechanical properties and acoustic emission characteristics of the bedrock of a hydropower station under cyclic triaxial loading [J]. Rock Mechanics and Rock Engineering, 2020, 53(11):5203-5221.

[29] MENG F Z, WONG L N Y, ZHOU H, et al. Asperity degradation characteristics of soft rock-like fractures under shearing based on acoustic emission monitoring [J]. Engineering Geology, 2020, 266.

[30] BAI Y, SHAN R L, JU Y, et al. Experimental study on the strength, deformation and crack evolution behaviour of red sandstone samples containing two ice-filled fissures under triaxial compression [J]. Cold Regions Science and Technology, 2020, 174.

[31] XU J, Haque A, GONG W M, et al. Experimental study on the bearing mechanisms of rock-socketed piles in soft rock based on micro X-ray CT analysis [J]. Rock Mechanics and Rock Engineering, 2020, 53(8):3395-3416.

［32］WANG H, WANG Y Y, YU Z Q, et al. Experimental study on the effects of stress-induced damage on the microstructure and mechanical properties of soft rock［J］. Advances in Civil Engineering, 2021.

［33］LIU Z, ZHOU C Y, SU D L, et al. Rheological deformation behavior of soft rocks under combination of compressive pressure and water-softening effects［J］. Geotechnical Testing Journal, 2020, 43（3）: 737-757.

［34］LIU Z, ZHOU C Y, LI B T, et al. A dissolution-diffusion sliding model for soft rock grains with hydro-mechanical effect［J］. Journal of Rock Mechanics and Geotechnical Engineering, 2018, 10（3）: 457-467.

［35］YANG X J, WANG J M, ZHU C, et al. Effect of wetting and drying cycles on microstructure of rock based on SEM［J］. Environmental Earth Sciences, 2019, 78（6）.

［36］ZHOU C Y, OUYANG J W, MING W H, et al. A stratigraphic prediction method based on machine learning［J］. Applied Sciences-Basel, 2019, 9（17）.

［37］ZHOU C Y, DU Z C, GAO L, et al. Key technologies of a large-scale urban geological information management system based on a browser/server structure［J］. Ieee Access, 2019, 7: 135582-135594.

［38］CAO X, WEN Z, CHEN H. Landslide development characteristics and preventive measures in the area with red beds in bazhong city, sichuan province［J］. The Chinese Journal of Geological Hazard and Control, 2019, 30（6）: 20-24.

［39］LI J, WANG C, MAO B, et al. Prevention and control countermeasures of translational landslide based on sliding distance calculation and hazard evaluation［J］. Journal of Yangtze River Scientific Research Institute, 2021, 38（4）: 63.

［40］Myat A K, Aung D W, Zaw T N, et al., Slope stability analysis along the road between Yinmabin and Kalaw in Mandalay region and Shan state, Myanmar［J］. In 4th International Conference on Construction and Building Engineering & 12th Regional Conference in Civil Engineering, 2020.

［41］YAN Q W, LI X P, TANG X, et al. Investigation of the strength recovery characteristics of a red-bed landslide soil by SHS and ultrasonic experiments［J］. Bulletin of Engineering Geology and the Environment, 2021, 80（7）: 5271-5278.

［42］YU B, MA E L, CAI J J, et al. A prediction model for rock planar slides with large displacement triggered by heavy rainfall in the Red bed area, Southwest, China［J］. Landslides, 2021, 18（2）: 773-783.

［43］YUAN Q, LIU P, TAN Y. Companative analysis of control measures against the landslides of gently inclined weak rocks along Huishui-Luodian Expressway in Guizhou［J］. The Chinese Journal of Geological Hazard and Control, 2018, 29（4）: 103-107.

［44］ZHANG Z H, CHEN X C, YAO H Y, et al. Experimental investigation on tensile strength of jurassic red-bed sandstone under the conditions of water pressures and wet-dry cycles［J］. Ksce Journal of Civil Engineering, 2021, 25（7）: 2713-2724.

［45］ZHOU C Y, CUI G J, YIN H, et al. Study of soil expansion characteristics in rainfall-induced red-bed shallow landslides: Microscopic and macroscopic perspectives［J］. Plos One, 2021, 16（1）.

［46］ZHOU C Y, YANG X, LIANG Y H, et al. Classification of red-bed rock mass structures and slope failure modes in south China［J］. Geosciences, 2019, 9（6）.

［47］华柯强, 陆泌锋. 软岩软化性和膨胀特性对隧道支护结构受力影响分析［J］. 山西建筑, 2019, 45（18）: 131-132, 159.

［48］胡学涛. 干湿循环作用下红层软岩力学特性的试验与模拟研究［D］. 2020, 重庆交通大学.

［49］朱俊杰. 滇中红层软岩水-岩作用机理及时效性变形特性研究［D］. 2019, 成都理工大学.

［50］何昌国. 软弱围岩大跨隧道合理预留变形量分析及初期支护刚度优化［J］. 隧道建设（中英文）, 2018, 38（S2）: 227-231.

［51］郑红, 易俊新, 刘志鹏, 等. 滇中红层软岩隧洞开挖方式研究［J］. 民营科技, 2018（09）: 130-132, 192.

［52］WANG F N, YIN S Y, GUO A P, et al. Frame structure and engineering applications of the multisource system cloud service platform of monitoring of the soft rock tunnel［J］. Geofluids, 2021: 15.

［53］LIU Z, ZHOU C Y, LU Y Q, et al. Application of FRP bolts in monitoring the internal force of the rocks surrounding a mine-shield tunnel［J］. Sensors, 2018, 18（9）: 14.

［54］陈锦涛, 韩爱果, 任光明. 基于应力监测的软岩隧道支护结构稳定性分析［J］. 水利与建筑工程学报, 2018, 16（01）: 178-182.

［55］段清超, 刘涛. 软岩隧道三维扫描变形监测技术的试验研究［J］. 隧道建设（中英文）, 2019, 39（S1）: 180-187.

［56］WU H, YANG X H, CAI S C, et al. Analysis of stress and deformation characteristics of deep-buried phyllite tunnel structure under different cross-section forms and initial support parameters［J］. Advances in Civil Engineering, 2021: 14.

［57］ZHOU C Y, LIU C H, LIANG Y H, et al. Application of natural weathered red-bed soil for effective wall protection filter-cake formation［J］. Materials Letters, 2020: 258.

［58］孙钧, 钦亚洲, 李宁. 软岩隧道挤压型大变形非线性流变属性及其锚固整治技术研究［J］. 隧道建设, 2019, 39（03）: 337-347.

［59］Dammyr O. Pressurized TBM-shield tunneling under the subsidence sensitive grounds of Oslo: Possibilities and limitations［J］. Tunnelling and Underground Space Technology, 2017, 66: 47-55.

［60］ZHANG W, DAI B B, LIU Z, et al. On the non-Darcian seepage flow field around a deeply buried tunnel after excavation［J］. Bulletin of Engineering Geology and the Environment, 2019, 78（1）: 311-323.

［61］胡金鑫. 新近系红层软岩隧道系统锚杆优化设计研究［J］. 甘肃科技, 2021, 37（07）: 113-116.

［62］CHEN F, ZENG K, LI X, et al. Construction monitoring and numerical simulation of water-rich tuff soft rock tunnel［C］// 6th International Conference on Environmental Science and Civil Engineering, 2020.

［63］LIU Z, ZHOU C Y, LU Y Q, et al. Application of frp bolts in monitoring the internal force of the rocks surrounding a mine-shield tunnel［J］. Sensors, 2018, 18（9）.

［64］BAI C H, XUE Y G, QIU D H, et al. Real-time updated risk assessment model for the large deformation of the soft rock tunnel［J］. International Journal of Geomechanics, 2021, 21（1）: 13.

［65］WANG Y D, JIANG H T, YAN X, et al. Support measures to prevent the deformation and failure of a carbonaceous mudstone tunnel［J］. Advances in Civil Engineering, 2021: 16.

［66］JING W, WANG X, HAO P W, et al. Instability mechanism and key control technology of deep soft rock roadway under long-term water immersion［J］. Advances in Civil Engineering, 2021: 13.

［67］YU K P, REN F Y, PUSCASU R, et al. Optimization of combined support in soft-rock roadway［J］. Tunnelling and Underground Space Technology, 2020, 103: 14.

［68］ZHENG L J, ZUO Y J, HU Y F, et al. Deformation mechanism and support technology of deep and high-stress soft rock roadway［J］. Advances in Civil Engineering, 2021: 14.

［69］ZHAN Q J, ZHENG X G, DU J P, et al. Coupling instability mechanism and joint control technology of soft-rock roadway with a buried depth of 1336m［J］. Rock Mechanics and Rock Engineering, 2020, 53（5）: 2233-2248.

［70］付玉凯, 王涛, 孙志勇, 等. 复合软岩巷道长短锚索层次控制技术及实践［J］. 采矿与安全工程学报, 2021, 38（02）: 237-245.

［71］ZHANG J. Theoretical analysis on failure zone of surrounding rock in deep large-scale soft rock roadway［J］. Journal of China University of Mining & Technology, 2017, 46（2）: 292-299.

［72］庞建勇, 黄金坤, 刘光程, 等. 软岩巷道混凝土钢筋网壳支架结构试验研究［J］. 采矿与安全工程学报, 2020, 37（04）: 655-664.

［73］YANG J. Numerical simulation study on deformation, failure and control mechanism of high stress soft rock roadway［J］. Coal Science and Technology, 2019, 47（8）: 52-58.

［74］SHAN R L, ZHANG S P, HUANG P C, et al. Research on Full-Section Anchor Cable and C-Shaped Tube Support System of Deep Layer Roadway［J］. Geofluids, 2021: 13.

［75］李磊, 文志杰. 软岩反底拱优化加固技术及应用——以上海庙矿区为例［J］. 煤炭学报, 2021, 46（04）: 1242-1252.

［76］SUN X, WANG L, LU Y, et al. A yielding bolt-grouting support design for a soft-rock roadway under high stress: a case study of the Yuandian No. 2 coal mine in China［J］. Journal of the Southern African Institute of Mining and Metallurgy, 2018, 118（1）: 71-82.

［77］李清波, 王贵军, 刘庆亮, 等. 红层坝基泥化夹层高压射流冲洗置换试验研究［J］人民黄河, 2021, 43（05）: 132-136.

［78］张杰. 川藏铁路红层路基粗颗粒改良填料力学性质及变形预测［D］. 2019, 西南交通大学.

［79］徐华, Movahed MA, 游关军, 等. 川藏铁路路基红层泥岩改良填料试验及施工压实技术研究［J］. 铁道建筑技术, 2019（10）: 12-17.

［80］魏鑫, 庄严. 旋喷桩在红黏土隧道地基加固中的应用研究［J］. 中国水运（下半月）, 2018, 18（05）: 213-214.

［81］谢春庆, 潘凯, 张李东, 等. 孔内深层强夯桩法在红层地区软基处理中的应用研究［J］. 路基工程, 2019（04）: 33-40.

［82］康景文, 毛坚强, 郑立宁, 等. 基于工程实践的大直径素混凝土桩复合地基技术研究［J］. 岩土力学, 2019, 40（S1）: 188.

［83］YU S C, ZHANG S M, Wang X Q, et al. Influence of excavation of foundation pit on horizontal displacement of deep soil［C］// 2015 International Conference on Civil Engineering and Rock Engineering, Iccere 2017. 2017: 301-306.

［84］CHEN W G. Research on safety and environmental protection control methods based on underground and foundation pit engineering［J］. Fresenius Environmental Bulletin, 2020, 29（12）: 10832-10839.

［85］SUN Y Y, XIAO H J. Wall displacement and ground-surface settlement caused by pit-in-pit foundation pit in soft clays［J］. Ksce Journal of Civil Engineering, 2021, 25（4）: 1262-1275.

［86］YONG S, CONGXIN C, YUN Z, et al. Preliminary numerical analysis of the influence of pit-in-pit excavation on the stability of the foundation pit supported by diaphragm wall［J］. IOP Conference Series: Earth and Environmental Science, 2020, 570: 022052.

［87］LIN Z. Research on deformation and spatial effect of upper-soft and lower-hard deep foundation pit［J］. Chinese Journal of Underground Space and Engineering, 2020, 16（6）: 1792-1800.

［88］YUAN C F, HU Z H, ZHU Z, et al. Numerical simulation of seepage and deformation in excavation of a deep foundation pit under water-rich fractured intrusive rock［J］. Geofluids, 2021.

［89］LIN L. Numerical analysis on deep excavation supported by structure of double-row piles in soft clay［J］. Building Structure, 2017, 37（11）: 87.

［90］CAO J, QIAN G, GAO Y, et al. Study on equivalent calculation model of soil between piles in double-row piles supported by foundation pit［J］. Chinese Journal of Underground Space and Engineering, 2020, 16（3）: 749-757.

［91］陈达. SMW 双排桩基坑支护设计及应用［J］. 广东土木与建筑, 2020, 27（11）: 27-30.

［92］赖国梁, 田野, 邓昌福, 等. 前桩倾斜双排桩基坑支护抗倾覆稳定性计算与分析［J］. 施工技术, 2021, 50（01）: 53-56.

［93］李果, 刘长伟. 玉楚高速公路红层软岩顺层边坡研究［J］. 黑龙江交通科技, 2019, 42（07）: 1-2, 6.

［94］潘雪峰．滇中红层软岩顺层边坡失稳机理及稳定性方法研究［D］．2019，重庆交通大学．
［95］陈纪昌．干湿循环及地震耦合作用下的库区红层泥岩边坡稳定性分析［J］．水电能源科学，2021，39（04）：133-136，203．
［96］付宏渊，曹硕鹏，张华麟，等．湿－热－力作用下软岩边坡破坏机理及其稳定性研究进展与展望［J］．中南大学学报（自然科学版），2021，52（07）：2081-2098．
［97］WANG S R，LI C Y，YAN W F，et al. Multiple indicators prediction method of rock burst based on microseismic monitoring technology［J］．Arabian Journal of Geosciences，2017，10（6）．
［98］JIE B，ZHAO Z，CHEN B，et al. Regularity of Spatio-Temporal Distribution of Rockburst in Deep-Buried Long Tunnels Based on Microseismic Monitoring Signals［J］．Journal of Yangtze River Scientific Research Institute，2017，29（9）：69-73．
［99］李任豪，顾合龙，李夕兵，等．基于PSO-RBF神经网络模型的岩爆倾向性预测［J］．黄金科学技术，2020，28（01）：134-141．
［100］李彤彤，王玺，刘焕新，等．基于组合赋权的T-FME岩爆倾向性预测模型研究及应用［J］．黄金科学技术，2020，28（04）：565-574．
［101］王旷，李夕兵，马春德，等．基于改进的RS-TOPSIS模型的岩爆倾向性预测［J］．黄金科学技术，2019，27（01）：80-88．
［102］许瑞，侯奎奎，王玺，等．基于核主成分分析与SVM的岩爆烈度组合预测模型［J］．黄金科学技术，2020，28（04）：575-584．
［103］崔雪雪．干湿循环条件下川中红层软岩崩解特性与微观机理分析［D］．2019，安徽理工大学．
［104］付翔宇．兰州红砂岩遇水强度变化特性及崩解破碎分形特征研究［D］．2020，兰州大学．
［105］郭义，陈琪，周政，等．红层泥岩崩解定量化特征及微观机理探讨［J］．电力勘测设计，2020（01）：39-43．
［106］周翠英，景兴达，刘镇．华南红层风化土崩解特性及其改性研究［J］．工程地质学报，2019，27（06）：1253-1261．
［107］叶尚其，何云勇，蔡晓红，等．高速公路缓倾红层软岩滑坡形成机制及防治措施研究［J］．地质灾害与环境保护，2019，30（01）：43-47．
［108］张彦锋，铁永波，白永健．川南红层地区泥石流形成过程与动力特征研究——以四川省屏山县牛儿包泥石流为例［J］．地质灾害与环境保护，2019，30（02）：14-20．
［109］杨玲，张柳金，吴青波．降雨型红层滑坡形成机理研究［J］．地质与资源，2021，30（04）：485-491，520．
［110］贾龙，吴远斌，潘宗源，等．我国红层岩溶与红层岩溶塌陷刍议［J］．中国岩溶，2017，35（01）：67-73．
［111］竺维彬，张华，黄辉．红层岩溶发育区地下工程风险分析及防治对策［J］．现代隧道技术，2021：1-9．
［112］张强，陈丽影，赵敏，等．红层隧道涌水流量衰减曲线特征分析——以雅康公路飞仙关隧道为例［J］．人民长江，2017，48（01）：48-50．
［113］邵江．飞仙关红层软岩隧道高压涌水产生机理及涌水压力分析［J］．公路，2020，65（02）：294-300．
［114］张强，曾开帅，张宇，等．红层地区飞仙关隧道特大涌水模型试验［J］．南水北调与水利科技，2019，17（05）：166-171．
［115］杨意．滇中红层软岩隧洞变形特征及合理支护体系研究．2018，西南交通大学．
［116］Asem P，Taukoor V，Kane T. Departure of soft rock mass from undrained response in drilled shaft and plate load tests［J］．Soils and Foundations，2019，59（1）：228-233．
［117］Hashemnejad A，Aghda S M F，Talkhablou M. Introducing a new classification of soft rocks based on the main geological and engineering aspects［J］．Bulletin of Engineering Geology and the Environment，2021，80（6）：

4235-4254.

[118] XIE X, CHEN H, XIAO X, et al. Micro-structural characteristics and softening mechanism of red-bed soft rock under water-rock interaction condition [J]. Journal of Engineering Geology, 2019, 27（5）：966-972.

[119] ZHANG N, WANG S, ZHAO F, et al. Review on study of interaction between soft rock and water [J]. Water Resources and Hydropower Engineering, 2018, 49（7）：1-7.

[120] MA H, HUANG D, SHI L. Numerical simulation of s-shaped failure evolution of anti-dip slope based on statistics of broken length and layer thickness [J]. Journal of Engineering Geology, 2020, 28（6）：1160-1171.

[121] Qureshi M U, Towhata I, Yamada S. Experimental relation between shear strength under low pressure and S-wave velocity of rock subjected to mechanical weathering [J]. Soils and Foundations, 2019, 59（5）：1468-1480.

[122] 罗曦，杨志军，张珂，等. 广东丹霞山红色成因的矿物学研究 [J]. 矿物学报, 1-10.

[123] HONG H, CHANGPING S. Spatiotemporal variation and influencing factors of vegetation dynamics based on geodetector：a case study of the northwestern yunnan plateau, China [J]. Ecological Indicators, 2021, 130.

[124] LIANG Z S, WU Z R, YAO W Y, et al. Pisha sandstone：causes, processes and erosion options for its control and prospects [J]. International Soil and Water Conservation Research, 2019, 7（1）：1-8.

[125] Souza V R, Coll D R, Frossard A C, et al. Vegetation degradation in extreme weather events in the western brazilian amazon [J]. Remote Sensing Applications：Society and Environment, 2021.

[126] 熊晓姣，张家来，闫峰陵，等. 国内外水土流失与土壤退化现状及特点分析 [J]. 湖北林业科技, 2017（04）：41-44.

[127] BIAN K, LIU J, ZHANG W, et al. Mechanical behavior and damage constitutive model of rock subjected to water-weakening effect and uniaxial loading [J]. Rock Mechanics and Rock Engineering, 2019, 52（1）：97-106.

[128] LI W Y, GUO Z, LI J, et al. Effects of different proportions of soft rock additions on organic carbon pool and bacterial community structure of sandy soil [J]. Scientific Reports, 2021, 11（1）.

[129] 谢立亚，舒乔生. 沙棘林退化对土壤性质及水土流失的影响 [J]. 水土保持通报, 2017, 34（03）：19-23.

[130] Lavrov A. Stiff cement, soft cement：nonlinearity, arching effect, hysteresis, and irreversibility in co2-well integrity and near-well geomechanics [J]. International Journal of Greenhouse Gas Control, 2018, 70：236-242.

[131] Lee G R, Park C S. Topographic relief and denudation resistance by geologic type in the southern korean peninsula [J]. Journal of The Korean Geomorphological Association, 2021, 28（1）：1-12.

[132] LIU X R, HAN Y F, LI D L, et al. Anti-pull mechanisms and weak interlayer parameter sensitivity analysis of tunnel-type anchorages in soft rock with underlying weak interlayers [J]. Engineering Geology, 2019, 253：123-136.

[133] ZHOU Y, CHENG Y, ZHU Z, et al. Preliminary determination of site effect of rock slope in different topographic and geologic conditions [J]. Advanced Engineering Sciences, 2018, 50（1）：51-61.

[134] YU Y, HAO S, JIANG B, et al. An experimental study of the ecological restoration of rock slope based on polyurethane composite-based materials [J]. Hydrogeology & Engineering Geology, 2021, 48（2）：174-181.

[135] Medl A, Stangl R, Florineth F. Vertical greening systems – a review on recent technologies and research advancement [J]. Building and Environment, 2017, 125：227-239.

[136] YAO D, QIAN G P, LIU J W, et al. Application of polymer curing agent in ecological protection engineering of weak rock slopes [J]. Applied Sciences-Basel, 2019, 9（8）：21.

[137] 刘锋，隆威，尹欧. 基于湘西地区典型红层滑坡应急工程设计探讨 [J]. 世界有色金属, 2020（17）：

175-176.

［138］ GUO Z, SHI C. Prediction of bacterial community structure and function in different compound ratio soils［J］. Environmental Science and Technology, 2021, 44（1）: 69-76.

［139］ HUANG W, DU J, SUN H, et al. New polymer composites improve silty-clay soil microstructure as evaluated by NMR［J］. Land Degradation & Development, 2021, 32（11）: 3272-3281.

［140］ LEI N, HAN J C. Effect of precipitation on respiration of different reconstructed soils［J］. Scientific Reports, 2020, 10（1）.

［141］ LEI N, LI J, CHEN T Q. Respiration characteristics and its responses to hydrothermal seasonal changes in reconstructed soils［J］. Scientific Reports, 2021, 11（1）.

［142］ 王智猛, 邱恩喜, 龚富茂. 西南红层边坡分类及加固防护理念研究［J］. 路基工程, 2021,（02）: 9-14.

［143］ JINGLI H E, ENDE X, YANPING L I U. Water conservancy and water conservation control pattern in keshi keteng banner in inner mongolia［J］. Research of Soil and Water Conservation, 2017, 14（6）: 143-145.

［144］ LU X, ZHANG Y Z, LIN Y L, et al. Island soil quality assessment and the relationship between soil quality and land-use type/topography［J］. Environmental Monitoring and Assessment, 2019, 191（4）.

［145］ MU H, LI Z, LI Y, et al. Growth manifestation of transgenic populus simonii pnigra with beta gene on low-grade salinate fields［J］. Journal of North-East Forestry University, 2019, 37（11）: 24.

［146］ YIN C J, WANG X H, MA S C. Softening characteristics of soil cement on the condition of soaking. Soft Soil Engineering, ed. D. Chan and K.T. Law. 2017. 481-484.

［147］ REN Z B, LI M, HUI Y Z, et al. Remediation effect of biomass amendment on the physical-chemical performance and sustainable utilization of sandy soil［J］. Annales De Chimie-Science Des Materiaux, 2021, 45（1）: 33-42.

［148］ JIA J C, ZHANG P P, YANG X F, et al. Feldspathic sandstone addition and its impact on hydraulic properties of sandy soil［J］. Canadian Journal of Soil Science, 2018, 98（3）: 399-406.

［149］ HU J, JIA L, WANG W, et al. Engineering characteristics and reinforcement approaches of organic sandy soil［J］. Advances in Civil Engineering, 2018, 2018.

［150］ HE C, YANG W, WANG Y, et al. Effect of straw-bentonite-pam improved material on phosphorus adsorption-desorption of sandy soil［J］. Chinese Agricultural Science Bulletin, 2021, 27（33）: 79-84.

［151］ Vinther F P, Hansen E M, Eriksen J. Leaching of soil organic carbon and nitrogen in sandy soils after cultivating grass-clover swards［J］. Biology and Fertility of Soils, 2017, 43（1）: 12-19.

［152］ SUN Z H, HAN J C, WANG H Y, et al. Use and economic benefit of soft rock as an amendment for sandy soil in mu us sandy land, china［J］. Arid Land Research and Management, 2021, 35（1）: 15-31.

［153］ MA W, DAI S, ZHAO X, et al. Effect of soil quality on growth and camptothecin concentration of camptotheca acuminata seedlings［J］. Journal of North-East Forestry University, 2017, 35（8）: 19-22.

［154］ JIA L H, ZHAO C X, WANG Y F, et al. Effects of different soil textures on the growth and distribution of root system and yield in peanut［J］. Chinese Journal of Plant Ecology, 2017, 37（7）: 684-690.

［155］ Feiziene D, Feiza V, Slepetiene A, et al. Long-term influence of tillage and fertilization on net carbon dioxide exchange rate on two soils with different textures［J］. Journal of Environmental Quality, 2018, 40（6）: 1787-1796.

［156］ XU P, JIANG G L, REN S J, et al. Experimental study of dynamic response of subgrade with red mudstone and improved red mudstone［J］. Rock and Soil Mechanics, 2019, 40（2）: 678.

［157］ 徐鹏, 蒋关鲁, 任世杰, 等. 红层泥岩及其改良填料路基动力响应试验研究［J］. 岩土力学, 2019, 40（02）: 678-683, 692.

［158］ 徐华, 张毅博, 张杰, 等. 富水红层路基碎石改良填料力学特性试验研究［J］. 铁道工程学报, 2017,

34（11）：9-13.

［159］Aygar E B, Gokceoglu C. Analytical solutions and 3d numerical analyses of a shallow tunnel excavated in weak ground：a case from turkey［J］. International Journal of Geo-Engineering，2021，12（1）.

［160］Frolov Y S., Konkov A N, Svintsov E S, et al. Appraisal of highway tunnels construction on the active railroad tunnel operational reliability in the city of sochi. In Proceedings of the International Scientific Conference Transportation Geotechnics and Geoecology，A. Petriaev and A. Konon，Editors，2017：811-817.

［161］DAI Z J, GUO J H, YU F, et al. Long-term uplift of high-speed railway subgrade caused by swelling effect of red-bed mudstone：case study in southwest china［J］. Bulletin of Engineering Geology and the Environment，2021，80（6）：4855-4869.

［162］Masaki N, Takayuki S. Interpretation of slaking of a mudstone embankment using soil skeleton structure model concept and reproduction of embankment failure by seismic analysis［J］. Japanese Geotechnical Society Special Publication，2017，2（5）.

［163］ZHANG C L, JIANG G L, Buzzi O, et al. Full-scale model testing on the dynamic behaviour of weathered red mudstone subgrade under railway cyclic loading［J］. Soils and Foundations，2019，59（2）：296-315.

［164］钟志彬，李安洪，邓荣贵，等. 高速铁路红层软岩路基时效上拱变形机制研究［J］. 岩石力学与工程学报，2020，39（02）：327-340.

［165］颜圣. 干湿循环作用下红层填料力学性质及其路基长期特性研究［D］. 2019，湖南大学.

［166］ZHANG H Z, LIU J F. Microstructures, mineral compositions, and mechanical properties of red-layers in southern China［J］. Advances in Materials Science and Engineering，2018.

［167］YIN X S, CHEN R P, LI Y C, et al. A column system for modeling bentonite slurry infiltration in sands［J］. Journal of Zhejiang University-Science A，2017，17（10）：818-827.

［168］叶伟涛，王靖禹，付龙龙，等. 福州中粗砂地层泥水盾构泥浆成膜特性试验研究［J］. 岩石力学与工程学报，2018，37（05）：1260-1269.

［169］苗德滋，张明义，白晓宇. 大直径泥浆护壁嵌岩灌注桩承载特性现场试验［J］. 工程建设，2018，50（04）：6-10.

［170］ZHOU C Y, YU L, YOU F F, et al. Coupled seepage and stress model and experiment verification for creep behavior of soft rock［J］. International Journal of Geomechanics，2020，20（9）.

［171］Latifi N, Marto A, Eisazadeh A. Physicochemical behavior of tropical laterite soil stabilized with non-traditional additive［J］. Acta Geotechnica，2017，11（2）：433-443.

［172］李昊，程冬兵，王家乐，等. 土壤固化剂研究进展及在水土流失防治中的应用［J］. 人民长江，2018，49（07）：11-15.

［173］谭彦卿，金娇，郑健龙，等. 有机改性膨润土制备及其用于改性沥青的研究进展［J］. 硅酸盐通报，2017，36（08）：2636-2641.

［174］王章琼，高云，沈雷，等. 石灰改性红砂岩残积土工程性质试验研究［J］. 工程地质学报，2018，26（02）：416-421.

［175］王玉华，姜振玲，刘田军，等. 土壤保水剂性能分析及应用研究［J］. 现代农业科技，2018（07）：202-205.

［176］黄帮裕，樊小林，杜建军，等. 有机-无机复合保水剂的制备及应用效果研究［J］. 化工新型材料，2019，47（12）：243-247.

［177］LIU Z, SUN H, LIN K, et al. Occurrence regularity of silt-clay minerals in wind eroded deserts of northwest China［J］. Sustainability，2021，13（5）.

［178］周翠英，赵珊珊，杨旭，等. 生态酯类材料砂土改良及工程护坡应用［J］. 岩土力学，2019，40（12）：4828-4837.

[179] ZHOU C Y, LI D X, LIU Z. Quantitative characterization of the aqua-dispersing nano-binder effects on the slip resistance of borrowed soil of a rock slope [J]. Applied Sciences-Basel, 2019, 9（17）.

[180] 赵林, 蔡雅红, 何荷苗, 等. 高吸水性树脂的制备工艺及应用研究进展[J]. 工程塑料应用, 2018, 46（08）: 143-148.

[181] 邬一凡. 高吸水性树脂研究进展及发展趋势[J]. 化工新型材料, 2019, 47（05）: 23-26, 31.

[182] ZHANG L, BAO Z D, DOU L X, et al. Sedimentary characteristics and pattern of distributary channels in shallow water deltaic red bed succession: a case from the late cretaceous yaojia formation, southern songliao basin, NE China [J]. Journal of Petroleum Science and Engineering, 2018, 171: 1171-1190.

[183] 罗明霞, 夏永涛, 邵小明, 等. 塔里木盆地顺北油气田不同层系原油地球化学特征对比及成因分析[J]. 石油实验地质, 2019, 41（06）: 849-854.

[184] TANG H, WANG D P, HUANG R Q, et al. A new rock creep model based on variable-order fractional derivatives and continuum damage mechanics [J]. Bulletin of Engineering Geology and the Environment, 2018, 77（1）: 375-383.

[185] XU M, JIN D H, SONG E X, et al. A rheological model to simulate the shear creep behavior of rockfills considering the influence of stress states [J]. Acta Geotechnica, 2018, 13（6）: 1313-1327.

[186] Maheshwari P. Analysis of deformation of linear viscoelastic two layered laminated rocks [J]. International Journal of Rock Mechanics and Mining Sciences, 2021, 141.

[187] CHU Z F, WU Z J, LIU Q S, et al. Analytical solution for lined circular tunnels in deep viscoelastic burgers rock considering the longitudinal discontinuous excavation and sequential installation of liners [J]. Journal of Engineering Mechanics, 2021, 147（4）.

[188] SHAN R L, BAI Y, JU Y, et al. Study on the triaxial unloading creep mechanical properties and damage constitutive model of red sandstone containing a single ice-filled flaw [J]. Rock Mechanics and Rock Engineering, 2021, 54（2）: 833-855.

[189] Kovacevic M S, Bacic M, Gavin K, et al. Assessment of long-term deformation of a tunnel in soft rock by utilizing particle swarm optimized neural network [J]. Tunnelling and Underground Space Technology, 2021, 110.

[190] Do D P, Vu M N, Tran N T, et al. Closed-form solution and reliability analysis of deep tunnel supported by a concrete liner and a covered compressible layer within the viscoelastic burger rock [J]. Rock Mechanics and Rock Engineering, 2021, 54（5）: 2311-2334.

[191] Kamali-Asl A, Ghazanfari E, Newell P, et al. Elastic, viscoelastic, and strength properties of marcellus shale specimens [J]. Journal of Petroleum Science and Engineering, 2018, 171: 662-679.

[192] ZHU Y B, HUANG X, LIU Y W, et al. Nonlinear viscoelastoplastic fatigue model for natural gypsum rock subjected to various cyclic loading conditions [J]. International Journal of Geomechanics, 2021, 21（5）.

[193] WANG J G, SUN Q L, LIANG B, et al. Mudstone creep experiment and nonlinear damage model study under cyclic disturbance load [J]. Scientific Reports, 2020, 10（1）.

[194] MA C, HU B, ZHAN H B, et al. Triaxial rheological mechanism and creep model of mudstone under complex stress [J]. Electronic Journal of Geotechnical Engineering, 2017, 21（6）: 2127-2142.

[195] LIU Z, HE X F, CUI G J, et al. Effects of different temperatures on the softening of red-bed sandstone in turbulent flow [J]. Journal of Marine Science and Engineering, 2019, 7（10）.

[196] WANG D, CHEN G Q, JIAN D H, et al. Shear creep behavior of red sandstone after freeze-thaw cycles considering different temperature ranges[J]. Bulletin of Engineering Geology and the Environment, 2021, 80（3）: 2349-2366.

[197] LI A R, DENG H, ZHANG H J, et al. Developing a two-step improved damage creep constitutive model based on soft rock saturation-loss cycle triaxial creep test [J]. Natural Hazards, 2021.

［198］刘镇，周翠英，陆仪启，等. 软岩水－力耦合的流变损伤多尺度力学试验系统的研制［J］. 岩土力学，2018，39（08）：3077-3086.

［199］GUO J N，XU J X，HE Z G. Study on location selection of client-supplied goods and materials support center for the Sichuan-Tibet railway based on dynamic intuitionistic fuzzy multi-attribute decision-making［J］. Journal of Intelligent & Fuzzy Systems，2021，40（3）：5669-5679.

［200］PENG J，CUI P，ZHUANG J. Challenges to engineering geology of sichuantibet railway［J］. Chinese Journal of Rock Mechanics and Engineering，2020，39（12）：2377-2389.

［201］DUAN D，TANG C A，FENG X J. Microseismic monitoring system establishment and its application to xinzhangzi coal mine［J］. In Advances in Chemical Engineering，2017，396-398：99-102.

［202］LI Y L，GAN Y T，LUPWAYI N，et al. Influence of introduced arbuscular mycorrhizal fungi and phosphorus sources on plant traits，soil properties，and rhizosphere microbial communities in organic legume-flax rotation［J］. Plant and Soil，2019，443（1-2）：87-106.

［203］Lopez-Saez J，Corona C，Morel P，et al. Quantification of cliff retreat in coastal quaternary sediments using anatomical changes in exposed tree roots［J］. Earth Surface Processes and Landforms，2018，43（15）：2983-2997.

［204］Singh R，Singh A P，Khan P K，et al. Investigation of shallow structures using ambient seismic noise data recorded at permanent broadband seismic stations in the Eastern Indian Shield and adjoining regions［J］. Environmental Earth Sciences，2021，80（4）.

［205］WU G J，CHEN W Z，TIAN H M，et al. Numerical evaluation of a yielding tunnel lining support system used in limiting large deformation in squeezing rock［J］. Environmental Earth Sciences，2018，77（12）.

［206］LIU Z，ZHOU C，LI B，et al. Effects of grain dissolution-diffusion sliding and hydro-mechanical interaction on the creep deformation of soft rocks［J］. Acta Geotechnica，2020，15（5）：1219-1229.

撰稿人：周翠英　刘　镇　崔光俊　李　晓　王恩志
　　　　孙云志　陈昌富　李安洪　郭志飚　吴万平

城市地下空间研究现状与展望

一、引言

发展城市地下空间已成为解决城市发展过程中出现的交通、环境和土地使用等问题的一种极具吸引力的方法[1]。城市地下空间在全球许多城市以多种形式发展,一些著名的大型地下空间利用的案例,如我国特大城市的复杂地铁系统、蒙特利尔和多伦多的地下步行系统、巴黎和马德里的城市地下高速公路,以及东京的地下购物中心。城市地下空间利用对城市发展和规划也产生了重大影响[2]。城市地下空间通过提高城市韧性、建设宜居城市和促进可持续发展,而使得城市系统更加健康。

近几年来,城市更新成为许多国家和地区重要的城市发展政策问题。我国也在《中共中央关于制定国民经济和社会发展第十四个五年规划和二〇三五年远景目标的建议》中首次提出"实施城市更新行动"。"城市更新"处理城市衰败的物理方面,如恶化的住房,薄弱的物质基础设施(包括水和卫生服务),以及薄弱的社区服务,如体育和娱乐设施,被认为是解决土地短缺、优化城市空间布局和功能定位、对抗环境退化、增加土地价值、促进理想的物理和社会经济转型的有效工具[3]。在城市更新的内容和手段上,城市地下空间开发的重要性凸显,许多城市都利用地下开发来实现城市更新的目标。新的地下发展容纳了额外的城市功能,以加强中心城市,而不丧失现有土地和建筑的物理和历史价值。

2017年至2020年,国内外有关地下空间的研究持续发展。以"地下空间"为检索主题词,分别检索国内外中英文数据库后得到375篇英文文献和475篇中文文献。由图1可见,国内对城市地下空间的研究热度持续增长且居高不下,英文文献在2017年至2018年间英文文献数量增长了近两倍,表明世界范围内对该领域的重视。

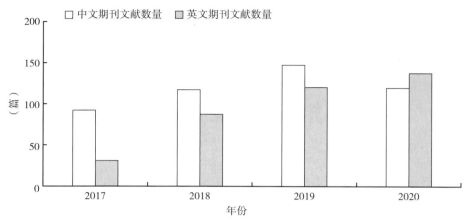

图 1　2017—2020 年地下空间中英文期刊文献年份分布

图 2 和图 3 分别反映了近年来地下空间相关中英文文献的研究热点时间线图谱。中文文献方面，除地下空间外，研究频次前十的关键词为综合管廊、开发利用、地下物流、地下空间规划、轨道交通、地铁车站、城市地质、基础设施规划、一体化设计、地质资源。英文文献方面，研究频次前十的关键词为地质环境、地下货运、综合管廊、技术、复杂网络、城市规划、控制性详规、风险、隧道、分析方法和基础设施。

通过综合分析地下空间相关的中英文研究热点及其在 2017 年至 2020 年间的研究趋势可得，中英文文献的研究关注点虽然存在一定差异性，但在很大程度上具有相似性。在地下空间的研究趋势方面，中文文献的研究由土地利用、总体规划等方面，向城市更新、心理环境等方面转变。而英文文献方面的研究则由安全、建造等方向，向管道深基坑等研究方向转变。在规划层面，中文文献的该类研究主要关注一体化规划、中心城区、主城区过渡等内容，近年来在空间役权、权属管理、管理体制等权属和管理类问题方面着力较多。而英文文献则关注区位、可持续发展等问题。此外，地下物流方面的研究是近年来中英文文献共同的研究热点，两类文献皆集中于网络优化、节点选址等研究方向。智能技术在地下空间领域的应用也是目前国内外的研究热点。

二、城市地下空间研究进展与创新点

（一）地下空间规划设计理论研究

2017 年至 2020 年地下空间规划设计理论的研究呈现出蓬勃的发展趋势。国外城市地下空间建设起步较早，理论体系较为成熟，研究热点体现在以下两方面：规划方面，提倡系统性的集约化发展模式，重视地下空间资源利用效率的提升；设计方面，结合近年来数字技术的先进成果推动地下空间设计实践的科技创新，提高实践成果的科学性与前瞻性。

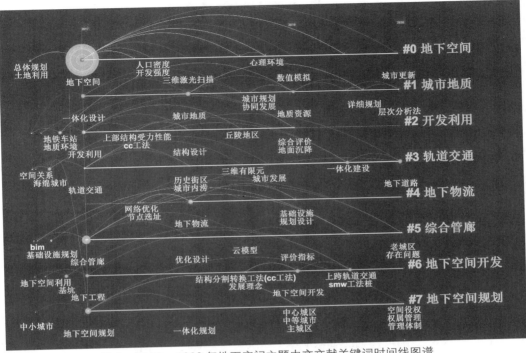

图 2 2017—2020 年地下空间主题中文文献关键词时间线图谱

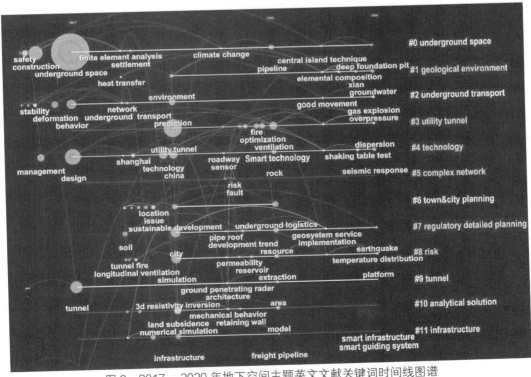

图 3 2017—2020 年地下空间主题英文文献关键词时间线图谱

中国工程院院士钱七虎提出"科学利用城市地下空间，建设和谐宜居、美丽城市"的理念，引起了国内学者的广泛关注，其研究理论与方法不断拓展[4]。理论视角的探索主要反映在关注城市更新，将城市地下空间作为城市更新的存量资源与重要载体，推动城市高质量发展；规划设计实践上，地下空间建设被纳入国土空间规划的重要专项，共同承担着推动城市可持续发展和生态文明建设的任务；应用技术层面上，人工智能技术推动地下空间智能化、信息化运维与管理成为一大趋势，以智慧信息系统决策体系指导城市地下空间的科学化开发与利用。整体而言，国内外研究呈现特征如下。

内涵式发展理念下的一体化、集约化：国内城市发展模式进入新的历史时期，发展方式由外延增长式向内涵提升型逐步转变，国内研究热点从系统视角、时空视角、需求导向等视角出发，探讨城市地下空间规划[5, 6]；理论研究聚焦于地上地下一体化协调发展等集约发展理念，全国工程勘察设计大师陈志龙提出基于当前国土空间规划体系的调整，将地下空间资源纳入国土空间规划体系，统筹地下和地上规划，实现城市规划"一张图"，打造三维立体城市[7]。华中农业大学邵继中团队通过挖掘各类城市发展内在因素的复杂性、关联性和系统性，策略化地探索地下空间对于地面空间调整和优化的途径，提出地上地下多重耦合理论[8]。国外地下空间规划设计逐渐从单一功能需求向综合功能集约化设计转变[9]，埃及乌韦斯（Mahmoud Owais）团队采用空间集约发展模式，研究地下空间的系统性规划，通过一致和非需求导向设计标准，利用乘客换乘计数算法与乘客出发地和目的地换乘矩阵设计地铁线路，解决地下地铁线路规划问题[10]。

地下公共空间的"以人为本"视角：在科学发展观的核心思想"以人为本"的影响下，国内研究致力于打造人性化的地下空间环境，例如设计对象由地下空间基础设施逐步扩展到公共建筑地下空间研究[11-13]。西南交通大学沈中伟团队关注于城市轨道交通地下空间环境，综合实地调研、量化数据与相关性分析，制定层次化组织策略、空间活力提升策略等建立高品质、系统性的地下空间[12, 13]。评价对象也由最初的资源和地质等开发适宜性评价，逐渐倾向于地下空间安全评价[14-16]。重庆大学周铁军团队以地下商业空间安全评价为主线，利用仿真模拟技术在消防疏散、应急步行疏散、避难道路等方面展开系统性的研究[17]。在绿色设计理念的倡导下，国外研究重点关注地下空间环境的整体品质提升。对应的物理环境优化也受到学者们普遍关注，通过实证实验、软件模拟等研究方法，基于应用实践开发新技术，对地下建筑、地下隧道等空间的声、光、热、通风等环境进行评估与优化[18-21]。马来西亚国家能源大学Mukhtar团队通过计算流体动力学、工程地质学、地热能学、纳米流体技术等多学科交叉融合，揭示了地下空间空气流通性差、潮湿、自然光照不足等特殊环境问题的形成模式，构建了"模拟加优化"有机结合的技术已成为国际地下空间环境评价与策略制定的重要手段[19, 20]。

智能化、数据化的规划与设计方法：近年来，在地下空间规划与设计领域，对前沿数字技术的引入和结合日趋丰富。现有研究利用物联网、大数据、云计算、人工神经网络等技术进行前期分析[22,23]，韩国延世大学崔（Choi）团队基于物联网设备，提出混合CNN-LSTM算法对公共地铁服务人数进行统计研究，有效服务于地下空间规划的智能化[24]。三维GIS技术、BIM技术、地下空间三维建模、虚拟现实技术辅助地下空间进行软件模拟与规划设计也逐渐被诸多学者关注[17,25]，如基于地下空间的全周期设计特点，运用GIS与BIM技术相结合的方法，能够对城市中心型轨道站点核心区地下空间设计的规划、建筑和施工三个不同阶段做出整体性设计的前期探索[26]。此外，还有学者利用4D技术、图像识别进行地下空间安全自动监测[27]，并最终结合人工智能、集成软件开发等技术搭建信息集成管理与服务平台，实现对城市地下空间规划设计的全生命周期规划设计、智能决策与监测管理[28,29]。朱合华等从信息流的角度提出基础设施智慧服务系统的理念，通过构建数据采集、处理、表达、分析和服务的一体化智慧决策系统，实现地下空间基础设施的智慧化管理[30]。

土木、建筑主导多学科交叉与融合：根据地下空间规划设计的学科贡献分析，不仅显示出其具有明显的学科交叉特性，而且不同学科的贡献度各有侧重。截至2020年底，地下空间学术研究按照文献学科贡献比重如图4所示，以"地下空间规划设计"为主题，学科贡献从大到小依次为土木工程、建筑学、城乡规划、交通运输工程、测绘科学与技术、公共管理、计算机科学与技术、法学、地质资源与地质工程、水利工程、心理学。总体上，土木工程的文献学科贡献比重最大，建筑学、城乡规划其次，计算机科学与技术学科在地下空间设计的贡献也有了极大提升，但公共管理、法学与心理学在此领域的学科贡献还需加强。

（二）地下物流系统研究

Zandi团队第一次提出"货运管道技术"的概念[31]。随后，Boerkamps团队首先将地下物流系统（underground logistics system，ULS）定义为包括运输、仓储和其他活动的物流过程[32]。经过三十余年的发展，各国从运营模式、应用技术等角度，相继拓展了ULS的概念，其中有代表性的系统如DMT[33,34]、CargoCap[35-37]、PCP[38,39]、Pipe§net[40]、CST[41]等（见表1）。我国则以钱七虎院士团队为首率先提出基于我国国情的ULS理念和发展路线，即ULS为城市内部及城市间通过地下管道或隧道运输货物的一种全新概念的运输和供应系统。近年来，随着一批新型系统开发模式相继被提出，包括真空管道运输系统、磁悬浮运输系统和地铁—货运系统等。相关制式从中小型胶囊管道向大型隧道和轨道机车转变，地下物流网络的服务范围也从局部区域扩展到整个城市，并逐渐得到广泛认可。2017年以来，ULS的研究自2017年开始呈现爆发式增长（见图5）。总体而言，在成果数量方面，近年来国内的研究成果远远多于国外，且逐渐成为世界范围内ULS研究的领头羊。我国也相继在雄安新区、北京通州副中心和青岛市开展了ULS项目的可行性研究。在研究热点方面，ULS的研究成果主要集中于运营模式、车辆调度、网络规划、原型设计、运输技术、成本效益分析等方面。

表 1 地下物流项目研究概况

编号	项目	城市/国家	启动年份	研究层面	状态
1	Sumitomo PCP	东京，日本	1992	项目应用	已废止
		利用气动胶囊管道（PCP）输送矿石和其他建筑材料			
2	OLS-ASH	阿姆斯特丹，荷兰	1994	仿真阶段	待开发
		连接史基浦机场与大型花卉中心的地下AGV运输专线			
3	Alameda Corridor	洛杉矶，美国	1994	项目应用	运营中
		连接海港和内陆终端的半遮盖式地下铁路集装箱运输走廊			
4	Pipe net	佩鲁贾，意大利	2008	仿真阶段	进行中
		通过真空管道实现小型包裹的高频交付			
5	Grand Pairs	巴黎，法国	2015	仿真阶段	进行中
		依托城市轨道交通网络向城市内部集中供货			
6	Hyperloop-Mole	英国&美国	2017	仿真阶段	进行中
		利用磁悬浮技术在真空管道中进行客货混合运输			
7	雄安地下物流	雄安，中国	2017	可行性论证	进行中
		利用预留于雄安-容东片区的货运廊道进行货运配送			
8	Cargo Sous Terrain	苏黎世，瑞士	2018	建设阶段	进行中
		城际的地下货物运输专线			
9	通州地铁货运	北京，中国	2018	规划阶段	进行中
		通过客货共线模式在地铁环路中运送乘客与货物			
10	青岛地下物流	青岛，中国	2019	可行性论证	进行中
		改建既有人防设施和新建地下配送网络实现城市级地下物流系统			
11	Magway	伦敦，英国	2020	筹资	进行中
		利用地下磁悬浮胶囊运输技术进行包裹配送			

原型设计和运输技术：2017年以来，针对ULS地铁—货运系统和城市级地下货运系统的研究呈井喷趋势。陆军工程大学陈志龙、董建军团队和上海交通大学赵来军团队提出了针对共享地铁客货运输的协同机制以及专门的包装和运输策略，并评估了系统开发所必需的关键技术[42-44]。Behiri团队和Ozturk团队也针对地铁—货运系统的可行性进行了分析[45,46]。城市级地下货运系统方面，陈志龙、董建军团队提出了相应的网络布局和运营优化方法，使ULS网络的服务范围从以往的局部区域扩展到整个城市。此外，Voltes-Dorta团队基于磁悬浮技术的基础上，提出了Hyperloop-Mole概念，旨在服务于机场货运[47]。在能耗研究方面，Shahooei团队和Szudare团队分析了ULS的系统能耗和机车速度、运输载具制式等主要参数之间的关系，为ULS的实施提供技术支持[48,49]。相较于国外，由于

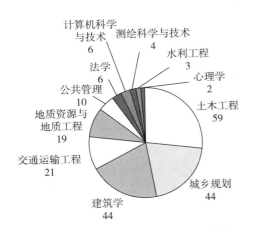
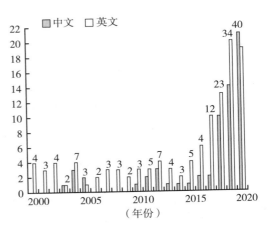

图4　2017年至2020年地下空间规划设计理论学科贡献分布情况

图5　地下物流学术期刊发表趋势

国内前期技术积累较少，ULS技术方面的研究仍然是当前的"盲点"，以往研究也往往参考国外的成熟经验。因此，ULS物流设备方面的研究亟须国家项目的进一步支撑。

网络规划：以往ULS代表性项目中的节点选址大多凭经验确定，且网络拓扑以单线隧道或少量隧道为主，鲜有项目以ULS在城市内部大规模成网为出发点进行规划。针对以上阻碍ULS实际应用的"盲点"，国内团队针对ULS不同的网络形式，基于南京、北京、上海等不同案例背景，分别提出了相应的网络规划方法和思路[50-52]。陈志龙、董建军团队提出了ULS多级轴辐式网络结构，并构建了相应的数学模型和启发式算法，以解决ULS网络的节点选址、节点配属和货运路径问题[47, 51]。上海海事大学孙领团队考虑了网络服务能力、货流和区域可达性等因素，基于集合覆盖等模型，提出了ULS的网络规划方法，以降低系统总建设成本并最大限度地缓解城市货运外部性[54, 55]。相比于国内，由于国外研究仍然局限于专线运输，例如机场货运专线，其网络规划方面研究较少，我国已然成为ULS网络规划研究领域的领导者[54, 55]。

运营模式和车辆调度：ULS同现有城市货运系统的衔接以及ULS内部的车辆调度优化很大程度上影响了系统整体的运营效率和运输成本。运营模式方面，陆军工程大学、上海海事大学和上海市政院等研究团队基于城市级地下货运系统和地下集装箱专线的运营特征，提出了ULS前端和后端的衔接模式，并优化了ULS节点内部布局[56, 57]。在车辆调度方面，长沙理工大学周爱莲团队和上海海事大学梁承姬团队针对运输车辆选择、车辆分组选择等决策问题，提出了多编组车辆开行方案[58, 59]。Behiri团队和Ozturk团队则针对地铁—货运系统排班和货物在不同节点的分配问题，提供了调度优化方法[45, 46]。

成本效益：近年来的研究充分论证了不同类型的ULS对传统道路运输的潜在替代效益。陈志龙团队基于ULS的主要利益相关者特征，分析了影响ULS社会和环境效益的相关因素，提出了对应的货运价格、供求水平和投资之间的调节机制[60]。此外，陈志龙团队还分析了 ULS 网络扩展和其社会、环境效益之间的互动机理，提出了网络动态扩展下的效益评估方法[61]。上海市政研究总院范益群团队针对 ULS 集装箱专线，提出了定量评估地下集装箱专线的实施对交通网络性能影响的方法，分析了港口集装箱对于原有集装箱运输在成本、时间、距离和排放等方面的提升效果[62]。相比于国内研究，国外研究往往集中于 ULS 的成本评估。De Langhe 团队提出了评估 ULS 外部成本的方法，Najafi 团队则提出了针对 ULS 的全生命周期成本的评估方法[63, 64]。

（三）智慧地下空间研究

随着地下空间开发规模的扩大，积累的海量数据使得数字化的短板暴露出来，即对数据的管理能力有限，不能实现工程全寿命数据监测、云计算服务和大数据分析处理。因此，智慧化成了地下空间领域新的发展方向。近年来，国内外研究主要基于物联网、大数据、云计算、人工智能等先进技术手段，用于动态整合地下空间的信息数据资源，连接物理与虚拟的地下空间，从而构建一种立体智能可持续发展的城市地下空间体。现有研究的主要创新点集中于智慧化的资源管理、智能防灾系统、智慧化运维等方面。

智能地下防灾系统：近年来国内外研究的趋势是将智慧技术应用于城市地下空间的建造、运行过程中的灾害预警，增强城市地下空间灾害综合管理能力等方面。国内团队基于 3D GIS、BIM、物联网等智能技术，用于各种设施、管线所处环境的动态监测和可视化仿真[65-67]。此外，一些团队还针对地下空间的设备控制领域，基于深度学习等技术，构建地下综合体的防灾系统，实现灾害的智能预警、通风系统的智能控制和基于图像识别的救援辅助疏散[68-70]。在自然灾害预测方面，智能传感器和大数据的应用也较为广泛。Valero 团队利用传感器网络的集体计算能力生成实时地下图像，并提出了一种基于网络环境噪声成像的实时智能地震成像系统[71]。总体而言，虽然数字技术被广泛应用，但是在地下基础设施的易损性评价、可恢复性分析以及维护与更新的时机选择、方法比选等方面，国内外都还缺乏成熟的技术手段。

地下基础设施智慧化运维：近年来的研究主要聚焦于地铁智慧化运营和地下管线的信息建设与管理[72-74]。通过文献统计，基于地下基础设施信息为基础的智慧化运维占整体研究的主体地位。广州地铁设计研究院肖世龙团队基于物联网和人工智能等技术，构建智慧地铁运营体系，实现客车运行、乘客服务、调度指挥、车站管理、安全管理、运维的智能化[75]。沈阳建筑大学毕天平团队、中煤（西安）地下空间科技发展有限公司冯琳等国内外团队集成 BIM、GIS、物联网、数据挖掘等技术，开发了智慧管廊运维管理平台，实现了管廊信息采集、处理、决策、调度、管理一体化运维[76, 77]。此外，随着移动设备的大量应用，以个人信息为基础的地下基础设施运维成为近年来的研究热点。Nguyen 团队根据乘客的加速度计数据，为乘客在无地面信号的情况下提供实时的定位服务[78]。清华大学张林团队通过在乘客手机中嵌入智能传感器并记录乘车数据,模拟车站的拥挤程度、车站设施的使用情况以及地铁线路的运营效率[79]。

地下空间智慧化的开发利用：近年来的研究主要是将各种智能技术应用于地下空间三维建模、地下空间数据管理、地下空间资源以及地质条件的分析评价等领域。同济大学彭芳乐团队采用 3D GIS、VR、AR 等工具,在系统性地分析空间资源分布情况的同时,将以往二维规划方案拓展至三维规划方案,实现地下空间资源评估的可视化[80,81]。中国地质大学薛涛团队也开发了 DreamRocks 城市地下空间开发软件,针对城市地质情况进行三维建模,以评估城市地下资源[82]。Sartirana 团队利用 GIS 构建了城市级别的三维地下基础设施数据库,用于地下空间开发过程中的地下水资源管理[83]。中国地质调查局西南地质调查中心张茂省团队基于数值模拟等方法,从地下空间自身稳定性、城市地下空间开发引起的邻近工程稳定性和后建地面工程对地下工程稳定性等方面,提出了城市地下空间开发利用地质安全评价方法[84]。广西地球物理勘察院杨富强团队基于微动勘探技术以解决城市环境中存在场地狭小以及干扰因素复杂等诸多不利条件对于城市地质调查工作的影响[85]。

（四）城市深部地下空间研究

深部地下空间的开发与利用已然成为城市未来发展的主要课题。目前,城市较浅层次地下空间已趋于饱和,而大部分城市较深层次的地下空间尚未开始大规模的开发,基本处于空白状态。因此,若能对深部地下空间进行有序合理的利用,将能极大缓解城市空间资源紧缺、环境质量恶化等问题。作为一个新型课题,城市深部地下空间的研究涵盖了规划、功能区识别、布局、施工、标准和指南体系、运营、地质条件和资源评估等一系列关键问题。近年来,国内外研究创新点集中于新型深地设施、资源利用、深地生活环境等方面。

深地开发利用：近年来,国内的主要城市,例如上海、北京、广州等,均提出了开发利用深部地下空间的需求,并建成上海北横通道地下快速道路等大型工程。此外,国内外团队针对深地资源的开发也提出了众多设想。新型深地设施方面,同济大学彭芳乐团队针对城市内涝灾害的常态化的问题,提出了城市大深度防洪排水体系的构想[86]。中国矿业大学韩晨平团队通过对城市深部地下空间物流仓储能力的分析,结合国外城市深部地下空间建设经验与无人活动特点,提出深层地下物流仓储空间的布局及设计策略[87]。虽然深地资源利用相关研究已然成为国内外热点,但是城市深地资源评估以及相应的施工技术仍然是当前亟须解决的难点[88-90]。资源评估层面,上海市政研究总院范益群团队分析影响深部地下空间开发利用容量的因素,构建深部地下空间开发利用价值评估指标体系,并提出定量评估深部地下空间开发利用容量和价值评估的方法[91]。中国地质科学院地球深部探测中心李洪强团队针对深度地下空间结构精细划分和异常识别的痛点,基于雄安新区工程地质钻孔物性资料统计分析，建立了雄安新区地下空间地层物性柱子，指导地球物理数据解释[92]。工程技术层面，华东建设设计研究院胡耘团队将"桩墙合一"技术和TRD水泥土搅拌墙两项新技术应用于基坑工程中[93]。山东科技大学乔卫国团队基于FLAC（3D）软件，仿真模拟获得合适的地下施工支护方案，以解决施工过程中无法反复评估不同现场支护方案的现实问题[94]。上海市排水管理处沈浩团队结合深层排水调蓄管道系统工程的圆形基坑特深地下连续墙施工现状，总结和优化了超深地下连续墙成槽垂直度控制施工技术的难点和相应措施[95]。广州地铁设计研究院蒋盛钢团队提出采用深层水平封底方案，以实现地铁基坑地下水的控制，从而保证基坑施工和周边环境的安全[96]。

深地生活环境：人类在地下空间生活与工作占比时间日益增多，地下空间环境对人类健康的影响程度及其机制的研究逐渐成为热点话题[97]。地下环境评估方面，四川大学刘吉峰团队通过问卷调查的方式，从湿度、温度和光线等多个方面，分析了影响矿工健康状况的不利环境因素，并提出了改善深部地下作业环境的相关措施[98]。四川大学邹剑团队则通过采集地下矿场内部环境数据和矿工生理和心理数据，评估了深地气压、相对湿度、温度、总辐射剂量率和氧浓度等指标对人类生理、心理和病理的影响[99]。此外，国内外团队还针对地下空间的建造深度、结构类型、物理环境及作业时间与人类心理健康之间的关联关系，构建了互动关系模型[100, 101]。地下空间环境设计方面，中建集团刘晓娟通过分析地下空间环境特征，提出了地下空间环境景观营造的策略，并基于地下空间环境景观的营造要素和地下空间环境景观的设计重点，提出了地下深层及次深层空间规划中环境景观规划指导思想和设计原则[102]。

（五）地下基础设施韧性研究

地下基础设施特指为人类活动服务而在城市地表下人工开发的空间和设施。随着地下基础设施建设的逐步推进，各类基础设施体系相互关联并日趋复杂，在各类自然灾害和人为灾害下呈现出相当的脆弱性，极易造成多类基础设施体系大规模级联失效的后果，给城市安全和居民生活带来严重的风险和威胁。为了有效应对城市面临的各类风险，"韧性"和"韧性城市"作为一种全新的城市规划建设理念，在世界范围内日益被认可，并在建设实践中得到了较为广泛的应用[103]。联合国人居署发布的《城市韧性趋势》直接指出，传统的城市韧性研究侧重于工程韧性，即建筑或基础设施应对灾害的能力。当地下空间和基础设施放在一起时，就会发现它们之间的密切联系[104]。当前，国内外地下基础设施韧性研究方兴未艾，内容涵盖地下基础设施韧性概念和内涵、韧性评估和韧性提升优化几个方面。

韧性概念和内涵层面，国外荷兰Enprodes咨询公司Admiraal、Cornaro等人探讨了地下空间和地下空间的利用如何影响城市韧性，并描述了地下空间在实现未来城市韧性方面所能发挥的作用[105]。加拿大不列颠哥伦比亚大学Yumagulova等人基于多学科交叉（社会生态恢复力、灾害管理和城市规划),建立了超越工程领域的洪灾下城市地下轨道交通韧性概念体系[106]。国内陆军工程大学陈志龙、赵旭东团队建立了地下基础设施韧性定义,指出基础设施韧性为:"体系减少受冲击的可能性,在冲击发生时吸收冲击效应,在冲击发生后迅速恢复(重建正常性能)的能力"。并认为地下基础设施体系的韧性内涵应包括 PCT 三因素、TOSE 四维度和 4R 属性[107-109]。PCT 三因素指的是指地下基础设施体系遭受灾害冲击的灾害概率(P)、灾害后果(C)和恢复时间(T)三个特征因素;TOSE 四维度指的是地下基础设施在灾害冲击后,灾害后果将涵盖技术(T)、组织(O)、社会(S)、经济(E)四个相互联系的维度。4R 属性指的是,地下基础设施体系的韧性大小取决于鲁棒性、冗余性、智能性、快速性四个属性。地下基础设施韧性提升应从 4R 属性开展规划布局和措施布置,实现体系韧性最大化[110]。

韧性评估和提升层面,地下空间韧性一般应从"灾前韧性防护""灾中智能响应"和"灾后应急恢复"三个环节采取措施。国外美国密歇根大学 Meerow 和 Newell 引入了绿色基础设施空间规划(GISP)模型,建立了城市区域绿色基础设施韧性提升空间规划方法[111]。瑞士苏黎世联邦理工大学 Nan 和 Sansavini 融合系统韧性综合度量和基础设施系统失效行为混合建模方法,建立了城市基础设施系统韧性定量评估方法[112]。国内深圳大学陈湘生团队构建了适合城市地下空间综合防灾抗疫关于"存量""增量""变量"及"统一调度"的韧性建设框架,对城市地下空间及既有抗疫设施进行韧性评估,通过对比分析获得地下空间在城市抗疫韧性的全面优势[113]。陆军工程大学陈志龙、赵旭东团队建立了地下基础设施韧性综合评估方法,针对基础设施 TOSE 四个维度,融合 PCT 三因素和 4R 属性,提出综合评估指标。并采用国际上使用较为广泛的 PRF 方法(性能响应函数法)对基础设施体系的韧性进行综合衡量[114,115]。浙江农林大学施益军、徐丽华团队构建了城市系统韧性的基本理论框架,分析了城市系统在不同阶段的韧性特征与韧性机制,从城市系统环境、系统要素和系统结构三个方面探索了城市系统的韧性的评估方法,为城市地下空间韧性提升提供了经验[116]。北京市安全生产科学技术研究院韩永华团队针对中压燃气泄漏爆炸事故,建立地下空间建筑结构物理模型,采用 CFD 模拟仿真计算用户端中压燃气泄漏扩散和空间爆炸情形,从韧性角度分析事故后果对地下空间安全性能的影响,提出了中压燃气泄漏灾害下提升地下空间韧性的相关措施[117]。重庆大学胡轩团队将地下天然气管道风险评估纳入灾后沿海韧性评估,利用激光雷达数据建立了飓风灾害下地下天然气管道系统的脆弱性分析方法[118]。

三、城市地下空间面临的挑战与对策

"十四五"时期是"两个一百年"奋斗目标的关键历史交汇期,"生态优先、绿色发展、高质量发展"成为国土空间规划的主旋律。地下空间作为宝贵的国土空间资源,其合理开发利用，可以提高城市土地利用效率和改善生态环境，有助于促进城市高质量发展和应对气候变化。城市更新作为城市自我调节机制存在于城市发展进程当中，地下空间开发作为其可持续发展的重要手段，在人工智能技术的引领之下，将面临规划设计视角与方法的革新。基于研究现状中所分析的五类热点方向，现有挑战如下：

第一，地下空间规划方面：目前地面开发与地下开发之间以及地下空间之间均缺乏协调和规范化建设，且地下空间的利用形式较为单一，很多新区的城市地下公共空间的开发利用较少，基本上处于空白状态。

第二，ULS应用方面：国内尚未有已实施的ULS项目，并且缺乏国家层面的政策支持。此外，以往的国外经验表明，缺乏市场的认可是ULS失败的最主要因素。因此，如何引导市场和政府对ULS在经济和政策层面的支持是当前的难点。

第三，智慧地下空间方面：虽然部分大城市已经开始了地下空间的智慧化运营工作，但缺乏对地下空间信息化的总体考虑。此外，目前地下基础设施的信息化程度普遍较低、数据共享不足、沟通不畅、统计口径和标准不一致，由此导致目前城市地下基础设施智慧化建设缓慢、信息共享低、协同管理难。传统的地下空间探测技术也无法满足现实要求。

第四，深部地下空间方面：目前的管理缺少统筹协调的牵头管理部门，即如何在复合型深层空间利用中，有效协调不同职能部门进行规划、建设、运营、管理职责。此外，深部地下空间资源评估指标体系和评估方法的欠缺让项目的实施大多照搬以往经验，不利于理论体系和施工技术的发展。深度地下空间的施工也存在埋置深度大、水土压力大、开发难度大等痛点，并且缺乏体系性的措施手段。

第五，地下基础设施韧性方面：目前的研究大多数停留在概念、内涵和评估阶段，尚未形成有效的韧性实践措施和管理体制，缺乏在地下基础设施规划、建设、运维和救援恢复中协调贯彻韧性的指标要求和措施经验。

针对以上挑战，相应对策如下：

第一，地下空间规划方面：城市地下空间规划过程中需要进行统一规划和开发，特别是在城市新区建设中，需要将地下空间开发纳入新区建设总规划，使得城市地下空间开发规范化。此外，让城市地下空间规划及方案设计在其建设过程中起着重要的科学、合理、有序的建设指导作用，使城市地下空间由功能单一、独立开发利用转向多功能、各领域综合开发。

第二，ULS应用方面：ULS的大规模应用可以先通过在小范围且货运外部性较高区域建立试点项目，在充分论证其经济可行性和货运效率优势的基础上，使现有城市货运运营商接受这种新型运输模式，并推动政府制定相应规划。

第三，智慧地下空间方面：应基于地下空间资源管理智慧化已然成熟的方法论和工具，加强城市地下空间的信息化和数字化基础建设，关注城市地下除空间资源外的各类资源，掌握地下空间资源评价和规模预测所需的信息。此外，需要将大数据、人工智能技术应用于城市地下空间中，利用GIS、互联网为代表的信息技术对大量的地下空间数据进行结构化和智能化处理。此外，需要开发智能的探测仪器和手段，为重大工程建设等工作提供地质科学支撑。

第四，深部地下空间方面：开发建设应从整个城市的空间体系的角度进行考虑，围绕城市发展目标，确定功能时序，满足城市发展需求，并与地上、中浅层的空间相协调。深部地下空间开发利用的功能选择也首先要获得相关的政策支持，例如建立深部地下空间利用的法律法规体系，尤其关于权属问题、技术问题应予以研究界定，作为开发指导。施工技术方面，需要改进新奥法及浅埋暗挖法在深层地下工程施工中的使用，进一步优化盾构施工法、顶管施工等技术。

第五，地下基础设施韧性方面：在城市地下空间开发过程中，要将地下空间子系统置入城市巨系统，通过构建城市深邃防涝储水系统，完善地下多功能空间设施形成平战结合，提升地下空间的城市应急联动，优化地上地下一体化布局等多个方面，增强城市基础设施韧性。

参考文献

[1] 蔡庚洋，贺俏毅，姚建华. 时空视角下的地下空间规划编制体系及内容探讨[J]. 地下空间与工程学报，2017，13（05）：1145-1149.

[2] Vonder T L, Sterling R, Zhou Y, et al. Systems approaches to urban underground space planning and management-A review [J]. Underground Space, 2020, 5 (2): 144-166.

[3] Galgaro A, Santa G D, Cola S, et al. Underground warehouses for food storage in the Dolomites (Eastern alps-Italy) and energy efficiency [J]. Tunnelling and Underground Space Technology, 2020, 102: 103411.

[4] 钱七虎. 利用地下空间助力发展绿色建筑与绿色城市[J]. 隧道建设，2019，39（11）：1737-1747.

[5] 蔡庚洋，贺俏毅，姚建华. 时空视角下的地下空间规划编制体系及内容探讨[J]. 地下空间与工程学报，2017，13（05）：1145-1149.

[6] 邹亮，胡应均，陈志芬，等. 基于需求导向的中小城市地下空间规划[J]. 地下空间与工程学报，2017，13（1）：7-13.

[7] 李迅，陈志龙，束昱，等. 地下空间从规划到实施有多远[J]. 城市规划，2020，44（2）：39-43，49.

[8] 邵继中，胡振宇. 城市地下空间与地上空间多重耦合理论研究[J]. 地下空间与工程学报，2017，13（06）：1431-1443.

[9] Darroch N, Beecroft M, Nelson J D. Going underground: An exploration of the interfaces between underground urban transport infrastructure and its environment [J]. Tunnelling and Underground Space Technology incorporating Trenchless Technology Research, 2018, 81: 450-462.

[10] Owais M, Ahmed A S, Moussa G, et al. Integrating Underground Line Design with Existing Public Transportation Systems to Increase Transit Network Connectivity: Case Study in Greater Cairo [J]. Expert Systems with Applications, 2020, In press.

[11] 牛韶斐, 沈中伟. 城市轨道交通综合体公共空间的层次化体系初探[J]. 城市轨道交通研究, 2018, 21(03): 5-7.

[12] Gao Y, Chang D, Fang T, et al. Design and optimization of parking lot in an underground container logistics system[J]. Computers & Industrial Engineering, 2019, 130: 327–337.

[13] 罗克乾, 沈中伟. 基于空间句法的城市地下空间活力研究—以成都市轨道交通站点接驳的地下空间为例[J]. 南方建筑, 2019(04): 116–121.

[14] He M X, Sun L, Zeng X F, et al. Node layout plans for urban underground logistics systems based on heuristic bat algorithm[J]. Computer Communications, 2020, 154: 465–480.

[15] Wang D, Yang Y, Zhou T, et al. An investigation of fire evacuation performance in irregular underground commercial building affected by multiple parameters[J]. Journal of Building Engineering, 2021, 37(1): 102146.

[16] Wang D, Zhou T, Li X. Impacts of Environment and Individual Factors on Human Premovement Time in Underground Commercial Buildings in China: A Virtual Reality Based Study[J]. ASCE-ASME Journal of Risk and Uncertainty in Engineering Systems Part A Civil Engineering, 2021, 7(1): 4020056.

[17] Costa A L, Sousa R L, Einstein H H. Probabilistic 3D alignment optimization of underground transport infrastructure integrating GIS-based subsurface characterization[J]. Tunnelling and Underground Space Technology, 2018, 72: 233–241.

[18] Dou F, Li X, Xing H, et al. 3D geological suitability evaluation for urban underground space development–A case study of Qianjiang Newtown in Hangzhou, Eastern China[J]. Tunnelling and Underground Space Technology, 2021, 115: 104052.

[19] Mukhtar A, Ng K C, Yusoff M Z. Design optimization for ventilation shafts of naturally-ventilated underground shelters for improvement of ventilation rate and thermal comfort[J]. Renewable Energy, 2018, 115: 183–198.

[20] Mukhtar A, Yusoff M Z, Ng K C. The potential influence of building optimization and passive design strategies on natural ventilation systems in underground buildings: The state of the art[J]. Tunnelling and Underground Space Technology, 2019, 92: 103065.

[21] Barati N, Zadegan S, Kasravi R. The role of survey details for wayfinding problem in complex pedestrian underground interchange with poor architectural configuration[J]. Tunnelling and Underground Space Technology, 2020, 108(4): 103718.

[22] 娄书荣, 李伟, 秦文静. 面向城市地下空间规划的三维GIS集成技术研究[J]. 地下空间与工程学报, 2018, 14(01): 6–11.

[23] Han G, Leng J. Urban underground space planning based on FPGA and virtual reality system[J]. Microprocessors and Microsystems, 2021, 80.

[24] Choi J H, Seung K M, Chanho L, et al. A Study on People Counting in Public Metro Service using Hybrid CNN-LSTM Algorithm[J]. Journal of Intelligence and Information Systems, 2020, 26(02): 131–145.

[25] Zhang X. Automatic underground space security monitoring based on BIM[J]. Computer Communications, 2020, 157.

[26] 袁红, 付飞, 姚强, 等. 基于GIS+BIM技术的中心型轨道站点地下空间设计[J]. 地下空间与工程学报, 2020, 16: 517–526.

[27] Xie R, Pan Y, Zhou T, et al. Smart safety design for fire stairways in underground space based on the ascending evacuation speed and BMI[J]. Safety science, 2020, 125: 104619.

[28] Li Y, Geng S, Yuan Y, et al. Evaluation of climatic zones and field study on thermal comfort for underground engineering in China during summer[J]. Sustainable cities and society, 2018, 43: 421–431.

[29] 王寓霖, 阳富强. 基于熵权物元可拓模型的地下空间火灾安全评价[J]. 安全, 2019, 40(01): 54–

57, 61.
- [30] 朱合华, 李晓军, 林晓东. 基础设施智慧服务系统及其应用 [J]. 土木工程学报. 2018, 51（01）: 1-12.
- [31] Zandi I, Allen W B, Morlok E K, et al. Transport of solid commodities via freight pipeline: First year final report [M]. University of Pennsylvania, 1976.
- [32] Boerkamps J, Van B A. GoodTrip-A new approach for modelling and evaluation of urban goods distribution [C] //City Logistics I, 1st International Conference on City Logistics. Institute of Systems Science Research, Kyoto, 1999: 175-186.
- [33] Kashima S, Nakamura R, Matano M, et al. Study of an underground physical distribution system in a high-density, built-up area [J]. Tunnelling and underground space technology, 1993, 8（1）: 53-59.
- [34] Koseki T, Sone S, Yokoi T, et al. Investigation of secondary slot pitches of a cage-type linear induction motor [J]. IEEE transactions on magnetics, 1993, 29（6）: 2944-2946.
- [35] Burgi M, Makri A. CargoCap – A legal framework of the underground transport of piece goods [C] //3rd ISUFT 2002 proceedings, Bochum, 2002.
- [36] Stein D, Schoesser B. CargoCap-transportation of goods through underground pipelines: Research project in Germany [M]. New pipeline technologies, security, and safety, 2003: 1625-1634.
- [37] Stein D, Stein R, Beckmann D, et al. CargoCap: Feasibility Study of transporting Containers through Underground Pipelines [C] //4th ISUFT 2005 proceedings, Shanghai, 2005.
- [38] Kosugi S. Effect of traveling resistance factor on pneumatic capsule pipeline system [J]. Powder technology, 1999, 104（3）: 227-232.
- [39] Liu H. Feasibility of underground pneumatic freight transport in New York City [R]. 2004.
- [40] Cotana F, Rossi F, Marri A. Pipe net: application study and further development of system [C] //6th ISUFT 2010 proceedings, Shanghai, 2010.
- [41] Cargo Sous Terrain（CST）. Cargo Sous Terrain Mobilisiert 100 Million Franken [EB/OL]. http://cargosousterrain.ch/de/news.html. Last accessed: 07.03.2019.
- [42] Dong J, Hu W, Yan S, et al. Network planning method for capacitated metro-based underground logistics system [J]. Advances in Civil Engineering, 2018, 2018: 6958086.
- [43] Zhao L, Li H, Li M, et al. Location selection of intra-city distribution hubs in the metro-integrated logistics system [J]. Tunnelling and Underground Space Technology, 2018, 80: 246-256.
- [44] Hu W, Dong J, Hwang B, et al. A preliminary prototyping approach for emerging metro-based underground logistics systems: operation mechanism and facility layout [J]. International Journal of Production Research, 2020: 1-21.
- [45] Behiri W, Belmokhtar-Berraf S, Chu C. Urban freight transport using passenger rail network: Scientific issues and quantitative analysis [J]. Transportation Research Part E: Logistics and Transportation Review, 2018, 115: 227-245.
- [46] Ozturk O, Patrick J. An optimization model for freight transport using urban rail transit [J]. European Journal of Operational Research, 2018, 267（3）: 1110-1121.
- [47] Voltes-Dorta A, Becker E. The potential short-term impact of a Hyperloop service between San Francisco and Los Angeles on airport competition in California [J]. Transport Policy, 2018, 71: 45-56.
- [48] Turkowski M, Szudarek M. Pipeline system for transporting consumer goods, parcels and mail in capsules [J]. Tunnelling and Underground Space Technology, 2019, 93: 103057.
- [49] Shahooei S, Mattingly S P, Shahandashti M, et al. Propulsion system design and energy optimization for autonomous underground freight transportation systems [J]. Tunnelling and Underground Space Technology, 2019, 89: 125-132.

[50] Pan Y, Liang C, Dong L. A two-stage model for an urban underground container transportation plan problem [J]. Computers & Industrial Engineering, 2019, 138: 106113.

[51] Hu W, Dong J, Hwang B, et al. Hybrid optimization procedures applying for two-echelon urban underground logistics network planning: A case study of Beijing [J]. Computers & Industrial Engineering, 2020, 144: 106452.

[52] Hu W, Dong J, Hwang B G, et al. Network planning of urban underground logistics system with hub-and-spoke layout: two phase cluster-based approach [J]. Engineering, Construction and Architectural Management, 2020, 27 (8): 2079-2105.

[53] He M, Sun L, Zeng X, et al. Node layout plans for urban underground logistics systems based on heuristic bat algorithm [J]. Computer Communications, 2020, 154: 465-480.

[54] Zahed S E, Shahandashti S M, Najafi M. Financing underground freight transportation systems in Texas: Identification of funding sources and assessment of enabling legislation [J]. Journal of Pipeline Systems Engineering and Practice, 2018, 9 (2): 06018001.

[55] Shahooei S, Najafi M, Ardekani S. Design and Operation of Autonomous Underground Freight Transportation Systems [J]. Journal of Pipeline Systems Engineering and Practice, 2019, 10 (4): 05019003.

[56] Gao Y, Chang D, Fang T, et al. Design and optimization of parking lot in an underground container logistics system [J]. Computers & Industrial Engineering, 2019, 130: 327-337.

[57] Fan Y, Liang C, Hu X, et al. Planning connections between underground logistics system and container ports [J]. Computers & Industrial Engineering, 2020, 139: 106199.

[58] 侯夏杰, 周爱莲. 城市地下物流系统线路多编组车辆方案研究 [J]. 公路与汽运, 2019 (6): 52-54.

[59] 梁承姬, 裴国涛, 潘洋, 等. 基于时间窗的地下集装箱物流系统自动导引车调度研究 [J]. 工程研究-跨学科视野中的工程, 2019, 11 (2): 137-145.

[60] Hu W, Dong J, Hwang B, et al. Using system dynamics to analyze the development of urban freight transportation system based on rail transit: A case study of Beijing [J]. Sustainable Cities and Society, 2020, 53: 101923.

[61] Dong J, Xu Y, Hwang B, et al. The impact of underground logistics system on urban sustainable development: A system dynamics approach [J]. Sustainability, 2019, 11 (5): 1223.

[62] Chen Y, Dong J, Chen Z, et al. Optimal carbon emissions in an integrated network of roads and UFTS under the finite construction resources [J]. Tunnelling and Underground Space Technology, 2019, 94: 103108.

[63] Janbaz S, Shahandashti M, Najafi M, et al. Lifecycle cost study of underground freight transportation systems in Texas [J]. Journal of Pipeline Systems Engineering and Practice, 2018, 9 (3): 05018004.

[64] Zahed S E, Shahandashti S M, Najafi M. Lifecycle benefit-cost analysis of underground freight transportation systems [J]. Journal of Pipeline Systems Engineering and Practice, 2018, 9 (2): 04018003.

[65] Xie R, Pan Y, Zhou T, et al. Smart safety design for fire stairways in underground space based on the ascending evacuation speed and BMI [J]. Safety science, 2020, 125: 104619.

[66] 涂中强, 赵盈盈. 基于BIM+MR技术的地下综合管廊智能化运维管理 [J]. 项目管理技术, 2020, 18 (12): 44-47.

[67] 施有志, 洪娇莉, 林树枝, 等. 基于物联网和GIS的综合管廊通风除湿智能控制研究 [J]. 隧道建设, 2020, 40 (8): 1133-1139.

[68] Chen K, Wang C, Chen L, et al. Smart safety early warning system of coal mine production based on WSNs [J]. Safety science, 2020, 124: 104609.

[69] Shahrour I, Bian H, Xie X, et al. Use of smart technology to improve management of utility tunnels [J]. Applied Sciences, 2020, 10 (2): 711.

[70] 高银宝, 谭少华, 谭大江, 等. 小城镇地下综合管廊规划建设与管理 [J]. 地下空间与工程学报, 2020,

16（1）：14-25，63.

［71］ Valero M，Li F，Song W Z. Smart seismic network for shallow subsurface imaging and infrastructure security［J］. International Journal of Sensor Networks，2019，31（1）：10-23.

［72］ 郑立宁，罗春燕，王建. 综合管廊智能化运维管理技术综述［J］. 地下空间与工程学报，2017，13（S1）：1-10.

［73］ 鲁浩，谈英姿. 管廊巡检机器人控制系统设计与实现［J］. 自动化技术与应用，2019，38（2）：78-82，86.

［74］ 谈文蓉，王金壅，曹新悦，等. 城市地下管网运维大数据预处理技术研究［J］. 西南民族大学学报（自然科学版），2020，46（4）：386-393.

［75］ 肖世龙，张森. 城市轨道交通智能客服系统研究与设计［J］. 科技创新与应用，2020（3）：87-88.

［76］ 毕天平，孙强，佟琳，等. 南运河管廊智慧运维管理平台研究［J］. 建筑经济，2019，40（3）：37-41.

［77］ 冯琳. 地下管网信息化在智慧园区建设中的应用［J］. 测绘通报，2020（12）：144-147.

［78］ Nguyen K A，Wang Y，Li G，et al. Realtime tracking of passengers on the London underground transport by matching smartphone accelerometer footprints［J］. Sensors，2019，19（19）：4184.

［79］ Gu W，Zhang K，Zhou Z，et al. Measuring fine-grained metro interchange time via smartphones［J］. Transportation research part C：Emerging technologies，2017，81：153-171.

［80］ Peng J，Peng F L. A GIS-based evaluation method of underground space resources for urban spatial planning：Part 1 methodology［J］. Tunnelling and Underground Space Technology，2018，74：82-95.

［81］ Peng J，Peng F L. A GIS-based evaluation method of underground space resources for urban spatial planning：Part 2 application［J］. Tunnelling and Underground Space Technology，2018，77：142-165.

［82］ 薛涛，史玉金，朱小弟，等. 城市地下空间资源评价三维建模方法研究与实践：以上海市为例［J］. 地学前缘，2021，28（4）：373-382.

［83］ Sartirana D，Rotiroti M，Zanotti C，et al. A 3D Geodatabase for Urban Underground Infrastructures：Implementation and Application to Groundwater Management in Milan Metropolitan Area［J］. ISPRS International Journal of Geo-Information，2020，9（10）：609.

［84］ 董英，张茂省，李宁，等. 城市地下空间开发利用的地质安全评价内容与方法［J］. 水文地质工程地质，2020，47（5）：161-168.

［85］ 石科，杨富强，李叶飞，等. 利用微动探测研究城市地下空间结构［J］. 矿业与地质，2020，34（2）：355-365.

［86］ 杨超，彭芳乐. 城市大深度地下防洪排水体系构想及策略［J］. 地下空间与工程学报，2017，13（3）：821-826.

［87］ 韩晨平，黄旭麟，王新宇. 深层地下物流仓储空间的设计策略研究［J］. 中外建筑，2020，2020（6）：144-147.

［88］ 刘艺，朱良成. 上海市城市地下空间发展现状与展望［J］. 隧道建设，2020，40（7）：941-952.

［89］ 油新华，何光尧，王强勋，等. 我国城市地下空间利用现状及发展趋势［J］. 隧道建设，2019，39（02）：173-188.

［90］ 朱合华，丁文其，乔亚飞，等. 简析我国城市地下空间开发利用的问题与挑战［J］. 地学前缘，2019，26（3）：22-31.

［91］ 陈吉祥，白云，刘志，等. 上海市深部地下空间资源评估研究［J］. 现代隧道技术，2018，55（S2）：1243-1254.

［92］ 马岩，李洪强，张杰，等. 雄安新区城市地下空间探测技术研究［J］. 地球学报，2020，41（4）：535-542.

［93］ 胡耘，沈健，常林越，等. 岩土工程新技术在软土地区深大地下工程中的应用［J］. 建筑结构，2018，

48（21）：109-113.

［94］ Wu Y, Qiao W, Zhang S, et al. Application of computer simulation method in deep underground engineering of complicated geological condition［J］. IEEE Access, 2020, 8: 174943-174963.

［95］ 沈浩, 邹丽敏, 王碧波. 超深圆形基坑地下连续墙成槽垂直度控制施工措施［J］. 中国给水排水, 2020, 36（6）：83-87.

［96］ 蒋盛钢, 刘胜利. 深厚潜水地铁基坑地下水控制方案分析与评估［J］. 地下空间与工程学报, 2019, 15: 333-340.

［97］ Liu J, Ma T, Liu Y, et al. History, advancements, and perspective of biological research in deep-underground laboratories: a brief review［J］. Environment international, 2018, 120: 207-214.

［98］ Xie H, Liu J, Gao M, et al. Physical symptoms and mental health status in deep underground miners: A cross-sectional study［J］. Medicine, 2020, 99（9）: e21338.

［99］ Liu J, Liu Y, Ma T, et al. Subjective perceptions and psychological distress associated with the deep underground: A cross-sectional study in a deep gold mine in China［J］. Medicine, 2019, 98（22）: e15571.

［100］ 谢和平, 刘吉峰, 高明忠, 等. 深地医学研究进展及构想［J］. 四川大学学报（医学版）, 2018, 49（2）: 163-168.

［101］ Nang E E K, Abuduxike G, Posadzki P, et al. Review of the potential health effects of light and environmental exposures in underground workplaces［J］. Tunnelling and Underground Space Technology, 2019, 84: 201-209.

［102］ 刘晓娟. 深层及次深部地下空间环境特征与景观营造［J］. 江苏建筑, 2019（3）: 7-10.

［103］ Talipouo A, Mavridis K, Nchoutpouen E, et al. High insecticide resistance mediated by different mechanisms in Culex quinquefasciatus populations from the city of Yaoundé, Cameroon［J］. Scientific reports, 2021, 11（1）: 1-11.

［104］ Petrauskaitė A. Nonviolent civil resistance against military force: The experience of Lithuania in 1991［J］. Security and Defence Quarterly, 2021, 34（2）: 38-52.

［105］ Admiraal H, Cornaro A. Future cities, resilient cities-The role of underground space in achieving urban resilience ［J］. Underground Space, 2020, 5（3）: 223-228.

［106］ Yumagulova L, Vertinsky I. Moving beyond engineering supremacy: Knowledge systems for urban resilience in Canada's Metro Vancouver region［J］. Environmental Science & Policy, 2019, 100: 66-73.

［107］ 赵旭东, 陈志龙, 蔡浩, 等. 城市关键基础设施体系毁伤恢复力评估方法研究［J］. 兵工学报, 2016, 37（S1）: 101-108.

［108］ 李强, 陈志龙, 赵旭东. 地震灾害下城市生命线体系恢复力双维度综合评估［J］. 土木工程学报, 2017, 50（2）: 65-72.

［109］ 赵旭东, 陈志龙, 龚华栋, 等. 关键基础设施体系灾害毁伤恢复力研究综述［J］. 土木工程学报, 2017, 50（12）: 62-71.

［110］ Ribeiro P J G, Gonçalves L A P J. Urban resilience: A conceptual framework［J］. Sustainable Cities and Society, 2019, 50: 101625.

［111］ Meerow S, Newell J P. Spatial planning for multifunctional green infrastructure: Growing resilience in Detroit ［J］. Landscape and Urban Planning, 2017, 159: 62-75.

［112］ Nan C, Sansavini G. A quantitative method for assessing resilience of interdependent infrastructures［J］. Reliability Engineering & System Safety, 2017, 157: 35-53.

［113］ 邱桐, 陈湘生, 苏栋. 城市地下空间综合韧性防灾抗疫建设框架［J］. 清华大学学报, 2021, 61（2）: 117-127.

［114］ Zhao X, Chen Z, Gong H. Effects comparison of different resilience enhancing strategies for municipal water distribution network: A multidimensional approach [J]. Mathematical Problems in Engineering, 2015, 2015: 438063.

[115] Han L, Zhao X, Chen Z, et al. Assessing resilience of urban lifeline networks to intentional attacks [J]. Reliability Engineering & System Safety, 2021, 207: 107346.

[116] Shi Y, Zhai G, Xu L, et al. Assessment methods of urban system resilience: From the perspective of complex adaptive system theory [J]. Cities, 2021, 112: 103141.

[117] 韩永华, 贺丁, 赵金龙, 等. 中压燃气泄漏爆炸对地下空间安全韧性影响 [J]. 清华大学学报, 2020, 60（1）: 25-31.

[118] Huang X, Gong J, Chen P, et al. Towards the adaptability of coastal resilience: Vulnerability analysis of underground gas pipeline system after hurricanes using LiDAR data [J]. Ocean & Coastal Management, 2021, 209: 105694.

撰稿人：陈志龙　董建军　邵继中　赵旭东　郭东军
　　　　范益群　梁承姬　任　睿　许元鲜　孙　波

采矿岩石力学学科研究进展

一、引言

我国是世界上最大的煤炭生产和消费国，2020年全国煤炭产量达38.4亿吨，煤炭消费量占能源消耗总量的57.8%。在今后相当长的时期内，煤炭的主体地位仍将保持不变。煤矿开采的根本就是采矿岩石力学问题[1, 2]。

在综述主要研究进展之前，我们统计了采矿岩石力学领域2015—2020年的国家奖，见附表1。

我们也以"Coal mine"和"Rock mechanics"为主题词，统计了2010—2020的SCI及EI期刊发文，从数量上看，全球采矿岩石力学领域发文呈稳定上升趋势。

本文主要就2017年以来采矿岩石力学领域主要研究现状进行概述，从采矿岩石宏细观破坏力学、采矿围岩控制理论及技术、岩层移动与开采沉陷理论及技术以及科学采矿新技术及新工法四个大方向，十八个研究领域将采矿岩石力学取得的主要进展和创新点进行归纳，以便本领域科技人员参考。

二、研究进展及创新点

（一）采矿岩石宏细观破坏力学

1. 煤岩宏细观破坏行为

（1）煤岩宏观破坏行为。真三轴实验是当下研究岩石的宏观破坏行为的热点。首先在真三轴试验仪器研制取得了突破[3-6]。刘造保等[3]研制了岩石高温高压两刚一柔型真三轴时效力学试验系统，该系统刚性加载力最高2000kN，柔性加载最大压力为70MPa，可在最高250℃的长时高温下进行真三轴、蠕变以及循环加卸载等多种应力路径试验。为了模拟巷道开挖过程中岩体由开挖前三向六面平衡态转化为开挖后有一面突然卸载的应力全过程，何满潮等[4]、赵光明等[5]分别研制了真三轴扰动卸荷岩石测试系统。冯夏庭等[6]设计开发了Lavender508真三轴实验系统，攻克了真三轴试验机设计中的岩石体积变形测量、端部摩擦效应、应力空白角效应以及真三轴条件下的峰后行为捕捉关键试验技术。通过真三轴试验，在真三轴条件下硬岩的端部摩擦效应[9]、复杂路径下岩石力学特性与破裂演化规律[7,8]、初始应力和卸荷速率对岩石变形破坏[10]以及中间主应力对岩石流动行为的影响机理[11]等方面都取得了新的认识。

（2）煤岩细观破坏行为。煤岩内部微细观损伤的累积是导致其宏观破坏的根本原因，因此从微观角度来研究煤岩损伤劣化机理一直是岩石力学重要的研究内容。电镜扫描、核磁共振、CT扫描、偏光显微镜等是常见的微细观试验研究方法。利用电镜扫描，在微裂纹的起裂、扩展及止裂规律[12]、各种应力路径下的细观损伤机制认识方面有了进一步深入[13]。近年来，核磁共振技术在快速、准确的测定岩石的孔隙率、渗透率、可动流体饱和度等基本物性参数，直观地观测到岩芯内流体的渗流过程的优势得到了验证，为后续多孔介质微观孔隙结构的研究提供了新思路[14-16]。CT扫描在煤岩裂纹扩展过程中起到了越来越重要作用，高精度CT扫描和加载实时扫描上取得了突破，实现了煤岩裂隙开度、分布和空间配置等参数的精细表征[17]和受载煤岩内部裂隙动态发展规律的有效描述[18]。在试验研究的其他方面，Yakaboylu等[19]通过三轴蠕变试验，研究了有机质、矿物和层理方向对Marcellus页岩的微裂纹萌生和扩展的影响规律；Sharafisafa等[20]开展了高应变速率载荷实验，得出了缺陷结构和填充材料对冲击载荷下三维打印类岩石材料的变形和裂纹模式的影响规律。数值模拟也是研究煤岩细观作用的重要手段，岩石微细观数值模拟的最具代表性是香港大学的王毅远教授课题组，他们采用离散元方法系统研究了微观裂纹起裂、扩展和聚结的相关岩石破坏过程的主要机制[21]。除此之外，有学者开始尝试采用PFC从宏 – 细观角度研究散煤水泥浆注浆加固规律[22]。也有学者在尝试岩石微观数值模拟新方法，如Jarrahi等[23]采用变分相场方法模拟了花岗岩岩石在冲孔剪切试验中的非弹性行为，解释了岩石的破坏、裂纹萌生和扩展机理。

2. 深部煤岩组合体破坏行为

大量研究成果表明[24]，在浅部环境下，煤岩体的破坏主要受其自身裂隙结构面的控制，而在深部环境下，煤岩体的破坏不仅受自身裂隙结构面的影响，更重要的是受到煤岩组合体整体结构的影响，再加上深部"三高"的地质环境，很多冲击地压等煤矿灾害实质上就是"煤体 – 岩体"组合系统受强烈扰动发生整体破坏失稳的结果。对煤岩组合体的力学特性研究上，主要集中在静力力学特性上，学者们系统开展了不同应力条件[25]、不同高比[26,27]、不同强度比[28]不同岩性和煤岩比例组合[29]等条件下的煤岩组合体静力力学试验，丰富了煤岩组合体力学特的认识。近期，在煤岩组合体的动力力学特性和煤岩体的稳定性控制方面的研究也有了突破。如，李成杰等[30]利用分离式霍普金森压杆对预制裂隙类煤岩组合体进行了冲击压缩试验，分析了试件能量耗散与破碎块度特征；康红普团队[31]提出了采用煤－岩组合试验在实验室制造应变型岩爆的试验方法，系统研究了煤岩组合体试样在单轴压缩条件下的破坏机制；余伟健等[32]通过对水平方向加锚和未加锚倾斜煤岩组合体试件进行一系列单轴压缩试验，分析锚杆与煤岩体结构面锚固角对煤岩系统强度的影响规律。

3. 深部煤岩体非线性破坏本构理论

岩石变形行为具有明显的非线性特征，经典的弹性或塑性理论无法准确描述深部岩体的非线性行为，针对不同的情况学者们提出了系列岩石非线性本构模型。Cerfontaine[33]提出了用于脆性岩石材料循环行为的新弹塑性本构模型，能够反映岩石在低约束条件下的固有循环行为。朱其志等[34, 35]基于均质化方法和热动力学理论，提出模拟准脆性岩石非线性力学行为的损伤－摩擦耦合本构模型，并获得了岩石强度的解析表达式。路德春等[36]通过将岩石材料的非线性强度特性分解为偏平面上的非线性与子午面上的非线性，提出了统一强度理论的物理模型，进而建立了广义非线性强度理论。Hoek-Brown破坏准则是岩石力学领域最常用的一种准则，但是其没有理论基础，经过多年发展，Zuo等[37]基于线弹性断裂力学理论上验证了Hoek-Brown破坏准则，并在提出了岩石脆－延转换点与围压的定量关系。从考虑岩石细观结构上，岩石的非线性本构也取得了突破。Liu等[38]基于双应变胡克定律，即裂纹、孔洞的变形采用自然应变计算，而岩石颗粒骨架的变形采用工程应变计算，提出了描述多孔岩石处于弹性及各向异性条件下的应力－应变关系。Levasseur等[39]建立了考虑微裂纹闭合的初始各向异性岩石微裂纹损伤模型。左建平等[40-43]建立了基于裂纹演化的煤岩体轴向裂纹闭合模型、轴向裂纹扩展模型、卸载条件下煤岩体轴向裂纹张开模型以及峰后裂纹贯通模型。

（二）采矿围岩控制理论及技术

1. 高强预应力锚杆支护

锚杆支护是巷道支护最常用的支护技术，相关研究较为系统，设计理论也较为成熟。近期，在复合载荷、长期载荷条件下的锚杆力学特性试验方法和认识有了新的突破。Kang等[44]还发明了动静载锚杆力学性能综合测试系统，攻克了动静载叠加作用难题，创建了国际上唯一能测试井下锚杆支护系统复杂受力状态的综合试验平台，并通过系统试验揭示了锚杆受拉、剪、扭、弯及冲击复合载荷作用的真实应力状态和破断机理。Pinazzi等[45]研究复合载荷条件下未灌浆岩石锚杆的性能，结果表明，在复合载荷条件下，锚杆承载力均显著降低。Sharifzadeh等[46]提出了量化锚杆动力性能的试验方法和装置，通过实验研究固有特性对锚杆动态性能的作用。张农等[47, 48]阐明了锚杆长度与围岩损伤之间的关联机制，研究了柔性锚杆在长期载荷作用下的力学特性和动态变化特征。采用高强预应力锚杆作为主要支护技术，也发展了一些新的耦合支护理论和技术。其中，单仁亮等[49,50]提出了强帮强角支护技术，通过高强锚杆技术加强煤巷帮部和角部支护，实现煤巷整体稳定；针对煤矿千米深井、软岩、强采动巷道围岩大变形难题，康红普团队[51,52]开发出微纳米无机有机复合改性材料及配套高压劈裂注浆技术，研发出分段压裂水力压裂卸压技术与设备，形成了巷道支护－改性－卸压协同控制技术。针对煤矿千米深井巷道松软煤体大变形难题，康红普[53]等研发出了高强度、高压、组合式注浆锚杆与高压注浆锚索，形成了高预应力锚杆、锚索支护－高压劈裂注浆改性－表面喷浆协同控制技术。

2. 恒阻大变形锚杆支护

传统锚索受力突增，由于存在 PR（poisson ratio）效应，易破断失效。何满潮[54,55]研发的恒阻大变形锚杆，是一种具有负泊松比性质的新型结构锚杆，利用恒阻结构实现锚杆伸长，最大伸长量可达 1000mm，并被应用到 110 巷道支护工法中和边坡加固工程中[56,57]。近年来，何满潮团队[58,59]进行了大量的室内静力拉伸试验，建立了恒阻大变形锚杆的静态理论模型，推导出了静载作用下恒阻大变形锚杆的本构关系。除此之外，通过动力冲击试验，建立了恒阻大变形锚杆在冲击载荷下的力学模型，并构建了恒阻大变形锚索吸能特性及其大变形数值模型[60-62]。沿此思路，也有学者研发了新型吸能锚杆，如 Yokota 等[63]提出了一种新型吸能锚杆，并通过 DDA 数值模拟和原型试验，验证了所提出锚杆具有高承载能力和可变形能力的特性；Masoud 等[64]介绍了适用于爆破和挤压地面支护的不同类型的吸能锚杆和其他支护元件，讨论了在高应力地面条件下，隧道和采矿开挖在支护策略的选择和经济性方面的重要差异。

3. 围岩分级控制理论及技术

潘一山等[65,66]建立了冲击地压巷道"应力－围岩－支护"力学模型，提出了冲击危险巷道三级吸能防冲支护的强度计算方法。陈登红等[67]提出浅埋巷道围岩呈现"浅部拉应变、深部零应变"的特征，深埋及初掘采动应力下巷道围岩出现"径向应变拉压交替分布"现象。侯朝炯[68-70]等针对深部围岩物性劣化问题，提出了浅孔低压封隙改性和深孔高压减隙加固的注浆加固协同控制技术，阐述了深浅递进分层次注浆对巷道围岩的协同控制机理。柏建彪等[71,72]提出了"浅孔注浆＋高强让压锚杆"和"深孔注浆＋高延伸率让压锚索"内外圈加固层协调变形和共同承载的围岩修复加固原则，并提出了沿空留巷充填区域锚索锚固区内外顶板离层分区分阶段控制对策。左建平等[73]认为临近巷道的围岩经历了"三向应力→双向应力→近似单轴应力"作用过程，从而在巷道周围会形成应力梯度，发现随着深度增加，应力梯度更明显。

4. 围岩承压结构控制理论及钢管混凝土支架支护

承压环强化支护理论的核心思想为[74,75]：通过强化巷道周边围岩一定宽度范围内的岩体或新构造一个环形承载支护体，使其具有更高的承载能力，从而形成一个承压环，以控制承压环外部的围岩稳定。近年来，部分学者进一步延伸了围岩承压结构控制理论的内涵。如，谢生荣等[76]结合深部巷道的"应力恢复、围岩增强、固结修复和主动卸压"控制原则，提出了集密集高强锚杆承压拱、厚层钢筋网喷层拱和滞后注浆加固拱于一体的锚喷注强化承压拱支护技术。李英明等[77]按照深部软岩巷道四线段全应力－应变曲线提出了"层－双拱"承载结构力学模型。在构造环形承载支护体时，钢管混凝土支架最具代表性。作为一种新型高强支护技术，钢管混凝土支架优越性主要体现在高强、高刚，支护阻力是同等用钢量 U 型钢支架的两三倍[78]，且演化出了 U 型钢约束混凝土、方型钢约束混凝土等不同形式的钢管混凝土支架[79-81]。综合室内试验、理论分析、数值计算以及现场应用，钢管混凝土支架的承载性能研究较为系统，包括轴压构件、纯弯构件、偏压构件以及整体支架等的承载性能[78]。抗弯承载能力不足是钢管混凝土支架的主要缺点。为此，Liu 等[82]提出在支架受拉侧焊接圆钢来提高支架的整体承载性能；有学者探讨了钢管混凝土支架与围岩间的耦合作用机制及耦合作用方式[83]，通过锚索将支架与围岩锚固在一起来提高支架的抗弯承载力。

5. 柔模混凝土支护

为实现煤炭资源的完全开采，王晓利教授[84]发明了煤矿柔模复合材料支护安全高回收开采成套技术与装备，该支护技术既继承了混凝土连续整体支护的刚性，又兼有锚杆支护的柔性及主动支护的优点。它的核心要点包括[84]：建立了以无煤柱开采、充填开采和再开采为主要内容的煤炭完全开采体系；研发出了柔模沿空留巷、沿空掘巷、沿空留墙和沿巷掘巷等系列化无煤柱开采技术，在围护装备掩护下，在巷旁快速建造柔模连续墙，支撑顶底板，封闭采空区，置换煤柱；开发出了条带碹、双层可缩碹、管棚碹等不同结构的柔模混凝土锚碹支护技术，破解了松软地层、破碎围岩、高地压大变形等复杂条件巷道支护的难题。王俊峰等[85]研究了柔模混凝土巷旁充填下沿空留巷围岩偏应力的分布与演化规律，并经过数值模拟和现场实践表明沿空留巷效果良好。

6. 等强支护控制理论及全空间协同支护技术

基于材料力学"等强度梁"概念，左建平等[86, 87]提出了深部巷道等强支护控制理论。该理论认为，埋藏在一定深度的岩体，是初始的"等强"状态。巷道开挖后围岩应力场被打破，若破碎区及塑性区的围岩强度得到提升，理想情况下围岩各个位置达到支护后的"等强"状态，或者尽可能达到初始"等强"状态，让支护围岩呈现整体受力，以期实现不同位置围岩达到与地应力比相匹配的等效应力强度状态。在此基础上，通过"全空间支护、刚柔协同、让压释能、动态监测、局部加强"的原则逐渐形成了全空间协同控制技术[88, 89]，其优越性体现在：三向立体施力，改善锚固围岩三向应力状态；整体协同承载，多根锚索"十"字连接，协调分配载荷；稳固抗剪，锚索斜穿肩角最大剪应力区。

（三）岩层移动与开采沉陷理论及技术

1. 采矿岩层顶板破断模型

钱鸣高等[90, 91]指出采动覆岩破断运动是一个"黑箱"，目前仅仅在控制原理上得到解释，达到"灰箱"程度，岩层控制在很多场合只能是"宏观"控制，需要深入研究不同覆岩关键层赋存条件下采动覆岩破断规律。通过模拟和理论等手段，在覆岩破断规律[92]、关键层稳定模型等[93,94]方面有了新的认识。近期，研究更多集中在急倾斜煤层开采的岩层移动规律、厚且坚硬关键岩层破断等采矿实际问题中，为矿压和顶板稳定控制提供了理论基础和技术借鉴。在急倾斜煤层开采的岩层移动规律方面，伍永平等[95]建立了覆岩"关键层"岩体结构空间模型及"R-S-F"动力学控制模型，揭示了大倾角煤层长壁综采覆岩"关键层"区域转换及岩体结构变异致灾机理，发展了岩层控制"关键层"理论。解盘石等[96,97]发现了大倾角伪俯斜采场顶板应力分布与位移具有非对称性，顶板具有非对称和明显的时序"O-X"破断特征。姚琦等[98]建立了倾向岩梁的力学模型，研究急倾斜煤层综采走向分段胶结充填覆层变形破断特性及移动规律。针对传统"梁"或"薄板"理论在分析厚且坚硬关键岩层受力与破断适应性差的问题，杨胜利[99]等基于中厚板理论研究了存在厚且坚硬关键岩层的孤岛工作面在初次来压、周期来压时关键岩层的位移及应力分布情况。于斌等[100,101]揭示了特厚煤层开采形成的大空间采场覆岩显著的"低－中－高"层位结构特征是采场复杂矿压显现的直接诱因，并提出了通过采用井下近场预裂和地面远场压裂的坚硬岩层弱化技术，减弱远、近场坚硬岩层的矿压作用，控制工作面强矿压显现，开辟了采场矿压控制的新途径。刘长友等[102,103]建立了上薄下厚近距离煤层同采下部综放采场支架与围岩关系模型，推导出支架工作阻力计算公式，并建立了覆岩多层薄采空区坚硬顶板条件下的工作面支架受力模型。冯国瑞等[104]揭示了复杂条件下遗煤开采的"应力场－结构场－变形场"时空演化与矿压显现规律，建立复杂条件下遗煤开采岩层移动预测模型。

2. 地表沉陷预测理论模型

钱鸣高院士[105]指出需要建立基于关键层破断结构并考虑不同表土层赋存特征的地表沉陷预计方法，实现矿山压力和岩层移动两门独立学科的有机统一。Ghabraie 等[106]修正了传统预测地表沉陷的影响函数法，修正后模型适用于不规则沉降剖面，并且准确进行现场沉降预测。Salmi 等[107]研究了煤柱长期裂变对浅部废弃煤矿采后沉降机制的影响，考虑煤柱寿命的劣化率，对传统的地表沉陷方法进行了修正，提出了一种简单的定量方法，并将其嵌入到数值模拟方法。戴华阳等[108-110]建立了基于几何形态参数的地表裂缝三维建模方法和主断面移动变形的双曲线型拟合函数，提出了开采推进时间和影响传播时间双变量的动态移动变形描述方法。邓喀中等[111]提出一种基于 WαSH 特征仿射归一化及 SIFT 描述的匹配方法，建立了地表残余下沉速度循环峰值与采厚、下沉速度循环周期与深厚比和工作面推进速度、工作面累积下沉与停采时间的经验关系式。李培现等[112]提出了采用空间三维矢量移动值计算概率积分法参数的遗传反演模型，解决了采用下沉、水平移动或其组合反演结果不同的问题，避免了多种指标反演结果难以对比和选择的问题，提高了计算结果的可靠性。车晓阳等[113]认为一般煤层上覆岩体的稳定性及破坏规律主要受关键层结构控制，覆岩裂隙在空间上呈"下方上圆"的"类梯形台"形态。

3. 岩层类"双曲线"整体移动模型

目前对于工作面顶板岩层破断移动和地表沉陷的研究相对独立。基于钱鸣高院士提出的岩层移动中的关键层理论，左建平等[114, 115]分析了不同厚度岩层的破断模式及力学机理，进一步将地表沉陷与基岩破断建立起联系，揭示了岩层移动与地表沉降的力学本质[116-118]，提出了将工作面顶板岩层破断移动和地表沉陷有机地统一成一个整体的覆岩整体移动的"类双曲线"模型及共轭内外"类双曲线"模型。团队还进一步深入研究了不同覆岩条件下（关键层位置、煤层倾角、深部开采）岩层移动"类双曲线"模型演化规律并建立了不同演化模型的判别力学条件[119-122]，提出了采用拓扑同伦变换统一描述岩层移动"类双曲线"模型演化的思想，初步形成了采动覆岩移动"类双曲线"理论框架。

4. 井下充填岩层控制技术

矸石排放和采场矿压与地表沉陷控制是煤矿开采中面临的共性问题，在深部开采中尤为突出，严重制约着我国绿色矿山建设和绿色化开采。随着矿井绿色开采理念的深入，无废生产以及矸石不落地等理念也开始提上矿井议事日程。由此"采煤–选矸–充填–采煤"闭合循环的充填技术思路逐渐成型[123]。在原综合机械化固体充填采煤技术的基础上，进一步开发煤矿井下采选集成技术，使煤矿矸石不升井，常规固体充填采煤进一步升级为"采–选–充–采一体化"的矿井新型生产技术模式，实现了井下原生态的矸石分选回填。为实现采选充一体化矿井采掘衔接合理、采充高效协调，张吉雄等[124]构建了深部采选充一体化矿井协同开采的技术框架，提出了深部煤矿井下采选充空间布局优化方法，通过合理的采充布局、采充接替和开采方法等多层次的协同创新，实现矿井的安全高效绿色协同开采。郭广礼等[125]提出了"条带开采–注浆充填固结采空区–剩余条带开采"的三步法的开采沉陷控制新思路。刘建功等[126]建立了以连续曲形梁为核心的充填开采岩层移动控制理论构架，研究了连续曲形梁在充填开采过程中的力学特征，提出有效连续概念，为实现科学充填提供了理论途径。左建平等[127]基于充填开采覆岩移动变形特征，给出了充填开采岩层"连续曲形梁"的定义，建立了充填开采岩层曲率模型，提出采用曲率来评价充填开采覆岩的变形特征。

5. 地面注浆减沉控制技术

传统充填开采能够提高煤炭采出率，但仍面临效率低、成本偏高等问题。研发高效低成本的建筑物压煤充填开采技术是践行绿色发展理念、维持矿业可持续的重大需求。关键层对地表沉陷的控制作用表明，通过控制关键层不破断能够有效减小地表沉陷。许家林等[128, 129]建立了基于覆岩关键层稳定性控制的部分充填采煤技术框架，旨在为解决充填采煤技术面临的充填材料来源不足、充填成本偏高、充填效率低等问题提供新途径。研发了采空区条带（墩柱）充填、短壁冒落区事后充填和覆岩隔离注浆充填等高效低成本的部分充填采煤技术，并已在工程实践中得到成功应用。部分充填开采利用覆岩关键层结构–

充填体 – 隔离煤柱联合承载体系控制地表沉陷，从而减少充填材料用量、降低充填成本、提高充填采煤效率，从而可以仅对采空区局部或冒落区与离层区进行充填。

（四）科学采矿新技术及新工法

1. 智能高效开采技术

近年智能化开采技术与装备发展迅速，在硬煤薄煤层智能化综采、超大采高工作面人 – 机 – 环智能耦合高效综采、硬煤特厚煤层超大采高智能化综放开采方面成果显著。国外主要集中在长臂开采的相关研究，采煤工法没有突破性的进展[130-133]。在国内，为了解决超大采高工作面因采高增加带来的强动载矿压与煤壁片帮冒顶等问题，王国法团队[134,135]分析了超大采高液压支架与围岩的强度耦合关系，提出了基于支架与围岩耦合的超大采高液压支架自适应控制技术，研发了超大采高工作面人 – 机 – 环智能耦合高效综采模式，实现了超大采高煤层安全高效开采。目前我国已形成了薄煤层和中厚煤层智能化无人操作、大采高煤层人 – 机 – 环智能耦合高效综采、综放工作面智能化操控与人工干预辅助放煤、复杂条件智能化加机械化四种智能化开采模式[136]，基本满足了智能化初级阶段发展需要。为解决浅埋特厚煤层一次采全高安全高效开采的问题，杨俊泽等[137]提出了一套包括设备配套、围岩控制、回采技术以及信息化方面的8.8米超大采高一次采全高综采关键技术，并进行了现场实践。结果表明：8.8米超大采高一次采全高综采不仅能够满足综采面生产、支护以及运输需要，而且生产能力显著提升。与同煤层7米大采高综采工作面相比，可多回采煤炭405万吨，采出率提高了20.2%。王家臣等[138,139]提出了适用于急倾斜厚煤层走向长壁综放开采的"下行动态分段、段内上行放煤"的高效采放开采工艺，最大限度地减少采放过程中对支架的不利影响，并可获得较高的顶煤采出率。急倾斜特厚煤层的水平分段放顶煤开采技术开发成功基本解决了支架设计不合理、工作面支架的工作阻力等问题，提高了顶煤采出率[140]。

2. 无煤柱自成巷 110/N00 工法研究进展

（1）采矿工法发展现状

煤炭作为基础能源，为经济和社会发展做出了巨大贡献。目前，国内外主要的开采方法仍然是1706年英国人在什洛普郡煤矿实施的长壁开采的121工法[141]，即开采一个工作面，需提前掘进两条巷道，留设一个煤柱。1937年，苏联人针对121工法中煤柱留设引起的资源浪费问题，提出了111工法（沿空留巷）[142]。2009年，何满潮院士发明了110工法[143]，形成切顶卸压自动成巷无煤柱开采技术，实现了开采一个工作面，仅需掘进一条巷道，不留设煤柱。在无煤柱自成巷110工法的基础上，何满潮院士又提出了无需提前掘进巷道、无需留设区段煤柱的无煤柱自成巷N00工法[144]，研发了具有我国自主知识产权的N00工法成套装备系统，实现了取消采煤工作面巷道掘进，取消工作面区段煤柱，对煤矿安全、高效生产具有革命性意义。

（2）无煤柱自成巷 110/N00 工法研究进展

第一，110/N00 工法基础理论研究进展。

当前的 121 工法开采体系中，一般通过留设煤柱的方式来抵抗采空区煤炭采出后上覆岩层运动产生的矿山压力，随着人们对矿山压力认识的不断深入，国内学者相继提出了各种掩护结构模型，用以解释开采过程中出现的矿山压力现象。其中，应用最为广泛的即 1962 年我国钱鸣高院士[145]提出的"砌体梁"理论和 1979 年宋振骐院士[146]提出的"传递岩梁"理论。该理论指导了我国半个多世纪的煤炭生产，为我国煤炭行业做出了不可磨灭的贡献。

中国科学院何满潮院士[147]于 2008 年提出了"切顶短臂梁"理论，在该模型中，一方面通过巷道采空区侧定向切缝，利用矿山压力实现采空区顶板岩层的定向垮落，利用垮落矸石的碎胀特性充填采空区，在采矿形成的地下空间内形成矸石巷帮。另一方面采用挡矸支护对矸石巷帮进行维护，采用高预应力恒阻锚索对巷道顶板进行控制，使得巷道顶板与其上方基本顶形成整体结构，保证采矿活动过程中自成巷顶板围岩的稳定。同时，何满潮院士提出了通过合理设计切顶高度，控制顶板垮落岩体碎胀体积的创新理念，实现了顶板垮落矸石碎胀体积与采矿体积之间的平衡，形成了"平衡开采"理论，使煤炭开采活动有了科学方程可循。基于上述理论，何满潮院士提出了无煤柱自成巷 110/N00 工法[148]，利用矿山压力和岩体碎胀，实现了取消采矿过程中的煤柱留设和巷道掘进。

采矿岩石力学是研究采矿过程中的岩石力学问题，分析岩体发生变形破坏规律的一门科学。众多学者从采矿岩石力学角度分析研究了"平衡开采"理论[149]，指导了无煤柱自成巷 110/N00 工法的推广。针对无煤柱自成巷顶板结构及变形机理，何满潮等[150]采用力学分析和数值模拟相结合的方法，研究了无煤柱自成巷"切顶短臂梁"结构特点及切顶留巷关键参数，并应用到现场取得了良好的应用效果。杨军等[151]研究了无煤柱自成巷开采条件下基本顶不同断裂位置对巷道变形的影响，建立了基本顶不同断裂位态力学模型，分别推导出基本顶在不同断裂位置时的巷内临时支护强度计算公式。孙晓明等[152]开展了深部开采软岩巷道的变形破坏机理的研究，提出了耦合支护的控制理念。王亚军等[153]建立了 N00 工法自成巷顶板变形计算模型，对"短臂梁"顶板结构及变形特征进行了研究。高玉兵等[154]建立了有限差分模型，研究了巷道周围应力演化规律。

近几年来，还有很多国内外学者在切顶留巷关键参数选取[155,156]、留巷围岩变形机理[157-160]、留巷围岩控制技术措施[161,162]等方面进行了广泛研究，取得的经验及研究成果为切顶留巷基础理论研究的进一步发展提供了良好基础。

第二，110 工法研究与应用进展

其一，110 工法关键技术研究。

基于无煤柱自成巷开采技术需求，何满潮院士团队研发了顶板定向预裂切缝、基于负泊松比（Negative Poisson Ratio，NPR）高预应力恒阻锚索支护关键技术。恒阻大变形锚杆支护技术的相关进展见"采矿围岩控制理论及技术"中的"恒阻大变形锚杆支护"。

顶板定向预裂切缝是切顶卸压自成巷的基础。利用岩体抗压不抗拉的特性,何满潮院士等研发了聚能爆破顶板切缝装置,提出了顶板张拉预裂爆破技术[163-169]。在此基础上,王琦等[170]提出采用定向顶板预裂爆破技术可实现切断留巷顶板与采空区顶板间的物理联系,保证巷道的稳定性。杨军等[171]模拟了切顶卸压作用下不同断裂位置下围岩的变形过程,根据不同的断裂情况,提供不同的支护对策,巷道变形得到有效控制。高玉兵等[172]从细观和宏观两个层面综合研究了定向顶板预裂爆破对巷道围岩稳定性的影响。

其二,110工法装备系统研究。①顶板定向预裂切缝专用聚能张拉爆破管。顶板定向预裂切缝必须采用专用聚能张拉爆破管进行施工。结合煤矿现场工程地质条件,何满潮院士团队设计了三种针对不同顶板类型的聚能张拉爆破管,即红色、绿色、蓝色。具体适用岩性如下:红色爆破管适用于砂岩,绿色爆破管适用于泥岩,蓝色爆破管适用于页岩,当顶板为复合岩层时,以主体岩层为准选择爆破管。②单裂面瞬时胀裂器。顶板瞬时胀裂物理切缝技术是在双向聚能拉张成型爆破基础上发展起来的一种不需爆破即可瞬时产生单一裂缝面的新型岩体破裂技术,有效解决了双向聚能张拉爆破切缝存在的炸药审批流程复杂、储存使用危险性高等问题,已经在现场试验中取得良好效果。瞬时胀裂器是该技术核心装置,主要由切缝定向管、专用切缝剂、耦合介质、电流引发装置组成。③110工法工程实践进展。2009年,切顶卸压自成巷无煤柱开采技术(110工法)在川煤集团芙蓉矿区的白皎煤矿进行首次试验并取得成功,为110工法技术体系完善和110工法的进一步推广应用奠定了坚实的基础。110工法实现了不同顶板类型、不同埋深、不同煤厚、不同倾角等多种工程地质条件下的成功应用。项目成果应用期间,减少巷道掘进工程量60余万米,节约煤柱资源损失4000多万吨。随着无煤柱自成巷110工法成套技术的不断成熟和完善,形成了《无煤柱自成巷110工法规范》团体标准。

(3) N00工法研究与应用进展

第一,N00工法总体发展历程与规划。

为了实现我国煤矿智能化发展,在无煤柱自成巷开采技术的基础上,何满潮院士建立了智能化N00工法的发展规划,提出了智能化5G N00矿井[173]的构想,具体分五个步骤实施。

一是1G N00工法。1G N00工法利用采留一体化关键技术工艺体系和装备系统,利用矿山压力做功,利用部分垮落岩体和岩体自身碎胀特性,实现工作面单侧自动成巷,取消采区内的巷道掘进(边界巷道除外),并实现采区内无煤柱留设。创建利用自然、利用矿压自动成巷的新方法。

二是2G N00工法。在1G N00工法的基础上,形成无煤柱自成巷2G N00工法,通过配套装备系统和技术工艺体系,实现工作面双侧自动成巷,取消采区内全部巷道掘进,建

立采 – 留 – 用一体化的开采体系，为智能化 N00 矿井奠定基础。

三是 3G N00 矿井。3G N00 矿井将无煤柱自成巷采留一体化开采工艺应用到矿井设计，建立利用采煤留出运输系统和通风系统新理念，并且简化井底车场、井下变电所、井下水泵房设计，从而大幅简化矿井建设，降低矿井前期工程量；同时取消大巷掘进和煤柱留设，实现基本取消巷道掘进，煤炭采出率提高到 80% 以上。

四是 4G N00 矿井。4G N00 矿井将采用智能化平台实现矿井智能化控制，矿井智能化控制实现以后，煤炭正常生产期间不再需要人员下井工作，必要时工人佩戴个人安全防护设备进行短时间井下作业，因此可取消矿井通风。在没有通风的情况下，瓦斯实为气体资源，不会爆炸。在开采高瓦斯煤层的同时，利用一定的技术手段，可以实现固体煤炭资源和天然气资源智能化、自动化同步开采。4G N00 智能化矿井可结束长壁开采必须通风的历史，把瓦斯灾害转变为天然气资源。

五是 5G N00 工法。智能化 5G N00 工法在煤气共采智能化 4G N00 工法体系的基础上，加大单个模块智能化系统建设，开发 5G N00 加双 5G 通信智能化系统，构建智能化的采煤装备布局新模式。通过结合双 5G 网络，简化生产系统与综合控制系统的智能化矿山，实现"一个中心"全矿井智能化控制、自动采煤、智能决策。随矿井实现无人化、智能化以后，通过建立采矿大数据、云计算和智能控制中心，通信网络可覆盖多个矿井，最终实现共网传输、集中控制、智能决策、远程智慧采矿。

第二，N00 工法装备系统研究。

为了完成 N00 工法各项技术工艺，何满潮院士团队研发了 N00 工法成套装备系统。通过改进采煤三机之间的配套方式，实现了采掘一体化的生产模式。利用全新功能设计的成巷四机装备系统，实现了采后自动成巷，并将其保留为下一工作面服务。在 N00 工法配套装备的协同作用下，形成了采留一体化的开采模式，实现了自动成巷与无煤柱开采。

一是 N00 工法采煤三机装备系统。基于无煤柱自成巷 N00 工法原理，何满潮院士发明了 N00 采煤三机装备系统，具体包括：① 发明了 N00 采煤机系统，突破了滚筒超越刮板机割煤、弧形帮自适应曲面截割等关键难题，实现了采煤和掘进功能一体化；② 发明了 N00 刮板机系统，突破了齿轨超前变线和远距离增限、可伸缩自动装煤等关键难题，实现了端部割煤和落煤连续自动装运；③ 发明了 N00 过渡支架系统，突破了矸石垮落动压防冲、岩体垮落轨迹时空调控等难题，实现了成巷三角区稳定控制。通过 N00 采煤三机装备系统协同配套，最终实现了工作面前方无掘巷条件下采煤的科学目标。

二是 N00 工法成巷四机装备系统。基于利用矿山压力自动成巷的创新理念，何满潮院士研发了 N00 成巷四机装备系统，实现了工作面采后自动成巷，具体包括：① 发明了 N00 恒阻锚索钻机，突破了钻 – 扩 – 装 – 锚一体化、三维自适应孔位调节等关键难题，实现了恒阻锚索高预应力及时主动支护控制顶板；② 发明了 N00 定向切缝钻机，突破了随钻岩体智能评价、多孔同时钻进、多方位立体动态调整等关键难题，实现了多孔同面定向切顶卸压和顶板有序垮落控制；③ 发明了 N00 切顶护巷支架，突破了高工阻、快增阻、自适应让压等关键难题，实现了成巷在动压影响期间的稳定性控制；④ 发明了 N00 多功能钻机支架，突破了架前自动铺网、采煤同步精准调位等关键难题，实现了架钻一体。通过 N00 成巷四机装备系统协同联动，最终实现了利用矿压、采后自动成巷的科学目标。

第三，N00 工法工程实践进展。

陕煤柠条塔煤矿厚煤层 N00 工法为该技术的首次工业性应用。2016 年 9 月 16 日，N00 工法试验工作面开始推采、留巷，留巷 2344m，最大单日推采进度 11.9m，这一结果标志着国内首例厚煤层 N00 工法研究和现场试验得到了突破性的进展。2019 年 4 月 18 日，N00 工法留巷验证工作面开始推采，截至 2019 年 11 月 12 日，工作面累计推进 1784m，最大单日推采进度达 19.8m。项目研究成果通过了中国科学院宋振骐院士、韩杰才院士、中国工程院王安院士、凌文院士、金智新院士、蔡美峰院士、王双明院士等十五位院士专家的鉴定，认为"该项目是煤矿开采技术的重大突破和重大创新与升级，研究成果达到国际领先水平"。

3. 保水开采技术

据统计，我国每年因煤炭开采破坏地下水约 80 亿吨，而利用率仅 25% 左右，损失的矿井水资源相当于我国每年工业和生活缺水量（100 亿吨）的 60%。如何实现煤炭开发与水资源保护相协调，是西部煤炭科学开发的重大难题之一，也是煤矿区生态文明建设的核心内容。顾大钊院士等[174,175]提出了我国煤矿矿井水保护利用发展战略和工程科技，研发了矿井水井下处理技术与装备，将井下产生的矿井水直接在井下处理，处理后可直接回用于井下的生产、降尘、消防等，多余的矿井水还可储存于井下采空区改造的地下水库中，降低了矿井水总体处理成本。其中最具代表性的是煤矿地下水库采空区净化技术[176]，该技术充分利用了采空区中冒落的岩体对矿井水的过滤、沉淀、吸附等作用，实现了矿井水的大规模低成本处理。井下处理技术中，还涌现出井下高密度沉降、井下超磁分离、井下反渗透等一批先进新技术，并得到了一定规模的应用。

4. 充填开采技术

近年来，为解决我国大规模煤炭开发中十分突出的资源和生态环境破坏问题，中国矿业大学缪协兴教授团队[177-180]开发出了具有完全独立自主知识产权的综合机械化固体充填与采煤一体化技术，使长期以来的充填采煤技术攻关取得了关键性的重大突破，并在大型城市建筑群下、铁路和公路交叉网下以及大型水体下和松散含水层下等二十多个矿区进行了规模化的工业性推广应用，取得了显著的经济、社会和环境效益。张吉雄等[181,182]针对深部煤矿井下智能化分选及就地充填的关键科学问题，提出了深部煤矿井下智能化分选及就地充填关键技术总体框架，并进行了现场示范工程。进一步在充分考虑采煤、分选和充填基础上，以井下分选为核心，围绕充填开采方法构建了煤矿矸石井下分选协同原位充填开采模式，提出了煤矿井下采 – 选 – 充协同原位充填开采方法，阐述了煤矿井下采、选、充系统的时空协同关系，揭示了"就近分选加原位充填"的科学内涵，实现了充填能力与分选能力匹配、采充系统与分选系统布置、采充工艺与分选工艺组织和矸石物流运输与调控四个方面的协同。

三、挑战及对策

（一）千米深井围岩控制理论及技术

康红普院士团队在我国煤矿巷道围岩控制技术取得突破性进展，围岩控制理念实现了从被动支护到主动控制、围岩与支护共同承载的跨越，围岩控制设计实现从静态、经验设计到动态、信息化设计的转变，形成多种方法并举的围岩控制格局。尽管如此，我国煤矿巷道围岩控制技术还存在很多问题，需要继续深入研究。①围岩大变形是煤矿巷道的显著特征。虽然采用黏弹塑性等连续介质力学理论及多种数值模拟方法研究了围岩变形与破坏规律，但分析及计算结果与井下实际情况还有较大差距。应基于煤岩体的力学行为研究，建立煤岩体、煤层的本构关系与力学模型，揭示围岩变形破坏的本质。②缺乏煤矿巷道采动应力的有效监测技术与仪器，没有完全弄清三维采动应力的时空演化规律，需要从应力测试、监测、模拟、理论建模等各个方面，系统开展采动力学研究。③支护与围岩相互作用是巷道围岩控制研究的核心问题。锚杆支护应用于复杂困难巷道时仍存在很多难题。需要进一步研究大变形巷道锚杆支护机制、锚杆与锚索协调作用机制、全空间主被动结合等。深化各种围岩控制方式与围岩相互作用机制的认识，分析支护与改性相互协调、互补的作用机制。

（二）采动岩层演化规律及整体移动统一理论模型

由于地质开采条件的复杂多变，采动覆岩破断移动是一个"黑箱"，研究面临诸多挑战，因此工作面控制的上覆岩层状态属于"黑箱"。建立力学模型仅仅使岩层控制由一片模糊的"黑箱"变成原理上清楚的"灰箱"，仍然不能达到定量确定各项参数的"白箱"要求。应深入探索岩层内部移动"类双曲线"模型，希望能够为岩层控制、瓦斯抽采和地下水保护等提供科学依据。①将岩层移动"类双曲线"模型应用于采动地下水保护方面，基于"类双曲线"模型对主关键层下部注浆模型进行修正，修正后的理论预测比修正前更接近现场实测结果。②采用拓扑同伦变换统一描述岩层移动"类双曲线"模型演化的思想，建立描述采动岩层移动形态演化的特征函数，定量表征不同覆岩条件下的岩层移动形态。

（三）5G 技术下的 N00 和 110 新工法

在基础理论方面，我国煤炭能源基础研究主要是在欧美建立的传统开采理论与技术体系上进行扩展与提升，目前尚未建立能够解决我国煤炭开采问题的理论体系。110/N00 工法是我国自主研发的煤炭开采新方法，开辟了采煤方法新路径。尤其N00工法，颠覆了"先掘巷后采煤"的传统理念，形成了采留一体化的采煤新模式，实现了煤炭开采方法的根本性变革。针对新的开采工法，需进一步完善"切顶短臂梁"理论和"平衡开采"理论研究，为新技术发展提供基础支撑。

在开采装备方法，传统采煤装备和掘进装备都是基于长壁开采121工法进行研发的。无煤柱自成巷N00工法采用了全新的采煤工艺，改变了传统采煤工作面的装备布局，采煤装备需根据该工法的工艺特点进行相应的改进，使其具备截割弧形巷帮的功能等，以完成留巷支护、顶板定向切缝、挡矸支护等工艺要求。因此，传统采煤装备和掘进装备不适用于无煤柱自成巷N00工法，需要研发新型无煤柱自成巷N00工法配套装备，以响应国家《关于加快煤矿智能化发展的指导意见》，推动我国煤矿智能化发展。

在工程试验方面，N00工法是煤炭开采领域的新鲜事物，形成的全新采煤成巷装备系统和配套设计需要依靠更多工程试验验证其优越性，并在试验过程中不断进行设计优化和改进完善。同时，针对N00工法还有一系列工作需要继续开展，尤其是N00工法智能化系统的进一步开发，将为实现5G N00矿井无人化开采目标，从根本上实现本质安全和高效开采提供重要技术支撑。5G N00矿井是N00工法的最终目标，通过5G N00加双5G通信融合，构建智能化采煤装备布局新模式，有望彻底取消全矿井通风系统，建立煤气共采智能化矿山，最终实现整个矿井的智能化、无人化。

（四）深部原位流态化开采

随着人类对煤炭的持续开采利用，地球浅部煤炭资源已逐渐趋向枯竭，煤炭资源开发需要不断走向地球深部，千米级矿井开采将成为常态。六千米以深的岩体基本处于三向等压状态，深部岩体进入全范围塑性流变状态。现有岩石力学理论均是建立在钻探获得的普通岩芯所测数据之上，忽略了不同深度原位环境的影响，不再精准适用于深部资源开发，同时现有的固体矿物资源的开采方式将难以适用。基于此，为此，谢和平首先[183]提出了深部岩石原位保压、保温、保质、保光、保湿，即"五保"取芯构想，提出了深部岩石原位"五保"取芯的原理、技术和实施方案。进一步，谢和平院士团队提出了煤炭深部开发未来应实现"煤不出地面，井下无人、井下选矿、燃烧发电与地下气化一体化"的生态矿山开采技术思想。进一步提出了深部煤炭资源流态化开采的学术构想，初步形成了煤炭深部原位流态化开采的技术框架[184]。该构想突破了固体矿产资源临界开采深度的限制，使深地煤炭开采可以像油气开发那样"钻机下井，人不下井"，实现原位开采与转化，使得煤炭开采由传统的"井下采煤出井"转变为"井下采煤不出井"，由传统的"井下只采煤"转变为"井下原位实现采煤、电、热、气一体化综合开发利用"，最终实现"地上无煤、井下无人"的绿色环保开采目标。原位流态化开采可以改变目前矿业领域生产效率低、安全性差、生态破坏严重、资源采出率低、地面运输/转化能量损耗大等一系列问题，实现深部煤炭资源开采理念与模式的变革。煤炭资源流态化开采以流态化开采理论体系为基础，以流态化、智能化、无人化三大技术体系为支撑，研发相关技术装备，为实现井下无人作业、煤炭资源安全高效回采提供基础。为了煤炭资源流态化开采得以实施，提出"2025 基础研究、2035 技术攻关、2050 集成示范"的战略实施路线。

附表1 2015—2020 年采矿岩石力学领域国家奖获奖统计表

获奖项目	获奖类别	获奖人	年份
煤矿重大水患探测与快速抢险关键技术及装备	国家科学技术进步奖二等奖	董书宁、王晓林、倪建明、南生辉、靳德武、王信文、朱明诚、郑士田、刘其声、姚克	2015
高瓦斯突出煤层强化卸压增透及瓦斯资源化高效抽采关键技术	国家科学技术进步奖二等奖	林柏泉、翟成、屈永安、张建国、杨威、郝志勇、吕有厂、姜文忠、吴海进、张连军	2015
超大直径深立井建井关键技术及成套装备	国家科学技术进步奖二等奖	王安、周国庆、龙志阳、祁和刚、蒲耀年、沈慰安、杨仁树、陆伦、李新宝、黄亮高	2015
深部隧（巷）道破碎软弱围岩稳定性监测控制关键技术及应用	国家科学技术进步奖二等奖	刘泉声、焦玉勇、张强勇、张程远、靖洪文、薛俊华、郭建伟、康永水、刘小燕、陈礼彪	2016
急倾斜厚煤层走向长壁综放开采关键理论与技术	国家科学技术进步奖二等奖	王家臣、马念杰、赵兵文、赵鹏飞、杨胜利、赵志强、杨发文、安建华、江志义、李杨	2016
煤层瓦斯安全高效抽采关键技术体系及工程应用	国家科学技术进步奖二等奖	周福宝、孙玉宁、高峰、余国锋、刘应科、贺志宏、刘春、王永龙、夏同强、宋小林	2016
智能煤矿建设关键技术与示范规程	国家科学技术进步奖二等奖	韩建国、李首滨、杨汉宏、张良、王金华、王继生、王海军、黄乐亭、丁涛、黄曾华	2016
矿井灾害源超深探测地质雷达装备及技术	国家技术发明奖二等奖	杨峰、彭苏萍、许献磊、郑晶、崔凡、白崇文	2017
煤矿柔模复合材料支护安全高回收开采成套技术与装备	国家科学技术进步奖二等奖	王晓利、杨俊哲、李晋平、张金锁、翟红、严永胜、贺安民、吴群英、唐军华、张敬军	2018
煤矿岩石井巷安全高效精细化爆破技术及装备	国家技术发明奖二等奖	杨仁树、岳中文、李清、李杨、郭东明、杨国梁	2018
煤矿巷道抗冲击预应力支护关键技术	国家技术发明奖二等奖	康红普、吴拥政、林健、冯地报、高富强、姜鹏飞	2020
复杂环境深部工程灾变模拟试验装备与关键技术及应用	国家技术发明奖二等奖	李术才、王汉鹏、张强勇、李利平、王琦、林春金	2020

参考文献

［1］谢和平，张茹，邓建辉，等. 基于"深地–地表"联动的深地科学与地灾防控技术体系初探［J］. 工程科

学与技术，2021，53（4）：1-12.
[2] 谢和平."深部岩体力学与开采理论"专辑特邀主编致读者[J].煤炭学报，2021，46（3）：699-700.
[3] 刘造保，王川，周宏源，等.岩石高温高压两刚一柔型真三轴时效力学试验系统研制与应用[J/OL].岩石力学与工程学报，DOI：10.13722/j.cnki.jrme.2021.0151.
[4] 何满潮，李杰宇，任富强，等.不同层理倾角砂岩单向双面卸荷岩爆弹射速度实验研究[J].岩石力学与工程学报，2021，40（3）：433-447.
[5] 赵光明，许文松，孟祥瑞，等.扰动诱发奥应力岩体开挖卸荷围岩失稳机制[J].煤炭学报，2020，45（3）：936-948.
[6] Feng X T, Zhang X, Kong R, et al. A novel mogi type true tri-axial testing apparatus and its use to obtain complete stress-stain curves of hard rock [J]. Rock Mechanics and Rock Engineering, 2016, 49（5）: 1649-1662.
[7] 张希巍，冯夏庭，孔瑞.硬岩应力-应变曲线真三轴仪研制关键技术研究[J].岩石力学与工程学报，2017，（11）：2629-2640.
[8] Feng XT, Wang Z, Zhou Y, et al. Modelling three-dimensional stress-dependent failure of hard rocks [J]. Acta Geotechnica, 2021, 16（11-12）: 1-31.
[9] Feng Xiating, Zhang Xiwei, Yang Chengxiang, et al. Evaluation and reduction of the end friction effect in true triaxial tests on hard rocks [J]. International Journal of Rock Mechanics and Mining Sciences, 2021, 97, 144-148.
[10] Hong X, Feng X T, Yang C X, et al. Influence of initial stresses and unloading rates on the deformation and failure mechanism of Jinping marble under true triaxial compression [J]. International Journal of Rock Mechanics and Mining Sciences, 2019, 117: 90-104.
[11] Baizhanov B, Katsuki D, Tutuncu A N, et al. Experimental Investigation of Coupled Geomechanical, Acoustic, and Permeability Characterization of Berea Sandstone Using a Novel True Triaxial Assembly [J]. Rock Mechanics and Rock Engineering, 2019, 52（8）: 2491-2503.
[12] Zuo JP, Li YL, Zhang XY, Zhao ZH, et al. The effects of thermal treatments on the subcritical crack growth of Pingdingshan sandstone at elevated high temperatures [J]. Rock Mechanics and Rock Engineering, 2018, 51（11）: 3439-3454.
[13] L Wang, P Berest, B Brouard. Mechanical Behavior of Salt Caverns: Closed-Form Solutions vs Numerical Computations [J]. Rock Mechanics and Rock Engineering, 2015, 48（6）: 2369-2382.
[14] Huang J, Hu G, Xu G, et al. The development of microstructure of coal by microwave irradiation stimulation [J]. Journal of Natural Gas Science and Engineering, 2019, 66: 86-95.
[15] Qin L, Zhai C, Liu S, et al. Changes in the petrophysical properties of coal subjected to liquid nitrogen freeze-thaw–A nuclear magnetic resonance investigation [J]. Fuel, 2017, 194: 102-114.
[16] 高正阳，杨维结.不同煤阶煤分子表面吸附水分子的机理[J].煤炭学报，2017，42（3）：753-759.
[17] 王长盛，翟培城，王林森.基于Micro-CT技术的煤岩裂隙精细表征[J].煤炭科学技术，2017，45（4）：137-142.
[18] 王登科，曾凡超，王建国，等.显微工业CT的受载煤样裂隙动态演化特征与分形规律研究[J].岩石力学与工程学报，2020，https://doi.org/10.13722/j.cnki.jrme.2019.0993.
[19] G A Yakaboylu, N Gupta, E M Sabolsky, et al. Mineralogical characterization and macro/microstrain analysis of the Marcellus shales [J]. International Journal of Rock Mechanics and Mining Sciences, 2020, 134.
[20] M Sharafisafa, L Shen. Experimental Investigation of Dynamic Fracture Patterns of 3D Printed Rock-like Material Under Impact with Digital Image Correlation [J]. Rock Mechanics and Rock Engineering, 2020, 53（8）: 3589-3607.
[21] Zhang Y, Wong LNY, Chan KK. An extended grain-based model accounting for microstructures in rock

deformation [J]. Journal of Geophysical Research: Solid Earth [J]. 2019, 124: 125-148.

[22] 李桂臣, 孙长伦, 孙元田, 崔光俊, 钱德雨. 基于"两介质-三界面"模型的散煤注浆固结宏细观规律 [J]. 煤炭学报, 2019, 44 (02): 427-434.

[23] M Jarrahi, G Bloecher, C Kluge, et al. Elastic-Plastic Fracture Propagation Modeling in Rock Fracturing via Punch Through Shear Test [J]. Rock Mechanics and Rock Engineering, 2021, 54 (6): 3135-3147.

[24] 左建平, 陈岩, 王超. 深部煤岩组合体破坏力学与模型 [M]. 北京: 科学出版社, 2017.

[25] 左建平, 陈岩, 张俊文, 等. 不同围压作用下煤-岩组合体破坏行为及强度特征 [J]. 煤炭学报, 2016, 41 (11): 2706-2713.

[26] 陈绍杰, 尹大伟, 张保良, 等. 顶板-煤柱结构体力学特性及其渐进破坏机制研究 [J]. 岩石力学与工程学报, 2017, 6 (7): 1588-1598.

[27] 杨科, 刘文杰, 窦礼同, 等. 煤岩组合体界面效应与渐进失稳特征试验 [J]. 煤炭学报, 2020, 45 (5): 1691-1700.

[28] 杨磊, 高富强, 王晓卿. 不同强度比组合煤岩的力学响应与能量分区演化规律 [J]. 岩石力学与工程学报, 2020, 39 (S2): 3297-3305.

[29] 陈光波, 秦忠诚, 张国华, 等. 受载煤岩组合体破坏前能量分布规律 [J]. 岩土力学, 2020, 41 (6): 2021-2033.

[30] 李成杰, 徐颖, 张宇婷, 等. 冲击荷载下裂隙类煤岩组合体能量演化与分形特征研究 [J]. 岩石力学与工程学报, 2019, 38 (11): 2231-2241.

[31] Gao F, Kang H, Yang L. Experimental and numerical investigations on the failure processes and mechanisms of composite coal-rock specimens [J]. Scientific Reports, 2020, 10: 13422.

[32] 余伟健, 吴根水, 刘泽, 等. 煤-岩-锚组合锚固体单轴压缩试验及锚杆力学机制 [J]. 岩石力学与工程学报, 2020, 39 (1): 57-68.

[33] B Cerfontaine, R Charlier, F Collin, et al. Validation of a New Elastoplastic Constitutive Model Dedicated to the Cyclic Behaviour of Brittle Rock Materials [J]. Rock Mechanics and Rock Engineering, 2017, 50 (10): 2677-2694.

[34] 朱其志, 刘海旭, 王伟, 等. 北山花岗岩细观损伤力学本构模型研究 [J]. 岩石力学与工程学报, 2015, 34 (3): 433-439.

[35] Zhu Q Z, Shao J F. A refined micromechanical damage-friction model with strength prediction for rock-like materials under compression [J]. International Journal of Solids and Structures, 2015, 60-61: 75-83.

[36] 路德春, 杜修力. 岩石材料的非线性强度与破坏准则研究 [J]. 岩石力学与工程学报, 2013, 32 (12): 2394-2408.

[37] Zuo JP, Liu HH, Li HT. A theoretical derivation of the Hoek-Brown failure criterion for rock materials [J]. Journal of Rock Mechanics and Geotechnical Engineering, 2015, 7 (4): 361-366.

[38] Liu HH, Rutqvist J, Birkholzer JT. Constitutive Relationships for Elastic Deformation of Clay Rock: Data Analysis [J]. Rock Mechanics and Rock Engineering, 2011, 44 (4): 463-468.

[39] S Levasseur, H Welemane, D Kondo. A microcracks-induced damage model for initially anisotropic rocks accounting for microcracks closure [J]. International Journal of Rock Mechanics and Mining Sciences, 2015, 77: 122-132.

[40] 左建平, 陈岩, 宋洪强, 等. 煤岩组合体峰前轴向裂纹演化与非线性模型 [J]. 岩土工程学报, 2017, 39 (9): 1609-1615.

[41] 陈岩, 左建平, 宋洪强, 等. 煤岩组合体循环加卸载变形及裂纹演化规律研究 [J]. 采矿与安全工程学报, 2018, 35 (4): 826-833.

[42] 左建平, 陈岩. 卸载条件下煤岩组合体的裂纹张开效应研究 [J]. 煤炭学报, 2017, 42 (12): 3142-3148.

［43］左建平，宋洪强，陈岩，等．煤岩组合体峰后渐进破坏特征与非线性模型［J］．煤炭学报，2018，43（12）：3265-3272．

［44］Kang H，Yang J，Gao F，Li J. Experimental Study on the Mechanical Behavior of Rock Bolts Subjected to Complex Static and Dynamic Loads［J］．Rock Mech Rock Eng. 2020，https://doi.org/10.1007/s00603-020-02205-0．

［45］Pinazzi，P. C.；Spearing，A. J. S.（Sam）；, et al. Mechanical performance of rock bolts under combined load conditions［J］．International Journal of Mining Science and Technology，2020，30（2）：167-177．

［46］M Sharifzadeh，J Lou，B Crompton. Dynamic performance of energy-absorbing rockbolts based on laboratory test results. Part II：Role of inherent features on dynamic performance of rockbolts［J］．Tunnelling And Underground Space Technology，2020，105：103555．

［47］谢正正，张农，韩昌良，等．煤巷顶板厚层跨界锚固原理与应用研究［J］．岩石力学与工程学报，2021，40（6）：1195-1208．

［48］谢正正，张农，王朋，等．长期载荷作用下柔性锚杆力学特性及工程应用［J］．煤炭学报，2020，45（9）：3096-3106．

［49］单仁亮，彭杨皓，孔祥松，等．国内外煤巷支护技术研究进展［J］．岩石力学与工程学报，2019，38（12）：2377-2403．

［50］郑赟，单仁亮，黄博，等．强帮强角应用于沿空留巷支护的相似模型试验研究［J］．采矿与安全工程学报，2021，38（1）：94-102．

［51］康红普，姜鹏飞，黄炳香，等．煤矿千米深井巷道围岩支护-改性-卸压协同控制技术［J］．煤炭学报，2020，45（3）：845-864．

［52］Kang H，Jiang P，Wu Y，Gao F. A combined "ground support-rock modification-destressing" strategy for 1000-m deep roadways in extreme squeezing ground condition［J］．Int J Rock Mech Min Sci，2020，142：104746．

［53］康红普，姜鹏飞，杨建威，等．煤矿千米深井巷道松软煤体高压锚注—喷浆协同控制技术［J］．煤炭学报，2021，46（3）：747-762．

［54］何满潮，李晨，宫伟力．恒阻大变形锚杆冲击拉伸实验及其有限元分析［J］．岩石力学与工程学报，2015，34（11）：2179-2187．

［55］李晨，何满潮，宫伟力．恒阻大变形锚杆负泊松比效应的冲击动力学分析［J］．煤炭学报，2016，41（6）：1393-1399．

［56］何满潮，郭鹏飞，王炯，等．禾二矿浅埋破碎顶板切顶成巷试验研究［J］．岩土工程学报，2018，40（3）：391-398．

［57］何满潮，马新根，牛福龙，等．中厚煤层复合顶板快速无煤柱自成巷适应性研究与应用［J］．岩石力学与工程学报，2018，37（12）：2641-2654．

［58］朱淳，何满潮，张晓虎，等．恒阻大变形锚杆非线性力学模型及恒阻行为影响参数分析［J］．岩土力学，2021，42（7）：1911-1924．

［59］王琦，何满潮，许硕，等．恒阻吸能锚杆力学特性与工程应用［J/OL］．煤炭学报：1-11［2021-08-20］．https://doi.org/10.13225/j.cnki.jccs.2021.0383．

［60］郝亮钧，宫伟力，何满潮，等．双根恒阻大变形锚杆在冲击载荷作用下的理论模型［J］．煤炭学报，2018，43（S2）：385-392．

［61］宫伟力，孙雅星，高霞，等．基于落锤冲击试验的恒阻大变形锚杆动力学特性［J］．岩石力学与工程学报，2018，37（11）：2498-2509．

［62］陶志刚，赵帅，张明旭，等．恒阻大变形锚杆/索力学特性数值模拟研究［J］．采矿与安全工程学报，2018，35（01）：40-48．

［63］Y Yokota，Z Zhao，W Nie，et al.，Development of a new deformation-controlled rock bolt：Numerical modelling and laboratory verification［J］．Tunnelling And Underground Space Technology，2020，98：103305．

［64］G Masoud，K Shahriar，M Sharifzadeh，et al. A critical review on the developments of rock support systems in high stress ground conditions［J］. International Journal of Mining Science and Technology，2020，30（5）：6-23.

［65］潘一山，齐庆新，王爱文，等. 煤矿冲击地压巷道三级支护理论与技术［J］. 煤炭学报，2020，45（5）：1585-1594.

［66］王爱文，潘一山，齐庆新，等. 煤矿冲击地压巷道三级吸能支护的强度计算方法［J］. 煤炭学报，2020，45（9）：3087-3095.

［67］陈登红，华心祝，段亚伟，等. 深部大变形回采巷道围岩拉压分区变形破坏的模拟研究［J］. 岩土力学，2016，37（9）：2654-2662.

［68］侯朝炯，王襄禹，柏建彪，等. 深部巷道围岩稳定性控制的基本理论与技术研究［J］. 中国矿业大学学报，2021，50（1）：1-12.

［69］侯朝炯. 深部巷道围岩控制的关键技术研究［J］. 中国矿业大学学报，2017，46（5）：970-978.

［70］侯朝炯. 深部巷道围岩控制的有效途径［J］. 中国矿业大学学报，2017，46（3）：467-473.

［71］于洋，柏建彪，张树娟，等. 双翼采动大巷群围岩灾变机理与修复加固体系研究［J］. 采矿与安全工程学报，2020，37（6）：1133-1141.

［72］张自政，柏建彪，王卫军，等. 沿空留巷充填区域锚索锚固区内外顶板离层力学分析与工程应用［J］. 采矿与安全工程学报，2018，35（5）：893-901.

［73］左建平，魏旭，王军，等. 深部巷道围岩梯度破坏机理及模型研究［J］. 中国矿业大学学报，2018，47（3）：478-485.

［74］Gao Y F，Huang W P，Qu G L，et al. Perturbation effect of rock rheology under uniaxial compression［J］. Journal of Central South University，2017，24（7）：1684-1695.

［75］刘珂铭，高延法，张凤银. 大断面极软岩巷道钢管混凝土支架复合支护技术［J］. 采矿与安全工程学报，2017，34（2）：243-250.

［76］谢生荣，谢国强，何尚森，等. 深部软岩巷道锚喷注强化承压拱支护机理及其应用［J］. 煤炭学报，2014，39（3）：404-409.

［77］李英明，赵呈星，刘增辉，等. 围岩承载层分层演化规律及"层-双拱"承载结构强度分析［J］. 岩石力学与工程学报，2020，39（2）：217-227.

［78］刘德军，左建平，郭淞，等. 深部巷道钢管混凝土支架承载性能研究进展［J］. 中国矿业大学学报，2018，47（6）：40-58.

［79］李为腾，李术才，王新，等. U型约束混凝土拱架屈服承载力计算方法研究［J］. 中国矿业大学学报，2016，45（2）：261-271.

［80］Wang Q，Jiang B，Li S C，et al. Experimental studies on the mechanical properties and deformation 82 failure mechanism of U-type confined concrete arch centering［J］. Tunnelling and underground space technology，2016，51：20-29.

［81］Wang Q，Jiang B，Li Y，et al. Mechanical behaviors analysis on a square-steel-confined-concrete arch centering and its engineering application in a mining project［J］. European Journal of Environmental and Civil Engineering，2017，21（4）：389-411.

［82］Liu Dejun，Zuo Jianping，Wang Jun，Li Pan，et al. Bending failure mechanism and strengthening of concrete-filled steel tubular support［J］. Engineering Structures，2019，198：1-20.

［83］Liu Dejun，Zuo Jianping，Wang Jun，Zhang Tangliang，Liu Haiyan. Large deformation mechanism and concrete-filled steel tubular support control technology of soft rock roadway-A case study［J］. Engineering Failure Analysis，2020，116：1-19.

［84］王晓利. 煤炭绿色完全开采不再是梦［J］. 西安科技大学学报，2021，41（2）：184.

［85］王俊峰，王恩，陈冬冬，等. 窄柔模墙体沿空留巷围岩偏应力演化与控制［J］. 煤炭学报，2021，46（4）：

1220-1231.

[86] 左建平, 文金浩, 胡顺银, 等. 深部煤矿巷道等强梁支护理论模型及模拟研究[J]. 煤炭学报, 2018, 43（S1）: 1-11.

[87] 左建平, 文金浩, 刘德军, 等. 深部巷道等强支护控制理论[J]. 矿业科学学报, 2021, 6（2）: 148-159.

[88] 左建平, 孙运江, 王金涛, 等. 大断面破碎巷道全空间桁架锚索协同支护研究[J]. 煤炭科学技术, 2016, 44（3）: 1-6.

[89] 左建平, 孙运江, 文金浩, 等. 深部巷道全空间协同控制技术及应用[J]. 清华大学学报（自然科学版）, 2021, 61（8）: 853-862.

[90] 钱鸣高, 许家林. 煤炭开采与岩层运动[J]. 煤炭学报, 2019, 44（4）: 973-984.

[91] 钱鸣高, 许家林, 王家臣. 再论煤炭的科学开采[J]. 煤炭学报, 2018, 43（1）: 1-13.

[92] Eremin M, Esterhuizen G, Smolin I. Numerical simulation of roof cavings in several Kuzbass mines using finite-difference continuum damage mechanics approach[J]. International Journal of Mining Science and Technology, 30（2）, 157-166.

[93] 许家林, 秦伟, 轩大洋, 等. 采动覆岩卸荷膨胀累积效应[J]. 煤炭学报, 2020, 45（1）: 35-43.

[94] 黄庆享, 周金龙, 马龙涛, 等. 近浅埋煤层大采高工作面双关键层结构分析[J]. 煤炭学报, 2017, 42（10）: 2504-2510.

[95] 伍永平, 贠东风, 解盘石, 等. 大倾角煤层长壁综采：进展、实践、科学问题[J]. 煤炭学报, 2020, 45（1）: 24-34.

[96] 解盘石, 张颖异, 张艳丽, 等. 大倾角大采高煤矸互层顶板失稳规律及对支架的影响[J]. 煤炭学报, 2021, 46（2）: 344-356.

[97] 解盘石, 田双奇, 段建杰. 大倾角伪俯斜采场顶板运移规律实验研究[J]. 煤炭学报, 2019, 44（10）: 2974-2982.

[98] 姚琦, 冯涛, 廖泽. 急倾斜走向分段充填倾向覆岩破坏特性及移动规律[J]. 煤炭学报, 2017, 42（12）: 3096-3105.

[99] 杨胜利, 王家臣, 李良晖. 基于中厚板理论的关键岩层变形及破断特征研究[J]. 煤炭学报, 2020, 45（8）: 2718-2727.

[100] 于斌, 杨敬轩, 刘长友, 等. 大空间采场覆岩结构特征及其矿压作用机理[J]. 煤炭学报, 2019, 44（11）: 3295-3307.

[101] 于斌, 高瑞, 孟祥斌, 等. 大空间远近场结构失稳矿压作用与控制技术[J]. 岩石力学与工程学报, 2018, 37（5）: 1134-1145.

[102] 赵杰, 刘长友, 李建伟. 沟谷区域浅埋厚煤层开采应力场分布及矿压显现特征[J]. 采矿与安全工程学报, 2018, 35（4）: 742-750.

[103] 李建伟, 刘长友, 卜庆为. 浅埋厚煤层开采覆岩采动裂缝时空演化规律[J]. 采矿与安全工程学报, 2020, 37（2）: 238-246.

[104] 冯国瑞, 侯水云, 梁春豪, 等. 复杂条件下遗煤开采岩层控制理论与关键技术研究[J]. 煤炭科学技术, 2020, 48（1）: 144-149.

[105] 钱鸣高. 加强煤炭开采理论研究 实现科学开采[J]. 采矿与安全工程学报, 2017, 34（4）: 615.

[106] Ghabraie B, Ren G, Barbato J, et al. A predictive methodology for multi-seam mining induced subsidence[J]. International Journal of Rock Mechanics and Mining Sciences, 2017, 93: 280-294.

[107] E F Salmi, M Nazem, M Karakus. The effect of rock mass gradual deterioration on the mechanism of post-mining subsidence over shallow abandoned coal mines[J]. International Journal of Rock Mechanics and Mining Sciences, 2017, 91: 59-71.

[108] 戴华阳, 王祥, 李军, 等. 形态参数下地表采动裂缝三维建模及可视化方法 [J]. 测绘通报, 2018（2）: 148-153.

[109] 戴华阳. 岩层与地表移动变形量的时空关系及描述方法 [J]. 煤炭学报, 2018, 43（S2）: 450-459.

[110] 刘玉成, 戴华阳. 近水平煤层开采沉陷预计的双曲线剖面函数法 [J]. 中国矿业大学学报, 2019, 48（3）: 676-681.

[111] 郑美楠, 邓喀中, 张宏贞, 等. 基于 InSAR 的关闭矿井地表形变监测与分析 [J]. 中国矿业大学学报, 2020, 49（2）: 403-410.

[112] 李培现, 万昊明, 许月, 等. 基于地表移动矢量的概率积分法参数反演方法 [J]. 岩土工程学报, 2018, 40（4）: 767-776.

[113] 车晓阳, 侯恩科, 孙学阳, 等. 沟谷区浅埋煤层覆岩破坏特征及地面裂缝发育规律 [J]. 西安科技大学学报, 2021, 41（1）: 104-111, 186.

[114] 左建平, 于美鲁, 胡顺银, 等. 不同厚度岩层破断模式实验研究 [J]. 采矿与岩层控制工程学报, 2019, 1（2）: 88-96.

[115] Zuo Jianping, Yu Meilu, Li Chunyuan, et al. Analysis of surface cracking and fracture behavior of a single thick main roof based on similar model experiments in western coal mine, China. [J]. Natural Resources Research 2021; 30: 657-680.

[116] 左建平, 孙运江, 钱鸣高. 厚松散层覆岩移动机理及"类双曲线"模型 [J]. 煤炭学报, 2017, 42（6）: 1372-1379.

[117] 左建平, 孙运江, 王金涛, 等. 充分采动覆岩"类双曲线"破坏移动机理及模拟分析 [J]. 采矿与安全工程学报, 2018, 35（1）: 71-77.

[118] 左建平, 孙运江, 文金浩, 等. 岩层移动理论与力学模型及其展望 [J]. 煤炭科学技术, 2018, 46（1）: 1-11, 87.

[119] Sun Yunjiang, Zuo Jianping, Karakus Murat, et al. A novel method for predicting movement and damage of overburden caused by shallow coal mining [J]. Rock Mechanics and Rock Engineering, 2020（53）: 1545-1563.

[120] Sun Yunjiang, Zuo Jianping, Karakus Murat, et al. Investigation of movement and damage of integral overburden during shallow coal seam mining [J]. International Journal of Rock Mechanics and Mining Sciences, 2019, 117: 63-75.

[121] Sun Yunjiang, Zuo Jianping, Karakus Murat, et al. A new theoretical method to predict strata movement and surface subsidence due to inclined coal seam mining [J]. Rock Mechanics and Rock Engineering, 2021, 54: 2723-2740.

[122] 左建平, 吴根水, 孙运江, 等. 岩层移动内外"类双曲线"整体模型研究 [J]. 煤炭学报, 2021, 46（2）: 333-343.

[123] 郭广礼, 王悦汉, 马占国. 煤矿开采沉陷有效控制的新途径 [J]. 中国矿业大学学报, 2004（2）: 26-29.

[124] 张吉雄, 屠世浩, 曹亦俊, 等. 煤矿井下煤矸智能分选与充填技术及工程应用 [J]. 中国矿业大学学报, 2021, 50（3）: 417-430.

[125] 郭广礼, 郭凯凯, 张国建, 等. 深部带状充填开采复合承载体变形特征研究 [J]. 采矿与安全工程学报, 2020, 37（1）: 101-109.

[126] 刘建功, 赵家巍, 李蒙蒙, 等. 煤矿充填开采连续曲形梁形成与岩层控制理论 [J]. 煤炭学报, 2016, 41（2）: 383-391.

[127] 左建平, 周钰博, 刘光文, 等. 煤矿充填开采覆岩连续变形移动规律及曲率模型研究 [J]. 岩土力学, 2019, 40（3）: 1097-1104, 1220.

[128] 许家林, 秦伟, 轩大洋, 等. 采动覆岩卸荷膨胀累积效应[J]. 煤炭学报, 2020, 45（1）: 35-43.

[129] 许家林, 轩大洋, 朱卫兵, 等. 基于关键层控制的部分充填采煤技术[J]. 采矿与岩层控制工程学报, 2019, 1（2）: 69-76.

[130] Rotich Enock K, Handler Monica R, Sykes Richard, et al. Depositional influences on Re–Os systematics of Late Cretaceous–Eocene fluvio–deltaic coals and coaly mudstones, Taranaki Basin, New Zealand[J]. International Journal of Coal Geology, 2021, 3（1）: 236.

[131] Amit Kumar Gorai, Simit Raval, Ashok Kumar Patel, et al. Design and development of a machine vision system using artificial neural network–based algorithm for automated coal characterization[J]. International Journal of Coal Science & Technology, 2020, 10（21）: 2198-7823.

[132] Takashi Sasaoka, Tri Karian, Akihiro Hamanaka, et al. Application of highwall mining system in weak geological condition[J]. International Journal of Coal Science & Technology, 2016, 3（3）: 311-321.

[133] S Aghababaei, G Saeedi, H Jalalifar, et al. Risk Analysis and Prediction of Floor Failure Mechanisms at Longwall Face in Parvadeh–I Coal Mine using Rock Engineering System（RES）[J]. Rock Mechanics and Rock Engineering, 2016, 49（5）: 1889-1901.

[134] 王国法, 张德生. 煤炭智能化综采技术创新实践与发展展望[J]. 中国矿业大学学报, 2018, 47（03）: 459-467.

[135] 徐亚军, 王国法, 任怀伟. 液压支架与围岩刚度耦合理论与应用[J]. 煤炭学报, 2015, 40（11）: 2528-2533.

[136] 王国法, 刘峰, 孟祥军, 等. 煤矿智能化（初级阶段）研究与实践[J]. 煤炭科学技术,

[137] 杨俊哲, 刘前进, 徐刚. 8.8m支架超大采高工作面矿压规律及覆岩破断结构研究[J]. 采矿与安全工程学报, 2021, 38（04）: 655-665.

[138] WANG Jiachen, YANG Shengli, KONG De zhong. Failure mechanism and control technology of longwall coal face in large — cutting–height mining method[J]. International Journal of Mining Science and Technology, 2016, 26（1）: 111-118.

[139] 王家臣, 张锦旺. 综放开采顶煤放出规律的BBR研究[J]. 煤炭学报, 2015, 40（3）: 487-493.

[140] 王家臣. 我国放顶煤开采的工程实践与理论进展[J]. 煤炭学报, 2018, 43（01）: 43-51.

[141] 吴云霞. 论近代英国采煤技术的发展[D]. 陕西师范大学, 2011.

[142] 胡金, 乌斯基诺夫, 布拉依采夫. 煤层无煤柱开采[M]. 崔梦庚, 译. 北京: 中国矿业大学出版社, 1991.

[143] Manchao H, Guolong Z, Zhibiao G. Longwall mining "cutting cantilever beam theory" and 110 mining method in China—The third mining science innovation[J]. Journal of Rock Mechanics and Geotechnical Engineering, 2015（05）: 483-492.

[144] 张国锋, 何满潮, 俞学平, 等. 白皎矿保护层沿空切顶成巷无煤柱开采技术研究[J]. 采矿与安全工程学报, 2011, 28（4）: 511-516.

[145] 钱鸣高, 缪协兴. 采场上覆岩层结构的形态与受力分析[J]. 岩石力学与工程学报, 1995（02）: 97-106.

[146] 宋振骐, 宋扬, 刘义学, 等. 内外应力场理论及其在矿压控制中的应用: 中国北方岩石力学与工程应用学术会议, 中国河南郑州, 1991.

[147] 何满潮, 朱国龙. "十三五" 矿业工程发展战略研究[J]. 煤炭工程, 2016（01）: 1-6.

[148] 何满潮, 宋振骐, 王安, 等. 长壁开采切顶短壁梁理论及其110工法——第三次矿业科学技术变革[J]. 煤炭科技, 2017（01）: 1-9.

[149] He Manchao, Wang Qi, Wu Qunying. Innovation and future of mining rock mechanics[J]. Journal of Rock Mechanics and Geotechnical Engineering, 2021, 13: 1-21.

[150] 何满潮, 马新根, 王炯, 等. 中厚煤层复合顶板切顶卸压自动成巷工作面矿压显现特征分析 [J]. 岩石力学与工程学报, 2018, 37 (11): 2425-2434.

[151] 杨军, 王宏宇, 王亚军, 等. 切顶卸压无煤柱自成巷顶板断裂特征研究 [J]. 采矿与安全工程学报, 2019, 36 (06): 1137-1144.

[152] 孙晓明, 何满潮. 深部开采软岩巷道耦合支护数值模拟研究 [J]. 中国矿业大学学报, 2005 (02): 37-40.

[153] Wang Yajun, Gao Yubing, He Manchao, et al. Roof deformation characteristics and preventive techniques using a novel non-pillar mining method of AFR by roof cutting [J]. Energies. 2018;11 (3): 627.

[154] Gao Yubing, Liu Dongqiao, Zhang Xingyu, et al. Analysis and Optimization of Entry Stability in Underground Longwall Mining [J]. Sustainability, 2017, 9 (11): 19.

[155] 何满潮, 郭鹏飞, 王炯, 等. 禾二矿浅埋破碎顶板切顶成巷试验研究 [J]. 岩土工程学报, 2018, 40 (03): 391-398.

[156] 何满潮, 马资敏, 郭志飚, 等. 深部中厚煤层切顶留巷关键技术参数研究 [J]. 中国矿业大学学报, 2018, 47 (03): 468-477.

[157] 王琦, 王洪涛, 李术才, 等. 大断面厚顶煤巷道顶板冒落破坏的上限分析. 岩土力学, 2014, 35 (3): 795-800.

[158] 王琦, 潘锐, 李术才, 等. 三软煤层沿空巷道破坏机制及锚注控制. 煤炭学报, 2016, 41 (5): 1111-1119.

[159] Wang Qi, Pan Rui, Jiang Bei, Li Shucai, et al. Study on failure mechanism of roadway with soft rock in deep coal mine and confined concrete support system [J]. Engineering Failure Analysis, 2017, 81: 155-177.

[160] 王琦, 李术才, 李为腾, 等. 基于地质预报的煤巷顶板事故防治研究. 采矿与安全工程学报, 2012, 29 (1): 14-20.

[161] 杨军, 魏庆龙, 王亚军, 等. 切顶卸压无煤柱自成巷顶板变形机制及控制对策研究 [J]. 岩土力学, 2020, 41 (03): 989-998.

[162] 杨军, 付强, 高玉兵, 等. 切顶卸压无煤柱自成巷全周期围岩受力及变形规律 [J]. 煤炭学报, 2020, 45 (S1): 87-98.

[163] 王琦, 江贝, 辛忠欣, 等. 无煤柱自成巷三维地质力学模型试验系统研制与工程应用. 岩石力学与工程学报, 2020, 39 (8): 1582-1594.

[164] Wang Qi, He Manchao, Li Shucai, et al. Comparative study of model tests on automatically formed roadway and gob-side entry driving in deep coal mines. International Journal of Mining Science and Technology, 2021, 31 (4): 591-601.

[165] Wang Qi, Wang Yue, He Manchao, et al. Experimental research and application of automatically formed roadway without advance tunneling [J]. Tunnelling and Underground Space Technology, 2021, 114: 103999.

[166] He Manchao, Wang Qi, Wu Qunying. Innovation and future of mining rock mechanics [J]. Journal of Rock Mechanics and Geotechnical Engineering, 2021, 13: 1-21.

[167] Wang Qi, Jiang Zhenhua, Bei Jiang, et al. Research on an automatic roadway formation method in deep mining areas by roof cutting with high-strength bolt-grouting [J]. International Journal of Rock Mechanics and Mining Sciences, 2020, 128: 104264.

[168] Wang Qi, Jiang Bei, Wang Lei, et al. Control mechanism of roof fracture in no-pillar roadways automatically formed by roof cutting and pressure releasing [J]. Arabian Journal of Geosciences, 2020, 13 (6): 274.

[169] Wang Qi, He Manchao, Yang Jun, et al. Study of a no-pillar mining technique with automatically formed gob-side entry retaining for longwall mining in coal mines [J]. International Journal of Rock Mechanics and Mining Sciences, 2018, 110: 1-8.

[170] Wang Qi, Qin Qian, Jiang Bei, et al. Geomechanics model test research on automatically formed roadway by roof cutting and pressure releasing [J]. International Journal of Rock Mechanics and Mining Sciences, 2020, 135: 104506.

[171] Yang Jun, Wang Hongyu, Wang Yajun, et al. Stability Analysis of the Entry in a New Mining Approach Influenced by Roof Fracture Position [J]. Sustainability, 2019, 11 (22).

[172] Gao Yubing, Wang Yajun, Yang Jun, et al. Meso- and macroeffects of roof split blasting on the stability of gateroad surroundings in an innovative nonpillar mining method [J]. Tunnelling and Underground Space Technology incorporating Trenchless Technology Research, 2019, 90.

[173] 何满潮, 王琦, 吴群英, 等. 采矿未来——智能化5G N00矿井建设思考 [J]. 中国煤炭, 2020, 46 (11): 1-9.

[174] 顾大钊, 李井峰, 曹志国. 我国煤矿矿井水保护利用发展战略与工程科技 [J/OL]. 煤炭学报: 1-12 [2021-08-20].

[175] 顾大钊. 煤矿地下水库理论框架和技术体系 [J]. 煤炭学报, 2015, 40 (2): 239-246.

[176] 李福勤, 赵桂峰, 朱云浩, 等. 高矿化度矿井水零排放工艺研究 [J]. 煤炭科学技术, 2018, 46 (9): 81-86.

[177] 缪协兴, 张吉雄, 郭广礼. 综合机械化固体充填采煤方法与技术研究 [J]. 煤炭学报, 2010, 35 (1): 1-6.

[178] 缪协兴, 钱鸣高. 中国煤炭资源绿色开采研究现状与展望 [J]. 采矿与安全工程学报, 2009, 26 (1): 1-14.

[179] Miao Xie xing, Zhang Ji xiong, Feng Mei mei. Waste-filling in fully-mechanized coal mining and its application [J]. Journal of China University of Mining & Technology, 2008, 18 (4): 479-482.

[180] 缪协兴, 张吉雄. 矸石充填采煤中的矿压显现规律分析 [J]. 采矿与安全工程学报, 2007, 24 (4): 379-382.

[181] 张吉雄, 巨峰, 李猛, 等. 煤矿矸石井下分选协同原位充填开采方法 [J]. 煤炭学报, 2020, 45 (1): 131-140.

[182] 张吉雄, 屠世浩, 曹亦俊, 等. 深部煤矿井下智能化分选及就地充填技术研究进展 [J]. 采矿与安全工程学报, 2020, 37 (1): 1-11.

[183] 谢和平, 高明忠, 张茹, 等. 深部岩石原位"五保"取芯构想与研究进展 [J]. 岩石力学与工程学报, 2020, 39 (05): 865-876.

[184] 谢和平, 高峰, 鞠杨, 等. 深地煤炭资源流态化开采理论与技术构想 [J]. 煤炭学报, 2017, 42 (3): 547-556.

撰稿人： 左建平　刘德军　高富强　王琦　孙运江　王亚军
　　　　 雷博　吴根水　刘海雁　张春旺　郝宪杰　张凯

岩石力学试验与测试技术及其应用研究

一、引言

人类对岩石的力学性质的认识是从试验开始的，岩石力学理论的形成、发展与试验技术的进步密切相关。通过试验模拟岩石的实际服役环境，表征其应力、应变、温度、时间等之间关系的本构方程，获取其屈服条件、破坏准则是评价岩石工程稳定性的基础。可以说，认识岩体、利用岩体、改造岩体的全过程有赖于岩石力学试验技术的进步与发展。

从 2017 年至 2020 年与岩石力学试验及测试技术相关的国家级奖励成果及国家自然科学基金委员会支持的国家重大科研仪器研制项目（附表1及附表2）看，这几年的岩石力学试验与测试技术的热点进展主要集中在：不同尺度岩样精细模拟与测试技术、极端环境（高低温、高应力、高水压等多场耦合）下的岩石力学试验技术，含地下及地面灾害的高风险岩石工程的监测与预警技术，大坝、桥梁等工程建（构）筑物的监测与诊断技术，以电磁法为代表的精密物探技术等。这些技术既有很强的基础科学背景，又聚焦于重大岩石工程的建设与服役安全，代表了本学科的重点发展方向。

本章将结合以上提到的热点问题，对类岩石试样的三维打印制备技术、试样变形非接触图像测量技术、岩体结构面抗剪强度精准获取技术、岩石（体）水力耦合试验技术、岩石真三轴试验技术、复杂环境地应力测试技术、隧道施工期超前地质预报技术、基于天空地一体化地质灾害隐患早期识别与监测预警技术等方面的研究进展进行总结。

二、岩石力学试验与测试技术及其应用研究进展和创新点

（一）类岩石试样的 3D 打印制备技术

岩石作为一种天然材料，是由基质及结构面组成并贮存在一定地质环境中的结构体，具有不连续性、非均匀性、各向异性等特点，这导致使用传统的研究手段研究岩石应力响应的规律性问题难度非常大[1]。而近些年发展的 3D 打印技术可以根据具体研究需求，可重复制备包含某种固定地质特征的类岩石试样，给岩石力学试验研究开辟了一条新的路径[1-4]。

3D 打印技术始于 20 世纪 70 年代，是以计算机软件（AutoCAD、3dMax 等）建模得到三维数字模型为基础，借助 3D 打印设备将某种打印基材通过单层加工、层层堆叠等方式，构造三维实体模型的方法[4]。该技术与材料、CT、计算机辅助设计等技术相结合，最近几年来已成功应用在生物医学、教育、航空航天、制造业、土木工程等诸多研究领域。

目前聚乳酸（PLA）塑料、树脂、石膏粉末、砂粉末等打印基材被广泛应用到类岩石试样的制作上[5-7]，Jiang 和 Zhao[7] 用 PLA 材料 3D 打印了类岩石试样，进行单轴压缩和直接拉伸试验，发现 PLA 试样在压缩时类似塑性材料，在拉伸时表现类脆性材料。Chao 等[8] 利用石膏粉末基材制作的类岩石样品进行了力学试验，发现石膏粉末比 PLA 在力学性质上更适合模拟岩石，但试样强度偏低。为了提高 3D 打印的类岩石试样的脆性及强度，很多学者发现样品打印后的干燥时间、打印胶水浓度，试样轴向与打印方向的夹角等对强度均有较大影响[9, 10]。

采用 CT 扫描等技术获取岩样的内部孔隙结构后，再采用 3D 技术制作一致性好的类岩石样品[5]，也给岩石孔隙网络渗透性研究提供了另一种可行的方法。例如，王培涛等[11] 利用 3D 打印技术制备了包含不同几何形态裂隙网络模型的类岩石试样，通过单轴压缩试验研究不同裂隙网络形态对强度的影响。

3D 打印技术在制备复杂的岩土物理模型方面也具有很大的潜力，江权等[12] 利用 3D 打印制作出了含单断层和含锚杆衬砌支护工程的隧道物理模型，通过试验验证了 3D 打印的物理模型破坏试验结果与工程现场观测结构较为一致；李林毅等[13] 利用 3D 打印技术制作了高铁隧道结构及附属设施模型，模型试验重现的病害特征与现场观测的病害特征吻合较好。

（二）试样变形非接触图像测量技术

三维数字图像相关技术（3D-DIC）是在 20 世纪末提出并发展起来的，已在航空航天、生物工程、机械工程等领域成功应用，近年来逐渐应用于岩石力学室内试验的变形观测中，突破了应变片、引伸计等传统变形测量方法的局限性。3D-DIC 技术的原理是基于双

目立体技术和数字图像相关技术，用三维影像相关算法提供试件的空间形状、全场位移及应变数据，并根据初始参考图像，对分析区域内的后续图像进行相关性计算，最后确定目标物体在三维空间的变形信息。

Munoz 等[14]采用 3D-DIC 技术对单轴压缩荷载条件下岩石的变形特征进行了精细模拟研究；马永尚等[15]利用该技术对单轴压缩状态下带中心圆孔的花岗岩岩板进行变形分析，探讨了含孔洞岩石破坏过程中微裂隙的产生及演化规律；王学滨等[16]、Zhou 等[17]基于 DIC 技术研究了在单轴加载条件下试样的应变局部化现象；Sharafifisafa 等[18]采用 DIC 技术分别研究了巴西劈裂条件下的砂岩圆盘和 3D 打印岩石试样的裂纹萌生和扩展过程；Xing 等[19]利用 3D-DIC 技术分析了砂岩在动态荷载下表面变形场的演化规律，以及峰前峰后应变场的传播规律和应变局部化现象；大久保诚介等[20]通过 3D-DIC 系统分析得到了加载过程中岩石表面的全场变形信息，发现岩石变形的小均匀性和应变局部化现象；Tang 等[21]、彭守建等[22]通过 3D-DIC 测试系统得到了岩石的主应变场云图及裂纹的演化过程；许江等[23]基于可视化三轴压缩伺服控制试验系统和 3D-DIC 技术，开展了广义应力松弛试验，对广义应力松弛过程中砂岩表面的应变演化规律进行了探讨。

（三）岩体结构面抗剪强度精准获取技术

结构面作为岩体中的"薄弱环节"，对岩体的变形机制、破坏机制及力学性质起着控制作用。大量的工程实践表明，工程岩体的失稳破坏大部分是以沿结构面发生的剪切破坏为主。结构面抗剪强度反映了结构面抵抗滑动和剪切破坏的能力，抗剪强度的精准获取是分析评价岩体稳定性的前提与基础。最近几年的进展如下。

1. 岩体结构面粗糙度系数 JRC 测量技术

岩体结构面粗糙度系数 JRC 是影响结构面抗剪强度的主要因素[24]。传统的 JRC 确定方法是参照 Barton 给出的标准曲线对比来取值，测量结果受人为因素干扰大、结果可比性较差；随着形貌测量和试验技术的进步，岩体结构面粗糙度定量表征取得了长足发展[25-29]。为了解决 JRC 精确获取问题，杜时贵等[30-33]建立了结构面粗糙度系数的定向统计测量方法和尺寸效应分形分析方法，创建了结构面粗糙度系数野外快速测量技术，研制了结构面粗糙度系数测量系列仪器，并编制了结构面抗剪强度评价应用技术规程。例如：研制了大尺度轮廓曲线仪和粗糙度测量台，最大测程达 1000 厘米；提出了考虑 JRC 各向异性、非均一性的岩体结构面粗糙度系数获取方法；建立了 JRC 尺寸效应分形模型，提出了 JRC 尺寸效应取值的"借小议大"方法；开发了通过小尺度结构面粗糙度系数定向统计测量评价工程岩体结构面抗剪强度的实用技术。这些工作为岩体结构面抗剪强度精细取值研究奠定了基础。

2. 考虑岩石结构面尺寸效应的直剪试验技术

近年来，许多学者陆续开展了大量有关结构面力学行为尺寸效应的研究工作，并尝试借助试验手段揭示岩体结构面尺寸效应的一般规律[34-37]。然而，常规直剪试验仪器无法开展系列尺寸（10厘米×10厘米~100厘米×100厘米）结构面的直剪试验，岩体结构面抗剪强度尺寸效应试验技术与系统成为岩体结构面抗剪强度尺寸效应研究的试验技术瓶颈[38]。杜时贵等通过整机技术方案设计与技术攻关，在岩体结构面抗剪强度尺寸效应试验系统与技术研究方面取得创新成果。该技术的创新性包括：发明了等精度测试分级试验技术，提出了中智数非线性规划算法，实现了荷载相差几百倍级的结构面抗剪强度等精度测试；提出了多规格多尺寸试样的多目标自适应跟踪算法，发明了多规格多尺寸试样快捷转换和加载技术，实现了不同规格及不同尺寸试样的高精度测试；创新了非接触式高速动态变形测量技术，实现了岩体结构面全方位变形及剪损程度测量和过程动态监测，保证了结构面抗剪强度尺寸效应试验过程测试数据的连贯性和可靠性；发明了模拟不同强度结构面壁岩的模拟材料及制作工艺，研发了无级限位多尺度结构面试样模型模具及其制模方法，实现了吻合、充填、裂隙结构面系列尺寸试样的可循环制备，突破了结构面抗剪强度尺寸效应试样制作的技术瓶颈。

（四）岩石（体）水力耦合试验技术

随着复杂环境下地下工程岩石的物理力学特性和渗流规律研究的需要，具备渗流－应力－温度等多场耦合功能的试验设备的研发成为近些年岩石力学试验技术的研究热点之一。

在考虑渗流－应力耦合条件下的岩石力学三轴仪方面，陈卫忠等[39]研制了并联型软岩温度－渗流－应力耦合三轴流变仪，可同时对两个试样开展相同围压和水压以及不同轴压和温度的流变试验研究。McDermott等[40]研发了可多向旋转的三轴加载设备，并融入光纤应变传感技术，可用于直径为200毫米的较大岩样试验，获得了岩样裂缝渗透率随应力场方向和大小改变的变化规律。尹光志等[41]自主研制了多功能真三轴流固耦合试验系统，通过特殊设计的内密封渗流系统配合伺服增压系统，可实现多种复杂应力路径下单轴、双轴、真三轴应力状态下岩石渗流力学特性研究。盛金昌等[42]对原有的岩石应力－渗流耦合试验设备进行升级改造，增加了可直接控制温度和化学环境的THMC耦合作用岩石试验系统。刘镇等[43]基于高强透明材料的压力室，研制了软岩水－力耦合的流变损伤多尺度力学试验系统，该系统可模拟重现高压动/静水及其他工作液体环境条件，研究软岩水－应力耦合软化破坏全过程。

在岩石节理渗流－应力耦合剪切试验技术方面，夏才初等[44,45]在国家自然科学基金科学仪器基础研究项目支持下，研制了一套岩石节理全剪切－渗流耦合试验系统。该试验系统的主要创新性包括：①设计了新型渗流剪切盒，解决了3MPa渗透压力作用下，节理剪切过程中岩石节理密封的关键技术难题；②设计了两套不同的水压控制系统来保持某一稳定水压值不变，在低渗透水压下，采用伺服电机带动低功率高压柱塞泵配合蓄能器、阻尼器进行调控，高渗透水压下，利用变频电机带动高功率高压柱塞泵配合蓄能器精确控制水压，在出水端利用伺服电机加载系统对回压阀进行调控，这样在试样两端建立了稳定的水压差；③在渗流剪切盒的出水端联合使用电子天平与流量计，解决了试验过程中流量变化范围较大而导致的流量测量难题；④开发了液压伺服加载系统和蠕变试验的电机伺服加载系统，实现了任意法向刚度的加载控制，可以开展岩石节理剪切蠕变－渗流耦合试验。

在现场大尺度裂隙岩体渗流－应力耦合试验方面，邬爱清等[46,47]研制了HMTS-1200型裂隙岩体水力耦合真三轴试验系统和HMSS-300型岩体水力耦合直剪试验系统，并对溪洛渡坝肩玄武岩地层因大坝蓄水引起的岩体水力耦合问题开展了系统研究。该试验系统的总体思想是构造外置式大尺寸密封试验舱，将岩体试样与力学试验装置整体置于不同水压力环境下开展力学试验，水力耦合三轴试验试件尺寸为30厘米×30厘米×60厘米，水力耦合剪切试件尺寸50厘米×50厘米。其核心装置如下。①高水压密封试验舱系统。高水压试验舱中设置有高压充水管、试验加压油管、排气管、试验数据采集通讯总成接口等。②试验荷载加载与反力系统。试验系统轴向采用刚性推头油缸加载，试验舱内、舱外同时设置加压油缸。舱内加压油缸为试验提供加压荷载，舱外加压油缸平衡试验舱内加压油缸出力和试验舱内水对舱盖板的上托力，以保证试验过程中密封试验舱的封水效果。③耐高水压变形测量系统。研发了耐高水压3MPa的变形测量传感器，并通过防水数据线与电脑控制平台连接，测试数据实时采集与保存。④高精度伺服控制系统。包含了轴压控制系统、两个独立的侧压控制系统和水压力控制系统，四套独立加卸载伺服控制系统均采用高精度数控推力油源系统。⑤专用控制与采集软件。在硬件设计时同步开发自动控制与采集软件，可以同时采集与控制四个负荷通道和十六个位移传感器通道。

（五）岩石真三轴试验技术

自上世纪60年代日本学者K. Mogi研制出第一台岩石真三轴仪，发现了中间主应力σ_2对变形和强度有较大的影响以来，对真三轴试验技术的研究取得了长足进步。

如何使岩石试件保持理想真三轴应力状态，是真三轴试验设备研制的核心技术难题。张希巍、冯夏庭等[48]研制了新型硬岩真三轴试验机，该仪器对岩石体积变形测量、端部摩擦效应、应力空白角效应以及真三轴条件下的峰后行为捕捉等关键试验技术进行了改进。Shi L.[49]等基于Mogi提出的试验机思想，研制了一种新型的真三轴试验设备，采用两个可移动框架增加试验的可操作性，设计了试样定位装置，还对试样对中问题、端部摩擦问题、应变量测问题等进行了详细研究和设计。

针对低应力条件下软岩或土样的真三轴试验，邵生俊等[50,51]研制了能够实现上、下两端伺服控制，同步加载的300毫米×300毫米×600毫米大型真三轴仪，具有一室四腔、竖向和水平面内正交两向分别呈刚性和柔性加载机构的特征。研制了穿越液压囊的变形量测装置，解决了立方体试样侧面正交双轴的液压囊体积变化量测不足难题；针对自动控制系统信号波动变化较大，稳定性差等不足，开发了自动控制系统及多种应力路径和控制方式的控制程序。

在应力、温度、水压、气压耦合真三轴试验研究方面，马啸等[52]自主研制了实时高温真三轴试验系统，可真实模拟岩石在深部地层中温度应力场耦合环境，最高可在460℃温度下进行真三轴蠕变与循环加卸载等多种应力路径试验。尹光志等[53]研制了"多功能真三轴流固耦合试验系统"，研究了真三轴加卸载应力路径下原煤力学特性及渗透率演化规律。肖晓春等[54]研发了含瓦斯煤岩真三轴多参量试验系统，具有高应力、真三向、高精度、多参量、多加/卸荷路径等特点。Atapour等[55]研制真三轴应力和孔压力加载装置（TTSL-PPAA），可在高应力水平和孔隙流体压力下测试相对较大的岩石试样。该系统能够同时监测三个主要应力方向上的应力和应变、施加的孔隙压力以及采出液和注入液的流速。

长江科学院针对裂隙岩体的结构效应和尺度效应等特征，研发了现场大尺度原位岩体真三轴试验技术[56]，以此为基础，联合国内相关工程科研院所，共同编制了学会团体标准《岩体真三轴现场试验规程》（TCSRME 004—2020）[57]，并于2020年颁布实施。

（六）复杂地应力测试技术

随着岩石工程向极端地质条件的推进，超深地质钻孔、破碎岩体和极高应力环境等复杂地质条件下地应力资料的获取成为亟须解决的重大工程问题。最近几年的主要进展如下。

1. 复杂条件测试理论及试验技术研究

近年来研究的重点集中在适应不同复杂环境为相关应力测试技术的创新，以提高测试的可靠度方面。葛修润等[58]提出钻孔局部壁面应力解除法（BWSRM），研制了水下机器人，在锦屏电站埋深达2430米的试验洞内成功进行了地应力测量。王成虎等[59]提出了修正后的原生裂隙水压致裂地应力测量方法，为单孔三维水压致裂地应力测量提供了新思路。针对白鹤滩坝基柱状节理岩体隐形裂隙发育、岩心获取率低等问题，刘元坤等[60]研制了新型钻孔孔底应变解除测试装置，并获取了坝基柱状节理岩体中岩块内的应力测试值。针对绳索取芯钻探新技术应用于复杂地质勘探背景趋势，邬爱清等[61]研制出千米级绳索取芯钻杆内置地应力测试方法和相应装置，该技术已成功应用于滇中引水和引江补汉工程，最大测试深度达724米。Tian等[62]基于岩石声弹性理论的地应力模型，根据水力压裂和声波测井的纵波和横波速度，提出了一种声波全波形测井与水力压裂相结合的地应力剖面估算方法。Ma等[63]研制了一种精确的非定向深部地质岩心空间姿态复原装置，通过钻取若干不同方位的岩样进行声发射试验并提出相应的地应力计算方法，成功获得了近千米深矿山的地应力。Funato 等[64]研发了微米精度的岩心直径光学测量装置，根据地应力释放与岩心产生非均匀膨胀变形之间的关系，提出了基于岩心径向变形分析的大小主应力差的相对应力测量方法。Wang 等[65]和 Qin 等[66]基于岩心非弹性应变恢复法完成了超千米、最大近 7 千米深孔的地应力测试，该方法安全、高效且不受测量深度和测试环境限制，为超深钻孔的地应力获取提供了新思路。

2. 地应力测量精度研究

李远、乔兰等[67, 68]为提高套孔应力解除法的地应力测量精度，考虑深部岩体围压与应变的非线性关系，研发了高围压率定加压装置和基于双温度补偿的瞬接续采型空心包体地应力测量技术，提出了基于分段解除的深部空心包体应变计中非线性优化算法。韩晓玉等[70]从闭环测量角度给出了地应力测量及其精度的定义，提出了地应力测量精度的定量表述公式，以及在实验室进行测量技术测量精度标定的方法。卢波等[71]通过地应力张量空间特征的全面解析，获得了洞室围岩所承受偏压程度的变化规律，通过推导获得了地应力张量在水平面内大主应力方位角的解析公式。Feng 等[72]以统计学的方法论证了实测数据数量对地应力场评估精度的影响，指出岩石工程中实测数据偏少会导致显著的应力估计误差，并建议在应力状态评估前进行测试数据的不确定性量化分析。

（七）隧道施工期超前地质预报技术

由于隧道空间的特殊性，不同于地表物探检测，隧道超前地质预报对探测成本、深度、精度和数据处理时效性要求较高，到目前为止，隧道超前地质预报尤其是目前广泛使用的 TBM 法施工隧道，因电磁干扰严重，探测空间狭小，实时性要求更高，超前地质预报技术仍处于发展阶段[73]。

针对 TBM 强电磁干扰环境，孙怀凤等[74]采用数值模拟方法研究了强干扰环境下瞬变电磁法响应规律与校正方法。李术才等[75-77]研发了具有三向偏移距的三维地震超前探测系统，提出了多同性阵列激发极化法，该方法的观测方式采用沿护盾环向布置二三圈屏蔽电极供电，在盾构机刀盘上布置一二十阵列式的测试电极，具备探测向前的聚焦和对后方盾构设备的电磁抗干扰等特点。该方法实现了与 TBM 设备的集成搭载，能够对掌子面前方 30 米以内的含水体进行实时探测，并在引汉济渭、吉林引松供水工程等多条 TBM 施工隧洞成功应用。综合地震图像系统（Integrated Seismic Imaging System，ISIS）是由德国国家地球科学研究中心开发的一种隧道超前预报技术，采用锤击激发震源，激发装置安装在后盾开孔处，冲击岩体表面产生地震波。其优点是占用 TBM 掘进时间少，数据处理方便，预报准确率较高、探测距离较长，并且可以生成直观的三维图像[78]。TBM 的掘进装置旋转刀盘的滚刀在对岩石进行挤压、剪切过程中会形成振动，有专家以此信号作为震源，在隧道进出口、隧道上方地表布置三维多分量信号接收装置，实时持续地接收隧道施工过程中的信号，采用地震干涉法对掌子面前方地质体成像[78, 79]。

2018—2019 年，长江科学院自主研发了水工隧洞弹性波超前地质预报系统（Tunnel Elastic wave Prediction，TEP），由 TEP 主机、三分量接收传感器、孔中推拉杆、同步触发转换装置等硬件及长科隧道地震数据处理软件系统等组成。可实现地下隧道建设施工期长距离的超前地质预报工作，获取开挖工作面前方的不良地质灾害信息。基于该研究平台，长江科学院制订了《水电水利地下工程地质超前预报技术规程》（DL/T 5783—2019）[80]，该规程于 2019 年 10 月 1 日起实施。

（八）基于天空地一体化重大地质灾害隐患早期识别与监测预警技术

我国自上世纪 90 年代起，先后开展了多轮系统全面的地质灾害详细调查和排查，但近些年来，仍不断有灾难性的地质灾害事件发生[81]，事后调查发现，这些地质灾害 70% 以上都不在已知的地质灾害隐患点范围内。其主要原因在于：灾害源区地处大山中上部，多数区域人迹罕至，且被植被覆盖，具有高位、隐蔽、远程运动、灾害链效应等特点，传统手段很难提前发现此类灾害隐患。因此，如何提前发现和有效识别重大地质灾害的潜在隐患并加以主动防控，已成为近期地质灾害防治领域集中关注的焦点和难点。经过几十年的努力，许强等[82, 83]一批专家学者提出了一整套基于天空地一体化重大地质灾害隐患早期识别与基于"过程预警"的监测预警技术体系，成功用于多个高位滑坡的识别以及黄土和顺层岩质滑坡的预警中。该项技术创新内容包括：

研发并建立了天空地协同的山地灾害隐患早期识别的"三查"体系[84]，即：通过基于卫星平台的高分辨率光学遥感加合成孔径雷达（InSAR），实现大范围扫面性的"广域普查"[85-87]；通过基于航空平台的三维摄影测量加激光雷达（LiDAR），实现对重点区域和重大地质灾害隐患的"局部详查"；通过地质人员的地面调查复核及地面勘探和监测，实现对地质灾害隐患的"重点核查"，甄别和确认是否为真正的隐患。"三查"体系既充分利用和发挥了各种手段的长处和独到之处，又能有效规避各自的弱点和限制，实现多种手段的综合利用和相互检验验证，大幅提高了隐患识别数量和正确率。另外，针对当前遥感数据类型丰富、数据量暴增等特点，研发了三维虚拟地理环境下的多源遥感数据可视化展示及地质灾害隐患精细结构解译识别系统，实现了基于机载 LiDAR 数据、实景三维模型的结构面快速自动识别分析，地质灾害多源遥感解译成果一键导出等功能，大幅度提高了地质灾害遥感识别的效率和准确率。

研发了基于北斗/LoRa/4G 等多模态自适应组网的无线数据通信技术，解决了高海拔复杂山区无基站环境下远程监控和数据传输难题。研制的低功耗、智能化自适应变频数据采集软硬件，可对地质灾害突变的自动跟踪和智能加密采集，使得系统功耗、传输载荷和监测效率达到最优平衡，解决了极低温、大温差等复杂环境设备长期正常使用的难题。研发的无人机抛投技术与装备，实现靶区定向投掷监测设备，解决高海拔人员难以到达区监测设备安装难题。构建地质灾害监测物联网云平台，支持集群化运行，对接入系统的监测点实施全过程动态跟踪和实时自动预警。

该项技术已部署到四川、贵州等多省市业务化运行,在2020年汛期对四川和贵州分别实施了30余次的成功预警[82,83],保证了上万人的生命财产安全。

三、岩石力学试验与测试技术及其应用面临的挑战和对策

在基础理论研究方面,岩体作为一种非均质、各向异性和非连续介质,影响其变形与破坏的相关因素及作用机制、岩体尺度与时间效应、多场耦合条件下的非线性力学特性与本构模型等,将是未来岩石力学基础理论研究中的重要领域,相应的试验与测试理论及技术无疑仍将面临多个层面上的制约瓶颈[88]。

在国家发展需要研究方面,随着以川藏线为代表一大批西部岩石工程的开工建设,岩石工程的服役环境明显具有高地应力、高地震烈度、高地温、高水压等极端条件组合的特点,现有的岩石力学试验方法、测试技术不足以模拟岩石工程的实际服役环境,无法满足岩石工程建设挑战与安全运行的需求,开展极端条件下的岩石力学试验技术与测试技术研究仍然面临巨大挑战。

为研究高、低温及低渗透率等条件下岩石变形破坏实时特征,需要结合具体试验需求,开展微米CT扫描、核磁共振NMRI等实时成像量测技术、低渗透率测试技术以及耐高温的精密传感技术研究;针对极端环境下岩石的动静力学响应特征获取问题,开展多场耦合条件下大尺寸原位试验模拟技术以及测试方法研究急需突破;为精准获取高位滑坡、泥石流等地质灾害的前兆信息,针对极端气候以及低可测环境的空天地为一体的前兆预警技术及灾害链评价技术研究需要加强;为服役于重点土木工程安全及工程质量检测的需要,综合性的高精度地质勘查与物探技术、无人机、机器人巡检技术的自主研发和创新能力水平仍有待提升。

岩石力学科技工作者需要密切关注空间遥感、地球物理、人工智能、微电子、5G传输等学科的进步,做好学科交叉,抓住国家技术创新战略机遇,紧扣国家重大工程建设需求,加强国家及省部级工程研究中心和专项实验室的建设,加快创新步伐,力争几年内推出自主知识产权的重大试验仪器和设备,促进学科交叉与进步。

附表1 2017—2020年与岩石力学测试相关的国家级奖励部分成果

获奖项目	获奖类别	年份	主要完成单位	主要完成人	成果说明
矿井灾害源超深探测地质雷达装备及技术	国家技术发明奖二等奖	2017	中国矿业大学(北京)、中矿华安能源科技(北京)有限公司	杨峰,彭苏萍,许献磊,郑晶,崔凡,白崇文	开发了矿井灾害源超深探测地质雷达装备及技术方法,研制了大功率低频组合矿用系列地质雷达天线,提出基于反射和透射工作方式的灾害源识别算法,可实现灾害源动态跟踪

续表

获奖项目	获奖类别	年份	主要完成单位	主要完成人	成果说明
土木工程结构区域分布光纤传感与健康监测关键技术	国家技术发明奖二等奖	2017	东南大学，同济大学，苏交科集团股份有限公司，石家庄铁道大学	吴智深，张建，孙安，李素贞，张宇峰，张浩	开发了具有微宏观损伤覆盖与多功能直接映射功能的传感探测装置，安装在结构关键区域，获取区域分布信息，进而实现结构全面识别、损伤早期探测及性能评估与预测。建立开发了土木工程结构（群）健康监测与评估的理论体系及成套技术装备，为各类工程基础设施监测项目提供解决方案
水库高坝/大坝安全精准监测与高效加固关键技术	国家技术发明奖二等奖	2017	哈尔滨工业大学，三峡大学	凌贤长，蔡德所，唐亮，咸贵军，乔国富	发明了一种新型高效土坝堆石坝除险加固注浆材料，开发了混凝土坝除险加固的高性能胶黏剂/CFRP板材及其应用技术，开发了混凝土坝运行状态监测的先进装置与技术，建立了混凝土坝运行状态与强震安全评估的理论方法
大深度高精度广域电磁勘探技术与装备	国家技术发明奖一等奖	2018	中南大学，湖南继善高科技有限公司	何继善，李帝铨，蒋奇云，凌帆，李建华，尹文斌	发明了广域电磁法和高精度电磁勘探技术装备及工程化系统，建立了以曲面波为核心的电磁勘探理论，构建了全息电磁勘探技术体系。基于该技术，探测深度、分辨率和信号强度分别是世界先进方法–CSAMT法的5倍、8倍和125倍，实现了探得深、探得精、探得准目标，满足了"深地"战略需求
长大跨桥梁安全诊断评估与区域精准探伤技术	国家技术发明奖二等奖	2018	华中科技大学，中铁大桥科学研究院有限公司，香港理工大学	朱宏平，汪正兴，翁顺，孙燕华，夏勇，钟继卫	可以精密探测出0.6米范围混凝土内部5微米的裂缝，研发的高速高精机器人可以每秒3米的速度对桥梁斜拉索、吊杆和桥墩进行检测，损伤探测精度达98%，研发了利用关键区域探伤信息精确诊断桥梁结构整体安全性能的成套技术
地质工程分布式光纤监测关键技术及其应用	国家技术进步奖一等奖	2018	南京大学，中国电子科技集团公司第四十一研究所，苏州南智传感科技有限公司，中国矿业大学，中国地质调查局南京地质调查中心，山东大学，中铁隧道局集团有限公司	施斌，张丹，闫继送，魏广庆，张巍，朱鸿鹄，张志辉，朴春德，王静，姜月华，尹龙，顾凯，王宝军，唐朝生，袁明	创建了地质体多场传感光缆系列，研制了米级量程的大变形场和厘米级空间分辨率的温度场光纤传感器以及可加热的水分场监测复合传感光缆。研制了地质工程长距离分布式光纤解调设备，发明了能量分布的布里渊谱识别及BOTDR空间分辨率提升方法，研制了中国第一台商用化的分布式光纤应变端解调设备。创建了地质工程分布式光纤监测系统。攻克了地质工程内部和深部变形监测瓶颈以及海量数据处理难点

续表

获奖项目	获奖类别	年份	主要完成单位	主要完成人	成果说明
重大工程滑坡动态评价、监测预警与治理关键技术	国家技术进步奖二等奖	2019	中国地质大学（武汉），中国电建集团成都勘测设计研究院有限公司，长江水利委员会长江科学院	唐辉明，胡新丽，李长冬，王亮清，熊承仁，吴益平，张世殊，章广成，黄书岭，吴琼	提出了基于多场信息的滑坡动态评价方法体系；研发了滑坡特征变量大型原位测试技术；研发了滑坡多场特征变量立体关联监测技术与预测预警平台；提出了重大工程滑坡关键治理方法与优化技术
深部资源电磁探测理论技术突破与应用	国家技术进步奖二等奖	2019	中国科学院地质与地球物理研究所，中国科学院电子学研究所，北京工业大学，河南省有色金属地质矿产局，西北有色地质矿业集团有限公司	底青云，薛国强，方广有，张一鸣，王中兴，罗小南，高菊生，朱万华，安志国，付长民	突破电磁法的传统半空间范畴，使传统人工源电磁法的探测深度从1千米拓展到10千米，显著提升了地下小尺度（2千米）目标体探测精度。攻克了高性能电磁装备核心技术，研发的电场和磁场传感器及地面电磁探测（SEP）系统性能指标与国外高端仪器相当，打破了电磁探测装备被国外垄断的格局
西部山区大型滑坡潜在隐患早期识别与监测预警关键技术	国家技术进步奖二等奖	2019	成都理工大学，同济大学，武汉大学，中国地质调查局武汉地质调查中心，深圳市北斗云信息技术有限公司	许强，汤明高，刘春，廖明生，巨能攀，胡伟，朱星，张路，黄学斌，李慧生	提出基于三维地质图谱的"地质识别"及基于"三查"体系的"技术识别"技术，极大提升重大地质灾害的综合识别能力和准确率；研发了适宜于高海拔高寒极端环境的地质灾害监测设备，建立了传统"阈值预警"加上"过程预警"地质灾害实时监测预警技术，已在多省市成功预警地质灾害

附表2　2017—2020年与岩石力学测试相关的部分国家重大仪器研制支持项目统计表

项目标题	项目编号	负责人	单位
煤矿巷道断层滑移型冲击地压模拟试验系统	51927807	康红普	煤炭科学技术研究院有限公司
深部多场耦合岩体致灾能量诱变试验系统	51927808	李夕兵	中南大学
高坝水库运行岩体水力耦合模拟试验装置	51927815	邬爱清	长江水利委员会长江科学院
路基动回弹模量原位试验系统	51927814	郑健龙	长沙理工大学
深部岩石原位保真取芯与保真测试分析系统	51827901	谢和平	四川大学
有机污染土体多场多相流热蒸驱替试验系统	51827814	薛强	中科院武汉岩土力学研究所
低渗透储层岩石超临界CO_2压裂与三维应力场可视化实验系统	51727807	鞠杨	中国矿业大学（北京）
新型煤与瓦斯突出高灵敏宽频响全光纤微震监测仪	51627804	唐春安	大连理工大学

续表

项目标题	项目编号	负责人	单位
复杂结构黄土边坡工程地质自适应原位协同探测系统	41927806	兰恒星	中科院地理科学与资源研究所
页岩含气性关键参数测试及智能评价系统	41927801	张金川	中国地质大学（北京）
智能化、大功率硬岩微波致裂试验装置	41827806	冯夏庭	东北大学
城市地下空间拖曳式阵列聚焦时频SAR电磁探测仪	41827803	林君	吉林大学
滑坡演化过程全剖面多场特征参数监测设备研制	41827808	唐辉明	中国地质大学（武汉）
多波动式岩体-结构复合体内信息高精度采集系统	41827807	朱合华	同济大学
卸荷与渗流联合驱动的软土小应变真三轴试验系统	41727802	陈锦剑	上海交通大学
寒区工程地质环境开放系统多场耦合作用试验装备	41627801	凌贤长	哈尔滨工业大学

参考文献

[1] 王本鑫，金爱兵，赵怡晴，等. 基于CT扫描的含非贯通节理3D打印试件破裂规律试验研究[J]. 岩土力学，2019，40（10）：3920-3936.

[2] 田威，裴志茹，韩女. 基于CT扫描与3D打印技术的岩体三维重构及力学特性初探[J]. 岩土力学，2017，38（8）：2297-2305.

[3] 汪冲浪，祁生文. 3D打印技术在岩石试验中的应用现状与展望[J]. 地球物理学进展，2018，33（2）：842-849.

[4] GAO Y T, WU T H, ZHOU Y. Application and prospective of 3D printing in rock mechanics: A review[J]. International Journal of Minerals, Metallurgy and Materials, 2020, 28（1）: 1-17.

[5] 金爱兵，王树亮，王本鑫，等. 基于DIC的3D打印交叉节理试件破裂机制研究[J]. 岩土力学，2020，41（12）：3862-3872.

[6] FENG X T, GONG Y H, ZHOU Y Y, et al. The 3D-Printing Technology of Geological Models Using Rock-Like Materials[J]. Rock Mechanics and Rock Engineering, 2019, 52（7）: 2261-2277.

[7] JIANG C, ZHAO G F. A Preliminary Study of 3D Printing on Rock Mechanics[J]. Rock Mechanics & Rock Engineering, 2015, 48（3）: 1041-1050.

[8] CHAO J, ZHAO G, ZHU J, et al. Investigation of dynamic crack coalescence using a gypsum-like 3D printing material[J]. Rock Mechanics and Rock Engineering, 2016, 49（10）: 3983-3998.

[9] 刘泉声，何璠，邓鹏海，等. 3D打印技术在岩石物理力学试验中的应用[J]. 岩土力学，2019，40（9）：3397-3404.

[10] FERESHTENEJAD S, SONG J J. Fundamental Study on Applicability of Powder-Based 3D Printer for Physical Modeling in Rock Mechanics[J]. Rock Mechanics and Rock Engineering, 2016, 49（6）: 2065-2074.

[11] 王培涛，刘雨，章亮，等. 基于3D打印技术的裂隙岩体单轴压缩特性试验初探[J]. 岩石力学与工程学

报，2018，37（2）：364-373.

[12] 江权，宋磊博. 3D 打印技术在岩体物理模型力学试验研究中的应用研究与展望[J]. 岩石力学与工程学报，2018，37（1）：23-37.

[13] 李林毅，阳军生，王立川，等. 3D 打印技术在高铁隧道仰拱隆起病害模拟试验中的应用与研究[J]. 岩石力学与工程学报，2020，39（7）：1369-1384.

[14] MUNOZ H, TAHERI A, CHANDA E K. Pre-peak and post-peak rock strain characteristics during uniaxial compression by 3D digital image correlation[J]. Rock Mechanics and Rock Engineering, 2016, 49（7）: 2541-2554.

[15] 马永尚，陈卫忠，杨典森，等. 基于三维数字图像相关技术的脆性岩石破坏试验研究[J]. 岩土力学，2017，38（01）：117-123.

[16] 王学滨，侯文腾，潘一山，等. 基于数字图像相关方法的单轴压缩煤样应变局部化过程试验[J]. 煤炭学报，2018，43（4）：984-992.

[17] ZHOU X P, LIAN Y J, WONG L N Y, et al. Understanding the fracture behavior of brittle and ductile multi-flawed rocks by uniaxial loading by digital image correlation[J]. Engineering Fracture Mechanics, 2018, 199（8）: 438-460.

[18] SHARAFIFISAFA M, SHEN Lu-ming, XU Qing-feng. Characterization of mechanical behaviour of 3D printed rock-like material with digital image correlation[J]. International Journal of Rock Mechanics and Mining Sciences, 2018, 112（12）: 122-138.

[19] XING H Z, ZHANG Q B, RUAN D, et al. Full-field measurement and fracture characterisations of rocks under dynamic loads using high-speed three-dimensional digital image correlation[J]. International Journal of Impact Engineering, 2018, 113: 61-72.

[20] 大久保诚介，汤杨，许江，等. 3D-DIC 系统在岩石力学试验中的应用[J]. 岩土力学，2019，40（08）：3263-3273.

[21] TANG Y, OKUBO S, XU J, et al. Progressive failure behaviors and crack evolution of rocks under triaxial compression by 3D digital image correlation[J]. Engineering Geology, 2019, 249: 172-185.

[22] 彭守建，冉晓梦，许江，等. 基于3D-DIC 技术的砂岩变形局部化荷载速率效应试验研究[J]. 岩土力学，2020，41（11）：3591-3603.

[23] 许江，宋肖徽，彭守建，等. 基于3D-DIC 技术岩石广义应力松弛特性试验研究[J]. 岩土力学，2021，42（01）：27-38.

[24] Barton N, Choubey V. The shear strength of rock joints in theory and practice[J]. Rock Mechanics. 1977;10: 1-54.

[25] Grasselli G, Wirth J, Egger P. Quantitative three-dimensional description of a rough surface and parameter evolution with shearing[J]. International Journal of Rock Mechanics & Mining ences, 2002; 39（6）: 789-800.

[26] Yong R, Ye J, Li B, Du S G. Determining the maximum sampling interval in rock joint roughness measurements using Fourier series[J]. International Journal of Rock Mechanics and Mining Sciences, 2018; 101, 78-88.

[27] 夏才初，唐志成，宋英龙. 基于三维形貌参数的偶合节理峰值抗剪强度公式[J]. 岩石力学与工程学报，2013，32（S1）：2833-2839.

[28] 陈世江，朱万成，刘树新，等. 岩体结构面粗糙度各向异性特征及尺寸效应分析[J]. 岩石力学与工程学报，2015，34（01）：57-66.

[29] 李化，黄润秋. 岩石结构面粗糙度系数JRC 定量确定方法研究[J]. 岩石力学与工程学报，2014，33（S2）：3489-3497.

[30] Du SG, Hu YJ, Hu X F. Measurement of Joint Roughness Coefficient by Using Profilograph and Roughness Ruler[J]. Journal of Earth Science and Engineering of Composite Materials, 2009, 20（5）: 890-896.

[31] 杜时贵，唐辉明. 岩体断裂粗糙度系数的各向异性研究[J]. 工程地质学报，1993（02）：32-42.

［32］ DB33/T 1028—2006　岩体结构面抗剪强度综合评价应用技术规程［S］. 北京：中国建筑工业出版社，2006.

［33］ 中国岩石力学与工程学会. 露天矿山边坡岩体结构面抗剪强度获取技术规程. 北京：冶金工业出版社，2020.

［34］ 江权，李力夫，冯夏庭，等. 大型多功能高压岩石结构面剪切伺服试验系统及功能测试分析［J］. 岩土力学，2020，41（09）：3159-3169.

［35］ Ueng T S, Jou Y J, Peng I H. Scale effect on shear strength of computer-aided-manufactured joints［J］. Journal of Geo-Engineering，2010，5（2）：29-37.

［36］ 乐慧琳，吴继敏，高晓兵，等. 尺寸效应对锯齿状结构面抗剪强度影响［J］. 辽宁工程技术大学学报（自然科学版），2016，35（07）：745-750.

［37］ 高臻炜. 低法向力下类岩石结构面剪切强度尺寸效应研究［D］. 内蒙古科技大学，2020.

［38］ 杜时贵，吕原君，罗战友，等. 岩体结构面抗剪强度尺寸效应联合试验系统及初级应用研究［J/OL］. 岩石力学与工程学报：1-13［2021-06-20］. https://doi.org/10.13722/j.cnki.jrme.2020.1215.

［39］ 陈卫忠，李翻翻，马水尚，等. 并联型软岩温度-渗流-应力耦合三轴流变仪的研制［J］. 岩土力学，2019，40（3）：1213-1220.

［40］ McDermott C I, Fraser-Harris A, Sauter M, et al., New Experimental Equipment Recreating Geo-Reservoir Conditions in Large, Fractured, Porous Samples to Investigate Coupled Thermal, Hydraulic and Polyaxial Stress Processes［J］. Scientific Reports，2018，8：14549.

［41］ 尹光志，刘玉冰，李铭辉，等. 真三轴加卸载应力路径对原煤力学特性及渗透率影响［J］. 煤炭学报，2018，43（1）：131-136.

［42］ 盛金昌，杜昀宸，周庆，等. 岩石THMC多因素耦合试验系统研制与应用［J］. 长江科学院院报，2019，36（3）：145-150.

［43］ 刘镇，周翠英，陆仪启，等. 软岩水-力耦合的流变损伤多尺度力学试验系统的研制［J］. 岩土力学，2019，39（8）：3077-3086.

［44］ 夏才初，喻强锋，钱鑫，等. 常法向刚度条件下岩石节理剪切-渗流特性试验研究［J］. 岩土力学. 2020，41（1），57-66，77.

［45］ 夏才初，钱鑫，桂洋，等. 多功能岩石节理全剪切——渗流耦合试验系统研制与应用［J］. 岩石力学与工程学报，2018，37（10）：2219-2231.

［46］ 邬爱清，范雷，钟作武，等. 现场裂隙岩体水力耦合真三轴试验系统研制与应用［J］. 岩石力学与工程学报，2020，39（11）：2161-2171.

［47］ Aiqing Wu, Lei Fan, Xiang Fu, et al. Design and application of hydro-mechanical coupling test system for simulating rock masses in high dam reservoir operations［J］. Int Journal of Rock Mechanics and Mining Sciences，2021，140：104638.

［48］ 张希巍，冯夏庭，孔瑞，等. 硬岩应力-应变曲线真三轴仪研制关键技术研究［J］. 岩石力学与工程学报，2017，36（11）：2629-2640.

［49］ Shi L, Li X, Bing B, et al. A Mogi-Type True Triaxial Testing Apparatus for Rocks With Two Moveable Frames in Horizontal Layout for Providing Orthogonal Loads［J］. Geotechnical Testing Journal，2017，40（4）：542-558.

［50］ 邵生俊，王永鑫. 刚柔混合型大型真三轴仪研制与验证［J］. 岩土工程学报，2019，41（08）：1418-1426.

［51］ 邵生俊，许萍，邵帅，等. 一室四腔刚-柔加载机构真三轴仪的改进与强度试验——西安理工大学真三轴仪［J］. 岩土工程学报，2017，39（09）：1575-1582.

［52］ 马啸，马东东，胡大伟，等. 实时高温真三轴试验系统的研制与应用［J］. 岩石力学与工程学报，2019，38（08）：1605-1614.

［53］尹光志，刘玉冰，李铭辉，等．真三轴加卸载应力路径对原煤力学特性及渗透率影响［J］．煤炭学报，2018，43（01）：131-136．

［54］肖晓春，丁鑫，潘一山，等．含瓦斯煤岩真三轴多参量试验系统研制及应用［J］．岩土力学，2018，39（S2）：451-462．

［55］Atapour H, Mortazavi A. Performance Evaluation of Newly Developed True Triaxial Stress Loading and Pore Pressure Applying System to Simulate the Reservoir Depletion and Injection［J］. Geotechnical Testing Journal, 2020, 43（3）: 701-719.

［56］周火明，张宜虎．岩体原位试验新技术在水工复杂岩体工程中的应用综述［J］．长江科学院院报，2020，37（04）：1-6．

［57］中国岩石力学与工程学会．TCSRME 004—2020 岩体真三轴现场试验规程［S］．北京：中国水利水电出版社，2020．

［58］葛修润，侯明勋．钻孔局部壁面应力解除法（BWSRM）的原理及其在锦屏二级水电站工程中的初步应用［J］．中国科学：技术科学，2012，42（04）：359-368．

［59］王成虎，邢博瑞．原生裂隙水压致裂原地应力测量的理论与实践新进展［J］．岩土力学，2017，38（05）：1289-1297．

［60］刘元坤，石安池，韩晓玉，等．裂隙较发育岩体的地应力测量与研究［J］．长江科学院院报，2017，34（12）：63-67．

［61］邬爱清，韩晓玉，尹健民，等．一种绳索取芯钻杆内置式双管水压致裂地应力测试方法及其应用［J］．岩石力学与工程学报，2018，37（5）：1126-1133．

［62］Tian J, Han Y, Hu Z, et al. Estimation of In-Situ Crustal Stress Profile by the Combination of Acoustic Full-Waveform Logging and Hydraulic Fracturing.［C］// International Society for Rock Mechanics and Rock Engineering Norwegian Group for Rock Mechanics, 2020.

［63］Ma C, Li X, Chen J, et al. Geological Core Ground Reorientation Technology Application on In Situ Stress Measurement of an Over-Kilometer-Deep Shaft［J］. Advances in Civil Engineering, 2020, 11: 1-13.

［64］Funato A, Ito T. A new method of diametrical core deformation analysis for in-situ stress measurements［J］. International Journal of Rock Mechanics & Mining Sciences, 2017, 91: 112-118.

［65］Wang B, Sun D, Chen Q, et al. Stress-state differences between sedimentary cover and basement of the Songliao Basin, NE China: In-situ stress measurements at 6~7 km depth of an ICDP Scientific Drilling borehole（SK-II）［J］. Tectonophysics, 2020, 777: 228337.

［66］Qin C, Xu F, Zhang Y, et al. Deep-hole in situ stress measurement method in high-altitude area based on remote sensing technology［J］. Arabian Journal of Geosciences, 2020, 13: 808.

［67］李远，王卓，乔兰，等．基于双温度补偿的瞬接续采型空心包体地应力测量技术研究［J］．岩石力学与工程学报，2017，36（6）：1479-1487．

［68］乔兰，张亦海，孔令鹏，等．基于分段解除的深部空心包体应变计中非线性优化算法［J］．煤炭学报，2019，44（5）：1306-1313．

［69］韩晓玉，刘元坤，尹健民，等．空心包体介质参数对应变片变形和测量精度的影响分析［J］．长江科学院院报，2020，37（3）：144-149，161．

［70］韩晓玉，邬爱清，徐春敏．地应力测量精度及其全要素量化表征研究［J］．长江科学院院报，2021，38（8）：84-90．

［71］卢波，张玉峰，邬爱清，等．地应力张量特征对地下洞室轴线方位优化的启示［J］．工程科学与技术，2021，53（2）：54-65．

［72］Feng Y, Harrison J P, Bozorgzadeh N. Uncertainty in In Situ Stress Estimations: A Statistical Simulation to Study the Effect of Numbers of Stress Measurements［J］. Rock Mechanics and Rock Engineering, 2019, 52: 5071-5084.

[73] Gao X, Ba X, Cui E, et al. Development Status of Digital Detection Technology for Unfavorable Geological Structure of Submarine Tunnel［J］. Journal of Coastal Research，2019，94（s1）：306-310.

[74] 孙怀凤，李貅，卢绪山，等. 隧道强干扰环境瞬变电磁响应规律与校正方法：以 TBM 为例. 地球物理学报，2016，59（12）：328-340.

[75] Shucai Li, Jie Song, Qianqing Zhang, et al. A new comprehensive geological prediction method based on constrained inversion and integrated interpretation for water-bearing tunnel structures［J］. European Journal of Environmental and Civil Engineering，2016：1-25.

[76] Li S, Liu B, Nie L, et al. Three-dimensional focusing induced polarization equipment for advanced geological prediction of water inrush disaster source in underground engineering［P］. US Patent 9，256，003.2016-2-9.

[77] Li S, Liu B, Nie L, et al. Comprehensive advanced geological detection system carried on tunnel boring machine［P］. US Patent 9，500，077.2016-11-22.

[78] 田明祯. TBM 机载激发极化超前地质预报仪的研制与工程应用［D］. 济南：山东大学，2016.

[79] 杨继华，闫长斌，苗栋，等. 双护盾 TBM 施工隧洞综合超前地质预报方法研究［J］. 工程地质学报，2019，27（2）：250-259.

[80] 国家能源局. 水电水利地下工程地质超前预报技术规程［S］. 北京：中国电力出版社，2019.

[81] 许强. 对滑坡监测预警相关问题的认识与思考［J］. 工程地质学报，2020，28（2）：360-374.

[82] Qiang Xu, Dalei Peng, Shuai Zhang, et al. Successful implementations of a real-time and intelligent early warning system for loess landslides on the Heifangtai terrace，China［J］. Engineering Geology，2020，278，105817.

[83] Xuanmei Fan, Qiang Xu, Jie Liu, et al. Successful early warning and emergency response of a disastrous rockslide in Guizhou province，China［J］. Landslides，2019，16（12）：2445-2457.

[84] 许强，董秀军，李为乐. 基于天-空-地一体化的重大地质灾害隐患早期识别与监测预警［J］. 武汉大学学报·信息科学版，2019，44（7）：957-966.

[85] 张路，廖明生，董杰，等. 基于时间序列 InSAR 分析的西部山区滑坡灾害隐患早期识别——以四川丹巴为例［J］. 武汉大学学报·信息科学版，2018，43（12）：2039-2049.

[86] Jie Dong, Lu Zhang, Minggao Tang, et al. Mapping landslide surface displacements with time series SAR interferometry by combining persistent and distributed scatterers：A case study of Jiaju landslide in Danba，China［J］. Remote Sensing of Environment，2018，205：180-198.

[87] 赵超英，刘晓杰，张勤，等. 甘肃黑方台黄土滑坡 InSAR 识别、监测与失稳模式研究［J］. 武汉大学学报·信息科学版，2019，44（7）：996-1007.

[88] 赵阳升. 岩体力学发展的一些回顾与若干未解之百年问题［J］. 岩石力学与工程学报，2021，40（7）：1297-1336.

撰稿人：邬爱清　朱杰兵　范雷　周黎明　董志宏　张宜虎

地壳应力场评估技术与应用研究进展

一、引言

地球表面和内部发生的各种地质构造现象及其伴生的各种物理化学过程，都与构造应力的作用密切相关[1]。认识并阐明岩石圈应力状态及其分布规律，特别是深部应力状态，是解决地球动力学有关科学问题的基础，如板块驱动机制、地球的能量平衡、地震发生机制、构造运动与变形等，同时也是研究深部能源资源的形成、赋存规律、开发、处置的基础[2]。深入研究岩石圈构造应力场及其作用过程，获取岩石圈构造应力状态及其赋存规律，明晰深浅部的构造应力差异，不仅可以通过揭示构造应力的力源，推动板块运动及其演化过程等地球动力学问题的研究向纵深发展，同时对相关领域的问题研究有着重大影响和引领作用[3,4]。例如，当前科学家虽然认识到包括地震在内的地质灾害的发生与应力的积累变化直接相关，然而对地质灾害机理的研究（特别是地震机理的研究）还处于探索阶段，其中岩石圈构造应力场及其作用过程是制约地震孕育发生机理研究的一个瓶颈。科学准确地认识岩石圈构造应力的三维分布规律，必将有效地推动地震孕育发生机理研究。在国民经济生产实践活动中，岩石圈应力状态的研究对岩土工程、石油工业和矿业工程等领域具有重要意义。随着浅部资源的日益枯竭，矿产资源探查和采掘向深部进军，地热资源开发、核废料地下存储、深埋隧道等的深度越来越大，深部岩体结构和构造更加复杂。伴随着深部矿业发展的一个负面效应就是深井开采事故亦越来越严重，导致深部开采中灾变事故出现多发性和突发性的根本原因在于深部岩体处于高应力、高温、高渗透压的恶劣环境中。因此岩石圈构造应力时空分布研究，在深部矿产资源的形成赋存规律研究探查和开采领域是必不可少的环节[5]。

岩石圈应力是国际上关注的地球科学前沿问题之一，2018 年被中国科学技术协会列入六十个重大科学问题和重大工程技术难题[3]。目前，定量刻画构造应力状态正在逐渐成为趋势，最新研究成果揭示了全球构造应力场的分布特征及其与板块构造运动之间的联系，有效地推动了大陆岩石圈演化的解释和板块构造理论的发展。经过数十年的国内外学者的不懈努力，地壳应力场评估技术研究已经形成了点、剖面、场尺度的研究体系框架，包含绝对应力测量技术、相对应力观测技术、基于测量观测数据的地壳应力场评估及其时空演化方法等要素。尤其是最近五年，有关地壳应力场评估技术的高水平成果呈加速增长态势，2020年SCI、EI、ISTP收录的论文达到600多篇、授权专利达到近400项。

但是，由于岩石圈物理性质本身的复杂性和研究条件所限，针对岩石圈构造应力这一重要物理参量的研究和观测技术远远落后于其他地球物理、地球化学参量。目前，科学家对岩石圈构造应力的认知非常局限，只能获得有限区域一定深度上构造应力的作用方向特征和浅部的应力大小，对岩石圈深部的构造应力状态以及深浅部应力对应关系等方面的研究还处于探索阶段，严重制约了人们对地壳变形及其灾害过程的动力学研究。因此，岩石圈构造应力场及其作用过程是亟待解决的重要科学问题，包括：①如何利用多种应力参数多角度定量刻画岩石圈构造应力的三维分布，科学地展现岩石圈构造应力的三维分布规律；②如何获取岩石圈深部构造应力状态（包括主应力方向、量值、应力类型等）及其赋存规律，深浅部的构造应力有何差异和内在联系，其形成机理又是什么；③岩石圈构造应力时空分布与地质灾害的孕育发生、深部矿产资源的形成和赋存有着怎样的物理关系，特别是如何科学地揭示并描述地震的孕育、地震活动与构造应力之间的物理关系。为了进一步推进地壳应力场评估技术及应用研究的快速发展，本文主要就绝对应力测量技术、相对应力场观测（钻孔应力应变）技术、应力场评估技术及其时空演化关系研究等三个方面的研究进展进行总结。

二、研究进展与创新点

（一）绝对应力测量评估技术及其应用

1. 原地应力测量方法

目前，绝对应力测量技术已经发展出了基于岩芯的方法，如非弹性应变恢复法（ASR）、差应变曲线分析法（DSCA）、差波速分析法（DWVA）、饼状岩芯（DIFC）/岩芯（CD）诱发裂纹法、声发射（AE）法、圆周波速各向异性分析（CVA）法、岩芯二次应力解除（OCAC）法、微裂隙岩相分析法、轴向点荷载分析法，基于钻孔的方法如水压致裂（HF）法、套筒压裂（SF）法、原生裂隙水压致裂（HTPF）法[6]、套芯解除（OC）法、钻孔崩落（BBO）法[7]、孔壁诱发张裂缝（DITF）法[6]、钻孔变形法、钻孔渗漏实验（LOT）法，地质学方法，如地倾斜调查、断层滑动反演[8]、新构造运动节理测绘、火山口排列调查，地球物理学方法，如震源机制解、地球物理测井[9]，以及基于地下空间的方法[1,10]。近几年，绝对应力测量方法与技术的发展重点在于深部地应力测量方法与技术系统的研发和应用、震源机制的中心解、地应力剖面估算、人工智能算法应用等方面。

HF 法是国际岩石力学与工程学会推荐的原地应力测试方法之一，具有测试深度大和测量结果可靠性高等明显优势[11]。"十三五"期间，中国地质科学院地质力学研究所通过自主研发，显著提升了 HF 地应力测量系统的耐温压指标和地面对井下设备的精准可靠控制，形成了适用于三千深孔的 HF 原位地应力测量技术，并在雪峰山先导孔[12]、我国铁路勘察史上第一深孔（宝灵山隧道六号孔）等多个两千米以上深孔地应力测量中得到了检验，支撑服务了川藏铁路高地应力安全风险评价和页岩油气的勘探开发。地质力学研究所研发了新型深孔 HF 地应力测试系统，其中地面设备中的高压水泵的最高压力可达 80MPa，流量范围为 10~100L/min 变频可调。井下设备中的推拉阀行程 75 厘米，地面通过钻杆控制推拉杆位置，可实现封隔器膨胀座封、循环单元、井下关闭和压裂测试四个高压水路之间的切换。跨接式封隔器之间的压裂段内集成了存储式压力计，可同步记录测量过程中测试段和封隔器内的压力，提升测量结果的可靠性[13]。基于上述新型测量系统，秦向辉等利用井下设备的关闭功能，系统研究了测试系统柔度对测量结果的影响[14]。同时，王成虎等利用室内试验获取岩石的抗拉强度取代重张压力，讨论了钻杆式测试系统柔度对水平最大主应力量值的影响[15]。长江科学院研究了一种新型绳索取芯钻杆内置、分段固定式双管 HF 地应力测试方法，研发了相应试验测试装置，最大测试深度为 724 米，解决了传统 HF 地应力测量方法不能直接应用绳索取芯钻杆的难题，对复杂条件下的工程岩体地应力测试问题提供了一种新的测试技术手段[16]。这些工作的开展，对于提升 HF 深部探测能力及测量结果的精度和可靠性起到了重要的作用。

ASR 法是近年发展起来基于定向岩芯的三维地应力测量方法，具有相对完备的理论基础，成本低、效率高，且不受钻孔深度和温度等环境限制，同时该方法是在钻井现场建立实验室，保持了岩芯近原位状态，故可认为是近原位地应力测量方法，可作为水压致裂等原位地应力测量方法的重要补充，在超深和高温深钻孔地应力测量中具有广阔的应用前景。孙东生等首次将 ASR 法成功应用于塔里木盆地 7 千米深度地应力测量，为塔里木盆地深部油气开发提供了地应力参数[17, 18]。Wang 等利用 ASR 法获取的松科二井应力数据分析了松辽盆地沉积盖层和基底的地应力场特征，为松辽盆地地球动力学演化提供了新视角[19]。此外，针对目前井下矿山传统地应力测量技术可靠性和效率较低等问题，孙东生等开展了 ASR 法与 HF 法地应力测量结果对比分析，验证了 ASR 法有效性，进而提出应用在深部矿山地应力测量研究中的技术路线[20]。

为解决高应力环境中的地应力测试难题，长江科学院通过数值分析方法对孔壁切缝法试验过程中切缝深度的优化及切缝布置方案进行了模拟研究，并将该方法应用于锦屏地下实验室应力测量中，测试结果表明测试部位岩体处于极高应力状态，与钻孔钻进过程中出现岩芯饼化现象相符[21]。韩晓玉等针对地应力测量测量精度方面存在的问题，从闭环测量角度给出了地应力测量及其精度的定义，提出了地应力测量精度全要素量化表征的思路和含义、三维物理模型测量精度试验装置、坐标设定和表征程序，给出了二维和三维测量的精度表征公式[22-24]。

在震源机制解求解应力场方面，为解决同一地震不同震源机制解的资料选择问题，万永革给出了同一个地震多个震源机制的中心解的概念，并编写了求解震源机制中心解的程序，为采用震源机制求解应力场提供了资料不确定性的方法[25]。为理解震源机制和所作用的应力张量之间的关系，万永革等模拟了东西向挤压、垂直向拉张的挤压应力体系，南北向挤压、东西向拉张的走滑应力体系和垂直向挤压、东西向拉张的拉张应力体系所产生震源机制及其剪应力和正应力的表现[26]。根据模拟结果和同一地区观测震源机制多样性，可以推测地震错动不只在剪应力较大的断层面上破裂，地震断层面可能是地球在地质时期变动所存在的随机分布的薄弱面或裂纹，在构造应力作用下，这些薄弱带或裂纹不一定是剪应力最大的面，当剪应力超过薄弱带或裂纹所能承受的剪应力时即会沿着投影到断层面的剪应力方向发生破裂，这预示在求解应力场时不要做断层面上剪应力最大的假设。并且通过断层面走向、倾角和滑动角的统计来分析构造应力场是错误的，通过 P、T 轴的走向和倾伏角的统计来分析应力场也是需要详细论证的。上述方法已经应用到帕米尔–兴都库什地区[27]、墨江地区[28]、苏拉威西地区[29]和新疆精河地区[30]的构造应力场特征分析，为理解板块运动和地震孕育应力环境提供了基础。

在地球物理测井方法方面，Tian 等基于岩石声弹性理论的地应力模型提出了一种声波全波形测井与水力压裂相结合的地应力剖面估算方法，校正的应力–速度关系、声波测井的纵波和横波剖面组合可给出最大和最小地壳应力剖面[31]。此外在人工智能应用方面，李振月等将遗传算法引入到震源机制反演应力场的工作中，避免了所求应力场结果陷入局部极值的情况[32]。Zhang 等基于人工智能优化算法，利用实测的钻孔变形提出了一种多参数辨识的地应力反演方法[33]。

2. 工程实例

针对川藏铁路等国家重大工程、高放废物处置库预选区、深部科学钻探（松科二井、长宁地震科学钻孔）、能源资源开发等领域，国内外众多科研机构采用 HF 法、ASR 法、DITF 法、OC 法等方法开展了一系列深部原地应力测量，测量深度达到了 6955m，有效地推进了原地应力测量技术的快速发展，部分实例详见表 1。

（二）相对应力场观测技术及其应用

在相对应力场观测技术方面，钻孔应变观测方法是一种直接的力学观测方法，是通过安装在钻孔内的位移传感器观测钻孔孔径的变形，给出周围岩层变形状态的动态变化[41]。自上世纪 70 年代以来，由于高分辨率钻孔应变仪具有较宽的观测频带，可有效弥补 GPS 观测和地震观测在分辨率和观测带宽上的空白及具有较好的抗地表干扰能力，被广泛用在板块边界观测计划[42]、中国地震观测台网[43]等地球物理场观测台网中。目前高分辨

表 1　绝对应力测量工程实例表（2017—2020 年）

工程名称	测量方法	测量深度（米）	应力场特征
川西折多山某深埋隧道[34]	HF 法	196～650	隧址区以水平构造应力为主，测试深度范围内水平主应力随深度增加梯度高于中国大陆背景值。S_H优势方向为 NWW 向，与区域应力场分布及周边活动断裂反映的力学机制一致
雪峰山 2000 米科钻先导孔[12]	HF 法	170～2021	$S_H=0.03328H+5.25408$，$S_h=0.0203H+4.5662$。孔深 2021 米深度实测值分别为 $S_H=66.31$ MPa 和 $S_h=43.33$ MPa
甘肃北山高放废物处置库预选区[35]	HF 法	0～450	①三维主应力随深度呈现出较好的线性关系；②测试深度范围内，水平应力普遍高于垂向应力，表明预选区水平构造应力为主；③S_H优势方向为 NE—NEE，与区域构造应力场方向基本吻合
内蒙古某高放废物处置库预选区[36]	HF 法	0～603	阿拉善地区应力水平处于中等或较低水平，S_H优势方向为 NNE—SSW
新疆某高放废物预选处置库区[37]	HF 法	0～700	①三个主应力随深度呈现出较好的线性关系；②测试深度范围内，水平应力普遍高于垂向应力，预选区水平构造应力占主导地位，且随深度的增加逐渐减弱，岩体北部的水平应力作用强于中部及南部，南部最弱；③S_H优势方向为 NEE，与区域构造应力场方向基本吻合，自青藏高原内部及边缘到东天山地区，现今 S_H 的作用方向表现为由 NE—NEE 的变化规律
拉林铁路工程区[38]	HF 法	0～500	500 米深度域内 S_H 近 29MPa，优势方向集中于近 SN—NNE 向，揭示了以逆断型为主、水平构造应力占主导的应力场特征
滇中引水工程香炉山隧洞[39]	HF 法	170～850	十个钻孔的测试结果显示，最大水平应力一般高于垂向应力，并且优势方向为 NNE—NEE 向，与隧洞斜穿的三条全新世活动断裂的走向一致
松辽盆地 SK-II 井[19]	ASR 法	6296～6846	松辽盆地深部六七千米沉积盖层 6296~6335 米深度范围内，为正断层应力环境，在基底 6645~6846 米深度范围内，为走滑兼逆冲的应力环境
塔里木盆地 SN-X 井[17, 18]	ASR 和 DITF 法	6293～6955	SN-X 井 6293~6955 米深度范围内最大主应力近垂直，中间和最小主应力近水平，S_H优势方向在 NE 51°~79°范围
胶东半岛地下金矿[40]	OC 法		三山岛、新城、玲珑三个地下金矿区域应力场以水平主应力为主，S_H优势方向为 NWW—SEE 或接近 EW 方向
长宁地震科学钻孔	HF 法	0～300	钻孔 220 米深度以上，$S_H>S_h>S_v$；220 米深度以下，随着深度的增加，三向主应力的值趋于接近，且 S_v 略大。S_H 优势方向：N75°W~N82°W，近 EW 向

率钻孔应变仪主要分为体积式钻孔应变仪和分量式钻孔应变仪两类。体积式钻孔应变仪主要测量水平面内的面应变，主要有 Sacks-Evertson 型[44]、TJ 型[45]、Sakata[46] 型。分量式钻孔应变仪主要测量水平面内的应变分量，主要有 RZB 型[47]、YRY 型[48]、GTSM 型[49,50]、SKZ[51] 型。这些钻孔应变仪的应变分辨率优于 1.0×10^{-9}，可清晰地观测到应变固体潮，观测结果已在火山动力学[52]、地震孕育发生过程[53]、地震震源评价[54,55]、地震预测[56]等科学研究中发挥了重要的作用。

1. 钻孔三维应变观测技术

国家自然灾害防治研究院基于现有四分量 RZB 型钻孔应变仪的基础上，研发了垂向仪器应变及斜向仪器应变观测单元，打破了以往水平仪器应变观测的局限，实现了地下三维仪器应变观测[57]。钻孔应变三维观测技术作为完全拥有自主知识产权的新型传感技术，填补了我国钻孔应变观测领域的技术空白，丰富了地震观测手段与观测信息，将直接应用于我国强震重防区地震应力环境重点监测中，探索地震孕育发生过程中地壳应变随时间变化的规律，促进地震科学、地质工程、大地测量以及地球物理等领域相关研究的发展。

2. 深井综合观测技术

自上世纪七十年代，许多国家陆续启动了一系列大陆、大洋深部探测计划，开展了深孔内集成地震、流体压力、温度、应变、倾斜等测项的长期观测，如美国深部长期观测研究项目（SAFOD，主孔深度达 4000 米，深入到圣安德烈斯断层地震震源区）[58]、德国大陆超深钻井计划（KTB、4000 米先导孔和 9000 米主孔）[1]、日本岐阜县屏风山 1020 米深钻[59]、江苏东海中国大陆科学钻探（5158 米深井）、福建漳州深井综合观测站、上海市地震综合深井观测台等。目前深井多测项综合集成技术方面还不够成熟，集成互联缺少标准化，集成的各测项仪器技术性能大多未能达到各单项仪器的主流水平。解决深井多测项综合集成等共性技术问题，实现深井综合观测的实用化，是推进深井综合观测技术应用、支撑地球科学领域研究与发展的重要技术措施。国家自然灾害防治研究院联合国内多家科研单位在重点研发计划的支持下，以井下综合观测技术系统集成技术和共性技术为重点，研发了深井综合观测设备及其井口配套装置，集成了三分量宽频带地震仪、三分量加速度仪、两分量地倾斜仪、四分量应变仪、地磁总场及地磁三分量测量仪等测量单元，实现了可配置、高可靠、高稳定、实用化的井下综合观测技术系统，并在四川长宁地震震中区及其周边开展 300 米地震深井综合观测。

3. 钻孔应变观测原位标定技术

原位标定是关系到钻孔应变观测技术发展至关重要的基础性问题，目前主要采用理论固体潮[60-63]和地震应变波[52,64]作为参考应变信号。由于简单实用、成本极低，基于理论固体潮的方法是目前常规的原位标定方法。但是，由于受到地球深部结构模型、海洋荷载模型、钻孔周边地形和介质不均质性的影响，理论固体潮计算模型并不准确，从而极大影响着标定结果的精确度[65]。

近几年，该方向重点在基于地震波参考信号的原位标定技术方面取得了一系列进展。基于地震波参考信号的原位标定，主要采用远震长周期面波的计算应变波形[52]或从地震台阵测量的地震应变波[64]作为参考信号。虽然在低频情况下地震台阵测量的应变波与长基线激光干涉仪测得的应变吻合很好，但由于计算应变波假设在地震台阵范围内的应变场是均一的，而地震台站之间的距离相距在 1~10 千米的量级，计算应变值受计算模型的影响，因此也存在着类似于理论固体潮方法的系统误差问题。如果地震波的传播相速度已知，通过同一质点运动速度记录可为钻孔应变仪原位标定提供准确可靠的参考应变信号[66]。通常情况下采用同址地震仪记录给出参考应变信号[67]，如美国 PBO 观测台网中同孔短周期钻孔地震仪、日本 Ishii 研制的综合地球物理观测探头[59, 68-71]。胡智飞初步对基于同孔瑞利面波记录的钻孔应变原位标定方法进行了探索，初步给出了 PBO 台网应变仪标定结果[72]。范智旋等计算了苏门答腊 7.8 级地震产生的理论应变波并与钻孔分量应变仪记录进行对比，发现在 36°~52° 的震中距范围内，两者表现较好的一致性[73]。

为了探讨分量式钻孔应变仪地震应变波定量观测的可行性，张康华等引入全空间圆柱空孔对水平入射平面波散射模型以及反映面应变及最大剪应变的仪器应变计组合，研究了分量式钻孔应变仪的理论频响及相应的带宽[74-77]。研究表明引入的应变计组合可以很好地反映入射波的面应变或最大剪应变，理论频响都超过 100 赫兹，仪器频响的有效带宽决定了基于钻孔应变仪的地震应变波观测带宽。

4. 钻孔应变观测在地震科学中的应用

钻孔应变观测最近几年在地震预警[54, 55, 78]、震源机制解[79]、应力触发[80, 81]等方面得到了进一步应用。在地震预警应用方面，目前在国内外的相关研究还处于起步阶段。Farghal 等[54, 55]和李富珍等[78]分别利用 PBO 观测台网和中国钻孔应变台网的分量式钻孔应变仪观测数据，给出了峰值动态仪器应变与震级的统计关系，初步讨论了钻孔应变观测在地震预警中应用的可能性。在震源机制解应用方面，邱泽华等讨论了用地震应变波观测求解震源矩张量的基本原理，为解决震源机制问题提供了新的方法[79]。在应力触发应用方面，为了深入探究大地震产生的远场动态应力对断层面应力及断层地震活动性的影响，李富珍等通过对高台、通化台的四分量钻孔应变仪记录到的 2018 年太平洋地区四次大地震事件进行数据分析，讨论了利用钻孔应变实际观测资料定量研究不同震级大小、不同震中距离的远震地震波在台站位置处的地壳造成动态应力变化的可行性，为今后研究更大远震可能产生的触发效应提供了基础[80]。为了解决理论同震应变阶与钻孔应变记录相差甚多这一未解难题，石耀霖等对原平钻孔应力台站的 2016 年 4 月 7 日山西原平发生 M4.7 地震（震中距 19km）展开研究，台站观测到的主应力方向和应力偏量大小均与基于震源机制解的破裂模型的理论预计值吻合很好。这是首次实际观测到与理论计算预测基本一致的同震水平应力偏量变化，为利用库仑应力概念估计后续地震活动性提供了观测基础[81]。

（三）应力场评估技术

应力场评估技术主要是整理和分析大量来自震源机制解、钻孔崩落和孔壁诱发张裂缝、原地应力测量以及现代地质学方法的地应力数据，编制区域构造应力图，研究区域地下介质内部相互作用的时空变化及其所遵循的规律。应力场的评估技术的发展重点在于绝对应力场评估精度的提高及其随时间演化规律研究。

1. 绝对应力场评估技术

在基于震源机制的绝对应力场评估技术方面，近几年提出了综合震源机制解方法[82,83]、区域地震震源机制解的阻尼应力反演技术[84]，有效提高应力场方向的判定精度。在基于原地应力测量数据和震源机制解的绝对应力场评估技术方面，研究重点在于应力场特征与强震区内断裂活动危险性关系研究方面[85-93]。基于数值模拟的绝对应力场评估方法方面，杨家彩等提出了基于 LS-DYNA 的高地应力岩体动态响应数值模拟的应力初始化方法[94]；Ziegler 和 Heidbach 详细讨论了 3D 数值模型分析中六个独立应力张量分量的不确定性[95]。

整理和分析大量来自震源机制解、钻孔崩落和孔壁诱发张裂缝、原地应力测量以及现代地质学方法的地应力数据，已经编制了一系列区域构造应力图（如世界地应力图[2,4,96,97]、中国及邻区现代构造应力场图[98]），对研究区域地下介质内部相互作用的时空变化及其所遵循的规律尤为重要。世界地应力图已发布了三个版本，即 WSM database release 1992[96]、WSM database release 2008[97]、WSM database release 2016[2]。每次版本升级不仅是数据量的增多，数据来源和种类的多样化，更是对数据质量更精确的把控，对全球应力数据更深入地分析、评估和汇编。WSM database release 2016 包括 42870 条数据记录，是 2008 年版本数据量的两倍，更新的重点是覆盖以前数据稀疏的地区，以解决不同空间尺度上的应力模式问题[2]。下一步 WSM 项目继续完善最大水平主应力方向和应力分区的有关信息，收集应力大小数据，实现从 WSM 数据库提供的逐点和不完整的应力张量信息导出应力张量的三维连续描述，探索局部应力场偏转问题，由此为研究远场对局部应力源变化的影响提供关键信息。

Hu 等依据 WSM 数据质量标准对中国应力数据库的应力数据进行整理，利用所形成的数据集分析最大水平主应力方向的应力模式[99]。结果表明板块边界力以及地形和断层作用是整体应力模式的重要控制因素。然而，地形变化和断层活动提供了二阶变化，并导致应力模式的局部变化和不同的不均匀性尺度。由于这些因素的差异，中国东北和青藏高原中部地区应力场具有明显的均匀性，而南北地震带、兴都库什－帕米尔地区和台湾地区应力场具有极不均匀性。此外，Rajabi 等发布了澳大利亚应力图新版本[100]，包含了 2150 条应力数据记录，进一步证实了现代应力场在澳大利亚地壳构造变形中的作用，揭示了许多以前未清楚识别的应力场局部扰动。Lund Snee 和 Zoback 利用北美数百个水平主应力方向数据给出了北美相对应力大小的合成分析，揭示了在不同尺度下的应力场作用[101]。

Levandowski 等编制了美国应力图,揭示了美国东部几个活跃地震带的应力状态与周围地区的应力状态显著不同[102]。

2. 地壳应力场演化

Hardebeck 和 Okada 系统总结了地震引起应力变化的相关研究,地震在释放和重新分布应力时,会改变地球岩石圈的应力场,主应力轴会随时间发生旋转,这有助于我们理解震后应力再加载机制[103]。杨佳佳等基于 NIED F-net 矩张量解目录中的震源机制解进行应力场 2D 反演,获取了日本海沟俯冲带地区应力场的空间分布及时间演化图像[104]。日本 3.11 地震主震前,受 2003 年 5 月 26 日在宫城县北部发生的 $M_W7.0$ 地震影响,位于 3.11 地震震源区西北侧的应力场出现明显扰动并于之后大体恢复至震前状态,同期其他地区没有明显变化;主震后,距离震源区较远处应力场变化不大,主震震源区内应力场发生显著改变。胡幸平等在双差层析成像反演修正小震定位和波速结构的基础上,利用小震综合震源机制解方法获取了长宁地区地壳应力场的精细结构[105],发现区域应力场的局部改变是长宁地区复杂地震活动的必要力学基础。

邓园浩等根据已有的断层滑动模型建立了全球 PREM 有限元地球模型,计算了 2006 年 3 月 2 日苏门答腊地震 $M_s7.8$ 大地震此次引发的同震位移和应力及库仑应力变化,讨论了此次地震对周围断层的影响以及区域构造应力场对库仑应力变化计算的影响[106]。结果表明此次地震造成的库仑应力变化达 MPa 量级的区域集中在震中,但近场大部分余震分布在库仑应力减小区域。丰成君等采用二维有限元数值模拟方法,成功解释了 2008 年汶川 $M_s8.0$ 地震后龙门山断裂带东北段(茂县 - 绵竹连线东北侧)北川、平武及广元等地浅表层最大主应力方向与区域应力场相比发生了 25°~69°不等的偏转现象[107]。Su 等开展走滑断层破裂动态过程诱发应力场偏转的离散元模拟,成功解释了 2010 年 4 月 14 日玉树地震时玉树的 YRY 钻孔应变仪观测到最大水平主应力方向变化先减小后增大的现象,同时发现在走滑断裂错动时所产生的压缩应力区和拉伸应力区最大水平主应力方向会产生明显不同的偏转趋势[108]。

为了研究 2011 年东北大地震前后地应力的变化,Sakaguchi 和 Yokoyama 在位于主震断裂北端附近的龟井矿进行了震后地应力测量,并与 1991 年以来的地应力测量结果对比,发现主震期间和震后一年内主应力大小急剧增加,比震前增加了一倍多;然后主应力大小随时间减小,震后五年左右基本恢复到震前水平[109]。该现象可以根据东北大地震主震的同震破裂行为和三陆冲地震低活动区(SLSR)余震的发生来解释。

大量观测给出了地壳中地震速度随时间的变化,并试图将观测结果与断层周围应力和材料性质的变化联系起来。虽然对同震速度降的观测越来越多,但通常缺乏对断层愈合阶段的详细观测。Pei 等通过对汶川地震和芦山地震四个不同时期的走时资料进行联合反演,报告了在 2008 年汶川地震期间,龙门山断层的两个闭锁段周围出现了明显的同震速度降,并伴有大的滑动及其后的恢复[110]。2013 年芦山地震后,南部闭锁段的愈合阶段显著加快。芦山地震的快速愈合为地震速度对应力变化的高度敏感性提供了独特的证据，认为应力重分布在断层强度重建中起着重要作用。

三、地壳应力场评估技术与应用面临的挑战与对策

（一）挑战

经过近几年的科学研究和技术研发，地壳应力场评估技术与应用研究取得了较为显著的进步，但是距满足深部能源与资源开发、防灾减灾监测预测预警等国家重大科技需求还有很大的差距，具体表现如下。

深部地应力探测技术取得了较为显著的进步，就 HF 原位地应力测量技术而言，已基本突破孔深 2000 米的测量深度，并在工程实践中得到了成功的应用性验证，但面向地下深部 3000 米乃至更深的深部资源勘探开发和深部地球科学探测的迫切需求，现有的地应力观测与评估技术和综合研究水平还明显不足，亟待发展和提高。其存在的主要问题如下：①作为可获取完整应力张量的测量方法，HF 法被公认为进行深部地应力测量最为有效的测量方法，但面向深达 3 千米以上的探测深度，传统 HF 测试系统的井下装备面临严峻的挑战；②随着测量深度的增加，包括 HF 地应力测量方法在内的各种测量方法所获取测量结果的可靠性和测量精度难以保障，尤其对于孔深 2 千米以上的地应力测量；③包括 ASR、DSA 等技术方法在内的各类岩心地应力测量方法可望在深部地应力测量中发挥重要的作用，但对于其测量可靠性以及适应性等方面开展的系统性实验研究比较匮乏，限制了此类方法更好应用与推广。

高分辨钻孔应变观测技术已经发展到全张量观测和深部综合观测，原位标定的精度也得到了提高，极大地推动了钻孔应变观测在地震预警、地震预测中的广泛应用。但是钻孔应变观测仪器的稳定性还需进一步提高，观测站点的密度还需要进一步加密。

地壳应力场评估技术主要还是利用震源机制解、原地应力测量的统计拟合结果，随着数据量的增加，地壳应力场的局部非均匀特征得到了很好的刻画。但是地壳应力场研究与岩体系统重大灾害研究的结合还不够紧密[111]，地壳应力"点"的测量观测与地壳应力"场"刻画之间有效结合的技术途径不明确，深孔应力测量对于应力场数值模拟中所需的岩体力学参数测试重视程度不够。

（二）对策

组织国内外科研机构联合攻关，开发面向地下深部 3 千米 HF 地应力测量的关键井下装置和仪器设备（耐高温高压封隔器以及井下多功能控制开关等关键设备），强化原位多参数协同观测的技术理念，提升测量结果的可靠性和精度；开展 ASR、DSA 等技术方法的可靠性以及适应性等方面的系统性研究。

研发适合 1 千米深度以上的新型钻孔应变观测技术，提高其高温高压环境下的稳定性。推进钻孔应变观测台网建设，提高观测站点的密度。发展基于同址（同孔）地震仪记录的钻孔应变仪原位标定方法，推进钻孔应变观测在实时地震学和地震预警技术的应用，最大程度减轻地震灾害损失。

将岩体力学响应模型、深部地应力与岩体力学参数测量技术、应力应变实时观测技术相融合，推动基于数据同化技术、人工智能技术的灾害数值预测预警理论和技术的发展，做到"点"的测量与"场"的模型相统一，更好地服务于防灾减灾监测预测预警的重大需求。

参考文献

［1］ ZANG A，STEPHANSSON O. Stress field of the Earth's crust［M］. Dordrecht：Springer，2010.
［2］ HEIDBACH O，RAJABI M，CUI X，et al. The World Stress Map database release 2016：Crustal stress pattern across scales［J］. Tectonophysics，2018，744：484-498.
［3］ 中国科学技术协会.《重大科学问题和工程技术难题》［M］. 北京：中国科学技术出版社，2018.
［4］ ZOBACK M L，ZOBACK M D，ADAMS J，et al. Global patterns of tectonic stress［J］. Nature，1989，341（6240）：291-298.
［5］ 谢和平，李存宝，高明忠，等. 深部原位岩石力学构想与初步探索［J］. 岩石力学与工程学报，2021，40（2）：217-232.
［6］ 王成虎，邢博瑞. 原生裂隙水压致裂原地应力测量的理论与实践新进展［J］. 岩土力学，2017，38（05）：1289-1297.
［7］ JAROSIŃSKI M，BOBEK K，GŁUSZYŃSKI A，et al. Present-day tectonic stress from borehole breakouts in the North-Sudetic Basin（northern Bohemian Massif，SW Poland）and its regional context［J］. International Journal of Earth Sciences，2021，110（6）：2247-2265.
［8］ YAMAJI A，SATO K. Stress inversion meets plasticity theory：A review of the theories of fault-slip analysis from the perspective of the deviatoric stress-strain space［J］. Journal of Structural Geology，2019，125：296-310.
［9］ LIU R，JIANG D，ZHENG J，et al. Stress heterogeneity in the Changning shale-gas field，southern Sichuan Basin：Implications for a hydraulic fracturing strategy［J］. Marine and Petroleum Geology，2021，132：105218.
［10］ 王成虎. 地应力主要测试和估算方法回顾与展望［J］. 地质论评，2014，60（5）：971-996.
［11］ HAIMSON B C，CORNET F H. ISRM suggested methods for rock stress estimation—Part 3：hydraulic fracturing（HF）and/or hydraulic testing of pre-existing fractures（HTPF）［J］. International Journal of Rock Mechanics and Mining Sciences，2003，40（7）：1011-1020.
［12］ 陈群策，孙东生，崔建军，等. 雪峰山深孔水压致裂地应力测量及其意义［J］. 地质力学学报，2019，25（05）：853-865.
［13］ 孙东生，陈群策，李全. 裸眼分层原位地应力测量技术研发及应用［Z］. 第二届复杂油气藏勘探开发技术研讨会论文集. 2021：1-4.
［14］ 秦向辉，陈群策，赵星光，等. 水压致裂地应力测量中系统柔度影响试验研究［J］. 岩石力学与工程

报，2020，39（06）：1189-1202.

[15] 王成虎，高桂云，王洪，等. 利用室内和现场水压致裂试验联合确定地应力与岩石抗拉强度[J]. 地质力学学报，2020，v.26（02）：20-27.

[16] WU A, HAN X, YIN J, et al. A new hydraulic fracturing method for rock stress measurement based on double pressure tubes internally installed in the wire-line core drilling pipes and its application[J]. Chinese Journal of Rock Mechanics and Engineering, 2018, 37 (5): 1126-1133.

[17] SUN D, SONE H, LIN W, et al. Stress state measured at ~7km depth in the Tarim Basin, NW China[J]. Scientific Reports, 2017, 7 (1): 4503.

[18] 孙东生，吕海涛，王连捷，等. ASR和DITF法综合确定塔里木盆地7km深部地应力状态[J]. 岩石力学与工程学报，2018，037（002）：383-391.

[19] WANG B, SUN D, CHEN Q, et al. Stress-state differences between sedimentary cover and basement of the Songliao Basin, NE China: In-situ stress measurements at 6-7 km depth of an ICDP Scientific Drilling borehole (SK-II)[J]. Tectonophysics, 2020, 777: 228337.

[20] 孙东生，陈群策，张延庆. ASR法在井下矿山地应力测试中的应用前景分析[J]. 地质力学学报，2020，26（01）：33-38.

[21] LI Y, PENG Q, YIN J, et al. Method of geostress relieving and measuring by borehole slots: numerical analysis and engineering application[J]. Journal of Yangtze River Scientific Research Institute, 2018, 35 (3): 85-91.

[22] 韩晓玉，邬爱清，徐春敏. 地应力测量精度及其全要素量化表征研究[J]. 长江科学院院报，2021，38（08）：84-90.

[23] HAN X, LIU Y, YIN J, et al. Influence of Hollow Inclusion Cell's Medium Layer on Deformation and Measurement Accuracy[J]. Journal of Yangtze River Scientific Research Institute, 2020, 37 (3): 144-149, 61.

[24] 韩晓玉，刘元坤，邬爱清，等. 解除应力测量法测量精度的校验装置，CN207019837U[P/OL]. 2018.

[25] 万永革. 同一地震多个震源机制中心解的确定[J]. 地球物理学报，2019，62（12）：4718-4728.

[26] 万永革. 震源机制与应力体系关系模拟研究[J]. 地球物理学报，2020，63（06）：2281-2296.

[27] 崔华伟，万永革，黄骥超，等. 帕米尔-兴都库什地区构造应力场反演及拆离板片应力形因子特征研究[J]. 地球物理学报，2019，62（5）：1633-1649.

[28] 李泽潇，万永革，崔华伟，等. 2018年9月8日墨江地震及周边地区构造应力场特征分析[J]. 地球物理学报，2020，63（4）：1431-1443.

[29] 崔华伟，万永革，王晓山，等. 2018年帕卢Mw7.6地震震源及苏拉威西地区构造应力场特征[J]. 地球科学，2020，46（7）：2657-2674.

[30] 刘兆才，万永革，黄骥超，等. 2017年精河Ms6.6地震邻区构造应力场特征与发震断层性质的厘定[J]. 地球物理学报，2019，62（4）：1336-1348.

[31] TIAN J, HAN Y, HU Z, et al. Estimation of in-situ crustal stress profile by the combination of acoustic full-waveform logging and hydraulic fracturing[Z]. ISRM International Symposium – EUROCK 2020. Finland. 2020.

[32] 李振月，万永革，胡晓辉，等. 应力张量反演的遗传算法及其在青藏高原东北缘的应用[J]. 地球物理学报，2020，63（2）：562-572.

[33] ZHANG S, YUAN Y, FU D. An application of artificial intelligence technique in horizontal crustal stress measurement[Z]. Cham: Springer International Publishing. 2020: 651-659.

[34] 徐正宣，孟文，郭长宝，等. 川西折多山某深埋隧道地应力测量及其应用研究[J]. 现代地质，2021，35（01）：114-125.

[35] ZHANG C, CHEN Q, QIN X, et al. In-situ stress and fracture characterization of a candidate repository for spent nuclear fuel in Gansu, northwestern China[J]. Engineering Geology, 2017, 231: 218-229.

[36] DU J, QIN X, ZENG Q, et al. Estimation of the present-day stress field using in-situ stress measurements in the

Alxa area, Inner Mongolia for China's HLW disposal[J]. Engineering Geology, 2017, 220: 76–84.

[37] 牛琳琳, 陈群策, 丰成君, 等. 新疆某高放废物预选处置库区地应力测量研究[J]. 岩石力学与工程学报, 2017, 36（04）: 917–927.

[38] 孟文, 郭长宝, 张重远, 等. 青藏高原拉萨块体地应力测量及其意义[J]. 地球物理学报, 2017, 60（06）: 2159–2171.

[39] 张新辉 付, 尹健民, 刘元坤. 滇中引水工程香炉山隧洞地应力特征及其活动构造响应[J]. 岩土工程学报, 2021, 43（1）: 130–139.

[40] LI P, CAI M-F, GUO Q-F, et al. In situ stress state of the northwest region of the Jiaodong Peninsula, China from overcoring stress measurements in three gold mines[J]. Rock Mechanics and Rock Engineering, 2019, 52(11): 4497–4507.

[41] 邱泽华. 钻孔应变观测理论和应用[M]. 北京: 地震出版社, 2017.

[42] BARBOUR A J, AGNEW D C, WYATT F K. Coseismic strains on plate boundary observatory borehole strainmeters in southern California[J]. Bulletin of the Seismological Society of America, 2015, 105（1）: 431–444.

[43] CHI S L. China's component borehole strainmeter network[J]. Earthquake Science, 2009, 6（No.6）: 579–587.

[44] SACKS I S, SUYEHIRO S, EVERTSON D W, et al. Sacks-Evertson strainmeter, its installation in Japan and some preliminary results concerning strain steps[J]. Papers in Meteorologu and Geophysics, 1971, 22: 195–208.

[45] 苏恺之, 李桂荣. 小型化体积式钻孔应变仪[J]. 内陆地震, 1997, 11（4）: 316–322.

[46] SAKATA S. On the concepts of some newly-invented borehole three-component strainmeters[J]. Rep Nat Res Center Disaster Prev, 1981, 25: 95–126.

[47] OUYANG Z, ZHANG H, FU Z, et al. Abnormal phenomena recorded by several earthquake precursor observation instruments before the Ms 8.0 Wenchuan, Sichuan earthquake[J]. Acta Geologica Sinica – English Edition, 2009, 83（4）: 834–844.

[48] CHI S L. Trial results of YRY-2 shallow borehole strainmeter at eight observation sites in North China[J]. Earthquake Science, 1993, 6（No.3）: 731–737.

[49] GLADWIN M T, HART R. Design parameters for borehole strain instrumentation[J]. Pure & Applied Geophysics, 1985, 123（1）: 59–80.

[50] GLADWIN M T. High-precision multi-component borehole deformation monitoring[J]. Review of Scientific Instruments, 1984, 55（12）: 2011–2016.

[51] KONG X, SU K, YUKIO F, et al. A detection method of earthquake precursory anomalies using the four-component borehole strainmeter[J]. Open Journal of Earthquake Research, 2018, 7（02）: 124–140.

[52] BONACCORSO A, LINDE A, CURRENTI G, et al. The borehole dilatometer network of Mount Etna: A powerful tool to detect and infer volcano dynamics[J]. Journal of Geophysical Research: Solid Earth, 2016, 121（6）: 4655–4669.

[53] JOHNSTON M J S, LINDE A T. Implications of crustal strain during conventional, slow, and silent earthquakes[M]//WILLIAM H.K. LEE H K P C J, CARL K. International Geophysics. Salt Lake City: Academic Press. 2002: 589–605.

[54] FARGHAL N, BALTAY A, LANGBEIN J. Strain-estimated ground motions associated with recent earthquakes in California[J]. Bulletin of the Seismological Society of America, 2020, 110（6）: 2766–2776.

[55] FARGHAL N, BARBOUR A, LANGBEIN J. The potential of using dynamic strains in earthquake early warning applications[J]. Seismological Research Letters, 2020, 91（5）: 2817–2827.

[56] LINDE A T, GLADWIN M T, JOHNSTON M J S, et al. A slow earthquake sequence on the San Andreas fault[J]. Nature, 1996, 383（6595）: 65–68.

［57］陈征，张策，熊玉珍，等．钻孔斜向线应变测量仪，CN105890568B［P/OL］．2019．

［58］NIU F，SILVER P G，DALEY T M，et al. Preseismic velocity changes observed from active source monitoring at the Parkfield SAFOD drill site［J］．Nature，2008，454（7201）：204-208．

［59］ISHII H，YAMAUCHI T，MATSUMOTO S，et al. Development of multi-component borehole instrument for earthquake prediction study：some observed example of precursory and co-seismic phenomena relating to earthquake swarms and application of the instrument for rock mechanics［M］．Seismogenic Process Monitoring. The Netherlands；Balkema. 2002：365-377．

［60］HART R H G，GLADWIN M T，GWYTHER R L，et al. Tidal calibration of borehole strain meters：Removing the effects of small-scale inhomogeneity［J］．Journal of Geophysical Research：Solid Earth，1996，101（B11）：25553-25571．

［61］HODGKINSON K，LANGBEIN J，HENDERSON B，et al. Tidal calibration of plate boundary observatory borehole strainmeters［J］．Journal of Geophysical Research：Solid Earth，2013，118（1）：447-458．

［62］LANGBEIN J. Effect of error in theoretical Earth tide on calibration of borehole strainmeters［J］．Geophysical Research Letters，2010，37（21）．

［63］ROELOFFS E. Tidal calibration of Plate Boundary Observatory borehole strainmeters：Roles of vertical and shear coupling［J］．Journal of Geophysical Research：Solid Earth，2010，115（B6）．

［64］CURRENTI G，ZUCCARELLO L，BONACCORSO A，et al. Borehole volumetric strainmeter calibration from a nearby seismic broadband array at Etna volcano［J］．Journal of Geophysical Research：Solid Earth，2017，122（10）：7729-7738．

［65］胡智飞，张康华，田家勇．钻孔应变观测原位标定方法研究进展［J］．大地测量与地球动力学，2020，40（9）：970-975．

［66］SACKS I S，SNOKE J A，EVANS R，et al. Single-site phase velocity measurement［J］．Geophysical Journal International，1976，46（2）：253-258．

［67］邱泽华，唐磊，郭燕平，等．开辟应变地震学新领域的实验研究［J］．山西地震，2019，2019（1）：40-45．

［68］ISHII H，ASAI Y. Development of a borehole stress meter for studying earthquake predictions and rock mechanics, and stress seismograms of the 2011 Tohoku earthquake（M 9.0）［J］．Earth，Planets and Space，2015，67（1）：26．

［69］ISHII H，ASAI Y. Elastic invariants observed by borehole stress and strain meters, and the reliability of the instruments［J］．Zisin（Journal of the Seismological Society of Japan 2nd ser），2016，69：49-58．

［70］ISHII H，MATSUMOTO S，HIRATA Y，et al. Development of new multi-component small borehole strainmeter and observation．［Z］．the 86th SEGJ Conference：（in Japanese with English abstract）．1992：32．

［71］ISHII H，YAMAUCHI T，KUSUMOTO F. Development of high sensitivity borehole strain meters and application for rock mechanics and earthquake prediction study［M］．Rock Stress. The Netherlands；Balkema. 1997：253-258．

［72］胡智飞．基于同孔地震Rayleigh面波记录的钻孔应变观测原位标定方法研究［D］．中国地震局地壳应力研究所，2020．

［73］范方旋，万永革．应变仪记录的印尼苏门答腊海域7.8级地震的同震信号研究［J］．大地测量与地球动力学，2020，40（8）：849-853．

［74］ZHANG K，TIAN J，HU Z. Theoretical frequency response bandwidth of empty borehole for the measurement of strain waves in borehole tensor strainmeters［J］．Bulletin of the Seismological Society of America，2019，109（6）：2459-2469．

［75］TIAN J，ZHANG K，HU Z. Theoretical bandwidth for the measurement of strain waves in borehole tensor strainmeters［Z］//FONTOURA S A B D，ROCCA R J，MENDOZA J F P. The 14th International Congress on

Rock Mechanics and Rock Engineering–Natural Resources and Infrastructure Development. Foz do Iguassu, Brazil: CRC Press/Balkema. 2019: 1740–1746.

［76］ZHANG K, TIAN J, HU Z. The influence of the expansive grout on theoretical bandwidth for the measurement of strain waves by borehole tensor strainmeters［J］. Applied Sciences, 2020, 10（9）: 3199.

［77］ZHANG K, TIAN J, HU Z. Can strain waves be measured quantitatively by borehole tensor strainmeters［J］. Seismological Research Letters, 2021: Doi: 10.1785/0220200114.

［78］李富珍, 张怀, 唐磊, 等. 基于钻孔应变地震波记录确定地震面波应变震级［J］. 地球物理学报, 2021, 64（5）: 1620–1631.

［79］邱泽华, 唐磊, 赵树贤, 等. 用应变地震观测求解震源矩张量的基本原理［J］. 地球物理学报, 2020, 63（2）: 551–561.

［80］李富珍, 任天翔, 池顺良, 等. 基于钻孔应变观测资料分析远震造成的动态库仑应力变化［J］. 地球物理学报, 2021, 64（6）: 1949–1974.

［81］石耀霖, 尹迪, 任天翔, 等. 首次直接观测到与理论预测一致的同震静态应力偏量变化——2016年4月7日山西原平ML4.7地震的钻孔应变观测［J］. 地球物理学报, 2021, 64（6）: 1937–1948.

［82］田优平, 唐红亮, 康承旭, 等. 综合震源机制解法反演湖南地区构造应力场的初步结果［J］. 地球物理学报, 2020, 63（11）: 4080–4096.

［83］SNEE J-E L, ZOBACK M D. State of stress in the Permian Basin, Texas and New Mexico: Implications for induced seismicity［J］. The Leading Edge, 2018, 37（2）: 127–134.

［84］LEE J, HONG T-K, CHANG C. Crustal stress field perturbations in the continental margin around the Korean Peninsula and Japanese islands［J］. Tectonophysics, 2017, 718: 140–149.

［85］秦向辉, 陈群策, 孟文, 等. 大地震前后实测地应力状态变化及其意义——以龙门山断裂带为例［J］. 地质力学学报, 2018, 24（03）: 309–320.

［86］牛琳琳, 丰成君, 张鹏, 等. 鄂尔多斯地块南缘地应力测量研究［J］. 地质力学学报, 2018, 24（01）: 25–34.

［87］丰成君, 戚帮申, 王晓山, 等. 基于原地应力实测数据探讨华北典型强震区断裂活动危险性及其对雄安新区的影响［J］. 地学前缘, 2019, 26（04）: 170–190.

［88］丰成君, 张鹏, 孟静, 等. 郯庐断裂带及邻区深孔地应力测量与地震地质意义［J］. 地球物理学进展, 2017, 32（03）: 946–967.

［89］KUMAGAI K, SAGIYA T. Topographic effects on crustal stress around the Atera Fault, central Japan［J］. Earth, Planets and Space, 2018, 70（1）: 186.

［90］王成虎, 高桂云, 杨树新, 等. 基于中国西部构造应力分区的川藏铁路沿线地应力的状态分析与预估［J］. 岩石力学与工程学报, 2019, 038（011）: 2242–2253.

［91］LI P, REN F, CAI M, et al. Present-day stress state and fault stability analysis in the capital area of China constrained by in situ stress measurements and focal mechanism solutions［J］. Journal of Asian Earth Sciences, 2019, 185: 104007.

［92］孟文, 郭长宝, 毛邦燕, 等. 中尼铁路交通廊道现今构造应力场及其工程影响［J］. 现代地质, 2021, 35（01）: 167–179.

［93］王斌, 秦向辉, 陈群策, 等. 鄂尔多斯地块西南缘宁夏固原地区原位地应力测量结果及其成因［J］. 地质通报, 2020, 39（07）: 983–994.

［94］杨家彩, 刘科伟, 李旭东, 等. 高地应力岩体动态数值模拟中的应力初始化方法研究（英文）［J］. Journal of Central South University, 2020, 27（10）: 3149–3162.

［95］ZIEGLER M O, HEIDBACH O. The 3D stress state from geomechanical-numerical modelling and its uncertainties: a case study in the Bavarian Molasse Basin［J］. Geothermal Energy, 2020, 8（1）: 11.

［96］ ZOBACK M L. First- and second-order patterns of stress in the lithosphere: The World Stress Map Project［J］. Journal of Geophysical Research: Solid Earth, 1992, 97（B8）: 11703-11728.

［97］ HEIDBACH O, TINGAY M, BARTH A, et al. Global crustal stress pattern based on the World Stress Map database release 2008［J］. Tectonophysics, 2010, 482（1）: 3-15.

［98］ 谢富仁, 崔效锋. 中国及邻区现代地壳应力场图［M］. 北京: 中国地图出版社, 2015.

［99］ HU X, ZANG A, HEIDBACH O, et al. Crustal stress pattern in China and its adjacent areas［J］. Journal of Asian Earth Sciences, 2017, 149: 20-28.

［100］ RAJABI M, TINGAY M, HEIDBACH O, et al. The present-day stress field of Australia［J］. Earth-Science Reviews, 2017, 168: 165-189.

［101］ LUND SNEE J-E, ZOBACK M D. Multiscale variations of the crustal stress field throughout North America［J］. Nature Communications, 2020, 11（1）: 1951.

［102］ LEVANDOWSKI W, HERRMANN R B, BRIGGS R, et al. An updated stress map of the continental United States reveals heterogeneous intraplate stress［J］. Nature Geoscience, 2018, 11（6）: 433-437.

［103］ HARDEBECK J L, OKADA T. Temporal stress changes caused by earthquakes: A review［J］. Journal of Geophysical Research: Solid Earth, 2018, 123（2）: 1350-1365.

［104］ 杨佳佳, 张永庆, 谢富仁. 日本海沟俯冲带Mw9.0地震震源区应力场演化分析［J］. 地球物理学报, 2018, 61（04）: 1307-1324.

［105］ 胡幸平, 崔效锋, 张广伟, 等. 长宁地区复杂地震活动的力学成因分析［J］. 地球物理学报, 2021, 64（01）: 1-17.

［106］ 邓园浩, 程惠红, 张怀, 等. 2016年3月2日苏门答腊Ms7.8地震同震位移和应力场数值模拟研究［J］. 地球物理学报, 2017, 60（01）: 174-186.

［107］ 丰成君, 张鹏, 戚帮申, 等. 走滑断裂活动导致地应力解耦的机理研究——以龙门山断裂带东北段为例［J］. 大地测量与地球动力学, 2017, 37（10）: 1003-1009.

［108］ SU Z, YOON J S, ZANG A, et al. Stress reorientation by earthquakes near the Ganzi-Yushu strike-slip fault and interpretation with discrete element modelling［J］. Rock Mechanics and Rock Engineering, 2021.

［109］ SAKAGUCHI K, YOKOYAMA T. Changes in in-situ rock stress before and after the major 2011 Tohoku-Oki earthquake［J］. Procedia Engineering, 2017, 191: 768-775.

［110］ PEI S, NIU F, BEN-ZION Y, et al. Seismic velocity reduction and accelerated recovery due to earthquakes on the Longmenshan fault［J］. Nature Geoscience, 2019, 12（5）: 387-392.

［111］ 赵阳升. 岩体力学发展的一些回顾与若干未解之百年问题［J］. 岩石力学与工程学报, 2021, 40（7）: 1297-1336.

撰稿人: 田家勇　陈群策　李　宏　万永革　尹建民
　　　　苏占东　孙东生　胡幸平　王成虎　谢富仁

高放废物地质处置学科发展研究

一、引言

高水平放射性废物（简称高放废物）的安全处置是关系到核工业可持续发展和环境保护的重要课题。目前，国际上普遍接受的高放废物最终安全处置方案是深地质处置，即把高放废物埋在距离地表深约 300~1000 米的地质体中，使之与人类的生存环境永久隔离[1]。高放废物处置库普遍采用包括处置容器、缓冲材料、处置围岩的"多重屏障系统"设计。目前，以高放废物玻璃固化体为处置对象、以甘肃北山为参考场址、以花岗岩为处置库围岩、以膨润土为缓冲材料基材，我国提出了处置库的基本构想[2]。

世界上的主要有核国家均启动了高放废物处置库研发工作。美国于 1998 年在尤卡山建成了高放废物地质处置地下实验室，处置库采用乏燃料直接处置的技术路线，处置后的乏燃料可在 100 年内回取[3]。但是，2010 年 3 月，美国能源部撤销了尤卡山处置库建造许可证申请书。目前，美国部分研究团队开展了竖向超深钻孔和水平深钻孔等处置概念的研究[4, 5]。法国于 2004 年在 Meuse/Haute Marne 场址建成高放废物地质处置地下实验室，开展了一系列现场试验，建立了成熟的高放废物处置技术体系[4]。目前，法国已进入高放废物处置工程（Cigéo）详细工程设计阶段[6]。按照目前工作计划，法国将于 2025 年左右启动处置库建设。瑞典于 1995 年在 Äspö 场址建成高放废物地质处置地下实验室，采用的技术路线是在结晶岩（花岗岩）中处置乏燃料的 KBS-3 型处置方案[7]。预计瑞典将于 2022 年在 Forsmark 场址开工建设处置库。芬兰于 2004 年在 Olkiluoto 场址建成特定场址地下实验室，采用与瑞典相同的地质处置技术路线。2015 年 11 月，芬兰政府正式颁发了世界上第一个高放废物处置库建造许可证[8, 9]。目前，芬兰已建成 10 千米长的处置巷道。我国高放废物地质处置研究起步相对较晚，目前处于地下实验室研发阶段，计划于 2027 年建成北山地下实验室[10]。瑞士、比利时、英国、日本、韩国也持续开展了高放废物地质处置研究，在多重屏障系统性能评价和处置概念设计等领域取得了进展[4]。

尽管已经开展了几十年的高放废物处置研究，截至目前世界上尚未有建成的高放废物处置库。处置库安全等级高、服务周期长、近场耦合环境复杂，其研发依然面临着一系列技术和理论难题。因此，高放废物地质处置研究受到了学界的高度关注。评价场址岩体对处置库长期安全性的影响是地质处置研究的重要内容，国内外学者开展了广泛的场址调查方法和岩体适宜性评价技术研究，探索了岩体特性（尤其是水文地质特征）的精细化识别和评价方法[11-17]。处置库多重屏障系统相互作用机理及其整体性能评价仍是目前研究的难点和热点问题。为解决上述难题，相关研究团队联合成立了DECOVALEX国际合作研究项目，持续开展了近三十年的现场试验数值模拟研究[18]。同时，地下实验室被公认为是研发处置库的必需设施，利用地下实验室平台开展工程尺度现场试验是目前高放废物处置研究中极为重要的研究内容[19]。

本报告介绍2017—2020年间高放废物地质处置各个研究方向上的进展，总结场址评价、缓冲材料性能分析、围岩多场耦合特性研究和地下实验室研发方面取得的成果和认识，并分析当前面临的挑战及其对策。

二、研究进展与创新点

2017—2020年，国内外相关研究团队在场址评价、缓冲材料性能分析、围岩多场耦合特性研究和地下实验室研发方面取得了显著的进展。德国、日本和瑞士等国家进一步加快了处置库场址筛选进程，我国初步筛选出了处置库候选场址，并启动了甘肃北山地下实验室工程建设项目及其配套科研工作。国际上的缓冲材料研究集中于大型现场试验的结果解译与分析，我国初步形成了工程尺度缓冲材料的制备技术和性能评价方法。同时，围岩多场耦合特性和裂隙传质机理依然是地质处置领域岩石力学方向的研究热点。

（一）处置库场址评价

近年来，世界上许多国家在高放废物处置库场址评价方面取得了新的进展和突破。德国于2020年9月发布了其高放废物最终处置库候选场址清单，包含9个黏土岩候选区域、7个结晶岩候选区域和74个岩盐候选区域，并计划于2031年确定最终处置库场址。英国于2018年12月重启了已中断5年的高放废物地质处置库选址程序。日本于2020年11月启动了北海道寿都和神惠内村场址的评估工作，这是日本首次开展处置库场址的详细评价研究。瑞士于2018年8月启动了3个处置库候选场址的钻孔调查工作。

水文地质条件是上述处置库场址调查的核心内容之一，也是近年来国际上重点关注的研究方向。芬兰在Olkiluoto处置库巷道开挖过程中，通过地下水长期监测，研究了场址水力扰动和非扰动条件下微生物种群特征。西班牙调查了 Villar de Cañas 未来集中储存设施场地的自然水文地球化学条件，并评估了工程建设对区域水文和气候系统演变的影响[11]。Bense 等利用分布式温度传感（DTS）技术实现了场址地下水流、井内水流特征及地下热性质的调查和评价，相比于离散点温度测量技术具有显著优势[12]。Wabera 等通过分析冷/热泉水的化学和同位素数据，厘清了瑞士 Grimsel 花岗岩场址中地热水演化和停留时间的制约因素[13]。Cvetkovic 研究提出了裂隙岩体中广义示踪剂滞留的统计公式，为研究深部地下水动力条件提供了手段[14]。

通过系统的现场调查、分析评价和综合比选，我国制定了地下实验室场址筛选方案和筛选准则，建立了地下实验室场址比选和适宜性定量化评价技术方法，系统获得了候选场址关键参数，最终确定甘肃北山新场地段为我国首座高放废物地质处置地下实验室场址[10]。同时，国内多家科研团队稳步推进高放废物处置库选址与场址评价工作。目前，在甘肃北山预选区新场地段开展了深入的场址适宜性研究，初步筛选出一个处置库候选场址。Zhou 等[20]利用地球化学和同位素示踪技术，对北山新场干旱裂隙系统地下水的成因和化学演化进行了研究。魏翔等[21]提出了基于 JSR 指标的地表岩体质量评价方法，并成功应用于北山预选区候选岩体评价。Di 等[22]采用可控源音频大地电磁法对岩体地质结构进行了验证，并开展了三维有限差分数值模拟，为岩体结构和完整性分析提供了技术支撑。王学良等[23]基于 ArcGIS 平台和综合指数模型对阿拉善预选区进行了区域工程地质适宜性评价。凡净等[24]结合原位压水试验和岩心 CT 扫描建模，获得了甘肃北山处置库预选区裂隙岩体内在结构及渗透特性参数，为场址评价提供了依据。Yao 等[25]利用地震和音频大地电磁组合法，成功揭露了北山花岗岩中的破碎带及含水构造带，为岩体地质模型构建和场址评价提供了有效技术手段。Yang 等[26]提出了一种评价深部地下水氧化还原电位的新方法，并在北山新场钻孔中验证了该方法的可靠性。

（二）缓冲材料性能评价

近年来，国际上缓冲材料研究总体上仍以非饱和土本构关系[27]、多场耦合机理[28]、气体渗透与运移机理[29,30]、胶体特性与侵蚀[31-33]等为热点。值得关注的是，这一时间段有几个地下实验室大型原位试验结束运行，使得研究膨润土材料在长期多场耦合条件下的矿物学变化成为可能[34,35]。另外，工程屏障各组成部分之间的界面成为新的研究热点，研究者主要关注了金属废物罐腐蚀产气在界面处的运移规律、膨润土 – 铁基材料接触面的腐蚀模式及膨润土的矿物学变化等[36,37]。高放废物地质处置研发进展较快的国家，如芬兰、瑞典，开始从工程应用的角度重新审视膨润土材料的安全功能与经济性的平衡关系，建立了完备的原料筛选与质量控制体系，并以此为基础筛选出处置库备选的缓冲材料[38,39]。同时，相关研究不再集中于 MX-80 膨润土，也不再强调必须使用钠基膨润土，制备工艺及处置机具等也进行了相应调整以节省处置成本。这将对国内缓冲材料的设计、研发、工艺选择产生深远影响，需要持续跟踪关注。

国内缓冲材料研究仍处于跟跑状态，研究手段仍以室内试验、数值模拟为主。根据高庙子膨润土的特性及我国初步的处置概念模型，目前已经提出了缓冲材料的尺寸、密度、成分等要求以及工程性能指标[40, 41]，在缓冲材料设计方面迈出坚实一步。同时，我国逐步掌握了工程尺度缓冲材料砌块的制备技术，可满足下一阶段大型现场试验的需求[42]。在缓冲材料基本性能研究中，相关团队开始关注化学场的影响，出现了较多在盐溶液、碱溶液及模拟地下水等条件下缓冲材料膨胀性、渗透性等宏观性质的研究，并尝试将微观结构、矿物成分等变化与宏观性质相联系[43-45]。相关学者系统测试了高庙子膨润土胶体的基本性质，并用之解释了膨润土的侵蚀现象，获得了膨润土侵蚀与裂隙开度、倾角、水流速度等因素之间的关系[46-49]。同时，我国在膨润土辐照老化及核素迁移方面也取得了一定进展[50, 51]。此外，以同济大学为代表的研究机构，系统开展了膨润土颗粒性质研究，基本掌握了膨润土颗粒的膨胀愈合特性、土水特征曲线、力学性质等，使之成为国内的研究热点[52-54]。

综上所述，国际上缓冲材料研究热点为大型现场试验结果分析和工程屏障材料的相互作用，相关国家在缓冲材料选材和设计方面也提出了新的方案；我国以缓冲材料基本性能研究为主，并在工程尺度缓冲材料制备技术方面取得了突破。

（三）围岩本构模型研究

针对黏土岩型处置库围岩，Shen 和 Shao 在孔隙介质力学模型方面取得了突破，通过理性力学方法推导出了多孔岩石的塑性屈服准则[55, 56]。法国在地下实验室围岩（Callovo-Oxfordian 黏土岩）的跨尺度热 – 水 – 力耦合模拟方面取得了进展，深入分析了高放废物释热对孔压的影响以及洞室围岩紧箍作用引起的附加热应力作用[57]。

针对花岗岩类型处置库围岩，Zhu 和 Shao 等基于北山花岗岩力学特性建立了时效损伤本构模型[58, 59]。其中，将裂隙族视为岩石基质中的夹杂体，通过细观力学分析确定了基质 – 微裂隙非均质系统的自由能解析表达式，考虑了裂隙扩展和闭合裂隙面摩擦滑移等两种主要能量耗散机理，通过强度 – 变形耦合分析建立了强度预测的解析表达式，揭示了硬岩的临界损伤特征。通过考虑裂隙孔隙水压力建立了洞室围岩的各向异性水 – 力耦合本构模型，揭示了孔隙水压力对岩石力学行为和破坏的影响规律。考虑亚临界裂隙扩展，建立了统一的损伤和时效损伤本构模型，相关研究成果已经用于我们高放废物处置地下实验室项目前期研究。

综上所述，相关研究团队在黏土岩本构模型方面取得了突破，并成功应用于处置库围岩性能评价；结合我国高放废物处置北山预选区花岗岩力学特性，相关学者提出了时效损伤本构模型。目前，我国在处置库花岗岩本构模型的研究方面已处于国际先进水平。

（四）围岩多场耦合特性数值模拟

近年来，国内外对此研究多聚焦于围岩裂隙岩体的初始损伤与力学行为，与此同时关注热－力耦合（TM）与水－力耦合（HM）过程的岩体裂隙滑移等活动[18,60]。目前，裂隙岩体模型大致可以分为用界面表示断层的模型和用有限厚度实体单元表示断层的模型[61-63]。在大多数的模型中，断层几何被简化为切割整个模型的一个平面。由界面或不连续面代表的断裂或断层明确地将法向和剪切位移建模为有效法向和剪切应力变化的函数。裂缝流的通过率可以通过平行板流动假设与断裂孔径直接相关。对于有限厚度实体单元，隐含考虑了断裂孔，并计算了等效属性以表示断裂刚度和通过率。另一种变体是将界面单元表示裂缝或断层的力学行为与有限厚度单元中的多孔介质流动联系起来。

在高放废物地质处置领域，开展更为复杂的热－水－力耦合（THM）、热－水－力－化学耦合（THMC）研究并进行耦合过程预测至关重要[18]。这种耦合仍然是科学和工程界的一个主要挑战。在高放废物处置条件下模拟热－水－力耦合行为包括：由强烈的热梯度引起的复杂的水分输送过程、温度升高和膨润土膨胀引起的围岩应力条件的显著变化以及膨润土和围岩力学和水力特性的显著时空变化[18]。Wang[64]通过明确考虑孔径表面的应力集中、应力激活矿物溶解、接触凸起处的压力溶解和通道流动动力学，提出了裂缝开放和闭合的热－水－力－化学完全耦合模型。Veveakis等[65]考虑了断层带中流体释放反应引发的热－水－力－化学耦合场不稳定性。Alevizos等[66]对流体释放反应增强的蠕变及其引起的岩石圈变形机制进行了基础性理论分析。Faoro等[67]对热－水－力－化学耦合过程导致的裂隙岩体渗透性变化进行了基础性研究。Lu等[68]开发了热－流体力学－化学－黏塑性耦合模型，表征了胶结矿山充填材料在爆炸载荷下的行为。Yasuhara等[69]开发了热－水－力－化学耦合数值模型，用于检验多孔沉积岩（富含石英）的渗透率的长期变化。目前，常用的高放废物处置围岩多场耦合研究的数值程序包括OpenGeoSys、COMSOL、PFC3D、3DEC、TOUGH-FLAC、QPAC、CSMP++、EPCA3D（CASRock）等[18,62,63,70-72]。

高放废物地质处置围岩多场耦合过程模拟方法的校验非常重要。根据不同国家地下实验室现场试验的监测结果，国际合作研究计划DECOVALEX开展了处置库多重屏障系统多场耦合数值模拟技术验证研究，为解决上述问题提供了一种有效的途径[18]。2016—2019年，12家研究机构联合完成了国际合作项目DECOVALEX2019，根据英国、瑞士、法国、日本和瑞典地下实验室中的现场试验结果，持续开展了黏土岩和结晶岩中多重屏障系统热－水－力－化学多场耦合数值模拟技术研究[18]。目前，17家研究机构已经联合启动了下一期的国际合作项目——DECOVALEX2023（2020—2023），旨在继续开展处置库近场多场耦合数值模拟技术研究[73]。

综上所述，围岩多场耦合数值模拟技术仍是目前高放废物地质处置领域的研究热点，围岩热－水－力－化学耦合机理仍是世界性难题；国际合作项目DECOVALEX的持续开展为校验多场耦合数值模拟方法提供了有效途径。我国学者在多场耦合条件下裂隙渗流和溶质运移数值模拟方面取得了重要进展。

（五）围岩裂隙网络传质机理研究

为了真实模拟溶质在粗糙裂隙交叉处的运移过程，相关研究团队采用三维激光扫描仪获取天然岩石裂隙表面的形貌特征，再应用三维重构技术生成相应的三维交叉裂隙模型，随后求解 Navier–Stokes 方程，并假定溶质运移满足 Fick 定律，模拟水流和溶质在三维交叉裂隙中的运移过程[74-76]。

变形损伤过程对裂隙岩体传质过程的影响规律是近年来高放废物地质处置领域的研究热点[77]。在国际合作项目 DECOVALEX 框架下，最早采用数值模拟方法研究了应力变化二维裂隙网络中传质过程的影响[78, 79]。近年来，已实现了三维裂隙网络中应力–渗流–传质耦合过程的模拟[80]。

近年来，随着计算机技术的快速发展，在应用离散裂隙网络模型模拟裂隙岩体的多场耦合效应方面有了长足进步，特别是在三维裂隙网络模型方面[81-83]。但是，采用离散裂隙网络模型研究裂隙网络传质过程其计算效率较低的问题仍然存在。针对该问题，Ma 等[84]提出了统一管网法（unified pipe network method），将岩体基质和裂隙均视为一维虚拟管网。裂隙管网和基质管网只存在物理属性方面的差异，并无几何方面的不同。因此，无论是岩体裂隙还是岩体基质，无论是二维裂隙岩体还是三维裂隙岩体，在等效为管网之后，均可在统一数学框架下进行求解，从而提高了计算效率。

综上所述，处置库围岩裂隙传质研究集中于裂隙面真实形貌效应分析和三维裂隙网络模拟；统一管网法的提出为解决裂隙网络传质计算效率问题提供了有效手段。国内外在该领域的研究进展和水平较为接近。

（六）地下实验室研究

近年来，国外地下实验室研发工作取得了阶段性进展。瑞典 SKB 在 Äspö 硬岩实验室持续开展了场址描述模型（SDM）构建及现场监测、处置坑开挖设备设计优化、缓冲回填系统设计优化、钻孔密封技术等研究，同时与芬兰 Posiva 共同开展了 KBS-3H 水平处置概念可行性研究[7, 85]。日本 MIU 硬岩地下实验室竖井已施工至地下 500 米，并在现场开展了注浆技术验证、裂隙岩体渗透特征测试等研究[86, 87]。韩国 KURT 地下研究巷道开展了地应力测量，以及处置系统可行性、稳定性及安全性验证等一系列现场试验[88, 89]。国外的相关研究成果为我国地下实验室现场试验研究提供了重要借鉴。

我国地下实验室研发工作取得了突破性进展。在 2016 年颁布的国家"十三五"规划纲要中，将"建设一个高水平放射性废物地质处置地下实验室"列入"十三五"国家百项重大项目之中。2020 年 5 月，地下实验室工程建设项目可行性研究报告获得批复标志着我国正式进入了地下实验室研发阶段。

我国首座高放废物地质处置地下实验室建设地点位于甘肃省北山预选区新场地段，建设周期为2021—2027年。地下实验室工程设施由地上和地下两部分组成。地上部分为场区地表试验设施和配套设施。地下部分为地下实验室主体工程，最大埋深560米，主体结构为"螺旋斜坡道＋三竖井＋两层平巷"[10]，其功能主要是为出入地下实验室建立通道，为地下实验室正常运行提供技术和安全保障，为开展现场试验提供研究平台。地下实验室设置了两层试验水平，其中地下560米水平为主试验水平，地下280米水平为辅助试验水平。斜坡道和三竖井均与地下280米、地下560米两层试验水平贯通。

北山地下实验室的斜坡道是目前世界上第一条拟采用TBM开挖的螺旋斜坡道，全长7千米，断面为圆形，直径7米；水平转弯半径400米，竖曲线转弯半径为500米；最大坡度10%，平均坡度9%。斜坡道拟采用全断面掘进机（TBM）开挖。针对地下实验室工程地质条件和工程设计方案，近年来项目团队从完整极硬岩可掘性、岩石极高摩擦性、小转弯半径、转弯下降适应性、排渣方式、反坡排水、长距离物料运输、精确掘进导向等方面论证了TBM开挖方式的技术可行性。研究结果表明，采用TBM方法可以有效破岩，滚刀磨损率在可接受范围内；采用刀盘、主机、主轴承优化设计，可以实现250米转弯半径；通过加高胶带输送机内侧机架可以解决转弯处可能的掉渣问题；采用国际上先进的激光导向系统可以实现螺旋下降精准掘进导向。TBM开挖技术可行，可以有效较小围岩开挖损伤区，拟应用于北山地下实验室工程建设项目[90]。

通过对国外地下实验室研发规划及现场试验资料调研与分析，结合我国高放废物处置需求和场址特点，我国提出了首座高放废物处置地下实验室科研计划[9]。我国地下实验室现场试验分为五大研究领域，包括处置库场址评价及其评价技术研发、工程技术研发、核素迁移研究、安全评价技术研究和高放废物地质处置数据与信息管理系统研发。研发阶段可分为工程建设前、工程建设、初期研究、中长期研究、远期研究五个阶段，同时明确了各研究阶段的研究任务、研究领域、研究目的与研究内容。

综上所述，2017—2020年相关国家推动了各自的地下实验室研发计划；我国启动了地下实验室工程建设项目及其配套科研项目，制定了不同时期的研发计划。在地下实验室研发领域，我国具有"后发优势"，特别是北山地下实验室的工程设计方案已达到国际先进水平。

（七）处置库研发

2017—2020年，芬兰相继启动了处置库地下硐室和乏燃料封装厂的建造工作，并持续开展了微震、位移和温度等监测工作，以评价处置库场址岩体的稳定性[8, 91]。2019年，瑞典乏燃料和放射性废物管理公司（SKB）提交了处置库建造许可证申请补充材料，预计于2022年启动处置库建造工作[85]。2020年，国际原子能机构（IAEA）发布了有关放射性废物处置库设计原则和方法的技术报告[92]。其中，根据法国、比利时、瑞士、芬兰、德国和美国的实践经验，提出了黏土岩、结晶岩、岩盐和凝灰岩中高放废物地质处置的实现方案。

三、高放废物地质处置面临的挑战与对策

2017—2020 年，高放废物地质处置研究主要集中于多重屏障系统性能评价技术。目前，处置技术研发还面临以下挑战。

第一，花岗岩场址结构面的精细探测及处置库场址演化预测。

受限于目前地表地球物理勘查技术的精度水平，无法准确揭露场址范围内断裂构造尤其是小尺度裂隙构造在深部的空间形态，无法准确评价其对处置库安全性的影响。更为重要的是，为确保处置库万年时间尺度上的安全，需要对数万年内场址地质演化特征作出预测，这是极具挑战性的世界性难题。

第二，深部岩体的工程性状及其在多场耦合环境中行为特征。

深部岩体结构具有非均匀、非连续特点，并且岩石力学性能及其所处地应力场通常具有显著的各向异性，准确评价其工程特性的难度极大。同时，在辐射放热、地壳应力、水力、化学和辐照等作用的耦合下，深部裂隙岩体对扰动的响应规律属于前沿性科学难题。

第三，多场耦合条件下工程屏障系统性能演化规律。

高放废物处置库工程屏障系统包括玻璃固化体、废物罐和缓冲回填材料。在地质处置库高温、地应力、水力、化学和辐射等作用的耦合下，各个工程屏障材料性能变化规律各不相同，并存在复杂的相互作用。工程屏障系统性能演化规律一直是地质处置研究领域和材料科学的前沿性课题。

第四，包含岩体子系统的处置系统数值模拟以及超长时间尺度下的安全评价。

处置系统是一个复杂的系统，包含大量的子系统［废物体子系统、废物罐子系统、缓冲材料子系统、回填材料子系统、岩体子系统（含近场子系统和部分远场子系统）、地下水子系统、生物圈子系统和环境子系统等］，又经历着各种因素的耦合作用，在超长时间尺度下对其安全进行评价对目前的科学水平和计算能力是一个极大挑战。

为应对上述挑战，建议开展以下技术和理论攻坚研究：

第一，针对场址岩体不同尺度的结构面，综合运用"多手段＋多阶段＋多参数"的深部岩体地质特征探测和分析方法，结合地下实验室工程开挖过程，建立处置库场址结构面精细探测技术。构建场址描述模型，开展地质演化历史研究；结合区域地质特征，探索场址地质特征未来演化的模拟和预测方法。

第二，利用地下实验室提供的平台，开展工程尺度的岩体力学试验，研究地应力场分布规律和岩体变形特征，揭示多场耦合作用下围岩损伤演化规律。

第三，开展我国高放废物处置概念研究，提出多重屏障系统设计方案，明确缓冲材料

性能要求，推动地下实验室中工程尺度缓冲材料长期性能现场监测试验，揭示处置库条件下多重屏障系统相互作用机理。

第四，借助我国先进的超算能力，开展处置库多重屏障系统性能演化规律数值模拟和预测，实现精细化性能评价；攻坚高放废物处置库安全评价技术，自主研发安全评价软件，结合我国北山地下实验室场址条件，开展处置库安全评价，为最终安全处置高放废物提供保障。

参考文献

［1］ 潘自强，钱七虎. 高放废物地质处置战略研究［M］. 北京：原子能出版社，2009：16-17.

［2］ Wang J. High-level radioactive waste disposal in China: update 2010［J］. Journal of Rock Mechanics and Geotechnical Engineering，2010，1（1）：1-11.

［3］ DOE. Yucca mountain science and engineering report – technical information supporting site recommendation consideration（revision 1）［R］. Nevada：U.S. Department of Energy，2002，DOE/RW-0539-1：1-942.

［4］ Faybishenko B, Birkholzer J, Sassani D, et al. International approaches for deep geological disposal of nuclear waste: geological challenges in radioactive waste isolation – fifth worldwide review［R］. California: Lawrence Berkeley National Laboratory & Sandia National Laboratories，2016，LBNL-1006984：24-1-16.

［5］ Finsterle S, Cooper C, Muller R A, et al. Sealing of a deep horizontal borehole repository for nuclear waste［J］. Energies，2021，14（1）：91-119.

［6］ Andra. Proposition de plan directeur pour l'exploitation de Cigeo［R］. Paris：Agence National pour la Gestion des Dechets Radioactifs，2016：25-26.

［7］ SKB Äspö Hard Rock Laboratory. Annual Report 2019［R］. Stockholm：Swedish Nuclear Fuel and Waste Management Co.，2020，TR-20-10：13-94.

［8］ STUK. Joint convention on the safety of spent fuel management and on the safety of radioactive waste management – 6th Finnish national report as referred to in article 32 of the convention［R］. Helsinki：Radiation and Nuclear Safety Authority，2017，STUK-B 2018：58-85.

［9］ Posiva. Safety case plan for the operating licence application［R］. Olkiluoto：Posiva Oy，2017，POSIVA 2017-02：7-16.

［10］ Wang J, Chen L, Su R, et al. The Beishan underground research laboratory for geological disposal of high-level radioactive waste in China: Planning, site selection, site characterization and in situ tests［J］. Journal of Rock Mechanics and Geotechnical Engineering，2018，10（3）：411-435.

［11］ Alonso J, Moya M, Asensio L, et al. Disturbance of a natural hydrogeochemical system caused by the construction of a high-level radioactive waste facility: The case study of the central storage facility at Villar de Cañas, Spain［J］. Advances in Water Resources，2019，127（1）：264-279.

［12］ Bense V F, Read T, Bour O, et al. Distributed temperature sensing as a downhole tool in hydrogeology［J］. Water Resources Research，2016，52（12）：9259-9273.

［13］ Wabera H N, Schneebergera R, Mädera U K, et al. Constraints on evolution and residence time of geothermal water in granitic rocks at Grimsel（Switzerland）［J］. Procedia Earth and Planetary Science，2017，17（1）：

774-777.

[14] Cvetkovic V. Statistical formulation of generalized tracer retention in fractured rock[J]. Water Resources Research, 2017, 53(11): 8736-8759.

[15] Chen L, Wang J, Zong Z H, et al. A new rock mass classification system Q_{HLW} for high-level radioactive waste disposal[J]. Engineering Geology, 2015, 190(1): 33-51.

[16] 陈亮, 王驹, 刘健, 等. 高放废物地质处置岩体适宜性评价方法（Q_{HLW}）及其在地下实验室选址中的应用研究[J]. 岩石力学与工程学报, 2018, 37(6): 1385-1394.

[17] Mcewen T, Aro S, Kosunen P, et al. Rock Suitability Classification RSC 2012[R]. Eurajoki: Posiva Oy, 2012, Posiva 2012-24: 75-98.

[18] Birkholzer J T, Tsang C-F, Bond A E, et al. 25 years of DECOVALEX – Scientific advances and lessons learned from and international research collaboration in coupled subsurface processes[J]. International Journal of Rock Mechanics and Mining Sciences, 2019, 122(1): 1-21.

[19] OECD/NEA. Underground Research Laboratories (URL)[R]. Paris: OECD Nuclear Energy Agency, 2013, NEA No. 78122: 27-40.

[20] Zhou Z, Wang J, Su R, et al. Hydrogeochemical and isotopic characteristics of groundwater in Xinchang preselected site and their implications[J]. Environmental Science and Pollution Research, 2020, 27(28): 34734-34745.

[21] 魏翔, 杨春和, 陈世万, 等. 高放废物处置北山预选区地表岩体质量评价及其应用[J]. 东北大学学报（自然科学版）, 2017, 38(10): 1507-1510.

[22] Di Q, An Z, Fu C, et al. Imaging underground electric structure over a potential HLRW disposal site[J]. Journal of Applied Geophysics, 2018, 155(1): 102-109.

[23] 王学良, 韩振华, 张路青, 等. 高放废物地质处置阿拉善预选区工程地质适宜性评价[J]. 工程地质学报, 2018, 26(6): 1715-1723.

[24] 凡净, 鲁俊杰, 刘雅文, 等. 某高放废物处置库裂隙岩体显微结构及渗透性研究[J]. 工程勘察, 2020, 48(10): 35-42.

[25] Yao S, Wang W, Wang J, et al. Detecting fracture zones in granite with seismic and audio-magnetotelluric methods[J]. Journal of Geophysics and Engineering, 2020, 17(5): 883-892.

[26] Yang G, Kang M, Cheng X, et al. A novel methodology for investigating the redox potential of underground water in China's Beishan HLW repository site[J]. Journal of Radioanalytical and Nuclear Chemistry, 2019, 322(2): 923-932.

[27] Takayama Y, Tachibana S, Iizuka A, et al. Constitutive modeling for compacted bentonite buffer materials as unsaturated and saturated porous media[J]. Soils and Foundations, 2017, 57(1): 80-91.

[28] Gens A, Alcoverro J, Blaheta R, et al. HM and THM interactions in bentonite engineered barriers for nuclear waste disposal[J]. International Journal of Rock Mechanics and Mining Sciences, 2021, 137(1): 1-19.

[29] Guo G, Fall M. Advances in modelling of hydro-mechanical processes in gas migration within saturated bentonite: A state-of-art review[J]. Engineering Geology, 2021, 287(1): 106-123.

[30] Kim K, Rutqvist J, Harrington J F, et al. Discrete dilatant pathway modeling of gas migration through compacted bentonite clay[J]. International Journal of Rock Mechanics and Mining Sciences, 2021, 137(1): 1-15.

[31] Missana T, Alonso U, Fernández A M, et al. Analysis of the stability behaviour of colloids obtained from different smectite clays[J]. Applied Geochemistry, 2018, 92(1): 180-187.

[32] Reijonen H M, Marcos N. Chemical erosion of the bentonite buffer: do we observe it in nature?[J]. Geological Society, London, Special Publications, 2017, 443(1): 307-317.

[33] Wilkinson N, Metaxas A, Quinney C, et al. pH dependence of bentonite aggregate size and morphology on

polymer–clay flocculation [J]. Colloids and Surfaces A: Physicochemical and Engineering Aspects, 2018, 537 (1): 281–286.

[34] Torres E, Turrero M J, Moreno D, et al. FEBEX In-Situ Test: preliminary results of the geochemical characterization of the metal/bentonite interface [J]. Procedia Earth and Planetary Science, 2017, 17 (1): 802–805.

[35] Samper J, Mon A, Montenegro L. A coupled THMC model of the geochemical interactions of concrete and bentonite after 13 years of FEBEX plug operation [J]. Applied Geochemistry, 2020, 121 (1): 1–15.

[36] Gutiérrez-Rodrigo V, Martín P L, Villar M V. Effect of interfaces on gas breaktrough pressure in compacted bentonite used as engineered barrier for radioactive waste disposal [J]. Process Safety and Environmental Protection, 2021, 149 (1): 244–257.

[37] Kaufhold S, Dohrmann R, Weber C. Evolution of the pH value at the vicinity of the iron–bentonite interface [J]. Applied Clay Science, 2021, 201 (1): 105929.

[38] Kronberg M, Johannesson L-E, Eriksson P Strategy. Adaptive design and quality control of bentonite materials for a KBS-3 repository [R]. Stockholm,: Swedish Nuclear Fuel and Waste Management Co., 2020, SKB TR-20-03: 9–24.

[39] Svensson D, Eriksson P, Johannesson L-E, et al. Development and testing of methods suitable for quality control of bentonite as KBS-3 buffer and backfill [R]. Stockholm, Sweden: Swedish Nuclear Fuel and Waste Management Co., 2019, SKB TR-19-25: 1–10.

[40] 侯伟, 王旭宏, 杨球玉, 等. 我国高放废物地质处置库缓冲材料的设计要求 [J]. 工业建筑, 2020, 50 (9): 8–11.

[41] 李昱茜, 侯伟, 王旭宏, 等. 我国高放废物地质处置库缓冲材料饱和密度影响因素分析 [J]. 工业建筑, 2020, 50 (9): 25–9, 54.

[42] Tan Y, Zhang H, Zhang T, et al. Anisotropic hydro–mechanical behavior of full–scale compacted bentonite–sand blocks [J]. Engineering Geology, 2021, 287 (1): 106093.

[43] Chen Y-G, Dong X-X, Zhang X-D, et al. Cyclic thermal and saline effects on the swelling pressure of densely compacted Gaomiaozi bentonite [J]. Engineering Geology, 2019, 255 (5): 37–47.

[44] He Y, Ye W-M, Chen Y-G, et al. Effects of NaCl solution on the swelling and shrinkage behavior of compacted bentonite under one–dimensional conditions [J]. Bulletin of Engineering Geology and the Environment, 2020, 79 (1): 399–410.

[45] Wang J, Wang Q, Kong Y, et al. Analysis of the pore structure characteristics of freeze–thawed saline soil with different salinities based on mercury intrusion porosimetry [J]. Environmental Earth Sciences, 2020, 79 (7): 2020161.

[46] Xian D, Zhou W, Pan D, et al. Stability Analysis of GMZ Bentonite Colloids: Aggregation Mechanism Transition and the Edge Effect in Strongly Alkaline Conditions [J]. Colloids and Surfaces A: Physicochemical and Engineering Aspects, 2020, 601 (1): 125020.

[47] Xu Z, Pan D, Sun Y, et al. Stability of GMZ bentonite colloids: Aggregation kinetic and reversibility study [J]. Applied Clay Science, 2018, 161 (436–443).

[48] Xu Z, Sun Y, Niu Z, et al. Kinetic determination of sedimentation for GMZ bentonite colloids in aqueous solution: Effect of pH, temperature and electrolyte concentration [J]. Applied Clay Science, 2020, 184 (1): 105393.

[49] 谢敬礼. 高庙子膨润土侵蚀试验研究与机理分析 [D]. 北京: 核工业北京地质研究院, 2020.

[50] 梁栋, 李澎, 刘伟, 等. γ辐照和热老化对高庙子膨润土自由基的影响 [J]. 科学技术与工程, 2020, 20 (21): 8835–8842.

[51] 梁栋, 刘伟, 杨仲田, 等. γ辐照对高庙子钠基膨润土在北山地下水中溶解性的影响 [J]. 化工新型材料,

2020, 48（S1）：115-119.

[52] Liu Z-R, Cui Y-J, Ye W-M, et al. Investigation on vibration induced segregation behaviour of crushed GMZ bentonite pellet mixtures［J］. Construction and Building Materials，2020，241（1）：117949.

[53] Liu Z-R, Ye W-M, Cui Y-J, et al. Development of swelling pressure for pellet mixture and compacted block of GMZ bentonite［J］. Construction and Building Materials，2021，301（1）：124080.

[54] Zhang Z, Ye W-M, Liu Z-R, et al. Mechanical behavior of GMZ bentonite pellet mixtures over a wide suction range ［J］. Engineering Geology，2020，264（1）：105383.

[55] Shen W Q, Shao J F. Some micromechanical models of elastoplastic behaviors of porous geomaterials［J］. Journal of Rock Mechanics and Geotechnical Engineering，2017，9（1）：1-17.

[56] Shen W Q, Shao J F, Liu Z B, et al. Evaluation and improvement of macroscopic yield criteria of porous media having a Drucker-Prager matrix［J］. International Journal of Plasticity，2020，126（1）：102609.

[57] Seyedi D M, Plúa C, Vitel M, et al. Upscaling THM modeling from small-scale to full-scale in-situ experiments in the Callovo-Oxfordian claystone［J］. International Journal of Rock Mechanics and Mining Sciences，2021，144（1）：104582.

[58] Zhu Q, Shao J. Micromechanics of rock damage：Advances in the quasi-brittle field［J］. Journal of Rock Mechanics and Geotechnical Engineering，2017，9（1）：29-40.

[59] 朱其志. 多尺度岩石损伤力学［M］. 北京：科学出版社，2019.

[60] Plx A C, Vu M, Armand G, et al. A reliable numerical analysis for large-scale modelling of a high-level radioactive waste repository in the Callovo-Oxfordian claystone［J］. International Journal of Rock Mechanics and Mining Sciences，2021，140（1）：104574.

[61] Rutqvist J, Graupner B, Guglielmi Y, et al. An international model comparison study of controlled fault activation experiments in argillaceous claystone at the Mont Terri Laboratory［J］. International Journal of Rock Mechanics and Mining Sciences，2020，136（1）：104505.

[62] Bond A E, Bruský I, Chittenden N, et al. Development of approaches for modelling coupled thermal-hydraulic-mechanical-chemical processes in single granite fracture experiments［J］. Environmental Earth Sciences，2016，75（19）：1313.

[63] Bond A E, Bruský I, Cao T, et al. A synthesis of approaches for modelling coupled thermal-hydraulic-mechanical-chemical processes in a single novaculite fracture experiment［J］. Environmental Earth Sciences，2016，76（1）：12.

[64] Wang Y. On subsurface fracture opening and closure［J］. Journal of Petroleum Science and Engineering，2017，155（1）：46-53.

[65] Veveakis E, Alevizos S, Poulet T. Episodic Tremor and Slip（ETS）as a chaotic multiphysics spring［J］. Physics of the Earth and Planetary Interiors，2017，264（1）：20-34.

[66] Alevizos S, Poulet T, Walsh S D C, et al. The dynamics of multiscale, multiphysics faults：Part II – Episodic stick-slip can turn the jelly sandwich into a crème brûlée［J］. Tectonophysics，2018，746（1）：659-668.

[67] Faoro I, Elsworth D, Candela T. Evolution of the transport properties of fractures subject to thermally and mechanically activated mineral alteration and redistribution［J］. Geofluids，2016，16（1）：396-407.

[68] Lu G, Fall M, Cui L. A multiphysics-viscoplastic cap model for simulating blast response of cemented tailings backfill［J］. Journal of Rock Mechanics and Geotechnical Engineering，2017，9（3）：551-564.

[69] Yasuhara H, Kinoshita N, Ogata S, et al. Coupled thermo-hydro-mechanical-chemical modeling by incorporating pressure solution for estimating the evolution of rock permeability［J］. International Journal of Rock Mechanics and Mining Sciences，2016，86（1）：104-114.

[70] Pan P-Z, Feng X-T, Zheng H, et al. An approach for simulating the THMC process in single novaculite fracture

using EPCA [J]. Environmental Earth Sciences, 2016, 75 (15): 1150.

[71] Pan P-Z, Yan F, Feng X-T, et al. Study on coupled thermo-hydro-mechanical processes in column bentonite test [J]. Environmental Earth Sciences, 2017, 76 (17): 618.

[72] Birkholzer J T, Bond A E, Hudson J A, et al. DECOVALEX-2015: an international collaboration for advancing theunderstanding and modeling of coupled thermo-hydro-mechanical-chemical (THMC) processesin geological systems [J]. Environmental Earth Sciences, 2018, 77 (14): 539.

[73] Bond A E, Birkholzer J. DECOVALEX-2019 Executive summary [R]. California: DECOVALEX, 2020, LBNL- 2001360: 6-64.

[74] Zou L, Jing L, Cvetkovic V. Modeling of flow and mixing in 3D rough-walled rock fracture intersections [J]. Advances in Water Resources, 2017, 107 (1): 1-9.

[75] 李博, 黄嘉伦, 钟振, 等. 三维交叉裂隙渗流传质特性数值模拟研究 [J]. 岩土力学, 2019, 40 (9): 3670-3678.

[76] Li B, Mo Y, Zou L, et al. Influence of surface roughness on fluid flow and solute transport through 3D crossed rock fractures [J]. Journal of Hydrology, 2020, 582 (1): 124284.

[77] Li B, Li Y, Zhao Z, et al. A mechanical-hydraulic-solute transport model for rough-walled rock fractures subjected to shear under constant normal stiffness conditions [J]. Journal of Hydrology, 2019, 579 (8): 124153.

[78] Zhao Z, Jing L, Neretnieks I, et al. Numerical modeling of stress effects on solute transport in fractured rocks [J]. Computers & Geotechnics, 2011, 38 (2): 113-126.

[79] Zhao Z, Rutqvist J, Leung C, et al. Impact of stress on solute transport in a fracture network: A comparison study [J]. Journal of Rock Mechanics and Geotechnical Engineering, 2013, 5 (2): 110-123.

[80] Peter K K, Qinghua L, Marco D, et al. Stress-induced anomalous transport in natural fracture networks [J]. Water Resources Research, 2019, 55 (5): 4163-4185.

[81] Ngo T D, Fourno A, Noetinger B. Modeling of transport processes through large-scale discrete fracture networks using conforming meshes and open-source software [J]. Journal of Hydrology, 2017, (1): 66-79.

[82] 李馨馨, 徐轶. 裂隙岩体渗流溶质运移耦合离散裂隙模型数值计算方法 [J]. 岩土工程学报, 2019, 41 (6): 1164-1171.

[83] Li X, Li D, Xu Y, et al. A DFN based 3D numerical approach for modeling coupled groundwater flow and solute transport in fractured rock mass [J]. International Journal of Heat and Mass Transfer, 2020, 149 (1): 119179.

[84] Ma G, Li T, Wang Y, et al. A semi-continuum model for numerical simulations of mass ttransport in 3-D fractured rock masses [J]. Rock Mechanics and Rock Engineering, 2020, 53 (3): 985-1004.

[85] Skb. RD&D programme 2019- programme for research, development and demonstration of methods for the management and disposal of nuclear waste [R]. Solna: Swedish Nuclear Fuel and Waste Management Co., 2019, TR-19-24: 19-28.

[86] Tsuji M, Kobayashi S, Mikake S, et al. Post-grouting experiences for reducing groundwater inflow at 500 m depth of the Mizunami Underground Research Laboratory, Japan [J]. Procedia Engineering, 2017, 191: 543-550.

[87] Wu J, Goto T, Koike K. Estimating fractured rock effective permeability using discrete fracture networks constrained by electrical resistivity data [J]. Engineering Geology, 2021, 289: 106178.

[88] Jo Y, Chang C, Ji S-H, et al. In situ stress states at KURT, an underground research laboratory in South Korea for the study of high-level radioactive waste disposal [J]. Engineering Geology, 2019, 259 (4): 105198.

[89] Kim G Y, Kim J-S, Lee C, et al. KURT (KAERI Underground Research Tunnel) and its importance to the HLW management program in Korea [M]. 4th ISRM Young Scholars Symposium on Rock Mechanics. Jeju, Korea. 2017.

[90] Ma H, Wang J, Man K, et al. Excavation of underground research laboratory ramp in granite using tunnel boring

machine: Feasibility study [J]. Journal of Rock Mechanics and Geotechnical Engineering, 2020, 12 (6): 1201-1213.

[91] Haapalehto S, Malm M, Kaisko O, et al. Results of monitoring at Okiluoto in 2020, rock meachnics [R]. Eurajoki: Posiva Oy, 2021, Working Report 2021-47: 9-26.

[92] IAEA. Design principles and approaches for radioactive waste repositories [R]. Vienna: International Atomic Energy Agency, 2020, NW-T-1.27: 48-67.

撰稿人：王　驹　陈　亮　赵星光　刘　健　潘鹏志
　　　　赵志宏　朱其志　田　霄　谢敬礼

深部工程硬岩岩体力学研究进展

一、引言

深部工程硬岩一般指距地表垂直埋深超过 1000 米或处于以近水平构造应力为主且最大水平应力大于 20MPa 的应力环境下，完整岩块饱和单轴抗压强度大于 60MPa 的岩体。随着国民经济的发展，对基础工程建设、资源开发、国家安全保障、环境保护需求日益增加，资源、能源、水利水电、交通与环境工程不断向深部发展，出现了一大批深部硬岩开挖工程。深部高应力和复杂赋存地质环境下，工程活动诱发的灾害频发，如深层开裂、片帮、岩爆、大体积塌方等，严重影响工程建设安全和生产效率。深部工程硬岩灾害不同于浅部工程，往往更加剧烈，危害更大。这是因为深部工程活动应力路径下硬岩力学特性、变形破裂机理和灾变规律发生了明显变化，从表层变形和结构破坏为主转变成以应力控制型破坏为主，因而深部工程硬岩岩体力学研究已逐渐成为国际岩石力学与岩石工程学科的前沿。

（一）国外研究发展趋势

国外深部工程主要体现在深部金属矿资源开采领域（见表 1）。目前，南非拥有世界上最深的矿山，开采深度已超过 4000 米；加拿大拥有世界上最深的铜矿和镍矿。此外，在交通领域，瑞士拥有目前世界上埋深最大的交通隧道，穿越阿尔卑斯山脉，最大埋深 2450 米；在水利水电工程领域，巴基斯坦 Neelum–Jhelum 水电站引水隧洞埋深 1400~1900 米；在地下核废料处置及暗物质探测领域，澳大利亚、日本、印度、芬兰、阿根廷等国家纷纷开展了深部地下实验室建设。

表1 2017—2021年国外典型深部工程

工程类型	深部工程名称	地区	埋深（米）	时间
采矿工程	Mponeng 金矿	南非约翰内斯堡	>4000	开采中
	TauTona 金矿	南非西威茨地区	3900	
	Savuka 金矿	南非西威茨地区	3700	
	Driefontein 矿	南非豪登省	3400	
	Kusasalethu 金矿	南非约翰内斯堡	3380	
	Moab Khotsong 金矿	南非约翰内斯堡	3052	
	Kidd Creek 铜锌矿	加拿大安大略省	3000	
	LaRonde 金矿	加拿大魁北克省	3008	
	South Deep 金矿	南非约翰内斯堡	2998	
	Lucky Friday 银铅锌矿	美国爱达荷州	2600	
	Creighton 镍矿	加拿大魁北克省	2420	
	Kopanang 金矿	南非自由州省	2240	
交通工程	圣哥达基线隧道	瑞士阿尔卑斯山	2450	2017 完工
水电工程	尼勒姆－杰赫勒姆水电工程	巴基斯坦东北地区	1200	2018 运营
地下实验室	斯塔维尔地下物理实验室	澳大利亚维多利亚州	1025	建设中
	印度中微子天文台	印度泰米尔纳德邦	1200	建设中
	阿瓜·内格拉深部实验室	阿根廷安第斯山脉	1750	建设中

据 2017—2020 年国内外深部硬岩工程灾害研究领域相关论文不完全统计，发文量稳步上升（如图1）。图2a 是分灾害类别统计结果，均呈增长趋势，而关于岩爆的研究论文增长迅猛。从图2b 可以看出，关于深部工程硬岩灾害防控的论文数量较少，与目前深部工程灾害发生现状不匹配，亟待发展。

为揭示深部工程硬岩灾害的孕育机理，国内外学者对其力学特性开展了大量研究，特别是针对深部工程所处的真三轴应力环境（$\sigma_1 > \sigma_2 > \sigma_3$）。图3 为 2017—2020 年全球针对真三轴应力下硬岩力学特性研究论文的发展趋势，发文数量显著提升；图4 为各国相关论文发表情况，据不完全统计，中国发文数量占据了 84%，其次为美国、澳大利亚和加拿大。

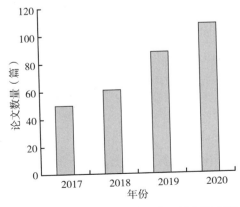

图1 2017—2020 年国内外深部硬岩灾害论文统计结果（数据来源于 WOS 数据库）

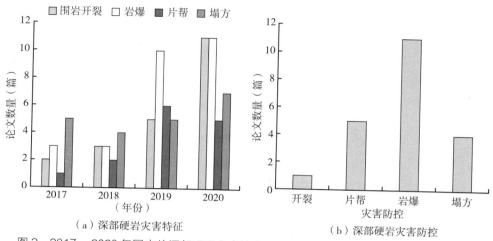

（a）深部硬岩灾害特征　　　　（b）深部硬岩灾害防控

图 2　2017—2020 年国内外深部硬岩灾害论文分类统计结果（数据来源于 WOS 数据库）

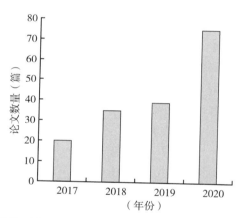

图 3　2017—2020 年真三轴应力下深部硬岩力学性质相关论文总体统计结果（数据来源于 WOS 数据库）

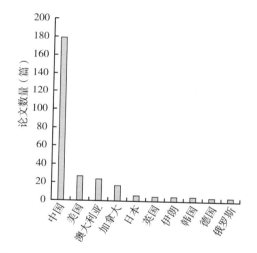

图 4　2017—2020 年真三轴应力下深部硬岩力学性质研究论文各国统计结果（数据来源于 WOS 数据库）

另外，关于深部工程硬岩岩体力学特性的研究的论文中，真三轴试验技术与方法占 4.7%，真三轴力学模型占 18.2%，真三轴强度准则占 20.6%，破坏特征和机理占 56.5%，如图 5 所示。

同时，据 2017—2020 年间深部工程硬岩岩体力学领域的国际专利统计结果，相关专利的主要研究方向集中在深部硬岩力学性质的测试装置或方法方面，在深部工程灾害控制或预警方法方面的研究相对较少（图 6）。另外，我国学者表现最为活跃。

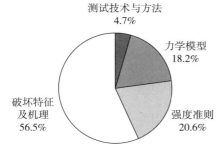

图5 2017—2021年真三轴应力下深部硬岩力学性质各研究方向论文统计结果（数据来源于WOS数据库）

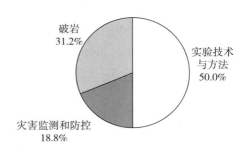

图6 2017—2020年深部工程硬岩岩体力学相关国际专利申请情况

（二）国内研究发展趋势

国内典型深部工程如表2所示。

表2 国内典型深部工程统计表

工程类型	深部工程名称	埋深（米）	备注
采矿工程	广东凡口铅锌矿	>1000	开采中，探矿深度2000~4000米
	安徽冬瓜山铜矿	>1200	
	甘肃金川矿区	>1000	
	广西高峰锡矿	>1000	
	辽宁红透山铜矿	>1473	
	山东玲珑铁矿	1700	
	吉林夹皮沟金矿	>1410	
	云南会泽铅锌矿	1526	
	辽宁思山岭铁矿	1934	
	辽宁陈台沟铁矿	1670	
水利水电	锦屏二级水电站引水隧洞	2525	使用中
	江边电站引水隧洞	1678	
	南水北调西线一期工程	1100	
地下实验室	中国锦屏地下实验室	2400	
交通工程	成昆铁路关村坝隧道	1650	使用中
	秦岭铁路隧道	1615	
	重庆通渝隧道	1050	
	秦岭终南山特长公路隧道	1600	

2017 年以来，我国深部工程领域的学术带头人开展了多个国家重点基础研究发展计划（"973"计划）项目与国家重点研发计划项目的研究（如表 3），多项重大研究成果获得了国家科技进步奖励，为推动我国地面深部工程硬岩岩体力学领域的科技进步和社会发展做出了突出贡献。

表 3   2017—2020 年深部工程硬岩岩体力学相关"973"计划及国家重点研发计划项目

序号	项目名称（执行年限）	资助类别
1	深长隧道突水突泥重大灾害致灾机理及预测预警与控制理论（2013—2017）	"973"计划项目
2	深部复合地层围岩与 TBM 相互作用机理及安全控制（2014—2018）	"973"计划项目
3	重大岩体工程灾害模拟、软件及预警方法基础研究（2014—2018）	"973"计划项目
4	复杂采空区大规模坍塌的灾害孕育机理研究（2015—2019）	"973"计划项目
5	致密储层压裂诱发微地震的发震机理与波传播规律（2015—2019）	"973"计划项目
6	深部岩体力学与开采理论（2016—2019）	国家重点研发计划
7	深部金属矿建井与提升关键技术（2016—2021）	国家重点研发计划
8	深部金属矿绿色开采关键技术研发与示范（2018—2021）	国家重点研发计划
9	川藏铁路重大基础科学问题（2020—2023）	国家自然科学基金川藏铁路重大基础科学问题专项项目课题
10	深部多场耦合岩体致灾能量诱变试验系统（2020—2024）	国家重大科研仪器研制项目
11	深部岩石原位保真取芯与保真测试分析系统（2019—2023）	国家重大科研仪器研制项目
12	智能化、大功率硬岩微波致裂试验装置（2019—2023）	国家重大科研仪器研制项目
13	多场耦合环境下深部重大岩体工程流变大变形灾变机理与模拟、监测与预警（2019—2023）	重点项目
14	深部开采与巷道围岩结构稳定控制信息化基础理论（2018—2022）	重点项目
15	深埋隧道断裂型岩爆机理、模拟、监测与预警（2019—2023）	重点项目
16	强各向异性岩体开挖弱化机理与强度 - 刚度主动调控研究（2019—2023）	重点项目
17	地震作用下工程岩体失稳诱灾机制与安全评价研究（2019—2023）	重点项目

根据 2017—2020 年国内关于深部工程硬岩岩体力学发表的相关论文统计，学者们针对深部工程灾害和硬岩力学特性发表了大量的论文。图 7 为分灾害类别论文统计结果，岩爆在深部工程灾害研究中占比最大，其他也呈增长趋势。

表 4 列出了 2017—2020 年我国深部工程硬岩岩体力学相关专著，涉及水电、铁路、矿山等行业，可见现有专著主要关注深部工程硬岩岩体力学的问题。如图 8 所示，国内相关专利申请量也呈逐年上升趋势。

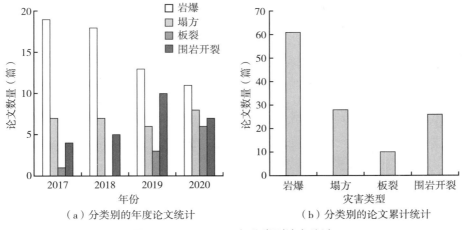

(a)分类别的年度论文统计　　(b)分类别的论文累计统计

图7　2017—2020年分类别论文统计

表4　深部工程硬岩岩体力学相关专著（2017—2020）

书名	出版时间
《深部岩石热力学及热控技术》	2017年
《油气工程深层岩石力学与应用》	2017年
《深部巷道围岩稳定性监测物理模拟实验方法》	2018年
《深部岩体开挖瞬态卸荷机制与效应》	2018年
《应变岩爆实验力学》	2018年
《硬岩板裂化及其锚固机制》	2019年
《深部岩体力学与开采理论》	2020年

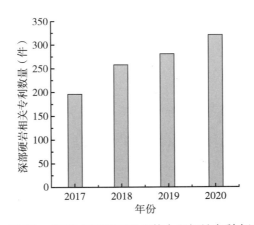

图8　2017—2020年深部工程岩体力学相关专利申请情况

二、研究进展及创新点

（一）深部工程硬岩岩体力学试验技术

针对深部工程所处的真三轴应力环境和硬岩破裂与能量释放的致灾机制，试验技术从常规三轴向真三轴全应力应变过程、从仅关注变形和强度向更关注破裂与能量发展。

冯夏庭团队[1,2]自主研发了硬岩高压真三轴应力应变全过程测试装置和硬岩高压真三轴时效破裂过程测试装置，通过解决框架刚度不够引起硬岩峰后测不到、岩样端部摩擦引起强度测不准、空白角和偏心加载引起破坏模式测不准、声发射传感器不耐高压和强电磁噪音引起硬岩破裂测不全等关键难题，首次实现了硬岩真三轴加卸荷应力路径和应力主方向变换、蠕变及松弛试验，为深部工程硬岩力学特性和灾变规律研究提供基础试验平台。

李晓团队[3]发明了高能加速器CT岩石力学试验系统，该试验系统主要包括可旋转力学试验机、高能加速器CT射线源和探测器，能够获得岩石在单轴、三轴和孔隙压力等条件下的全应力–应变曲线和所选应力点对应的破裂三维扫描图像。

苏国韶团队[4]发明了高压伺服动真三轴试验机，首次实现动力触发型岩爆模拟，揭示了动力扰动触发岩爆孕育过程和机理，将岩爆测试提升至定量水平，显著推进岩爆规律认识。

何满潮团队[5]研发的高压伺服真三轴岩爆试验装置，攻克了高压下的快速卸载、加载间隙消除夹具、三向加载对齐、对称加载和卸载后系统稳定性等关键技术，可实现水平方向的多面快速卸荷，整个岩爆过程用高速摄像机记录。该装置用于模拟深部地下工程中不同工况应变型岩爆现象，如巷道、巷道交叉口和三自由面和四自由面矿柱处的应变型岩爆现象，为应变型岩爆机理研究提供试验支持。

周辉团队[6]发明了实时高温真三轴试验系统，可模拟岩石在深部地层中温度应力场耦合环境，最高可在460℃（岩样表面温度）温度下进行单轴、常规三轴、真三轴、蠕变与循环加卸载等试验。为干热岩资源的开发利用、核废料处置库建设以及深部岩体工程提供技术支持。

（二）深部工程硬岩力学特性

深部工程硬岩力学特性的研究重点从常规岩石力学性质研究转到真三向应力下深部硬岩脆延性、破裂、能量释放等特征及机理的研究，关注应力差（$\sigma_2-\sigma_3$）和应力路径等的诱导作用。

冯夏庭团队[7-10]利用自主研发的硬岩高压真三轴试验装置，系统地开展了深部硬岩力学特性的研究，揭示了高应力差增强深部硬岩脆性、降低岩石延性的机制，发现了高应力差诱导岩石破坏各向异性的规律，揭示了深部工程硬岩拉破裂为主的破坏机制，获得了深部工程硬岩完整的破坏强度包络形状，提出了真三向高应力下岩石的应变能计算方法。

苏国韶等[11]则研究了真三轴应力下动态扰动对岩石破坏特征的影响，发现了扰动类型和频率对岩石力学特性的差异性影响规律。李小春团队[12-14]研究发现真三轴应力下CO_2-H_2O两相流可以降低岩石强度、弹性模量、泊松比和体积模量，但可增强岩石的压实性、减弱岩石的剪胀性。尹光志团队[15, 16]则重点研究了真三轴应力下岩石的渗透特性，揭示了中主应力对岩石渗透率的作用机制。Ma等[17]对岩石强度和破坏模式的应力洛德角效应进行了详细研究。

深部工程硬岩开挖引起的应力重分布过程非常复杂，开挖过程中各主应力的方向和大小变化引起的应力集中和应力路径的调整，并控制了岩体的破坏模式和变形规律。为此，冯夏庭团队[18]通过真三轴加卸荷试验，研究了应力路径、初始应力、卸荷速率对岩石破坏特征的影响，发现了岩石加卸荷破坏时张拉破坏特征更为明显的特征。李夕兵团队[19]研究了真三轴卸荷条件下试样不同高宽比及中间主应力对岩石强度、破坏模式的影响。加拿大Paul Young团队[20]通过真三轴试验研究了开挖应力路径下岩石的破坏特征，发现试样破裂过程AE特征与现场微震具有高度相似性。

（三）深部工程硬岩计算分析理论和方法

针对深部工程硬岩所处的真三轴应力状态及其变形破坏行为，建立三维破坏强度准则成为趋势。Labuz等[21]建议将原有的线性破坏准则扩展到三维，据此建立了修正的三维岩石强度准则。兰恒星等[22]基于含围压的岩石直接拉伸试验，建立了统一约束拉伸破坏准则。Mehranpour等[23]基于真三轴压缩试验结果，建立了可以反映中间主应力和最小主应力效应以及岩样初始各向异性的三维破坏准则。Rudnick等[24]提出了三参数的真三轴岩石破坏准则。吴顺川等[25]根据岩石类摩擦材料的破坏特征提出了广义非线性破坏准则。马晓东等[26]通过修正Matsuoka-Nakai准则和Lade-Duncan准则，提出了Matsuoka-Nakai-Lade-Duncan破坏准则，并在孔隙砂岩的真三轴强度中取得了较好的应用效果。冯夏庭等[27]基于硬岩在真三轴应力下的拉压异性，Lode效应和非线性强度特征，提出了硬岩三维非线性破坏强度准则（3DHRFC），并对多种硬岩进行广泛验证。

有关硬岩的破坏力学模型，王苏生[28]建立了统计损伤本构模型，用来描述岩石脆性开裂破坏引起的应变软化行为或承载力劣化。侯会明[29]建立了弹性、弹塑性、黏弹塑性的THMC分析模型，分析硬岩的温度–水流–应力–化学耦合作用行为。刘冬桥等[30]基于脆性岩石单轴破坏试验，结合损伤力学和分叉理论，提出了可以反映硬岩峰后和全应力应变过程的力学模型。冯夏庭等[31, 32]根据系统的真三轴压缩试验结果，通过变形破裂过程分类描述，反映三维应力诱导各向异性，建立硬岩三维弹塑延脆各向异性破坏力学模型和三维时效破坏力学模型，模型预测的结果与试验结果吻合较好。

深部工程硬岩岩体的破裂程度和能量释放烈度等评价指标一直以来都是研究的热点和重点。常规的评价指标包括应力强度比，基于变形和能量的冲击危险性评价指标，以及难度及安全系数等。根据深部硬岩自身的能量释放特点，苏国韶等[33]提出了局部能量释放量指标 LERR，即在工程岩体在破裂过程中，局部集聚的应变能超过其极限储存能时单位体积的工程岩体突然释放的能量。江权等[37]基于深部工程岩体破裂程度演化规律，提出了岩石破裂程度指标 RFD，用来评价岩石中某个局部位置处破裂发展程度。

针对深部硬岩工程岩体数值分析方法，目前主要有三种思路，即连续性方法、非连续性（或离散）方法和连续–不连续耦合方法。连续性方法的主要进展为无网格法、物质点法、相场理论法和近场动力学法的建立和进一步完善[35-38]。非连续性方法最新进展主要包括块体离散元法、颗粒流法、不连续变形分析法和流形元法等[39-41]。针对硬岩破坏是从连续到非连续的过程，连续–不连续耦合方法引起广泛关注，比较有名的有 Munjiza 变形离散体连续–不连续耦合法，此外王学滨等[42]基于拉格朗日元建立了相应的连续–不连续耦合分析方法。冯夏庭团队[43]提出了工程岩体破裂过程细胞自动机分析方法，该方法将工程岩体视为由元胞组成的系统，工程岩体整体的力学行为仅通过元胞与其邻居之间依据局部弹脆塑性更新规则的相互作用依次传递来反映，避免了传统方法因需求解大型线性方程组带来的复杂性，是一种"自下而上"解决工程岩体破裂过程局部化模拟问题的思路，同时其求解过程与工程岩体的破裂过程自然吻合。

（四）深部工程硬岩灾变机理与规律

1. 开挖破裂区

总结发现 2017—2020 年针对深部硬岩开挖破裂区的研究主要集中在分区破裂现象和机制，包括观测手段的提高以及理论解译的进一步提升。同时，逐步开始关注深层开裂现象与产生机制。

冯夏庭团队[44]在埋深约 2400 米锦屏地下实验室二期工程，通过钻孔摄像观测到了大理岩隧洞围岩分区破裂现象。张强勇团队[45]通过地质力学模型试验模拟了分区破裂现象，测得了围岩内部应变和位移的波浪形变化规律。广大学者从多角度对分区破裂产生的机制进行解译，比如从应变梯度理论、相变理论、断裂力学以及能量守恒等方面[46-49]。除此之外，考虑围岩压力和扰动荷载两者耦合对分区破裂的产生作用也被提出[50]。王学滨等[51]考虑围岩非均匀性，通过数值模拟研究了巷道围岩分区破坏现象。

深层开裂指围岩内部距离洞室（尤其是高边墙、大跨度洞室）周边一定深度处（大于 5~7 米，或者从破裂位置到洞室周边的距离大致等于或大于所采用的锚杆长度）的岩石受到高地应力的影响，发生开裂的现象。在白鹤滩大型地下洞室开挖过程，冯夏庭团队[52]使用钻孔摄像首次观测到了深层破裂现象，认为高初始地应力、应力集中区向深部围岩的转移以及裂隙的形成是洞室上游岩石深层破裂的主要原因。

2. 片帮

片帮机理的研究进展主要体现在现场围岩片帮特征和规律认知手段和片帮脆断过程的

数值方法的提升，室内研究片帮机理的应力状态和路径更加接近工程实际，且对于该方面的研究由静态向静动结合方面发展。

对于围岩片帮形貌、产状、深度等特征的观测由传统的简单量测、素描及拍照等手段向更加精细全面方向发展。例如，利用数字钻孔摄像技术观测和记录大型地下厂房或隧洞片帮全过程中围岩由表及里的断裂发展变化（微观表面形态、联合效应、与开挖的时间关系、与开口面的空间距离以及支撑条件等）、利用三维激光扫描观测和纪录片帮的形貌和产状特征，以及利用多点位移计观测和纪录片帮过程中围岩的变形特征等[53-55]。

围岩片帮过程中的脆性断裂机理的数值实现方法也由传统塑性理论和连续介质数值方法向非连续和连续 – 非连续方法发展[56-61]。例如，Hamdi 等[56]采用有限元离散元耦合方法实现了围岩微观非均质性对巷道围岩片帮破坏机理重要性的研究；Shen and Barton[58]利用边界元 – 位移不连续方法模拟了片帮断裂起始和扩展过程及其断裂机制。

随着真三轴试验机的发展，对于片帮过程和机理的研究逐渐由无围压下的应力路径向双轴或真三轴加卸载路径试验或物理模型试验发展，例如研究应力路径、卸荷速率、卸荷量、最小主应力等因素对片帮的影响[62-65]；同时，也有关于隧道形状对围岩片帮影响的研究[66]；另外，也有通过霍普金森压杆系统研究了高应力和强扰动作用下的围岩片帮特征[67,68]。

3. 岩爆

总结发现 2017—2020 年针对岩爆灾变机理与规律的研究，其主要进展和创新性主要表现在以下几个方面。

在岩爆灾变机理与规律的室内实验研究方面，由单轴、常规三轴实验向真三轴实验转变。冯夏庭等[69]通过真三轴压缩实验研究了锦屏大理岩的脆 – 延转换规律，并分析了岩石脆性与岩爆倾向性之间的关系。Bruning 等[70]通过真三轴实验分析了偏应力对岩爆发生的影响。苏国韶等[71]采用真三轴加卸载实验，再现了岩石从三向受力状态变为双向或单向受力状态时，由连续变形到非连续变形、静力破坏到动力破坏的岩爆孕育过程。何满潮等[72]利用可施加动力扰动荷载的高压伺服动真三轴试验机在室内再现了弱动力扰动触发岩爆的现象。此外，He 等[73]还通过真三轴相似物理模型实验模拟了不同应力路径下岩爆的发生过程，并基于此将岩爆分为了应变型岩爆和冲击诱发型岩爆。

在岩爆灾变机理与规律的现场监测分析方面，形成了以微震监测为主，以其他多种手段为辅的研究方法。冯夏庭等[33]通过比较分析能量比法、矩张量分析法和 P 波发育度等岩石破裂类型判定方法的适应性，提出了基于微震信息的岩石破裂类型综合判定方法，并通过该方法系统分析了不同类型岩爆孕育过程中岩体破裂的演化机制。Feng 等[74]利用微震监测技术发现了间歇型岩爆的孕育特征，并据此提出了基于微震释放能的间歇型岩爆发展趋势判断标准。Hu 等[75]通过比较分析发生在隧道断面上不同位置的岩爆孕育过程中微震活动性特征，揭示了结构面对岩爆在隧道横断面上发生位置的影响机制。Liu 等[76]

通过微震监测分析了某TBM隧道开挖过程中结构面型岩爆的孕育特征。Zhang等[77]综合利用现场微震监测和室内实验分析了深埋隧道滞后型岩爆的形成机制。

在岩爆灾变机理方面，形成了区分岩爆类型的深入认识。冯夏庭等[33]综合室内实验和现场监测结果，认为应变型岩爆主要发生在坚硬、完整、无结构面的岩体中，其孕育过程主要为：开挖卸荷、应力状态改变、应力局部集中、原有裂隙激活、新裂隙萌生、裂隙扩展并贯通、形成爆裂体、爆裂体弹射；应变－结构面滑移型岩爆主要发生在坚硬、含有零星结构面的岩体中，与应变型岩爆不同的是其孕育过程中存在结构面的滑移；断裂滑移型岩爆主要发生在大型断裂构造附近，其形成机理尚未完全明确，现有研究结果表明断裂滑移型岩爆主要是由断裂滑移释放的巨大能量产生。李春林[78]通过理论分析认为，开挖引起围岩中切向应力升高，超过岩体强度时岩石发生破坏，集蓄在岩体内的应变能突然释放，把岩石抛离原位，形成典型的应变岩爆；地下开挖使径向应力减小，降低附近原生断层的剪切强度，当断层面上的剪切力大于剪切强度时，断层就会突然滑动引发地震波，地震波到达巷道临空面时就可能触发岩爆，此外开挖卸压导致临空面附近围岩中产生新破断面，无论原生断层滑动或者新断层产生都会导致矿震、诱发岩爆，即形成矿震岩爆。李夕兵等[79]通过动静组合加载力学实验，揭示了矿山岩爆的致灾机理：岩体开挖后，高地应力重新分布会在开挖工程围岩内形成高静应力，处于高静应力条件下的硬岩内积聚有大量的弹性储能，这些处于高危状态的能量在开采扰动引起的动力载荷作用下极易发生灾变性快速释放，从而诱发岩爆灾害。

（五）深部工程硬岩灾害防控

深部工程硬岩灾害防控从针对围岩表层变形和结构破坏为主（如收敛约束法、结构荷载法等）向更关注围岩内部破裂与能量释放发展，逐步建立了控制围岩破裂程度和深度及调控围岩内部能量聚集释放的防控原理和方法。

Feng和Hudson[80]系统总结了以往岩石工程设计理论与方法，提出了现代岩石工程设计方法。该方法将岩石工程建模与设计融为一体，充分吸纳多种工程建模与设计方法，强调闭环及动态设计思想，具体内容包括岩石工程设计流程，建模与设计所需要的关键信息获取，设计方案的技术审查等方面，并经由多个工程实例验证了新方法的可靠性。

袁亮[81]针对深部开采面临高地应力、高地温、高岩溶水压和强开采扰动的复杂环境，基于采动岩体响应特征和多场耦合规律及致灾机理，从灾害风险判识与监控预警和典型动力灾害防控等方面讨论了深部采动灾害防控方法。

谢和平[82]系统阐述了"深部岩体力学与开采理论"的研究构想并对预期成果进行了展望，凝练出了四大关键科学问题以及九个研究方向，其中包括深部采动应力场－能量场分析以及深部高应力诱导与能量调控理论等。

江权等[34]针对高应力下大型硬岩地下洞室群突出的围岩灾害性破坏问题，提出高应力下大型硬岩地下洞室群稳定性优化的裂化－抑制设计方法新理念及其基本原理、关键技术和实施流程。该方法以抑制硬岩内部破裂发展为关键切入点，提出深部工程开挖支护优化关键技术，并在多个重大工程实践中验证了该方法的合理性和实用性。

针对岩爆等能量突然释放灾害，Feng 等[83]系统总结了岩爆监测预警与调控等方面的过往成就，提出了减能（优化开挖断面、开挖步距、洞室间距等）、释能（应力释放孔、卸压爆破、水压致裂等）和吸能（吸能支护）的能量控制原理，为岩爆防控指明了未来发展方向[69]。Simser[84]以工程实例介绍了加拿大深部矿山岩爆防治方面的经验和进展，包括岩爆发生的条件、抗冲击支护体、风险调控等方面。这些研究成果表明岩爆调控未来将向综合性、智能化方向发展。

以降低岩体内部能量积聚程度为目标的减能释能措施方面，Zhang 和 Jiang[85]提出了深部煤矿巷道拱脚应力转移模型，并据此建议采用深孔卸压爆破以降低岩体能量集中。杜立杰等[86]分析了岩爆与 TBM 施工速度的关系，提出了"掘速控制、风险控制、时空控制、分级控制"的防控准则。Murwanashyaka 等[87]总结了深部矿山现有卸压爆破技术，并指出未来发展趋势。学者们从不同角度阐述了卸压爆破对控制岩爆的作用效果[88-90]。通过向卸压孔内注入流体或采用微波致裂技术使孔周边岩体发生破裂是目前岩体致裂技术的研究热点。以吸收岩爆发生瞬间释放的冲击动能为目标的释能支护方面，Li 和 Cai[91-94]提出抗冲击支护元件的基本要求（释能、变形协调等），研发相应的吸能喷锚网支护技术。目前主流的吸能锚杆包括摩擦型（锥形锚杆、Yield-Lok 锚杆、恒阻大变形锚杆等）和材料型（Garford 锚杆、D 锚杆等）[95]。针对动力扰动诱发的岩爆，还逐渐发展出了吸波支护技术，诸如采用泡沫水泥基材料作为隧道衬砌结构的包层，可提供爆破缓冲效果[96]。岩爆支护技术应用方面，汪波等[97]指出最佳的岩爆支护体系应具备主动支护及释能两大功能，且以锚固构件的研发最为关键。张帅军等[98]采取加强支护、增设缓冲层、锚杆加筋底板、加装阻尼器等技术措施控制岩爆洞段初期支护变形破坏。

三、面临的挑战与对策

第一，发展深部工程岩体三维地应力场及其开挖应力路径测试技术。现有水压致裂法仍是二维应力测量方法，对深部硬岩还存在压裂困难；应力解除法受岩芯卸荷脆性破坏影响。此外，开挖引起的应力路径变化是诱导深部工程硬岩力学特性变化和灾变的关键，需要研发基于新型智能传感元件的深部原岩应力和扰动应力测试技术。

第二，发展硬岩破裂过程透明化精细感知技术。目前常用的基于声发射、微震等的测试手段精度不够，难以深入开展机理研究。需要研发基于 CT 等的岩石破裂过程实时精细测试的真三轴试验装置与技术，适应深部高应力、高地温、高水压、强干扰环境传感器的现场硬岩破裂信号精细精准感知技术。

第三，研究高应力与极端工程地质环境耦合作用下岩石力学特性。采用微波致裂、水压致裂等手段是深部硬岩工程建设的发展趋势之一，致使工程岩体处于极端工程地质环境（超高温、超高流体压力），其力学特性研究尚缺乏有效手段。需要在现有硬岩高压真三轴试验技术基础上，研发与超高温、超高水压耦合试验装置，揭示其致裂特征和演化规律。

第四，开挖应力路径下深部工程硬岩力学特性和力学模型。真三轴压缩条件下深部工程硬岩力学特性已取得了显著进展，但其开挖应力路径效应（加卸荷、主应力方向旋转、动力扰动等）的认识还不够深入，需要研发复杂应力路径效应下硬岩破裂全过程的真三轴试验技术，研究开挖应力路径下岩石破坏特征和机理；建立了适用于不同条件下的深部工程硬岩破坏准则和力学模型，尚需考虑结构面效应、应力路径效应的影响。

第五，深部工程硬岩时效力学特性及其长期稳定性分析方法。深部工程硬岩时效力学特性研究已取得初步进展，复杂工程地质环境下（高温、高流体压力等）时效破裂过程及灾变规律有待进一步研究，需要研发相关的真三轴测试技术。目前深部工程硬岩时效灾害孕育过程原位监测开展难度较大，需要研发相关智能技术和方法，建立深部工程应用长期稳定性监测预警方法，为时效型灾害防控提供依据。

第六，深部工程硬岩局部破裂理论模型。深部工程硬岩表现出强度高、脆性大、能量释放强等特点，开挖后容易产生局部脆性破裂，所产生的非弹性变形又将造成新的应力和能量集中，诱发局部破裂向临近岩体发展，加剧脆性破坏程度，最终引发工程灾害。目前尚缺乏针对深部工程硬岩局部破裂机制及其演化过程的理论模型。

第七，发展深部工程硬岩破裂过程大型三维数值软件。深部工程硬岩破裂过程具有显著的局部化特征和时空演化上的非均匀性，为了模拟这一过程，需要建立精细模型开展大规模计算，研发大型三维的数值软件进行稳定性安全性评价和工程设计是发展趋势，既要构建更能接近深部工程硬岩实际破裂过程的分析计算方法，同时研发具有高效率、高速度和高精度的千万自由度并行计算软件。

第八，揭示间歇型、断裂型等新型岩爆灾害孕育机理。随着深部硬岩工程建设范围、难度的发展，不断出现新的灾害类型。针对岩爆灾害，目前的研究进展主要针对完整岩体的应变型岩爆，关于时滞型、间歇型、断裂型等岩爆机理尚未清楚，难以针对性防控。需要在深部工程硬岩力学特性认知基础上，开展开挖过程大型三维物理模型试验和系统的现场监测揭示其灾变机理和孕育规律。

第九，发展深部工程硬岩灾害判别和分析预测方法。深部工程硬岩灾害的判别主要仍依赖于以强度应力比或其变化形式为主的经验方法，这只是判断工程岩体破坏条件的指标，不能反映其能量释放特性，因而导致灾害类型和等级边界模糊。以塑性区为代表的计算分析方法反映的是岩体屈服状态而非其破裂状态。因此，需要结合深部工程硬岩破裂和能量聚集与释放特性及其评价指标，建立综合判别和定量评价方法。

第十，深入研究深部工程硬岩灾害控制的力学原理。目前深部工程硬岩灾害控制仍主要以控制浅表层变形及局部失稳掉块为目标，尚缺乏对深部工程岩体灾害孕灾机制的本质认识，致使工程中过多采用强支硬顶的被动支护措施以及缺乏科学决断依据的盲目支护设计。需加强对灾害孕育过程的研究，可采用室内试验、数值模拟、现场观测等手段，掌握开挖过程中岩体内部破裂区时空演化过程及能量积聚过程，建立逆向控制的科学思维。

第十一，发展深部工程设计方法理论体系。目前岩石地下工程主流设计方法仍多沿用结构荷载法及收敛约束法等发展多年的成熟方法，但这些方法并不是专门针对深部工程岩体灾害孕育机制而建立的，因此机械地沿用旧方法在很多情况下并不能有效处理深部工程灾害控制问题。建议联合各行业设计力量系统梳理深部工程设计方面的成功案例与经验教训，共同研讨如何建立深部工程设计方法及流程，进而形成具有普适性的深部工程设计方法、指南及规范。

第十二，推广应用深部工程岩体灾害控制技术。国内外已发明了多种主动吸能支护技术，在理论和实践方面都做了大量有益的探索，但多数技术仍未能得到推广应用，原因在于：①新技术未能写入规范，无法被工程单位认可；②成本过高，超出工程预期；③部分技术仅针对某种特殊岩体条件或灾害类型，缺乏适应性。建议成立产业联盟推动规范层面吸纳新技术，在选材上尽可能降低成本，在工艺上易为为施工人员掌握，此外应多开展现场试验，将新技术转化为真正可用于生产实际的成果。

参考文献

[1] Feng X T, Zhao J, Zhang X, et al. A Novel True Triaxial Apparatus for Studying the Time-Dependent Behaviour of Hard Rocks Under High Stress [J]. Rock Mechanics and Rock Engineering, 2018, 51 (9): 2653-2667.

[2] 张希巍，冯夏庭，孔瑞，等. 硬岩应力-应变曲线真三轴仪研制关键技术研究 [J]. 岩石力学与工程学报，2017，36 (11): 2629-2640.

[3] 李晓，李守定，史戎坚，等. 高能加速器 CT 岩石力学试验系统，CN109580365A [P]. 2019.

[4] Su G, Hu L, Feng X T, et al. True Triaxial Experimental Study of Rockbursts Induced By Ramp and Cyclic Dynamic Disturbances [J]. Rock Mechanics and Rock Engineering, 2018, 51 (4): 1027-1045.

[5] 何满潮，刘冬桥，李德建，等. 高压伺服真三轴岩爆实验设备，CN110132762A [P]. 2019.

[6] 马啸，马东东，胡大伟，等. 实时高温真三轴试验系统的研制与应用 [J]. 岩石力学与工程学报，2019，038 (008): 1605-1614.

[7] Zhao J, Feng X T, Zhang X W, et al. Brittle-ductile transition and failure mechanism of Jinping marble under true triaxial compression [J]. Engineering Geology, 2018, 232: 160-170.

[8] Feng X T, Kong R, Zhang X, et al. Experimental Study of Failure Differences in Hard Rock Under True Triaxial

Compression [J]. Rock Mechanics and Rock Engineering, 2019, 52（7）: 2109-2122.

[9] Zhang Y, Feng X-T, Zhang X, et al. A Novel Application of Strain Energy for Fracturing Process Analysis of Hard Rock Under True Triaxial Compression [J]. Rock Mechanics and Rock Engineering, 2019, 52（11）: 4257-4272.

[10] Zhang Y, Feng X-T, Yang C, et al. Fracturing evolution analysis of Beishan granite under true triaxial compression based on acoustic emission and strain energy [J]. International Journal of Rock Mechanics and Mining Sciences, 2019, 117: 150-161.

[11] Luo D, Su G, Zhang G. True-Triaxial Experimental Study on Mechanical Behaviours and Acoustic Emission Characteristics of Dynamically Induced Rock Failure [J]. Rock Mechanics and Rock Engineering, 2020, 53（3）: 1205-1223.

[12] Hu S, Li X, Bai B. Effects of different fluids on microcrack propagation in sandstone under true triaxial loading conditions [J]. Greenhouse Gases: Science and Technology, 2018, 8（2）: 349-365.

[13] Shi L, Zeng Z, Bai B, et al. Effect of the intermediate principal stress on the evolution of mudstone permeability under true triaxial compression: Short Communication: Effect of the intermediate principal stress on the evolution of mudstone permeability [J]. Greenhouse Gases: Science and Technology, 2018, 8（1）: 37-50.

[14] Zhang Q, Hu S, Li X, et al. Preliminary Experimental Study of Effect of CO_2-H_2O Biphasic Fluid on Mechanical Behavior of Sandstone under True Triaxial Compression [J]. International Journal of Geomechanics, 2019, 19（2）: 06018036.

[15] Chen Y, Jiang C, Yin G, et al. Permeability evolution under true triaxial stress conditions of Longmaxi shale in the Sichuan Basin, Southwest China [J]. Powder Technology, 2019, 354: 601-614.

[16] Lu J, Yin G, Li X, et al. Deformation and CO_2 gas permeability response of sandstone to mean and deviatoric stress variations under true triaxial stress conditions [J]. Tunnelling and Underground Space Technology, 2019, 84: 259-272.

[17] Ma X, Rudnicki J W, Haimson B C. Failure characteristics of two porous sandstones subjected to true triaxial stresses: Applied through a novel loading path [J]. Journal of Geophysical Research: Solid Earth, 2017, 122（4）: 2525-2540.

[18] Xu H, Feng X T, Yang C, et al. Influence of initial stresses and unloading rates on the deformation and failure mechanism of Jinping marble under true triaxial compression [J]. International Journal of Rock Mechanics and Mining Sciences, 2019, 117: 90-104.

[19] Li X, Feng F, Li D, et al. Failure Characteristics of Granite Influenced by Sample Height-to-Width Ratios and Intermediate Principal Stress Under True-Triaxial Unloading Conditions [J]. Rock Mechanics and Rock Engineering, 2018, 51（5）: 1321-1345.

[20] Bai Q, Tibbo M, Nasseri M H B, et al. True Triaxial Experimental Investigation of Rock Response Around the Mine-By Tunnel Under an In Situ 3D Stress Path [J]. Rock Mechanics and Rock Engineering, 2019, 52（10）: 3971-3986.

[21] Labuz J F, Zeng F, Makhnenko R, et al. Brittle failure of rock: a review and general linear criterion [J]. Journal of Structural Geology, Elsevier, 2018, 112: 7-28.

[22] Lan H, Chen J, Macciotta R. Universal confined tensile strength of intact rock [J]. Scientific Reports, 2019, 9（1）: 6170.

[23] Mehranpour M H, Kulatilake P H S W, Xingen M, et al. Development of New Three-Dimensional Rock Mass Strength Criteria [J]. Rock Mechanics and Rock Engineering, 2018, 51（11）: 3537-3561.

[24] Rudnicki J W. A three invariant model of failure in true triaxial tests on Castlegate sandstone [J]. International Journal of Rock Mechanics and Mining Sciences, 2017, 97: 46-51.

[25] Wu S, Zhang S, Guo C, et al. A generalized nonlinear failure criterion for frictional materials [J]. Acta Geotechnica, 2017, 12（6）: 1353-1371.

[26] Ma X, Rudnicki J W, Haimson B C. The application of a Matsuoka-Nakai-Lade-Duncan failure criterion to two porous sandstones [J]. International Journal of Rock Mechanics and Mining Sciences, 2017, 92: 9-18.

[27] Feng X T, Kong R, Yang C, et al. A Three-Dimensional Failure Criterion for Hard Rocks Under True Triaxial Compression [J]. Rock Mechanics and Rock Engineering, 2020, 53（1）: 103-111.

[28] 王苏生, 徐卫亚, 王伟, 等. 岩石统计损伤本构模型与试验 [J]. 河海大学学报（自然科学版）, 2017, 45（05）: 464-470.

[29] 侯会明, 胡大伟, 周辉, 等. 考虑开挖损伤的高放废物地质处置库温度-渗流-应力耦合数值模拟方法 [J]. 岩土力学, 2020, 41（03）: 1056-1064, 1094.

[30] Liu D, He M, Cai M. A damage model for modeling the complete stress-strain relations of brittle rocks under uniaxial compression [J]. International Journal of Damage Mechanics, 2018, 27（7）: 1000-1019.

[31] Feng X T, Wang Z, Zhou Y, et al. Modelling three-dimensional stress-dependent failure of hard rocks [J]. Acta Geotechnica, 2021, 16（6）: 1647-1677.

[32] Zhao J, Feng X-T, Zhang X, et al. Time-dependent behaviour and modeling of Jinping marble under true triaxial compression [J]. International Journal of Rock Mechanics and Mining Sciences, 2018, 110: 218-230.

[33] 冯夏庭, 肖亚勋, 丰光亮, 等. 岩爆孕育过程研究 [J]. 岩石力学与工程学报, 2019, 38（4）: 649-673.

[34] 江权, 冯夏庭, 李邵军, 等. 高应力下大型硬岩地下洞室群稳定性设计优化的裂化-抑制法及其应用 [J]. 岩石力学与工程学报, 2019, 38（6）: 1081-1101.

[35] Karekal S, Das R, Mosse L, et al. Application of a mesh-free continuum method for simulation of rock caving processes [J]. International Journal of Rock Mechanics and Mining Sciences, 2011, 48（5）: 703-711.

[36] Raymond S J, Jones B D, Williams J R. Modeling damage and plasticity in aggregates with the material point method（MPM）[J]. Computational Particle Mechanics, 2019, 6: 371-382.

[37] Zhou S, Zhuang X, Rabczuk T. Phase field modeling of brittle compressive-shear fractures in rock-like materials: A new driving force and a hybrid formulation [J]. Computer Methods in Applied Mechanics and Engineering, Elsevier, 2019, 355: 729-752.

[38] Rabczuk T, Ren H. A peridynamics formulation for quasi-static fracture and contact in rock [J]. Engineering Geology, 2017, 225: 42-48.

[39] Wang X, Cai M. Modeling of brittle rock failure considering inter- and intra-grain contact failures [J]. Computers and Geotechnics, 2018, 101: 224-244.

[40] Do T N, Wu J H. Simulation of the inclined jointed rock mass behaviors in a mountain tunnel excavation using DDA [J]. Computers and Geotechnics, 2020, 117: 103249.

[41] Wu Z, Fan L, Liu Q, et al. Micro-mechanical modeling of the macro-mechanical response and fracture behavior of rock using the numerical manifold method [J]. Engineering Geology, 2017, 225: 49-60.

[42] 王学滨, 白雪元, 祝铭泽, 等. 拉格朗日元与虚拟裂缝模型耦合方法及准脆性材料拉伸试验模拟 [J]. 应用力学学报, 2019, 36（06）: 1367-1373, 1522.

[43] Feng X-T, Pan P Z, Wang Z, et al. Development of Cellular Automata Software for Engineering Rockmass Fracturing Processes [C]//Barla M, Di Donna A, Sterpi D. Challenges and Innovations in Geomechanics. Cham: Springer International Publishing, 2021: 62-74.

[44] Feng X T, Guo H S, Yang C X, et al. In situ observation and evaluation of zonal disintegration affected by existing fractures in deep hard rock tunneling [J]. Engineering Geology, 2018, 242: 1-18.

[45] 高强, 张强勇, 张绪涛, 等. 深部洞室开挖卸荷分区破裂机制的动力分析 [J]. 岩土力学, 2018, 39（009）:

3181-3194.

[46] Chen X, Tianbin P L, Xu J, et al. Mechanism of zonal disintegration phenomenon (ZDP) and model test validation [J]. Theoretical and Applied Fracture Mechanics, 2017, 88: 39-50.

[47] Zhang Q, Zhang X, Wang Z, et al. Failure mechanism and numerical simulation of zonal disintegration around a deep tunnel under high stress [J]. International Journal of Rock Mechanics & Mining Sciences, 2017, 93: 344-355.

[48] 于远祥, 王赋宇, 任建喜, 等. 考虑托板作用的深埋岩体分区破裂时空效应 [J]. 煤炭学报, 2020, 45(02): 598-612.

[49] 王明洋, 徐天涵, 邓树新, 等. 深部硐室长期稳定性的两个力学问题 [J]. 爆炸与冲击, 2021, 41(07): 3-17.

[50] 王明洋, 陈昊祥, 李杰, 李新平. 深部巷道分区破裂化计算理论与实测对比研究 [J]. 岩石力学与工程学报, 2018, 37(10): 2209-2218.

[51] 王学滨, 白雪元, 马冰, 等. 巷道围岩非均质性对其分区破裂化的影响 [J]. 中国矿业大学学报, 2019, 48(01): 81-89.

[52] Feng X T, Pei S F, Jiang Q, et al. Deep Fracturing of the Hard Rock Surrounding a Large Underground Cavern Subjected to High Geostress: In Situ Observation and Mechanism Analysis [J]. Rock Mechanics and Rock Engineering, 2017, 50(8): 2155-2175.

[53] Feng X T, Xu H, Qiu S L, et al. In Situ Observation of Rock Spalling in the Deep Tunnels of the China Jinping Underground Laboratory (2400 m Depth) [J]. Rock Mechanics and Rock Engineering, 2018, 51(4): 1193-1213.

[54] Jiang Q, Feng X T, Fan Y, et al. In situ experimental investigation of basalt spalling in a large underground powerhouse cavern [J]. Tunnelling and Underground Space Technology, 2017, 68: 82-94.

[55] Liu G, Feng X T, Quan J, et al. In situ observation of spalling process of intact rock mass at large cavern excavation [J]. Engineering Geology, 2017, 226: 52-69.

[56] Hamdi P, Stead D, Elmo D. A Review of the Application of Numerical Modelling in the Prediction of Depth of Spalling Damage around Underground Openings [C] //51st US Rock Mechanics / Geomechanics Symposium. 2017.

[57] Li X, Li X F, Zhang Q B, et al. A numerical study of spalling and related rockburst under dynamic disturbance using a particle-based numerical manifold method (PNMM) [J]. Tunnelling and Underground Space Technology, 2018, 81: 438-449.

[58] Shen B, Barton N. Rock fracturing mechanisms around underground openings [J]. Geomechanics and Engineering, 2018, 16(1): 35-47.

[59] Wang M, Cai M. Numerical modeling of time-dependent spalling of rock pillars [J]. International Journal of Rock Mechanics and Mining Sciences, 2021, 141: 104725.

[60] Wu Z, Wu S, Cheng Z. Discussion and application of a risk assessment method for spalling damage in a deep hard-rock tunnel [J]. Computers and Geotechnics, 2020, 124(3): 103632.

[61] 李建贺, 盛谦, 朱泽奇, 等. Mine-by 试验洞开挖过程中围岩应力路径与破坏模式分析 [J]. 岩石力学与工程学报, 2017, 36(4): 821-830.

[62] Feng X T, Xu H, Yang C, et al. Influence of Loading and Unloading Stress Paths on the Deformation and Failure Features of Jinping Marble Under True Triaxial Compression [J]. Rock Mechanics and Rock Engineering, 2020, 53(7): 3287-3301.

[63] Luo Y, Gong F, Liu D. Experimental Investigation of Unloading-Induced Red Sandstone Failure: Insight into Spalling Mechanism and Strength-Weakening Effect [J]. Advances in Civil Engineering, 2020, 2020: 8835355.

［64］ Xu H, Feng X T, Yang C, et al. Influence of initial stresses and unloading rates on the deformation and failure mechanism of Jinping marble under true triaxial compression ［J］. International Journal of Rock Mechanics and Mining Sciences, 2019, 117: 90-104.

［65］ Zhu G Q, Feng X T, Zhou Y Y, et al. Physical Model Experimental Study on Spalling Failure Around a Tunnel in Synthetic Marble ［J］. Rock Mechanics and Rock Engineering, 2020, 53（2）: 909-926.

［66］ Gong F Q, Wu W X, Li T B. Simulation test of spalling failure of surrounding rock in rectangular tunnels with different height-to-width ratios ［J］. Bulletin of Engineering Geology and the Environment, 2020, 79（6）: 3207-3219.

［67］ Huang L Q, Wang J, Momeni A, et al. Spalling fracture mechanism of granite subjected to dynamic tensile loading ［J］. Transactions of Nonferrous Metals Society of China, 2021, 31（7）: 2116-2127.

［68］ Zhao H, Tao M, Li X, et al. Estimation of spalling strength of sandstone under different pre-confining pressure by experiment and numerical simulation ［J］. International Journal of Impact Engineering, 2019, 133: 103359.

［69］ Feng X T. Rockburst: mechanisms, monitoring, warning, and mitigation ［M］. Butterworth-Heinemann, 2017.

［70］ Bruning T, Karakus M, Akdag S, et al. Influence of deviatoric stress on rockburst occurrence: An experimental study ［J］. International Journal of Mining Science and Technology, 2018, 28（5）: 763-766.

［71］ Su G, Jiang J, Zhai S, et al. Influence of Tunnel Axis Stress on Strainburst: An Experimental Study ［J］. Rock Mechanics and Rock Engineering, 2017, 50（6）: 1551-1567.

［72］ He M, Ren F, Cheng C. Experimental and numerical analyses on the effect of stiffness on bedded sandstone strain burst with varying dip angle ［J］. Bulletin of Engineering Geology and the Environment, 2018, 78: 3593-3610.

［73］ He M, Ren F, Liu D. Rockburst mechanism research and its control ［J］. International Journal of Mining Science and Technology, 2018, 28（5）: 829-837.

［74］ Feng G L, Feng X T, Xiao Y X, et al. Characteristic microseismicity during the development process of intermittent rockburst in a deep railway tunnel ［J］. International Journal of Rock Mechanics and Mining Sciences, Elsevier, 2019, 124: 104135.

［75］ Hu L, Feng X T, Xiao Y X, et al. Effects of structural planes on rockburst position with respect to tunnel cross-sections: a case study involving a railway tunnel in China ［J］. Bulletin of Engineering Geology and the Environment, 2020, 79（2）: 1061-1081.

［76］ Liu Q S, Wu J, Zhang X P, et al. Microseismic monitoring to characterize structure-type rockbursts: a case study of a TBM-excavated tunnel ［J］. Rock Mechanics and Rock Engineering, Springer, 2020, 53（7）: 2995-3013.

［77］ Zhang S, Ma T, Jia P, et al. Microseismic monitoring and experimental study on mechanism of delayed rockburst in deep-buried tunnels ［J］. Rock Mechanics and Rock Engineering, Springer, 2020, 53（6）: 2771-2788.

［78］ 李春林. 岩爆条件和岩爆支护［J］. 岩石力学与工程学报, 2019, 38（04）: 674-682.

［79］ 李夕兵, 宫凤强, 王少锋, 等. 深部硬岩矿山岩爆的动静组合加载力学机制与动力判据［J］. 岩石力学与工程学报, 2019, 38（04）: 708-723.

［80］ Feng X T, Hudson J A. Rock engineering design ［M］. CRC Press, 2011.

［81］ 袁亮. 深部采动响应与灾害防控研究进展［J］. 煤炭学报, 2021, 46（03）: 716-725.

［82］ 谢和平. "深部岩体力学与开采理论"研究构想与预期成果展望［J］. 工程科学与技术, 2017, 49（02）: 1-16.

［83］ Feng X T, Liu J, Chen B, et al. Monitoring, Warning, and Control of Rockburst in Deep Metal Mines ［J］. Engineering, 2017, 3（4）: 538-545.

［84］ Simser B P. Rockburst management in Canadian hard rock mines ［J］. Journal of Rock Mechanics and Geotechnical

Engineering, 2019, 11 (5): 1036-1043.

［85］ Zhang M, Jiang F. Rock burst criteria and control based on an abutment-stress-transfer model in deep coal roadways [J]. Energy Science & Engineering, 2020, 8 (8): 2966-2975.

［86］ 杜立杰, 洪开荣, 王佳兴, 等. 深埋隧道TBM施工岩爆特征规律与防控技术［J］. 隧道建设（中英文）, 2021, 41 (01): 1-15.

［87］ Murwanashyaka E, Li X, Song Z. A Review on Destress Blasting as Essential Technique to Control Rockburst in Deep Mines [J]. 2019, 4 (12): 11.

［88］ 宁光忠, 胡泉光, 闫肖, 等. N-J水电站岩爆区应力释放孔预裂控制的爆破分析［J］. 山东大学学报（工学版）, 2017, 47 (02): 41-46.

［89］ 陈拓. 基于控制爆破的岩爆主动防治技术研究［D］. 武汉大学, 2017.

［90］ 吴世勇, 周济芳, 杜成波. 基于爆破卸压地应力快速释放的强岩爆防治方法与效果评价研究［J］. 工程科学与技术, 2018, 50 (04): 22-29.

［91］ Cai M. Rock support in strainburst-prone ground [J]. International Journal of Mining Science and Technology, 2019, 29 (4): 529-534.

［92］ Cai M, Champaigne D, Coulombe J G, et al. Development of two new rockbolts for safe and rapid tunneling in burst-prone ground [J]. Tunnelling and Underground Space Technology, 2019, 91: 103010.

［93］ Li C C. Principles and methods of rock support for rockburst control [J]. Journal of Rock Mechanics and Geotechnical Engineering, 2021, 13 (1): 46-59.

［94］ Li C C, Mikula P, Simser B, et al. Discussions on rockburst and dynamic ground support in deep mines [J]. Journal of Rock Mechanics and Geotechnical Engineering, 2019, 11 (5): 1110-1118.

［95］ He M, Ren F, Liu D. Rockburst mechanism research and its control [J]. International Journal of Mining Science and Technology, 2018, 28 (5): 829-837.

［96］ Zhao H, Yu H, Yuan Y, et al. Blast mitigation effect of the foamed cement-base sacrificial cladding for tunnel structures [J]. Construction and Building Materials, 2015, 94: 710-718.

［97］ 张帅军, 李治国, 吕瑞虎, 等. 缓倾砂岩夹泥岩隧道岩爆段初期支护变形特征及控制技术研究——以蒙华铁路段家坪隧道为例［J］. 隧道建设, 2019, 39 (05): 832-842.

［98］ 汪波, 郭新新, 何川, 等. 当前我国高地应力隧道支护技术特点及发展趋势浅析［J］. 现代隧道技术, 2018, 55 (05): 1-10.

撰稿人：杨成祥　孔　瑞　周扬一　胡　磊　赵　骏

深部硬岩破碎技术发展现状与展望

一、引言

地下资源开发利用是国民经济发展的重要支撑，涉及矿业、油气、水利水电等众多行业。地下资源开发必然涉及人类技术物资与地下岩体的相互作用，其中岩石破碎是地下资源开发的必经过程，决定着资源开发的经济、安全和效率。随着地下资源大规模开发的持续进行，浅部资源逐渐枯竭，深部资源开发将成为新常态。我国也明确了向地球深部进军的深地战略方向。深地资源开发过程中，深部岩体处于高应力、高地温、高渗透压和强开挖扰动等"三高一扰动"复杂环境，表现出与浅部岩体差异显著的新力学特性，出现挤压大变形、岩爆、板裂等非常规破坏现象[1-4]。同时，随着"工业4.0-智能化"的持续深化，地下资源开发产业特别是矿业必将从粗放型向精细化、智能化发展。

经过几十年的努力，煤炭开采中出现了综合机械化采掘技术，保证了千万吨大型煤矿的机械化、连续化、规模化开采，促进了煤炭资源的安全、高效、绿色、智能化开采进程。在进入地下深部后煤炭开采技术继续革新，有望实现流态化开采。然而，目前地下非煤硬岩矿体开采仍以传统钻爆法为主，其作业危险性高、生产效率低、衍生破坏大、智能化进程缓慢等问题日益突出，难以满足现代工业所倡导的安全、高效、绿色、智能化需求。同时，爆破也是诱发岩爆、突水等灾害的重要因素。因此，有必要改善传统钻爆法技术，或者突破目前硬岩开挖以钻爆法为主的格局[5,6]。上世纪后期以来，采矿发达国家先后进行了许多旨在取消炸药的非爆破岩方法研究工作，试图找到一种可取代传统爆破的高效破岩方法。先后涌现出许多新型破岩方法，如机械刀具破岩、高压水射流破岩、化学膨胀剂破岩、热力破岩、微波破岩、等离子体破岩、激光破岩等。这些破岩技术的出现和发展，大力推动了采矿、地下空间、油气资源开发等岩石工程的飞速发展。然而，由于深部硬岩普遍具有高强度、高硬度、高磨蚀性、完整性好、应力条件复杂等特点，深部硬岩破碎难度大，将面临新的问题与挑战。

在国家科技项目方面，2016年我国启动了国家重点研发计划"深地资源勘查开采"重点专项（简称"深地专项"），其中提升深部资源开采能力是该专项面向我国深地战略需求和实现"向地球深部进军"而设立的关键目标。因此，"深地专项"专门开辟资源开采任务板块。自2016年启动以来，已累计在资源开采板块部署十个项目。此外，为了解决深地勘探难题，还在地质勘探领域部署了"5000米智能地质钻探技术装备研发及应用示范"项目。同时，国家自然科学基金委在2017—2020年间针对深部岩石力学与深部资源开采问题部署了一些重大项目、重大科研仪器研制项目。上述这些深部岩石力学、深地资源开采以及地质钻探项目涉及中央财政专项经费3.77亿元，百余家单位参与相关研究工作及应用示范，这些项目大都涉及深部岩石破碎和开挖问题，例如"深地专项"中的首个项目"深部岩体力学与开采理论"就把基于深部高应力诱导与能量调控的岩体高应力耦合爆破和非爆机械化开采作为重点研究任务，国家自然科学基金委国家重大科研仪器研制项目"深部岩石原位保真取芯与保真测试分析系统"将突破深部复杂环境下原位高保真钻进取芯技术难题以实现深部岩石保真取芯，这些项目的实施为深部岩石破碎技术发展提供了有力支持。

为了充分了解我国岩石破碎技术发展趋势以及其在国际上的影响力，中文以"岩石（体）破碎""破岩""岩石（体）开挖""岩石（体）掘进"为检索词，英文以"rock fragmentation""rock breakage""rock breaking""rock excavation""rock heading"为检索词，通过"主题–摘要–关键词"检索模式，在Scopus、Web of Science、EI、CNKI四大数据库中检索了与岩石破碎相关的论文、专利等文献情况。岩石破碎相关文献逐年变化趋势，显示从2000年开始岩石破碎相关文献数量开始快速增加，特别是2010年之后，文献数量急剧增加，这说明伴随地下资源的规模化开发需求加剧，岩石破碎技术的研究热度快速升高。

Scopus、Web of Science和EI数据库均显示在2017—2020年间我国岩石破碎相关文献数量占全部相关文献的一半以上，超过了世界上其他国家发表文献数量的总和。这说明随着我国地下工程建设（地下采矿工程、油气工程、空间工程等）力度的不断加大，岩石破碎技术需求更加迫切，我国有关岩石破碎的研究成为热点并在国际上处于领跑地位，占据世界相关研究工作的半壁江山。

CNKI数据库2017—2020年岩石破碎相关文献统计显示，我国岩石破碎领域的研究热点主题主要有：PDC、TBM、滚刀破岩、破岩机理、掘进机、冲击破岩、微波照射、光面爆破、钻井技术、高地应力、硬岩、粒子射流等。这些研究热点主要涉及爆破开挖、非爆机械化破岩、水力破岩、微波辅助破岩、深层钻进破岩等岩石破碎技术。因此，结合深地工程需求和研究热点，下文主要针对有望在深部硬岩破碎中起到关键作用的深部精细化爆破开挖技术、非爆机械化破岩技术、水力破岩技术、微波辅助破岩技术、深层钻进破岩技术的发展与创新情况进行阐述。

二、岩石破碎技术进展与创新

（一）精细化爆破开挖技术

在采矿、隧道、地下硐室、水电隧洞等岩石开挖工程中，钻爆法仍然是主要的破岩手段。在爆破技术方面，针对大规模岩石破碎工程需求，中深孔爆破崩矿技术、深孔爆破成井技术、微差控制爆破技术（出现了数码电子和激光光纤起爆系统，起爆控制精度更高）、双向聚能拉张定向预裂爆破技术、定向断裂控制爆破技术等得到了长足的发展。另外，在爆破材料方面，出现了替代炸药化学爆炸的静态膨胀剂致裂技术、液态惰性气体相变致裂技术、等离子爆破技术等[7-10]。随着深度增加，地应力逐渐增大。以往的研究表明，静应力对岩石的力学性质和破坏行为有着显著的影响。随着静应力增大，岩石的冲击强度表现出先增大后减小的趋势，而且，静应力对裂纹形成与扩展有明显的导向作用。当地应力达到一定程度时，会对爆破效果产生较大影响，进而影响工程的经济效益与安全。不同静应力下的漏斗爆破试验研究发现静应力场通过其应变场对爆破裂纹产生与扩展甚至爆破漏斗形态起导向作用；无论岩石处于三向应力状态还是二向应力状态，应力状态的主应力量级和主应力差是影响爆生裂纹区的大小和形状的主要因素[11]。此外，已有爆破数值模拟通过建立不同侧压力系数径向不耦合装药爆生裂纹扩展模型，获得了爆生裂纹易于向最大主应力方向发展的特性；通过建立深部高储能岩体在爆破扰动下能量演化模型，揭示了侧压力系数、埋深以及爆破峰值压力对高储能岩体能量释放的影响，阐明了高应力致使深部岩体储存巨量应变能，而爆破扰动易造成高应变能的迅速释放，进而诱发岩体损伤[12-14]。地应力对爆破破岩具有双重影响。负面看，地应力会导致爆破边界难以控制、大块率高等问题，甚至会诱发岩爆、冲击地压等地质灾害；正面看，爆破会诱发存储在地应力岩体内的弹性能释放，进而促进爆破效果。充分发挥地应力的正面作用，尽量减小地应力的负面作用，是目前深部岩石工程亟须解决的问题；然而，当前深部岩石爆破工程仍然沿用浅部爆破工程设计方法，缺少考虑地应力的爆破设计方法。因此亟须开展深部硬岩高应力与爆破耦合精细破岩理论与技术研究，揭示高应力条件对爆破破岩特性的影响机制，建立适合深部硬岩高应力环境并可利用高应力进行破岩的精准爆破理论、方法与技术，为深部金属矿床安全高效、低成本开采和深部工程安全高效开挖提供理论支撑。因此，岩石开挖工程进入地下深部后，地应力作为显著影响因素必须进行考虑。为了实现精细化爆破，爆破参数设计时必须考虑地应力条件。

（二）非爆机械化破岩技术

近年来，以机械刀具破岩为基础的非爆采矿方法取得了较为突出的成果，各种冲击式、旋转截齿切削式、滚刀压裂式采矿机械相继产生。滚筒采煤机、连续采煤机、悬臂式掘进机等基于截齿或刀具旋转切割的矿山机械化连续采掘设备已经广泛应用于煤层或者煤系岩层采掘作业，是煤炭高产高效规模化开采的有力保障。

早在上世纪70年代，机械刀具破岩就开始得到了广泛关注。中南大学在20世纪80年代初就研发了实尺盘刀滚压破岩试验台，后来又在90年代末提出了动静组合破岩方法，并在悬臂式硬岩掘进机上成功应用。国外，瑞典ATLAS COPCO公司与BOFIDEN采矿公司联合研制的DBMN7050采矿机，可在抗压强度比较高的岩石中全断面掘进；美国ROBBINS公司的移动式采矿机、德国WIRTH公司与加拿大HDRK采矿研究中心联合研制的CM连续采矿机、南非试制的液压冲击式连续采掘机、加拿大CMS连续采矿公司研制的CL系列摆动式破岩机械等非爆开采设备相继研制成功。但这些设备大都具有结构复杂、机体庞大，且停工检修时间多、刀具磨损快、成本昂贵的缺点，难以普遍推广使用[15]。21世纪以来，TBM硬岩隧道掘进机和悬臂式掘进机又得到了长足发展。硬岩中应用较好的机械化破岩装备主要有：基于盘刀滚压破岩的TBM隧道掘进机、基于镐型截齿切削破岩的悬臂式巷道掘进机和基于牙轮滚压破岩的天井钻机。机械刀具对硬岩的侵入特性和破岩效率是决定采掘机械在深部硬岩中应用的关键。在机械刀具（截齿、TBM滚刀等）破岩方面，近年来已开展了大量的研究，通过室内试验和数值模拟研究了机械刀具在静态贯入（不考刀具推动力只考虑刀具法向侵入力）和动态切削（线性切削和回转切削，可同时考虑刀具推动力和法向力的岩石切削）下的破岩特性。

Li等[16]、Wang等[17,18]通过镐型截齿破岩研究发现：双轴围压条件下岩石的可截割性最差，单轴围压条件下次之，无围压条件下岩样的可截割性最高；在单轴围压下，岩石截割随围压增大由易变难再变易，高单轴围压反倒有利于截齿破岩，但当单轴围压过高时，截齿破岩扰动易引发岩爆，因此较低单轴受限应力下的硬岩最易被安全高效地截割；硬岩对静载破碎敏感性差，切深随静载增加而增长缓慢，增加静载产生的切削破碎效果不明显；软岩对静载的敏感性强，静载增加，切削深度增加比较快，破岩效果明显提高；在硬岩破碎中不能单靠增加机械刀具静载来提高破岩效果，必须充分利用冲击组合能；动静组合破岩能够提高截齿破岩效率，预静载越大，截齿越容易破岩，扰动幅值越大，截齿越容易破岩。因此，在实际破岩中，可以通过开挖诱导巷道诱使高应力预先致裂岩体，使硬岩上的受限应力释放并形成裂隙发育的松动区，将完整硬岩转变为裂隙发育的破碎软岩，从而提高硬岩矿体的可截割性；或者在原有切割静态载荷上施加一定的动态扰动来提高机械破岩效率。深部高地应力可被平稳诱导用于有序致裂岩体而不再引发岩爆等灾害的属性转变，为深部硬岩的非爆机械化开挖提供了有利条件。

针对目前在硬岩开挖中应用广泛的TBM滚刀，许多学者开展了TBM滚刀破岩物理模拟试验和数值仿真研究。在物理模拟试验方面，例如Xia等[19]通过不同岩石种类的线性切削试验，比较了CCS圆形刀具作用于不同岩石上的实验力和半理论力，引入一个标定因子对CSM模型估计的法向力进行修正；Pan等[20,21]通过全尺寸线性切削试验，给出了切削力和半理论切削力估算结果，还通过双向等围压和双向不等围压两种情况下岩石全尺寸线性切割试验，分析了不同围压下滚刀法向力、滚动力、破碎比能等因素的变化规律及岩石可掘进性指标和最佳切削条件，此外还提出了以刀具直径、刀具间距、刀具贯入深度和岩石单轴抗压强度为输入参数的圆盘刀切削力经验预测模型，此外基于半理论模型和新的经验模型，从圆盘刀的切削力反向估计岩石强度；Yang 等[22,23]、Zhao 等[24]通过对预制节理岩体进行微型刀盘旋转切削试验，研究了节理倾角和间距对 TBM 破岩效率、裂纹扩展机制、刀具磨损的影响。在数值模拟方面，目前针对机械破岩的数值模拟研究主要集中于切割过程中 TBM 滚刀与岩石之间的相互作用、破岩机理、刀盘荷载的变化、刀具配置以及不同地质条件对破岩过程的影响。例如，Xia 等[25]采用 Rankine 拉伸裂纹软化模型和 JH-2 模型建立了 TBM 滚刀破岩的三维有限元模型，研究了侧向自由面对破岩方式和破岩效率的影响；张旭辉等[26]采用 PFC 分别进行了传统条件和自由面条件下的二维岩石切割模拟，凸显了在临空面条件下切割岩石对提高 TBM 破岩性能具有很大潜力；Zhang 等[27]利用 PFC3D 程序建立了圆盘滚刀在软硬程度不同的混合地层中的三维切割模型，研究了 TBM 滚刀在混合工作面中的掘进过程；Jiang 等[28]在 DEM 中引入一种改进的零厚度粘结接触模型，模拟了二维情况下 TBM 双滚刀对完整岩石和节理岩石的切割破坏。近年来，针对机械破岩也发展了新的数值计算方法。例如，刘泉声等[29]开发了基于二维 Voronoi 单元的数值流形方法（VE-NMM），模拟了单滚刀切割岩石过程，揭示了围压对 TBM 滚刀破岩的影响；针对复杂的混合地层，Zhou 等[30]在广义粒子动力学（GPD）代码中引入了一种新的不同介质边界接触算法，分析了混合地层条件下滚刀的破岩机理以及滚刀的最佳作用位置；吴志军等[31]采用 FEM-DEM 耦合方法模拟了不同围压下滚刀对岩石的破坏，表明围压对中间裂纹的扩展有明显的抑制作用，侧向裂纹角度随围压的增大而增大；赵高峰等[32,33]提出了离散弹簧模型（DLSM）与非连续变形分析（DDA）耦合方法来研究岩石切割问题，随后还将四维晶格弹簧模型（4D-LSM）与 DDA 进行了耦合，成功再现了机械破岩实验平台得到的线性岩石切割实验曲线。

上述研究为充分理解刀－岩相互作用过程与机械刀具破岩参数优化提供了重要的理论与方法基础，推动了机械刀具破岩在硬岩体开挖中的应用推广。已有学者考察了地应力条件对机械刀具破岩的影响，但由于深部工程应力分布复杂多样，现有研究还未能充分揭示机械刀具与深部地应力条件的耦合作用机制。

（三）水力破岩技术

水力破岩技术可分为水力压裂技术和水射流技术两类。其中，水力压裂技术是利用高压泵站以超过地层吸液能力的排量注入液体，在地层产生裂缝或使天然裂缝重启，从而改造地层结构，形成裂缝网络系统的技术。该技术自 1947 年诞生起，从理论研究到现场实践中取得了惊人的发展，已逐步在常规油气开采、页岩油气开发、煤层气开发、地应力测量、地热资源开发、核废料处理、CO_2 封存及煤矿井下岩层控制等领域推广应用，显示出广泛的工业应用价值。水射流技术是将液态水通过升压装置加到高压状态再从直径较小的喷嘴中射流出来，形成高速射流束，以相对集中的能量进行冲击、切割破岩的技术，该技术诞生于 19 世纪中叶，并于近几十年快速发展，已在石油、煤炭、化工、机械、水利及轻工业等众多领域取得广泛应用。

近年来，随着开采深度的增加，深部目标矿岩层的高应力和低渗状态愈发显现，给深部资源与能源开采带来了挑战。同时，为了满足开采需求，水力压裂、水射流以及水射流与水力压裂联合的破岩技术取得了充分发展，一些创新型的技术不断涌现，并日趋成熟。

（1）脉动水力压裂技术

脉动水力压裂通过脉冲装置将连续流体转变为脉动流体进行岩石致裂。该技术具备脉动疲劳和"水楔"作用双效破岩机制，在疏通岩体孔隙通道，降低注液压力，控制压裂效果方面拥有诸多优势[34,35]。脉冲水力压裂的理论研究主要集中于脉动压力波的产生、传播和作用机理上。李贤忠等[36]结合柱塞泵的脉冲压力输出原理进行了解释，并引用了瞬变流模型和水体振荡模型分析裂隙中脉动压力的传播。张南翔等[37]将脉动压力等效为振动波，得到振动波在裂隙中传播的微分方程和能量方程。翟成等[38]对脉冲水作用下煤体的疲劳损伤破坏特点及高压脉动水楔致裂机理做了定性分析，并提出了脉动水力压裂煤层卸压增透技术。近年来，研究者开展了大量试验探索岩体脉冲水力压裂的耦合作用机理及其参数影响规律。Li 等[39,40]利用真三轴压裂系统分别从不同压裂方式、不同脉动频率和不同参量组合等方面进行了实验，研究脉动参量，尤其是脉冲频率，对脉动水力压裂效果的影响，并提出了变频脉冲的压裂工艺，结果表明选择先低频后高频的压裂工艺利于提高疲劳效果和裂缝网络形成的效率。Chen 等[41]研制了三轴加载可调频高压脉冲注液压裂系统，在控制脉冲参量、注液流量和围压的基础上，开展预制单缝煤岩脉冲水力裂缝扩展试验，研究脉冲水力压裂作用下，煤岩裂缝的扩展规律、岩体应变损伤状态和裂隙贯通特征，并提出了基于压力 – 流量调节的变频脉冲水力压裂技术。

（2）高压电脉冲压裂技术

高压电脉冲水压致裂技术是在高压静水压裂的基础上，在水中高压放电产生脉冲荷载，利用高压脉冲荷载在裂隙尖端形成的水激波及振动效应，从而改变岩体裂隙参数，增大岩层的渗透性。近年来，尹志强等[42]通过试验研究了放电能量和水激波加载特性的关系，进一步得到了水激波能量计算公式和压力衰减公式，发现放电能量越大，水激波加载效果越好。Bao 等[43]进行了高压电脉冲水力压裂法煤层气增透的试验与数值模拟，研究高压脉冲水力压裂煤的裂纹起裂机理、损伤特征和扩展规律，结果显示在水中高压脉冲放电作用下，煤岩体的裂纹以 I-II 复合裂纹为主，其损伤类型主要为拉剪损伤；在相同静水压力作用下，高压电脉冲水力压裂煤层比单纯静水压力致裂效果明显。Bian 等[44]采用实验分析和数值模拟相结合的方法，利用高压电脉冲水力压裂法进行了不同特征和组合形式的水激波作用下岩石的裂纹扩展研究，研究表明随着峰值压力的增大，会形成更多的长裂纹和微裂纹，造成更大的损伤面积，有利于促进压裂。

（3）爆破水力压裂技术

爆破水力压裂技术的主要技术原理是在岩层钻孔中注入凝胶炸药和水，在封孔状态下起爆炸药，爆炸产生的水冲击波和气泡脉动在孔周围的岩壁中引起高应变率。当施加在孔周围岩壁上的应力超过其动态临界断裂强度时，围岩发生断裂，大量的周向和径向裂缝向外扩展。在此基础上，采用常规注入、脉冲注入和/或循环注入等注水工艺来促进水力压裂。由于水的不可压缩性和惯性，与使用普通炸药的常规岩石爆破相比，水力爆破可以提供明显更强的爆破效果。Huang 等[45]开展了技术研究和物理模型试验，证明该方法能有效提高岩层的透气性，削弱岩体的强度，降低了弱化区围岩应力，有效解决了大裂纹数量少的问题。Yang 等[46]将该技术作为超厚煤层的坚硬顶板预裂措施，实际应用表明，该技术改善了坚硬厚顶板的结构，防止了冲击地压的出现，证明了其在顶板控制方面的有效性。

（4）坚硬顶板水力压裂控制技术

水力压裂控制坚硬顶板技术实质是在钻孔中注高压水，在坚硬顶板中形成裂缝而弱化顶板，使其能及时垮落。近年来，Shen 等[47]利用水力压裂顶板，表明水力压裂改善了岩体的应力环境，实现了对围岩变形的更好控制。Huang 等[48,49]为控制沿空巷道的强地压显现行为，实施了定向水力压裂技术，研究表明如果将主顶板的压裂位置适当向矿柱内部移动，不仅可以达到定向水力压裂的效果，而且可以实现卸压和应力传递，同时也可以减弱破裂顶板冒落的冲击作用。Yu 等[50,51]提出了利用地表水力压裂技术进行顶板控制，改变岩层结构，从而消除工作面周围的应力集中。

（5）水射流与水力压裂联合作业技术

将水射流与水力压裂搭配起来，实现二者的有机结合是深部破岩的一条有效途径。该联合技术首先在钻孔内利用高压水射流冲割岩体，使钻孔周围的岩体发生破碎，并在岩体内形成大量的裂隙，进一步将高压水注入钻孔内压裂岩体，这样在钻孔周围一定区域内形成相互连通的裂隙网络。王耀锋等[52]提出了三维旋转水射流与水力压裂联作增透技术，通过中心孔压裂或者周边孔同步压裂来实现煤层的卸压及增透。李宗福等[53]在预抽煤层瓦斯时采用水力压裂及水力割缝联合增透技术，结果表明该技术能够有效增加煤层群的透气性，提高瓦斯抽采浓度和抽采效果，且卸压范围大、钻孔垮孔少。

（四）微波辅助破岩技术

对于岩石力学工程中的硬岩破碎问题，现有的机械破岩手段往往会遇到刀具磨损严重导致工作效率下降的问题，严重情况下甚至会引起断刀，而更换刀具一方面会耽误进度，另一方面也会威胁操作人员的人身安全。近年来研究者提出采用高能电磁辐射作为辅助手段进行破岩，例如微波辅助机械破岩。微波辅助机械破岩作为一种有望进行商业化推广的新型破岩方法，利用微波辐照岩石使其强度降低，进而降低刀具磨损，充分发挥机械破岩的优势。李元辉等[54]采用不同的微波加热路径对硬岩破碎的效果影响进行了试验研究，发现微波功率和辐射时间是影响岩石加热效果的两个重要参数。卢高明等[55-57]对微波辐照下成岩矿物的热力学性质变化，玄武岩在微波处理后的力学强度、破碎情况以及不同围压下的力学性质变化进行了试验研究。郑彦龙等[58, 59]对微波辐照影响下火成岩的热力学性质、超声特性变化，以及岩石致裂情况进行了试验研究，发现高功率短时间的微波作用方式对岩石弱化效果更好。戴俊等[60-62]对硬岩在微波辐照后经历不同冷却方式的强度变化影响，以及水对微波照射花岗岩后的强度弱化效果做了相关的试验研究。胡毕伟等[63]对岩石在微波辐射后的冲击动力学特性进行了试验研究，发现微波辐射加热后大幅降低了岩石的动态压缩强度。王帅等[64]对微波照射后的岩石进行动力学效应测试，同时讨论了岩石破碎度与辐照时间和加载速率的关系。

通过物理实验可以获得微波软化破碎岩石的客观数据，但是试样制备程序烦琐，大尺寸试样切割试验困难且耗费人力财力，不利于大规模参数化研究，因此研究人员还借助数值模拟方法来进行微波辅助机械破岩的研究。胡亮等[65, 66]采用有限元软件建立二维平面模型分析了温度和围压共同作用下对微波破岩效果的影响，同时还采用理论计算和数值仿真结合的方式对不同含水率下砂岩进行微波穿透深度影响研究，发现微波对岩石的穿透深度会随着岩石的含水率升高而降低。朱要亮等[67]采用有限元软件对微波辐照下，岩石热力学参数对于不同矿物温度与应力分布的影响进行了数值研究。秦立科等[68]采用颗粒流程序PFC建立了岩石细观数值模型，揭示了不同微波照射条件下岩石内部温度分布与演化以及微裂纹产生与发展规律。袁媛等[69]基于热力学定律及Griffith断裂理论，建立包含初始裂纹的脆性岩石理论模型来研究微波破岩过程，推导了微波照射下均匀脆性岩石内部初始微裂纹的临界扩展条件。赵高峰等[70]引入多体破坏准则和纤维应力张量计算公式的4D-LSM模型计算复杂应力条件下的岩石破裂问题，耦合DDA和热力算法，最近实现了微波辐射条件下的机械破岩全过程仿真模拟。

（五）深层钻进破岩技术

不同于岩石开挖，岩石钻进是在岩体中成孔的岩石破碎技术。深层钻进是深部资源勘探和油气资源开采中至关重要的环节。对于油气深井、超深井及干热岩地热井等，储层普遍具有埋深大、岩石硬度高、研磨性强、可钻性差、温度高、裂缝发育、腐蚀性强等特点，相较于普通地层环境更加复杂、施工难度更大。当前，油气及干热岩地热深钻的主要难点表现为[71-75]。

（1）破岩效率低，钻井周期长、成本高

深层岩石硬度大、研磨性强、可钻性极差，其单轴抗压强度一般在200MPa以上。

钻井过程中钻头损耗大，机械钻速极低，造成钻井周期和钻井成本大幅度提升。统计数据表明，井深5000米干热岩钻井成本接近一亿元人民币，钻完井成本占地热开发总成本50%以上。

（2）天然裂缝及断层发育，漏失风险高

在深层干热岩地层中裂缝、裂隙和断层高度发育，钻井液漏失严重。以西藏羊八井ZK201井为例，钻井过程中钻井液从井深几十米几乎漏到井底。在美国芬顿上EE-2井钻井过程中进行了9次堵漏，钻井事故率为34.5%。深部储层高温高压的复杂地质条件，极大增加了防漏和堵漏的难度。

（3）深部高温高压环境中钻具及钻井液易失效

深部地层高温高压的恶劣环境对钻井流体性能及井下钻具带来极大挑战。高温易造成钻井液处理剂降解失效，影响其护壁和携岩能力。此外，当前随钻测量电子设备抗温上限一般不足225℃，深层或干热岩高温条件会损坏导向电子元件，进而使定向钻进难度增加。

（4）井壁稳定性差

在钻井过程中，井筒围岩在受到温度场、渗流场和应力场的多场耦合作用下易发生破裂，岩石力学性能显著劣化，造成掉块、卡钻等事故。

深层优快钻井技术是深地资源经济高效开发的关键手段和重要保证，其核心是实现高温高压复杂环境下高效破岩[73-75]。为突破深层钻井破岩效率低的难题，近年来国内外探索和发展了多种新型钻井方法，包括泡沫钻井、气体钻井（空气/氮气）、非接触式火焰喷射钻井、激光钻井、化学钻井等[71, 72, 74]。

（1）泡沫钻井技术

泡沫钻井是当前国内外解决深井高温条件下钻井液失效的主要方法之一。该技术以充气泡沫作为钻井循环介质，适用于地质条件复杂、高温、强水敏、低压易漏的地层。其主要技术优势为：抗温能力强，深钻过程中性能稳定；携岩能力强，井底沉积岩屑很少，有利于钻井提速；钻井成本低，泡沫钻井成本仅为常规钻井液钻井成本的70%左右。

（2）气体钻井技术

气体钻井是以空气或氮气为钻井循环流体的技术方法。该方法最大的优势是可以有效解决深层裂缝性地层恶性漏失的难题，同时克服了常规钻井液抗温能力不足的问题，钻井成本低廉。该技术在国内已较为成熟，塔里木油田满东二井采用了氮气钻井技术，钻井井深6200米，井底温度145℃，创造了我国气体钻井最大的钻深记录。气体钻井通常与欠平衡钻井技术联合使用，可减弱井底压持效应、提高钻速、延长钻头寿命。欠平衡氮气钻井技术在我国川东北深部地层和准噶尔盆地研磨性地层钻井中发挥了重要作用。

（3）火焰喷射、激光、化学钻井技术

火焰喷射钻井技术通过将高能燃料输送至井底并点燃，形成高温火焰，使岩石发生热裂解剥落。激光钻井技术与其类似，通过在井下产生高能激光束，对井底岩石加热破碎。

化学钻井是通过强酸分解岩石,加速岩石破碎的一种方法。此三种方法处于发展研究阶段,尚不具备工业化应用的条件。相对于其他方法,泡沫钻井和气体钻井是当前最为高效可行的高温深层钻井技术。

（4）液氮射流钻进技术

近年来在深层钻进破岩中出现了一种新技术——液氮射流冲击破岩[76-79]。在液氮射流冲击破岩过程中,高温岩石经受低温冲击作用,在岩石内部形成热应力。该热应力的形成,一方面,破坏岩石矿物颗粒间的胶结结构,形成微裂缝;另一方面,扩展岩石内部原始裂缝,形成更大尺寸的裂纹。由于微裂缝的产生,储层岩石低温冷却后物理力学性质、孔隙结构、井底应力均发生显著变化,国内外学者围绕岩石低温液氮致裂机理、液氮流动换热机理、低温氮射流冲击破岩机理等方面开展了大量的理论与实验研究工作。液氮与岩石接触时导致岩石表面温度骤降,岩石表面及内部产生的热应力主要取决于岩石内部的温度场,而温度场则受液氮与岩石间的热量交换速率控制,液氮射流冲击破岩过程涉及复杂剧烈的传质传热作用,还需要针对性的对深层液氮射流辅助钻井技术装备、工艺、适应性评价方面进一步研究。

三、深部硬岩破碎面临的挑战与对策

如图1所示,深部特殊的破岩条件主要表现在岩体应力条件复杂、坚硬岩石居多、破岩扰动与高储能岩体并存等方面。目前深部硬岩破碎依然存在如下挑战性问题：①现有岩石破碎理论未充分考虑深部复杂应力条件对岩石破碎特性的影响;②现有岩石破碎技术的破岩载荷作用方式主要有机械刀具切削、冲击、冲击加切削,水射流,热能冲击等,但单一的破岩载荷作用方式难以实现硬岩的高效破碎;③外界输入的破岩载荷和岩体高应力间的耦合机制不清,致使岩体高应力和高初始储能在破岩过程中无序释放而作为灾害能引发岩爆等岩体动力灾害,并且破岩强扰动引发深部高储能岩体动力灾害的诱发机制依然不明;④目前的破岩装备未能充分满足深部硬岩破碎工程的安全、高效、经济性、精细化、智能化需求。为了解决上述问题,亟须开展以下研究工作：①开展深部复杂应力条件下破岩实验和理论研究,建立考虑深部复杂边界应力作用影响的岩石破碎力学与能量模型,探寻有利于岩石破碎且防止灾害发生的深部高应力诱导与能量调控方法;②研究机械刀具载荷与高压水射流或者热冲击载荷的耦合机制,揭示机械与水/热力联合破岩特性,开发多源联合破岩技术及装备;③研究深部岩体应力条件、储能特性与外界破岩作用载荷的耦合特性,开发深部高地应力与高储能诱导利用协同破岩方法与技术;④研究深部硬岩破碎过程的多场多相耦合及多尺度破裂、破坏、破碎过程,揭示破岩扰动诱发高储能岩体动力灾害的力学及能量机制,提出针对性的防控方法,在诱导利用高应力和高储能促进破岩效率的同时,防止破岩扰动诱发岩体动力灾害的发生,从而实现深部硬岩的安全高效破碎;

⑤开发与深部岩体特性、地应力条件、破岩需求协同匹配的精细化智能破岩技术与装备，从而实现深部硬岩的高效、安全、经济、精细破碎。

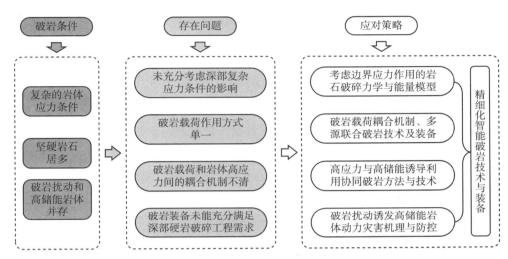

图 1　深部硬岩破碎存在的问题与应对策略

如图 2 所示，为了满足深地工程建设和深地资源开发的需求，深部硬岩破碎需要向着更高效、更安全、更经济、更精细方向发展。在理论方面，需要突破已有岩石破碎理论的局限，建立深部高应力与破岩载荷耦合、多源破岩载荷耦合、破岩过程多场多相多尺度耦合作用力学与能量模型；在技术及装备方面，需要实现技术变革和装备升级，开发深部高

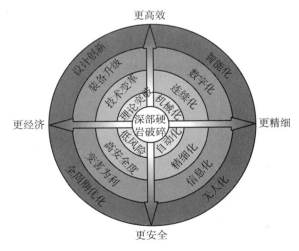

图 2　深部硬岩破碎发展方向

地应力与高储能诱导利用协同破岩方法与技术以及机械、水力、热力等多源联合破岩技术及装备，并努力实现破岩设备的机械化和自动化、破岩作业过程的连续化和精细化、破岩过程管控的数字化和信息化以及破岩全过程的智能化和无人化；在破岩设计方面，需要重视岩石破碎全周期优化设计，开发与深部岩体特性、地应力条件、破岩需求协同匹配的精细化智能破岩方法与技术体系，实现原本高风险的岩石破碎作业向低风险、高安全度方向发展，并实现深部高地应力等灾害条件向促进破岩的有利因素转变。

四、结语

随着矿业、岩土、油气、水电等行业的发展，岩石破碎技术得到了长足的发展，为地下资源开发利用提供了有力保障。面向深地战略的重大需求，钻爆破岩、非爆机械刀具破岩、水力破岩、热力破岩、钻进破岩等技术不断创新发展，以满足深地资源经济、安全、高效、绿色开发的新需求。深部硬岩具有高应力、高储能、强扰动等特点，岩石破碎技术在深部复杂应力条件下的破岩机理、多源联合破岩特性、破岩载荷与岩体高应力耦合机制、深部高储能岩体动力灾害诱发机制与防控等方面还存在明显的理论与技术瓶颈。为此，可以考虑如下针对性的应对策略：夯实基础理论研究，建立深部高应力与破岩载荷耦合、多源破岩载荷耦合、破岩过程多场多相多尺度耦合作用力学与能量模型；加大与机械装备研发机构和生产企业合作，深入服务地下岩石工程一线，开发深部高地应力与高储能诱导利用协同破岩方法与技术以及机械、水力、热力等多源联合破岩技术及装备；重视岩石破碎全周期优化设计，开发与深部岩体特性、地应力条件、破岩需求协同匹配的精细化智能破岩方法与技术体系，从而实现深部硬岩的高效、安全、经济、精细破碎。

参考文献

［1］谢和平，李存宝，高明忠，等. 深部原位岩石力学构想与初步探索［J］. 岩石力学与工程学报，2021，40（2）：217-232.

［2］李夕兵，宫凤强，王少锋，等. 深部硬岩矿山岩爆的动静组合加载力学机制与动力判据［J］. 岩石力学与工程学报，2019，38（4）：708-723.

［3］Zhou Z, Cai X, Li X, et al. Dynamic response and energy evolution of sandstone under coupled static-dynamic compression: insights from experimental study into deep rock engineering applications［J］. Rock Mechanics and Rock Engineering, 2020, 53（3）: 1305-1331.

［4］Zhu WC, Li SH, Li S, et al. Influence of dynamic disturbance on the creep of sandstone: an experimental study［J］. Rock Mechanics and Rock Engineering, 2019, 52: 1023-1039.

［5］李夕兵，周健，王少锋，等. 深部固体资源开采评述与探索［J］. 中国有色金属学报，2017，27（6）：

1236-1262.

[6] Li X, Gong F, Tao M, et al. Failure mechanism and coupled static-dynamic loading theory in deep hard rock mining: A review [J]. Journal of Rock Mechanics and Geotechnical Engineering, 2017, 9(4): 767-782.

[7] 何满潮, 郭鹏飞, 张晓虎, 等. 基于双向聚能拉张爆破理论的巷道顶板定向预裂 [J]. 爆炸与冲击, 2018, 38(4): 795-803.

[8] 杨仁树, 左进京, 杨国梁. 切缝药包定向控制爆破的试验研究 [J]. 振动与冲击, 2018, 37(24): 24-29.

[9] 董志富, 翟会超, 刘银, 等. 特殊条件下露天矿山非常规爆破技术及其应用 [J]. 黄金, 2021, 42(8): 48-52.

[10] 谢焕舜. 爆破技术在采矿工程中的应用探索 [J]. 世界有色金属, 2020, 24: 48-49.

[11] Zhang F, Yan G, Peng J, et al. Experimental study on crack formation in sandstone during crater blasting under high geological stress [J]. Bulletin of Engineering Geology and the Environment, 2019, 79(3): 1323-1332.

[12] Zhou Z, Cheng R, Cai X, et al. Comparison of presplit and smooth blasting methods for excavation of rock wells [J]. Shock and Vibration, 2019, 2019: 1-12.

[13] Zhao H, Tao M, Li X, et al. Influence of excavation damaged zone on the dynamic response of circular cavity subjected to transient stress wave [J]. International Journal of Rock Mechanics and Mining Sciences, 2021, 142: 104708.

[14] Li X, Li C, Cao W, et al. Dynamic stress concentration and energy evolution of deep-buried tunnels under blasting loads [J]. International Journal of Rock Mechanics and Mining Sciences, 2018, 104: 131-146.

[15] 李夕兵, 姚金蕊, 杜坤. 高地应力硬岩矿山诱导致裂非爆连续开采初探——以开阳磷矿为例 [J]. 岩石力学与工程学报, 2013, 32(6): 1101-1111.

[16] Li X, Wang S, Wang S. Experimental investigation of the influence of confining stress on hard rock fragmentation using a conical pick [J]. Rock Mechanics and Rock Engineering, 2018, 51(1): 255-277.

[17] Wang S, Li X, Du K, et al. Experimental investigation of hard rock fragmentation using a conical pick on true triaxial test apparatus [J]. Tunnelling and Underground Space Technology, 2018, 79: 210-223.

[18] Wang S, Li X, Yao J, et al. Experimental investigation of rock breakage by a conical pick and its application to non-explosive mechanized mining in deep hard rock [J]. International Journal of Rock Mechanics and Mining Sciences, 2019, 122: 104063.

[19] Xia Y, Guo B, Tan Q, X et al. Comparisons between experimental and semi-theoretical cutting forces of CCS disc cutters [J]. Rock Mechanics and Rock Engineering, 2018, 51(5): 1583-1597.

[20] Pan Y, Liu Q, Liu J, et al. Full-scale linear cutting tests in chongqing sandstone to study the influence of confining stress on rock cutting forces by TBM disc cutter [J]. Rock Mechanics and Rock Engineering, 2018, 51(6): 1697-1713.

[21] Pan Y, Liu Q, Peng X, et al. Full-scale linear cutting tests to propose some empirical formulas for TBM disc cutter performance prediction [J]. Rock Mechanics and Rock Engineering, 2019, 52(11): 4763-4783.

[22] Yang H, Liu J, Liu B. Investigation on the cracking character of jointed rock mass beneath TBM disc cutter [J]. Rock Mechanics and Rock Engineering, 2018, 51(4): 1263-1277.

[23] Yang H, Li Z, Jie T, et al. Effects of joints on the cutting behavior of disc cutter running on the jointed rock mass [J]. Tunnelling and Underground Space Technology, 2018, 81: 112-120.

[24] Zhao Y, Yang H, Chen Z, et al. Effects of jointed rock mass and mixed ground conditions on the cutting efficiency and cutter wear of tunnel boring machine [J]. Rock Mechanics and Rock Engineering, 2018, 52(5): 1303-1313.

[25] Xia Y, Guo B, Cong G, et al. Numerical simulation of rock fragmentation induced by a single TBM disc cutter close to a side free surface [J]. International Journal of Rock Mechanics and Mining Sciences, 2017, 91: 40-48.

[26] Zhang X, Xia Y, Zeng G, et al. Numerical and experimental investigation of rock breaking method under free surface by TBM disc cutter [J]. Journal of Central South University, 2018, 25(9): 2107-2118.

[27] Zhang Z, Zhang K, Dong W, et al. Study of rock-cutting process by disc cutters in mixed ground based on three-dimensional particle flow model [J]. Rock Mechanics and Rock Engineering, 2020, 53（8）: 3485-3506.

[28] Jiang M, Liao Y, Wang H, et al. Distinct element method analysis of jointed rock fragmentation induced by TBM cutting [J]. European Journal of Environmental and Civil Engineering, 2017, 22（sup1）: s79-s98.

[29] Liu Q, Jiang Y, Wu Z, et al. Investigation of the rock fragmentation process by a single TBM cutter using a Voronoi element-based numerical manifold method [J]. Rock Mechanics and Rock Engineering, 2017, 51（4）: 1137-1152.

[30] Zhou X, Zhai S, Bi J. Two-dimensional numerical simulation of rock fragmentation by tbm cutting tools in mixed-face ground [J]. International Journal of Geomechanics, 2018, 18（3）: 06018004.

[31] Wu Z, Zhang P, Fan L, et al. Numerical study of the effect of confining pressure on the rock breakage efficiency and fragment size distribution of a TBM cutter using a coupled FEM-DEM method [J]. Tunnelling and Underground Space Technology, 2019, 88: 260-275.

[32] Zhao G, Lian J, Russell A, et al. Three-dimensional DDA and DLSM coupled approach for rock cutting and rock penetration [J]. International Journal of Geomechanics, 2017, 17（5）: E4016015.

[33] Zhao G. Developing a four-dimensional lattice spring model for mechanical responses of solids [J]. Computer Methods in Applied Mechanics and Engineering, 2017, 315: 881-895.

[34] Ni G, Dong K, Li S, et al. Gas desorption characteristics effected by the pulsating hydraulic fracturing in coal [J]. Fuel 2019, 236: 190-200.

[35] Zhai C, Yu X, Xiang X, et al. Experimental study of pulsating water pressure propagation in CBM reservoirs during pulse hydraulic fracturing [J]. Journal of Natural Gas Science and Engineering, 2015, 25: 15-22.

[36] 李贤忠, 林柏泉, 翟成, 等. 单一低透煤层脉动水力压裂脉动波破煤岩机理 [J]. 煤炭学报, 2013: 38（6）: 918-923.

[37] 张南翔, 赵洋, 孙新艳, 等. 脉动注水在油田应用的可行性论述 [J]. 国外油田工程, 2005, 11: 44-45.

[38] 翟成, 李贤忠, 李全贵. 煤层脉动水力压裂卸压增透技术研究与应用 [J]. 煤炭学报, 2011, 36（12）: 1996-2001.

[39] Li Q, Lin B, Zhai C. The effect of pulse frequency on the fracture extension during hydraulic fracturing [J]. Journal of Natural Gas Science and Engineering, 2014, 21: 296-303.

[40] Li Q, Lin B, Zhai C. A new technique for preventing and controlling coal and gas outburst hazard with pulse hydraulic fracturing: a case study in Yuwu coal mine, China [J]. Natural Hazards, 2015, 75（3）: 2931-2946.

[41] Chen J, Li X, Cao H, et al. Experimental investigation of the influence of pulsating hydraulic fracturing on pre-existing fractures propagation in coal [J]. Journal of Petroleum Science and Engineering, 2020, 189: 107040.

[42] 尹志强, 赵金昌, 贾少华, 等. 基于高压电脉冲的水激波加载特性的实验研究. 煤炭技术 [J]. 2016, 35（6）: 182-185.

[43] Bao X, Guo J, Liu Y, et al. Damage characteristics and laws of micro-crack of underwater electric pulse fracturing coal-rock mass [J]. Theoretical and Applied Fracture Mechanics, 2021, 111: 102853.

[44] Bian D, Zhao J, Niu S, et al. Rock fracturing under pulsed discharge homenergic water shock waves with variable characteristics and combination forms [J]. Shock and Vibration 2018, 2018: 6236953.

[45] Huang B, Liu C, Fu J, et al. Hydraulic fracturing after water pressure control blasting for increased fracturing [J]. International Journal of Rock Mechanics and Mining Sciences, 2011, 48（6）: 976-83.

[46] Yang J, Liu C, Yu B. Application of confined blasting in water-filled deep holes to control strong rock pressure in hard rock mines [J]. Energies, 2017, 10（11）: 1874.

[47] Shen W, Bai J, Wang X, et al. Response and control technology for entry loaded by mining abutment stress of a thick hard roof [J]. International Journal of Rock Mechanics and Mining Sciences, 2016, 90: 26-34.

［48］Huang B, Chen S, Zhao X. Hydraulic fracturing stress transfer methods to control the strong strata behaviours in gob-side gateroads of longwall mines［J］. Arabian Journal of Geosciences 2017; 10（11）: 236.

［49］Huang B, Liu J, Zhang Q. The reasonable breaking location of overhanging hard roof for directional hydraulic fracturing to control strong strata behaviors of gob-side entry［J］. International Journal of Rock Mechanics and Mining Sciences, 2018, 103: 1-11.

［50］Yu B, Zhao J, Xiao H. Case study on overburden fracturing during longwall top coal caving using microseismic monitoring［J］. Rock Mechanics and Rock Engineering, 2017, 50（2）: 507-511.

［51］Yu B, Gao R, Kuang T, Huo B, et al. Engineering study on fracturing high-level hard rock strata by ground hydraulic action［J］. Tunnelling and Underground Space Technology, 2019, 86: 156-164.

［52］王耀锋. 三维旋转水射流与水力压裂联作增透技术研究［D］. 徐州: 中国矿业大学, 2015.

［53］李宗福, 孙大发, 陈久福, 等. 水力压裂-水力割缝联合增透技术应用［J］. 煤炭科学技术, 2015, 43（10）: 72-76.

［54］李元辉, 卢高明, 冯夏庭, 等. 微波加热路径对硬岩破碎效果影响试验研究［J］. 岩石力学与工程学报, 2017, 36（06）: 1460-1468.

［55］Lu G M, Li Y H, Hassani F, et al. The influence of microwave irradiation on thermal properties of main rock-forming minerals［J］. Applied Thermal Engineering, 2017, 112: 1523-1532.

［56］Lu G M, Feng X T, Li Y H, et al. Experimental investigation on the effects of microwave treatment on basalt heating, mechanical strength, and fragmentation［J］. Rock Mechanics and Rock Engineering, 2019, 52（8）: 2535-2549.

［57］Lu G M, Feng X T, Li Y H, et al. Influence of microwave treatment on mechanical behaviour of compact basalts under different confining pressures［J］. Journal of Rock Mechanics and Geotechnical Engineering, 2020, 12（2）: 213-222.

［58］Zheng Y L, Zhang Q B, Zhao J. Effect of microwave treatment on thermal and ultrasonic properties of gabbro［J］. Applied Thermal Engineering, 2017, 127: 359-369.

［59］Zheng Y L, Ma Z, Zhao X, et al. Experimental investigation on the thermal, mechanical and cracking behaviours of three igneous rocks under microwave treatment［J］. Rock Mechanics and Rock Engineering, 2020, 53（8）: 3657-3671.

［60］戴俊, 王思琦, 王辰晨. 不同冷却方式对微波照射后花岗岩强度影响的试验研究［J］. 科学技术与工程, 2018, 18（08）: 170-174.

［61］戴俊, 王羽亮, 黄斌斌, 等. 水对微波辐射下硬岩劣化效果的影响试验研究［J］. 地下空间与工程学报, 2020, 16（3）: 691-696, 713.

［62］戴俊, 徐水林, 宋四达. 微波照射玄武岩引起强度劣化试验研究［J］. 煤炭技术, 2019, 38（01）: 23-26.

［63］胡毕伟, 尹土兵, 李夕兵. 微波辐射辅助机械冲击破碎岩石动力学试验研究［J］. 黄金科学技术, 2020, 28（04）: 521-530.

［64］Wang S, Xu Y, Xia K, et al. Dynamic fragmentation of microwave irradiated rock［J］. Journal of Rock Mechanics and Geotechnical Engineering, 2021, 13（2）: 300-310.

［65］胡亮, 马兰荣, 谷磊, 等. 高温高压对微波破岩效果的影响模拟研究［J］. 石油钻探技术, 2019, 47（02）: 50-55.

［66］胡亮. 岩石含水率对微波穿透深度的影响［J］. 大庆石油地质与开发, 2019, 38（04）: 70-75.

［67］朱要亮, 俞缙, 刘士雨, 等. 热力学参数对微波照射下不同矿物温度与应力分布影响的数值研究［J］. 山东农业大学学报（自然科学版）, 2019, 50（05）: 790-795.

［68］秦立科, 徐国强, 甄刚. 基于颗粒流模型微波辅助破岩过程数值模拟［J］. 西安科技大学学报, 2019, 39（01）: 112-118.

［69］袁媛, 邵珠山. 微波照射下脆性岩石裂纹扩展临界条件及断裂过程研究［J］. 应用力学学报, 2020, 37（05）: 2112-2119, 2327-2328.

［70］ ZHAO G F，DENG Z Q，ZHANG B. Multibody failure criterion for the four-dimensional lattice spring model［J］. International Journal of Rock Mechanics and Mining Sciences，2019，123：104126.

［71］ 刘伟莉，马庆涛，付怀刚. 干热岩地热开发钻井技术难点与对策［J］. 石油机械，2015，43（8）：11-15.

［72］ 曾义金. 干热岩热能开发技术进展与思考［J］. 石油钻探技术，2015，43（2）：1-7.

［73］ 汪海阁，黄洪春，毕文欣，等. 深井超深井油气钻井技术进展与展望［J］. 天然气工业，2021，41（8）：163-177.

［74］ 罗鸣，冯永存，桂云，等. 高温高压钻井关键技术发展现状及展望［J］. 石油科学通报，2021，6（2）：228-244.

［75］ 李根生，宋先知，田守嶒. 智能钻井技术研究现状及发展趋势［J］. 石油钻探技术，2020，48（1）：1-8.

［76］ 黄中伟，位江巍，李根生，等. 液氮冻结对岩石抗拉及抗压强度影响试验研究［J］. 岩土力学，2016，37（3）：694-700.

［77］ 黄中伟，温海涛，武晓光，等. 液氮冷却作用下高温花岗岩损伤实验［J］. 中国石油大学学报：自然科学版，2019，43（2）：68-76.

［78］ 黄中伟，蔡承政，李根生，等. 液氮磨料射流流场特性及颗粒加速效果研究［J］. 中国石油大学学报：自然科学版，2016，40（6）：80-86.

［79］ Huang Z，Xiaoguang W，Ran L，et al. Mechanism of drilling rate improvement using high-pressure liquid nitrogen jet［J］. Petroleum Exploration and Development，2019，46（4）：810-818.

撰稿人：周子龙　王少锋　李夕兵　朱万成　吴志军
　　　　赵高峰　田守嶒　宫凤强　黄炳香

岩土介质多场耦合机理研究进展

一、引言

长期以来，岩土介质多场耦合问题一直是岩土工程学科的前沿方向，受到了众多学者的关注和重视[1-6]。近三十年来，我国在水利、交通、能源和环境等领域的工程建设得到了前所未有的发展，关系国计民生的重大工程的规模和强度都达到了一个新的历史水平。众多学者在岩土介质多场耦合实验、理论及数值模拟方面开展了卓有成效的研究。

据中国知网（CNKI）数据库，以主题词"（岩石 OR 土）AND 耦合"搜索到论文7881篇。1980年以来我国学者在岩土多场耦合领域的发文趋势，可以划分为三个阶段。1991年以前，年发文量仅为个位数，论文数量少，理论水平较低；1991—2002年，发文数量缓慢上升，到2002年达到每年一百篇左右，一定程度上揭示了多场耦合机理；2003年至今，岩土介质多场耦合领域的研究成果呈指数上升，研究成果大量涌现，极大地推动了岩土工程多场耦合学科的发展。

近年来，岩土介质多场耦合理论与工程应用的发展呈现出一些新的特点：从应力—渗流耦合，逐步转向温度—渗流—应力—化学全耦合，更加强调多个物理场的耦合效应；研究对象从均质多孔介质拓展到非均质多孔介质和含裂隙等工程岩土体，更具有代表性；研究手段多样化，从常规三轴应力—渗流实验到复杂环境宏细观实验；采用了诸多新的测试技术，如CT扫描、电子显微镜、核磁共振、同步光源等；研究尺度扩大化，从宏观厘米尺度，拓展到微纳米尺度和工程尺度。基于Scopus数据库统计国内外2017—2020年岩土介质多场耦合领域的发文情况，可以看出中国研究学者的发文量已经远超美国、法国、德国等其他国家的发文量，而且差距正在进一步加大。2017年中国发文量占当年总发文量的49.5%，到2020年，中国发文量已占64%，已成为岩土介质多场耦合研究的重要推动力量。我们另外统计了2017—2020年国内外岩土介质多场耦合理论与实验、数值模拟及工程应用方面的论文数量，可以发现，理论与实验仍然是岩土介质多场耦合研究的重要手段，数值模拟方法在岩土介质多场耦合研究中所占比重不断提高，且越来越多的注重多场耦合理论在岩土工程中的应用。

因此，为了全面反映岩土工程领域多场耦合理论与应用研究的发展动态，本报告将聚焦以下三个关键问题。

一是岩土介质多场耦合机理试验：侧重岩土介质多场耦合实验方法，包括宏细观测试方法及代表性试验成果、岩土介质多场耦合理论及机理认识包括多尺度本构模型及岩土介质多场耦合损伤破坏机理。

二是岩土介质多场耦合数值方法：侧重介绍基于不同理论框架的数值仿真方法，结合不同岩土工程实际问题，探讨最新的数值模拟成果，并分析多场耦合研究面临的技术挑战。

三是岩土介质多场耦合理论的工程应用：重点介绍含裂隙岩体多场耦合效应及灾变控制方法，结合实际工程现场测试和数值仿真研究成果，阐明多场耦合研究的重要性和急迫性。

围绕上述问题，本专题从研究现状、代表性研究成果和未来发展方向等三个方面进行具体阐述。

二、岩土介质多场耦合理论的工程应用研究进展

（一）岩土介质多场耦合机理的试验与理论研究

1. 岩土介质多场耦合实验技术研究

实验是研究岩土体多场耦合机理的重要手段。国内外学者围绕深层地热开发、CO_2地质封存、非常规油气开采、高放废物地质处置、超深埋隧洞等深地工程中的岩土体多场耦合问题开展了大量研究，在岩土体多场耦合实验方法和机理研究方面取得了丰硕的创新性成果。

通过对传统三轴试验装置的逐步改进，研发出了能够考虑不同加/卸载路径、温度、围压等复杂条件的压、剪渗流实验装置，揭示了介质赋存环境及工程作用对岩土体多场耦合特性的影响机制，推动了热-水-力-化学多场耦合机理的研究。H. D. Yu 等[7]针对不同耦合条件下黏土岩的水力耦合特性进行了一系列研究，从微观结构角度揭示了黏土岩水力耦合机制；潘林华等[8]针对碳酸盐岩进行多组不同围压与不同孔隙压力作用下的岩石三轴压缩试验，结合有效应力原理，研究了围压及孔隙水压变化对岩石物理力学性质的影响规律；L. Liu 等[9]针对花岗片麻岩进行了不同孔隙压力下的水-力耦合蠕变试验，揭示了孔隙压力对渗透率演化的影响，探讨了蠕变过程中渗透率与体积应变的关系。另一方面，计算机断层扫描、核磁共振、纳米CT等先进测试技术在岩土介质多场耦合特性研

究中逐渐受到重视，在揭示多场耦合条件岩土介质微观损伤破坏和渗流演化机制方面发挥了不可替代的作用[10-13]。杨永明等[12]基于常规三轴试验研究结果分析了岩石抗压强度、弹性模量和泊松比等力学参数与温度和孔隙率之间的关系，并运用CT扫描技术探讨了温度作用下微观孔隙结构的演化规律。同时，数字图像相关技术（digital image correlation technique，DIC）在过去的三十年里得到了飞速发展，利用该技术可以得到不同状态下的材料变形特性、判断材料损伤萌生和发展机理、确定剪切变形带。该技术在岩土工程领域也得到了大量使用。将扫描电子显微镜、纳米CT等手段与数字图像相关技术相结合，开展岩土介质多场耦合效应定量研究成为新的发展趋势。比如，Yang等[14]研制了岩石水力耦合宏细观测试系统，定量分析了不同尺度黏土岩水力耦合效应。

随着岩土工程多场耦合问题研究的不断深入，越来越多的科研人员专注于研制复杂耦合条件下的岩石力学试验系统。盛金昌[15]等研制出岩石THMC多场耦合效应试验系统，在超高压大流量渗透仪及水流-应力耦合试验系统的基础上增加了温度、化学等因素对岩石试块的影响试验，研究岩石在高温、高渗透压、高应力和复杂化学作用下的岩石渗透性能和力学性能演化；陈卫忠等[16]开发的并联型THM耦合流变仪，可同时进行多个试样不同THM耦合条件下的三轴试验。D. S. Yang等[17]采用数字图像相关技术、扫描电子显微镜和CT扫描技术相结合的方法，实现了黏土岩水力耦合多尺度定量研究。L. P. Frash等[18]将原位CT扫描技术与岩石裂隙直剪渗流试验相结合，实时表征岩石直剪过程中损伤演化对渗透率的影响规律。

现场多场耦合试验已被广泛应用于岩土工程研究，它可以直接观测复杂环境在岩土体力学响应和渗透特性演化规律，被认为是确定岩土体宏观参数、揭示多场耦合效应的最可靠的方法。C. F. Tsang等[19]分析了高放废物地质处置过程中的热-水-力耦合过程，并介绍了4个正在运行中的黏土岩高放废物地质处置实验室，即比利时HADES地下实验室、法国位于BURE和Tournemire的地下实验室以及瑞士Mont Terri地下实验室。近些年，法国、比利时等国利用高放废物地质处置地下实验室重点开展了温度-应力-渗流耦合现场试验，研究升温对围岩力学特性和渗透特性演化规律，获得了一些新的认识，比如黏土岩各向异性特征非常显著。国内学者也非常重视现场试验，锦屏水电站建设期间开展了大量现场试验工作，对岩体水力耦合特性有了更深入的理解和认识。

法国辐射防护与核安全研究所（IRSN）设计并开展了一系列大型原位多场耦合密封试验（SEALEX），用于评估密封系统的长期性能[20, 21]。比利时HADES地下实验室开展了大规模的PRACALY加热试验[22]，旨在研究加热巷道近场（即开挖破坏区内）和远场围岩的THM耦合响应特征，该大型试验在2014年11月3日正式开始加热试验，获得了非常宝贵的现场数据。法国在其Meuse/Haut Marne地下试验室开展了30余种试验设计，包括考虑温度效应和水力耦合效应的密闭试验和现场渗透性评估试验。

利用岩土体多场耦合实验装置，学者们在岩土体多场耦合机理识别方面取得了一系列新认识。曾晋[23]发现温度和围压对岩石试件变形和损伤劣化具有明显的抑制作用，温度越高，围压越大，试件逐渐由脆性断裂向延性破坏转变，体变和环向应变突变点为渗透性加速增大分界点；B. F. Wang等[24]通过在热 – 水 – 力耦合作用下对深部片麻岩开展不同条件下的岩石三轴加载和卸载试验，探讨了深部开采岩石的力学性质，揭示了深部开采岩石在THM耦合作用下的破坏机理。一些学者尝试从微观方面揭示岩土介质的多场耦合机制。胡建华等[25]针对损伤花岗岩开展了应力 – 渗流耦合试验，结合CT扫描技术，考虑渗透压、围压和损伤程度等因素影响，综合分析了损伤岩石在应力 – 渗流耦合作用下的力学和渗流特性。Y. L. Yang等[26]研究了煤岩在热损伤过程中的孔隙演化规律以及热损伤对孔隙发育的影响机理，利用扫描电镜（SEM）对不同温度下煤样的微裂隙演化特征和孔隙形态进行了定性研究。N. Watanabe等[27]开展了400℃高温下裂隙花岗岩试件的水 – 热耦合渗透实验，揭示了裂隙面凸起塑性变形（压溶）和自由面溶解会导致裂隙渗透率降低和提高的现象。D. Elsworth等[28]开展试验探究了矿物组成、纹理、水压等因素对裂隙岩体摩擦及渗透特性演化的影响机理，裂隙凸起体受滑移速度和矿物控制，从而显著改变裂隙渗透率及摩擦强度演化。赵阳升等[29]研究了高温三轴应力下4种不同类型裂隙后期充填花岗岩的渗透特性，得到了不同类型试件渗透率随温度变化的阈值温度。

国内外学者从细观及宏观角度揭示出的岩土体多场耦合行为和机理，为岩土体多场耦合理论和数值模拟研究奠定了基础。

2. 岩土介质多场耦合理论研究

Biot弹性孔隙介质力学和太沙基有效应力原理是岩土介质多场耦合理论的基础。弹塑性理论、损伤力学和断裂力学的发展大力推动了岩土介质多场耦合理论研究。O. Coussy教授基于热力学原理构建了弹塑性温度 – 孔压 – 应力耦合理论框架，系统全面地介绍孔隙介质多场耦合模型，代表性工作可参考其专著 *Poromechanics*[30]。赵阳升院士2015年提出了多孔介质多场耦合力学的理论架构与演变多孔问题[31]。一些学者通过分析和归纳岩土介质多场耦合试验结果，提出了不同的多场耦合本构模型[32-39]，推动了岩土介质多场耦合理论的发展：江涛等[32]先后提出了应力 – 渗流耦合各向异性损伤本构模型，陈益峰等[33]建立了应力 – 温度耦合各向异性损伤本构模型；张志超[34]基于物理守恒定律及非平衡态热力学理论，建立了一种针对饱和岩土体的温度场 – 渗流场 – 应力场（THM）完全耦合问题的理论模型。该模型从理论上确定了热力学体系的耗散力构成，并采用经典非平衡态热力学理论，将能量的耗散归结为一系列迁移系数模型的确定，从理论上统一地给出了所有物理场所应遵循的物理规律，包括一种无需屈服面、流动法则、加卸载准则和硬化/软化准则等概念的应力场本构模型；陈亮等[35, 36]基于不同温度及应力状态下的蠕变特征试验，开展北山花岗岩的蠕变变形特征以及加载条件对其蠕变破坏过程的影响研究，提出了一种新的高温损伤流变元件模型；马永尚等[37]基于不同温度下黏土岩的渗透性试验，考虑热变形对孔隙度的影响，提出了新的渗透系数演化模型，丰富了温度 – 渗流 – 应力耦合损伤模型。随着细观力学的发展，越来越多的学者开始研究岩土介质多场耦合细观本构模型，并取得了一系列创新成果。L. Dormieux 等[38]基于细观力学理论，发展并丰富了 O. Coussy 教授的孔隙介质力学，并出版专著 *Microporomechanics*，奠定了岩土介质多场耦合细观力学基础。邵建富和朱其志等[39]在裂隙岩石多尺度各向异性损伤本构建模方面取得了较为系统的研究成果，提出了先进的五参数损伤-摩擦耦合模型。谢妮等[40]从理论上推导出了考虑孔隙水压力的闭合摩擦微裂隙-岩石基质特征单元体中自由能的解析表达式，建立了孔压-应力耦合本构方程，揭示了孔隙水压力对不同尺度岩石力学行为的影响规律。当前，多场耦合多尺度理论研究已成为岩土工程学科前沿课题，得到了越来越多学者的重视。

近几年，国内外学者围绕岩土介质多场耦合问题，在 THM 和 THMC 本构模型方面取得了一些新的成果，尤其是考虑时间效应的多场耦合模型：周广磊等[41]基于岩石变形与热力学基本理论，建立了温度-应力耦合作用下脆性岩石时效蠕变损伤模型，并提出考虑温度-应力耦合作用下岩石时效蠕变损伤模型的数值求解方法；Y. W. Bekele 等[42]提出了一种基于等几何分析（IGA）的冻结过程热力-水力-力耦合数值模拟模型；B. Yan 等[43]在 Nishihara 模型的基础上，将 Kelvin 模型中的缓冲器改为 Abel 缓冲器，将塑性体模型中的缓冲器改为非线性缓冲器，建立了修正的 Nishihara 模型及其本构方程；刘志航等[44]结合损伤力学理论，考虑化学腐蚀与荷载耦合作用和压密作用，建立相应的分段单轴损伤本构模型，模拟分析化学腐蚀对砂板岩应力应变关系的影响，且用不同浸泡时间后砂板岩单轴压缩试验结果进行验证。

同时，越来越多的学者从事岩土介质多场耦合多尺度研究工作。V. Dubey 等[45,46]考虑页岩原生横观各向同性、裂隙扩展引起的衍生各向异性以及有机物的随机分布，通过均匀化手段提出考虑累积损伤和渗透性变化的多尺度本构模型。K. Gbetchi 和 C. Dascalu[47]建立了脆性岩石动力剪切破坏的双尺度温度-应力-损伤耦合模型；N. M. Vu 等[48]建立了压应力作用下受损岩石中渗透性演化的理论预测模型；刘恩龙和赖远明[49]提出了饱和冻土多场耦合黏塑性损伤本构模型，从饱和冻土的跨尺度细观力学特性入手，解释了饱和冻土的宏观应力-应变关系；刘武等[50]从细观力学角度出发，充分考虑水-力耦合条件下岩石细观特征及其演化，结合热力学理论，建立基于 TOUGHREACT 的岩石细观水力损伤耦合数值模型；朱其志和邵建富[51]在裂隙岩石多尺度孔压-应力耦合本构关系研究方面取得了显著研究进展，针对含孔压微裂隙-岩石基质特征单元体问题，基于均匀化方法建立了孔压-应力-各向异性损伤和摩擦耦合本构模型，推导出了基于细观裂隙扩展机理的岩石破坏准则，相关研究成果已用于我国高放废物处置地下实验室建设工程中的围岩（北山花岗岩）力学特性模拟、硐室选型与优化设计以及硐室（群）结构长期稳定性分析。

另外，韦昌富和 Muraleetharan[52,53]引入了多相孔隙介质界面相容性的概念，建立了多相孔隙介质多场耦合理论，在此基础上，韦昌富[54]成功地将物理化学效应纳入多孔介质力学的理论框架中，建立了多相多组分孔隙介质多场耦合模型，给出能考虑孔隙中矿物-水相互作用效应的组分化学势一般数学表达式。近年来，多场耦合理论的最显著的进展主要体现在对包含微孔材料（如页岩、煤炭）的吸附-膨胀耦合理论[55-57]、多相岩土介质化学-力学耦合理论[54]、多相岩土介质化学-力学耦合理论实现了对微观物理化学效应的宏观表征，已成功地被用于模拟孔隙水的相变[56, 57]等。

（二）岩土工程多场耦合特性数值仿真研究

基于连续介质理论的数值仿真技术在岩土工程多场耦合分析中发挥了重要作用。自1943年提出以来，有限单元法（FEM）得到了迅速发展，已成为最为成熟的工程分析方法，其计算可靠性和效率得到普遍认可，已成为岩体工程分析中应用最为广泛的数值计算方法。20世纪70年代，边界单元法（BEM）首先由英国南安普敦大学土木工程系提出，其基本思路是将给定域的边值问题通过包围该场域的边界积分方程来表示。由于该方法仅需在边界上将积分方程离散为只含有边界节点未知量的代数方程组，从而降低了问题求解的空间维数，大大降低了问题的计算量。由于连续介质理论难以反映裂隙岩体的渐进破坏，基于非连续理论的离散单元法（DEM）、非连续变形分析方法（DDA）等在岩土工程多场耦合分析应用也越来越多[58]。Cundall最早提出了离散单元法（DEM）的概念，DEM将岩土体材料视为不同形状和大小颗粒的集合体。颗粒之间的相互作用力通过连接颗粒的弹簧来表示，弹簧位移与颗粒间作用力之间的关系被称为颗粒相互作用本构关系。微观本构参数需要通过宏观材料变形实验反演获得。离散裂隙网络模型考虑了裂隙发育特征和空间结构，适合于定量化地描述一定尺度下裂隙网络内发生的流动现象。刘泉声与刘学伟[59]对多场耦合作用下岩石裂隙演化的主要问题进行了详细研究，分析了数值模拟流形元法在岩石多场耦合模拟中的优势。对于岩溶较为发育的含水层介质，离散管道-连续介质耦合模型能够很好地描述岩溶管道分布以及管道内的层流及紊流流态，是目前主流的岩溶介质渗流分析模型[60, 61]。

为了解决裂隙岩体多场耦合模拟难题，二十世纪八十年代以来，美国伯克利实验室研发了TOUGH程序，并针对二氧化碳地质封存、地热开采、水力压裂等不同工程特点研发相应的子模块，如TOUGHREACT通过引进化学反应方程，在多场耦合模拟中考虑了矿物群和液体相互作用、沉淀和溶解等物理过程，及其对地层的孔隙度、渗透率和变形的影响。通过将TOUGH与不同岩土工程模拟工具相结合，实现了多场耦合作用下岩体破裂过程模拟，TOUGH-RDCA实现了CO_2注入导致的盖层中裂缝扩展模拟[62]。

近年国内外学者在DECOVALEX（Development of Coupled models and their Validation against Experiments）[63]、GTO-CCS（Geothermal Technology Office's Code Comparison Study）[64]、FORGE（Frontier Observatory for Research in Geothermal Energy）[65]等国际合作项目的支持下，针对岩土介质多场耦合效应开展了大量研究，尤其岩土工程多场耦合模拟方法得到了

快速发展，已初步实现了热－水－力－化四场全耦合测试与计算。

1. 多孔介质多场耦合及渐进破坏数值模拟方法

鉴于其在大型工程数值仿真效率方面的优势，有限元（FEM）被广泛用于岩土工程多场耦合分析。陈卫忠等[66]针对比利时 HADES 地下实验室 PRACLAY 现场加热试验，应用温度－渗流－应力耦合弹塑性模型，开发了相应的 FEM 数值程序，模拟现场加热过程中泥岩核废料处置库的水力学响应特征。THMC 多场耦合效应数值模拟的重难点主要在于确定化学场作用下水化学对岩石参数的影响和化学场作用下矿物的运移机制，进一步得出考虑化学场的裂隙岩体多场耦合作用机理[67]。

为了能够模拟岩土体渐进破坏过程，美国、加拿大、中国多个研究团队基于有限－离散元耦合法（FDEM）成功研发了水力耦合过程裂缝扩展模拟算法和软件。多伦多大学 Grasselli 团队利用二维 FDEM 成功揭示了含多组节理储层中水力裂缝的扩展规律[68]。洛萨拉莫斯实验室周雷研究了二维 FDEM 构架下模拟时间步长对水力裂缝扩展模拟结果的影响规律，为 FDEM 水力压裂模拟时间步长的选取提供了依据[69]。为了克服 FDEM 等离散元方法中裂缝只能沿单元边界扩展、网格对计算结果影响大的缺点，郑宏课题组[70]开发了基于数值流形法（NMM）的二维水力裂缝模拟方法。朱其志等人通过耦合有限单元法和近场动力学法，模拟了饱和多孔介质中水力裂缝的扩展和分岔现象[71]。C. Z. Yan[72] 和 Grasselli 将 FDEM 拓展到三维水力压裂模拟，Grasselli 还利用 GPU 并行技术对三维 FDEM 水力压裂模拟软件进行了加速优化[68]，实现了计算提速 100 倍以上。X. H. Tang 等[73]通过联合有限－无网格法与 TOUGH 软件，开发了三维水力压裂模拟算法，并被用于研究水平井多水力裂缝同时扩展时的相互干扰机理。目前，TOUGH 团队已开发出大规模并行版本 TOUGH3，极大地提高了数值模拟效率。

2. 复杂裂隙岩体多场耦合数值模拟方法

国外学者持续在 DECOVALEX－2019、GTO－CCS 等国际合作项目框架下开展研究，采用各种多场耦合程序对深部地下工程中普遍存在的多场耦合过程进行了对比研究[74]。J. Rutqvist 等[74,75]采用 TOUGH－FLAC 研究了阿尔及利亚 InSalah CO_2 地质封存、美国 Geysers 地热田等深地项目中的岩体变形与压力变化规律。J. Lee 等[76]采用 TOUGH2－UDEC 对裂缝性多孔介质由于水力和热力引起的离散裂缝剪切滑移及相应地多场耦合过程进行定量分析。P. K. Kang 等[77]采用地下流动和传输的大规模并行计算程序 PFLOTRAN 探究了裂隙孔径非均质性和示踪剂注入模式相互影响下的三维离散裂隙网络 DFN 中的流体流动和示踪剂运移规律，并构建定量模型来表征三维裂隙网络内的初始拉格朗日速度分布特征。S. N. Pandey 等[78,79]分析了有限差分、有限元、有限体积等数值方法在裂隙性热储建模中的应用，评估力学变形、流体渗流、传热、化学反应等两场及多场耦合作用对热能提取的影响。

国内学者针对裂隙岩体多场耦合行为的控制方程、耦合条件、模拟算法等方面开展了较为系统的研究。陈卫忠等[80]建立了低温冻融条件下岩体温度-渗流-应力/损伤耦合模型，并分析研究了极端气候条件下寒区隧道围岩冻胀力变化规律。马国伟等[81,82]提出了"统一管网"方法，能够将二维、三维裂隙网络模型中的多场耦合计算简化为多个一维计算过程，显著降低了多场耦合计算的复杂度。周小平等[83]在提出了热-水-力-化化耦合的近场动力学数值模型，模拟了岩体在多场耦合作用下的破裂过程。针对碳酸盐岩裂隙热储层酸化压裂过程，赵志宏等[84,85]建立了热-水-力-化控制方程与耦合条件，分析了裂隙开度、储层温度、地应力、酸液浓度和注入速率等因素对压裂改造效果的影响规律，并应用于我国华北地区碳酸盐岩热储压裂改造效果评价。

可见，国内外学者在裂隙岩体多场耦合模拟方法方面进行了新的拓展，并已应用于实际工程，比如韩国 Pohang 地区 EGS 开采诱发地震的机理解释[86]、西南页岩气及煤矿煤层气压裂工艺评估及优化等[87-90]，为深地能源工程优化设计与安全运维提供了有效模拟工具。

3. 岩土介质多相渗流模拟方法

环境岩土和能源工程中岩土体多场耦合效应经常需要解决多相渗流模拟难题。岩土介质多相渗流的模拟方法主要有基于模拟颗粒运动和相互作用的格子玻尔兹曼方法（LBM）、基于连续介质模型的流体体积法（volume-of-fluid method，VOF）、水平集法（level-set model，LSM）、相场模型方法（phase field model，PFM）和孔隙网络模型方法（PNM）等。格子玻尔兹曼方法利用不同粒子边界反映多相界面，而 VOF 和 LSM 方法则通过求解宏观方程并根据指标变化来追踪界面移动。与 VOF 和 LSM 方法相比，LBM 方法具有程序实现简单、并行效率高、介质几何模型构建简单等突出优点。孔隙网络模型方基于局部压力判别式确定多相界面位置，该方法根据流动条件不同可分为准静态[91]和动态孔隙网络模型[92]，均具有极高的求解效率。除此之外，生物、化学领域与岩土介质多相渗流学科交叉的问题也方兴未艾。J. S. T. Adadevoh 等[93]探究了多孔介质孔隙结构和化学梯度对细菌运移和弥散的影响；I. L. Molnar 等[94]综述了胶体（非牛顿流体）在岩土介质中运移的理论模式以及控制理论；还有学者研究了矿物沉淀对岩土介质的填充闭合作用以及对渗透率的影响[95,96]，为实际工程应用奠定了基础。

（三）多场耦合理论在岩土工程中的应用

岩土工程多场耦合理论和数值模拟方法的发展，推动了实际工程的安全建设，有效降低了多场耦合效应引起的工程灾害。水利水电工程的渗流控制、交通隧道突水突泥防治、矿山煤与瓦斯防治、石油天然气与热能开发、高放废物地下处置库安全等都需要考虑岩土体多场耦合效应，并给出相应的工程处置措施。水电工程中，由于岩体结构复杂，工程区范围巨大，通过室内实验获取的岩体渗透系数代表性差，需要基于现场监测数据和反馈分析获取场地尺度的代表性渗流参数，再提出相应的防渗控渗设计。大型岩土工程中广泛应用的渗流控制措施主要包括防渗、排水和反滤三大类,防渗措施主要包括防渗帷幕、防渗墙、防渗面板、防渗铺盖等,排水措施主要包括排水孔、排水井、排水洞、排水廊道等。近年来,防渗排水系统的精细模拟技术取得了长足发展,为大型防渗排水系统的优化设计和性能评价提供了重要技术支撑[97]。渗流控制系统的优化设计主要针对渗控措施的空间布局和设计参数。通过数值模拟,人们针对防渗帷幕深度、厚度、渗透性、注浆加固周期和防渗排水布置方案,提出了渗流控制的优化设计方案[98]。

另一方面,裂隙岩体多场耦合特性及其对工程灾变效应的效应及调控也是研究热点:多场耦合条件下裂隙岩体压裂改造与断层滑移是深地能源工程的共性技术难题,国内外学者围绕该技术难题开展了广泛的试验与模拟研究[99],包括人工裂缝扩展与天然裂隙的相互作用[100]、压裂过程中的多场耦合机理[101]、高温高压条件下注流体诱发断层滑移机理与防控技术[102]、压裂增产改造微震监测与解译技术[103]等,已初步形成了复杂裂隙岩体水力压裂理论与诱发地震预测方法,为深地能源/资源可持续开发提供了技术保证。这里我们侧重介绍多场耦合条件下裂隙岩体压裂改造与断层滑移灾变控制。

国外学者针对裂缝储层压裂耦合机理,储层增产改造工艺、断层滑移预测与防控等开展了大量研究[104]。A. Kamali 等[104]开展裂缝储层注水压裂诱发天然裂隙剪切滑移的裂纹尖端扩展过程模拟研究,得出当储层的偏地应力较低或平均地应力较高时,裂缝剪切扩展过程对缝网形成和渗透率提高起主要作用。A. Abe 等[105]通过开展实验室规模的水力压裂试验,得出当水力裂缝沿先存天然裂隙扩展时,天然裂隙尖端产生翼型裂缝,而当水力裂缝穿过天然裂隙时,天然裂隙尖端不会产生翼型裂缝,水力裂缝是否终止或穿过天然裂隙受岩体应力状态、裂隙摩擦系数和天然裂隙方位等因素决定。E. Ucar 等[106]开展裂缝储层注水压裂剪切增渗模拟研究,同时考虑裂缝/基质流体流动以及裂缝剪切滑移、法向剪胀等水力耦合过程,表明较大的基质渗透率会造成裂缝流体泄露,导致裂缝内压力降低而抑制微震活动;相反,较低的基质渗透率抑制裂隙流体滤失,即使停止注水,也可能会产生微震事件。Y. Guglielmi 等[107, 108]研制了一种岩体裂隙/结构面原位特性测量的钻孔步进注入方法(SIMFIP)来定量测试表征不同地质环境下的裂隙力学及水力特性变化,将其应用于美国 Sanford 地下试验室结晶岩围岩的注水压裂过程监测,随着注水压力增大,裂隙膨胀及滑移变形可由钻孔轴向及径向值变化表征,为储层压裂改造及裂隙流动特性演化表征提供原位监测数据。

国内学者开展大量工作研究裂缝储层压裂裂缝扩展贯通过程,以指导多场耦合条件下裂缝储层的压裂增产改造[109-111]。冯夏庭等[112]开展裂缝性热储层压裂增产的热-水-力耦合模拟研究,冷水注入下热储层裂隙热应力诱导破裂、拉伸-剪切混合断裂扩展贯通,以及裂隙剪切膨胀变形等复杂演化是裂缝性储层主要的增产机制,而且注-采井之间形成的锯齿形人工压裂裂隙会造成明显沟槽流现象。郭建春等[113]研究预酸化处理下页岩储层的复杂水力裂缝扩展过程,页岩中碳酸盐矿物溶解造成的孔隙结构演化和力学性质变化有利于裂缝的扩展，酸蚀储层中更易形成复杂裂缝；在天然裂缝部分发育或地应力差较大的页岩储层，酸化处理造成的酸溶裂缝和水平应力比下降将导致裂缝形态更加复杂，储层增产体积更大。黄中伟等[114]开展天然裂缝性油藏CO_2压裂模拟研究，与滑溜水和凝胶诱导裂缝相比，CO_2压裂由于破裂压力和裂缝压降较低，可产生相对较长且窄的裂缝；与传统水–基压裂液相比，CO_2可激活更多天然裂缝贯通，其中间距较小、长度较长的天然裂缝更易被激活。邵建富等[115]开展水–热耦合条件下孔–裂隙介质塑性变形及传热对水力压裂裂缝扩展过程影响研究，表明塑性屈服区域分布于裂隙周围，塑性变形会造成断裂扩展压力升高及扩展速度降低，但塑性变形对断裂扩展方向影响较小。

可见，国内外学者在充分掌握裂隙岩体多场耦合机理的基础上，不断尝试新的模拟方法与现场测试技术对多场耦合条件下裂隙岩体压裂改造与断层滑移行为进行探究，提出了针对不同地质环境及地应力条件的储层压裂改造技术，并为断层滑移防控及微震预测提供技术支撑。

三、岩土介质多场耦合机理研究面临的挑战与对策

（一）岩土介质多场耦合机理的试验与理论研究

1. 岩土介质多场耦合多尺度实验方法

岩土介质 THMC 耦合研究仍处在快速发展阶段，目前这方面的研究成果主要集中在环境岩土、高放废物处置等工程中的 THMC 耦合问题，针对地下空间开发和深部矿产资源开采存在的 THMC 耦合作用机理研究还需进一步加强。岩土体 THMC 多场耦合作用的研究难点在于化学场的引入，如何建立考虑 THMC 耦合效应的统一模型，提出科学的参数确定方法，将是未来岩土多场耦合问题研究的重点和难点之一。

岩土介质多场耦合特性多尺度测试是当今实验测试的趋势。尽管高分辨率无损检测技术取得了跨越式发展，但是，由于岩土体结构的多样性、THMC 耦合机理的复杂性，目前仍缺乏理想的岩土体 THMC 多尺度原位测试设备，需要进一步研发新的岩土体多场耦合多尺度试验方法，准确、快速识别岩土体损伤破坏过程，合理确定多场耦合参数。

2. 岩土介质多场耦合多尺度理论方法

目前岩土工程多场耦合理论仍存在两大方面的挑战：一是主流模型（如 Coussy 多孔介质理论）没能充分描述矿物–孔隙溶液之间的物理化学作用，二是缺乏有效理论可用于模拟微孔材料的吸附–变形耦合问题。带电多孔介质（如黏性土）以及固体骨架与孔隙溶液间复杂的相互作用，使孔隙中孔压分布不均匀，目前的多场耦合理论一般都是从 Coussy 的理论发展而来，没能充分考虑这些物理化学作用。对于微孔材料，孔隙尺寸往往只有一两个纳米，孔隙流体分子间出现强烈的相互作用，使得孔隙压力、孔隙率等概念失去了定义，因此如何模拟此类多孔材料的吸附–变形耦合问题一直是挑战。解决上述问题需要从

物理化学基本原理，结合现代多孔介质理论，建立能够系统考虑热传导－渗流／扩散－变形／破坏－化学反应等岩土介质多过程耦合理论。

在裂隙岩体多场耦合本构理论研究方面，渗流－应力耦合问题的研究取得了显著研究进展，但是考虑温度效应的两场和三场耦合问题的研究进展较为缓慢。尽管基于张量不变量理论的宏观唯象多场耦合模型已经得到广泛采用，但是通过纯粹细观力学手段建立岩石温度－应力－损伤耦合模型以及温度－渗流－应力－损伤耦合模型的研究较少、难度较大。这主要是因为，在渗流－应力耦合问题研究中的裂隙自相似型扩展假设不再适用，针对非均质多场耦合系统的问题分解方法更为复杂，在各向异性裂隙扩展和损伤－摩擦耦合框架下的系统自由能解析表达式的理论推导极具挑战。为此，探索不变量理论和细观力学推导相结合的研究方式，通过前者确定多场耦合的基本形式，为特征单元体问题分解提供思路，进而利用宏细观手段确定完整表达式，将是较为有效的研究路径。

（二）岩土工程多场耦合特性数值仿真研究

不论是从经典数学理论还是现代数学理论出发，关于岩土工程多场耦合问题的适定性（即理论解的存在、稳定和唯一性）研究至今罕见报道，相应的解析解更是少之又少。因此，亟须大力开展岩土工程多场耦合问题的数学基础理论的研究。以解耦为主的数值方法是岩土工程数值模拟的先行者，目前仍得到普遍的使用。从理论上讲，此类方法属于算子分裂法的范畴，其在稳定性、收敛性和计算精度等方面均存在较大的局限性，适用范围受到初边值条件和材料参数的明显限制。因此，需要进一步开展针对解耦方法的严格的理论分析。

全耦合方法在理论上可以更好地逼近解析解（如果存在的话），但在计算效率和程序易开发性方面稍逊一筹。由于岩土工程多场耦合模型解析解的普遍缺失，为了保证良好的计算精度并为解耦方法提供可参考的理论解，努力发展全耦合的数值方法是十分必要的。此外，在多场耦合数值计算过程中，涉及的参数通常可达十几个甚至几十个。以当前的技术，要想精确地测定某个模型全部的相关参数，仍然相当困难。为此，应该稳步发展高效稳定的多场耦合参数的反演算法，才能实现复杂理论与工程实际相结合的目标。

随着工程建设的发展，岩体赋存条件越来越复杂，工程难度越大越大，需要结合不同的工程，针对以下挑战继续推动岩土工程多场耦合算法和软件的研发：岩体是非连续、各向异性的多孔介质材料，包含纳米孔隙、微细观裂隙、宏观节理和断层等多尺度的非连续结构。单一的宏观尺度模拟难以反映深部高温、高压、地下水、CO_2 侵蚀作用下矿物晶体的化学和力学演变规律，难以反映压溶过程对断层滑动行为的控制作用。非常有必要研究建立岩土体多尺度多场耦合算法，从微细观尺度发展统一的多场耦合作用下裂隙岩体破裂和流变模拟算法。

当前，尽管中国学者在岩土体多场耦合算法研究方面做出了杰出贡献，但是国内市场仍然被 COMSOL、ABAQUS 等商业软件占领，需要加快推进科研院所和公司的合作，研发具有国际竞争力的商业化国产软件，解决核心软件卡脖子难题。

（三）多场耦合理论工程应用——裂隙岩体多场耦合问题

深部资源/能源可持续开发是我国实现"碳达峰""碳中和"目标的重要途径之一，深地能源工程建设和运维周期跨越百年甚至万年超长时间尺度，所建立的裂隙岩体多场耦合理论及评价方法仍需进一步发展以考虑多场耦合长期效应的重要影响，并通过合理的调控方法，达到改善围岩工程性质、提高资源开采效率、节省工程投资、增强防灾减灾能力的目的（见图1）。

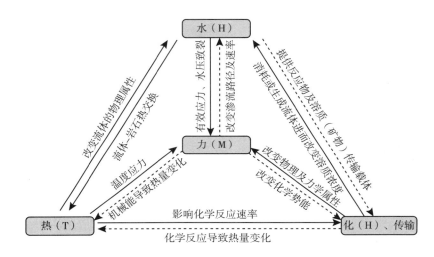

图 1　裂隙岩体多场耦合示意图（实线表示已大量研究的耦合过程，虚线表示仍需深入研究的耦合过程）

（1）虽然针对多场耦合条件下岩石裂隙的强度、变形、渗透性等工程特性已开展了较多研究，但对于裂隙岩体传热传质特性在多场耦合作用下的时空演化规律尚未认识清楚，而传热传质过程是深地能源工程的核心所在，故亟须研发原位可视化试验技术对多场耦合条件下裂隙内部传热传质过程进行实时监测。

（2）虽已初步形成了适用于不同尺度的深部裂隙岩体多场耦合模拟方法，但由于缺乏时间相依性的理论模型和耦合关系，尚无成熟的数值方法可准确预测深部裂隙岩体百年至万年长时间尺度的多场耦合演化过程，同时也没有如此长时间尺度的试验数据进行模型验证。相对于力学作用的瞬时效应，热–力–化的耦合作用对裂隙岩体渗流传热传质行为的影响具有显著的时间效应，故亟须探究离心机模型试验用于裂隙岩体多场耦合过程研究的可行性与时空相似法则，推导可考虑时间效应的岩石裂隙热传导系数、换热系数、传质系数等物性参数的理论模型。

（3）虽然已初步形成了深部裂隙岩体多场耦合效应调控技术体系，但深地工程通常规模庞大、岩体参数直接测量困难，且裂隙围岩-工程结构相互作用关系复杂，导致对深部裂隙岩体多场耦合效应及其灾变机理认识不清，严重制约了深层资源/能源的可持续开发。今后，仍需针对多场耦合条件下深地工程的孕灾机理和调控方法进行系统研究，协同控制裂隙岩体增渗改造与断层阻滑，建立基于物联网监测与大数据分析的深地工程设计、工程决策、灾害预警信息化平台。

参考文献

[1] 中国工程院全球工程前沿项目组. 全球工程前沿[M]. 高等教育出版社，2020.

[2] 赵志宏，刘桂宏，徐浩然. 深地能源工程热水力多场耦合效应高效模拟方法[J]. 工程力学，2020，37（6）：1-18.

[3] 井兰如，冯夏庭. 放射性废物地质处置中主要岩石力学问题[J]. 岩石力学与工程学报，2006，25（4）：833-841.

[4] TSANG C F, BERNIER F, DAVIES C. Geohydromechanical processes in the Excavation Damaged Zone in crystalline rock, rock salt, and indurated and plastic clays in the context of radioactive waste disposal[J]. International Journal of Rock Mechanics and Mining Sciences, 2005, 42: 109-125.

[5] ZHANG C L, ROTHFUCHS T, SU K. Experimental study of the thermo-hydro-mechanical behaviour of indurated clays[J]. Physics and Chemistry of the Earth, Parts A/B/C, 2007, 32（8）: 957-965.

[6] SHAO J F, JIA Y, KONDO D, CHIARELLI A S. A coupled elastoplastic damage model for semi-brittle materials and extension to unsaturated conditions[J]. Mechanics of Materials, 2006, 38（3）: 218-232.

[7] YU H D, CHEN W Z, JIA S P, et al. Experimental study on the hydro-mechanical behavior of Boom clay[J]. International Journal of Rock Mechanics and Mining Sciences, 2012, 53: 159-165.

[8] 潘林华，张士诚，程礼军，等. 围压-孔隙压力作用下碳酸盐岩力学特性实验[J]. 西安石油大学学报：自然科学版，2014，29（5）：17-20.

[9] LIU L, XU W Y, WANG H L, et al. Permeability evolution of granite gneiss during triaxial creep tests[J]. Rock Mechanics and Rock Engineering, 2016, 49（9）: 3455.

[10] 宋晓夏，唐跃刚，李伟，等. 基于显微CT的构造煤渗流孔精细表征[J]. 煤炭学报，2013，38（3）：435-440.

[11] 崔冠哲，申林方，王志良，等. 基于格子Boltzmann方法土体CT扫描切片细观渗流场的数值模拟[J]. 岩土力学，2016，37（5）：1497-1502.

[12] 杨永明，鞠杨，陈佳亮，等. 温度作用对孔隙岩石介质力学性能的影响[J]. 岩土工程学报，2013，35（5）：856-864.

[13] TIAN H H, WEI C F, WEI H Z, ZHOU J Z. Freezing and Thawing Characteristics of Frozen Soils: Bound Water Content and Hysteresis Phenomenon[J]. Cold Regions Science and Technology, 2014, 103: 74-81.

[14] YANG D S, BORNERT M, CHANCHOLE S, GHARBI H, and VALLI P. Dependence on Moisture Content of

Elastic Properties of Argillaceous Rocks Investigated with Optical Full-Field Strain Measurement Techniques [J]. International Journal of Rock Mechanics and Mining Sciences, 2012, 54: 53–62.

[15] 盛金昌, 杜昀宸, 周庆, 等. 岩石THMC多因素耦合试验系统研制与应[J]. 长江科学院院报, 2019, 3(3), 145–150.

[16] 陈卫忠, 李翻翻, 马永尚, 等. 并联型软岩温度-渗流-应力耦合三轴流变仪的研制[J]. 岩土力学, 2019, 40 (3): 1213–1220.

[17] YANG D S, CHEN W Z, WANG L L, et al. Experimental microscopic investigation of the cyclic swelling and shrinkage of a natural hard clay [J]. Geotechnique, 2019, 69 (6): 481–488.

[18] FRASH L P, CAREY J W, LEI Z, et al. High-stress triaxial direct-shear fracturing of Utica shale and in situ X-ray microtomography with permeability measurement [J]. Journal of Geophysical Research: Solid Earth, 2016, 121(7): 5493–5508.

[19] TSANG C F, BARNICHON J D, BIRKHOLZER J, et al. Coupled thermo-hydro-mechanical processes in the near field of a high-level radioactive waste repository in clay formations [J]. International Journal of Rock Mechanics and Mining Sciences, 2012, 49: 31–44.

[20] MOKNI N, BARNICHON J D. Hydro-mechanical analysis of SEALEX in-situ tests-Impact of technological gaps on long term performance of repository seals [J]. Engineering Geology, 2016, 205: 81–92.

[21] GUERRA A M, CUI Y J, MOKNI N, et al. Investigation of the hydro-mechanical behaviour of a pellet/powder MX80 bentonite mixture using an infiltration column [J]. Engineering Geology, 2018, 243: 18–25.

[22] DIZIER A, CHEN GJ, VERSTRICHT J, et al. The large-scale in situ PRACLAY heater test: First observations on the in situ thermo-hydro-mechanical behaviour of Boom Clay [J]. International Journal of Rock Mechanics and Mining Sciences, 2021, 137: 104558.

[23] 曾晋. 温度-渗流-应力耦合作用下岩石损伤及声发射特征研究[J]. 水文地质工程地质. 2018, 45 (1): 69–74.

[24] WANG B F, SUN K M, LIANG B, et al. Experimental research on the mechanical character of deep mining rocks in THM coupling condition [J]. Energy Sources, Part A, 2019, 43: 1–15.

[25] 胡建华, 董喆喆, 马少维, 等. 应力-渗流耦合作用下损伤岩石渗流特性[J]. 黄金科学技术, 2021 (3): 1–13.

[26] YANG Y L, ZHENG K Y, LI Z W, et al. Experimental study on pore-fracture evolution law in the thermal damage process of coal [J]. International Journal of Rock Mechanics and Mining Sciences, 2019, 116: 13–24.

[27] WATANABE N, SAITO K, OKAMOTO A, et al. Stabilizing and enhancing permeability for sustainable and profitable energy extraction from superhot geothermal environments [J]. Applied Energy, 2020, 260: 114306.

[28] ELSWORTH D, IM K, FANG Y, et al. Induced Seismicity and Permeability Evolution in Gas Shales, CO_2 Storage and Deep Geothermal Energy [J]. GeoShanghai International Conference, Springer, 2018: 1–20.

[29] 阴伟涛, 赵阳升, 冯子军. 高温三轴应力下裂隙后期充填花岗岩渗透特性试验研究[J]. 岩石力学与工程学报, 2020, 39 (11): 261.

[30] COUSSY O. Poromechanics [M]. Wiley, 2010: 312.

[31] 赵阳升, 梁卫国, 冯增朝, 等. 多孔介质多场耦合力学的理论架构与演变多孔介质问题[C]// 中国力学大会.2015论文摘要集.

[32] JIANG T, SHAO J F, XU W Y, et al. Experimental investigation and micromechanical analysis of damage and permeability variation in brittle rocks [J]. International Journal of Rock Mechanics and Mining Sciences, 2013, 247: 703–713.

[33] CHEN Y, LI D, JIANG Q, et al. Micromechanical analysis of anisotropic damage and its influence on effective thermal conductivity in brittle rocks [J]. International Journal of Rock Mechanics and Mining Sciences, 2012,

50：102-116.

[34] 张志超. 饱和岩土体多场耦合热力学本构理论及模型研究［M］. 清华大学 博士论文 2013 年.

[35] 陈亮, 刘建锋, 王春萍, 等. 不同温度及应力状态下北山花岗岩蠕变特征研究［J］. 岩石力学与工程学报, 2015, 34（6）：1228-1235.

[36] 王春萍, 陈亮, 梁家玮, 等. 考虑温度影响的花岗岩蠕变全过程本构模型研究［J］. 岩土力学, 2014, 35（9）：2493-2500.

[37] 马永尚. 泥岩各向异性热–水–力耦合特性–基 ATLAS III 现场加热试验［J］. 岩土力学, 2018, 39（2）：426-44.

[38] DORMIEUX L, KONDO D, ULM FJ. Microporomechanics［M］. Chichester, England：John Wiley and Sons, 2006.

[39] 朱其志, 刘海旭, 王伟, 等. 北山花岗岩细观损伤力学本构模型研究［J］. 岩石力学与工程学报, 2015, 34（3），433-439.

[40] XIE N, ZHU Q Z, SHAO J F, XU L H. Micromechanical analysis of damage in saturated quasi brittle materials［J］. International Journal of Solids and Structures, 2012, 49（6）：919-928.

[41] 周广磊, 徐涛, 朱万成, 等. 基于温度–应力耦合作用的岩石时效蠕变模型［J］. 工程力学, 2017, 34（10）：1-8.

[42] BEKELE Y W, KYOKAWA H, KVARVING A M, et al. Isogeometric analysis of THM coupled processes in ground freezing［J］. Computers and Geotechnics, 2017, 88：129.

[43] YAN B, GUO Q, REN F, et al. Modified Nishihara model and experimental verification of deep rock mass under the water-rock interaction［J］. International Journal of Rock Mechanics and Mining Sciences, 2020, 128：104250.

[44] 刘志航, 王伟, 李雪浩, 等. 考虑化学腐蚀作用的砂板岩损伤本构模型［J］. 安徽工业大学学报：自然科学版, 2020, 37（4）.

[45] DUBEY V, ABEDI S, NOSHADRAVAN A. A multiscale modeling of damage accumulation and permeability variation in shale rocks under mechanical loading［J］. Journal of Petroleum Science and Engineering, 2021, 198：108123.

[46] DUBEY V, MASHHADIAN M, ABEDI S, et al. Multiscale Poromechanical Modeling of Shales Incorporating Microcracks［J］. Rock Mechanics and Rock Engineering, 2019, 52：5099-5121.

[47] GBETCHI K, DASCALU C. Two-scale thermomechanical damage model for dynamic shear failure in brittle solids［J］. Continuum Mechanics and Thermodynamics, 2021, 33：445-473.

[48] VU N M, NGUYEN T S, TO Q D, et al. Theoretical predicting of permeability evolution in damaged rock under compressive stress［J］. Geophysical Journal International, 2017, 209：1352-1361.

[49] 刘恩龙, 黄润秋, 何思明. 岩样变形特性的二元介质模拟［J］. 水利学报, 2012, 43（10），1237-1242.

[50] 刘武, 过申磊, 陆倩, 等. 基于 TOUGHREACT 的岩石水力损伤耦合数值模型研究［J］. 岩土工程学报, 2021.

[51] 朱其志. 多尺度岩石损伤力学［M］. 科学出版社, 2019.

[52] WEI C. F. and K. K. Muraleetharan, A continuum theory of porous media saturated by multiple immiscible fluids：II. Lagrangian description and variational structure［J］. International Journal of Engineering Science, 2002. 40(16)：1835-1854.

[53] WEI C.F. A theoretical framework for modeling the chemomechanical behavior of unsaturated soils［J］. Vadose Zone J, 2014, 13（9）：1-21.

[54] PREVOST JH. Two-way coupling in reservoir-geomechanical models：vertex-centered Galerkin geomechanical model cell-centered and vertex-centered finite volume reservoir models［J］. Int J Numer Meth Eng, 2014, 98（8）：

612-624.

［55］PERRIER L, PIJAUDIER-CABOT G, GREGOIRE D. Poromechanics of adsorption-induced swelling in microporous materials: a new poromechanical model taking into account strain effects on adsorption［J］. Continuum Mech Thermodyn, 2015, 27: 195-209.

［56］VERMOREL R, PIJAUDIER-CABOT G. Enhanced continuum poromechanics to account for adsorption induced swelling of saturated isotropic microporous materials［J］. European Journal of Mechanics A/Solids, 2014, 44: 148-156.

［57］ZHANG Y. Mechanics of adsorption-deformation coupling in porous media［J］. Journal of the Mechanics and Physics of Solids, 2018, 114: 31-54.

［58］周云. 含天然裂缝岩层水力压裂缝网形成机理与扩展有限元数值模拟研究［D］. 中国科学院武汉岩土力学研究所, 2019.

［59］刘泉声, 刘学伟. 多场耦合作用下岩体裂隙扩展演化关键问题研究［J］. 岩土力学, 2014, 35（2）: 305.

［60］GALLEGOS J J, HU B X, DAVIS H. Simulating flow in karst aquifers at laboratory and sub-regional scales using MODFLOW-CFP［J］. Hydrogeology Journal, 2013, 21: 1749-1760.

［61］CHANG Y, WU J, LIU L. Effects of the conduit network on the spring hydrograph of the karst aquifer［J］. Journal of Hydrology, 2015, 527: 517-530.

［62］PAN P Z, RUTQVIST J, FENG X T, et al. TOUGH-RDCA modeling of multiple fracture interactions in caprock during CO_2 injection into a deep brine aquifer［J］. Computers & Geosciences, 2014, 65: 24-36.

［63］JING L, TSANG C F, STEPHANSSON O. DECOVALEX-An international co-operative research project on mathematical models of coupled THM processes for safety analysis of radioactive waste repositories［J］. International Journal of Rock Mechanics and Mining Sciences and Geomechanics Abstracts, 1995, 32（5）: 389-398.

［64］WHITE MD, PODGORNEY R, KELKAR S M, et al. Benchmark problems of the geothermal technologies office code comparison study［R］. Pacific Northwest National Laborator, Richlan, Washington, 2016.

［65］ALLIS R, MOORE J, DAVATZES N, et al. EGS concept testing and development at the Milford, Utah FORGE site ［C］//Proceedings, 41st Workshop on Geothermal Reservoir Engineering, Stanford University, California, 2016.

［66］陈卫忠, 马永尚, 于洪丹, 等. 泥岩核废料处置库温度-渗流-应力耦合参数敏感性分析［J］. 岩土力学, 2018, 39（2）: 407-416.

［67］BIRKHOLZER J T, TSANG C F, BOND A E, et al. 25 years of DECOVALEX – Scientific advances and lessons learned from an international research collaboration in coupled subsurface processes［J］. International Journal of Rock Mechanics and Mining Sciences, 2019, 122: 103995.

［68］LISJAK A, P KAIFOSH, L HE, et al. A 2D, fully-coupled, hydro-mechanical, FDEM formulation for modelling fracturing processes in discontinuous, porous rock masses［J］. Computers and Geotechnics, 2017, 81: 1-18.

［69］ZHOU L, E ROUGIER, MUNJIZA A, et al. Simulation of discrete cracks driven by nearly incompressible fluid via 2D combined finite-discrete element method［J］. International Journal for Numerical and Analytical Methods in Geomechanics, 2019, 43（9）: 1724-1743.

［70］YANG Y T, TANG X H, ZHENG H, et al. Hydraulic fracturing modelling using the enriched numerical manifold method［J］. Applied Mathematical Modelling, 2018, 53: 462-486.

［71］NI T, PESAVENTO F, ZACCARIOTTO M, et al. Hybrid FEM and peridynamic simulation of hydraulic fracture propagation in saturated porous media［J］. Computer Methods in Applied Mechanics and Engineering, 2020, 366: 113101.

［72］YAN C Z, JIAO Y Y, ZHENG H. A fully coupled three-dimensional hydro-mechanical finite discrete element approach with real porous seepage for simulating 3D hydraulic fracturing [J]. Computers and Geotechnics, 2018, 96: 73-89.

[73] TANG X H, RUTQVIST J, HU M S, et al. Modeling three-dimensional fluid-driven propagation of multiple fractures using TOUGH-FEMM [J]. Rock Mechanics and Rock Engineering, 2019, 52: 611-627.

[74] RUTQVIST J, DOBSON P F, GARCIA J, et al. The northwest Geysers EGS demonstration project, California: Pre-stimulation modeling and interpretation of the stimulation [J]. Mathematical Geosciences, 2015, 47(1): 3-29.

[75] RUTQVIST J, VASCO D W, MYER L. Coupled reservoir-geomechanical analysis of CO_2 injection and ground deformations at In Salah, Algeria [J]. International Journal of Greenhouse Gas Control, 2010, 4(2): 225-230.

[76] LEE J, KIM K I, MIN K B, et al. TOUGH-UDEC: A simulator for coupled multiphase fluid flows, heat transfers and discontinuous deformations in fractured porous media [J]. Computers and Geosciences, 2019, 126: 120-130.

[77] KANG P K, HYMAN J D, HAN W S, et al. Anomalous Transport in Three-Dimensional Discrete Fracture Networks: Interplay Between Aperture Heterogeneity and Injection Modes [J]. Water Resources Research, 2020, 56(11): e2020WR027378.

[78] PANDEY S N, CHAUDHURI A, KELKAR S. A coupled thermo-hydro-mechanical modeling of fracture aperture alteration and reservoir deformation during heat extraction from a geothermal reservoir [J]. Geothermics, 2017, 65: 17-31.

[79] PANDEY S N, VISHAL V, CHAUDHURI A. Geothermal reservoir modeling in a coupled thermo-hydro-mechanical-chemical approach: A review [J]. Earth-Science Reviews, 2018, 185: 1157-1169.

[80] 谭贤君, 陈卫忠, 伍国军, 等. 低温冻融条件下岩体温度-渗流-应力-损伤（THMD）耦合模型研究及其在寒区隧道中的应用 [J]. 岩石力学与工程学报, 2013, 32(2): 239-250.

[81] CHEN Y, MA G, WANG H, et al. Evaluation of geothermal development in fractured hot dry rock based on three dimensional unified pipe-network method [J]. Applied Thermal Engineering, 2018, 136: 219-228.

[82] REN F, MA G, WANG Y, et al. Two-phase flow pipe network method for simulation of CO_2 sequestration in fractured saline aquifers [J]. International Journal of Rock Mechanics and Mining Sciences, 2017, 98: 39-53.

[83] WANG Y, ZHOU X, KOU M. A coupled thermo-mechanical bond-based peridynamics for simulating thermal cracking in rocks [J]. International Journal of Fracture, 2018, 211(1): 13-42.

[84] XU H, CHENG J, ZHAO Z, et al. Coupled thermo-hydro-mechanical-chemical modeling on acid fracturing in carbonatite geothermal reservoirs containing a heterogeneous fracture [J]. Renewable Energy, 2021, 172: 145-157.

[85] 徐浩然, 程镜如, 赵志宏. 华北地区碳酸盐岩热储层酸化压裂模拟方法与应用 [J]. 地质学报, 2020, 94(7): 2157.

[86] CHANG K W, YOON H, KIM Y, et al. Operational and geological controls of coupled poroelastic stressing and pore-pressure accumulation along faults: Induced earthquakes in Pohang, South Korea [J]. Scientific reports, 2020, 10(1): 1-12.

[87] ZHAO J, ZHAO J, HU Y, et al. Numerical simulation of multistage fracturing optimization and application in coalbed methane horizontal wells [J]. Engineering Fracture Mechanics, 2020, 223: 106738.

[88] ZHANG J. Numerical simulation of hydraulic fracturing coalbed methane reservoir [J]. Fuel, 2014, 136: 57-61.

[89] YIN F, XIAO Y, HAN L, et al. Quantifying the induced fracture slip and casing deformation in hydraulically fracturing shale gas wells [J]. Journal of Natural Gas Science and Engineering, 2018, 60: 103-111.

[90] PALUSZNY A, THOMAS R N, SACEANU M C, et al. Hydro-mechanical interaction effects and channelling

in three-dimensional fracture networks undergoing growth and nucleation [J]. Journal of Rock Mechanics and Geotechnical Engineering, Elsevier, 2020, 12（4）: 707-719.

[91] HU R, LAN T, WEI G J, et al. Phase diagram of quasi-static immiscible displacement in disordered porous media [J]. Journal of Fluid Mechanics, 2019, 875: 448-475.

[92] YANG Z, MÉHEUST Y, NEUWEILER I, et al. Modeling Immiscible Two-Phase Flow in Rough Fractures From Capillary to Viscous Fingering [J]. Water Resources Research, 2019, 55（3）: 2033-2056.

[93] ADADEVOH J S T, OSTVAR S, WOOD B, et al. Modeling Transport of Chemotactic Bacteria in Granular Media with Distributed Contaminant Sources [J]. Environmental Science & Technology, 2017, 51（24）: 14192-14198.

[94] MOLNAR I L, PENSINI E, ASAD M A, et al. Colloid Transport in Porous Media: A Review of Classical Mechanisms and Emerging Topics [J]. Transport in Porous Media, 2019, 130（1）: 129-156.

[95] Ho T H M, TSAI P A. Microfluidic salt precipitation: implications for geological CO_2 storage [J]. Lab on a Chip, 2020, 20（20）: 3806-3814.

[96] JONES T A, DETWILER R L. Mineral Precipitation in Fractures: Using the Level-Set Method to Quantify the Role of Mineral Heterogeneity on Transport Properties [J]. Water Resources Research, 2019, 55（5）: 4186-4206.

[97] 陈益峰, 周创兵, 胡冉, 等. 大型水电工程渗流分析的若干关键问题研究 [J]. 岩土工程学报, 2010, 32（9）: 1448-1454.

[98] ZHANG Q, LI P, WANG G, et al. Parameters optimization of curtain grouting reinforcement cycle in Yonglian tunnel and its application [J]. Mathematical Problems in Engineering, 2015, 615736: 1-15.

[99] RATHNAWEERA T D, WU W, JI Y, et al. Understanding injection-induced seismicity in enhanced geothermal systems: From the coupled thermo-hydro-mechanical-chemical process to anthropogenic earthquake prediction [J]. Earth-Science Reviews, 2020, 205: 103182.

[100] FU P, JOHNSON S M, CARRIGAN C R. An explicitly coupled hydro-geomechanical model for simulating hydraulic fracturing in arbitrary discrete fracture networks [J]. International Journal for Numerical and Analytical Methods in Geomechanics, 2013, 37（14）: 2278-2300.

[101] LI S, LI X, ZHANG D. A fully coupled thermo-hydro-mechanical, three-dimensional model for hydraulic stimulation treatments [J]. Journal of Natural Gas Science and Engineering, 2016, 34: 64-84.

[102] GAN Q, ELSWORTH D. Analysis of fluid injection-induced fault reactivation and seismic slip in geothermal reservoirs [J]. Journal of Geophysical Research: Solid Earth, 2014, 119（4）: 3340-3353.

[103] ZIMMERMANN G, MOECK I, BLÖCHER G. Cyclic waterfrac stimulation to develop an enhanced geothermal system（EGS）-conceptual design and experimental results [J]. Geothermics, 2010, 39（1）: 59-69.

[104] KAMALI A, GHASSEMI A. Analysis of injection-induced shear slip and fracture propagation in geothermal reservoir stimulation [J]. Geothermics, 2018, 76: 93-105.

[105] ABE A, KIM T W, HORNE R N. Laboratory hydraulic stimulation experiments to investigate the interaction between newly formed and preexisting fractures [J]. International Journal of Rock Mechanics and Mining Sciences, 2021, 141: 104665.

[106] UCAR E, BERRE I, KEILEGAVLEN E. Three-dimensional numerical modeling of shear stimulation of fractured reservoirs [J]. Journal of Geophysical Research: Solid Earth, 2018, 123（5）: 3891-3908.

[107] GUGLIELMI Y, CAPPA F, LANÇON H, et al. ISRM suggested method for step-rate injection method for fracture in-situ properties（SIMFIP）: Using a 3-components borehole deformation sensor [J]. Rock Mechanics and Rock Engineering, 2014, 47（1）: 303-311.

[108] GUGLIELMI Y, COOK P, SOOM F, et al. In Situ Continuous Monitoring of Borehole Displacements Induced by Stimulated Hydrofracture Growth [J]. Geophysical Research Letters, 2021, 48（4）: 2020GL090782.

[109] ZHUANG X, ZHOU S, SHENG M, et al. On the hydraulic fracturing in naturally-layered porous media using the phase field method [J]. Engineering Geology, 2020, 266: 105306.

[110] HU M, RUTQVIST J, WANG Y. A numerical manifold method model for analyzing fully coupled hydro-mechanical processes in porous rock masses with discrete fractures [J]. Advances in water resources, 2017, 102: 111-126.

[111] YAN C, ZHENG H. Three-dimensional hydromechanical model of hydraulic fracturing with arbitrarily discrete fracture networks using finite-discrete element method [J]. International Journal of Geomechanics, 2017, 17(6): 4016133.

[112] LI S, FENG X T, ZHANG D, et al. Coupled thermo-hydro-mechanical analysis of stimulation and production for fractured geothermal reservoirs [J]. Applied Energy, 2019, 247: 40-59.

[113] ZHAO X, HE E, GUO J, et al. The study of fracture propagation in pre-acidized shale reservoir during the hydraulic fracturing [J]. Journal of Petroleum Science and Engineering, 2020, 184: 106488.

[114] ZHAO H, WU K, HUANG Z, et al. Numerical model of CO_2 fracturing in naturally fractured reservoirs [J]. Engineering Fracture Mechanics, 2021, 244: 107548.

[115] ZENG Q, YAO J, SHAO J. An extended finite element solution for hydraulic fracturing with thermo-hydro-elastic-plastic coupling [J]. Computer Methods in Applied Mechanics and Engineering, 2020, 364: 112967.

撰稿人：陈卫忠　　杨典森　　于洪丹　　陈益峰　　胡　冉
　　　　韦昌富　　赵志宏　　朱其志　　唐旭海

岩体工程数值仿真研究及工程软件新进展

一、引言

自然条件下的岩体结构经过漫长的地质演化过程而处于天然的平衡状态，Fairhurst 等称之为预先存在平衡（pre-existing equilibrium）。剧烈的工程扰动，例如开挖、蓄水等，破坏了这种平衡，使得扰动岩体出现与时间有关的应力和变形重分布过程，该过程可称为非平衡演化过程，将直接影响岩体工程结构正常运行、长期稳定和安全[1]。为此，需要在更深层次的基础理论上阐明复杂岩体结构受工程扰动后的非平衡演化机制，进而建立合理的本构模型理论、数值仿真和长期稳定性评价方法，并研发相关的计算软件，为岩体工程采取合理的安全控制措施提供科学依据。

岩体工程结构失稳或者垮塌等，也是重大水利、交通和能源等工程关注的关键问题。岩体是由岩石及各种不连续结构面所构成，其失稳破坏通常伴随裂纹的萌生、扩展、贯穿以及岩体沿着软弱结构面的滑动[2]。由于岩体变形破坏全过程具有连续－非连续特性，连续方法适于模拟连续介质的变形和破坏问题，仅能在一定程度上处理非连续问题。非连续方法适于模拟颗粒或块体的破裂、运动和接触问题，对于应力和应变的描述较为粗糙。故利用连续－非连续相结合的数值分析方法，对岩体变形破坏机理开展研究，是模拟岩体破坏过程的比较好的选择。

最近几年，随着我国高坝的投入运行，蓄水期库岸边坡变形和谷幅收缩引起了工程界和学术界的高度关注[3]。研究表明，蓄水期库岸变形与蓄水过程密切相关，且变形大多为不可逆变形[4,5]。通过对溪洛渡蓄水过程中的边坡变形与库区地震的统计分析，发现库岸变形与库区的地震活动有较好的相关性[6]。因此，研究水对岩体结构变形的影响机制以及数值模拟方法，也是近几年的研究热点。

数值模拟软件方面，商业软件（例如 FLAC/FLAC3D、UDEC/3DEC、PFC/PFC3D、LS-DYNA、ANSYS、ABAQUS、MIDAS-GTS 等）占据了国内大部分数值模拟的市场，但是数值模拟新理论、计算新技术的快速发展，很难基于商业软件及其二次开发来完成。国内的数值模拟软件在近几年得到了高速发展。除了基于有限元等连续介质力学方法的数值仿真软件外，针对岩体结构破坏机理和破坏仿真模拟的非连续、连续 - 非连续分析软件的发展更为迅猛。

本章重点介绍我国岩体工程数值模拟相关的基础性理论、本构模型、分析方法和工程软件方面的重要进展。近五年来，我国学者在岩体数值模拟及工程仿真软件领域的成受到了国内外学术界的关注和认可。2019 年，杨强教授当选国际岩石力学学会副主席，赵吉东教授担任 Computers and Geotechnics 主编。2017 年在武汉召开的第十五届国际岩土力学计算方法与进展协会（IACMAG）大会上，冯夏庭院士因其在岩体工程智能反分析和动态设计方法方面的贡献获"杰出贡献奖"（OUTSTANDING CONTRIBUTIONS MEDAL），胡黎明教授因其在多孔介质多相渗流微观力学模型和岩土力学多场耦合理论及在环境岩土工程中的应用方面的贡献，刘耀儒教授因其在岩体结构非平衡演化理论及长期安全性评价方法方面的贡献，获得"地区杰出贡献奖"（REGIONAL AWARDS：EXCELLENT CONTRIBUTION）。2021 年，郑宏教授获得"北京学者"称号，陈益峰教授和潘鹏志研究员分别于 2019 年和 2021 年获国家自然科学基金委杰出青年基金资助。2020 年，采矿岩石力学分会的左建平教授因其在岩石非线性破坏准则及 Hoek-Brown 准则理论证明上的贡献获国际岩石力学学会科技奖（ISRM Science and Technology Award 2020）。

二、岩体工程数值仿真及工程软件的进展与创新点

（一）岩体工程数值分析理论及仿真

本节从岩土数值仿真涉及的热力学基础、本构模型和分析方法等主要方面介绍其进展，同时介绍近几年工程热点问题高坝蓄水过程中的谷幅收缩现象及基础研究的进展。

1. 岩土塑性力学的热力学基础

岩土塑性力学特征与以 Drucker 公设为基础的经典塑性理论相差甚远，以 Ziegler 和 Houlsby 为代表的一些学者致力于从非平衡热力学（Non-equilibrium Thermodynamics）出发构建岩土塑性力学的理论基础。系统总结梳理了这方面的研究进展[7]，并初步构建了一套简明、自洽的岩土塑性力学的热力学基础。基于内变量的非平衡热力学的 Gibbs 方程为：

$$d\psi(\sigma, \theta, \xi) = \varepsilon \cdot d\sigma + \eta d\theta + f \cdot d\xi \quad (1)$$

其中，$\psi(\sigma, \theta, \xi)$ 为 Gibbs 自由能，其状态变量 σ, θ, ξ 分别为应力、温度和内变

量，其共轭变量 ε，η，f 分别为应变、熵和内变量共轭力。非平衡热力学处理与时间相关的系统演化规律，弹塑性理论假设塑性加载瞬时完成而不考虑时效过程。为解决这个内在矛盾，文献[7]提出可将塑性加载视为两个相邻平衡态之间的状态变化，由此将弹塑性理论纳入经典热力学或热静力学（Thermostatics）的研究范畴。这样热力学平衡条件 $f = 0$ 即可视为屈服条件，塑性加载一致性条件即为 $df = 0$。以此为出发点可导出广义 Drucker 不等式，$d^p\varepsilon \cdot d\sigma + d^p\eta d\theta > 0$，其中 $d^p(\cdot)$ 为针对内变量 ξ 的非弹性微分；并可导出关联塑性流动法则，其中屈服面和塑性势均为非弹性微分 $d^p\psi(\sigma, \theta, \xi)$。

多屈服面和非关联流动是岩体塑性力学有别于经典塑性力学的基本特征，重点探讨了形成多屈服面和非关联流动的热力学机制。上述经典的 Gibbs 方程意味着自由能微分形式（Differential 1-form）$\varepsilon \cdot d\sigma + \eta d\theta + f \cdot d\xi$ 是恰当的（Exact）或者说是一个全微分。如果该微分形式为非恰当（Inexact），文[1]指出可基于辛几何中的 Darboux 定理采用更多的势函数来描述非恰当的微分形式，从而形成扩展的 Gibbs 方程。从扩展的 Gibbs 方程出发，可推导出多屈服面、多塑性势、非关联的塑性流动法则，这些屈服面和塑性势为这些多势函数的非弹性微分。所以经典塑性理论转化为岩土塑性理论的热力学机制是自由能微分形式丧失恰当性，这样的热力学机制也是一个对称性破缺的过程。

2. 岩体本构模型

文献[8]基于煤岩破坏裂纹的演化机制，提出了煤岩破坏存在一个破坏特征不变参量，从理论上导出了与 Hoek-Brown 经验强度准则完全一致的强度公式，给出了考虑瓦斯孔隙压力 p、摩擦系数 f、Biot 系数 c 和断裂参数 k 的含瓦斯的气固本构方程；在不考虑孔隙压力的影响时，该方程与原始的 Hoek-Brown 经验强度准则非常吻合。同时研究了单轴荷载下天然裂隙灰岩的超声及力学特性，基于等效介质理论及 Hoek-Brown 准则，得出了岩石完整性参数 s 与初始损伤 D 呈指数关系，定义了裂隙强度指标并定量表征了灰岩的表观类型；推导了含填充裂隙岩石软硬性系数与围压、初始裂纹特征角的理论表达式；定义了岩石内部结构复杂程度系数，获得了灰岩试件内部整体的裂隙随轴向差应力的演化过程[9]。

时效变形和损伤发展是结构非平衡演化的核心，在 Rice 内变量热力学理论中，控制内变量演化的共轭热力学力是总应力中能够有效驱动材料和结构发生非平衡演化的部分，称之为有效应力，由此揭示了岩体结构非平衡演化的机制[1]。基于 Duvaut-Lions 过应力模型，提出了岩体结构非平衡演化的驱动力模型。由此建立了能描述蠕变三阶段的弹－粘弹－粘塑性损伤本构模型，采用有限差分方法进行了数值实现，并应用于高坝坝基、隧洞开挖过程中的围岩变形预测和加固时机分析中[10, 11]。同时，基于上述非平衡演化规律，提出了时效余能范数和能量释放率的域内积分作为岩体结构长期稳定性的评价指标，基于 Lyapunov 稳定性给出了数学的完备描述和证明，进而建立了时效变形稳定和控制理论[1]。该理论为一个理论框架，可以采用任何蠕变损伤模型和数值方法来实现。该成果解决了复杂岩体结构稳定及控制的关键科学问题，即岩体结构受扰动（开挖、施工和蓄水等）后的非平衡演化规律，确定了驱动演化的有效驱动力、演化方向和损伤演化过程。以此为基础指导加固设计，可达到因势利导、顺势而为的加固效果。同时可依据非平衡演化过程中的驱动力与变形之间的关系，建立稳定与监测的变形之间的关联，进而解决目前基于受力条件的稳定分析和基于变形的监测分析脱节的问题，并可确定岩体结构的安全控制指标。

文献[12，13]开展了岩石真三轴卸荷力学试验，分析了岩石真三轴卸荷过程中卸荷力学响应和中主应力的影响，从各向异性损伤演化角度分析了岩石真三轴卸荷非线性变形特征，结合卸荷过程中声发射试验特征，从微裂纹萌生、扩展和聚合揭示了岩石真三轴卸荷变形破坏机理；在连续损伤力学框架下，考虑局部化损伤演化，基于Mohr-Coulomb准则建立了岩石弹塑性局部化损伤本构模型[14，15]。模型采用损伤作为内在驱动，通过控制塑性屈服面的扩张和收缩反映岩石的应变硬化和应变软化行为。模型考虑了局部带尺寸变化规律，采用声张量作为局部化起始条件判断依据。采用复合材料均匀化方法，建立材料宏观力学变量与局部力学行为之间的联系，从而达到描述脆性岩石材料复杂应力路径条件下变形破坏机制。

3. 非连续分析及与连续方法的耦合分析

ELFEN和FDEM是两款国际上最为流行的连续–非连续方法。ELFEN引入了有断裂力学特色的弹塑性耦合本构模型，能较好地模拟出连续介质向非连续介质转化。王永亮等采用ELFEN模拟了流体–固体–开裂耦合作用下单一多水平井分段体积压裂问题[16]，通过裂纹尖端局部区域自适应网格重新剖分方法获得高精度应力解答，并用于有效描述裂纹扩展。在FDEM中，断裂过程区的力学行为由应力与裂纹的相对位移之间的关系决定。裂纹的相对位移包括法向和切向分量。对于Ⅰ型裂纹，界面单元的力学行为依赖于抗拉强度和Ⅰ型断裂能；对于Ⅱ型裂纹，界面单元的力学行为依赖于抗剪强度和Ⅱ型断裂能。除此之外，还考虑了拉剪复合开裂。Yan等在FDEM的框架之内，发展了水–热耦合模型[17]。

CDEM（continuum discontinuum element method）是国内学者提出的基于广义拉格朗日方程基本框架的网格–粒子融合的显式动力学数值求解方法，可实现多场耦合下岩体渐进破坏过程的模拟。最近的工作包括提出了描述岩体损伤破裂过程的弹性–损伤–断裂模型[18]、基于分子势能的内聚力模型[19]以及块体–颗粒耦合转化算法[20]等。国内学者的DDA与RFPA的耦合方法也在不断发展[21]，能够很好地模拟岩体工程中常见的渐进破坏全过程，表现出来了不同于传统数值方法的独特优势。国内学者还提出了拉格朗日元与离散元耦合连续–非连续方法[22-24]，并用于研究多种载荷条件下岩石试样、冲击条件下巷道围岩、采动条件下岩层的变形–开裂–运动过程等问题。最近，以此为基础发展成了水平岩层运动并行计算系统，具有广阔的发展前景。

岩体连续–非连续变形破坏过程模拟的另外一种常用方法是数值流形方法。以NMM为基本分析工具，紧密围绕岩体连续–非连续变形破坏机理开展研究。文献[25]针对传统断裂力学准则（如最大周向应力准则）难以预测压剪状态下岩石破裂问题的缺陷，提出了一种能同时预测裂纹扩展方向和长度的压剪型裂纹扩展准则，克服了岩石破裂模拟中裂纹萌生及扩展预测难题。文献[26，27]借助 NMM 在处理连续与非连续问题方面的优势，在 NMM 中植入相应的裂纹萌生、扩展准则，提出了适合于 NMM 的三维裂纹面更新策略，发展了单元破裂、覆盖更新技术，实现了裂纹扩展后模型自动更新技术。针对节理岩体接触问题，文献[28]提出了接触处理的 NMM 直接求解方法，摒弃了传统 NMM 处理不连续面接触时引入难以确定刚度的虚假弹簧，从而突破了经典 NMM 的局限，使得复杂岩体接触问题分析变得简单准确。此外，经典 NMM 基于隐式积分方案，不利于求解大规模岩体破坏问题。显式积分方案[29]可以解决以上问题，但又缺乏合适的质量矩阵集中化方案。针对岩石动态破裂问题，文献[30，31]基于流形上标量函数的积分定义，给出了具有严格数学基础的高阶实体单元对角质量矩阵生成方法，极大地提高了求解效率，并在利用显式格式模拟裂纹扩展等问题中得以成功地应用。

基于非线性连续方法，文献[1]提出的变形稳定和控制理论，从集合角度对结构失稳进行了定义：对给定荷载及加载路径下的弹塑性结构，不同时满足变形协调条件、平衡条件和本构关系。该定义实际上也是指明了岩体结构从连续到非连续破坏的判据，对于岩体工程结构的加固分析非常有意义。

4. 水对岩体结构的影响机制和高坝蓄水过程中的谷幅收缩规律

水岩耦合机制方面，文献[32]基于水的物理化学作用试验，引入水岩物理作用下基本摩擦角与凸起体强度弱化系数，建立了考虑水岩作用影响的岩石裂隙抗剪强度准则。文献[33，34]基于裂隙网络模型，对地质体渗透率的应力依赖性进行了研究。文献[35，36]围绕非饱和、高渗压或水力压裂过程中的岩体水力耦合分析问题，提出了基于统计关系和饱水带地下水观测数据确定非饱和渗流参数的反演分析方法，解决了岩体非饱和渗流参数难以测定的难题，进而建立了考虑毛细滞回和非线性变形的岩体水力耦合模型。针对高渗压条件下的水力耦合问题，文献[37-39]系统提出了基于压水试验、抽水试验和大数据统计模型的岩体非达西渗流参数确定方法，阐明了岩体非达西渗流效应与水力耦合效应的竞争机制，初步形成了二者的解耦分析方法，发展了一系列连续-离散耦合分析模型和数值模拟方法，并解决了一系列高压隧洞内水外渗及渗透稳定性评价问题。

文献[40，41]在渗流-应力耦合作用下，将脆性岩石看作是由孔隙弱化的基质和币状裂纹的夹杂体。在不可逆热力学框架下建立了渗流-应力-损伤耦合本构模型。以单簇任意方向的裂纹为研究对象，以修正的立方定律为基础，建立了能够反映损伤演化过程中微裂纹连通等细观结构改变而引起的渗透率演化模型，不仅能够较好地反映脆性岩石在渗流-应力耦合作用下的渗透率演化规律，同时能够从细观尺度给出力学机制的合理解释。文献[42]研究了柱状节理岩体在渗流作用下的力学特性和水力耦合下的渗透特性。在热力学基本框架下，考虑柱状节理岩体力学特性，引入各向异性参数和时效损伤变量建立了柱状节理岩体渗流流变损伤本构模型。

基于谷幅收缩监测资料的分析，文献［3，43］基于孔隙弹性和孔隙塑性理论，提出了考虑水对岩体影响的广义有效应力原理，基于弹塑性理论建立了相应的迭代算法，对锦屏一级蓄水过程中的谷幅收缩和库盆上抬进行了仿真分析，得到了监测资料比较一致的结果。文献［44］分析了拉西瓦果卜边坡在蓄水过程中的变形机理，并对其可能的滑坡涌浪风险进行了评价。文献［45］分别考虑水对弹 - 黏弹性变形和黏塑性强度的影响两个主要方面，建立了考虑水影响的弹 - 黏弹 - 黏塑性蠕变损伤模型，并分析了溪洛渡拱坝蓄水过程中的库岸变形，在重点考虑层间层内错动带的蠕变损伤时，可以获得和监测结果比较一致的仿真分析结果。

谷幅变形模式的研究方面，文献［46］以锦屏一级和溪洛渡拱坝为代表，从谷幅变形、弦长变形、坡体内部变形三个方面，分析了两个拱坝的坝基和近坝边坡的变形特征，指出谷幅和弦长变形是典型的不可逆塑性变形，均是结构面错动变形的宏观体现。并总结归纳了两种具有代表性的谷幅变形模式：以锦屏一级为代表的坝坡变形和以溪洛渡为代表的区域整体变形。针对两种变形模式，文献［47］提出了两种坝基变形的模拟方法：孔隙塑性和岩体材料弱化、边界施加位移。基于这两种分析方法，针对白鹤滩拱坝，分析了坝基变形对拱坝坝体的影响。结果表明，有效应力和岩体材料弱化只能产生有限的谷幅变形，且使得坝体产生新的应力集中区；而边界施加位移可以使得坝基产生很大的谷幅变形，但是对坝体应力影响较小。并指出，谷幅收缩导致的坝基不均匀变形是影响坝体应力的关键因素。

（二）岩体工程软件新进展

1. 岩体工程软件总体发展

岩体工程软件方面，国外商业软件占据了国内大部分计算和仿真的市场。随着我国工程建设行业的深入发展，岩体力学问题的不断复杂化、计算机技术的不断迭代更新以及当前国际形势充满竞争性、不确定性，原创软件的研发已成为实现我国工程建设相关学科发展战略的重要环节。由于重大工程需求的推动，以及创新性科研的发展，国内岩土工程软件发展突飞猛进。尤其是近五年，各种软件和应用也受到了国内外的关注。典型的国内岩土工程软件如表1所示。

伴随着交通强国等国家发展战略的推进，相关工程项目和研究不再局限于某一区域和单一过程，而是呈现延展性、宽泛性、复杂性。因而所需解决的岩体问题更加复杂和综合。数值模拟新理论、计算新技术的快速发展，很难基于商业软件及其二次开发来完成。国产自主分析计算软件的研制可以为解决分析日益复杂的工程问题提供有效手段。与商业软件相比，国内岩土工程软件往往结合最新研究理论和分析方法，具有鲜明的特色。但是，国内软件较少关注数值仿真的通用性，前后处理功能往往较弱，且工程应用时间较短，应用于工程实践的效果评估尚不完善。

表 1　国内岩体结构和工程分析软件及平台

软件名称	研发单位	开发语言	研发年份
岩体结构静动仿真分析平台 TFINE	清华大学	Fortran/C/C++	1986
GDEM 力学分析软件和 GENVI 生态化数值仿真平台	中国科学院力学研究所、北京极道成然科技有限公司	C/C++	2010
深部软岩大变形力学分析软件 LDEAS	中国矿业大学（北京）	Fortran/C	2005
破裂过程分析系统 RFPA	大连理工大学	C/C++	1997
基于物理力学过程的耦合模拟器 CoSim	清华大学	C++/Python	2019
矩阵离散元法 MatDEM	南京大学	Matlab	2011
工程岩体破裂过程细胞自动机分析软件 CASRock	中国科学院武汉岩土力学研究所、东北大学	C/C++	2006
三维块体切割分析软件 BlockCut_3D	中国地质大学（武汉）	Fortran	2004
水平岩层运动并行计算系统	辽宁工程技术大学	C++	2019
FSSI-CAS 岩土工程计算软件	中国科学院武汉岩土力学研究所	Fortran/C++	2021

连续分析软件主要结合强调非线性分析算法和针对某一专业领域。清华大学研发的 TFINE 采用基于解析解的本构积分算法，可以保证在大荷载步长下的无条件收敛，在高坝坝基稳定性分析方面具有明显的特色[48]；LDEAS 则针对软岩巷道有很好的应用；RFPA 在脆性材料和工程结构安全性评价的真实破裂过程分析方面取得了很好的效果；工程岩体破裂过程局部化分析软件 CASRock 采用细胞机模拟工程岩体破坏局部化的过程；FSSI-CAS 则在海洋工程方面应用很好。

随着计算能力的提高和应用需求的增加，非连续分析软件得到了迅速的发展。除了借鉴国外的开源软件的一些优点外，也具有了自己非常鲜明的特色。针对颗粒离散元法工程应用存在着精确建模困难、多场耦合理论不完善和计算量巨大等问题，南京大学刘春等提出了离散元宏微观转换公式，离散元水热力耦合方法和矩阵离散元计算法[49]，并自主研发了通用离散元软件 MatDEM，实现了工程尺度的高性能离散元分析。BlockCut_3D 基于单纯同调理论或类似的拓扑学方法，可以进行高效的三维块体切割。

非连续和连续耦合分析方面，国内工程软件表现更是优秀。也提出了系列具有自己特色的理论，并采用程序实现。中国科学院非连续介质力学与工程灾害联合实验室与北京极道成然科技有限公司联合开发了 GDEM 软件[50]，实现了从连续变形到破裂运动的全过程模拟，在工程实践中得到了很好的应用。水平岩层运动并行计算系统则基于二维拉格朗日元与离散元耦合，开发了相应的连续-非连续分析程序。基于物理力学过程的耦合模拟器 CoSim 则在有限元和离散元的多尺度耦合、多软件使用方面取得了很好的进展。

2. 岩土工程软件高性能计算和云计算

随着工程精细仿真对大规模计算提出了更高的需求，国内岩土工程软件结合其自身特点，在高性能计算方面取得了很好的进展。TFINE 采用基于 CPU/GPU 异构并行技术，针对千万自由度的非线性分析，采用基于 NVIDIA Tesla V100 和 32 核心的 AWS 云服务器，方程组求解的加速比达 527，综合加速比达 11.02[51]。中国科学院力学研究所与北京极道成然科技有限公司联合研发的岩体工程动力学分析系统 GDEM-DAS，采用 GPU 并行加速技术，基于当前主流配置的 GPU（GeForce GTX 860 及以上），计算连续和非连续问题时，每万单元万迭代步的计算耗时分别小于 2 秒和 8 秒。MatDEM 则基于 GPU 加速技术，实现了数百万颗粒的离散元数值模拟。其他岩体工程软件，几乎也都基于 GPU 加速和 CPU 并行等技术，进行了相应的大规模数值计算。

云计算也是工程软件发展的一个热点。"云计算技术"的本质在于采用虚拟化的技术和面向用户的架构模式，将网络服务器群计算资源及其处理能力进行整合，为用户提供有效、便捷的高性能计算及数据服务。其最大优点在于任何地点的用户，都可以利用网络终端对相关数据进行访问和处理。RFPA 与云计算技术结合，实现了 RFPA 数值计算软件在云计算平台上的搭载，有力推进了岩土工程云计算的研究与应用。疫情期间还被用于岩土工程的课堂教学[52,53]。中国科学院力学研究所与北京极道成然科技有限公司联合研发的滑坡、泥石流成灾范围云计算系统 GDEM-WebGava，借助服务器端 GPU 的高效并行能力，分钟量级即可实现工程尺度地质灾害成灾范围的快速模拟，并直接通过网页进行计算结果的实时查看[54]。MatDEM 软件已部署于国内外多个云计算平台，如并行科技、智星云、GeoCloud 等。CoSim 则基于云计算技术，实现了 BIM-Inf-Sim 的融合，以及重大工程及地质灾害的数字孪生，同时面向 web 可视化（2D/3D）的水利云计算平台[55]，将 web 前端可视化与后台超算融合，实现了洪水演进过程的高效模拟。

目前，工程软件的云计算还处于起步阶段。许多仿真软件公司也在云计算上面取得了不错的进展。例如，北京云道智造科技有限公司自主研发的云仿真平台 SimCapsule[56]，提供面向各种仿真应用场景的可视化无代码化仿真 APP 开发环境。

3. 工程软件生态环境建设进展

随着岩体工程软件自主研发程度的不断加深，为了对复杂的岩体工程问题进行精确模拟，需要多学科、多方法的交叉融合。因此，要保证工程软件的可持续发展，软件研发及应用的生态环境至关重要。近五年来，国内的数值仿真平台软件如雨后春笋般不断涌现，有力促进了岩体软件生态的发展。

中国科学院力学研究所与北京极道成然科技有限公司联合研发的 GENVI 平台[57,58]，是一款主要面向岩体工程的通用数值仿真平台；该平台内置了 JavaScript 脚本引擎，用户可通过 C/C++、Fortran 及 JavaScript 语言，将个性化的模块嵌入平台，并可借助平台提供的功能函数实现不同模块间的耦合，如图 1 所示。

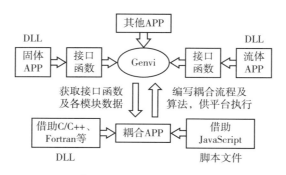

图 1　借助 Genvi 实现不同模块的耦合

岩体结构静动仿真分析平台 TFINE 建立了一个可扩展的软件架构，用户可以通过自定义命令流的方式进行拓展[48]，如图 2 所示。

图 2　TFINE 整体架构

为促进软件生态发展，MatDEM 开放了全部的软件 API 接口，并提供四十余类问题的建模和计算源代码，从而有效地推动各专业领域的开发人员开展深入研发，完成针对各类工程问题的数值分析。同时，软件也支持再封装功能，可将二次开发代码封装成具有特定功能的专业窗口软件，有利于最终用户快速学习和完成数值分析。

大连理工大学自主研发的工程与科学计算集成化软件平台 SIPESC、北京云道智造科技有限公司研发的工业仿真生态体系、青岛数智船海科技有限公司研发的 FastCAE 等，均是在工程软件的生态建设方面取得很大的进展。

4. 典型岩体工程软件研发新进展

（1）岩体结构静动仿真分析平台 TFINE

岩体结构静动仿真分析平台 TFINE（Three-dimensional FINite Element Analysis Program）是清华大学于 1986 年开始研发、基于三维非线性有限元的仿真分析程序。最初采用

Fortran 语言，主要应用于高拱坝 – 坝基系统的整体稳定性分析。2013 年采用面向对象的 C/C++ 语言重新编写，同时通过 ActiveTCL 定义命令流，形成系列具有可解释的语言作为用户命令和程序之间的接口[48]。

TFINE 平台集成了时效变形稳定和控制理论，专门针对岩体结构的整体稳定性分析，采用面向对象的编程语言，具有超过 500 个类，基于其模块化设计和自定义命令流，可以很容易拓展相应的仿真分析能力。

近五年的主要进展如下：①在高坝稳定和加固、高坝建基面开挖卸荷等方面得到了全面应用[59,60]；②基于动态变形稳定和控制理论，实现岩体结构的长期安全性分析，并应用于地下洞室的稳定分析中[61]；③基于变形、表观稳定状态和稳定指标间的关系，建立了强度参数的反演方法，并应用于地震作用下的边坡稳定和加固分析中[62]；④和国际著名海啸软件 COMCOT 结合，建立了近坝库岸边坡的稳定性及滑坡涌浪风险分析的框架体系，并应用于拉西瓦果卜边坡中[63]；⑤采用 OpenMP 和 CUDA 实现基于 CPU/GPU 异构系统的动力损伤高效并行求解[51]。

（2）GDEM 力学分析软件和 GENVI 生态化数值仿真平台

中国科学院力学研究所与北京极道成然科技有限公司开展战略合作，共同研发了 GDEM 力学分析系列软件和 GENVI 生态化数值仿真平台。GDEM 软件基于连续 – 非连续单元法（CDEM），采用 C/C++ 编写，并采用 GPU/CPU 的混合并行进行加速，能模拟静、动载荷下地质体及人工材料弹性、塑性、损伤、断裂、破碎、运动、堆积的全过程。GENVI 平台采用 MFC 进行编写，内置了 JavaScript 引擎，可编程，可调试，可即时执行，支持多方软件模块的自动搭载和高效组装/耦合。目前，GDEM 系列软件及 GENVI 平台已被国内近百家单位使用，成功服务于岩土、爆炸冲击、采矿、隧道、油气、水利、地质、结构、机械等多个领域的科学研究及工程分析。

近五年来的主要工作包括：①在 GDEM 软件中新增了与爆炸冲击及矿山开采相关的大量模型及算法。新增了物质点方法、空气冲击波算法、固体炸药模型、岩体损伤破碎动力学本构、破碎块度统计算法等，将 GDEM 软件的应用范围拓展至岩土爆破分析[64,65]、道路冲击破裂过程分析[66,67]、战斗部毁伤效应分析[68,69]等领域。新增了液压支架力学模型，实现了煤矿地下开采过程的真实模拟，该模型已被煤炭类高校、科研院所及企业广泛应用[70,71]。②全面升级了 GENVI 平台的功能。实现了普通电脑亿级单元及颗粒的快速渲染展示，平移、缩放、选择、切片等操作无卡顿现象；支持用户通过 C/C++ 及 Fortran 进行核心求解模块的开发，支持用户通过 MFC、C# 及 HTML+JavaScript 进行界面的开发，支持用户通过 JavaScript 及 GUI 进行工程计算。目前，该平台已经搭载了中科院力学所自主研发的两套开源数值计算程序：连续 – 非连续单元法开源代码（BasicCDEM）以及颗粒离散元开源代码（BasicDEM），并搭载了中国地质大学（武汉）张奇华教授团队研发的三维块体切割分析系统免费软件（BlockCut_3D）。

（3）深部软岩大变形力学分析软件 LDEAS

深部软岩工程大变形力学分析设计系统 LDEAS（Large Deformation Engineering Analysis System），是由中国矿业大学（北京）和飞箭软件公司合作研发的。软件主要特点为：①集和分解与极分解大变形分析于一体；②基于有限元程序自动生成系统 FEPG 进行软件研发；③采用软岩工程大变形力学设计方法；④适用于深部软岩工程大变形力学的有限元模拟分析。

该软件基于有限元法，主要功能有[72]：①能模拟三类非线性问题（几何、材料和接触非线性）及其耦合：包含和分解、极分解大变形计算模块；岩块可选用弹性或弹塑性本构模型（Mohr-Coulomb 和 Drucker-Prager 准则等），节理、断层等用 Goodman 单元或非线性有限单元模拟；采用拉格朗日乘子法处理开挖边界、节理单元的摩擦接触问题；②包含多种支护结构单元：梁、刚架、桁架、锚杆/锚索（包括普通和恒阻大变形锚杆/锚索）等；③能实现地应力的计算与读入、开挖与建造过程的模拟（喷层、衬砌等）。

目前该软件在新生代膨胀性软岩巷道（龙口柳海 –480 米水平运输大巷）、古生代高应力软岩巷道（徐州旗山 –1000 米水平北翼轨道联络大巷）的围岩大变形破坏稳定性分析[73]，及地质构造性运动下的区域稳定性分析（新疆吉林台水电站）等方面得到了广泛应用。

（4）破裂过程分析系统 RFPA

岩石破裂过程分析（RFPA）基于有限元计算方法和独特岩石破坏分析原理研发，适于脆性材料和工程结构安全性评价的真实破裂过程分析软件。近年来，唐春安团队借助于高性能并行计算与云计算技术，岩石破裂过程分析（RFPA）方法实现了岩石微细观－工程节理岩体－地球地壳的多尺度模拟分析。

在岩石细观尺度模拟方面，梁正召等运用并行计算方法，针对岩石微细观非均质性和多孔隙特性，采用 CT 扫描技术、边缘检测算法、三维点阵映射与重构算法，建立了可以反映岩体内部细观结构的三维非均匀数值模拟方法，实现了近五千万自由度的多孔隙岩石破坏过程模拟分析[74]。李根等提出了模拟岩石细观破坏过程的局部多尺度高分辨建模策略，即仅在关注区域采用逼近细观尺度网格，而无需建立全局一致精细网格模型，可以在岩石局部跨尺度模拟问题上节约大量计算成本，并获得局部高精度应力场[75]。在节理岩体尺度方面，基于 Baecher 模型、Monte-Carlo 方法，应用 RFPA3D 提出了等效岩体三维节理网络模型的模拟方法，并采用 ShpaeMetrix3D 获得两河口水电站左岸边坡坝址区下游 100 米处的边坡岩体节理几何特征参数，开展三维节理岩体尺寸效应与各向异性的研究，并确定了研究区内节理岩体的等效力学参数[76]。在地球宏观尺度方面，唐春安等基于 RFPA 定量模拟地球岩石圈和超大陆裂解过程，开展了地球板块起源与早期构造机制的研究，已在 *Nature Communications* 发表[77]，国际地质百科全书 *Encyclopedia of Geology* 在"板块构造"条目中收录该文的主要观点。

为了发挥 DDA 与 RFPA 各自的模拟优势，龚斌等基于 RFPA 与 DDA 全耦合的 DDD 方法，提供一种描述岩体从连续到非连续全过程行为的统一的、完整的物理数学表达，非常适合于模拟涉及小变形阶段（包括裂纹萌生、扩展与贯通等）与大位移阶段（包括块体平移、旋转与相互接触等）的岩体结构失稳破坏行为，实现了岩石类材料从连续介质到非连续介质的自动转化，能够很好地模拟岩体工程中常见的渐进破坏全过程，表现出来了不同于传统数值方法的独特优势[78]。

（5）基于物理力学过程的耦合模拟器 CoSim

从岩土体/地质体变形破坏的物理力学机制出发，以有限元（FEM）、离散元（DEM）、物质点法（MPM）、光滑粒子流（SPH）、格子布尔兹曼法（LBM）及流体动力学（CFD）等为基础，充分利用不同数值方法在固体、流体、连续和非连续、细观和宏观等方面的各自优势，实现不同算法间高效耦合计算，解决岩土体变形及灾变过程中的多相态、多过程及多尺度（"3M"）模拟。目前已应用于岩土力学、地质灾害、岩土矿山工程等领域，并多次为重大灾害应急方案提供支撑。

主要研究进展：①连续－非连续耦合：发展了 DEM、FEM-DEM 算法[79-82]，创新性地实现了 FEM-MPM、DEM-MPM、FEM-DEM-MPM 间的耦合，有效解决了岩体、土体渐进破坏过程模拟；②流体－固体耦合：实现亿级 SPH 流体动力学大规模计算，发展了 SPH-DEM、LBM-DEM、SPH-FEM 耦合算法，以及创新性实现了 SPH-FEM-DEM 耦合，解决岩土体细观、宏观尺度的流－固耦合问题，突破了滑坡涌浪灾害链动力学分析难题，成功应用于多个水利工程库区滑坡灾害评估[83]；③多尺度耦合：基于 GPU 加速并行的 FEM-DEM 多尺度耦合算法，解决了多尺度耦合的大规模计算问题[84, 85]。

（6）矩阵离散元法 MatDEM

通用高性能颗粒离散元软件 MatDEM 于 2018 年 5 月在南京发布。软件支持 6 种语言，综合了前处理、计算、后处理和强大的二次开发功能，提供 40 余类工程问题的分析案例，以及丰富的教材和视频教程（软件、源代码和教程下载 http://matdem.com）。目前，软件已支持 200 余家单位 1600 余名用户开展离散元分析。2020 年，软件注册用户增加近千名，逐步实现对国外商业软件的替代。截至目前，基于 MatDEM 软件分析结果，有 40 余篇学术论文公开发表[86-92]。

针对颗粒离散元法工程应用存在着精确建模困难、多场耦合理论不完善和计算量巨大等问题，软件在以下方面取得了创新和突破[93, 94]：①建立了岩土体离散元宏微观转换方法，实现了岩土体材料的快速精确建模；②提出岩土体离散元能量转化和水热力耦合方法，实现了复杂多场耦合过程的数值分析；③提出高性能的矩阵离散元计算法，数十倍地提高了离散元分析的效率，实现工程尺度的离散元分析。

（7）工程岩体破裂过程局部化分析软件 CASRock

工程岩体破裂过程细胞自动机分析软件 CASRock（Cellular Automata Software for

engineering Rockmass fracturing process），是基于多学科交叉和多种数值方法建立的模拟复杂条件下工程岩体破裂过程的模拟平台[95]，于2004年左右开始研发，2020年1月正式发布，采用C++语言编写，包含前期开发的系列模块，即EPCA、EPCA^{3D}、VEPCA、THMC-EPCA和RDCA^{2D}等。该方法的特点是工程岩体整体物理力学行为通过元胞与其邻居之间依据局部更新规则的相互作用依次传递来反映，避免了传统方法需求解大型线性方程组带来的复杂性，是一种"自下而上"模拟工程岩体破坏局部化过程的思路。

近五年来主要进展：①建立了融合超松弛和细胞自动机的岩体单元任意物理量邻域状态演化的快速自适应张量更新规则，大幅度提升物理状态更新速度和节省计算资源[96]；②通过引入蒸气扩散的通量项，实现了考虑蒸气扩散和液态水对流的非饱和岩土体温度－渗流－应力耦合过程模拟[96]；③基于压力溶解理论、溶质运移方程等，实现了温度－渗流－应力－化学耦合过程模拟[97]；④建立了裂纹萌生、裂纹交叉和块体识别算法，实现了从弹脆塑性到裂纹萌生、扩展、贯通、交汇和块体形成与运动全过程的模拟方法[98]；⑤建立了三维并行细胞自动机更新规则和MPI数据共享机制，研发了并行版本[95]；⑥优化了工程活动模拟模块，实现了钻爆法开挖、TBM开挖和衬砌支护等工程活动的表征[99]；⑦提出了工程岩体破裂程度指标RFD，实现了工程岩体破裂位置、程度和范围的定量评价[100]。

（8）三维块体切割分析软件BlockCut_3D

在一定的空间区域内，由三维有限延伸的结构面网络相交形成的岩体内所有块体的搜索问题，即三维块体切割分析问题，是裂隙岩体有关研究中十分重要的基础性课题。基于单纯同调理论或类似的拓扑学方法提出的三维块体切割方法，可以从三维任意结构裂隙网络中搜索出所有任意形态的封闭块体。本质上，三维块体切割分析也是一种地质实体建模方法。目前研发的BlockCut_3D分析软件，可在一小时内搜索出二十余万个任意形态的块体，软件分析能力、运行稳定性和鲁棒性处于国际领先地位。

在该方法基础上，实现了块体系统渐进失稳分析，填补了"块体连锁失稳"分析的技术空白[101]。开展了三维任意裂隙网络形成的渗流通道确定、任意块体的四面体剖分[102]、三维曲面块体切割分析[103]、三维DDA与数值流形法计算网格形成[104]等方面的研究，显示了该方法可作为裂隙岩体有关分析的基本分析工具，研究及应用前景广阔。

三维块体切割分析程序（BlockCut3D）涉及的输入参数较多，不便于初学者快速上手。为此，与中科院力学所及北京极道成然公司开展合作，借助Genvi平台内置的JavaScript脚本引擎及强大的后处理展示能力，通过JS脚本即可实现三维块体的复杂切割操作，大大增强了输入数据的可读性并降低了入门难度。此外，BlockCut3D生成的三维块体可被同样搭载于Genvi平台的有限元求解器、离散元求解器及DDA求解器直接调用，大大增加了BlockCut3D的使用范围。

（9）水平岩层运动并行计算系统

水平岩层运动并行计算系统是基于二维拉格朗日元与离散元耦合的连续－非连续方法

程序[22, 105]。拉格朗日元方法被用于求解弹性体的变形问题；离散元方法被用于处理接触和摩擦问题；虚拟裂纹模型和强度理论被用于处理开裂问题。利用该方法模拟了周期半正弦波冲击下洞室围岩的变形–开裂–垮塌过程，着重阐明了应力波反射和叠加导致洞室顶板开裂机理，解释了洞室两帮拉、剪裂相伴现象的原因[23]。利用该方法模拟了不同冲击速度条件下矩形巷道围岩的变形–开裂过程[24]。为了更准确地模拟岩石由连续向非连续转化，发展了一种内部开裂方法[106]，并模拟了巴西圆盘岩样、单轴压缩岩样和静水压力下洞室围岩的变形–开裂过程。

GPU并行后形成了水平岩层运动并行计算系统。在弹性阶段，对于连续介质，只引入两个弹性参数，无需引入影响应力、应变的有关刚度，因而，介质是真正的连续介质。采用点–单元接触算法取代单元–单元接触算法，精简了接触算法并使之适于GPU并行。以两个新的物理量取代传统的法向张开度和切向滑移量，构造了裂纹区段及之外单元构成系统的、带有弹性卸载的黏聚力计算表达式。该系统适于研究采动条件下包含或不包含断层采场模型的岩层运动，例如，岩层的变形、开裂、离层、破断和冒落等，还适于研究多种载荷（静水压力和冲击波等）条件下巷道围岩模型的破坏，例如，围岩开裂和坍塌以及岩块弹射等。该系统适于模拟连续介质向非连续介质转化和非连续介质的进一步演化，尤其适于矿山岩石力学问题研究，具有需要参数少且这些参数容易获取的特点。

（10）FSSI-CAS岩土工程计算软件

FSSI-CAS针对海洋波浪–海床地基–结构物耦合相互作用机制、波浪导致的海床地基液化规律、近海结构物稳定性评价等工程问题。该软件采用RAVANS方程作为波浪水动力控制方程，动态Biot方程作为海床地基的控制方程，通过一个耦合算法将两个物理控制方程进行整合。

主要进展如下[107-111]：① FSSI-CAS软件为用户开发了全套的高效前后处理模块，同时为用户提供了十几种材料本构模型，如弹性模型、莫尔–库仑模型、Tresca模型、Mises模型、D-P模型、修正剑桥模型和PZIII模型等；②可以通过二次开发同时自定义5种本构模型，以及自定义位移、力、压力、渗流速度、流量的边界条件；③研发了核心求解器的并行计算功能，与单核相比计算速度可提高10~15倍；已经成功地被应用于烟台港防波堤稳定性评价，以及我国南海吹填岛礁护岸防波堤稳定性评价；可以为我国近海开发中各型海工结构物的设计、维护和稳定性评估提供基础性计算平台。

三、岩体工程数值模拟面临的挑战与对策

国际关系的错综复杂为原创软件的研发带来了外部推力。随着我国岩体工程学科的发展，我国工程建设行业势必将走向国外。在此背景下，外部势力的干扰、恶意竞争、封锁在所难免。只有早日实现工程软件技术自治、自我创新，将关键技术掌握在自己手中，才

能实现行业的长远发展。随着岩石力学研究和应用需求的不断精细化和复杂化，以及国内重大岩体工程的安全仿真需求，使得岩体工程数值仿真迎来巨大的发展机遇和应用前景，也面临一系列挑战。

（1）岩体结构非平衡演化规律及仿真研究

岩体工程与其赋存的地质环境结合紧密，岩体工程的建设总体上是对已经处于平衡或者近似平衡的天然状态的一种扰动。揭示岩体结构受扰动后的驱动机制，掌握其非平衡演化规律，是进行岩体结构数值仿真的基础，可以为其安全性评价及控制奠定基础。

基于工程扰动的概念，建立岩体非平衡演化理论体系，进而建立岩体结构非平衡演化过程的数值仿真模型，可以结合蠕变损伤模型及非连续时效模型，进行岩体结构非平衡演化的数值仿真。基于此，可以建立非平衡演化过程中变形（可测量）和稳定（安全评价）的定量关系。同时可以根据岩体结构的时效变形发展，确定相应的安全监测指标体系及预警指标，为岩体工程的安全提供可靠依据。

（2）基于信息 – 仿真融合的岩体工程数值模拟

数值仿真模型和计算参数的选取，是岩体工程数值仿真分析的重要基础。反演分析是工程实践中常用的方法。目前，岩体工程的反演分析主要是采用一定的数值模型，基于监测数据，对变形参数进行反演，以此对工程安全进行分析评价。由于实际工程大多处于线弹性工作状态，很少出现破坏，因此和工程安全密切相关的强度参数的反演则比较困难。

以现场勘察、施工及监测数据为支撑，以已有工程、灾害案例为基础，发展基于机器学习的参数反演分析方法，实现基于时效多监测点的多参数反演，是目前发展的趋势。同时，强化基于变形和稳定定量关系，以及结合表观破坏特征的强度参数反演研究，是进行岩体工程安全分析和评价的有效途径。

（3）连续和非连续方法的耦合及岩体结构破坏仿真

岩体结构破坏仿真仍然是岩体工程数值仿真的难点之一。连续方法及相应的力学参数均比较成熟，但是难以模拟破坏后的岩体结构形态；非连续方法在模拟破坏过程及破坏形态方面具有天然的优势，但是计算参数则较难确定。结合连续和非连续的各自优缺点，进行耦合分析，仍然是数值仿真发展的趋势。尤其是近些年，连续非连续的耦合分析、非连续方法杂岩体破坏机理规律中的应用发展迅速。但是数值流形方法被用于处理刚体和接触检测问题较为棘手，计算代价高昂。有限元与离散元耦合方法受到网格依赖性的制约，三维问题的计算量很大。多尺度耦合方法似乎是模拟开裂过程的强大工具，其在断裂力学领域已得到了许多关注，然而，计算代价仍旧高昂，仍需要进行许多探索。因此强化连续非连续的耦合算法研究、数值仿真收敛性，是解决连续和非连续方法应用的核心关键问题。

（4）岩体数值仿真软件的融合和通用化

自20世纪末开始，我国陆续从国外引入岩土工程数值模拟软件。这极大促进了岩土工程数值模拟技术在中国的快速普及，培养了一大批岩土工程领域的仿真工程师，但也严重挤压了国产数值模拟软件的良性发展，直接导致了国内数值模拟软件研发人才的流失，进而导致数值模拟软件研发链条的断裂。"十三五"以来，我国逐渐加大了对自主研发数值模拟软件的扶持力度，并将工业软件的研发写入了国家"十四五"的发展规划中。

目前，国内在数值计算理论研究上已有长期的积累，并研发了大量的针对特定问题的数值分析程序。但是，多数程序仍存在着通用性弱、稳定性不高、学习成本高和工程应用困难等问题。主要原因是国内工程仿真软件系统架构设计优化不足、仿真软件核心算法产业化能力不强，急需解决如何从"程序"发展为"软件"的问题。因此，应当通过模块化的底层架构设计加强通用性，借助通用化的数值仿真平台、与已有软件公司灵活的合作模式，形成岩土工程数值模拟软件研发的完整链条，建立良好的数值仿真软件的生态环境。另外，加强行业引导，尤其在重大工程实施过程中，加强对自主知识产权的保护，采用倾斜性政策鼓励自主软件的应用和推广。

（5）岩体结构数值仿真的高性能计算算法和云计算

随着数值仿真对岩体结构模拟、破坏过程模拟的要求提高，数值仿真的计算量非常巨大，对大规模计算的需求越来越高。目前，多核心计算机、并行机、集群系统以及 GPU 等硬件的发展非常迅速，但是并行算法及程序实现的发展相对缓慢。应加强基于 CPU/GPU 等大规模计算算法的研究。

参考文献

[1] 刘耀儒，杨强. 岩体工程非线性分析理论与数值仿真［M］. 北京：清华大学出版社，2021.
[2] YANG Y T, XU D D, LIU F, et al. Modeling the entire progressive failure process of rock slopes using a strength-based criterion［J］. Computers and Geotechnics, 2020, 126: 103726.
[3] 杨强，刘耀儒，程立. 特高拱坝变形破坏机制与控制研究［M］// 张楚汉，王光谦. 水利科学与工程：前言. 北京：科学出版社，2017: 802-822.
[4] WANG S G, LIU Y R, YANG Q, et al. Analysis of abutment movements of high arch dams due to reservoir impounding［J］. Rock Mechanics and Rock Engineering, 2020, 53（5）: 2313-2326.
[5] 何柱，刘耀儒，杨强，等. 溪洛渡拱坝谷幅变形机制及变形反演和长期稳定性分析［J］. 岩石力学与工程学报, 2018, 37（Supp 2）: 4198-4206.
[6] 吕帅. 高拱坝蓄水期库岸变形及诱发区域地震分析［D］. 清华大学, 2019.
[7] YANG Q, LI C Y, LIU Y R. Time-independent plasticity formulated by inelastic differential of free energy function［J］. Journal of Non-Equilibrium Thermodynamics, 2021, 46（3）: 221-234.
[8] ZUO J P, SHEN J Y. The Hoek-Brown Failure criterion-From theory to application［M］. Springer, 2020.

［9］ ZUO J P, WEI X, SHI Y, et al. Experimental study of the ultrasonic and mechanical properties of a naturally fractured limestone［J］. International Journal of Rock Mechanics and Mining Sciences，2020，125：104162.

［10］ LI C Y, HOU S K, LIU Y R, et al. Analysis on the crown convergence deformation of surrounding rock for double-shield TBM tunnel based on advance borehole monitoring and inversion analysis［J］. Tunnelling and Underground Space Technology，2020，103：103513.

［11］ LIU Y R, HOU S K, LI C Y, et al. Study on support time in double-shield TBM tunnel based on self-compacting concrete backfilling material［J］. Tunnelling and Underground Space Technology，2020，96：103212.

［12］ WANG S, XU W, YAN L, et al. Experimental investigation and failure mechanism analysis for dacite under true triaxial unloading conditions［J］. Engineering Geology，2019：105407.

［13］ WANG S, XU W, WANG W. Experimental and numerical investigations on hydro-mechanical properties of saturated fine-grained sandstone［J］. International Journal of Rock Mechanics and Mining Sciences，2020，127：104222.

［14］ WANG S, XU W. A coupled elastoplastic anisotropic damage model for rock materials［J］. International Journal of Damage Mechanics，2020：1056789520904093.

［15］ WANG S, WANG H, XU W, et al. A coupled elasto-plastic damage model for finegrained sandstone under triaxial compression and lateral extension loading conditions［J］. European Journal of Environmental and Civil Engineering，2019：1-17.

［16］ 王永亮，鞠杨，陈佳亮，等. 自适应有限元 - 离散元算法、ELFEN 软件及页岩体积压裂应用［J］. 工程力学，2018，35（9）：17-25.

［17］ Yan C Z, Jiao Y Y, Yang S Q. A 2D coupled hydro-thermal model for the combined finite-discrete element method［J］. Acta Geotechnica，14（2）：2019，403-416.

［18］ 冯春，李世海，郑炳旭，等. 基于连续 - 非连续单元方法的露天矿三维台阶爆破全过程数值模拟［J］. 爆炸与冲击，2019，39（2）：110-120.

［19］ Lin Q D, Li S H, Feng C, et al. Cohesive fracture model of rocks based on multi-scale model and Lennard-Jones potential［J］. Engineering Fracture Mechanics，2021，246：107627.

［20］ Feng C, Li S H, Lin Q D. A block particle coupled model and its application to landslides［J］. Theoretical and Applied Mechanics Letters，2020，2：79-86.

［21］ Gong B, TANG C A, Wang S Y, et al. Simulation of the nonlinear mechanical behaviors of jointed rock masses based on the improved discontinuous deformation and displacement method［J］. International Journal of Rock Mechanics and Mining Sciences，2019，122（10）：104076.

［22］ 王学滨. 拉格朗日元与离散元耦合连续 - 非连续方法研究［M］. 北京：科学出版社，2021.

［23］ 王学滨，田锋，钱帅帅. 不同冲击幅值下洞室围岩变形 - 开裂 - 垮塌过程——基于连续 - 非连续方法［J］. 振动与冲击，2021，40（1）：233-242.

［24］ 王学滨，田锋，白雪元，等. 不同冲击速度条件下矩形巷道围岩变形 - 开裂过程数值模拟［J］. 振动与冲击，2020，39（14）：94-101，108.

［25］ ZHENG H, YANG YT, SHI GH. Reformulation of dynamic crack propagation using the numerical manifold method［J］. Engineering Analysis with Boundary Elements，2019；105：279-295.

［26］ YANG YT, TANG XH, ZHENG H, et al. Hydraulic fracturing modeling using the enriched numerical manifold method［J］. Applied Mathematical Modelling，2018，53：462-486.

［27］ WANG YH, YANG YT, ZHENG H. On the implementation of a hydro-mechanical coupling model in the numerical manifold method［J］. Engineering Analysis with Boundary Elements，2019；109：161-175.

［28］ YANG YT, ZHENG H. Direct approach to treatment of contact in numerical manifold method［J］. International Journal of Geomechanics，2017，17（5）：E4016012.

[29] YANG YT, XU DD, ZHENG H. Explicit discontinuous deformation analysis method with lumped mass matrix for highly discrete block system [J]. International Journal of Geomechanics, 2018, 18（9）: 04018098.

[30] YANG YT, ZHENG H, SIVASELVAN MV. A rigorous and unified mass lumping scheme for higher-order elements [J]. Computer Methods in Applied Mechanics and Engineering, 2017; 319: 491-514.

[31] ZHENG H, YANG YT. On generation of lumped mass matrices in partition of unity based methods [J]. International Journal for Numerical Methods in Engineering, 2017; 112（8）: 1040-1069.

[32] LI B, YE X N, DOU Z H, et al. Shear strength of rock fractures under dry, surface wet and saturated conditions [J]. Rock Mechanics and Rock Engineering. 2020, 53: 2605-2622.

[33] LEI Q H, WANG X G, XIANG J S, et al. Polyaxial stress-dependent permeability of a three-dimensional fractured rock layer [J]. Hydrogeology Journal, 2017, 25: 2251-2262.

[34] Lei Q H, WANG X G, MIN K B, et al. Interactive roles of geometrical distribution and geomechanical deformation of fracture networks in fluid flow through fractured geological media [J]. Journal of Rock Mechanics and Geotechnical Engineering, 2020, 12: 780-792.

[35] HU R, ZHOU CX, WU D S, et al. Roughness control on multiphase flow in rock fractures [J]. Geophysical Research Letters, 2019, 46（21）: 12002-12011.

[36] CHEN Y F, YU H, MA H Z, et al. Inverse modeling of saturated-unsaturated flow in site-scale fractured rocks using the continuum approach: A case study at Baihetan dam site, Southwest China [J]. Journal of Hydrology, 2020（584）: 124693.

[37] ZHOU CB, ZHAO XJ, CHEN YF, et al. Interpretation of high pressure pack tests for design of impervious barriers under high-head conditions [J]. Engineering Geology, 2018, 234: 112-121.

[38] ZHOU JQ, CHEN YF, WANG L, et al. Universal relationship between viscous and inertial permeability of geologic media [J]. Geophysical Research Letters, 2019, 46: 1441-1448.

[39] ZHOU JQ, CHEN YF, TANG H, et al. Disentangling the simultaneous effects of inertial losses and fracture dilation on permeability of pressurized fractured rocks [J]. Geophysical Research Letters, 2019, 46: 8862-8871.

[40] JIA C J, XU W Y, WANG R B, et al. Experimental investigation on shear creep properties of undisturbed rock discontinuity in Baihetan Hydropower Station [J]. International Journal of Rock Mechanics and Mining Sciences, 2018, 104: 27-33.

[41] JIA C J, ZU W Y, WANG H L, et al. Stress dependent permeability and porosity of low-permeability rock [J]. Journal of Central South University, 2017, 24（10）: 2396-2405.

[42] XIANG Z P, WANG H L, XU W Y, et al. Experimental Study on Hydro-mechanical Behaviour of Anisotropic Columnar Jointed Rock-Like Specimens [J]. Rock Mechanics and Rock Engineering, 2020: 1-14.

[43] CHENG L, LIU Y R, YANG Q, et al. Mechanism and numerical simulation of reservoir slope deformation during impounding of high arch dams based on nonlinear FEM [J]. Computers and Geotechnics, 2017, 81: 143-154.

[44] LIU Y R, WANG X M, WU Z S, et al. Simulation of landslide-induces surges and analysis of impact on dam based on stability evaluation of reservoir bank slope [J]. Landslides, 2018, 15（10）: 2031-2045.

[45] LIU Y R, WANG W Q, HE Z, et al. Nonlinear Creep Damage Model Considering Effect of Pore Pressure and Analysis of Long-term Stability of Rock Structure [J]. International Journal of Damage Mechanics, 2020, 29（1）: 144-165.

[46] WANG X W, XU J R, XUE L J, et al. Study on deformation of abutment and the influence on high arch dam during impoundment [J]. IOP Conf Series: Earth and Environmental Science, 2021（已接收）.

[47] 钟大宁, 刘耀儒, 杨强, 等. 白鹤滩拱坝坝谷幅变形预测及不同计算方法变形机制研究 [J]. 岩土工程学报,

2019, 41（8）：1455-1463.

［48］LIU Y R, WU Z S, YANG Q, et al. Dynamic stability evaluation of underground tunnels based on deformation reinforcement theory［J］. Advances in Engineering Software, 2018, 124：97-108.

［49］刘春, 乐天呈, 施斌, 等. 颗粒离散元法工程应用的三大问题探讨［J］. 岩石力学与工程学报, 2020, 39（6）：1142-1152.

［50］冯春, 李世海, 王杰. 基于CDEM的顺层边坡地震稳定性分析方法研究［J］. 岩土工程学报, 2012, 34（04）：717-724.

［51］武哲书. 岩体结构静动稳定分析及并行计算［D］. 北京：清华大学, 2019.

［52］夏英杰, 赵丹晨, 唐春安, 等. 新冠疫情背景下的高校数值计算云平台创新教学方法研究［J］. 高等建筑教育（已录用）.

［53］力软科技. http：//www.mechsoft.cn.

［54］北京极道成然科技有限公司. http：//www.gdem-tech.com.

［55］清华水利云平台.http://www.meggs.hydr.tsinghua.edu.cn/thc/index.html#.

［56］北京云道智造科技有限公司. http://www.simapps.com.

［57］冯春, 李世海, 马照松, 等. GDEM力学分析系列软件及GENVI生态化数值仿真平台［R］. 岩石力学与工程地质绍兴国际论坛, 2020.

［58］冯春, 李世海, 马照松, 等. 生态化数值仿真平台Genvi及开源程序BasicDEM介绍［C］. 第五届全国颗粒材料计算力学会议, 2021.

［59］WU Z S, LIU Y R, YANG Q, et al. Evaluation analysis of the reinforcement measure and its effect on a defetive arch dam［J］. Journal of Performance of Constructed Facilities, 2019, 33（6）：04019073.

［60］ZHOGN D N, LIU Y R, CHENG L, et al. Study on unloading relaxation for excavation based on unbalanced force and its application in Baihetan arch dam［J］. Rock Mechanics and Rock Engineering, 2019, 52（6）：1819-1833.

［61］DENG J Q, LIU Y R, YANG Q, et al. A viscoelastic, viscoplastic, and viscodamage constitutive model of salt rock for underground energy storage cavern［J］. Computers and Geotechnics, 2020, 119：103288.

［62］LV Q C, LIU Y R, YANG Q. Stability analysis of earthquake-induced rock slope based on back analysis of shear strength parameters of rock mass［J］. Engineering Geology, 2017, 228：39-49.

［63］LIU Y R, WANG X M, WU Z S, et al. Simulation of landslide-induces surges and analysis of impact on dam based on stability evaluation of reservoir bank slope［J］. Landslides, 2018, 15（10）：2031-2045.

［64］DING C X, YANG R S, FENG C. Stress wave superposition effect and crack initiation mechanism between two adjacent boreholes［J］. International Journal of Rock Mechanics and Mining Sciences, 2021, 138：104622.

［65］赵安平, 冯春, 郭汝坤, 等. 节理特性对应力波传播及爆破效果的影响规律研究［J］. 岩石力学与工程学报, 2018, 37（9）：2027-2036.

［66］LIN Q D, FENG C, ZHU X G, et al. Evolution characteristics of crack and energy of low-grade highway under impact load［J］. International Journal of Pavement Engineering, 2021, 13：1-16.

［67］ZHANG Q L, ZHI Z H, FENG C, et al. Investigation of concrete pavement cracking under multi-head impact loading via the continuum-discontinuum element method［J］. International journal of impact engineering, 2020, 135：103410.

［68］WANG H Z, BAI C H, FENG C, et al. An efficient CDEM-based method to calculate full-scale fragment field of warhead［J］. International Journal of Impact Engineering, 2019, 133：103331.

［69］冯春, 李世海, 郝卫红, 等. 基于CDEM的钻地弹侵彻爆炸全过程数值模拟研究［J］. 振动与冲击, 2017, 36（13）：11-18, 26.

［70］ZHANG Q L, YUE J C, LIU C, et al. Study of automated top-coal caving in extra-thick coal seams using the continuum-discontinuum element method [J]. International Journal of Rock Mechanics and Mining Sciences, 2019, 122: 104033.

[71] JU Y, WANG Y, SU C, et al. Numerical analysis of the dynamic evolution of mining-induced stresses and fractures in multilayered rock strata using continuum-based discrete element methods [J]. International Journal of Rock Mechanics and Mining Sciences, 2018, 113: 191-210.

[72] 何满潮, 陈新, 周永发, 等. 软岩工程大变形力学分析: 原理、软件、实例 [M]. 北京: 科学出版社, 2014.

[73] HE M C, SOUSA R L, MÜLLER A, et al. Analysis of excessive deformations in tunnels for safety evaluation [J]. Tunnelling and Underground Space Technology. 2015, 45: 190-202.

[74] 郎颖娴, 梁正召, 段东, 等. 基于CT试验的岩石细观孔隙模型重构与并行模拟 [J]. 岩土力学, 2019, 40（3）: 1204-1212.

[75] LI G, ZHAO Y, HU L H, et al. Simulation of the rock meso-fracturing process adopting local multiscale high-resolution modeling [J]. International Journal of Rock Mechanics and Mining Sciences, 2021, 142: 104753.

[76] LIANG Z, WU N, LI Y, et al. Numerical Study on Anisotropy of the Representative Elementary Volume of Strength and Deformability of Jointed Rock Masses [J]. Rock Mechanics and Rock Engineering, 2019, 52 (11): 4387-4402.

[77] TANG C A, WEBB A, MOORE W B, et al. Breaking Earth's shell into a global plate network [J]. Nature Communications, 2020, 11: 3621.

[78] GONG B, TANG C A, WANG S Y, et al. Simulation of the nonlinear mechanical behaviors of jointed rock masses based on the improved discontinuous deformation and displacement method [J]. International Journal of Rock Mechanics and Mining Sciences, 2019, 122 (10): 104076.

[79] LIU G Y, XU W J, GOVENDER N, et al. A cohesive fracture model for discrete element method based on polyhedral blocks [J]. Powder Technology, 2020, 359: 190-204.

[80] LUBBE R, XU W J, DANIEL N W, et al. Analysis of parallel spatial partitioning algorithms for GPU based DEM [J]. Computers and Geotechnics, 2020, 125: 103708.

[81] LIU G Y, XU W J, SUN Q C, et al. Study on the rock block breakage tests based on a GPU accelerated discrete element method [J]. Geoscience Frontiers, 2020, 11 (2): 461-471.

[82] LIU G Y, XU W J, GOVENDER N, et al. Simulation of rock fracture process based on GPU-accelerated discrete element method [J]. Powder Technology, 2021, 377 (5): 640-656.

[83] XU W J, WANG Y J, DONG X Y. Influence of Reservoir Water Level Variations on Slope Stability and Evaluation of Landslide Tsunami [J]. Bulletin of Engineering Geology and the Environment, 2021, 80: 4907.

[84] ZHOU Q, XU W J, LUBBE R. Multi-scale Mechanics of Sand Based on FEM-DEM Coupling Method [J]. Powder Technology, 2021, 380: 394-407.

[85] FENG Z K, XU W J. GPU Material Point Method (MPM) and its application on Slope Stability Analysis [J]. Bulletin of Engineering Geology and the Environment, 2021, 80: 5449.

[86] QIN Y, LIU C, ZHANG X, et al. A three-dimensional discrete element model of triaxial tests based on a new flexible membrane boundary [J]. Scientific Reports, 2021, 11: 4753.

[87] ZHANG Z Z, NIU Y X, SHANG X J, et al. Characteristics of Stress, Crack Evolution, and Energy Conversion of Gas-Containing Coal under Different Gas Pressures [J]. Geofluids, 2021: 5578636.

[88] LUO H, XING A G, JIN K P, et al. Discrete Element Modeling of the Nayong Rock Avalanche, Guizhou, China Constrained by Dynamic Parameters from Seismic Signal Inversion [J]. Rock Mechanics and Rock Engineering, 2021, 54: 1629-1645.

[89] JING H, GOU M, SONG L. Discrete Element Simulation of Bending Deformation of Geogrid-Reinforced Macadam

Base [J]. Tehnicki Vjesnik-technical Gazette, 2021, 28: 230-239.

[90] CHEN Z, SONG D. Numerical investigation of the recent Chenhecun landslide (Gansu, China) using the discrete element method [J]. Natural Hazards, 2020, 105: 717-733.

[91] XUE Y, ZHOU J, LIU C, et al. Rock fragmentation induced by a TBM disc-cutter considering the effects of joints: A numerical simulation by DEM [J]. Computers and Geotechnics, 2021, 136: 104230.

[92] HE Y Y, NIE L, LV Y, et al. The study of rockfall trajectory and kinetic energy distribution based on numerical simulations [J]. Natural Hazards, 2021, 106: 213-233.

[93] LIU C, SHI B, POLLARD D D, et al. Mechanism of formation of wiggly compaction bands in porous sandstone: 2. Numerical simulation using discrete element method [J]. Journal of Geophysical Research: Solid Earth, 2015, 120: 8153-8168.

[94] 刘春, 乐天呈, 施斌, 等. 颗粒离散元法工程应用的三大问题探讨 [J]. 岩石力学与工程学报, 2020, 39 (6): 1142-1152.

[95] FENG X T, PAN P Z, WANG Z, et al. Development of Cellular Automata Software for Engineering Rockmass Fracturing Processes [C] // International Conference of the International Association for Computer Methods and Advances in Geomechanics. Torino: Springer International Publishing, 2021: 62-74.

[96] PAN P Z, YAN F, FENG X T, et al. Study on coupled thermo-hydro-mechanical processes in column bentonite test [J]. Environmental Earth Sciences, 2017, 76 (17): 618.

[97] PAN P Z, FENG X T, ZHENG H, et al. An approach for simulating the THMC process in single novaculite fracture using EPCA [J]. Environmental Earth Sciences, 2016, 75 (15): 1150.

[98] PAN P Z, Yan F, FENG X T, et al. Modeling of an excavation-induced rock fracturing process from continuity to discontinuity [J]. Engineering Analysis with Boundary Elements, 2019, 106: 286-299.

[99] LI M, MEI W Q, PAN P Z, et al. Modeling transient excavation-induced dynamic responses in rock mass using an elasto-plastic cellular automaton [J]. Tunnelling and Underground Space Technology, 2020, 96: 103183.

[100] FENG X T, WANG Z, ZHOU Y, et al. Modelling three-dimensional stress-dependent failure of hard rocks [J]. Acta Geotechnica, 2021, 16: 1647-1677.

[101] ZHANG Q H, DING X L, WU A Q. A comparison of the application of block theory and 3D block-cutting analysis [J]. International Journal of Rock Mechanics and Mining Sciences, 2017, 99: 39-49.

[102] ZHANG Q H, LIN S Z, DING X L, et al. Triangulation of simple arbitrarily-shaped polyhedra by cutting off one vertex at a time [J]. International Journal for Numerical Methods in Engineering, 2018, 114: 517-534.

[103] ZHANG Q H, SU H D, LIN S Z, et al. Algorithm for three-dimensional curved block cutting analysis in solid modeling [J]. Computer Methods in Applied Mechanics and Engineering, 2020, 360: 112721.

[104] ZHANG Q H, LIN S Z, XIE Z Q, et al. Fractured porous medium flow analysis using numerical manifold method with independent covers [J]. Journal of Hydrology, 2016, 542: 790-808.

[105] 郭翔, 王学滨, 白雪元, 等. 加载方式及抗拉强度对巴西圆盘试验影响的数值模拟 [J]. 岩土力学, 2017, 38 (1): 214-220.

[106] 白雪元, 王学滨, 舒芹. 静水压力下内摩擦角对圆形洞室围岩局部破裂影响的连续-非连续模拟 [J]. 岩土力学, 2020, 41 (7): 2485-2493, 2513.

[107] YE J H, HE K P, Zhou L J. Subsidence prediction of a rubble mound breakwater at Yantai port: An application of FSSI-CAS 2D [J]. Ocean Engineering, 2021, 219: 108349.

[108] YE J H, HE K P. Dynamics of a pipeline buried in loosely deposited seabed to nonlinear wave & current [J]. Ocean Engineering, 2021, 219: 109127.

[109] HE K P, HUANG T K, YE J H. Stability analysis of a composite breakwater at Yantai port, China: An application of FSSI-CAS-2D [J]. Ocean Engineering, 2018, 168: 95-107.

[110] YE J H, JENG D S, CHAN A H C, et al. 3D Integrated numerical model for Fluid-Structures-Seabed Interaction (FSSI): loosely deposited Seabed Foundation [J]. Soil Dynamics and Earthquake Engineering, 2017, 92: 239-252.

[111] YANG G X, YE J H. Wave & current-induced progressive liquefaction in loosely deposited seabed [J]. Ocean Engineering, 2017, 142: 303-314.

撰稿人：刘耀儒　杨　强　冯　春　梁正召　王学滨　徐文杰　刘　春
　　　　孙冠华　潘鹏志　王环玲　陈益峰　陈　新　张奇华　叶剑红

岩土锚固与注浆领域研究进展及展望

一、引言

经初步检索，2017—2020 年有关"锚固"或"anchoring"的期刊论文，CNKI 检索得到 5320 篇，Web of Science 检索到 502 篇，Engineering Village 检索到 2234 篇。2017—2020 年硕博士学位论文检索到 426 篇。专利方面，检索到 2017—2020 年的国内专利为 4194 项，国外专利为 1567 项。国家自然科学基金课题立项 58 项，共资助金额 2673 万元，由表 1 可见，岩土锚固领域的研究一直保持强劲发展的态势，发表的期刊论文、授权的专利和立项的国家自然科学基金项目数量稳中有进。近四年锚固技术的研究热点集中在锚杆和锚索等复合结构的创新性及实用性等方面，同时随着国家战略实施的需求，锚固技术在特殊工况中的研究更加广泛而深入。在岩土锚固动力响应、特殊岩土环境（节理夹层、深部岩体、土遗址等）、岩土检测技术、新型岩土锚固材料及结构等方面的研究呈上升趋势。

表 1　含有"锚固"或"anchoring"文献检索结果（篇）

类别		2013—2016 年	2017—2020 年
期刊论文	SCI	324	502
	EI	1592	2234
	CNKI	4316	5320
CNKI 硕博士学位论文		285	426
专利	国内	1690	4194
	国外	1413	1567
国家自然科学基金		57	58
国家科技成果		50	69

2017—2020 年标题中含有"注浆"或"grouting"的期刊论文，CNKI 检索到 4871 篇，Web of Science 检索到 465 篇，Engineering Village 检索到 1901 篇。2017—2020 年硕博士学位论文检索到 373 篇，平均每年 93 篇。专利方面，检索到 2017—2020 年的国内专利为 3676 项，国外专利为 524 项。国家自然科学基金课题立项数大幅增加，2017—2020 年立项 53 项，共资助金额 2363.7 万元，由表 2 可见，近四年，注浆领域发表的论文、授权的专利和立项的国家自然科学基金项目等数量均稳步上升，显示出注浆理论与技术研究的广泛性和深入性。

表 2　含有"注浆"或"grouting"文献检索结果（篇）

类别		2013—2016 年	2017—2020 年
期刊论文	SCI	176	465
	EI	1303	1901
	CNKI	3816	4871
CNKI 硕博士学位论文		255	373
专利	国内	1787	3676
	国外	430	524
国家自然科学基金		25	53
国家科技成果		96	35

回顾与总结 2017—2020 年岩土锚固与注浆领域发展历程，许多科研工作具有承上启下的重要作用，一方面解决了大量未解之难题，另一方面又为锚固与注浆学科后续发展奠定深厚的基础并指明发展方向。

二、进展与创新点

（一）理论研究进展

1. 锚固理论研究进展

由于工程建设环境向松散软弱等复杂岩土和环境扩展，国内外十分重视全长粘结式传统锚固技术的研究。室内以及现场的全长粘结式锚杆拉拔试验研究普遍反映，锚杆的主要失效形式有界面滑移失效及破断失效两种。

目前针对界面滑移失效模型，大多数理论模型都是基于杆件弹性变形假设，未能考虑杆件屈服情况，对此，近年来相关学者建立了双指数曲线剪切滑移[1]及小波函数滑移[2]等模型，来反映全长粘结式锚杆粘结 – 软化 – 滑动力学特性的剪应力 – 位移非线性过程。同时随锚杆长度的增加，界面剪应力非线性增加，剪应力也逐渐分布不均匀，对此，部分学者采用界面滑移脱黏失效模型[3]或荷载传递法[4]建立非线性计算方法，合理反映了锚杆长度与锚固强度间的非线性关系。而对于全长粘结式锚固体破断失效的演化过程，目前规范中规定锚杆抗拔破坏强度由锚杆锚固长度、粘结强度等参数决定，实际研究发现，全长锚固系统的破坏失效强度是由锚杆、灌浆体、围岩三者共同决定[6]，不同的围岩压力以及灌浆体强度，都会影响破坏发展模式[7]。近四年来对于传统锚固技术的理论研究集中在全长粘结式锚杆，大都从现代非线性力学方面进行研究，但相对以前的研究，并没有很大的突破，还没有形成统一的结论。并且随着锚固工程向西部及深部发展，容易出现应力场–温度场[8,9]–渗流场[10,11]等多场耦合情况，这将是今后锚固理论发展的重点与难点。

预应力锚杆及框架锚杆作为应用广泛的新型支护结构，其可参考的相关理论公式较少。针对预应力锚杆强度特征及失效理论，相关学者采用连续损伤力学及应力梯度理论[12]、增量解析方法[13]、广义开尔文模型[14]等理论方法进行分析。框架锚杆结构在高渗透压地区及地震等动力响应条件下具有良好的支护性能和稳定性，近年来，柱孔扩张理论的引入，很好地解决了软土地区深基坑降水的框架梁承载力计算问题[15]；采用虚拟激励法获得边坡地震加速度反应功率谱，为框架锚杆支护边坡稳定性可靠度计算提供了一种新的计算途径[16]。

近年来，针对锚固新材料已有部分学者建立了相应的理论公式，特别是对于 GFRP 抗浮锚杆，部分学者开展了长期荷载对 GFRP 抗浮锚杆的室内足尺试验，分析 GFRP 与浆体之间的相互作用[17]，并采用荷载传递理论及标准线性固体 Kelvin 模型，推导理想条件下 GFRP 抗浮锚杆体与锚固体的剪应力、轴力沿锚固深度的分布函数[18]，分析了长期荷载下的时间损伤效应[19]，为 GFRP 锚杆在抗浮工程中的应用提供了理论依据。

2. 注浆理论研究进展

注浆理论研究方面，依托大量注浆工程实践与科研试验，劈裂注浆和断层破碎带注浆理论方面进展迅猛，诸多学者在研究浆液运移规律时考虑地层渗滤作用与浆液黏度时变性，使理论结果更加接近于工程现场。

劈裂注浆理论方面，周茗如[20]等将劈裂注浆初始阶段用无限土体中的平面应变扩孔予以分析，推导了黄土地区不排水条件下的劈裂注浆压力预估公式，系统分析了黄土地区劈裂注浆加固机理和所建立注浆理论的有效性。欧阳进武[21]等对稳压和脉动两种给压方式下的劈裂灌浆机理进行了探讨。张乐文[22]等引入基床系数法，考虑尺寸效应及浆土应力耦合特性，对不同土体劈裂注浆过程进行了分析。推导了浆液扩散半径变化方程、浆液压力时空变化方程、劈裂缝宽度时空变化方程，并进行了相应的分析。

断层破碎带注浆机理研究方面，李鹏[23]等在土体初始压缩的基础上，以先序固结压力和再压缩土体特征压缩模量为表征参数，提出适用于后序注浆中被注土体再压缩变形的 ε-p 曲线模型及其参数求解方法，建立了再压缩土体浆液劈裂扩散模型，获得隧道泥质断层多序注浆动态劈裂扩散规律。李相辉[24]等依托永莲隧道 F2 断层突水突泥灾害注浆治理工程，分析断层破碎带介质特点并划分介质类型，进而建立注浆概念模型，通过注浆试验模拟非均质断层破碎带注浆扩散过程，基于浆脉分布情况与注浆压力、介质应力变化规律，分析了注浆扩散规律。

考虑渗滤效应研究方面，李术才[25]等将砂土介质内的渗流通道简化为均匀管道，分析了渗滤效应对砂土介质孔隙率、渗透系数及水泥浆渗流速度的影响。采用自主研发的恒压注浆装置，研究不同颗粒级配砂样在不同注浆参数下注浆量的变化规律。冯啸[26]等建立水泥浆锋面扩散理论模型，分析了渗滤效应下水泥颗粒的运移滤出机制和浆液锋面的扩散规律。朱光轩[27]等针对沙层劈裂注浆中的渗滤效应，采用一维渗滤模型对其进行描述，并结合平板裂隙注浆扩散模型，推导得到劈裂注浆扩散控制方程。

考虑浆液黏度时变性研究方面，张连震[28]等、张庆松[29]等分别考虑浆液黏度时空变化的影响以及浆液在多孔介质中流动的扩散路径，推导建立被注介质内压力时空分布方程。通过所设计的多孔介质渗透注浆扩散模拟试验系统，对注浆压力的时空变化规律进行试验研究。叶飞[30]等从 C-S 浆液本构关系、黏度时变性与空间效应入手，研究 C-S 浆液在盾构隧道壁后注浆过程中的扩散机理，得到 C-S 双液浆扩散半径计算公式以及管片受力计算公式。

注浆理论进展迅猛，注浆理论体系得以不断完善，考虑的因素更加全面，理论与现场的匹配程度良好。以前只能靠经验去阐述的一些现象，现在具备了理论支撑。

（二）模型试验研究进展

1. 锚固模型试验研究进展

我国地震等灾害频发，使得工程结构动力响应问题受到持续关注，近年来部分学者以大型振动台为试验仪器，针对滑坡工况下的锚固系统，开展了地震作用下的锚固试验[31-33]，分析了格构梁锚杆加固边坡在地震影响下的受力机制。随着工程建设逐渐向深部发展，锚固技术所面临的深部"三高一扰动"问题日益突出，近年来针对深部锚固系统受到冲击荷载及工程扰动的情况，发展了许多新型锚固技术及新材料，自行研制了相应的静 – 动加载试验[34, 35]、爆破动力响应试验[36]及三维动态加载物理模型试验[37]，为揭示锚杆支护在动力响应条件下的失效行为、采取合理的设计与施工提供新的思路。可见，近四年来，锚固结构的动力响应仍是岩土锚固技术研究热点。其中地震作用下的相关岩土锚固理论模型已趋于完善，随着锚固技术的广泛应用，不同工况下特别是边坡情况的岩土锚固技术的研究有待发展。此外，近年来涌现许多新型锚固技术及材料，应用到冲击荷载及工程扰动条件下的抗动力灾害锚固技术中，是一个实用且有前景的方向。

深部硬脆性围岩动力灾害具有复杂性，为探讨锚杆对脆性岩体破裂的作用机制，近年来，大量学者通过室内相似模型试验，探究脆性围岩浅表[38]、含软弱夹层围岩[39]、弱滑移面围岩[40]等地质条件下的锚固脆性破坏。同时，为研究锚杆锚固对节理岩体剪切性能的影响规律及锚杆抗剪作用机制，开展了一系列不同加载条件下加锚节理岩体室内剪切试验研究，探究加锚节理岩体在法向力及剪切力作用下的变形和受力特征，讨论锚杆倾角[41]、节理面法向应力[42]等因素对节理岩体抗剪性能的影响。从以上内容可以看出目前锚固研究大多集中在传统的锚杆支护在节理围岩控制过程中的作用，通过模型试验，主要分析了锚杆杆径、长度、倾角等因素对节理岩体稳定性的影响，为提高锚杆调控脆性围岩破坏的认识并为深埋隧洞围岩灾害合理支护控制提供有益帮助。而随着新型锚固结构的出现，有关节理围岩在新型锚固技术中的风险控制还需进一步研究。

2. 注浆模型试验进展

注浆模型试验方面，主要集中于在含水或不含水的砂土、黏质砂土、卵砾石等岩土体内注入水泥浆、水泥水玻璃浆、脲醛树脂等，测试注浆过程中的注浆压力、土压力变化，待浆液凝固后，通过浆脉形状揭示注浆过程，通过注浆结石体取芯检验注浆加固效果。为指导不同工程地质条件与施工目的的注浆施工，国内外学者开展了大量模型试验研究。

李鹏[43]等研制出目前国内外最大规模的注浆处治模型试验系统（8米×4.5米×5米），开展了超大规模三维隧道突水突泥灾后帷幕注浆处治模拟试验，试验监测了注浆压力、浆液注入速率、土压力、渗透压力、应变和位移等多项关键数据。张连震[44]等研发了可视化注浆模拟试验系统，以水泥-水玻璃浆液为注浆材料，开展砂层劈裂注浆模拟试验。获得了劈裂通道宽度空间分布、裂缝尖端形状等几何形态特征，以及劈裂通道扩展过程中注浆压力与砂层内部应力场、位移场的动态演化规律。张家奇[45]等依托江西永莲隧道断层破碎带内土石分层介质注浆治理工程，利用自主研制分层介质注浆试验装置，以断层角砾岩和断层泥介质模拟土石分层介质，开展了分层介质注浆试验研究。Yang[46]等为研究水泥浆液注入砂层内的扩散规律，通过不同水灰比、注浆压力、注浆量、土质条件下的室内注浆试验，分析浆液扩散规律，研究结果为砂层注浆提供了一定的理论和实验参考。Xu[47]等研制出一套完整的煤矿深部地层岩石高压裂隙注浆物理模拟系统，模型装置能在高达45MPa注浆压力和15MPa地下水压力下顺利运行，裂隙宽度可设置为0.2~8mm，但其仅适用于模拟岩石单裂隙注浆，不适用于模拟多裂隙岩体和其他岩土体材料的注浆。

大量的注浆模型试验对现场遇到的工程"卡脖子"问题进行了合理简化与模拟，获得了一定的注浆规律，反映并指导现场施工，为注浆控制方法的制定提供一定的参考。

（三）数值分析研究进展

1. 锚固数值分析研究进展

有关锚固的数值分析试验目前已经较为成熟，近年来新型锚固技术的发展给传统的锚固数值试验带来了挑战，在建模方法、计算方法等方面，许多学者都进行了相应的改进。

pile 单元作为建立锚杆模型的基本单元,却始终面临无法解释锚杆剪切破断失效的问题,部分学者进行二次开发,基于 pile 结构单元提出锚杆剪切破断判据[48]、锚杆自由段总体伸长量的锚杆破断判据[49],建立 pile 结构单元杆体修正力学模型。针对 pile 无法施加预紧力的问题,部分学者[50,51]提出首先在锚杆端部施加一对相向节点力以固定网格,然后建立中间杆段并平衡轴力的方法,来构建并施加预紧力。cable 单元作为建立锚索模型的基本单元,通过"接触面单元 – 实体单元"和"改进锚索单元 – 实体单元"的方法设置接触面,在地震作用下含软弱层岩体边坡锚固模型[52]及让压锚索模型[53]的建立中得到了应用。

近年来新型锚固技术层出不穷,锚固技术在工程中的应用也越来越广泛,使传统数值分析建模方法不能满足现有模型计算的需要,而有关新型锚固技术的数值分析研究还较少。近期相关学者通过自行开发程序,建立了框架预应力锚杆加固多级高边坡的动力分析模型[54]及全注浆螺旋锚杆模型[55],其计算结果与实际工程较为符合,证明了数值试验方法在研究岩土锚固技术中的可行性及可靠性。

综上所述,近四年来,由于传统的锚固方法在室内试验及现场试验中较易实现,而新型锚固方法的出现给试验研究带来了挑战,有关锚固的数值试验突破了传统建模方法限制,在锚杆(索)的建模上有所创新,同时针对近年来广泛应用的预应力框架锚杆等复合锚固方式,也出现了相关的数值实验研究,发展前景良好。

2. 注浆数值分析研究进展

不断提升的计算机性能和丰富多样的数值分析软件推动注浆数值分析的不断发展,一些无法或较难通过现场试验和实验室试验模拟的注浆工况得以在计算机上进行模拟,既节约了一定的科研经费,又增加了注浆过程的可视化。

耿萍[56]等根据某隧道工程地勘资料,利用 PFC2D 软件通过数值试验进行参数标定,然后对不同注浆压力下注浆过程进行动态模拟,从细观角度对注浆过程进行分析。朱明听[57,58]等采用 FLAC3D 数值三轴压缩试验与江西永莲隧道 F2 断层破碎带原状土室内三轴压缩试验相结合的方法,研究土体自身强度、浆脉空间分布对于试样抗压强度及变形特征的影响规律,获得土体劈裂注浆加固效果的主控因素。LIU[59]等基于多孔介质溶质输运和流体动力学经典理论,提出渗流 – 冲蚀耦合模型来研究完全风化花岗岩帷幕注浆的渗流冲蚀过程。MU[60]等建立考虑浆液与地质裂缝耦合的单条随机裂隙浆液扩散模型,研究粗糙裂缝中的浆液流动特性和耦合机制。考虑流固耦合的粗糙裂缝模型比传统的平板模型更符合工程中的注浆现象。程少振[61]等通过有限元和流体体积函数方法研究劈裂注浆过程中土体的启裂和浆脉的扩展规律,深入分析了劈裂注浆发展过程中应力场、位移场以及注浆率的变化过程。朱旻[62]等提出了一种基于流体体积法的劈裂注浆有限元分析方法。注浆过程采用流量控制,运用流体体积法来确定任意时刻的浆 – 水边界,得出浆液在裂缝中的扩散规律。程桦等[63]以某煤矿千米深井大断面硐室岩层 L 型钻孔注浆加固工程为背景，围绕其高地压、近水平穿岩层的特点，运用多孔介质渗流理论，建立流固耦合拟连续介质注浆模型。通过 ABAQUS 数值分析，获得孤立孔和三孔同时注浆条件下注浆压力、浆液扩散半径与岩石渗透系数的关系，揭示高地应力作用下深部岩体地面预注浆浆液扩散规律。

（四）材料研究进展

1. 锚固材料研究进展

为改善锚杆结构的耐久性及适用性，提高锚杆在不同工程地质条件下的适应性及经济性，国内外学者研发了多种新型杆体材料，如纤维增强复合材料（FRP 筋）锚杆、树脂锚杆等。国外对 FRP 筋锚杆进行了较多的试验研究，主要研究 CFRP 锚杆的徐变特性[64]及耐高温性能等[65]。国内对 FRP 筋锚杆的研究主要为锚固结构问题[66]、性能差异[67-69]及锚固锚杆应力应变计算[70,71]三个方面。在树脂锚杆加固工程中，诸多学者以锚杆－树脂锚固剂－围岩之间相互作用关系为出发点，较为系统地研究了不同约束条件下锚杆（索）轴力、剪应力及锚固力等分布规律，其中有关锚固长度[72]、树脂锚固剂性质[73-75]、围岩性质[76,77]等对树脂锚杆锚固性能的影响研究是近几年的热点问题。

2. 注浆材料研究进展

注浆材料方面，为满足低碳经济和绿色环保材料的要求，磨细煤矸石、含硅超细矿粉、纳米材料改性、工业废渣地聚合物等无机注浆材料，二代丙烯酸盐、水性环氧树脂、改性聚丙烯酰胺和无溶剂聚氨酯等无毒有机注浆材料，应用于工程中或处于工业试验阶段。

2017—2020 年，注浆材料研究集中于水泥基类注浆材料、化学注浆材料和新型固废注浆材料等的改性和研发。陈朋成[78]采用纳米碳酸钙提高超细水泥浆液可注性，解决了立井井壁微裂隙渗流导致井筒涌水量增高的问题。ZHANG[79]等研究不同催化剂对聚氨酯/水玻璃注浆材料力学性能、热稳定性能和化学断面形状的影响。李召峰[80]等通过水溶性植物胶改善传统水泥－水玻璃浆液的动水抗分散性能，解决了水泥－水玻璃封堵浆材在动水灾害工程地层内留存率低等问题。曾娟娟[81]等采用曼尼斯碱作为环氧树脂固化剂，再配以环氧树脂及活性稀释剂制得低温固化环氧树脂注浆材料，可实现低温注浆环境下地层的补强加固及防渗堵漏。Güllü[82]等采用新型地聚物环保材料替代浆液中的普通硅酸盐水泥，研究不同掺量和水胶比条件下地聚物浆液的流变性能，发现掺地聚物浆液性能接近于天然水泥浆液。

以上研制的注浆材料基本满足现有工程需求，但随着地下工程建设复杂程度不断提升及环境保护要求日趋严格，对注浆材料的要求也在进一步提高。注浆材料的发展要与时俱进，紧随注浆工程需求与环保要求。

（五）技术研究进展

1. 锚固技术研究进展

随着我国"西部大开发"及"一带一路"倡议的实施，近几年，国内外高、大、深以及松散、软弱和高低温、渗流等特殊岩土环境下的岩土工程不断涌现，给岩土锚固技术带来了严峻挑战，该领域专家和学者对此进行了卓有成效的研究，特别是对于节理岩体、寒区岩体及土遗址文物保护的锚固技术方面获得了可喜的进步。

节理岩体中的锚固技术是锚固领域的热点，国内外许多学者对此进行了研究，对于传统的锚杆技术，部分学者[83,84]开展加锚节理岩体室内剪切试验，发现锚杆倾角较小时，易发生锚杆轴向变形，而倾角较大时，易发生切向变形。近年来，弹塑性力学模型[85]、双指数曲线模型[86]在节理岩体离层作用分析中得到应用。同时，数值计算方法在分析层状及破碎围岩锚注技术[87]、层状软弱顶板及完整性好的非层状顶板围岩锚杆支护[88]中得到了应用。可见探讨节理裂隙结构特征对锚固效果和锚固破坏机制的影响仍是该领域的研究重点，但近期出现的多层节理锚固技术方面的理论研究逐渐发展，未来将呈热度上升趋势。

近年来，格构梁与锚杆复合结构、框架支护锚杆等新型锚固技术在预防冻土边坡发生滑移破坏以及提高冻土边坡稳定性中发挥了出色的作用，然而边坡产生的位移场与锚固系统受力应力场，以及冻融循环等作用下的温度场，共同形成了多场耦合的复杂场系统，给实际应用带来困难与挑战。对此，相关学者等研究了寒区格构梁与锚杆复合结构、框架锚杆变形和内力在冻胀作用下的变化规律，基于Winkler弹性地基梁理论[89]及热平衡理论和莫尔-库伦强度理论[90]，分别建立考虑冻胀作用的复合结构计算模型和框架锚杆支护冻土边坡的水热力耦合计算模型，理论与实际的协调发展，大大推进了寒区岩体锚固技术的应用。

锚固技术不仅满足力学稳定性控制的需求，还能较好地遵循土遗址文物保护"最大兼容、最小干预"的理念和准则。近年来，该领域开始关注基于传统建造材料与工艺科学化挖掘下锚固系统的研发[91]与机制研究[92,93]。有关土遗址锚固时效性、可靠性[94]及质量检测[95,96]的相关研究进展较快，获得了一些有益的结论，有关土遗址锚固技术领域，仍呈现关注态势。

为了改善现有岩土锚固技术的应用效果或应对复杂岩土工程环境，国内外也开展了新型岩土锚固结构方面的研究。开发新型拉压复合型锚杆[97-99]对传统锚杆受力应力集中的缺陷进行改进；对于冲击荷载及地震荷载等外部荷载的影响，开发了吸能锚杆[100]、框架锚杆[101,102]；对于软弱地层、较薄岩层及渗流等不良地质条件，囊式深埋扩体锚杆[103]、较薄岩层对穿锚杆[104]、对拉锚杆、排水板复合框架自钻胎串式锚杆[105]等新型锚固结构有着广泛的应用；而对于锚杆支护结束后的后处理问题，开发了数字锚、旋喷锚及热融可回收锚杆[106]等可回收的锚杆。

现场测试技术对于实时跟踪岩土结构的锚固效果，评价其安全可靠性具有十分重要意义。近几年来随着互联网及数字化技术的发展，岩土锚固检测技术也逐渐步入非接触式与自动化，出现了光纤光栅传感[107,108]、激光位移传感[109]、分布式光学应变传感（DOS）[110]等检测技术，大大推进了岩土锚固检测技术的发展。

2. 注浆技术研究进展

注浆技术方面，S 孔造孔技术的成熟[63]，促进了冻结、地面预注浆及井筒掘砌"三同时"施工；通过合理控制与调整注浆压力、注浆速率及浆液配比参数，形成隧道突水突泥灾害治理的优势劈裂注浆控制方法；"三步注浆"工艺大大改善了注浆加固巷道围岩的效果，有效保证了浆液扩散范围；智能化注浆研究依托大型水利工程，引领注浆领域新变革。

不同注浆防治工程的地质条件、加固要求等差异化明显，依托不同工程经验总结形成一系列注浆治理技术。

贺文[111]等基于同忻煤矿地面瓦斯抽采系统场地下伏采空区物探调查结果，采用验证孔钻探施工及钻孔电视技术，综合确定场地下伏采空区治理范围，通过优化注浆孔布置、合理的注浆控制技术对瓦斯抽采系统场地下伏采空区进行综合治理，为类似工程处理提供参考。李鹏[23]依托江西永莲隧道注浆治理工程，基于劈裂产生和发展力学机理及加固理论研究成果，提出以"注浆压力控制、劈裂路径尺寸控制、注浆加固体参数控制和注浆加固进度控制"为核心的泥质断层劈裂注浆控制方法。张顶立[112]等提出"首先针对不同地层条件采用劈裂方式形成浆脉骨架结构，继而对浆脉之间被挤压的围岩实施渗透注浆"的复合注浆新理念。基于复合注浆技术思路，按照加固体结构功能与强度要求，建立浆脉骨架及复合结构力学模型，提出了结构失稳模式、判别方法和控制原则，进而对加固体宏观性能与注浆参数对应关系进行系统研究，为复合注浆的成型控制与工艺实现提供依据。QIAN[113]等基于水力压裂理论提出地表以下 800 米深度地表预注浆，并在穿越华东大断裂带深地下洞口先导开挖过程中实施，提高了岩体稳定性，保证了隧道掘进安全。Liu[114]等针对焦作煤田全底板注浆工程，提出包括分散注浆、细管输送、反复固管等工序的新灌浆方法并采用配套设施，保证了高水压下的注浆质量，降低了大采高工作面突水风险。注浆治理方法在具体注浆施工中得以不断发展和总结，但注浆环境复杂多变，针对不同工程，还得具体问题具体对待，不能盲目套用。

为瞄准国家信息化融合创新的战略要求，契合行业工程数字化、智能化的发展方向，利用人工智能、大数据、工业 5G 等新兴技术，智能化注浆在注浆领域产生革命性变革。善泥坡水电站大坝左岸防渗帷幕灌浆工程采用全自动智能集中制浆系统[115]，形成集中制浆、长距离输浆、分散供浆工艺。2018 年 7 月中国铁建重工集团有限公司研制成功国内首套隧道智能化注浆装备[116]，具有自动规划、自动配浆、自动注浆、自动计量、自动清洗、数据交互等六大功能，在施工中具备智能化程度高、作业效率高、施工质量好的性能优势。中大华瑞科技有限公司在乌东德、白鹤滩等水电站的固结灌浆和高压帷幕灌浆工程中，基于"全面感知、真实分析、实时控制"闭环智能控制理论研发了智能灌浆单元机

iCC 和智能灌浆管理云平台 iGM 组成的智能灌浆系统，实现了水泥注浆一键式闭环智能控制[117, 118]。中国电建水电七局依托杨房沟水电站智能灌浆工程，通过三维地质建模、灌浆过程信息收集和地质与施工多维信息系统，对数据进行分析研判，制定不同地层条件下的注浆最优施工方案，让注浆参数精准适应不同地质条件[119]。相比传统注浆，智能注浆效率更高，对注浆隐蔽工程的质量保证、改善作业人员工作条件、提高工作效率、节约资源和降低成本具有重要作用。

三、岩土锚固与注浆面临挑战与对策

目前我国已成为世界公认的隧道与地下工程建设规模和难度最大的国家。锚固与注浆技术作为工程中补强加固与防渗堵漏的一种有效工法，发展前景广阔，但在许多方面仍需科研工作者继续钻研，面临着一些挑战，应采取相应对策：

（1）理论研究方面：岩土锚固荷载传递计算模型不完善，界面力学特性研究不足。锚固体系包括锚固本体、锚固界面及锚固介质，是一个相对复杂的体系，在进行理论推导时，应注意各个部分的相互作用关系，如何采用合理准确的界面力学模型进行分析，是研究锚固体系的重点与难点所在，对此，在研究过程中应把握整体，建立各个部分的力学耦合模型，提高分析的准确性与完整性。注浆理论涉及工程地质学、岩土力学、流体力学等多学科融合，影响因素繁多，理论推导时如何选取主控因素，如何建立更加科学准确的理论模型，是研究的重难点所在。此外，现在理论多假定只进行一次注浆，关于多序注浆的理论研究还有待进一步深入。

（2）模型试验方面：复杂工况下锚固技术的发展一直是锚固领域的热点，近几年，深部、寒区、动力响应等工况下的锚固技术得到了充分的发展，尤其是在试验及理论方面进展较为明显。然而特殊工况下的试验总是面临试验难度大、试验经费高等问题，制约了锚固技术的发展。注浆模型试验的发展得益于注浆法在大量工程中的应用，但也受制于所依托工程。许多模型试验装置的设计与加工耗费了大量的人力物力，但最终却只是"一次性"的，只能用于模拟特定工况。试验结束后，装置长期闲置，造成了极大的浪费。因此在设计模型试验装置时，要尽可能增加装置的使用范围，研制可模拟多种工况的多功能模型试验装置。

（3）数值分析方面：随着锚固技术在工程中越来越广泛的应用，冻融、高应力、渗流等不良地质条件，容易出现应力场－温度场－位移场－渗流场等多场耦合的情况，而数值分析方法能够较为简单便捷地实现这些情况，这将是今后锚固数值试验发展的重点与难点。对于注浆来说，现有文献无论采用以有限元方法和有限差分法为代表的连续介质方法，还是以颗粒离散元方法和无网格法为代表的离散介质方法，均只能大致接近于工程现场而不能解释所有现象，这与岩土介质离散性较大有关。下一阶段的研究方向是依靠透明地质等前沿科技不断完善所建立模型的准确性，使模拟结果更加接近于工程实际。

（4）锚固与注浆材料方面：传统锚杆常常存在锚固强度不足及"一次性"的缺点，且传统水泥基类注浆材料会造成巨大资源消耗，多数化学注浆材料会产生有毒有害物质污染地下环境，这些均有悖于绿色可持续发展理念以及人们逐步提升的环保意识。因此，研发新型高效绿色经济注浆材料，例如纤维增强复合材料、热融可回收材料，以工业废渣为原料的地聚合物注浆材料、高性能无机注浆材料等无疑是当下需要重点研究的方向之一。

（5）锚固与注浆技术方面：锚杆检测技术如今已经面向非接触式与数字化，如何安全有效地结合各学科领域并应用在实际工程中，是当前锚杆检测技术应注意的问题，对此应关注锚固检测工程的特殊性，具体情况具体分析，对不同的锚固检测对象，提出更具有针对性的锚固检测方法，提高安全性及有效性。现有注浆治理技术多是依托特定注浆治理工程，总结形成的注浆治理方法难以匹配其他注浆工程，需要继续总结更具普适性的注浆治理方法，根据不同被注地层环境与注浆目的分别厘清"采用什么注浆材料，注到什么条件停止，能达到什么样的加固与堵漏效果"问题。智能注浆系统在大型水利工程与隧道建设过程中初露锋芒，展现出巨大的发展前景，下一阶段智能注浆发展方向是继续深入融合数字孪生技术、工业5G和人工智能等前沿技术，研制适应于多种工况的智能注浆系统。

参考文献

［1］周世昌，朱万成，于水生. 基于双指数剪切滑移模型的全长锚固锚杆荷载传递机制分析［J］. 岩石力学与工程学报，2018，37（S2）：20-28.

［2］陈建功，陈晓东. 基于小波函数的锚杆拉拔全过程分析［J］. 岩土力学，2019，40（12）：4590-4596.

［3］李怀珍，李学华. 基于界面滑移脱黏的锚杆合理锚固长度研究［J］. 岩土力学，2017，38（11）：3106-3112.

［4］黄明华，赵明华，陈昌富. 锚固长度对锚杆受力影响分析及其临界值计算［J］. 岩土力学，2018，39（11）：4033-4041，4062.

［5］GB 50086—2015，岩土锚杆与喷射混凝土支护工程技术规范［S］.

［6］徐开山. 全长粘结锚固系统拉拔变形破坏机理研究［D］. 青岛：山东科技大学，2017.

［7］车纳，王华宁，蒋明镜，等. 岩石锚杆锚固段拉拔破坏机理离散元分析［J］. 地下空间与工程学报，2018，111（S2）：228-236.

［8］董建华，代涛，董旭光，等. 框架锚杆锚固寒区边坡的多场耦合分析［J］. 中国公路学报，2018，31（2）：133-143.

［9］岳海. 深部隧道围岩非规则破裂温度效应及锚固机理模拟研究［D］. 长沙：湖南大学，2017.

［10］樊琪，李红霞，李晓栋. 基于渗流作用被锚巷道弹塑性分析［J］. 西安科技大学学报，2019，39（3）：475-482.

［11］谢璨，李树忱，李术才，等. 渗透作用下土体蠕变与锚索锚固力损失特性研究［J］. 岩土力学，2017，

38（8）：2313-2321，2334.

［12］文志杰，张瑞新，杨涛，等．基于应力梯度理论的锚杆合理预紧力［J］．煤炭学报，2018，43（12）：3309-3319.

［13］郭院成，李明宇，张艳伟．预应力锚杆复合土钉墙支护体系增量解析方法［J］．岩土力学，2019，40（S1）：253-258，266.

［14］宋洋，李永启，杜炎齐，等．节理岩体剪切蠕变作用下锚杆预应力损失规律研究［J］．岩土力学，2020（S2）：1-11.

［15］董建华，袁方龙，董旭光，等．排水板复合框架自钻胎串式锚杆支护结构的工作机制分析［J］．岩石力学与工程学报，2017，36（11）：2826-2838.

［16］董建华，董旭光，朱彦鹏．随机地震作用下框架锚杆锚固边坡稳定性可靠度分析［J］．中国公路学报，2017，30（2）：41-47.

［17］白晓宇，郑晨，张明义，等．大直径GFRP抗浮锚杆蠕变试验及蠕变模型［J］．岩土工程学报，2020，42（7）：1304-1311.

［18］匡政，白晓宇，张明义，等．考虑锚固体不均匀及杆体脱黏效应的GFRP抗浮锚杆杆体荷载分布函数［J］．岩石力学与工程学报，2019，38（6）：1158-1171.

［19］郑晨．大直径GFRP抗浮锚杆承载特性试验及理论模型［D］．青岛：青岛理工大学，2019.

［20］周茗如，张建斌，卢国文，等．扩孔理论在非饱和黄土劈裂注浆中的应用［J］．建筑结构学报，2018，39（S1）：368-378.

［21］欧阳进武，张贵金，刘杰．劈裂灌浆扩散机理研究［J］．岩土工程学报，2018，40（7）：1328-1335.

［22］张乐文，辛冬冬，丁万涛，等．基于基床系数法的劈裂注浆过程分析［J］．岩土工程学报，2018，40（3）：399-407.

［23］李鹏，张庆松，王倩，等．隧道泥质断层多序注浆动态劈裂扩散规律［J］．中国公路学报，2018，31（10）：328-338.

［24］李相辉，张庆松，张霄，等．非均质断层破碎带注浆扩散机理［J］．工程科学与技术，2018，50（2）：67-76.

［25］李术才，冯啸，刘人太，等．考虑渗滤效应的砂土介质注浆扩散规律研究［J］．岩土力学，2017，38（4）：925-933.

［26］冯啸，李术才，刘人太，等．考虑渗滤效应的水泥浆锋面扩散理论及试验研究［J］．中国科学，2017，47（11）：1198-1206.

［27］朱光轩，张庆松，刘人太，等．基于渗滤效应的沙层劈裂注浆扩散规律分析及其ALE算法［J］．岩石力学与工程学报，2017，36（S2）：4167-4176.

［28］张连震，张庆松，刘人太，等．考虑浆液黏度时空变化的速凝浆液渗透注浆扩散机制研究［J］．岩土力学，2017，38（2）：443-452.

［29］张庆松，王洪波，刘人太，等．考虑浆液扩散路径的多孔介质渗透注浆机理研究［J］．岩土工程学报，2018，40（5）：918-924.

［30］叶飞，孙昌海，毛家骅，等．考虑黏度时效性与空间效应的C-S双液浆盾构隧道管片注浆机理分析［J］．中国公路学报，2017，30（8）：49-56.

［31］郝建斌，汪班桥，李楠，等．地震作用下压力型锚杆格构梁破坏特征试验［J］．中国公路学报，2017，30（5）：20-27，37.

［32］汪班桥，李楠，门玉明，等．滑坡防治格构梁锚固系统振动台模型试验［J］．岩土力学，2018，39（3）：782-788，796.

［33］叶帅华，赵壮福，朱彦鹏．框架锚杆支护黄土边坡大型振动台模型试验研究［J］．岩土力学，2019，40（11）：4240-4248.

[34] 王爱文,潘一山,赵宝友,等. 防冲吸能锚杆(索)的静动态力学特性与现场试验研究[J]. 岩土工程学报,2017,39(7):1292-1301.

[35] 王爱文,高乾书,代连朋,等. 锚杆静-动力学特性及其冲击适用性[J]. 煤炭学报,2018,43(11):2999-3006.

[36] 吴秋红,赵伏军,王世鸣,等. 动力扰动下全长黏结锚杆的力学响应特性[J]. 岩土力学,2019,40(3):942-950,1004.

[37] 陈士海,宫嘉辰,胡帅伟. 爆破荷载下围岩及支护锚杆动力响应特征模型试验研究[J]. 岩土力学,2020,41(12):3910-3918.

[38] 王斌,宁勇,冯涛,等. 单轴压缩条件下锚杆影响脆性岩体破裂的细观机制[J]. 岩土工程学报,2018,40(9):1593-1600.

[39] 丁书学,靖洪文,齐燕军,等. 含软弱夹层锚固体变形过程中锚杆受力分析[J]. 采矿与安全工程学报,2017,34(6):1094-1102.

[40] 赵同彬,程康康,魏平,等. 含弱面岩石滑移破坏及锚固控制试验研究[J]. 采矿与安全工程学报,2017,34(6):1081-1087.

[41] 刘泉声,雷广峰,彭星新,等. 锚杆锚固对节理岩体剪切性能影响试验研究及机制分析[J]. 岩土力学,2017,38(S1):27-35.

[42] 腾俊洋,张宇宁,唐建新,等. 锚固方式对节理岩体剪切性能影响试验研究[J]. 岩土力学,2017,38(8):2279-2285.

[43] 李鹏. 泥质断层劈裂注浆全过程力学机理与控制方法研究[博士学位论文][D]. 济南:山东大学,2017.

[44] 张连震. 地铁穿越砂层注浆扩散与加固机理及工程应用[D]. 济南:山东大学,2017.

[45] 张家奇,李术才,张霄,等. 土石分层介质注浆扩散的试验研究[J]. 浙江大学学报(工学版),2018,52(5):914-924.

[46] YANG J, CHENG Y, CHEN W. Experimental Study on Diffusion Law of Post-Grouting Slurry in Sandy Soil [J]. Advances in Civil Engineering, 2019, 2019: 1-11.

[47] XU Z, LIU C, ZHOU X, et al. Full-scale physical modelling of fissure grouting in deep underground rocks [J]. Tunnelling and Underground Space Technology, 2019, 89: 249-261.

[48] 宋远霸,闫帅,柏建彪,等. FLAC3D中锚杆剪切破断失效的实现及应用[J]. 岩石力学与工程学报,2017,36(8):1899-1909.

[49] 杨宁,李为腾,玄超,等. FLAC^{3D}可破断锚杆单元完善及深部煤巷应用[J]. 采矿与安全工程学报,2017,34(2):251-258.

[50] 王晓卿. 对拉锚杆、锚索的承载特性与加固效果分析[J]. 煤炭学报,2019,44(S2):430-438.

[51] 王其洲,李宁,叶海旺,等. 单自由面锚固体单向加载破坏特征和锚杆荷载规律研究[J]. 采矿与安全工程学报,2020,37(4):665-673.

[52] 言志信,龙哲,屈文瑞,等. 地震作用下含软弱层岩体边坡锚固界面剪切作用分析[J]. 岩土力学,2019,40(7):2882-2890.

[53] 朱安龙,张胤,戴妙林,等. 基于FLAC^{3D}数值模拟的让压锚索边坡加固机理研究[J]. 岩土工程学报,2017,39(4):713-719.

[54] 叶帅华,时铁磊,龚晓南,等. 框架预应力锚杆加固多级高边坡地震响应数值分析[J]. 岩土工程学报,2018,40(S1):153-158.

[55] D.-A. Ho, M. Bost, J.-P. Rajot. Numerical study of the bolt-grout interface for fully grouted rockbolt under different confining conditions [J]. International Journal of Rock Mechanics and Mining Sciences, 2019, 119.

[56] 耿萍,卢志楷,丁梯,等. 基于颗粒流的围岩注浆动态过程模拟研究[J]. 铁道工程学报,2017,34(3):34-40.

［57］ 朱明听，张庆松，李术才，等. 劈裂注浆加固土体的数值模拟和试验研究［J］. 中南大学学报（自然科学版），2018，49（5）：1213-1220.

［58］ 朱明听，张庆松，李术才，等. 土体劈裂注浆加固主控因素模拟试验［J］. 浙江大学学报（工学版），2018，52（11）：2058-2067.

［59］ LIU J，CHEN W，YUAN J，et al. Groundwater control and curtain grouting for tunnel construction in completely weathered granite［J］. Bulletin of Engineering Geology and the Environment，2018，77（2）：515-531.

［60］ MU W，LI L，YANG T，et al. Numerical investigation on a grouting mechanism with slurry-rock coupling and shear displacement in a single rough fracture［J］. Bulletin of Engineering Geology and the Environment，2019，78（8）：6159-6177.

［61］ 程少振，陈铁林，郭玮卿，等. 土体劈裂注浆过程的数值模拟及浆脉形态影响因素分析［J］. 岩土工程学报，2019，41（3）：484-491.

［62］ 朱旻，龚晓南，高翔，等. 基于流体体积法的劈裂注浆有限元分析［J］. 岩土力学，2019，40（11）：4523-4532.

［63］ 程桦，彭世龙，荣传新，等. 千米深井L型钻孔预注浆加固硐室围岩数值模拟及工程应用［J］. 岩土力学，2018，39（S2）：274-284.

［64］ KICHAEVA O，ZOLOTOV S，FIRSOV P，et al. Research of stress-strain state of basalt fiber polymer rods at adhesive anchoring in concrete［J］. IOP Conference Series：Materials Science and Engineering，2019，708（1）：012056.

［65］ ALROUSAN R，ALTAHAT M. An anchoring groove technique to enhance the bond behavior between heat-damaged concrete and CFRP composites［J］. Buildings，2020，10（12）：232.

［66］ ZHANG B J，SHANG S P，et al. Experimental study on long-term creep preference of flexural members strengthened with prestressed CFRP plate［C］. 2017：20225.

［67］ 冯君，王洋，张俞峰，等. 玄武岩纤维与钢筋锚杆锚固性能现场对比试验研究［J］. 岩土力学，2019，40（11）：4185-4193.

［68］ 俞晨晖. 玄武岩纤维锚杆替换钢锚杆用于边坡支护的有限元分析［J］. 甘肃水利水电技术，2018，54（2）：38-40.

［69］ 李国维，于威，李峰，等. 引江济淮软岩钢筋、GFRP筋锚杆承载差异试验［J］. 岩石力学与工程学报，2018，37（3）：601-610.

［70］ BAI X，ZHANG M，CHEN X，et al. The model test on the anchoring performance of GFRP anti-floating anchor with base floor［J］. DEStech Transactions on Materials Science and Engineering，2017.

［71］ 王宝祥. BFRP锚杆锚固系统界面应力试验研究［J］. 黑龙江交通科技，2019，42（5）：131-133.

［72］ 姚强岭，王伟男，孟国胜，等. 树脂锚杆不同锚固长度锚固段受力特征试验研究［J］. 采矿与安全工程学报，2019，36（4）：643-649.

［73］ 刘少伟，贺德印，付孟雄，等. 树脂锚固剂搅拌过程仿真及高效搅拌构件优化实验［J］. 煤炭学报，2020，45（9）：3073-3086.

［74］ 贾畅东，程静文，程新均. 大孔径锚杆树脂锚固剂推送技术探究［J］. 水利建设与管理，2018，38（12）：34-36.

［75］ 李保星，郝艳彬. 树脂锚固剂在不同温度、湿度条件下对锚杆锚固力的影响［J］. 机械管理开发，2017，32（9）：42-43.

［76］ 钱任，王彬，王晟华，等. 树脂锚杆轴力分布与围岩强度的影响分析［J］. 河北建筑工程学院学报，2020，38（2）：30-33.

［77］ 杨俊，张毅，张英实，等. 围岩性质对树脂锚杆锚固性能影响的研究［J］. 煤炭技术，2018，37（4）：35-38.

[78] 陈朋成. 纳米碳酸钙改性超细水泥基微裂隙注浆材料性能研究[D]. 青岛：山东科技大学, 2019.
[79] Zhang Q, Hu X, Wu M, et al. Effects of different catalysts on the structure and properties of polyurethane/water glass grouting materials[J]. Journal of Applied Polymer Science, 2018, 135（27）：1–11.
[80] 李召峰, 高益凡, 张健, 等. 水溶性植物胶改性水泥–水玻璃封堵材料试验研究[J]. 岩土工程学报, 2020, 42（7）：1312–1321.
[81] 曾娟娟, 杨元龙, 马哲. 低温固化环氧树脂灌浆材料的性能研究[J]. 新型建筑材料, 2017, 44（10）：112–115.
[82] Güllü H, Cevik A, Al-Ezzi K M A, et al. On the rheology of using geopolymer for grouting: A comparative study with cement-based grout included fly ash and cold bonded fly ash[J]. Construction and Building Materials, 2019, 196: 594–610.
[83] 刘泉声, 雷广峰, 彭星新, 等. 锚杆锚固对节理岩体剪切性能影响试验研究及机制分析[J]. 岩土力学, 2017, 38（S1）：27–35.
[84] 刘泉声, 雷广峰, 彭星新, 等. 节理岩体中锚杆剪切力学模型研究及试验验证[J]. 岩土工程学报, 2018, 40（5）：794–801.
[85] 丁潇, 谷拴成, 何晖, 等. 单/多离层作用下锚杆受力特性分析[J]. 岩土力学, 2019, 40（11）：4299–4305.
[86] 黄明华, 李嘉成, 赵明华, 等. 岩体离层作用下锚杆受力特性全历程分析[J]. 岩石力学与工程学报, 2017, 36（9）：2177–2184.
[87] 王琦, 许英东, 许硕, 等. 破碎围岩锚注扩散加固机制研究与应用[J]. 采矿与安全工程学报, 2019, 36（5）：916–923.
[88] YUAN C, FAN L, CUI J F, et al. Numerical simulation of the supporting effect of anchor rods on layered and nonlayered roof rocks[J]. Advances in Civil Engineering, 2020, 2020（10）：1–14.
[89] 董建华, 柳珂, 董旭光, 等. 寒区格构梁与锚杆复合结构的冻胀效应计算方法[J]. 岩石力学与工程学报, 2020, 39（5）：984–995.
[90] 孙国栋, 董旭光, 田文通, 等. 框架锚杆支护多年冻土边坡的稳定性计算方法[J]. 防灾减灾工程学报, 2019, 39（1）：124–131.
[91] 王东华. 土遗址全长粘结锚固系统优化与机理研究[D]. 兰州：兰州理工大学, 2020.
[92] 王旭东, 谌文武, 孙满利, 等. 土遗址锚固技术研究进展[C]//2017 年全国锚固与注浆技术学术研讨会暨广东省第一届锚固与注浆技术学术研讨会.
[93] 芦苇, 赵冬, 李东波, 等. 土遗址全长黏结式锚固系统动力响应解析方法[J]. 岩土力学, 2020, 41（4）：1377–1387, 1395.
[94] 何昊洲. 土遗址加固工程中锚固系统时效性及可靠性研究[D]. 兰州：兰州大学, 2017.
[95] 郭庆. 土遗址玻璃纤维锚杆锚固系统无损检测技术研究[D]. 兰州：兰州大学, 2017.
[96] 李凯. 土遗址 GFRP 锚杆锚固质量无损检测的试验研究[D]. 兰州：兰州大学, 2020.
[97] 涂兵雄, 刘士雨, 俞缙, 等. 新型拉压复合型锚杆锚固性能研究：Ⅰ 简化理论[J]. 岩土工程学报, 2018, 40（12）：2289–2295.
[98] 涂兵雄, 俞缙, 何锦芳, 等. 新型拉压复合型锚杆锚固性能研究Ⅱ：模型试验[J]. 岩土工程学报, 2019, 41（3）：475–483.
[99] 涂兵雄, 蔡燕燕, 何锦芳, 等. 新型拉压复合型锚杆锚固性能研究Ⅲ：现场试验[J]. 岩土工程学报, 2019, 41（5）：846–854.
[100] 李景文, 乔建刚, 付旭, 等. 岩土锚固吸能锚杆支护材料/结构及其力学性能研究进展[J]. 材料导报, 2019, 33（9）：143–150.
[101] 曹利宏, 刘振华, 张沛云. 框架锚杆加固黄土边坡模型试验研究[J]. 兰州工业学院学报, 2019, 26

（2）：13-18.

[102] 叶帅华, 赵壮福, 朱彦鹏. 框架锚杆支护黄土边坡大型振动台模型试验研究[J]. 岩土力学, 2019, 40（11）：4240-4248.

[103] 刘钟, 张楚福, 张义, 等. 囊式扩体锚杆在宁波地区的现场试验研究[J]. 岩土力学, 2018, 39（S2）：295301.

[104] 韩龙飞, 高华光. 对穿锚杆锚固参数对支护体支护效果影响[J]. 鞍山师范学院学报, 2019, 21（4）：18-23.

[105] 董建华, 袁方龙, 董旭光, 等. 排水板复合框架自钻胎串式锚杆支护结构的工作机制分析[J]. 岩石力学与工程学报, 2017, 36（11）：2826-2838.

[106] 邓友生, 蔡梦真, 王一雄, 等. 可回收锚件机理与工程应用研究[J]. 材料导报, 2019, 33（S2）：473-479.

[107] 白晓宇, 张明义, 匡政, 等. 光纤光栅传感技术在GFRP抗浮锚杆现场拉拔试验中的应用[J]. 岩土力学, 2018, 39（10）：3891-3899.

[108] 梁敏富, 方新秋, 薛广哲, 等. FBG锚杆测力计研制及现场试验[J]. 采矿与安全工程学报, 2017, 34（3）：549-555.

[109] 宫伟力, 张自翔, 高霞, 等. 激光位移监测恒阻大变形锚杆SHTB试验研究[J]. 岩石力学与工程学报, 2018, 37（S2）：3926-3937.

[110] NICHOLAS V, Daniel C, Bradley F, et al. Utilizing a novel fiber optic technology to capture the axial responses of fully grouted rock bolts[J]. Journal of Rock Mechanics and Geotechnical Engineering, 2018, 10（2）：222-235.

[111] 贺文, 周禹良, 孙晓宇, 等. 瓦斯抽放系统下伏多层采空区充填注浆治理技术[J]. 中国煤炭, 2017, 43（11）：101-105.

[112] 张顶立, 孙振宇, 陈铁林. 海底隧道复合注浆技术及其工程应用[J]. 岩石力学与工程学报, 2019, 38（6）：1102-1116.

[113] QIAN D, ZHANG N, ZHANG M, et al. Application and evaluation of ground surface pre-grouting reinforcement for 800-m-deep underground opening through large fault zones[J]. Arabian Journal of Geosciences, 2017, 10（13）：1-20.

[114] LIU S, FEI Y, XU Y, et al. Full-floor grouting reinforcement for working faces with large mining heights and high water pressure: a case study in China[J]. Mine Water and the Environment, 2020, 39（2）：268-279.

[115] 鲁开茂. 智能化集中制浆系统在善泥坡水电站防渗帷幕灌浆施工中的应用[Z]. 中国北京：20173.

[116] 袁丁, 王小平, 韩晓娜, 等. 智能化一体注浆设备动态系统设计与应用[J]. 石家庄铁道大学学报（自然科学版）, 2018, 31（4）：66-71.

[117] 樊启祥, 黄灿新, 蒋小春, 等. 水电工程水泥灌浆智能控制方法与系统[J]. 水利学报, 2019, 50（2）：165-174.

[118] 王瑞英, 朱等民, 郭炎椿. 智能灌浆技术在乌东德水电站帷幕灌浆中的应用[J]. 人民长江, 2020, 51（S2）：200-202.

[119] 肖铧, 宋崔蓉, 水小宁. 杨房沟水电站智能灌浆控制系统的设计研究与应用[J]. 四川水力发电, 2020, 39（6）：16-20.

撰稿人：蒋 冲 荣传新 庞 里 王雪松 施泽雄 程 桦 邓 梁

复合地层盾构隧道工程创新技术研究现状与展望

一、引言

复合地层盾构隧道工程涉及地质学、岩石力学、机电工程学、土木工程学等多学科的跨界融合，同时涉及地铁、市政综合管廊、公路、铁路、城际轨道、水利、电力等多工程领域。复合地层中应用的盾构机也在国家标准《全断面隧道掘进机术语和商业规格》（GB/T 34354—2017）中定义为"复合式盾构机"[1]。该学科的诞生与发展具备问题性、原创性、实践性和可靠性。

国际上，盾构机虽诞生于190多年前的英国，但掘进的地层是均一且相对自稳的软土地层，敞开的掌子面依靠人工开挖，直到20世纪七八十年代日本才发明研制了闭胸式盾构机，具有平衡功能，刀盘刀具切削土体，也主要应用于软土地层。国内八九十年代上海最早引进闭胸式盾构机，也主要应用于上海软土地层。当期，在上软下硬或上土下岩组合（即复合地层）中工程案例极其少见，更无施工理论指导。

20世纪90年代，广州地铁率先引进和尝试应用软土和岩层组合的盾构技术[2,3]，在一号线吸收国外当期先进盾构技术的基础上，在施仲衡院士、王振信总、王文斌总、张弥教授等前辈的指导下，竺维彬、鞠世健等总结施工过程中反馈出来的盾构选型、配置缺陷和相关事故教训[4,5]，通过一至四号线30余台、100千米类似复合地层的盾构工程实践、系统分析、创新研究[6-9]，提出和定义了复合地层、泥饼[10]、喷涌、滞排[11,12]、有效推力等一系列复合地层盾构施工技术的新概念、新观点、新方法[13-18]，创立了"复合地层盾构施工技术体系"[19]：地质是基础、盾构是关键、人（管理）是根本，填补了研究空白；同时开创了建设方培训盾构施工承包商的先河，大力扶持、推动盾构产业的整体发展，走国产化道路；中铁工、中铁建、广东建工等系统的最早一批盾构施工单位从广州走向全国，也将复合地层盾构施工技术应用到全国各地，促进了我国盾构事业的长足发展。

进入 21 世纪，随着国家经济、城镇化发展的需求，我国高铁、公路、城市地铁、综合管廊等国民经济重大工程呈爆发式增长；而随着地面的土地资源越来越紧缺，施工环境越来越复杂（尤其是跨江、河、湖、海水域等），环保要求越来越高，规避大规模拆迁、改造、减少建设和运营期对周边居民的影响，既是投资和工期控制的需要，更是城市高质量发展的需求。地下隧道特别是盾构隧道因其工法在安全、质量、进度、综合成本及环保等方面的优势越来越明显，已成为隧道建设优选的主流工法。国内每年建成盾构隧道超过 1000 千米，工程造价超过 500 亿元，无疑是世界第一盾构大国，随着我国在特别复杂地质条件下国产化盾构的不断创新突破，也将逐渐成为盾构强国，为实现国家交通强国战略目标奠定基础。

截止到 2020 年 12 月 31 日，据不完全统计：盾构隧道工程数达 3599 个，施工单位超过 53 个（其中承包盾构工程数前十的施工单位见图 1）；国内市场上盾构机制造数量 4293 台（上世纪末，中国拥有的盾构机台数仅 10 余台，且全部为进口），国产化率超过 70%，其中复合盾构超过 60%（直径 6~17.6 米、费用 5000 万~5 亿元每台），盾构机制造厂家超过 12 个，除了广州海瑞克股份公司是合资厂以外均为国内独资企业，其中中铁工

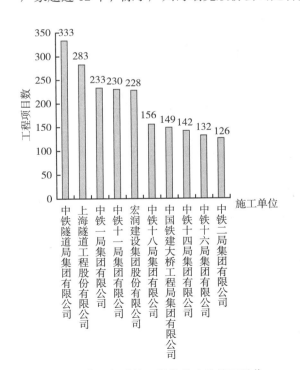

图 1 国内承包盾构工程数前十的施工单位

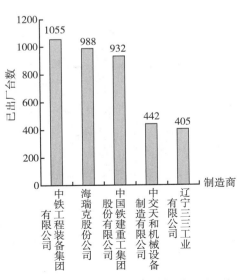

图 2 国内市场出厂盾构机数量前五的厂家

程装备集团有限公司制造共1055台（见图2）[21]；盾构机制造业逐步实现国产化，并慢慢进入国际市场参与竞争，共出口到海外盾构机约250台（数据来源：广州轨道交通盾构技术研究所）。

近几年，盾构工程向大直径、大埋深、长距离方向发展[22]，截止到2020年底，全球超大直径（直径大于14米）盾构工程数量为62例（含在建项目），其中，国外有17例，国内有45例，各国的分布见图3，其中25项为2017年至2020年新增（见图4）[23]。长、大、深隧道开挖断面遇到复合地层的概率大大提升，近年来国内超大直径盾构工程大部分都在复合地层中施工，如广东狮子洋隧道、大连地铁五号线跨海隧道、香港屯门隧道、武汉三阳路隧道、汕头海湾隧道、深圳春风路隧道、南京和燕路隧道等均在复合地层中施工，且多个工程采用国产盾构机；随着大连地铁五号线跨海隧道、武汉三阳路隧道和汕头海湾隧道的陆续贯通，以及深圳春风隧道的顺利推进，标志着我国超大直径盾构机在复合地层中的施工技术已达世界先进水平，国产超大直径复合式盾构机可与世界著名企业同台竞争[21]。

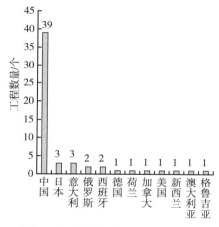

图3　全球超大直径盾构工程分布

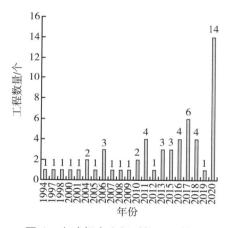

图4　全球超大直径盾构工程数量

近年来，复合地层盾构隧道领域的理论技术讨论与研究越来越多，知网上相关论文6418篇、外文文献3001篇、专利156项、国家自然科学基金45项。目前复合地层盾构隧道工程领域的热点问题：

（1）盾构设备制造及盾构施工方面，热点技术包括多模盾构、刀具检测及更换、辅助技术，等等，基于我国地质环境种类繁多复杂且经大规模遍及全国的工程实践，积累了极其丰富的经验和教训，同时也催生了不少原创性的技术，例如爆破预处理技术、衡盾泥辅助技术、冷冻刀盘技术、三模盾构技术等等都是国际首创。

（2）超大直径盾构在复合地层中施工碰到的核心问题或热点问题，概括起来依然是"泥饼、喷涌、滞排"六个字，虽然广州地铁20世纪90年代最先定义提出了这几个复合地层盾构施工的典型难题及系统应对措施，但受一线工程人员对地质认知程度和应对措施掌控程度的影响，这几个难题仍是复合地层盾构施工进度的三大影响因素，对超大直径盾构施工影响更甚，目前国内外超大直径盾构机的大部分优化创新几乎都为解决这几个问题，如双螺旋土压盾构，泥水盾构增设采石箱、二次破碎、冲刷系统改造，及超大直径双模盾构的研发等。

（3）人工智能及工业数字化在盾构工程领域的应用，如机器人辅助技术、自动拼装、自动驾驶、超前地质预报、大数据平台等，此类技术最早的概念主要由国外挑起，近年国内研发成果也有长足进步，但底层算法逻辑与国外仍有一定的差距。

二、研究进展与创新点

大量复合地层盾构隧道工程的建设推动了盾构产业的发展及中国盾构隧道修建技术的进步，同时在复合地层盾构隧道修建过程中所面临各种难题的攻克，孕育了大量的创新性成果。下面将从地质勘察、设计、盾构设备、施工四个方面详细介绍国内外前沿创新技术。

（一）复合地层盾构隧道工程勘察创新技术

认知地质是盾构施工控制的基础，尤其复合地层中地质复杂，诸如岩土界面起伏多变、各地层特征悬殊，且存在某些不良地质：花岗岩球状风化体、岩溶、古河道等。传统的单一钻探往往无法满足要求，因此物探技术投入越来越多，广州地铁在花岗岩孤石区、岩溶区尝试应用了十余种物探技术，如电法、地震波、跨孔CT、微动法等，积累了许多经验教训。近年来也逐渐将物探技术引入到盾构设备上，即超前地质预报，例如国外瑞士TSP系统、德国海瑞克SSP-E和ISP系统、国内HSP系统等[24-28]；但工程实践表明单一的勘探方式均存在一定的局限性，地质勘察要提高精度必须针对性地选择物探方法、钻探方法并与盾构掘进参数变化及渣样反馈分析相结合的综合勘察方法[29,30]；此外，为准确诠释勘察数据以及工程技术人员更直观地了解地质情况，实现勘察成果从点到线到面到三维的可视、可辨创新技术也取得了一定的成果[31]。

1. 综合勘察技术

针对花岗岩孤石地层，广州地铁竺维彬团队提出[20]以盾构始发井、到达井或中间风井洞门为探测实施平台，在隧道断面内沿隧道方向进行长距离水平钻探，水平钻孔间进行跨孔CT物探，目前本技术正处于理论研究、实验阶段。工程应用上，针对花岗岩孤石、岩溶等不良地层，该团队还提出了综合勘察技术，即区域地质分析、物探、钻探、盾构施工过程中动态地质跟踪反馈分析、超前探测等相结合的勘察方式，利用各种勘探方法的优势尽可能探清地质的特征。①首先进行区域地质分析。例如针对岩溶地层，分析区域地质是否存在断裂带，区域性断裂带对岩溶发育和对第四纪地层形成的影响很大，据此判别岩溶的走向和初步特征。②采用物探加钻探组合的勘探方式。根据区域地质分析来选择物探布置点，再根据物探结果制定合理的钻探方案，以减小盲目钻探带来的投资增加及环境影响。③盾构施工过程中，采取渣样动态反馈分析及掘进参数变化来辅助判断地质的变化。例如花岗岩发育区域，当盾构施工排出的渣土出现风化壳时，需注意可能存在未探明的球状风化体；而岩溶发育区，可通过估算渣土中岩石和填充物的含量，辅助判断溶洞的大小和性质。

2. 超前地质预报技术

国外德国 HerrenknechtSSP-E 系统采用地震波反射法来探测掌子面前方约 40 米内的异常体，该技术在国外七个项目上应用，国内即将应用的项目有：武汉和平大道南延、上海地铁崇明线一期工程；Kang Daehun、Lee In Mo 等基于复合地层条件下不同地层感应极化与电阻率差异，提出了一种可用于预测盾构隧道掘进掌子面前方复合地层的方法[32]。中铁西南科研院研发了 HSP 系统，利用刀盘滚刀破岩产生的震动信号作为探测震源，对前方不良地质体进行空间成像实现地质预报，该系统已在 40 台土压平衡盾构、4 台 TBM/土压双模盾构、3 台泥水平衡盾构上应用。

（二）复合地层盾构隧道工程设计理论与方法

目前，国际上普遍采用的隧道结构设计理论和方法主要为荷载-结构法和地层-结构法，其中荷载-结构法由于分析及设计过程简明清晰，是目前应用最广的设计方法，该方法的研究主要集中在荷载确定和衬砌结构简化上。针对复合地层的相关特性，例如隧道断面内不同地层的围岩压力、侧压力系数等工程参数不同，荷载确定从安全系数法向分项系数法（极限状态法）过渡；衬砌结构的简化近年来则应用了计算机三维精细化计算模型，解决了传统梁-弹簧模型偏重于土体和结构的相互作用，无法精确反映管片接头及螺栓结构的难题[34,35]；同时针对超大直径盾构、盾构扩挖车站、富水地层等特殊工程或工况下引入或提出了一些创新性设计[36-38]，如隧道结构抗震技术、新型防水技术、钢纤维管片设计等；此外，在盾构隧道设计方面还引入了 BIM 技术[32]，以期实现盾构隧道工程全生命周期的多专业协同设计、施工管理、运营维护目标。

1. 隧道结构抗震技术

针对汕头海湾隧道工程场址受地震影响大，周福霖院士团队提出在采用强度等级 C60 钢筋混凝土管片，岩、土地层交界处两侧管片螺栓采用 8.8 级加强抗震螺栓的基础上，创新设置了柔性消能环节-消能减震节点。该消能减震节点由管片预埋钢板（41 米）、Ω 止水带（41 米）、钢压板连接板（144 套）、SMA 记忆合金棒（144 根）构成，提供低弹性模量、耗能和超弹性自复位功能，实现耗能、自复位和承压防水三种功能。

2. 纤维混凝土管片

目前我国盾构隧道通常采用预制钢筋混凝土管片衬砌，具有强度高、易加工、耐腐蚀等优点,但自重大、用钢量大、易开裂、易破损。

国外上世纪七八十年代最先提出纤维混凝土管片的设计,国内也引入了该技术,并于近年在钢纤维混凝土管片的研究和应用方面取得较大进展。主要是提高管片的抗裂性、抗震性、耐久性等,且可减小管片体量,降低配筋量、节省造价[39]。此外,近些年国内外还在合成纤维、合成纤维筋、玄武岩纤维等材料性能研究和应用方面做了较多研究[40,41],如采用钢纤维和少量合成纤维筋的混凝土管片的研究。

3. 隧道结构设计 BIM 技术

当前各大城市轨道交通行业的 BIM 技术应用都在蓬勃发展,全国各地包括北京、上海、广州、深圳、武汉、沈阳等的盾构隧道项目均一定程度地应用了该技术。具体应用包括根据三维线路数据,结合管片拼装错、通缝要求及封顶块位置,计算理论的管片排版结果,通过 BIM 技术建立建筑信息化的隧道管片拼装三维可视化模型,直观地给相关人员提供效果展示和评估,并最终实现对施工的全过程实时指导。但目前该技术的应用尚处于初级阶段,在施工和运营方面的应用较少,离基于全生命周期的多专业协同设计、施工管理、运营维护目标还有一定距离。

(三)复合地层盾构设备创新技术

盾构工程中合适、先进的设备选型能大幅度提高施工安全、质量、进度。传统的土压或者泥水单一模式盾构机对复合地层多变地质的适应性有所局限,多模式盾构技术应运而生。盾构智能化控制辅助技术的研发应用也是近几年盾构设备领域的创新突破重点,目前也取得一定的进展,如机器人辅助作业、刀具检测、管片自动拼装、推拼同步及其自动化等。此外,在盾构设备功能强化方面也取得一定的成果,如盾构设备搭载超前地质预报系统、冷冻刀盘、常压刀盘、超前勘探等创新技术。

1. 多模式盾构技术

(1) 双模盾构技术

为了拓宽盾构工法对复合地层的地质适应性。2000年,广州地铁在二号线首期建设过程中,为攻克土压盾构穿越珠江"喷涌"引发江底沉陷工程难题,提出"土压加泥水"双模盾构的概念,并进行现场试验;2005年为彻底解决"土压喷涌加泥水滞排"双险问题,广州地铁与广东华隧正式提出研制"双模盾构"技术路线、广东华隧与三菱合作历经八年,于2012年研制并下线世界首台"土压加泥水"并联式双模盾构,并成功应用于广州地铁九号线的岩溶区隧道施工中。

近年来全球各大盾构制造厂商都推出了不同种类的"双模式盾构"。美国罗宾斯研发的跨越式 TBM,兼具硬岩单护盾掘进机和土压平衡盾构的特征,适应于黏土和岩石复合的地层中掘进;海瑞克研发的全球最大直径的可变密度盾构配合常压刀盘,应用于美国汉普顿路桥隧道工程[42]。近期,铁建重工自主研发了首台铁路大直径土压/TBM 双模盾构机，应用于珠三角城际铁路广佛环线大源站至太和站区间工程；中铁装备自主研发了国内最大直径的土压/泥水双模盾构，应用于成都紫瑞隧道工程[44, 45]。

（2）土压/泥水/TBM 三模盾构技术

三模盾构技术[46-48]孕育于国内广州地铁工程实践中遇到的以花岗岩为基础的复合地层，针对单一模式盾构机无法适应花岗岩地层复杂多变的地质条件，提出兼具土压平衡、泥水平衡、TBM 三种掘进模式的盾构机，打破单一模式盾构机的局限性，以提高其对多变地质条件、复杂周边环境等工况的适应性。目前该三模盾构已应用于广州地铁七号线西延段工程中，施工效果良好。

2. 盾构机智能化控制辅助技术

（1）刀具检测技术

复合地层中盾构刀具损坏频繁，超大直径复合式盾构尤其严重，为了减小不必要的进仓检查，刀具状态（旋转、温度、磨损等）的智能化检测具有重要意义，因此盾构设备领域刀具智能化检测技术的研发非常热门，目前各厂家也相继推出自己的刀具检测系统。

国外厂家海瑞克研发了滚刀旋转监测（DCRM）系统和滚刀载荷监测（DCLM）系统：其中旋转监测系统通过安装在滚刀刀座上的传感器来实时检测滚刀的旋转和温度，对每一把滚刀进行实时监测并提供历史数据分析及自动报告生成，本技术应用于佛莞狮子洋隧道、汕头海湾隧道、南京和燕路隧道等超大直径盾构工程中；载荷监测系统通过安装在滚刀刀座上的传感器来实时检测滚刀的载荷，刀盘每转动一圈则可形成一个载荷雷达图，系统可以提供历史数据分析及自动出具报告，本技术应用于南京和燕路隧道、深圳妈湾隧道超大直径盾构工程中。

国内中铁装备开发一套自主研制的刀具智能诊断系统，实现掘进机刀盘上滚刀刀具、合金刀具磨损等状态的实时监测；通过在传感器、通信技术、无线供电、智能判断等方面的技术创新研究，在刀具多参数协同精准检测、强衰减环境下数据稳定传输、刀具状态智能诊断策略以及掌子面地质反演等关键技术领域取得了一定的突破[49-53]。铁建重工联合中南大学研发的在线监测系统（Online Monitoring System，OMS）[54, 55]则选择了电涡流传感器，利用金属的电磁特性，以非接触的方式完成检测；并基于 ZIGBEE 无线传输技术实时检测刀具工作状态；同时，设计了数据传输系统的保护装置，解决了刀具内检测设备在刀盘振动、冲击荷载、水土压力作用下检测易损耗的问题，提高了检测设备的可靠性和寿命。

（2）管片自动、推拼同步技术

近几年国内盾构领域管片自动、推拼同步技术也进入研发阶段。

关于管片自动拼装的理论研究，西南交通大学张龙等[56]设计了一种基于图像识别技术的盾构机管片拼装自动控制传感检测系统，这一系统通过图像采集对布置在管片特定位置且含有标记的圆靶标进行识别，可完成管片姿态和定位信息的检测，再由计算机根据相关数据发出指令实现管片的自动拼装；陈曦、甘英聪等[57]建立通用管片的参数化建模流程，通过 Civil3D 软件进行盾构区间三维轴线设计，并基于 Revit 开发 Dynamo 插件实现区间管片全过程的自动拼装。试验方面中交天和结合传感器技术、自动控制技术和视觉图像处理算法等技术，研发了管片自动化拼装系统，实现"一键"进行管片全自动化抓取和拼装[58-60]。

另外，国内多家企业都在研究"推拼同步"技术，可在盾构掘进的同时实现管片的同步拼装，提高施工效率。中交天和也研发了同步掘进控制系统，可以在盾构掘进过程中，当推进行程满足管片拼装空间后，在确保开挖稳定和掘进精度的同时拼装一部分管片，本系统已经安装到南京和燕路超大直径盾构设备上。

（3）机器人辅助技术

盾构掘进过程中，目前还有两个环节是依靠人工作业的，一是管片拼装，二是更换刀具，因此这两个环节的智能化、自动化技术也是盾构设备重要的研究领域。机器人辅助技术应用于盾构工程领域最早由法国布衣格（Bouygues Construction）集团首次提出并立项研究，由法国国家科学署资助，联合英国 OCRobotics 公司研发了 Jet-Snake 蛇形机器人，于 2016 年首次应用于香港屯门隧道海瑞克直径 17.6 米的盾构机上进行辅助换刀；另外，该公司研发的 Dobydo & Krokodyl 机械臂用于管片拼装，Dobydo 机械臂全自动方式从一旁的销钉架上取下一枚管片定位销，利用摄像机寻找到管片上销孔的精确位置，随后将其正确地安装到管片上，Krokodyl 机械臂则用于移除堆叠的管片之间的木质隔块，本技术在完成了原型开发与测试后，即将安装并应用于英国高速铁路二期（HS2）工程 Chiltern 隧道的 TBM 上[62]。

近几年，国内多个企业联合高校在这方面也进行了理论和试样研究并取得一定的成果，理论方面如东北大学[63]提出了盾构换刀机器人系统设计方案，并进行了换臂运动学及运动空间的分析；大连理工大学[64,65]基于泥水盾构特殊的作业环境，提出换刀机器人的设计方案，并以 12.6 米直径盾构为例进行详细结构设计、轨迹规划以及运动控制的探讨。试样方面宏润建设联合上海大学研发了国内首台盾构机换刀机器人样机，并应用于"宏润十五号"盾构机；中铁装备牵头国家重点研发计划"智能机器人"的重点专项"全断面掘进机刀盘刀具检测换刀机器人"，目前已研制出检测换刀机器人样机，以及机器人易用刀座、检测传感器等，开展了实验室、车间环境性能测试，此外还在开发管片吊运机器人。

3. 冷冻刀盘技术

冷冻刀盘技术是国内首先提出并研发的，可对开挖面直接冷冻加固地层以避免占用地面场地和开挖面坍塌，从而达到快速、安全换刀的目的。本技术通过在刀盘上的辐条板、刀箱板、大圆环等侧面焊接异形冻结管，在异形冻结管中循环低温盐水，利用钢材导热性好的特点使整个刀盘结构变成巨大的"冻结圆盘"，对刀盘周边土体进行冻结加固，形成冻土帷幕，然后在冻土帷幕的保护下人工进仓换刀作业。在冷冻法实施过程中，通过刀盘植入的测温器，掌握冷冻加固的效果确保进仓作业安全[66,67]。本技术已应用于广州220KV电力隧道盾构工程中。

（四）复合地层盾构施工创新技术

复合地层最大的特征是开挖断面范围内地层软硬不均，盾构掘进过程刀盘的转动从软到硬时产生的振动大，影响开挖面稳定；刀具受冲击大，非正常损坏严重，甚至出现盾构卡死的风险；切削下来的土体或岩块"和易性"差，难以顺利排出，即产生"滞排"，以及进仓换刀风险大等。因此盾构工程实践过程中为克服这些风险，创新研发了多项辅助技术，包括辅助气压掘进技术、爆破预处理技术、衡盾泥辅助换刀技术等；理论方面研究主要集中在施工参数、地层沉降、刀具磨损等预测上；同时也在大数据分析辅助盾构施工管理方面做了很多研究，近几年盾构领域关于大数据远程实时管控平台的开发热度非常高，盾构施工自动化预警及智能化掘进管理方面也取得了明显的进步。

1. 复合地层盾构施工辅助创新技术

（1）辅助气压掘进技术

对于埋深大、裂隙水发育的岩石地层和富水、气密性好的复合地层，按传统的渣土、泥浆平衡介质平衡模式掘进难以阻挡地下水，经常发生喷涌，导致效率低下、同步注浆质量差；辅助气压掘进则采用气体+渣土来替代传统的平衡介质，气体直接进入盾构与周边地层的空隙内来平衡地层中的水土压力，可降低仓内渣土量，减小刀具消耗，提高掘进效率[68]。

（2）爆破预处理技术

花岗岩地层广泛分布于我国东南沿海城市，隧道修建时会经常遇到的花岗岩与第四系土层组合而成复合地层，如青岛、厦门、广州、深圳等城市的地铁隧道建设及汕头海湾隧道、香港屯门隧道、珠海马骝洲隧道、深圳春风路等超大直径盾构工程中均遇此类地层，隧道断面范围内存在坚硬的基岩或球状风化体，成为盾构掘进的"拦路虎"。广州地铁2003年最先提出"爆破预处理后盾构掘进"的思路，首次将爆破技术引入盾构工程中，并逐渐成为花岗岩地层预处理的常用技术。近几年，随着遇到的工况越来越复杂，该技术也得到进一步创新和发展，研发海域工况下爆破、封孔、注浆一体化施工方法、刀盘前孤石群爆破预处理方法等，并验证了这些方法的有效性和可靠性[69-71]。

（3）辅助换刀技术

进仓进行刀具频繁检查更换是复合地层盾构施工面临的一个普遍的安全高风险的难题，一旦发生事故往往引发人员伤亡，这也是国内外研究机器人辅助换刀的背景，但目前这方面的应用尚处于尝试阶段，人工进仓作业不可避免，如何提高人工进仓换刀（尤其带压进仓）的安全性是业内致力突破的重点。近两年国内在带压进仓方面取得的创新技术以及形成应用产业的主要是"衡盾泥"辅助换刀技术，该技术为国内外首创，研发了一种

"衡盾泥"泥浆材料及其配套的辅助带压进仓工法,针对性地解决了国内外盾构工程中带压开仓风险大、效率低等难题,已在全国15个城市、46个项目、120个盾构工程中成功应用[72-74]。

国外日本熊谷组与隧道挖掘机事业公司JIMT研发了"Sunrise Bit工法"[75],即旋转式远程换刀技术,通过在盾构机的辐条内配置具有多把备用刀具的旋转装置,根据必要的换刀次数需求,最多可配备八把强化型贝壳刀,利用液压千斤顶和棘轮使其旋转,因此作业人员无需进入换刀位置,可在安全的场所进行远程操作。该技术将第一次应用于磁悬浮中央新干线(东京品川—名古屋)第一首都圈隧道的盾构设备上。

2. 复合地层盾构施工参数、地面沉降、刀具等预测理论研究

（1）复合地层盾构施工参数及沉降预测研究

地质条件、掘进参数以及地表沉降之间往往具有一定的相关性,探求复合地层与掘进参数、地面沉降的相关性,能有效控制盾构掘进姿态不良、地表沉降等问题发生[76-78]。关于这方面的研究较多,沈翔、袁大军等[79]结合大连地铁港湾广场站—中山广场站区间隧道工程,详细分析了盾构在穿越全断面硬岩、软硬不均、风化不均的复合地层条件下的掘进参数控制技术及其变化规律,并基于灰色系统理论对掘进参数进行了预测。曹治博[80]以珠机城际横琴至珠海机场段HJZQ-2标盾构隧道工程为依托,提出盾构掘进速度预测模型,通过皮尔森相关系数分析了不同地质参数、施工参数与盾构机掘进速度的相关性,并利用训练后的预测网络模型对盾构机掘进的速度进行预测与分析,通过分析对比预测结果与盾构机掘进速度实测值,验证了模型预测的有效性。杨克形等[81]依托杭州地铁三号线盾构区间实测数据样本,选取隧道埋深、覆土动力触探值、土体凝聚力及内摩擦角为输入变量,建立盾构推力自适应神经模糊推理系统（ANFIS）,实现了盾构推力的精准预测。田管凤、李锟[82]引入地层复合指数作为描述复合地层特征复杂程度的表征参数,应用有限层法理论分析复合地层中盾构掘进的有效推力、水平位移以及地面沉降的理论计算值与复合指数的关联性,结合盾构掘进贯入度,通过数据拟合得到地层复合指数、贯入度、地面最大沉降值三者之间的关系式,以预测地表沉降情况。Yu Zhao等[83]基于圆盘刀具的CSM模型和刮板的新三维极限分析模型建立了盾构开挖扭矩模型,并在此基础上,建立了扭矩、工作面成分、穿透力和岩石强度之间的简化关系,提出了一种新的土岩复合地层扭矩、贯入度预测模型。Ákos Tóth等[84]基于新加坡盾构隧道工程,研究复合地层中各地层的特征与盾构推进之间可能存在相关性,提出了一种预测复合地层中盾构性能的方法。

（2）复合地层盾构刀具磨损预测研究

鉴于复合地层中刀具问题突出,关于刀具磨损的研究也一直未中断,包括刀具受力破坏模式、岩体对刀具的影响等[85-88],如能实现盾构刀具磨损的预测,并形成预判及预警机制,将有效减少刀具磨损程度、延长刀具寿命降低施工成本。黄莺等[89]通过分析近十

年来上软下硬地层盾构施工问题产生原因及其规律，提出了盾构刀具磨损的预判机制和相应的调整措施。周志锋[90]原创性地推导出新型的掘进参数关系表达式；在推导出掘进参数与滚刀磨损具备相关性后，将主要掘进参数提取出来，作为支持向量机的特征变量，建立基于支持向量机的模型；并以推导的掘进参数关系式结合T检验法、支持向量机模型来设计滚刀磨损预测程序。Khalid Elbaz等[91]提出了一种估算滚刀寿命（Hf）的新模型，可以分析盾构机性能数据库、滚刀的消耗、地质条件和操作参数等监测数据，以此预测滚刀的使用寿命。韩冰宇、袁大军[92,93]等分析了不同类型刀具在复合地层中的磨损规律，回归得到了不同类型刀具的磨损系数，利用遗传算法优化BP神经网络模型对刀具磨损进行了分析，模型综合考虑了盾构机掘进速度、推力、扭矩等影响因素，并推算了盾构机在类似地层条件下的最远掘进距离。

3. 复合地层盾构施工大数据管理系统平台

复合地层盾构工程的大量实践积累了丰富海量的施工数据，为地质条件、盾构机施工参数关联系分析、盾构施工风险预测、智能化预警等提供了坚实的基础，同时，大数据与人工智能技术的飞速发展为上述目的提供了高效的数据分析工具，因此，近年来关于盾构施工远程实时管控及大数据分析平台的开发，也是国内外盾构领域非常热门的话题。目前国内众多单位都在开发此类平台，如广州轨道交通建设监理有限公司、中国矿业大学（北京）、盾构机各厂家及部分施工单位等。其中广州轨道交通建设监理有限公司、中国矿业大学（北京）开发的平台应用比较广泛和稳定，从应用情况看，此类平台大多实现施工参数的存储、施工参数的远程实时监控及简单的预警功能，而利用盾构工业大数据进行多参数关联的分析，梳理总结并建立不同地层关键参数的掘进规律，并能够实现以系统预测为主、人工修正为辅的机器学习预警管控模式，尚处于早期研究阶段。目前已有更多的高校参与研发，并申请了国家重大项目，例如由中铁一局城轨公司联合西安电子科技大学共同申报的国家发改委2017年（第一批）中央预算内投资计划"城市地下空间大数据与公共服务平台建设及示范应用"；由中铁工程装备集团牵头，联合武汉大学、浙江大学、山东大学等知名高校共同承担的国家"973"项目、"TBM安全高效掘进全过程信息化智能控制与支撑软件基础研究"项目等。

三、挑战与对策

（一）挑战

1. 盾构机核心部件的国产制造

2019年，中共中央国务院印发《交通强国建设纲要》提到"加强特种装备研发。推进隧道工程、整跨吊运安装设备等工程机械装备研发"。盾构机是用于隧道挖掘的高端技术装备，被公认是衡量一个国家装备制造业水平和能力高低的关键装备之一，是名副其实的"国之重器"。目前，我国盾构机制造业逐渐形成了以中铁装备、铁建重工、中交天和等国内知名生产企业为龙头的国产盾构设备研发制造产业链[94]，能够完成装备设计、部分零部件制造、整机安装与调试、设备运行维护等任务，已基本实现国产化。但部分核心关键部件的国产产品还存在可靠性问题，如刀盘主轴承、滚刀轴承、液压电机、传感器、检测系统等，为了保证盾构设备使用过程的可靠性，此类产品仍依赖进口。盾构装备制造领域乃至中国制造业，亟待开展装备核心关键部件的研发。

2. 大数据与智能化技术

政府2021年工作报告提出，要推动制造业升级和新兴产业发展，发展工业互联网，推进智能制造，由此可见，推动人工智能与工业数字化在传统制造业的应用融合是国家科技创新的方向。加快人工智能与工业数字化技术应用深度赋能隧道工程，也是盾构隧道领域国内外研究的热点，目前国内在此类技术上的研究势头较好，但底层的算法模型、设计软件等仍多采用国外的，近几年因中美贸易摩擦，国外工业软件门事件就暴露了我国在这方面的差距，我国要实现制造业转型升级，加速隧道装备制造的信息化进程，亟待在工业软件、算法模型上取得突破。

3. 复合地层盾构隧道工程

本方向存在一些继承性难题，如①如何预防和治理"泥饼、喷涌、滞排"常见的老大难问题；②隧道质量问题——隧道上浮、轴线超限；管片破损、错台、开裂等。此外还有如下前沿难题：①复合地层多纬度高可靠性的综合地质勘探技术；②岩溶等不良地层隧道灾变机理与控制；③特长、超深、大坡度、高海拔、高地应力、高地温、高水压、高破碎性等环境下隧道施工关键技术；④富水大埋深复合地层盾构机选型，刀具配置及其材料强度、刚度、耐磨性，土压盾构泡沫系统效用性问题等；⑤及时准确找到"零号病刀"问题；⑥及时发现开挖面、岩面不平整（或岩脊）和有效推力、应力分布状况探测问题；⑦盾构尤其超大直径盾构轴承密封延长寿命或保护问题；⑧盾构尾部密封刷性能监控和保护问题；⑨泥水盾构辅助气压掘进及其与注浆效果匹配问题。

（二）对策

针对上述复合地层盾构隧道工程领域的挑战与难题，应充分发挥产、学、研、用相结合的科研方式，以现场问题为导向、以工程实践为实验平台、以科研院校为基础理论研究依托，多单位联合、多专业协同、多学科融合，创新科研模式，缩短科研路径（时效），提高成果可靠性。大致有如下四方面。

一是勘察方面：①完善规范：尽快修编完善勘察规范并基于不同城市地区的地质环境差异化编制地方规范，以适应大规模、地质条件越来越复杂的盾构隧道工程勘察。②创新手段、强化分析、提升精度：积极研发及应用先进的勘察设备、技术及数据分析处理方法；建立健全地质基础数据库，并利用大数据理论分析；强化施工过程分析方法，诸如渣样反馈分析、盾构掘进参数分析的有机融合，提升地质勘察的精确度。

二是设备方面：优化设计、提升适应性、智能化，在核心部件提高国产化性能和可靠性的基础上，针对复合地层复杂多变的地质环境，优化多模式盾构设备设计和制造，提升盾构设备对地质的适应性，为今后重大隧道工程（川藏线、琼州海峡隧道等）建设提供更安全、更高效、更智能的盾构掘进机；完善、优化三模盾构机设计和制造，以加快模式转换效率。

三是施工方面：质量（安全）、效益、绿色、智能，引入人工智能算法对盾构施工参数的关联性分析，逐步实现盾构施工风险预测、智能化预警的能力，提升盾构隧道工程安全、质量、进度及管理效益；提升盾构施工低碳环保绿色能力，诸如研究隧道掘进过程中地层渣土的可循环利用技术。

四是理论方面：加强复合地层中复杂工况（特长、超深、大坡度、高海拔、高地应力、高地温、高水压、高破碎性、岩溶、古河道等环境下）的灾变机理和施工关键技术研究，降低重大工程风险事故的发生；基于盾构工法支护平衡方式和围岩变形控制方法有别于传统的暗挖工法，需对相关的理论或机理进行补充、完善和发展。

参考文献

［1］ 王杜娟，李静，李建斌，等．GB/T 34354—2017 全断面隧道掘进机术语和商业规格［S］．北京：中国建筑工业出版社，2017：4.

［2］ 许少辉，竺维彬，袁敏正．广州地铁复合地层盾构技术的探索和突破［A］//上海隧道工程股份有限公司．大直径隧道与城市轨道交通工程技术——2005 上海国际隧道工程研讨会文集．上海市土木工程学会，2005：9.

［3］ 竺维彬，鞠世健．广州复合地层与盾构施工技术［A］//上海隧道工程股份有限公司．大直径隧道与城市轨道交通工程技术——2005 上海国际隧道工程研讨会文集．上海市土木工程学会，2005：9.

［4］ 江招胜，黄威然，竺维彬．复合地层隧道盾构掘进机的改造［J］．广东建材，2006（03）：138-139.

［5］ 竺维彬，王晖，鞠世健．复合地层中盾构滚刀磨损原因分析及对策［J］．现代隧道技术，2006（04）：72-76，82.

［6］ 竺维彬，廖鸿雁，黄威然．地铁工程重大地质风险控制模式研究［J］．都市快轨交通，2010，23（01）：38-43.

［7］ 竺维彬．复合地层盾构工程的技术创新与进展［J］．城市轨道交通，2017（03）：15-18.

［8］ 竺维彬．海陆相交互复合地层大直径泥水盾构施工控制关键技术研究［R］．广州地铁集团有限公司，2019.

［9］ 竺维彬，等．住房和城乡建设部办公厅关于印发城市轨道交通工程创新技术指南的通知（建办质函〔2019〕274 号）［A］.

［10］ 竺维彬，鞠世健．盾构施工泥饼（次生岩块）的成因及对策［J］．地下工程与隧道，2003（02）：25-29，48.

［11］ 竺维彬，钟长平，黄威然，等．盾构施工"滞排"成因分析和对策研究［J］．现代隧道技术，2014，51

(05):23-32.

[12] 黄威然,刘人怀,竺维彬,等.土压盾构渣土滞塞风险控制分析[J].建筑技术,2015,46（01）:70-73.

[13] 鞠世健,竺维彬.复合地层盾构隧道工程地质勘察方法的研究[J].隧道建设,2007（06）:10-14.

[14] 竺维彬.复合地层盾构施工理论和技术创新的研究[R].广州地铁设计研究院有限公司,2009.

[15] 钟长平,竺维彬,周翠英.花岗岩风化地层中盾构施工风险和对策研究[J].现代隧道技术,2013,50（03）:17-23.

[16] 竺维彬,李世佳,方恩权,等.衡盾泥泥膜护壁工艺在富水砂层带压开仓作业中的应用[J].市政技术,2018,36（02）:91-94.

[17] 竺维彬,钟长平,米晋生,等.衡盾泥辅助盾构施工技术[M].北京:人民交通出版社,2019.

[18] 竺维彬,等.一种爆破、封孔、注浆一体化施工方法[P].中国:ZL201910003187.3.2020.9.

[19] 竺维彬,鞠世健.复合地层中的盾构施工技术[M].北京:中国科学技术出版社,2006.

[20] 竺维彬,鞠世健,王晖,等.复合地层中的盾构施工技术[M].北京:中国建筑工业出版社,2020:402-403.

[21] 广州轨道交通盾构技术研究所.关于发布"中国盾构机/TBM统计表"的公告[EB/OL].中隧网.2021.2.10.

[22] 竺维彬,钟长平,米晋生,等.超大直径复合式盾构施工技术挑战和展望[J].现代隧道技术,2021,58（03）:6-16.

[23] 孙恒,冯亚丽.全球14m以上超大直径隧道掘进机数据统计出炉[J].隧道建设,2020（6）.

[24] 陈湘生,徐志豪,包小华,等.中国隧道建设面临的若干挑战与技术突破[J].中国公路学报,2020,33（12）:1-14.

[25] Andre HEIM, Lu Zhang. Seismic Prediction in Mechanised Tunnelling[J]. Tunneling Journal April, 2018（5）.

[26] HERRENKNECHT SSP-E Making the invisible with Sonic Softground Probing on EPB shields[R]. HERRENKNECHT Research & Development.

[27] 卢松,李苍松,吴丰收,等.HSP法在引汉济渭TBM隧道地质预报中的应用[J].隧道建设,2017,37（02）:236-241.

[28] 沈晓钧,王智阳,余凯,等.综合超前预报法在引汉济渭秦岭隧洞中的应用[J].人民黄河,2017,39（12）:139-141.

[29] 蒋文良,许佑顶,等.2019国家科技奖提名项目:复杂岩溶区高速铁路综合勘察关键技术[EB/OL].中隧网,2019.

[30] 广州地铁.溶土洞攻坚克难之综合勘查法[EB/OL].中隧网,2018.4.

[31] 丁烈云.智能化盾构施工中的若干问题.shield tunnelling technology.2021,2.

[32] Kang Daehun, Lee In Mo, Jung Jee Hee, et al. Forward probing utilizing electrical resistivity and induced polarization for predicting soil and core-stoned ground ahead of TBM tunnel face[J]. Journal of Korean Tunnelling and Underground Space Association, 2019, 21（3）: 323-345.

[33] Shucai Li, Lichao Nie, Bin Liu. The Practice of Forward Prospecting of Adverse Geology Applied to Hard Rock TBM Tunnel Construction: The Case of the Songhua River Water Conveyance Project in the Middle of Jilin Province[J]. Engineering 2018（4）: 131-137.

[34] 何川,张景,封坤.盾构隧道结构计算分析方法研究[J].中国公路学报,2017,30（008）:1-14.

[35] 黄海斌.上软下硬地层超大直径盾构隧道设计关键技术研究[D].西南交通大学.

[36] 陈卫军.大直径盾构在城市轨道交通中的应用前景分析[J].现代城市轨道交通,2017（4）.

[37] 贾磊.复杂条件盾构区间隧道扩挖力学行为研究[D].兰州交通大学.

[38] 龚琛杰,丁文其.大直径水下盾构隧道接缝弹性密封垫防水性能研究——设计方法与工程指导[J].隧

道建设（中英文），2018，38（10）：128-138.

[39] 严金秀. 世界隧道工程技术发展主流趋势——安全、经济、绿色和艺术［J］. 隧道建设（中英文），2021，41（05）：693-696.

[40] RIVAT B De, GIAMUNDO N, MEDA A, et al. Hybrid solution with fiber reinforced concrete and glass fiber reinforced polymer rebars for precast tunnel segments［C］// Proceedings of the World Tunnel Congress 2019. Landon：Taylor & Francis Group，2019.

[41] MANUELE G, BRINGIOTTI M, LAGANà G, et al. Fiber glass and " green " special composite materials as structural reinforcement and systems：Use and applications from Milan Metro, Brenner Tunnel up to high speed train Milan–Genoa［C］// Proceedings of the World Tunnel Congress 2019. Landon：Taylor & Francis Group，2019.

[42] 印度孟买双模式硬岩盾构顺利完成区间掘进："双模式"盾构知多少［EB/OL］. 中隧网. 2019. 2.

[43] 朱劲锋，廖鸿雁，袁守谦，等. 并联式泥水/土压双模式盾构施工技术与冷冻刀盘开舱技术的创新与实践［J］. 隧道建设（中英文），2019，39（07）：1187-1200.

[44] 国内最大直径双模盾构下线，成都市域铁路网建设再提速［J］. 隧道建设（中英文），2020，40（12）：1708.

[45] 中国铁建重工集团股份有限公司. 国产首台铁路大直径土压/TBM双模掘进机下线［EB/OL］. 2018.

[46] 广州地铁. 三模盾构"诞生记"［EB/OL］. 中隧网，2020.

[47] 陈玉霞. 好威武！我国首台"三模"盾构机在广州始发！［EB/OL］. 羊城晚报，2020.

[48] 广州地铁. 喜讯！广州地铁三模盾构授权国家发明专利［EB/OL］. 中隧网，2021.

[49] 魏晓龙，林福龙，孟祥波，等. 滚刀状态实时诊断技术在超大直径泥水盾构中的应用——以汕头苏埃通道为例［J］. 隧道建设（中英文），2021，41（05）：865-870.

[50] 马强，孟祥波，魏晓龙，等. 盾构机刀具磨损监测系统设计与开发［J］. 电子技术与软件工程，2020，4（02）：52-54.

[51] 卓兴建，路亚缇. 刮刀及撕裂刀磨损实时监测系统［J］. 隧道建设（中英文），2018，38（06）：1060-1065.

[52] 李东利，孙志洪，任德志，等. 电涡流传感器在盾构滚刀磨损监测系统中的应用研究［J］. 隧道建设，2016，36（06）：766-770.

[53] 孙志洪，李东利，张家年. 复合盾构滚刀磨损的无线实时监测系统［J］. 隧道建设，2016，36（04）：485-489.

[54] Jie Fu, Dun Wu, Hao Lan, et al. Online monitoring and analysis of TBM cutter temperature：A case study in China［J］. Measurement，2021：109034.

[55] Hao Lan, Yimin Xia, Zhiyong Ji, et al. Online monitoring device of disc cutter wear – Design and field test［J］. Tunnelling and Underground Space Technology，2019：284-294.

[56] 张龙，王海波，范曙远. 盾构机管片拼装自动控制传感检测系统的设计［J］. 机械制造，2018，56（02）：74-77.

[57] 陈曦，甘英聪，吴湖英，等. 基于BIM技术盾构隧道管片自动拼装研究［J］. 土木建筑工程信息技术，2017（7）：1-9.

[58] Zhiyang Wu, Lianhao Zhang, Shuang Wang, et al. Automatic Segment Assembly Method of Shield Tunneling Machine Based on Multiple Optoelectronic Sensors［C］. International Conference on Optical Instruments and Technology：2020.

[59] 郭素阳，于毅鹏，朱景山，等. 隧道管片拼装方法、装置、系统及掘进机［P］. 中国：CN202011171859.0. 2020.

[60] 张林，郭素阳，等. 一种盾构机管片自动化拼装方法及装置［P］. 中国：CN202011171866.0. 2020.

[61] 隧道股份上海隧道工程有限公司. 盾构机推拼同步技术在上海试验成功［EB/OL］. 新华社, 2021.

[62] Jacob. 安全与效率兼顾！自动管片拼装机器人将应用于英国HS2工程盾构［EB/OL］. 隧道网, 2021.

[63] 周溪桥. 盾构机换刀机器人的设计与分析［D］. 东北大学, 2017.

[64] 李晓同. 混联型盾构换刀机器人机身及其控制方法设计［D］. 大连理工大学, 2020.

[65] 孙颜明. 大型盾构机换刀机器人轨迹规划研究［D］. 河南科技大学, 2020.

[66] 代为, 夏毅敏, 徐海良, 等. 盾构机冷冻刀盘换刀方法及冷冻效果仿真模拟研究（英文）［J］. Journal of Central South University, 2020, 27（04）: 1262-1272.

[67] 易觉, 齐吉龙, 万甸甸, 等. 刀盘冷冻实验工程施工方案及冻结过程［J］. 建井技术, 2017, 38（05）: 56-60.

[68] 竺维彬, 钟长平, 黄威然, 等. 盾构掘进辅助气压平衡的关键技术研究［J］. 现代隧道技术, 2017, 54（01）: 1-8.

[69] 竺维彬, 黄威然, 孟庆彪, 等. 盾构工程孤石及基岩侵入体爆破技术研究［J］. 现代隧道技术, 2011, 48（05）: 12-17.

[70] 竺维彬, 孟庆彪, 米晋生, 等. 复合地层盾构隧道隐蔽岩体环保爆破新技术［M］. 北京: 人民交通出版社, 2019: 17.

[71] 孟庆彪, 竺维彬, 等. 一种盾构刀盘前孤石爆破处理方法［P］. 中国: ZL201910004689.8. 2021.

[72] 郭广才, 李世佳, 陈嘉诚. 衡盾泥泥膜护壁工艺在海底塌陷地层带压开仓中的应用［J］. 都市快轨交通, 2019, 32（06）: 92-97.

[73] 马卉, 祝思然. 衡盾泥在带压开舱时的闭气保压效果研究［J］. 隧道建设, 2018, 38（S1）: 15-19.

[74] 邝树华. 衡盾泥辅助带压开仓换刀技术的实践应用［J］. 工程建设, 2020, 52（10）: 55-60.

[75] 《盾构隧道科技》编辑部. 日本开发旋转式换刀装置大幅缩短换刀时间［J］. 盾构隧道科技, 2017, 75（6）: 14.

[76] Ping Lu, Dajun Yuan, Jian Chen, et al. Face Stability Analysis of Slurry Shield Tunnels in Rock-Soil Interface Mixed Ground［J］. KSCE Journal of Civil Engineering, 2021, 1-11.

[77] Zhong Zuliang, Li Chao, Liu Xinrong, et al. Analysis of ground surface settlement induced by the construction of mechanized twin tunnels in soil-rock mass mixed ground［J］. Tunnelling and Underground Space Technology, 2021, 103746.

[78] 王晖, 竺维彬, 李大勇. 复合地层中盾构掘进的姿态控制［J］. 施工技术, 2011, 40（19）: 67-69, 97.

[79] 沈翔, 袁大军, 吴俊, 等. 复杂地层条件下盾构掘进参数分析及预测［J］. 现代隧道技术, 2020, 57（05）: 160-166.

[80] 曹治博. 复合地层掘进参数预测分析［J］. 建筑安全, 2020, 35（12）: 11-15.

[81] 杨克形, 董凌岳, 刘涛, 等. 基于神经模糊推理法的复合地层盾构推力预测［J］. 北方交通, 2021（04）: 71-74.

[82] 田管凤, 李锟. 基于复合地层表征参数的盾构隧道地面沉降预测分析［J］. 现代城市轨道交通, 2021, 4（04）: 65-69.

[83] Yu Zhao, Quanmei Gong, Zhiyao Tian, et al. Torque fluctuation analysis and penetration prediction of EPB TBM in rock-soil interface mixed ground［J］. Tunnelling and Underground Space Technology incorporating Trenchless Technology Research, 2019: 91.

[84] Ákos Tóth, Qiuming Gong, Jian Zhao. Case studies of TBM tunneling performance in rock-soil interface mixed ground［J］. Tunnelling and Underground Space Technology incorporating Trenchless Technology Research, 2013, 38: 140-150.

[85] Xiao-Ping Zhang, Pei-Qi Ji, Quan-sheng Liu, et al. Physical and numerical studies of rock fragmentation subject to wedge cutter indentation in the mixed ground［J］. Tunnelling and Underground Space Technology incorporating

Trenchless Technology Research, 2018, 71: 354–365.

［86］Haiqing Yang and He Wang, Xiaoping Zhou. Analysis on the damage behavior of mixed ground during TBM cutting process［J］. Tunnelling and Underground Space Technology incorporating Trenchless Technology Research, 2016, 57: 55–65.

［87］Kang Eun Mo, Kim Yong Min, Hwang In Jun, et al. A study on the damage of cutter bit due to the rotation speed of shield TBM cutter head in mixed ground［J］. Journal of Korean Tunnelling and Underground Space Association, 2015, 17（3）: 403–413.

［88］Ming Zhong Gao and Chao Li, Xiang Chao Shi. The Mechanism of TBM Cutter Wear in Mixed Ground［J］. Advanced Materials Research, 2012, 1615: 3341–3345.

［89］黄莺，李玉盟，谢晓泳，等. 复合地层中盾构刀具磨损超前控制研究［J］. 地下空间与工程学报，2021，17（01）：222-228.

［90］周志锋. 基于支持向量机的盾构滚刀磨损预测研究［D］. 广州大学，2018.

［91］Khalid Elbaz，沈水龙，周安楠，等. 遗传算法与分组数据处理神经网络相结合的人工智能预测盾构掘进过程中滚刀的寿命［J］. Engineering，2021，7（02）：230-258.

［92］韩冰宇，袁大军，金大龙，等. 复合地层盾构刀具磨损分析与预测［J］. 土木工程学报，2020，53（S1）：137-142.

［93］吴俊，袁大军，李兴高，等. 盾构刀具磨损机理及预测分析［J］. 中国公路学报，2017，30（08）：109-116.

［94］李建斌. 我国掘进机研制现状、问题和展望［J］. 隧道建设（中英文）. 2021（6）.

撰稿人：竺维彬　米晋生　严金秀　农兴中　胡胜利
　　　　王杜娟　程永亮　周　骏　罗淑仪

水下盾构隧道工程关键技术研究进展

一、引言

水下盾构隧道，顾名思义是指采用盾构法在江河湖海等水底以下的岩土体中修建的隧道。随着科学技术的飞速进步，盾构法已成为建设领域机械化程度最高的工法，水下隧道工程的主流。

我国上世纪 60 年代在上海打浦路水下隧道采用了网格挤压式盾构法，进入 21 世纪采用现代泥水或土压平衡盾构法。随着国家海洋战略、国家能源战略、区域经济一体化、国家大通道建设的逐步实施，大批轨道交通、公路、铁路等大型基础设施工程面临着越江跨海的挑战。从武汉长江隧道和南京长江隧道工程发端，通过引进、消化、再创新，我国水下盾构隧道技术进入快速发展阶段，一大批已建和在建工程极大推进了我国乃至世界水下盾构隧道技术。仅用十余年时间，我国水下盾构隧道突破了众多技术瓶颈，在盾构装备、隧道建造等多方位赶上甚至超过发达国家。2000—2020 年新建水下盾构隧道数量及里程统计数据，我国水下盾构隧道在近十年发展迅猛，新建数量和里程均位居世界第一（见图1）。水下盾构隧道的关键问题在于"水"，与普通盾构隧道相比，水下盾构隧道面临着水压作用"强烈"，水体"巨量"，水源供给"无限"，地质条件"多变"等困难和挑战，施工风险及代价更为巨大。以开挖面稳定控制为例，一旦发生失稳将酿成江海水倒灌，无法挽救的重大事故。我国水下盾构隧道所遭遇的水文地质状况复杂多变，在水下盾构隧道的设计、建造等方面尚有诸多"卡脖子"技术亟待突破。

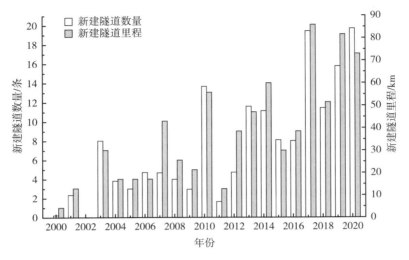

图 1 我国已建水下盾构隧道里程统计

盾构技术的进步主要围绕三大要素展开，土水稳定、盾构设备及控制、结构安全与防水。水下盾构隧道的建设属于多元、多场耦合的系统，且具有复杂、开放和动态等特点，不仅需要盾构硬件技术支撑，还涉及岩土、结构等力学，地质、地震、防灾、材料、机电、计算机、交通等多个学科交叉，加剧了水下盾构隧道建设安全以及功能保障的难度。

土水稳定，土水是盾构设备和隧道结构依存的大环境，土水稳定是水下隧道建设的前提。水下盾构隧道工程面临盾构-土水-结构三者动态相互作用，水下复杂地质条件下的开挖面失稳形态难明，刀盘切削扰动与泥浆共同作用下开挖面稳定机理复杂，难以建立盾构掘削及带压开舱条件下的动、静态开挖面稳定控制理论体系，使水下盾构开挖面土水稳定精准评价与控制尤为困难。

盾构设备，本身就是集机、电、液一体的现代化大型装备，近年来朝着自动化、智能化方向发展。水下盾构隧道的长、大、地质条件复杂特性，给设备研发、制造带来挑战，刀盘设计理论、刀具材料及磨损的评价、关键部件的制造、掘进位姿与管片拼装精细控制等问题，是水下盾构设备及控制的关键所在。

结构安全及防水，贯穿了盾构隧道设计、建造和运营维护阶段。水下复杂的水文地质环境给管片结构及密封垫设计、拼装形式、管片上浮及破损等一系列隧道结构安全和防水问题提出了更高的要求。地震、火灾等灾害对水下盾构隧道威胁极大，提高结构韧性和抗灾能力，是水下盾构隧道结构安全及防水性能的保障。

近十年我国在长江、珠江、钱塘江、黄浦江、湘江、赣江、黄河和多个内湖与沿海修建了大量越江跨海的公路、铁路、地铁、电力、市政等隧道工程，仅在长江流域江苏省范围内已建及规划多达十余条越江隧道。我国水下盾构隧道技术整体水平已跻身世界先进行列，目前正朝着模块化、信息化、智能化方向发展。本文将系统地评述我国水下盾构隧道发展现状，总结近十年来在理论、技术与工程应用方面取得的主要创新成果，分析当前水下盾构隧道技术面临的挑战，并提出相应对策。

二、水下盾构隧道工程领域研究进展与创新

近年来，我国在水下盾构隧道技术方面展开了大量研究，根据 Scopus 数据库，以关键词 "Shield" OR "TBM" AND "Underwater" OR "Submarine" OR "Cross river" OR "Cross sea" 检索了 2012—2020 年论文，并统计各国论文发表情况，如图 2 所示。我国在水下盾构隧道技术方面的研究力度远远超过其他国家，这与我国基础工程建设的迅猛发展密切相关。

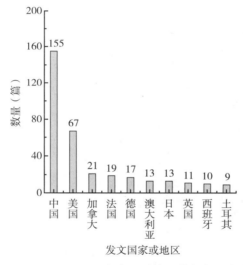

图 2 2012—2020 年水下盾构隧道发文量统计

根据知网数据库、Scopus 数据库和国家专利局官网，2012—2020 年水下盾构隧道。中、英文论文发文量总体呈逐年增多趋势，特别是 2020 年，中文论文 78 篇。专利数量呈现一定波动和周期性。

我国对水下盾构隧道技术的发展给予了巨大支持。据不完全统计，近十年来，在相关领域，科技部批准立项的"973"计划、国家自然科学基金重大项目共六项，国家科技奖励共五项，见表 1。我国盾构隧道技术起步较晚，但整体科技实力已名列前茅，各式各样的建设条件与使用要求，促进了该领域技术的快速迭代和进步。

表 1 盾构技术领域国家科技奖励及重大项目

类别	负责人	所在单位	项目名称	奖项/项目类别	时间
国家科技奖励	何川	西南交通大学	大型及复杂水下隧道结构分析理论与设计关键技术	国家科技进步奖二等奖	2011年
	杨华勇	浙江大学	盾构装备自主设计制造关键技术及产业化	国家科技进步奖一等奖	2012年
	肖明清	中铁第四勘察设计院集团有限公司	高水压浅覆土复杂地形地质超大直径长江盾构隧道成套工程技术	国家科技进步奖二等奖	2014年
	何川	西南交通大学	砂卵石地层盾构隧道施工安全控制与高效掘进技术	国家技术发明奖二等奖	2015年
	肖明清	中铁第四勘察设计院集团有限公司	高速铁路狮子洋水下隧道工程成套技术	国家科技进步奖二等奖	2017年
国家重大项目	杜修力	北京工业大学	近海重大交通工程地震破坏机理及全寿命性能设计与控制	"973"计划	2011年
	朱合华	同济大学	城市轨道交通地下结构性能演化与感控基础理论	"973"计划	2011年
	刘泉声	武汉大学	深部复合地层围岩与TBM的相互作用机理及安全控制	"973"计划	2014年
	李建斌	中铁工程装备集团有限公司	TBM安全高效掘进全过程信息化智能控制与支撑软件基础研究	"973"计划	2015年
	袁大军	北京交通大学	高水压越江海长大盾构隧道工程安全的基础研究	"973"计划	2015年
	杜彦良	山东大学	超长跨海隧道的灾害规律和施工控制	国家自然科学基金重大项目	2019年

（一）盾构装备制造技术

盾构机是集隧道掘进、出渣、排泥、拼装衬砌、导向纠偏等功能于一体的机电设备，涉及地质、土木、机械、力学、液压、电气、控制、测量等十多个学科[1]。2005年之前，中国盾构机市场大部分被德、日、美三国企业垄断。如今，中国90%市场、全球2/3市场由铁建重工、中铁装备、中交天和、上海隧道、三三工业、北方重工等中国企业所占有。2021年，在盾构机制造企业全球五强榜单中，中国有四家，其中铁建重工超越世界知名厂商德国海瑞克位居榜首[2]。我国盾构机在大直径[3]（中交天和16.07米泥水平衡盾构机"运河号"、铁建重工16.07米泥水平衡盾构机"京华号"）、小直径（铁建重工、中石油管道局联合研发2.77米泥水平衡盾构"奎河力行号"）、多模式[4]（中铁装备12.84米土压-泥水双模盾构"紫瑞号"）、异形[5]（上海隧道研制类矩形盾构"阳明号"，断面11.83×7.27米）等方面均取得显著的成绩。

虽然国产大直径盾构已有成功案例，但我国在盾构机部分关键零部件的生产制造技术（主轴承、主密封、减速机、液压配件、检测元器件等）、系统集成技术、控制技术等方面仍然存在"卡脖子"问题。盾构机主轴承一直被美国铁姆肯Timken[6]、日本NSK[7]、瑞典斯凯孚SKF[8]等所掌握。

对此，国内的企业和科研单位进行了科研攻关并取得一些成果。中铁隧道局、洛阳LYC轴承公司联合研制出了完全自主知识产权的主轴承（轴承直径4.6米），并应用于11米直径泥水盾构机中铁R148号，完成舟山鲁家峙海底隧道掘进任务[9, 10]。行星工程机械公司研制出首台完全自主知识产权的盾构机主驱动减速机，成功应用于重庆市江北机场线地铁隧道工程[11]。中交天和在国际上首次将光纤磨损检测技术应用于"运河号"盾构机的刀具检测上，服务于北京东六环改造工程。上海隧道首次将盾构推拼同步技术应用于国产盾构机"骥跃号"，施工掘进效率有望提升30%~50%[12]。国产盾构机在关键零部件制造方面取得部分进展，也集成了一些较新的技术，但在装备寿命、可靠性、自动化等方面仍需足够的检验。

（二）水下盾构隧道的衬砌结构设计

我国建设及规划的水下隧道工程逐渐呈现出高水压、大直径、大埋深、地质条件复杂的发展趋势，给盾构隧道建设、运营安全带来了巨大挑战，提出适用于高水压条件的管片形式及结构设计理论已成为亟须攻破的难点问题。

西南交通大学何川团队在"973"项目支持下，独立研发了"多功能盾构隧道结构体试验系统"装置，进行了国内首次大型水下隧道管片通缝与错缝拼装方式原型结构加载试验[13, 14]，建立了管片整体刚度和局部强度两项指标[15]，揭示了大直径水下盾构隧道双层衬砌结构在横、纵方向的力学特性，探明了管片与二衬之间的相互作用机理[16, 17]，成果获国家科技进步奖二等奖。铁四院肖明清团队[18]提出了一种"管片衬砌加非封闭内衬"的衬砌结构，可以大幅度地减少河床冲淤变化时的结构横向变形，同时确保隧道底部与两侧等重点部位的防水性能及结构的长期稳定性。方勇等[19, 20]研制了外水压加载装置，实现了圆形衬砌结构的均匀外水压模拟，揭示了水下盾构土水压力及拼装方式对管片受力特征的影响机理。

（三）水下盾构隧道的衬砌防水性能

盾构隧道接缝密封垫防水是水下隧道防水的关键。朱祖熹、陆明等[21]利用自主研发的速凝型防水涂层变形缝和裂缝变化试验装置，进行了国内首次防水涂层在变形缝与不规则裂缝变化工况下的抗水压性能测试。同济大学廖少明团队[22]在"973"项目支持下自主研制了4MPa级T字缝防水性能检测试验装置，进行了接缝临界水压与接缝变形关系探索实验，提出了一种橡胶密封垫耐久性多层次评价方法，对水下盾构隧道防水安全性能进行了探讨。丁文其团队[23, 24]研发了一种可准确监测节理在不同开口和偏移量组合下漏水压力的试验装置；提出了一种考虑侧向水压力作用的密封胶失效机制。张冬梅等[25, 26]分析了接缝渗漏、侵蚀对隧道结构的影响及引起的沉降。天津大学张稳军等[27]分析了不同错台量条件下复合型密封垫防水能力失效机制，提出了复合型密封垫长期防水性能预测方法。

（四）水下盾构隧道风险评估及应对策略

水下盾构隧道风险评估与管控涵盖项目的勘察、设计、施工和运维全寿命周期安全，开展风险评估有利于决策科学化，减少工程事故的发生[28-30]。华中科技大学丁烈云院士团队[31]以我国首条穿越长江地铁隧道（武汉地铁二号线）工程为依托，研发了可对施工过程中环境、结构及人员等安全信息进行综合分析判断的水下盾构隧道联络通道施工风险实时预警系统，实现了高水压条件下盾构隧道施工安全风险"感、传、知、控"一体化功能。同济大学黄宏伟团队[32]研发了 0.00017° FS 高精度 MEMS 微型无线倾角支点（功耗为国际一流产品的 1/3~1/2）和接缝张开无线感知节点，实现了隧道安全风险无线同步"灾变精知"；通过长大隧道工程无线智慧传感网络理论方法，解决了数据精准传输（低于 0.5% 丢包）及超低功耗（2μA）智慧组网难题，最后提出安全风险动态可视化预警及可恢复控制技术，该技术亦可用于水下盾构隧道结构风险预测和管控。

（五）越江海盾构隧道覆土厚度设计

越江跨海软土隧道往往采用泥水平衡盾构进行施工。受到线路线形、地层条件和工程造价等因素制约[33-35]，一般要求隧道覆土厚度尽可能薄。由于覆土浅，开挖面稳定难控、泥水劈裂难防，易引发泥水喷发、地层塌陷和江（海）水倒灌等重大事故。

对于硬岩隧道的最小岩层覆盖厚度，国际上有挪威经验法、日本最小涌水量预测法等，山东大学李术才院士团队也曾采用工程类比、数值模拟等方法分析了最小岩石覆盖厚度，确定了厦门翔安海底隧道和青岛胶州湾海底隧道最小岩石覆盖厚度。对于水下软土盾构隧道覆土厚度问题，此前国外学者主要考虑抗浮作用[36]，北京交通大学袁大军团队提出了综合性的"合理覆土厚度"概念[37]，以开挖面劈裂压力和主动失稳压力作为泥水支护压力的上下限[38, 39]，根据施工中的泥水支护压力波动范围与支护压力上下限的匹配关系给出满足掘进安全的最小覆土厚度[40]，并考虑隧道抗浮、坡率限制、基岩避让等因素综合得出合理覆土厚度[41, 42]，成功应用于南京市纬三路过江通道、深圳妈湾跨海通道设计。

（六）盾构刀具材料研发、刀具配置及换刀技术

复杂地层水下长大盾构隧道施工时，由于掘进距离长、切削环境复杂、刀盘边缘线速

度较大等原因，刀具的正常磨损与异常损伤更为突出，开舱换刀风险更高。为保障水下隧道盾构高效、安全掘进，亟须改进和研发刀具材料，改善生产工艺，优化刀具配置方法，实现刀具磨损量的精准预测，提高换刀技术水平。

在刀具材料及生产工艺方面，中国武汉江钻、株洲硬质合金、洛阳九久和山东天工等企业都在进行刀圈模具钢的研发[43]，山东天工参与编制了盾构机切削刀具行业标准[44]。北京科技大学郭汉杰团队[45]通过超重力场下的近终形电渣浇铸刀圈实验，确定了浇铸TBM刀圈的最佳工艺参数，形成了有衬电渣低氧冶炼－复合超重力场近终形电渣浇铸刀圈的生产工艺，缩短了刀圈的生产流程，提高了材料的应用率及刀圈的耐磨性。

在刀具配置及磨损方面，科罗拉多矿业大学Jamal Rostami等[46]基于CAI和RQD指标通过非线性多元回归方法建立了滚刀磨损预测模型。德黑兰大学Jafar Hassanpour[46]建立了综合考虑了掘进参数和地层参数的盾构滚刀磨损预测经验模型。中南大学夏毅敏团队[48,49]针对滚刀刀圈的磨损行为进行了研究，分析了刀圈硬度及服役环境对刀圈磨损的影响。何川、周顺华等[50,51]提出了适用于富水砂卵石地层的刀盘刀具优化配置方法，研发了新型耐磨刀具、地层减磨改良以及小空间常压换刀技术，解决了刀具偏磨、刀盘解体破坏、螺旋机损坏等机具磨损失效难题，获国家技术发明奖二等奖。

在换刀技术方面，日本熊谷组与JIMT公司共同开发了一种旋转式换刀技术[52]，采用该技术的盾构机可实现远程无人换刀。汕头大学沈水龙团队[53]通过采用整合了遗传算法的GMDH神经网络建立了滚刀寿命预测模型，以此对换刀时机进行指导。铁建重工、中铁十四局集团联合研制了首台国产常压换刀式大直径泥水平衡盾构机"沅安号"[54]，实现了常压换刀技术的国产化。

（七）水下盾构施工开挖面稳定控制技术

开挖面稳定是水下盾构隧道施工安全的前提，高水压、大直径盾构隧道开挖面静、动态稳定尤为难控。国外学者的相关研究大部分集中于计算开挖面失稳的极限支护压力[55-57]，为攻克水下盾构开挖面静、动态稳定控制难题，我国在泥浆成膜和泥水劈裂防控方面形成了系列技术成果。在开挖面主动失稳防控方面，河海大学朱伟团队聚焦于盾构开挖面泥浆成膜现象，提出了以泥浆颗粒粒径与地层孔径对应关系为核心的泥膜形成理论，研发了基于"渗透带加泥皮"两阶段成膜方法的开挖面稳定控制技术，大幅提升了盾构掘进开挖面稳定性及停机开舱闭气时长，成功应用于国内十余条水下盾构隧道工程[58-61]。在开挖面泥水劈裂被动失稳防控方面，北京交通大学袁大军团队与中铁十四局集团有限公司联合开展相关研究，国际上首次实现了盾构原位劈裂试验，形成了泥水劈裂发生、伸展系列理论，提出了盾构开挖面泥水劈裂失稳判定方法，研发了对泥水特性、支护压力和掘进参数系统调控的成套施工技术，成功应用于南京长江隧道等国内大型水下隧道工程，初步解决了水下盾构在高水压、小覆土条件下防控开挖面泥水劈裂失稳的核心问题[62-68]。

（八）盾构施工姿态控制技术

目前人工调姿普遍存在纠偏不及时、多偏欠纠、少偏过纠等问题。随着大数据、深度学习等技术的进步，盾构机姿态控制正朝着自动化、智能化方向发展。马来西亚MMC Gamuda公司研发的自主运行TBM系统[69]，服务于TBM自主推进、转向与控制，获得2019年国际隧协年度技术革新大奖。

我国在软土隧道盾构姿态控制方面也进行了研究。浙江大学杨华勇院士团队[70,71]从电液控制理论入手，基于提出的推进液压系统载荷顺应性和姿态预测性纠偏理论，形成了一套完整的盾构姿态纠偏策略和轨迹精确跟踪方法，该成果荣获国家科技进步奖一等奖。龚国芳等[72,73]基于推进系统的运动学分析，提出了一种基于主/从控制策略的多缸控制系统，形成了一种盾构掘进轨迹自动控制方法，为盾构机姿态自动控制奠定了基础。上海隧道依托人工智能技术，率先研发了具备"自主巡航"功能的"智驭号"盾构机[74-77]，在杭州－绍兴城际铁路区间隧道初步实现了"自主巡航"。

（九）盾构施工管片拼装技术

管片拼装机是专门用于隧道内预制管片实时拼装衬砌的多自由度机械手。人工操作是当前管片拼装的主要方式，存在着工作效率低、拼装误差大等问题，影响盾构隧道施工进度和隧道成形质量。随着科技进步，管片拼装技术正在朝着自动化、多功能化、智能化方向发展。

目前德国、日本、美国及法国等一些发达国家现在已经研制出了几种全自动管片拼装机，如日本HITACHI公司开发的管片自动安装机器人，法国Bouygues Construction公司开发的第二代Atlas自动管片拼装机。国内，中铁装备[78,79]发明了一种半自动管片拼装机，解决了现有技术中管片拼装自动化程度低、拼装效率低的问题。上海隧道首创了盾构"推拼同步"技术及模拟试验平台，形成了推拼同步组态控制理论和推进系统力矩矢量控制系统，自主研发了多项专利技术[80-84]，并已集成到"骥跃号"盾构机上，掘进效率较传统方式有望提升30%~50%。中交天和研制出了全自动智能化管片拼装技术[85,86]，可实现管片的自动运输、抓举和拼装等功能，并在南京市和燕路过江通道工程"振兴号"盾构机上成功应用。浙江大学杨华勇院士团队[87-90]提出了基于位置-速度复合控制系统的高速-高精度管片拼装技术，可以有效地消除高速和大惯性荷载引起的稳态误差和冲击力，有效降低了管片拼装过程中的能耗。

（十）盾构施工超前地质预报技术

随着我国隧道建设规模的不断扩大，遭遇异常复杂地质条件的情况也越来越多，暗河、溶洞、断层破碎带、孤石等不良地质条件都会给隧道施工带来重大危害，突水突泥、塌方、卡机、机毁人亡等事故时有发生。超前地质预报是预防该问题的有效方法，但在软土盾构隧道中的超前地质预报是一个世界性难题，包括欧美国家也处于探索阶段[91]。

山东大学李术才院士团队[92,93]研发了可搭载于TBM上的超前地质预报技术及设备，其中用于探测含水构造的三维激发极化法（前方30米）和探测不良地质的三维地震法（前方100米）已在国内TBM施工中得到应用[94]。在盾构施工方面，北京市市政工程研究院叶英、张星煜等人，以盾构刀盘切削震动为震源，基于地震波反射法探索了盾构施工超前地质预报方法，预报距离为刀盘前方20米[95,96]。总体而言，由于盾构施工时软土介质中电磁、弹性波传播距离短、反应信号较弱，目前盾构施工超前地质预报技术的定量化水平及精度较低，难以满足工程实际需要[97]。另外，现有技术多针对单一不良地质体，缺乏应对多种情况的综合性探测方法，难以满足与盾构机装备的一体化、探测自动化等更高的需求。

（十一）水下盾构隧道病害智能检测及运维技术

统计资料显示，约占总数1/3的隧道存在着衬砌结构开裂和渗漏水等病害，如何保证百年工程的全寿命周期正常运营是未来水下隧道亟待解决的关键问题[98-101]。水下隧道的健康监测系统是针对该问题的有效手段[102]。

国外对衬砌病害分类识别方法取得一定进展[103-105]。近年来，我国也提出了几种便捷、高效的水下隧道健康检测方法。同济大学朱合华等[106]发明了一种车载式地铁隧道病害数据自动化采集系统，该系统克服了人工检测的缺陷，具有信息采集准确、病害检测工作效率高的特点。黄宏伟等[107]提出一种基于全卷积网络的盾构隧道渗漏水病害图像识别算法，能有效地避免管片拼缝、螺栓孔、管线、支架等干扰物的影响，特别是在克服管线遮挡方面具有优越的鲁棒性。袁勇等[108]发明了一种用于运营地铁隧道结构病害综合快速检测装置，加快了检测的速度和数据处理速度。刘学增等[109]提出了一种基于隧道环境信息的病害预测方法，可用于施工或运营过程中结构病害预防护工作。朱爱玺等[110]发明了一种基于机器视觉的高速公路隧道检测车系统，该系统采用图像处理和激光扫描结合的方式来进行隧道的病害与环境健康监测。

（十二）水下盾构隧道重大工程创新

1. 南京长江隧道

南京长江隧道位于南京定淮门长江隧道与南京江心洲长江大桥之间，被称为"万里长江第一隧"，该隧道从2005年开始建设，是我国最早建设的水下盾构隧道之一，对我国水下盾构技术的发展具有重要推动作用。南京长江隧道由铁四院设计，中铁十四局施工，盾构开挖直径达14.96米，最大水压为0.65MPa，江底冲槽区覆土超浅（不足一倍洞径），面临隧道直径大、水压高、距离长、地质复杂、透水性强、覆土超薄等诸多难题，取得了超大直径盾构隧道结构设计、卵砾石刀具配置以及高水压浅覆土冲槽区开挖面稳定控制等重大创新成果，获得国家科技进步奖二等奖、中国土木工程詹天佑奖、国家优质工程奖金奖等系列重大科技奖励。

2. 狮子洋海底隧道

狮子洋海底隧道是广深港高铁穿越狮子洋海域的关键工程，是世界首座高速铁路水下盾构隧道，也是我国建成的最长水下隧道和首座铁路水下隧道，被誉为"中国世纪铁路隧道"。隧道全长 10.8 千米，盾构直径 11.18 米，由铁四院设计，中铁隧道局和中铁十二局负责施工，是国内首次采用"相向掘进、地中对接、洞内解体"方式进行施工的盾构隧道。该工程具有刀具磨损严重、江底地中盾构对接等工程难点，在建设、设计和科研部门的联合攻关下，系统解决了在结构安全保障、轨道平顺性控制、长距离掘进、关键装备研发、环保与防灾疏散等方面的多项技术难题，形成了成套创新技术，获国家科技进步奖二等奖、国家优质工程奖、中国土木工程詹天佑奖等多项科技奖励。

3. 汕头苏埃跨海通道

苏埃跨海通道是我国首座位于 8 度地震烈度区的超大直径海底隧道，全长 6.68 千米，其中海底盾构段长度约为 3 千米，盾构开挖直径达 15.03 米，由铁四院设计，中铁隧道局施工。苏埃通道水域段全部采用盾构掘进，其中小于一倍洞径的浅覆土段占到线路总长的 57%，且上部覆土层以高触变性的淤泥和淤泥质土为主，部分区间段为极端软硬不均复合地层，施工难度极大。项目在刀盘结构与刀具配置、软硬不均地层滚刀破岩适应性、掘进效能最大化、隧道结构抗震等方面取得了诸多创新成果，获中国交通运输协会科学技术奖一等奖。

三、水下盾构隧道工程领域面临的挑战与对策

近年来，我国建设及规划的水下盾构隧道工程逐渐向着大直径、长距离、高水压、地质复杂化等方向发展，随着工程难度的不断增加，水下盾构隧道在理论与技术层面也面临着诸多挑战，具体包括以下几个方面。

（一）挑战

1. 高水压盾构隧道结构及接缝防水安全

在常规条件下，现有水土压力及结构设计理论基本可以满足工程需求，而在高水压作用下，渗流影响是无法忽略的关键性问题，结构受力特性也可能发生变化，常规土水荷载计算及结构设计方法是否满足工程需求仍需验证。此外，水下盾构隧道在长期运营阶段面临江海水侵蚀、复杂围岩荷载、车辆荷载以及灾害等，易产生接缝张开、错台、结构破损、防水材料老化问题，导致高水压作用下隧道结构防水体系失效，如何保持盾构隧道结

构及接缝防水的长期安全可靠是水下盾构隧道工程面临的重大难题。

2. 水下盾构隧道结构双层衬砌工作性能

当前，我国水下盾构隧道大量采用单层衬砌结构，在高水压复杂地质条件下的单层衬砌结构长期耐久性面临较大挑战，施作二衬可以提升盾构隧道力学及防水性能，但是，二衬同样会挤占建筑空间、增加了工程成本。因此，水下盾构隧道是否采用二衬还存在争议，二衬与管片间的相互作用、二衬的承载机理等都未完全明确，缺乏系统的双层衬砌结构力学性能的分析理论与评价方法，水下盾构隧道是否施作二衬、施作二衬后的工作性能如何等一系列基本问题仍需要进一步研究解答。

3. 高水压复杂地质开挖面稳定控制

水下盾构掘进可能面临上软下硬复合地层、高渗透砂层、江海底冲槽等复杂地质、地貌，当盾构穿越上软下硬地层时，受下部硬岩的影响，掘进速度较慢，上部软土在刀盘长时间的切削下可能发生主动坍塌事故，水下浅覆土冲槽的存在则会加剧泥水劈裂喷发风险。此外，在高水压高渗地层，当盾构在水下带压开仓时，因地层稳定性差、泥浆成膜困难，开挖面稳定控制也是困扰水下盾构施工的重要难题，高水压复杂地质地貌条件下的开挖面稳定控制面临极大挑战。

4. 盾构设备关键部件国产化与功能集成

目前国产盾构机的主轴承、姿态测量系统主要通过引进国外的技术。盾构主轴承是盾构的核心部件，其国产化尚处于初步探索阶段。国产主轴承工作性能的可靠性、耐久性仍需要大量工程实践检验与提升，尚未达到高水压环境下大直径盾构的使用条件。盾构姿态监测等一系列的监测数据是重要的工程信息，引进国外的技术，存在数据外泄的风险。结合目前国际形势，盾构主轴承与姿态测量系统的国产化迫在眉睫，加速推进盾构设备关键部件国产化是必经之路。

5. 盾构智能化掘进控制技术

目前工程中盾构掘进参数，主要是操作手凭经验进行控制，存在掘进参数对地层的不适应性。当盾构在更高水压、更深覆土的环境中掘进，掘进参数的适应性的要求更高，施工风险更大，仅凭经验操作已无法满足未来更为严苛的施工安全要求。盾构智能化掘进是盾构技术的重要发展方向，虽然人工智能已广泛应用于各行各业，汽车无人驾驶已初具雏形，但是在盾构领域进行应用还存在诸多问题，如何实现盾构智能化掘进仍需要进一步探索。

6. 盾构渣土绿色处理与资源化利用

水下盾构隧道通常为大直径泥水盾构隧道，随着开挖直径增大，产生大量的废弃泥浆与渣土，因施工工艺需要，盾构施工过程中通常要添加高分子化合物材料，巨大量级的盾构渣土的处理处置不仅提高经济成本，还带来了消纳场地、环境影响等问题，在大力推行绿色环保理念的背景下，如何经济环保地进行废弃渣土处理成为盾构工程面临的一大难题。

7. 水下盾构隧道联络通道设计与施工

水下盾构隧道距离长、救援难度大，双线隧道间的横向联络通道是灾情发生时人群疏散与救援的"生命通道"。水下盾构隧道间的联络通道如何确定合理间距尚无标准可依、缺乏相应的理论与设计方法；修建水下联络通道难度极大，若采用冻结法加矿山法开挖，巨量水体冻结难度大、开挖风险高。机械法联络通道则面临交叉结构稳定性和防水安全的重大挑战，例如，香港屯门海底隧道采用机械法修建联络通道，出现了结构破损、土水涌入隧道的险情。因而，隧道联络通道设计与施工仍然是水下盾构隧道工程的重大挑战。

8. 水下盾构隧道健康监测与维护

盾构隧道的健康监测与维护对于运营安全具有重要意义，水下盾构隧道面临地质复杂、水压高、腐蚀性强等问题，长期监测对传感设备的防水、防腐蚀、存活率、长距离传输稳定性提出了新的挑战。据统计目前我国出现病害的隧道占比超过30%，病害的识别诊断与修复迫在眉睫，隧道病害特别是一些深层次的空洞、裂缝、钢筋锈蚀、接缝张开、错台具有隐蔽性，出现的病害也往往难以根治，如何有效维护病害隧道也缺乏系统的理论与技术体系，随着水下盾构隧道大量进入运营期，如何保证百年工程的全寿命周期安全是未来水下隧道亟待解决的重大问题。

（二）对策

1. 水下盾构隧道结构及接缝防水方面

发展高水压条件下海底超大直径盾构隧道荷载计算及结构设计方法，优化密封垫材料与型式，提升防水性能；对于水下盾构隧道结构性能的劣化，可考虑采用双层衬砌结构；发展新型管片结构，研发新型材料，兼具结构安全和防灾功能的提升。

2. 水下盾构隧道双层衬砌方面

对于水下盾构隧道的单层衬砌结构，需要考虑长期使用或灾害、事故发生后结构性能的劣化，预留内衬及补强的空间；对盾构管片与二次衬砌间作用机理进行研究，开展盾构隧道二次衬砌结构力学及方式性能足尺实验，探明水土压力作用下双层衬砌结构荷载变化规律，提出考虑二次衬砌的隧道结构强度、耐久性、稳定性多指标评价体系，建立双层衬砌结构性能评价理论与方法，系统地解答水下盾构隧道何种情况下需要二衬、如何合理设计二衬等关键问题。

3. 水下盾构开挖面稳定控制方面

加强高水压复杂地质条件下的盾构开挖面稳定基础理论的研究，通过试验探明高水压复杂地质的开挖面失稳形态，建立上软下硬地层、成层土的开挖面主动失稳和劈裂破坏模型，揭示盾构刀盘及动态泥膜对开挖面稳定作用机制，构建盾构刀盘与泥水共同作用下开挖面稳定评价理论。大力发展常压换刀技术，减少开舱换刀带来的开挖面失稳风险，将理论成果与实际工程相结合，形成一套成熟的高水压复杂地质条件下盾构开挖面稳定控制技术体系。

4. 盾构关键部件国产化方面

倾斜仪作为盾构姿态监测系统的主要部件，国产化的关键在于倾斜仪和转换模块的国产化替代，深入剖析目前已有成熟的盾构姿态监测系统的内在原理及设备构造，结合我国先进的 5G 技术，并集成于盾构掘进大数据智慧平台。加强特种材料的基础研发，建立可实现多工况多种环境的主轴承工作极限试验平台，研发可承受高速旋转、巨大载荷和强烈温升的盾构主轴承，最终实现国产盾构领域的"中国芯"。

5. 盾构智能掘进方面

盾构掘进必须从仅凭经验操控，向"经验加智能"发展，最终实现"智能"掘进。而盾构智能掘进的实现需要多学科、多技术的交叉融合。通过目前发展迅速的通信、信息、计算机软件、人工智能、管理科学、行为科学、控制工程以及系统科学等理论，进行盾构掘进机械化与智能决策信息化深度融合，形成盾构智能掘进技术体系。

6. 盾构渣土绿色处理与资源化利用方面

提高盾构渣土泥水分离效率，通过物理、化学等多种方法实现高效泥水分离，使更多的泥浆进入泥水循环系统中，减少废弃渣土的产生。同时，研发盾构渣土回收利用新技术、新模式，将外运的废弃渣土经加工处理后用作同步注浆、注浆加固材料和路基垫层等，变废为宝，节约资源，同时可减少环境污染。

7. 水下盾构隧道联络通道设计与施工方面

结合火灾原型模拟试验和虚拟场景搭建，建立火灾人员疏散模型，为逃生通道间距设计提供理论依据；优化特殊衬砌环结构设计理论，保证机械法高效破洞和结构安全；从新型刀盘刀具型式研制、掘进机姿态控制、始发接收措施、交叉结构防水等方面优化联络通道机械法施工技术，保证水下盾构隧道工程安全。

8. 水下盾构隧道监测与维护方面

对于水下盾构隧道监测要考虑高水压海水腐蚀、长距离传输等问题，通过多学科交叉，研发防水性强、防腐蚀性高、耐久性好、能长距离自动监测的传感设备与技术，基于大数据与智能算法研发隧道病害自动化巡检机器人，建立科学的水下盾构隧道健康监测方法与技术标准，完善盾构隧道病害诊断和评估理论体系，研发水下盾构隧道结构新型修复材料和韧性提升技术。

参考文献

［1］洪开荣. 盾构与掘进关键技术［M］. 北京：人民交通出版社，2018.
［2］欧阳桃花，曾德麟. 拨云见日——揭示中国盾构机技术赶超的艰辛与辉煌［J］. 管理世界，2021，37（8）：

194-207.

[3] 全球最大盾构整装待进北京东六环入地按下"快进键"[J].建设机械技术与管理,2021,34(1):18-19.

[4] 国内最大直径双模盾构下线 成都市域铁路网建设再提速[J].隧道建设(中英文),2020,40(12):1708.

[5] 全球最大断面类矩形盾构隧道在宁波贯通[J].隧道建设,2016,36(11):1301.

[6] Il'ves V G, Zuev M G, Sokovnin S Y. Timken China Ball and Tapered Roller Bearing Factory Inch Bearings [J]. Journal of Nanotechnology, 2015.

[7] Noda T, Shibasaki K, Miyata S, et al. X-ray CT imaging of grease behavior in ball bearing and numerical validation of multi-phase flows simulation [J]. Tribology Online, 2020, 15(1): 36-44.

[8] Bondar S, Potjewijd L, Stjepandic J. Globalized OEM and tier-1 processes at SKF [A] // Ispe International Conference on Concurrent Engineering. London: Springer, 2013: 789-800.

[9] 刘娜. 首台使用国产主轴承再制造盾构机下线[J].中国设备工程,2017(1):7.

[10] 国内首台大直径盾构主轴承成功下线[J].隧道建设(中英文),2019,39(1):171.

[11] 国产盾构机主驱动减速机通过科技成果鉴定[J].设备管理与维修,2016(2):5.

[12] "推拼同步"盾构机告别"走走停停",新技术将用于上海机场联络线[J].隧道与轨道交通,2021(02):63.

[13] 何川,封坤,晏启祥,等.水下盾构法铁路隧道管片衬砌结构的原型加载试验研究[J].中国工程科学,2012,14(10):65-72,89.

[14] Feng K, He C, Qiu Y, et al. Full-scale tests on bending behavior of segmental joints for large underwater shield tunnels [J]. Tunnelling & Underground Space Technology, 2018, 75: 100-116.

[15] 封坤,何川,张力,等.高水压水下盾构隧道管片结构破坏现象研究[J].隧道与地下工程灾害防治,2020,2(3):95-106.

[16] 周济民.水下盾构法隧道双层衬砌结构力学特性[D].西南交通大学,2012.

[17] Xu G, He C, J Wang, et al. Study on the Mechanical Behavior of a Secondary Tunnel Lining with a Yielding Layer in Transversely Isotropic Rock Stratum [J]. Rock Mechanics and Rock Engineering, 2020, 53(7): 2957-2979.

[18] 肖明清,邓朝辉,鲁志鹏.武汉长江隧道盾构段结构型式研究[J].现代隧道技术,2012,49(1):105-110.

[19] 方勇,汪辉武,郭建宁,等.下穿黄河盾构隧道管片衬砌结构受力特征模型试验[J].湖南大学学报:自然科学版,2017,44(5):132-142.

[20] Cui G, Cui J, Fang Y, et al. Scaled model tests on segmental linings of shield tunnels under earth and water pressures [J]. International Journal of Physical Modelling in Geotechnics, 2020, 20(6): 338-354.

[21] 陆明,雷振宇,朱祖熹,等.接缝喷涂速凝型防水涂层的水密性试验研究[N].上海市隧道工程轨道交通设计研究院,2016-06-16.

[22] 周文锋,廖少明,门燕青.盾构隧道"T字缝"接触应力与防水性能研究[J].岩土工程学报,2020,42(12):2264-2270.

[23] Ding W, Gong C, Mosalam K M, et al. Development and application of the integrated sealant test apparatus for sealing gaskets in tunnel segmental joints [J]. Tunnelling and Underground Space Technology, 2017, 63(5): 54-68.

[24] Gong C, Ding W, Soga K, et al. Failure mechanism of joint waterproofing in precast segmental tunnel linings [J]. Tunnelling and underground space technology, 2019, 84(2): 334-352.

[25] 张冬梅,高程鹏,尹振宇,等.隧道渗流侵蚀的颗粒流模拟[J].岩土力学,2017,38(S1):429-438.

[26] Zhang D M, Ma L X, Zhang J, et al. Ground and tunnel responses induced by partial leakage in saturated clay with anisotropic permeability [J]. Engineering Geology, 2015, 189: 104-115.

[27] 张稳军, 丁超, 张成平, 等. 不同错台量对复合型密封垫影响及长期防水预测 [J]. 隧道建设（中英文）, 2020, 40（3）: 337-345.

[28] Hyun K C, Min S, Choi H, et al. Risk analysis using fault-tree analysis (FTA) and analytic hierarchy process (AHP) applicable to shield TBM tunnels [J]. Tunnelling and Underground Space Technology incorporating Trenchless Technology Research, 2015, 49（7）: 121-129.

[29] Yoo J O, Kim J S, Rie D H, et al. The study on interval calculation of cross passage in undersea tunnel by quantitative risk assesment method [J]. Journal of Korean Tunnelling and Underground Space Association, 2015, 17（3）: 249-256.

[30] 杨文武, 吴浩然, 卢耀宗, 等. 论盾构法水下隧道工程的工程特点和风险管理方法 [C] // 2009GHMT 第 7 届工程师（台北）论坛.

[31] 丁烈云, 周诚, 叶肖伟, 等. 长江地铁联络通道施工安全风险实时感知预警研究 [J]. 土木工程学报, 2013, 46（7）: 141-150.

[32] 黄宏伟, 张东明. 长大隧道工程结构安全风险精细化感控研究进展 [J]. 中国公路学报, 2020, 33（12）: 46-61.

[33] Cheng X, Zhang X, Chen W, et al. Stability analysis of a cross-sea tunnel structure under seepage and a bidirectional earthquake [J]. International Journal of Geomechanics, 2017, 17（9）: 06017008.

[34] Guo C X, Qi J, Shi L L, et al. Reasonable overburden thickness for underwater shield tunnel [J]. Tunnelling and Underground Space Technology, 2018, 81: 35-40.

[35] Maidl B, Herrenknecht M, Maidl U, et al. Mechanised Shield Tunneling [M]. New York: John Wiley & Sons, 2013.

[36] 李术才, 徐帮树, 丁万涛, 等. 海底隧道最小岩石覆盖厚度的权函数法 [J]. 岩土力学, 2009（04）: 989-996.

[37] 袁大军. 越江海盾构隧道合理覆土厚度 [M]. 北京: 科学出版社, 2020.

[38] 刘学彦, 王复明, 袁大军, 等. 泥水盾构支护压力设定范围及其影响因素分析 [J]. 岩土工程学报, 2019, 41（5）: 908-917.

[39] 刘学彦. 越江海泥水盾构隧道合理覆土厚度研究 [D]. 北京交通大学, 2014.

[40] 基于掘进安全的越江海盾构隧道合理覆土设定方法: 201810264302.8 [P]. 2020-06-23.

[41] Liu X Y, Yuan D J. Mechanical analysis of anti-buoyancy safety for a shield tunnel under water in sands [J]. Tunnelling and Underground Space Technology, 2015, 47（1）: 153-161.

[42] 刘学彦, 袁大军, 姜曦. 基于抗浮稳定的盾构隧道合理覆土厚度研究 [J]. 中国工程科学, 2015, 17（1）: 88-95.

[43] 林国标, 张忠键, 贺军, 等. 一种盘形滚刀刀圈合金及其制备方法: 201310489566.0 [P]. 2013-10-18.

[44] JB/T 11861—2014 盾构机切削刀具 [S]. 北京: 机械工业出版社, 2014.

[45] 李少英. 复合超重力场近终形电渣浇铸TBM刀圈工艺基础研究 [D]. 北京科技大学, 2021.

[46] Karami M, Zare S, Rostami J. Tracking of disc cutter wear in TBM tunneling: a case study of Kerman water conveyance tunnel [J]. Bulletin of Engineering Geology and the Environment. 2021, 80（1）: 201-219.

[47] Hassanpour J. Development of an empirical model to estimate disc cutter wear for sedimentary and low to medium grade metamorphic rocks [J]. Tunnelling and Underground Space Technology. 2018, 75: 90-99.

[48] Zhang X, Xia Y, Zhang Y, et al. Experimental study on wear behaviors of TBM disc cutter ring under drying, water and seawater conditions [J]. Wear, 2017, 392-393: 109-117.

[49] Zhang X, Lin L, Xia Y, et al. Experimental study on wear of TBM disc cutter rings with different kinds of hardness

[J]. Tunnelling and Underground Space Technology. 2018, 82: 346-357.

［50］何川，肖中平，周顺华，等. 成都地铁盾构隧道工程建设关键技术［R］. 西南交通大学，2012-06-07.

［51］李雪，周顺华，周俊宏. 复杂地层大直径泥水盾构刀具磨损规律分析［J］. 地下空间与工程学报，2015，11（4）：868-873.

［52］杉山雅彦，保苅実，水野睦夫，等. トンネル掘削機：2016173534［P］. 2016-09-06.

［53］Elbaz K, Shen S, Zhou A, et al. Prediction of Disc Cutter Life During Shield Tunneling with AI via the Incorporation of a Genetic Algorithm into a GMDH-Type Neural Network［J］. Engineering. 2021, 7（2）: 238-251.

［54］程永亮，彭正阳，暨智勇，等. 一种具有冷冻功能的常压换刀刀盘：201910423963.5.［P］. 2019-05-21.

［55］Mollon G, Dias D, Soubra A H. Continuous velocity fields for collapse and blowout of a pressurized tunnel face in purely cohesive soil［J］. International Journal for Numerical and Analytical Methods in Geomechanics，2013，37（13）：2061-2083.

［56］Ibrahim E, Soubra A H, Mollon G, et al. Three-dimensional face stability analysis of pressurized tunnels driven in a multilayered purely frictional medium［J］. Tunnelling and Underground Space Technology，2015，49：18-34.

［57］Hernández Y Z, Farfán A D, de Assis A P. Three-dimensional analysis of excavation face stability of shallow tunnels［J］. Tunnelling and Underground Space Technology，2019，92：103062.

［58］Min F, Zhu W, Han X. Filter cake formation for slurry shield tunneling in highly permeable sand［J］. Tunnelling and Underground Space Technology，2013，38（9）：423-430.

［59］闵凡路，朱伟，魏代伟，等. 泥水盾构泥膜形成时开挖面地层孔压变化规律研究［J］. 岩土工程学报，2013，35（4）：722-727.

［60］Min F, Song H, Zhang N. Experimental study on fluid properties of slurry and its influence on slurry infiltration in sand stratum［J］. Applied Clay Science，2018，161（9）：64-69.

［61］朱伟，闵凡路，钟小春. 泥水加压盾构泥浆与泥膜［M］. 北京：科学出版社，2016.

［62］刘学彦，袁大军. 盾构掘进过程中防止泥水劈裂的泥水压力设定［J］. 土木工程学报，2014，47（5）：128-132.

［63］金大龙，袁大军，郑浩田，等. 高水压条件下泥水盾构开挖面稳定离心模型试验研究［J］. 岩土工程学报，2018，041（009）：1653-1660.

［64］刘学彦，袁大军，郭小红. 现场泥水劈裂试验及应用研究［J］. 岩土工程学报，2013，35（10）：1901-1907.

［65］Liu X, Yuan D. 泥水盾构掘进过程中的泥水劈裂现象现场试验研究（英文）［J］. Journal of Zhejiang University-Science A（Applied Physics & Engineering），2014，15（7）：465-481.

［66］袁大军，沈翔，刘学彦，等. 泥水盾构开挖面稳定性研究［J］. 中国公路学报，2017，30（08）：24-37.

［67］王滕，袁大军，金大龙，等. 泥水盾构中劈裂压力影响因素研究［J］. 土木工程学报，2020，53（S1）：31-36.

［68］Wang T, Yuan D, Jin D, et al. Experimental study on slurry-induced fracturing during shield tunneling［J］. Frontiers of Structural and Civil Engineering，2021，15（2）：333-345.

［69］Weng B C. Underground tunnelling in the Klang valley and the Klang valley and the pursuit of an autonomous tunnel boring machine［J］. 2020.

［70］Xie H, Duan X, Yang H, et al. Automatic trajectory tracking control of shield tunneling machine under complex stratum working condition［J］. Tunnelling and Underground Space Technology，2012，32（6）：87-97.

［71］施虎，杨华勇，龚国芳，等. 盾构推进液压系统载荷顺应性指标和评价方法［J］. 浙江大学学报（工学版），2013，47（8）：1444-1449.

［72］龚国芳，洪开荣，周天宇，等. 基于模糊PID方法的盾构掘进姿态控制研究［J］. 隧道建设，2014，34（7）：

608-613.

[73] Wang L, Yang X, Gong G, et al. Pose and trajectory control of shield tunneling machine in complicated stratum [J]. Automation in Construction, 2018, 93: 192-199.

[74] 陈刚, 王浩. 盾构掘进纠偏的智能控制方法: 201811041242.X [P]. 2019-11-08.

[75] 秦元, 黄圣, 闵锐, 等. 盾构机自动姿态修正系统及修正方法: 201810598431.0 [P]. 2020-06-23.

[76] 秦元, 黄圣, 顾健江, 等. 盾构机掘进姿态矢量自适应调整方法及系统: 201910890090.9 [P]. 2021-02-09.

[77] 周文波, 胡珉, 吴惠明, 等. 盾构智能控制系统及方法: 202110558142.X [P]. 2021-08-10.

[78] 李龙飞, 叶蕾, 程永龙, 等. 一种半自动管片拼装机及其拼装方法: 201810693894.5 [P]. 2018-10-09.

[79] 高博, 王昆, 胡鹏, 等. 一种盾构半自动拼装机控制系统: 202021512356.0 [P]. 2021-02-26.

[80] 闵锐, 秦元, 朱叶艇, 等. 盾构机推拼同步状态下的匀速推进泵控方法及系统: 202110256356.1 [P]. 2021-05-25.

[81] 闵锐, 吴文斐, 朱叶艇, 等. 盾构机推拼同步推进系统的阀控方法及系统: 202110256339.8 [P]. 2021-05-25.

[82] 闵锐, 朱叶艇, 秦元, 等. 盾构机推拼同步推进系统的泵控方法及系统: 202110256329.4 [P]. 2021-05-25.

[83] 闵锐, 秦元, 朱叶艇, 等. 盾构机推拼同步状态下的匀速推进阀控方法及系统: 202110256055.9 [P]. 2021-05-25.

[84] 朱叶艇, 朱雁飞, 张闵庆, 等. 推拼同步模式下盾构推进系统顶力分配计算方法: 202010720677.8 [P]. 2020-10-23.

[85] 张阳, 张英明, 张连昊, 等. 一种盾构机掘进同步拼装管片的方法: 201910830923.2 [P]. 2019-11-19.

[86] 张林, 郭素阳, 张连昊, 等. 一种盾构机管片自动化拼装方法及装置: 202011171866.0 [P]. 2021-01-22.

[87] Wang L, Sun W, Gong G, et al. Electro-hydraulic control of high-speed segment erection processes [J]. Automation in construction, 2017, 73: 67-77.

[88] Wang L, Gong G, Shi H. Energy-saving technology of segment erecting process of shield tunneling machine based on erecting parameters optimization [J]. Journal of Zhejiang University (engineering science), 2012, 46 (12): 2259-2267.

[89] Wang L, Gong G, Yang H, et al. The development of a high-speed segment erecting system for shield tunneling machine [J]. IEEE/ASME Transactions on Mechatronics, 2013, 18 (6): 1713-1723.

[90] 王林涛. 盾构掘进姿态控制关键技术研究 [D]. 杭州: 浙江大学, 2014.

[91] 钱七虎. 隧道工程建设地质预报及信息化技术的主要进展及发展方向 [J]. 隧道建设, 2017, 37 (3): 251-263.

[92] 李术才, 刘斌, 孙怀凤, 等. 隧道施工超前地质预报研究现状及发展趋势 [J]. 岩石力学与工程学报, 2014, 33 (6): 1090-1113.

[93] 聂利超, 李术才, 刘斌, 等. 隧道含水构造频域激发极化法超前探测研究 [J]. 岩土力学, 2012, 33 (04): 1151-1160.

[94] 刘斌, 李术才, 李建斌, 等. TBM 掘进前方不良地质与岩体参数的综合获取方法 [J]. 山东大学学报 (工学版), 2016, 46 (6): 105-112.

[95] 杨添任, 贺飞, 宁向可, 等. 高黎贡山隧道 TBM 超前地质预报系统设计及应用 [J]. 现代隧道技术, 2020, 57 (4): 37-42.

[96] 张星煜. 盾构法施工超前地质预报初探 [D]. 北京市市政工程研究院, 2016.

[97] 侯伟清, 张星煜, 叶英. 基于地震波反射法的盾构施工超前地质预报初探 [J]. 隧道建设, 2017, 37 (8):

1003-1010.
［98］ Adachi T. Modern Tunneling Science and Technology［M］. Boca Raton：CRC Press，2020.
［99］ 王梦恕. 水下交通隧道发展现状与技术难题［J］. 岩石力学与工程学报，2008，27（11）：2161-2172.
［100］ 周书明，潘国栋. 水下隧道风险分析与控制［J］. 地下空间与工程学报，2012，8（A02）：1828-1831.
［101］ 洪开荣. 我国隧道及地下工程近两年的发展与展望［J］. 隧道建设，2017，37（2）：123-134.
［102］ 毛江鸿. 分布式光纤传感技术在结构应变及开裂监测中的应用研究［D］. 浙江大学，2013.
［103］ Lecun Y，Bengio Y，Hinton G. Deep learning［J］. Nature，2015，521（7553）：436-444.
［104］ Krizhevsky A，Sutskever I，Hinton G E. Imagenet classification with deep convolutional neural networks［J］. Advances in neural information processing systems，2012，25（2）：1097-1105.
［105］ Srivastava N，Hinton G，Krizhevsky A，et al. Dropout：a simple way to prevent neural networks from overfitting［J］. The journal of machine learning research，2014，15（1）：1929-1958.
［106］ 朱合华，刘学增，朱爱玺. 一种车载式地铁隧道病害数据自动化采集系统：201210516017.3［P］. 2012-12-05.
［107］ 黄宏伟，李庆桐. 基于深度学习的盾构隧道渗漏水病害图像识别［J］. 岩石力学与工程学报，2017，36（12）：2861-2871.
［108］ 袁勇，艾青. 一种用于运营地铁隧道结构病害综合快速检测装置：201410495172.0［P］. 2014-12-24.
［109］ 刘学增，何喆卿，李志国. 一种基于隧道环境信息的病害预测方法：201811234372.5［P］. 2018-10-23.
［110］ 朱爱玺，朱伟佳，刘学增. 基于机器视觉的高速公路隧道检测车系统：201510247907.2［P］. 2017-08-29.

撰稿人：吴言坤　袁大军　肖明清　薛　峰　陈　健
　　　　方　勇　廖少明　闵凡路　苏秀婷　金大龙

岩土体非连续变形分析发展研究

一、引言

岩土体为裂隙孔隙非连续介质，常用岩土体数值计算方法包括有限元法、离散元法、非连续变形分析方法、无网格法等。以上方法在岩石力学与工程数值计算中各有优势（如表1所示），本文重点介绍的非连续变形分析系列方法（DDA系列方法）是由著名华人岩石力学专家石根华提出，包括关键块体理论（key block theory，KBT）、非连续变形分析（discontinuous deformation analysis，DDA）和数值流形方法（numerical manifold method，NMM）等，可用于分析岩石力学与工程中存在的与非连续地质环境有关的科学和工程问题。近年来石根华提出的"接触理论"解决了DDA系列方法中块体变形运动状态判断的核心技术难题，进一步完善了方法的科学性和稳定性。该系列方法的提出得益于石根华先生深厚的数学力学基础，假设合理、算法严谨、结果可靠，促进了岩石力学的基础学科研究，解决了岩石工程基础建设中的关键难题，为提高岩石工程的安全性、保障国家基础性工程建设提供了可靠的评估与计算工具。

DDA系列方法自诞生以来，吸引了国内外大量学者深入研究，培养了大批岩石力学与工程学术研究和工程应用人才。自上世纪80年代DDA系列方法初次提出，历年国内外发表的相关学术论文统计结果显示，非连续变形分析系列方法经历了萌芽阶段、起步阶段，以及蓬勃发展阶段。在萌芽与起步阶段，中文与外文检索期刊论文数量相当；当前阶段外文检索期刊论文数量快速上升，且多篇论文入选ESI高被引或热点论文，而中文检索期刊论文数量趋于稳定（年均发表约30篇）。近五年检索期刊论文统计表明（见图1），DDA和NMM仍在快速发展，在国内从事非连续变形分析系列方法研究的单位已广泛分布于27个省级行政区。

表 1 岩石力学与岩石工程中的数值计算方法一览表

方法	典型软件或程序	优缺点	工程应用范围
FEM 系列	RPFA、ANSYS、COMSOL、ABAQUS 等	利用节理单元可以模拟岩石节理，可求解非线性变形以及具有复杂边界条件的模型；模拟裂隙扩展时受制于网格划分程度，并需要网格重构；存在数值与单元"locking"现象，计算精度与计算稳定性取决于网格生成质量	广泛应用于岩石工程与岩石力学领域，在模拟连续变形相关工程问题方面具有较强灵活性和通用性，然而在水力压裂、裂隙围岩稳定性、断层滑移等岩石裂隙扩展相关工程模拟较非连续方法存在一定不足
FDM 系列	FLAC、TOUGH 等	以差分形式表示偏微分项直接离散偏微分方程，无需插值函数，简便直观；传统的规则网格难以灵活处理裂隙、复杂边界和非均质材料；可通过损伤演化而不生成裂隙面的形式来处理宏观裂隙扩展问题	广泛应用于流体动力学、工程传热学、固体力学等相关工程领域，所应用的岩体工程领域包括了边坡稳定性、地下开挖、多场耦合等问题
MESHLESS 系列	SPH、EFG、RKPM、PUM、FPM、NEM	仅需要离散的节点，不需要固定的节点拓扑关系；容易处理裂隙和复杂结构，在模拟裂隙扩展过程中无需重构网格；缺点在于本质边界条件难以实现，且存在计算稳定性问题	在模拟连续变形以及含复杂节理岩体结构的工程问题有一定的应用
DEM 系列	UDEC、3DEC、PFC 等	擅长求解非连续体的大变形和转动问题，采用较小时间步长显式迭代循环计算，精度低于隐式求解模式	广泛应用于非连续变形方面工程问题，包括隧道工程、岩石动力分析、节理岩体波传播、油藏数值模拟、边坡稳定性等
DDA 系列	DDA、NMM、KBT 等	所采用的单纯形积分为精确积分，结合隐式求解，保证了数值计算的收敛性和计算精度；在确保稳定性的前提下可采用较长的时间步长；适用于块体稳定性分析、非连续变形分析、大位移计算	广泛应用于非连续变形方面工程问题，包括水利水电工程、隧道工程、采矿工程、地震分析、能源开发、高放废物地质处置等

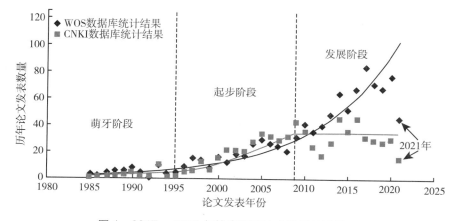

图 1 2017—2020 年检索期刊论文数量统计结果

DDA 系列方法已立项中国岩石力学与工程学会团体标准《岩石工程块体分析技术规程》（主编张奇华），形成了多个商业和自用软件，并在众多大型工程实践中得到了应用和验证。例如日本 Ohnishi 采用 DDA 在地震工程和防灾方面进行了大量实际工程的算例研究；以色列 Hatzor 采用 DDA 结合历史遗迹破坏形态对古代地震进行了研究；新加坡赵志业采用 DDA 对裕廊岛地下储油库工程渗透性和稳定性进行了研究。国内的专家也采用 DDA 系列方法对众多水利、采矿、边坡、隧道、能源工程等的实际问题进行了系列研究。为推动 DDA 系列方法的发展，2011 年国际岩石力学与岩石工程学会（ISRM）成立了 DDA 专委会，2020 年中国岩石力学与工程学会（CSRME）批复成立了岩土体非连续变形分析专业委员会，旨在加强国内外岩土体非连续变形分析研究者的合作交流，聚集非连续变形分析研究相关学者，继承和发扬中国科学原创思想，推动 DDA 系列方法的工程应用，成为支持中国岩石力学与工程学科基础理论发展和工程应用的桥梁。

二、进展与创新

（一）理论突破

近五年来，岩土体非连续变形分析学科领域基础理论最主要的突破是建立了完备的接触理论体系和算法，独立覆盖理论和显式计算方法等也获得了长足的进步。

1. 接触理论

历经数十年研究，石根华提出了接触理论[1,2]，为非连续体的几何接触问题给出了完备的解析解答。该理论解决了困扰三维非连续计算的接触检测瓶颈问题，获得了国内外学者的广泛关注。

接触理论将任意两个块体 A 和 B 间的接触关系简单而有效地描述为 A 中的一个点与一个进入块 $E(A, B)$ 之间的位置关系，其中进入块的表达如下：

$$E(A, B) = B - A + a_0 \tag{1}$$

对于三维多面体间的接触，$E(A, B)$ 的边界由接触覆盖求取并得到（见图 2）：

$$\partial E(A, B) \subset C(0, 2) \cup C(2, 0) \cup C(1, 1) \tag{2}$$

式中：0、1、2 分别表示组成三维多面体的点、棱、面三个基本元素。

基于接触理论的突破，李旭等提出了一种几何关系判断和接触搜索算法，查找块体之间所有可能的接触覆盖，并给出了三维非连续系统的块体切割算法，应用于工程实践[3]；采用摩擦弹簧模拟摩擦力，解决了开闭迭代过程中摩擦力的收敛问题；采用滑动阈值，模拟了实际岩体破坏后黏聚力消失的物理机制；通过以上两个方法，解决了非连续-连续接触面破坏过程中的接触力精确计算问题[4]。甯尤军等提出了一种基于接触理论的任意多边形块体接触检测算法，并将其耦合到二维 DDA 中，证明了接触理论的可行性和鲁棒性[5]；

针对多面体块体之间的接触检测难题，提出了一种基于接触理论的三维多面体接触检测算法，并通过一系列经典和复杂算例验证了接触检测算法的有效性[6]。

2. 独立覆盖流形元法

近年来独立覆盖流形元法也取得了较大的发展[7-10]。苏海东等突破有限元法的网格限制，基于流形思想的分区级数解，采用局域解析级数（如裂尖解析解）与数值解联合求解以达成局部复杂物理场的快速逼近；采用反映物理场整体特性的级数形式，提出梁板壳分析新方法，实现了精确几何的曲梁和曲壳分析；位移和速度的级数表达有利于追踪物质点运动轨迹以消除欧拉描述控制方程中的对流项，并实现运动边界面的准确捕捉，由此提出集合拉格朗日描述和欧拉描述各自优势的固定网格法，在背景网格中分析固体大变形和流体大扰动；提出高阶流形法的单元矩阵公式和单纯形积分快速算法，编制了三维大体积混凝土温度场和温度徐变应力仿真计算程序，应用于复杂三维岩体裂隙渗流计算、大体积混凝土温度场仿真计算[10]。

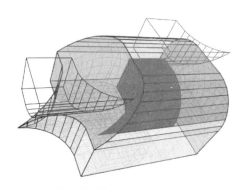 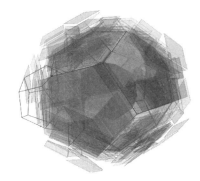

（a）两个三维凹体之间的接触体 $E(A,B)$　　（b）两个正十二面体之间的接触体 $E(A,B)$ 及其覆盖

图2　接触进入块体的表达示意与三维实现

3. 显式计算方法

传统的 DDA 和 NMM 方法都采用隐式计算格式，在求解大规模动力学非连续问题时面临计算效率较低的制约。马国伟等最初基于集中质量矩阵建立了显式计算格式的 NMM 方法，并且保留了接触的开闭迭代处理过程，在保证计算精度的同时极大地提高了计算效率[11]。近五年来，显式格式的 DDA 和 NMM 方法得到了更多的发展。郑宏等提出了一种新的集中质量矩阵算法，使用"从局部到整体"提出惯性力虚功逼近的新路径，建立了集中质量矩阵的逐片累加算法[12]，获得的集中质量矩阵为严格对角阵，该方法亦解决了高阶有限单元的集中质量矩阵计算难题[13]；进一步，提出了二阶 NMM 的集中质量矩阵算法，发展了可模拟大规模离散块体力学行为的显式 DDA[14]。姜清辉等针对大摩擦滑动接触模拟迭代不收敛这一问题，为了避免判断接触类型和开闭迭代，提出了一种新的接触算

法，该算法可直接根据接触物体的重叠面积和接触状态计算接触力，并通过显式数值流形方法（NMM）实现[15]。

（二）方法创新

为了增强工程应用适用性，DDA 系列方法的研究进展主要集中在计算精度、复杂本构模型、耦合算法、裂隙扩展、计算效率，以及求解特定问题（如支护结构、伺服试验控制等）的能力。主要进展如图 3 所示。

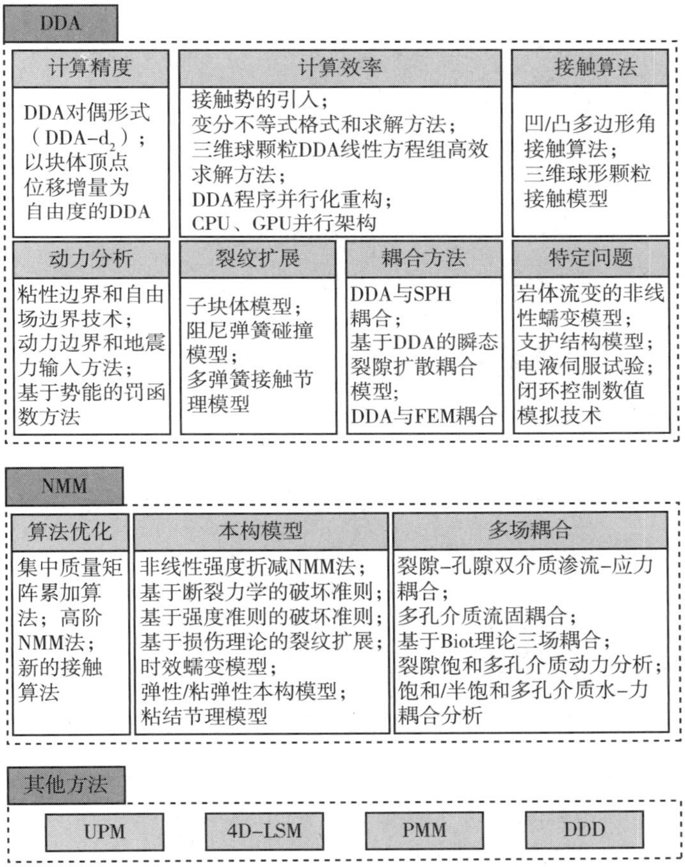

```
DDA
┌─────────────────────────────────────────────────────────────────────┐
│ 计算精度          │ 计算效率              │ 接触算法           │
│ DDA对偶形式       │ 接触势的引入；        │ 凹/凸多边形角      │
│ （DDA-d₂）；      │ 变分不等式格式和求解方法；│ 接触算法；         │
│ 以块体顶点        │ 三维球颗粒DDA线性方程组高效│ 三维球形颗粒     │
│ 位移增量为        │ 求解方法；            │ 接触模型           │
│ 自由度的DDA       │ DDA程序并行化重构；   │                    │
│                   │ CPU、GPU并行架构      │                    │
│                                                                     │
│ 动力分析      │ 裂纹扩展    │ 耦合方法          │ 特定问题       │
│ 粘性边界和自由│ 子块体模型；│ DDA与SPH          │ 岩体流变的非线 │
│ 场边界技术；  │ 阻尼弹簧碰撞│ 耦合；            │ 性蠕变模型；   │
│ 动力边界和地震│ 模型；      │ 基于DDA的瞬态     │ 支护结构模型； │
│ 力输入方法；  │ 多弹簧接触节│ 裂隙扩散耦合      │ 电液伺服试验； │
│ 基于势能的罚函│ 理模型      │ 模型；            │ 闭环控制数值   │
│ 数方法        │             │ DDA与FEM耦合      │ 模拟技术       │
└─────────────────────────────────────────────────────────────────────┘

NMM
┌─────────────────────────────────────────────────────────────────────┐
│ 算法优化      │ 本构模型            │ 多场耦合                     │
│ 集中质量矩    │ 非线性强度折减NMM法；│ 裂隙-孔隙双介质渗流-应力     │
│ 阵累加算      │ 基于断裂力学的破坏准则；│ 耦合；                    │
│ 法；高阶      │ 基于强度准则的破坏准则；│ 多孔介质流固耦合；        │
│ NMM法；       │ 基于损伤理论的裂纹扩展；│ 基于Biot理论三场耦合；    │
│ 新的接触      │ 时效蠕变模型；      │ 裂隙饱和多孔介质动力分析；   │
│ 算法          │ 弹性/粘弹性本构模型；│ 饱和/半饱和多孔介质水-力    │
│               │ 粘结节理模型        │ 耦合分析                     │
└─────────────────────────────────────────────────────────────────────┘

其他方法
┌─────────────────────────────────────────────────────────────────────┐
│   UPM        4D-LSM        PMM         DDD                          │
└─────────────────────────────────────────────────────────────────────┘
```

图 3　近年来 DDA 系列方法中的主要创新

1. 非连续变形分析方法（DDA）

为了提高 DDA 的计算精度，学者提出了一些创新性的解决方案。在传统 DDA 中，过软和过硬的弹簧都会明显影响计算精度，郑宏等以接触力为基本未知量，应用有限维变分不等式理论建立了 DDA 的对偶形式，设计的相容性迭代算法彻底摒弃了接触弹簧[16, 17]，这一方法现在被称为"力法DDA",之后江巍等将其推广至三维[18];通过建立以块体顶点位移增量为自由度的DDA[19, 20],利用虚单元插值技术获得块体内部的高阶应力场,同时更准确地满足接触条件,也克服了常应变模式的块体在处理转动问题时伪体积膨胀现象。徐栋栋等在DDA理论框架内,通过引入接触势对原接触处理方法进行改造,发展了基于接触势的DDA方法,并应用于均质岩体和节理岩体中的地震波传播模拟[21]。在处理复杂模型方面,张洪等基于凹体和凸体多边形角接触,扩展了三维DDA程序以适应复杂岩体模型[22, 23]。黄刚海等也提出了适用于三维球颗粒DDA的"球-三角面"接触模型[24]。

计算效率一直制约着DDA求解大规模块体问题的能力。杨永涛等发展了易于GPU并行计算的二维和三维非连续变形分析方法[25];黄刚海等研究了三维球颗粒DDA线性方程组的高效求解方法,使得三维球颗粒DDA的计算效率提升了大约36倍[26];张国新等基于高性能应用软件编程框架,完成了DDA程序并行化重构,实现了接触搜索、刚度计算、方程求解的多进程并行运算,并行计算规模达到10万单元[27];陈光齐等采用基于OpenMP的CPU并行架构和基于CUDA的GPU并行架构,实现了处理器并行和显卡并行的协同计算,显著提高了DDA方法的计算效率[28],实现了大尺度DDA模型的高效应用。

相关学者关于DDA求解波传播等动力学问题也做了深入的研究。张迎宾等引入黏性边界和自由场边界技术,还原了滑体运动过程中地震波在坡体内部的传播[29];付晓东等研究了动力边界与地震力输入方法,实现了DDA处理地震动力问题时从建筑结构到岩体结构的跨越[30];郑飞等在显式3D-DDA框架提出了基于势能的惩罚函数方法,用于对岩块系统进行有效和稳健的动力学分析[31]。

在裂纹扩展模拟方法研究中,陈光齐等引入阻尼弹簧碰撞模型来定量考虑碰撞过程中的能量耗散,将基于能量法的断裂力学理论融入DDA中,采用考虑J积分的最大环向拉应力强度理论预测裂纹是否扩展和可能的扩展方向[32];针对张拉裂缝,开发了采用统一拉伸断裂强度理论的离散数值方法[33];采用多弹簧接触节理模型更为细致地刻画了节理的渐进破坏过程[34]。肖飞等针对地下储油洞库稳定性等问题,基于DDA开发了瞬态浆液扩散耦合模型以表征浆液动态扩散对裂隙网络的填充影响[35, 36]。

在DDA与其他数值方法耦合研究中,陈光齐等通过耦合DDA与SPH,实现了统一考虑水-土-石之间的相互作用[37],解决了离散多相介质的模拟问题;徐栋栋等通过建立DDA与FEM之间的联系,开发了可用于模拟温度场及温度应力分布的高阶非连续变形分析方法[38]。

此外,一些学者还在一些特定工程技术问题上完善了DDA的求解能力,如解决岩体流变的非线性蠕变模型[39]、岩体加固的锚杆模型[40]、电液伺服试验闭环控制数值模拟技术[41]。

2. 数值流形方法（NMM）

NMM 的研究进展主要集中在算法的优化以提高计算精度和速度、本构模型的扩展和多场耦合三个方面。

在算法优化方面，为了提高动力显式积分的计算效率，郑宏等利用流形上的标量函数积分定义，提出了适应于含裂尖单元的质量矩阵对角化方案[42]，并利用这一技术解决了高阶单元质量矩阵的对角化问题[43]，而高阶单元质量矩阵对角化一致被视为不会有严格数学基础，所有的对角化方案都是"tricky"。新方法所获得的对角质量阵的动力学特性甚至优于一致质量矩阵；杨永涛等以"有限元-无网格"杂交单元形函数构造的研究成果为基础[44]，建立了应力/应变场连续的高阶 NMM[45, 46]，在无须引入额外自由度的情况下，解决了采用显式定义的高阶多项式作为局部近似来构造高阶 NMM 时的线性相关问题；或者使用高阶勒让德多项式作为局部近似，同样成功构造了无线性相关问题的高阶 NMM。林绍忠等利用 Jacobi 预处理共轭梯度方法并行求解方法大大提高 DDA 和 NMM 的求解效率[47]；同时也建立了高阶初应力的准确表达式，修正了速度表征形式，引入二阶应变的方法，提出了基于独立覆盖的新型 NMM[48]。

同时，基于 NMM 的岩体本构模型也得到了发展。例如，为求解岩质边坡的安全系数，杨永涛等给出了广义 Hoek-Brown 准则的两个 Mohr-Coulomb 等价准则，建立了基于广义 Hoek-Brown 准则的非线性强度折减 NMM[49]。徐涛等针对岩石工程的时效变形失稳破坏问题，分别采用基于断裂力学的破坏准则、基于强度准则的破坏准则以及基于损伤理论的裂纹扩展准则实现了基于 NMM 的岩石变形破坏过程模拟[50]；将基于经验方程的时效变形模型、基于元件模型的时效蠕变模型及基于亚临界裂纹扩展的时效蠕变模型分别引入 NMM 中，对三种不同的时效蠕变模型开展岩石时效变形破坏数值模拟研究[51, 52]。甯尤军等完善了基于最大拉应力和莫尔-库仑（Mohr-Coulomb）准则的岩石破裂 NMM 模拟算法，并将其应用于岩石试件破裂的系统性模拟研究，解决了多裂隙非线性破裂模拟问题[53]。在三维 NMM 的框架下，武艳强等基于六面体数学覆盖开展了自动建模和弹性/黏弹性本构模型研究，实现了三维 NMM 断层切割算法；并通过单纯形积分、矩阵推导和接触/摩擦处理，完成了弹性和 Maxwell 黏弹性本构关系的三维 NMM 算法研究[54, 55]。吴志军等在 NMM 中加入黏结节理模型，并利用 GPU 并行技术大大提高了计算效率，用以解决隧洞开挖过程中的围岩稳定性问题[56, 57]。

在多场耦合方面，张奇华等推导了多孔连续介质-裂隙网络渗流分析的流形法计算格式，通过融合三维块体切割和独立覆盖 NMM，提出了裂隙-孔隙双重介质渗流数值计算新方法[58-60]。胡梦苏等基于 NMM 将与力学响应相关的势能、流体流动和固液相互作用相结合，建立了多孔介质中流固直接耦合模型，开发了可直接装配相应应变能的隐式考虑非线性特性的新方法，提出了具有固定数学网格和精确积分的流固耦合分析新模型[61]；并将折射定律作为一种条件充分引入 NMM，采用了具有连续节点梯度的高阶权函数，提高达西速度和连续节点速度的精度[62]，在严格考虑流固耦合效应和断裂本构行为动态传递的前提下实现耦合分析。郑宏等将 Biot 固结理论中的骨架位移、流体速度和孔隙压力采用不同的近似，建立了 Biot 理论的三场 NMM 分析格式，解决了饱和多孔介质的动力固结分析[63]、含裂隙饱和多孔介质的动力固结分析[64]和饱和/非饱和多孔介质的水-力耦合效应分析[65]等问题，进而将高阶 NMM 研究成果引入该研究，精准获取了多孔介质的短期瞬态响应[66]，建立了含裂隙多孔弹性体动力响应问题的 NMM 模型[67, 68]。范立峰等利用 NMM 研究了地下节理岩体的应力波传播与裂隙扩展耦合力学问题，指出应力波性质对裂隙扩展具有重要影响[69]。在模拟裂纹动态压剪扩展时，郑宏和杨永涛在石根华先生的指导下，建议将时间离散提至空间离散之前，有效解决了裂纹扩展中的自由度的继承问题和能量守恒问题[70]。

3. 其他岩土体非连续分析方法

近年来，一些学者也提出了解决岩石非连续变形分析的其他数值方法，如适用于多场耦合的非连续分析方法、适用于岩石动态大变形的非连续分析方法、适用于裂隙扩展的非连续分析方法、非连续方法与计算流体动力方法的耦合。

马国伟等建立了适用于裂隙岩体不连续变形与多场耦合分析的统一管网方法，并开发了一系列拥有自主知识产权的岩石力学分析系统。基于弹簧模型与网格映射模型开发了三维复杂裂隙岩体网格剖分工具包（DFNGen）[71, 72]；提出了三维统一管道网络方法（UPM），建立了基于 UPM 的裂隙岩体多场耦合数值算法，解决了材料界面处耦合困难以及计算复杂度高的技术难题[73]；建立了裂隙岩体非混溶两相流 UPM-NMM 耦合数值算法以及双隐式求解模型，提出了非湿润相流体饱和度集中的概念[74]。

赵高峰等针对岩石动态大变形问题，基于 Kaluza-Klein 的统一场理论，提出了基于四维空间的新型非连续方法 4D-LSM[75]；通过引入近代物理学中空间额外维度的概念成功地将大变形与小变形问题整合，同时规避了传统连续介质方法中的刚体转角分离操作以及传统离散方法中剪切项的分步累积运算，为解决岩石力学与工程问题提供了全新的数值计算理论。

李星等将球形颗粒与数值流形法相结合，提出了一种基于颗粒的数值流形元法（PMM）。球形颗粒构成流形单元内部的进一层离散，多边形块体接触被转化为大量球形颗粒接触的共同作用；块体内部裂纹起裂与扩展被转化为球形颗粒间连接状态的破坏，是对解决传统数值流形元法中相应难题的一种有益尝试[76]，提出的颗粒数值积分具有形式较为简单、适用性较广的特点。

唐春安等提出了一种新颖的能够有效模拟节理岩体非线性变形与破坏行为的全过程分析方法：the discontinuous deformation and displacement method（DDD）[77]。该方法将经典的 RFPA 方法与 DDA 方法在理论与程序层面进行深度耦合，从而继承并融合两者的优势，提供一种描述岩体从连续到非连续全过程行为的统一的、完整的物理数学表达，非常适合于模拟涉及小变形阶段（包括裂纹萌生、扩展与贯通等）与大位移阶段（包括块体平移、旋转与相互接触等）的岩体结构失稳破坏行为。

陈益峰等提出了一种CFD方法，通过将应变相关的渗透系数模型集成到反向建模过程中，用以反算开挖引起的裂隙岩体渗透系数的变化[78]。钱家忠等应用时间分数对流-弥散方程模型来量化实验室观察到的单一裂缝中的氯离子迁移过程[79]。周佳庆等提出了地质多孔介质中黏性和惯性渗透率之间的幂律标度关系，为不同地质多孔介质的渗透率估计提供了理论依据[80]。

（三）软件平台

非连续数值分析理论的突破和方法的创新，对发展和推广DDA系列软件提供了机遇，也带来挑战。相比于有限元及离散元等成熟的国外商业软件，DDA系列方法还有待进一步加强其学术和工程应用方面的研究，特别是有组织地进行推广。目前，由大连理工大学唐春安教授主持研发的真实破裂过程分析方法（RFPA）自2015年商业化以来在国内外获得广泛的推广与应用，已形成千万产值规模。中国科学院大学李世海教授所开发的GDEM也已实现商业化。在石根华先生开发的有关程序基础上，中国科学院大学联合华根仕公司发布了CNKBT已进入商业化，中国地质大学（武汉）张奇华教授主持发布了块体分析软件KBTE也进入软件发布阶段。亦涌现出大量免费使用的软件平台，如DDAworkTool、MatDEM、NumericalBox3D，部分还提供了开源代码供广大学者使用。表2列出了当前使用频率较高或关注率较高的一些岩石工程非连续变形模拟软件。结果显示基于KBT已开发出多款相对成熟的软件平台；DDA和NMM的发展仍以二维自用软件或开源代码为主，规模仍待扩展；对三维DDA系列数值计算软件的开发已开始，但规模很小，软件的普及和使用仍有众多需要解决的问题。

表2　主要岩土体非连续模拟软件进展

软件	主要功能	研发单位	类型
RFPA	基于有限元理论和统计损伤理论，考虑材料性质的非均性、缺陷分布的随机性，实现非均匀性材料破坏过程的数值模拟	大连理工大学，力软科技	商业
GDEM	以CDEM（连续-离散元）方法为基础，结合GPU技术，开发了连续-非连续体动力分析系统软件	中国科学院力学研究所，北京极道成然科技	商业
CNKBT	在经典块体理论的基础上，添加了切割功能的支持，可根据实际工况导入各地层或坡面网格，经切割生成块体，分析边坡、隧道等工程的稳定性问题	北京华根仕数据技术有限公司	商业
KBTE	以块体理论为基础，集成了全空间赤平投影、复杂块体形态、复杂块体稳定性、平衡区域图、三维块体切割分析、块体系统渐进失稳与支护分析等功能	中国地质大学（武汉），长江科学院	自用

续表

软件	主要功能	研发单位	类型
矩阵离散元 MatDEM2.66	基于创新的离散元矩阵求解方法，实现了数百万单元的离散元高效计算，计算效率和单元数较国外同类提高十倍。支持二维和三维多场耦合分析	南京大学	自用
DDAworkTool	基于非连续变形分析方法，引入地震输入、边边接触、多弹簧、分布弹簧模型；集成显式、隐式求解模块和SPH耦合分析模块，支持CPU并行加速	日本九州大学，西南交通大学，四川大学	自用
Newmark-DDA	基于关键块体Newmark法和DDA理论框架，提出地震动力响应关键块体接触模式辨识技术，为大规模工程地震动力响应分析提供高效计算平台	中国科学院武汉岩土所	自用
Geology-Plane	基于关键块体理论，开发出岩体结构信息分析软件，实现了危险块体搜索识别、稳定性分析及地质编录等功能集成	山东大学	自用
GMFAC	以圆球颗粒DDA为计算内核，建立黏结颗粒模型和黏结单元破坏本构关系，模拟岩土体从裂纹萌生、扩展、汇交逐渐发展为大位移运动破坏全过程	中国地质大学（武汉）中南大学	自用
Numerical-Box3D	引入多体剪切弹簧（DLSM）或四维相互作用（4D-LSM），DDA-DLSM、NMM-DLSM等多种耦合数值计算方法，含CPU和GPU并行版	天津大学	自用
Easy-DDA	在石根华先生程序的基础上，实现了"生成节理""块体切割""DDA分析"和"后处理展示"四大功能	中国科学院大学	开源
2D-DDA教育版	以非连续变形分析理论为基础，在石根华先生程序的基础上，集成了开挖模块、子块体模块、锚杆模块等功能模块，开发了教育用软件2D-DDA	新加坡南洋理工大学	开源
DICE2D	提供数种颗粒排布前处理几何建模方式、材料参数赋值、边界条件施加、基于MC的本构模型计算模块、后处理显示、能量分析、受力分析、测点分析	天津大学	开源

（四）工程应用

"十三五"期间，国家重大基础设施建设高速发展：172项重大水利工程正在分步建设，雅砻江、金沙江、澜沧江等流域水能在陆续开发，如锦屏一级、二级，白鹤滩，乌东德，小湾，糯扎渡等水电站，其中锦屏一、二级水电站建设遇到了"四高一深"的工程难题；白鹤滩水电站地质条件异常复杂，柱状节理玄武岩结构极其不稳定；乌东德水电站坝顶高程988米，且左岸有溶蚀影响区，严重影响坝区稳定[81]。矿产资源采深已进入一两千米的深部，围岩大变形、强流变和动力学灾害问题突出[82]。全长1543千米的川藏铁路，受复杂地质演化历史影响，迫切需要解决高原构造岩溶高压涌水、断裂带基岩裂隙高压突水突泥、高温热害、低温冻融等一系列问题[83]。能源地下存储、高放核废物的深地存储等系列能源工程也提出了岩体耦合力学作用课题。传统的FEM在这些工程中已有应用，如利用 RFPA 实现了锦屏一级左岸边坡、白鹤滩水电站左岸边坡等多个国家重大工程中岩体稳定性的动态分析和评估，利用 DDD 模块，研究了高边坡倾倒过程。为了深刻反映岩体介质受结构面影响的基本特点，越来越多的工程中引用 DDA 系列方法来解决实际工程中的应用难题。

1. 水利水电工程

DDA 系列方法已在水利工程中浅埋洞室的洞轴线选择、洞壁块体稳定性和高陡边坡高危块体的评估中占据重要地位[84]，应用 KBT 于三峡船闸边坡及三峡地下厂房等多个工程部位岩体稳定性分析与支护评价，分析溪洛渡坝区拱坝谷幅变形趋势[85]，对锦屏二级 1#TBM 隧道洞周和开挖面上的可动块体进行计算分析[86]。DDA 也依托拉西瓦、锦屏一级、溪洛渡等国家重点工程开展示范应用，揭示了库岸硬岩倾倒时效变形机理、谷幅收缩变形机理，为边坡工程决策提供了重要支撑；研究大岗山水电站大型地下洞室群岩爆问题[87]，为西部地区岩体工程地震动力破坏的预测提供理论支持[88]。

2. 采矿工程

采矿工程受复杂岩体结构和开挖扰动的影响产生的动态开挖过程较难用连续性数值方法来模拟，DDA 系列方法为露天矿高边坡防护和深部巷道开挖稳定性分析中为工程风险预测和防护提供了科学依据。如，浩尧尔忽洞露天金矿岩质边坡加固分析[89]，海南铁矿挂帮矿的开采设计[90]，济宁二号煤层长壁开采设计等[91]。

3. 能源工程

非连续分析方法在能源工程领域已开展应用，尤其在分析水力裂缝扩展、复杂裂隙网络多场耦合等方面具有不可替代的作用。分析了塔河油田缝洞型油藏开发水力裂缝与天然裂缝以及溶洞间的交互行为，以优化水力压裂方案提高油气产能[92,93]。研究了长庆油田页岩油气藏多级水力压裂效果主控因素，为形成有效缝网并增强油气导流性能提供理论支撑[94]。另外，针对典型地热储层开展热采方案优化设计[95,96]，以及优化碳酸盐岩裂缝型储层酸化开采方案[97]。

4. 其他工程

DDA 系列方法也应用于汶川地震的机理分析[98,99]、高速公路边坡稳定性分析[103]、川藏铁路沿线边坡稳定性分析[101]、北山高放废物地质处置核素迁移安全性分析[102]工程中。同时，非连续理论作为基础科学理论，在学科交叉中也获得较多应用。比如李利平等自主研发了隧道地质扫描机器人[103]，基于 KBT 实现了危险块体搜索识别、稳定性分析及地质编录等功能集成，在公路、铁路、轨道交通、军事等多个领域取得成功应用。

三、岩土体非连续变形分析面临的挑战与对策

当今世界面临百年未有之大变局。一方面，我国正处于近代以来最好的发展时期，上

天、入地、下海、登极成为科技前沿和主战场，要支撑国民经济的快速发展，以川藏线为代表的高速交通、以城市地下空间为代表的新基建和城镇化、以水电和页岩气为代表的清洁能源开发、以地热、战略矿产为代表的深部资源能源开发等是岩土工程领域新的战略需求；另一方面，软件行业迫切需要摆脱对国外软件的依赖，开发自主创新软件，解决以软硬件为核心的诸多"卡脖子"技术问题。

非连续变形分析系列方法是中国科学家提出和发展起来的新型岩土工程数值计算理论，因其原理的科学性和理论的严密性，逐步成为解决重大岩土工程设计、施工和安全的主流数值方法，也为民族计算软件的发展提供了理论基础。但我国现代工程规模大、埋藏深，赋存地质环境日趋恶劣，对数值分析方法提出了新的更高的要求，具有自主知识产权的计算分析软件也需要应运而生。非连续数值分析方法既迎来绝佳发展机遇，也面临巨大挑战。

第一，加强地质工程与非连续岩土体的三维自动化建模研究。

数字技术的发展对三维地质模型的描述提供了有效的工具。在三维可视化环境中开展岩体工程问题分析，构建非连续岩体模型；对于不同尺度下地质信息的不同层次展示，不仅支持工程人员的地质结构分析，更需要与分析模型联系，为岩体非连续变形的物理建模提供依据。开发多类型非连续地质体（充填/非充填裂隙、断层、溶洞等）建模方法，为多类型非连续地质体数值分析提供稳定计算模型。深入发展非连续等效方法以及非连续相似理论，获取有效非连续体特征属性以及三维地质参数，合理构建三维地质体模型。将地质体模型与BIM技术、WebGIS技术以及云计算技术等融合，实现三维非连续地质体实时动态显示。

第二，改进非连续计算理论算法，提高算法的计算规模、计算效率和稳定性。

石根华先生的接触理论具有普遍科学意义，是解决非连续问题的核心。由于岩体大变形和大位移的特点，其拓扑和接触运算相对复杂。目前，已有多个课题组通过更新接触算法联合并行计算，以提高计算可靠性和计算效率，基于接触理论对接触、碰撞和滑移问题的处理算法仍待进一步验证和应用。针对大型深地工程，涉及较大研究区域，需完善近、远场耦合计算方法。近场与远场的裂隙岩体非连续特征具有显著差异性。因此基于近、远场深地模型开发自适应网格划分方法，并建立工程裂隙岩体连续－非连续计算模型，对提升大型深地工程计算效率具有重要意义。针对多尺度（孔隙尺度、岩心尺度，以及工程尺度）计算问题，计算精度与计算效率具有显著差异性。需建立高效跨尺度分析方法，实现尺度交互耦合计算，保证工程尺度计算效率。

第三，发展非连续分析方法多场耦合算法，拓展裂隙岩体在复杂地质环境下多场耦合行为的数值模拟功能。

国家所亟待建设的水电工程、深地能源工程、川藏铁路工程等重大工程均涉及多场耦合的问题。目前，对于流固耦合的工作相对较多，但仍以二维计算为主。提升三维接触算法的稳定性以及裂隙网络渗流与力学迭代计算的收敛性，是有效建立三维非连续流固耦合计算模型的前提。此外，裂隙岩体多场耦合过程还包括温度场以及化学场的作用。在非连续力学分析的前提条件下，需建立非连续变形与渗流、传热、传质以及化学耦合作用模型，结合多场耦合试验与现场数据分析，获得各物理场的本构规律以及相关控制参数。建立基于非连续力学的多场耦合计算方法，开发迭代解耦计算模式和算法。

第四，完善非连续变形分析程序，推出商品化民族软件，推动非连续变形分析方法解决重大岩土工程难题。

以石根华先生非连续变形分析系列方法为代表的岩土体非连续变形分析方法是具有中国原创标志的科学思想。通过软件开发和推广，可以推动非连续变形分析在岩体工程中的应用，促进业界对非连续变形问题的充分关注和重视。基于工程实时监测反馈数据，建立工程数据高效管理数据库，实现工程数据与工程软件分析平台的无缝对接。同时亟待建立基于现场数据的数值模型多参数反演方法，实时校正非连续变形分析数值计算方法。建立相关工程知识图谱智能分析方法，基于人工智能深入融合工程参数与实时监测数据，结合数值计算分析建立工程系统动态分析模型，构建实时三维可视化和分析系统。

第五，发挥国际、国内 DDA 专委会的学术平台作用，培养世界一流水平的研究和应用队伍。

ISRM DDA 专委会和中国岩石力学与工程学会 DDA 专委会是国际国内岩土工程非连续数值方法从业者自发成立的学术组织，为以非连续变形为基本特征的数值理论研究和工程应用提供了基础平台。在新背景下，专委会要通过有组织的学术交流、科学研究、社会服务和国际合作，培养非连续变形数值方法领域的一流研究和应用队伍，特别是吸引大批青年学者加盟，推动学科高水平和可持续发展。

参考文献

[1] SHI GH. Contact theory [J]. Science China Technological Sciences, 2015, 58 (9): 1450–1496.

[2] SHI GH. Contact theory and algorithm [J]. Science China Technological Sciences, 2021, 64: 1775–1790.

[3] LIN X, LI X, WANG X, WANG Y. A compact 3D block cutting and contact searching algorithm [J]. Science China Technological Sciences, 2019, 62 (8): 1438–1454.

[4] ZHANG N, LI X, LIN X. A frictional spring and cohesive contact model for accurate simulation of contact forces in numerical manifold method [J]. International Journal for Numerical Methods in Engineering, 2020, 121 (11): 2369–2397.

[5] NI K, NING YJ, YANG J, et al. Contact detection by the contact theory in 2D-DDA for arbitrary polygonal blocks [J]. Engineering Analysis with Boundary Elements, 2020, 119: 203–213.

[6] NI K, NING YJ, YANG J, et al. A robust contact detection algorithm based on the Contact Theory in the three-dimensional discontinuous deformation analysis [J]. International Journal of Rock Mechanics and Mining Sciences, 2020, 134: 104478.

［7］苏海东，颉志强，龚亚琦，等. 基于独立覆盖的流形法收敛性及覆盖网格特性［J］. 长江科学院院报. 2016，33（2）：131-136.

［8］苏海东，付志，颉志强. 基于任意网格划分的二维自动计算［J］. 长江科学院院报. 2020，37（7）：160-166.

［9］SU H, QI Y, GONG Y, et al. Preliminary research of Numerical Manifold Method based on partly overlapping rectangular covers［C］. Proceedings of the 11th International Conference on Analysis of Discontinuous Deformation, Fukuoka, Japan. 2013：341-347.

［10］苏海东. 独立覆盖流形法在水工结构分析中的应用前景. 长江科学院院报，2019，036（006）：1-8.

［11］QU XL, WANG Y, FU GY, et al. Efficiency and Accuracy Verification of the Explicit Numerical Manifold Method for Dynamic Problems［J］. Rock Mechanics and Rock Engineering，2015，48（3）：1131-1142.

［12］ZHENG H, YANG YT. On generation of lumped mass matrices in partition of unity based methods［J］. International Journal for Numerical Methods in Engineering，2017，112（8）：1040-1069.

［13］YANG YT, ZHENG H, SIVASELVAN MV. A rigorous and unified mass lumping scheme for higher-order elements［J］. Computer Methods in Applied Mechanics and Engineering，2017，319：491-514.

［14］YANG YT, XU D, ZHENG H. Explicit Discontinuous Deformation Analysis Method with Lumped Mass Matrix for Highly Discrete Block System［J］. International Journal of Geomechanics，2018，18（9）：04018098.

［15］WEI W, ZHAO Q, JIANG QH, et al. A new contact formulation for large frictional sliding and its implement in the explicit numerical manifuold method［J］. Rock Mechanics and Rock Engineering，2019，53：435-451.

［16］ZHENG H, ZHANG P, DU X. Dual form of discontinuous deformation analysis［J］. Computer Methods in Applied Mechanics and Engineering，2016，305：196-216.

［17］YANG Y, ZHENG H. Direct Approach to treatment of contact in numerical manifold method［J］. International Journal of Geomechanics，2017，17（5）：E4016012.

［18］JIANG W, ZHENG H, SUN GH, et al. 3D DDA Based on Variational Inequality Theory and Its Solution Scheme［J］. International Journal of Computational Methods，2018，15（08）：1850081.

［19］Jiang W, Xu J, Zheng H, et al. Novel displacement function for discontinuous deformation analysis based on mean value coordinates［J］. International Journal for Numerical Methods in Engineering，2020，121（21）：4768-4792.

［20］Luo H, Sun G, Liu L, et al. Vertex Displacement-Based Discontinuous Deformation Analysis Using Virtual Element Method［J］. Materials（Basel），2021，14（5）：1252.

［21］XU D, WU AQ, YANG Y, et al. A new contact potential based three-dimensional discontinuous deformation analysis method［J］. International Journal of Rock Mechanics and Mining Sciences，2020，127：104206.

［22］ZHANG H, LIU SG, ZHENG L, et al. Method for resolving contact indeterminacy in three-dimensional discontinuous deformation analysis［J］. International Journal of Geomechanics，2018，18（10）：04018130.

［23］ZHANG H, ZHANG JW, WU W, et al. Angle-based contact detection in discontinuous deformation analysis［J］. Rock Mechanics and Rock Engineering，2020，53（12）：5545-5569.

［24］HUANG GH, ZHANG S, XU Y. A sphere-triangle contact model with complex boundary face problems［J］. Applied Mathematical Modelling，2021，93：395-411.

［25］YANG Y, XU D, ZHENG H, et al. Modeling wave propagation in rock masses using the contact potential-based three-dimensional discontinuous deformation Analysis Method［J］. Rock Mechanics and Rock Engineering，2021，54（5）：2465-2490.

［26］HUANG GH, XU YZ, YI XW, et al. Highly efficient iterative methods for solving linear equations of three-dimensional sphere discontinuous deformation analysis［J］. International Journal for Numerical and Analytical Methods in Geomechanics，2020，44（9）：1301-1314.

［27］LEI Z, ZHANG G, LI H. DDA Analysis of Long-Term Stability of Left Abutment Slope of Jinping I Hydropower Station［C］. 2020 International Conference on Intelligent Transportation，Big Data & Smart City（ICITBS）.

2020：427-430.

［28］PENG X, YU P, CHEN G, et al. CPU-accelerated explicit discontinuous deformation analysis and its application to landslide analysis［J］. Applied Mathematical Modelling, 2020, 77: 216-234.

［29］WANG J, ZHANG Y, CHEN Y, et al. Back-analysis of Donghekou landslide using improved DDA considering joint roughness degradation［J］. Landslides, 2021, 18（5）: 1925-1935.

［30］FU XD, SHENG Q, ZHANG YH, et al. Extension of discontinuous deformations analysis method to simulate seismic response of large rock cavern complex［J］. International Journal of Geomechanics（ASCE）, 2017, 17（5）.

［31］ZHENG F, ZHUANG XY, ZHENG H, et al. Kinetic analysis of polyhedral block system using an improved potential-based penalty function approach for explicit discontinuous deformation analysis［J］. Applied Mathematical Modelling, 2020, 82: 314-335.

［32］YU P, CHEN GQ, PENG X, et al. Exploring inelastic collisions using modified three-dimensional discontinuous deformation analysis incorporating a damped contact model［J］. Computers and Geotechnics, 2020, 121: 103456.

［33］XIA M, CHEN GQ. Simulation of crack initiation and propagation using the improved DDA［C］// 1st International Symposium on Construction Resources for Environmentally Sustainable Technologies, CREST 2020. Springer Science and Business Media Deutschland GmbH, 2021: 327-335.

［34］ZHANG Y, WANG J, ZHAO JX, et al. Multi-spring edge-to-edge contact model for discontinuous deformation analysis and its application to the tensile failure behavior of Rock Joints［J］. Rock Mechanics and Rock Engineering, 2020, 53（3）: 1243-1257.

［35］XIAO F, ZHAO Z, CHEN H. A simplified model for predicting grout flow in fracture channels［J］. Tunnelling and Underground Space Technology, 2017, 70: 11-18.

［36］XIAO F, SHANG J, ZHAO Z. DDA based grouting prediction and linkage between fracture aperture distribution and grouting characteristics［J］. Computers and Geotechnics, 2019, 112: 350-369.

［37］YU P, CHEN GQ, PENG X, et al. Verification and application of 2-D DDA-SPH method in solving fluid-structure interaction problems［J］. Journal of Fluids and Structures, 2021, 102: 103252.

［38］徐栋栋, 邬爱清, 卢波, 等. 温度场及温度应力模拟的高阶非连续变形分析方法. 岩石力学与工程学报, 2019, 38（S2）: 3595-3602.

［39］ZHANG G, LEI Z, CHENG H. Shear creep simulation of structural plane of rock mass based on discontinuous deformation analysis［J］. Mathematical Problems in Engineering, 2017, 2017: 1-13.

［40］NIE W, ZHAO ZY, GUO W, SHANG J, WU C. Bond-slip modeling of a CMC rockbolt element using 2D-DDA method［J］. Tunnelling and Underground Space Technology. 2019, 85: 340-353.

［41］卢波, 邬爱清, 徐栋栋, 等. 基于混合高阶非连续变形分析的刚性伺服数值试验方法. 岩石力学与工程学报, 2020, 39（08）: 1572-1581.

［42］Zheng H, Yang Y. On generation of lumped mass matrices in partition of unity based methods［J］. International Journal for Numerical Methods in Engineering, 2017, 112（8）: 1040-1069.

［43］YANG YT, ZHENG H, Sivaselvan MV. A rigorous and unified mass lumping scheme for higher-order elements［J］. Computer Methods in Applied Mechanics and Engineering, 2017, 319: 491-514.

［44］YANG Y, CHEN L, TANG X, et al. A partition-of-unity based 'FE-Meshfree' hexahedral element with continuous nodal stress［J］. Computers & Structures, 2017, 178: 17-28.

［45］XU D, YANG Y, ZHENG H, et al. A high order local approximation free from linear dependency with quadrilateral mesh as mathematical cover and applications to linear elastic fractures［J］. Computers & Structures, 2017, 178: 1-16.

［46］YANG Y, SUN G, ZHENG H. A high-order numerical manifold method with continuous stress/strain field［J］. Applied Mathematical Modelling, 2020, 78: 576-600.

[47] LIN SZ, XIE Z. A Jacobi_PCG solver for sparse linear systems on multi-GPU cluster [J]. The Journal of Supercomputing, 2017, 73(1): 433-454.

[48] LIN SZ, XIE Z. A new recursive formula for integration of polynomial over simplex [J]. Applied Mathematics and Computation, 2020, 376: 125140.

[49] WANG H, YANG Y, SUN G, et al. A stability analysis of rock slopes using a nonlinear strength reduction numerical manifold method [J]. Computers and Geotechnics, 2021, 129: 103864.

[50] ZHOU GL, XU T, ZHU WC, et al. A damage-based numerical manifold approach to crack propagation in rocks [J]. Engineering Analysis with Boundary Elements, 2020, 117: 76-88.

[51] YU XY, XU T, HEAP MJ, et al. Time-dependent deformation and failure of granite based on the virtual crack incorporated numerical manifold method [J]. Computers and Geotechnics, 2021, 133: 104070.

[52] YU XY, XU T, HEAP M, et al. Numerical approach to creep of rock based on the numerical manifold method [J]. International Journal of Geomechanics, 2018, 18(11): 04018153.

[53] KANG G, NING YJ, CHEN P, et al. Comprehensive simulations of rock fracturing with pre-existing cracks by the numerical manifold method [J]. Acta Geotechnica, 2021: 1-20.

[54] WU YQ, CHEN G, JIANG Z, et al. Three-dimensional numerical manifold method based on viscoelastic constitutive relation [J]. International Journal of Geomechanics, 2020, 20(9): 04020161.

[55] WU YQ, CHEN G, JIANG Z, et al. Research on fault cutting algorithm of the three-dimensional numerical manifold method [J]. International Journal of Geomechanics, 2017, 17(5): E4016003.

[56] LIU Q, XU X, WU ZJ. A GPU-based numerical manifold method for modeling the formation of the excavation damaged zone in deep rock tunnels [J]. Computers and Geotechnics, 2020, 118: 103351.

[57] WU ZJ, SUN H, WONG LNY. A cohesive element-based numerical manifold method for hydraulic fracturing modelling with Voronoi grains [J]. Rock Mechanics and Rock Engineering, 2019, 52(7): 2335-2359.

[58] ZHANG QH, DING XL, WU AQ. A comparison of the application of block theory and 3D block-cutting analysis [J]. International Journal of Rock Mechanics and Mining Sciences, 2017, 99: 39-49.

[59] ZHANG QH, LIN SZ, DING XL, et al. Triangulation of simple arbitrarily shaped polyhedra by cutting off one vertex at a time [J]. International Journal for Numerical Methods in Engineering, 2018, 114(5): 517-534.

[60] ZHANG QH, SU HD, LIN SZ. The simplex subdivision of a complex region: a positive and negative finite element superposition principle [J]. Engineering with Computers, 2018, 34(1): 155-173.

[61] HU MS, WANG Y, RUTQVIST J. Fully coupled hydro-mechanical numerical manifold modeling of porous rock with dominant fractures [J]. Acta Geotechnica, 2017, 12(2): 231-252.

[62] ZHOU L, WANG Y, FENG D. A High-order numerical manifold method for Darcy flow in heterogeneous porous media [J]. Processes, 2018, 6(8): 111.

[63] WU W, ZHENG H, YANG Y. Numerical manifold method for dynamic consolidation of saturated porous media with three-field formulation [J]. International Journal for Numerical Methods in Engineering, 2019, 120(6): 768-802.

[64] WU W, ZHENG H, YANG Y. Enriched three-field numerical manifold formulation for dynamics of fractured saturated porous media [J]. Computer Methods in Applied Mechanics and Engineering, 2019, 353: 217-252.

[65] WU W, YANG Y, ZHENG H. Hydro-mechanical simulation of the saturated and semi-saturated porous soil-rock mixtures using the numerical manifold method [J]. Computer Methods in Applied Mechanics and Engineering, 2020, 370: 113238.

[66] WU W, YANG Y, ZHENG H. A mixed three-node triangular element with continuous nodal stress for fully dynamic consolidation of porous media [J]. Engineering Analysis with Boundary Elements, 2020, 113: 232-258.

[67] WU W, YANG Y, ZHENG H. Enriched mixed numerical manifold formulation with continuous nodal gradients for

dynamics of fractured poroelasticity [J]. Applied Mathematical Modelling. 2020, 86: 225-258.

[68] ZHOU XF, FAN LF, WU ZJ. Effects of Microfracture on Wave Propagation through Rock Mass [J]. International Journal of Geomechanics, 2017, 17(9): 0401707230.

[69] Fan LF, Zhou XF, Wu ZJ, et al. Investigation of stress wave induced cracking behavior of underground rock mass by the numerical manifold method [J]. Tunnelling and Underground Space Technology, 2019, 92: 103032.

[70] ZHENG H, YANG YT, SHI GH. Reformulation of dynamic crack propagation using the numerical manifold method. Engineering Analysis with Boundary Elements, 2019, 105: 279-295.

[71] MA GW, WANG Y, LI T, et al. A mesh mapping method for simulating stress-dependent permeability of three-dimensional discrete fracture networks in rocks [J]. Computers and Geotechnics, 2019, 108: 95-106.

[72] WANG Y, MA GW, REN F, et al. A constrained Delaunay discretization method for adaptively meshing highly discontinuous geological media [J]. Computers & Geosciences, 2017, 109: 134-148.

[73] REN F, MA GW, WANG Y, et al. Unified pipe network method for simulation of water flow in fractured porous rock [J]. Journal of Hydrology, 2017, 547: 80-96.

[74] MA GW, WANG HD, FAN LF, et al. A unified pipe-network-based numerical manifold method for simulating immiscible two-phase flow in geological media [J]. Journal of Hydrology, 2019, 568: 119-134.

[75] ZHAO GF. Developing a four-dimensional lattice spring model for mechanical responses of solids [J]. Computer Methods in Applied Mechanics and Engineering, 2017, 315: 881-895.

[76] LI X, ZHAO J. An overview of particle-based numerical manifold method and its application to dynamic rock fracturing [J]. Journal of Rock Mechanics and Geotechnical Engineering, 2019, 11(3): 684-700.

[77] TANG CA, TANG SB, GONG B, et al. Discontinuous deformation and displacement analysis: From continuous to discontinuous [J]. Science China Technological Sciences, 2015, 58(9): 1567-1574.

[78] HONG JM, CHEN YF, LIU MM, et al. Inverse modelling of groundwater flow around a large-scale underground cavern system considering the excavation-induced hydraulic conductivity variation [J]. Computers and Geotechnics, 2017, 81: 346-359.

[79] SUN H, WANG Y, QIAN JZ, et al. An investigation on the fractional derivative model in characterizing sodium chloride transport in a single fracture [J]. The European Physical Journal Plus, 2019, 134(9): 440.

[80] ZHOU JQ, CHEN YF, WANG L, et al. Universal relationship between viscous and inertial permeability of geologic porous media [J]. Geophysical Research Letters, 2019, 46(3): 1441-1448.

[81] 樊启祥, 林鹏, 蒋树, 等. 金沙江下游大型水电站岩石力学与工程综述 [J]. 清华大学学报 (自然科学版), 2020, 60(07): 537-556.

[82] 谢和平. 深部岩体力学与开采理论研究进展 [J]. 煤炭学报, 2019, 44(05): 1283-1305.

[83] 张永双, 郭长宝, 李向全, 等. 川藏铁路廊道关键水工环地质问题: 现状与发展方向 [J]. 水文地质工程地质, 2021, 48(5): 1-12.

[84] 张奇华, 张煜, 李利平, 等. 块体理论在地下洞室围岩稳定分析中的应用进展 [J]. 隧道与地下工程灾害防治, 2020, 2(04): 9-18.

[85] 邬爱清. 基于关键块体理论的岩体稳定性分析方法及其在三峡工程中的应用 [J]. 长江科学院院报, 2019, 36(02): 1-7.

[86] 张子新, 王帅峰, 黄昕. 节理岩体中TBM掘进施工围岩稳定性及可视化分析 [J]. 现代隧道技术, 2018, 55(02): 36-43, 64.

[87] HE BG, ZELIG R., YOSSEF H. HATZOR, et al. Rockburst generation in discontinuous rock masses [J]. Rock Mechanics and Rock Engineering, 2016, 49(10): 4103-4124.

[88] FU XD, SHENG Q, TANG H, et al. Seismic stability analysis of a rock block using the block theory and Newmark method [J]. International Journal for Numerical and Analytical Methods in Geomechanics, 2019, 43(7):

[89] 龚文俊, 陶志刚, 何满潮. 岩质边坡弯曲倾倒破坏及支护DDA方法模拟［J］. 矿业科学学报, 2019, 4（06）: 489-497.

[90] 任凤玉, 谭宝会, 付煜, 等. 诱导冒落法回采挂帮矿引发的边坡失稳［J］. 东北大学学报（自然科学版）, 2019, 40（02）: 273-277, 283.

[91] GAO Y, GAO F, YEUNG MR. Modeling large displacement of rock block and a work face excavation of a coal mine based on discontinuous deformation analysis and finite deformation theory［J］. Tunnelling and Underground Space Technology, 2019, 92.

[92] LIU Z, TANG X, TAO S, et al. Mechanism of connecting natural caves and wells through hydraulic fracturing in fracture-cavity reservoirs［J］. Rock Mechanics and Rock Engineering, 2020, 53: 5511-5530.

[93] DUAN K, KWOK CY, WU W, et al. DEM modeling of hydraulic fracturing in permeable rock: influence of viscosity, injection rate and in situ states［J］. Acta Geotechnica, 2018, 13（5）, 1187-1202.

[94] ZHANG FS, WANG X, TANG M, et al. Numerical investigation on hydraulic fracturing of extreme limited entry perforating in plug-and-perforation completion of shale oil reservoir in Changqing Oilfield, China［J］. Rock Mechanics and Rock Engineering, 2021, 54: 2925-2941.

[95] CHEN Y, MA GW, WANG H, et al. Evaluation of geothermal development in fractured hot dry rock based on three-dimensional unified pipe-network method［J］. Applied Thermal Engineering, 2018, 136: 219-228.

[96] MA GW, CHEN Y, JIN Y, et al. Modelling temperature-influenced acidizing process in fractured carbonate rocks［J］. International Journal of Rock Mechanics and Mining Sciences, 2018, 105: 73-84.

[97] CHEN Y, MA GW, LI T, et al. Simulation of wormhole propagation in fractured carbonate rocks with unified pipe-network method［J］. Computers and Geotechnics, 2018, 98: 58-68.

[98] 郜颖超, 位伟, 姜清辉. 基于流形元模型的高速远程滑坡碎屑流运动规律与拦挡结构减灾效果研究［J］. 工程科学与技术, 2020, 52（06）: 40-48.

[99] 周月智, 刘红岩, 李俊峰, 等. 地震荷载下危岩运动特征的模拟研究［J］. 工程地质学报, 2021, 1-13.

[100] 刘国阳, 李俊杰, 康飞. 基于3D DDA方法滚石平台防护作用研究［J］. 防灾减灾工程学报, 2020, 40（05）: 679-689.

[101] Tang SB, Huang RQ, Tang CA, et al. The failure processes analysis of rock slope using numerical modelling techniques［J］. Engineering Failure Analysis, 2017, 79: 999-1016.

[102] MA GW, LI T, WANG Y, et al. Numerical simulations of nuclide migration in highly fractured rock masses by unified pipe-network method［J］. Computers and Geotechnics, 2019, 111: 261-276.

[103] LI LP, CUI L, LIU H, et al. A method of tunnel critical rock identification and stability analysis based on a laser point cloud［J］. Arabian Journal of Geosciences, 2020, 13（13）: 1-10.

撰稿人：马国伟　焦玉勇　赵高峰　聂　雯　宵尤军
　　　　张奇华　李　旭　陈　昀　范立峰

Comprehensive Report

Report on Advances in Rock Mechanics and Engineering

China is facing dramatic changes in the domestic situation and the international environment. Both the large-scale infrastructure constructions and deep resource exploitation and other engineering activitiesare in a rapid development stage at home. As an important foundation for the construction of such projects, Rock Mechanics and Engineering is of great significance to develop the cutting-edge science and technology and to serve the strategy of the country.

By seizing the opportunity and overcoming the challenges, China is increasingly becoming a powerhouse in rock mechanics and engineering technology.According to a WOS core database analysis of the international collaborations in rock mechanics and engineering, China has become one of the major centers for research corporation in the world. Moreover, through emphasizing both practice and research and aiming research towards practice, significant scientific and technological achievements have emerged and have been converted into productivity. With progress both in quantity and quality in terms of outstanding achievements, the contribution from China to the rock mechanics and engineering in the international community is becoming increasingly more prominent, and the impact of Chinese scholars in the international rock mechanics and rock engineering community also continues to increase.

Chinese professionals in the field of rock mechanics and engineering faced a series of critical bottleneck problems including the safe and efficient mining in underground coal mines, the ultra-deep detection of mine disaster sources, the electromagnetic detection of deep resources, the construction of kilometer-deep mine wells, the stability control of giant underground powerhouse chambers, the adaptive excavation and overall reinforcement of ultra-high arch dam foundations, the distributed optical fiber sensor monitoring, the monitoring and early warning and management of major engineering landslide, the TBM tunneling in composite strata and deep tunnels, disaster prediction and early warning and control of deep and long tunnel water burst and mud inrush, the control of deep rock burst and soft rock large deformation, the geological disposal of high-level radioactive waste, the unconventional oil and gas exploration, drilling and fracturing technology, etc.

Centered around the needs of engineering practice, significant scientific and technological achievements have been achieved,which were already transformed into productivity.Chinese scholars make abundant research progress in elementary theory of rock mechanics. For example, Feng Xiating et al. proposed a three-dimensional hard rock failure strength criterion (3DHRC) based on the heterogeneity of tension and compression, Lode effect and nonlinear strength characteristics of deep-buried hard rock under true triaxial conditions. Through the energy balance during the crack propagation process, XieHeping obtained the coefficients of the compliance matrix that considers the strain rate parameter and established the dynamic constitutive model of rock in different stress environments at varied depths.Wu Shunchuan et al. proposed a generalized nonlinear strength criterion suitable for different frictional materials in combination with the partial plane function, which unified the mainstream classical strength criterion. ZuoJianpingproposed an invariant that represents the failure characteristics of coal, and theoretically deduced a strength equation that is in line with the Hoek-Brown empirical strength criterion.

In the field of techniques of rock engineering, He Manchao, Xu Qiang, WuShunchuan and others have made significant progress in slope stability evaluation, landslide formation mechanism and prediction, warning, prevention and control of landslide and engineering slope disaster. In particular, He Manchao et al. developed a remote monitoring and early warning system for Newtonian force in landslide geological disasters using the procedures of "data acquisition-transmission-storage-send-reception-analysis-processing-feedback", and invented a Negative Poisson's Ratio (NPR) anchor cable with high constant resistance, large deformation and super energy absorption characteristics.These technologies have already identified and warned of many large-scale landslide disasters successfully. Zhao Yangsheng, Kang Hongpu, Li Shucai, Liu Quansheng, Feng Xiating, etc.made significant contributions about techniques in underground rock engineering. Methods and technologies such as "elastic wave advanced geological prediction system" developed by Changjiang River Scientific Research Institute, "the cracking-suppression design method" modified by Feng Xiating et al. and so on, have been successfully applied in major engineering practices such as the optimization of the excavation sequence of the underground tunnel group of the Laxiwa Hydropower Station, the optimization of the arch support scheme of the underground powerhouse of the Baihetan Hydropower Station, and the validation of the surrounding rock support parameters of the Jinping Deepland Laboratory in China.

As for the rock mechanics and engineering related instrument and equipment, Feng Xiating, Yuan Liang, Li Xiao etc. developed new types of laboratory experimentation and test instrument which benefit the formation and development of rock mechanics theory. He Jishan, Li Shucai, Shi Bin and others make breakthrough in field test, monitoring and geophysical prospecting equipment. For example, Shi Bin et al. have successfully applied distributed optical fiber sensing technology to safety monitoring, prediction and early warning of geological and geotechnical engineering, which showed unique advantages in the monitoring of geological disasters. Domestic enterprises, such as the China Railway Construction Heavy Industry, individually developed shield machines with different characteristics in order to adapt to different geological conditions and complex surrounding environments. These shield machines have been successfully applied to multiple metro line tunneling projects. Ji Hongguang et al. put forward a research and development system for deep well intelligent tunneling equipment and intelligent control system, which solves the scientific and technical problems that urgently needed to be overcomed of design and manufacture of the upper slagging shaft tunneling machine from three aspects: efficient rock breaking and slag discharge, equipment configuration and space optimization, and precise intelligent drilling control.

The hot spot software for numerical simulation from 2017 to 2020 is the discrete element simulation software, and the simulation of crack propagation mechanism has become a hot topic in numerical analysis. The numerical simulation software of rock mechanics in China is also in the rapid development stage, including rock failure process analysis system RFPA, Deep soft rock engineering large deformation mechanical analysis software LDEAS, engineering rock mass failure process cellular automata analysis software CASrock, and the discrete element software MatDEM that based on innovative matrix computing algorithm, etc. The software have been widely used by the academic community and the industry, and the monopoly of foreign software has been gradually broken.

In recent years, China's rock engineering construction is among the fastest and largest in the world. Fruitful research results have been achieved in the construction of Baihetan Hydropower Station, slope disaster prediction, forecast and early warning, high gas mine 110 construction method and N00 construction method application, mine ultra-deep shaft construction, deep rockburst disaster control and high-level waste geological disposal and other major engineering construction. Great contributions have been made to the safe construction of major projects and the safety of people's lives and properties.Furthermore, great progress has been made in rock mechanics and engineering standardization in recent years, especially in the establishment of group standards. In May 2017, the Chinese Society of Rock Mechanics and Engineering launched substantive work on standardization in an all-round way. Till September 2021, the society has approved 69 project group standards, and officially released 18 group standards.

Due to the influence of economic development level and scientific and technological input, the process of rock mechanics and engineering research in China started a little later than the process in developed countries. However, benefitting from the objective demand and promotion of large-scale and numerous infrastructure construction, deep resource development and geological disaster prevention and other engineering activities in China, the study of rock mechanics and engineering in China has reached a new historical level in recent years, compared with developed countries.

With the rapid development of Rock Mechanics and Engineering disciplines, the intersection with engineering geology, informatics, and environmental science is becoming more and more important. It is more difficult to adapt to the increasing scale of the project and the complexity of the environment based on experience alone. A new scientific paradigm is needed to deal with new challenges. the development of disciplines will show the following trends: the research content will transform from the traditional static average and local phenomenon to the new dynamic structure and system behavior paradigm; research methods will shift from traditional qualitative analysis, single discipline, data processing and simulation calculations to new types of quantitative prediction, interdisciplinary, artificial intelligence and virtual simulation paradigms; the scope of research will shift from traditional knowledge blocks, traditional theories, pursuit of details and levels of discipline to a new type of knowledge system, complex science, scale correlation and exploration of commonality paradigms.

Written by Wu Shunchuan, Lin Peng, Zuo Jianping, Fang Zulie, Wang Zhuo

Report on Special Topics

Report on Advances in Geoengineering Monitoring Technologies

With the rapid breadth and depth development of infrastructure construction in China, the disturbance of human engineering activities to the geological environment is unprecedented, which greatly aggravates the occurrence of various geohazards and engineering problems. The relevant problems, in turn, greatly promote the development of geoengineering monitoring technologies in China. In this paper, the development status of geoengineering monitoring technologies are comprehensively reviewed in terms of four aspects, i.e. space, air, ground and subsurface. The main achievements in theory, technology and application in the past four years are also summarized, followed by the current challenges and countermeasures.

Written by Shi Bin, Li Zhenhong, Zhu Honghu, Xu Qiang, Lan Hengxing, Jia Yonggang, Li Changdong, Pei Huafu, Cheng Gang, Xu Dongsheng, Zhu Wu

Report on Advances in Soft Rock Engineering and Deep Disaster Control

As the China's infrastructure construction develops into the deeper underground, the scale, difficulty and number of the deep underground excavation engineering such as tunnel construction and mining exploration have ranked among the top worldwide. The environmental and geological conditions of deep surrounding rock mass become more and more complex, which greatly aggravate the engineering disasters of the deep soft rock mass. Meanwhile, the understanding of the disaster mechanism of soft rock mass and the requirements of its control technology are constantly improving, which also promotes the progress of soft rock engineering and deep disaster control technology in China. In this paper, we systematically review the latest development of soft rock engineering and deep disaster control technology in China, and summarized the core achievements in theory, technology and application in recent five years with respect to the mechanism and control of large deformation in the soft rock, as well as the catastrophic mechanism and control of tunnel slippage. Finally, this paper also analyzes the current challenges and the prospects of the future developments.

Written by Liu Quansheng, Sun Xiaoming, Guo Zhibiao, Wu Zhijun, Zhang Xiaoping, Kang Yongshui, Zhou Hui, Huang Xing, Zhu Yong

Report on Advances in Key Technologies of Tunnel and Underground Engineering

With the implementation of series of national strategies such as the "13th Five-Year Plan"

and "One Belt, One Road", a large number of major transportation infrastructure and water conservancy and hydropower projects have been or gradually constructed, and the construction of tunnels and underground projects in China has achieved considerable progress. In recent years, as engineering construction has gradually shifted to mountainous and karstic areas where extremely complex terrain and geological conditions distributed, it has brought huge challenges to geological survey, design, construction, operation and maintenance for tunnels. The report focuses on the above four stages of tunnel and underground engineering construction, especially on the green construction of high-altitude tunnels, underground CO_2 storage technology, long-distance diversion tunnel lining structure, underground environment and production auxiliary system characteristics, and systematically summarizes the key progress of related construction technology. In addition to the major geological disasters, the disaster mechanism, monitoring and early warning, and prevention and control technologies for some typical disasters e.g. water inrush, rock burst and surrounding rock collapse are introduced. Finally, the current development trends and challenges in tunnel and underground engineering construction are in-depth analyzed. It is pointed out that future development of tunnel and underground engineering will focus on the survey methods under extreme geological conditions, BIM engineering design systems, intelligent construction robot systems, full-cycle intelligent operation and maintenance management, green construction of high-altitude tunnels, underground CO_2 storage monitoring, and long-distance small-section diversion tunnels construction technologies, underground environment and production auxiliary systems, intelligent early warning and active control of geological disasters, etc. This will provide valuable guidance for tunnel and underground engineering construction.

Written by Li Shucai, Li Liping, Zhou Zongqing, Liu Cong, Gao Chenglu, Tu Wenfeng

Report on Advances in Landslide Disaster Prevention and Mitigation

This paper synthetically analyzes the advances of the landslide science at home and abroad since 2017, and points out that landslide vulnerability and risk management are the key research issues in Europe, America, Japan, etc. With the booming of major infrastructure construction in the West

China, complex landslides, especially, the high-location and long run-out landslide disaster chain has become the top priority of landslide researches in China, which initially formed a technical system of the RS & Ground-based early identification, real-time monitoring, early warning and comprehensive prevention and control, and the theory of mitigation for giant landslides has been innovated. This paper indicates the five major challenges of the landslide science in China: (a) theory and technology of landslide prevention and reduction in the Qinghai Tibet Plateau, (b) the RS & Ground-based accurately identification of potential landslides in extremely high mountains, (c) multi-field & source real-time monitoring and AI early warning of landslides, (d) chain-style dynamics and control of complex landslides, and (e) big data cloud platform and intelligent service for the mitigation of landslide hazards.

Written by Yin Yueping, Li Bin, Zhang Yufang, Hu Xiewen, Xu Weiya, Tao Zhigang, Zhang Mingzhi, Ge Daqing, Huang Bolin, Gao Yang, Yang Xudong, Wang Wenpei

Report on Advances in Surface Rock Engineering

Surface rock engineering mainly refers to the engineering construction activities carried out around rock masses in the surface area for the construction of large-scale projects and the prevention of natural disasters, involving water conservancy and hydropower, transportation, mining, national defense, construction and other industries. With the advancement of major engineering construction in the west of China, the deformation and failure mechanism of surface rock engineering is more complicated than ever due to the complex terrain and fragmentation of surface rock mass, intensive tectonic activity, high-intensity earthquake and large-scale engineering construction activities. Extreme weather, such as heavy rainfalls caused by climate change, changes the stable state of existing surface rock engineering and even induces disasters, threatening engineering safety. Therefore, surface rock engineering construction and natural disaster prevention and control have posed severe challenges to the research of rock mechanics. According to these challenges, domestic scholars have made extensive researches. Systematic and in-depth researches have been carried out on the construction of the Wudongde hydropower station, Baihetan hydropower station and Sichuan-Tibet Railway, as well as the prevention

and control of geological disasters and the protection of cultural relics. It has formed a series of innovative achievements in analysis theory, monitoring technology, early warning methods and mechanism cognition, which have been successfully applied to engineering practice. It has contributed to national economic construction and social security.

During the 14th Five-Year Plan Period, with the increasingly implementation of the "Transportation powerful Nation" strategy and the Belt and Road Initiative, the major projects such as the Sichuan-Tibet Railway and the New Western Land-Sea Corridor will be promoted to the West. The complex environment of high mountain and canyon, high earthquake intensity, high altitude and alpine-cold, heavy rainfalls and fragmentation of the Earth surface will be further highlighted. The difficulty of surface rock engineering construction is further increased, and the challenges faced by surface rock engineering research are still severe. It is urgent to strengthen the interdisciplinary integration, in order to make innovative breakthroughs in multi-means integrated detection and monitoring technology, large-scale numerical analysis and disaster deduction, disaster assessment and prediction evaluation based on big data, etc.

Written by Sheng Qian, Zhang Yonghui, Chen Jian, Fu Xiaodong, Li Nana

Report on Advances in Marine Engineering Geological Disaster Prevention and Control

With new strategies related with marine development, marine geohazards have been attracting attention from the academic community and industry. Recent research achievements from 2012 to 2020 about marine geohazards were reviewed in this paper. We analyzed and discussed the new progress about energy engineering (offshore wind power, gas hydrate, oil and gas), traffic engineering (subsea tunnel, sea crossing bridge, port and channel), coastal geohazards (coastal erosion, seawater intrusion, and wave-sediment-structure interaction) and insular geohazards (calcareous sand, reef limestone, reclamation). The potential research tendency in the future was suggested.

Written by Jia Yonggang, Yang Qing, Huang Yu, Shan Zhigang, Wang Ren, Lu Yongjun

Report on Advances in Red Layer Engineering

Red beds appear commonly in seven continents and four oceans. Red beds occupy at least 1.8875×10^6 km^2 in the land, and more than 95% of which is distributed in the Northwest, Southeast, and Southwest of China. The red beds issue has attracted lots of attention in the fields of engineering, geology, disasters, resources, ecology, environment, energy, materials, etc. In general, red beds engineering mainly refer to red beds geological engineering, red beds rock engineering, red beds ecological engineering, and red beds utilization engineering. This report has systematically investigated the red beds research progress since 2017 in the abovementioned aspects. On the basis of many literatures, patents, and research project, this report has summarized the research progress and revealed the hot and cold spots of the research. In view of these problems, this report has summarized the progress and innovation of red layer research, and put forward relevant challenges and countermeasures. In summary, this report provides support for the red beds research development evaluation and gives prospects in the future.

Written by Zhou Cuiying, Liu Zhen, Cui Guangjun, Li Xiao, Wang Enzhi, Sun Yunzhi, Chen Changfu, Li Anhong, Guo Zhibiao, Wu Wanping

Report on Advances in Urban Underground Space

The development and utilization of urban underground space (USS) is an effective way to solve the shortage of urban land resources, improve the urban comprehensive functions and promote urban renewal. In recent years, the high-quality development of USS has faced numerous opportunities and challenges. The introduction of smart city and resilient city provides a new

idea for the comprehensive utilization of USS, and the saturation of shallow underground space makes the development of deep underground space an inevitable trend. In addition, the novel underground facilities such as underground logistics system has gradually become the driving force to change the way of urban development, mitigate megacity problem and develop green city. In order to advance the development of USS, the paper mainly reviewed the research progress of underground space planning and design theory, underground logistics system, smart underground space, deep urban underground space and underground infrastructure resilience from 2017 to 2020 and addressed the future consideration.

Written by Chen Zhilong, Dong Jianjun, Shao Jizhong, Zhao Xudong, Guo Dongjun,
Fan Yiqun, Liang Chengji, Ren Rui, Xu Yuanxian, Sun Bo

Report on Advances in Mining Rock Mechanics

The major progress in the field of mining rock mechanics since 2017 has systematically summarized from the four directions of mining rock macro and mesoscopic failure mechanics, mining surrounding rock control theory and technology, rock layer movement and mining subsidence theory and technology, and scientific mining technology and new construction methods. The results show that significant progress has been made in the study of true triaxial rock instruments, observation methods of rock mesoscopic failure process, and dynamic characteristics of coal-rock assemblies; high-strength pre-stressed anchor rods and large-deformation energy-absorbing anchor cables are hotspots in the field of support, and on this basis, support-modification-pressure relief, full-space coordination and other new coupling support technologies have been developed. At the same time, in the existing support theories, new support theories such as surrounding rock classification, pressure-bearing structure and equal-strength support have also been developed. In the movement of rock strata, the organic unification of rock strata movement and surface subsidence is realized, downhole filling technology has been further improved, and ground grouting has been proposed to reduce subsidence. The intelligent mining method with super-large mining height and full-height mining has been further developed. The 110/N00 mining method has gradually matured, and related key technologies have been improved, and field applications have been widely promoted. The theory and technology of surrounding rock control for thousand-meter deep wells, the evolution law of mining rock formations and the unified theoretical model of overall movement, the new construction methods of N00 and 110 under 5G technology, and deep in-situ fluidized mining will be the research challenges and focus in the field of mining rock mechanics.

Written by Zuo Jianping, Liu Dejun, Gao Fuqiang, Wang Qi, Sun Yunjiang, Wang Yajun, Lei Bo, Wu Genshui, Liu Haiyan, Zhang Chunwang, Hao Xianjie, Zhang Kai

Report on Advances in Rock Mechanics Test and Testing Technology

From 2017 to 2020, there are five research hotspots, eight directions, and four challenges about the rock mechanics test and testing technology. These technologies not only have a solid basic scientific background, but also focus on the safety issues of major rock engineering during its construction and service period , which represents the key development direction of this discipline. The main research hotspots include five topics: (1) fine simulation and testing technologies for rock samples at different scales; (2) rock mechanics testing technologies under extreme environments (multi-field coupling of high and low temperature, high stress, high water pressure, etc.); (3) monitoring and early warning technologies for high-risk rock engineering including underground and surface disasters; (4) monitoring and diagnosis technologies for engineering buildings/structures, such as dams and bridges; and (5) precision geophysical technologies represented by the electromagnetic method.

Written by Wu Aiqing, Zhu Jiebing, Fan Lei, Zhou Liming, Dong Zhihong, Zhang Yihu

ABSTRACTS

Report on Advances in Crustal-stress Field Evaluation Technology

All kinds of geological phenomena on the earth's surface and interior and their associated physical and chemical process are closely related to the action of tectonic stress. Understanding and clarifying the lithospheric stress distribution, especially the deep stress state, is the basis for solving the scientific problems related to geodynamics, such as plate driving mechanism, earth's energy balance, earthquake mechanism, tectonic deformation, as well as the basis for evaluation, exploitation, and disposal of deep energy resources. At present, quantitative investigation of tectonic stress state is gradually becoming important. The latest research results reveal the distribution characteristics of the global tectonic stress field and its relationship with plate tectonic motion, which effectively promotes the interpretation of continental lithospheric evolution and the development of plate tectonic theory. To advance crustal stress evaluation technology and its application, we review the state of the art of the investigation of in-situ stress measurement technology, borehole strain observation technology, and crustal-stress-field evaluation method during the 2017-2021 years and gives the future consideration.

Written by Tian Jiayong, Chen Qunce, Li Hong, Wan Yongge, Yin Jianmin, Su Zhandong, Sun Dongsheng, Hu Xingping, Wang Chenghu, Xie Furen

Report on Advances in Geological Disposal of High-level Radioactive Waste

The development of high-level radioactive waste (HLW) repository is a long-term and systematic research process, and it has always been a hot and challenging problem in the field of rock mechanics and underground engineering. From 2017 to 2020, international research teams have made significant progresses in site characterization, performance analysis of multi-barrier systems, and research and development of underground research laboratories (URLs). Construction of a repository has been started in Finland, while France and Sweden have completed the design of their repositories. Countries such as Germany, Japan, and Switzerland have further accelerated the process of site screening for the HLW repositories, and developed survey techniques on deep hydrological and geochemical conditions. In China, one candidate site for the HLW repository has been initially selected. Comprehensive investigation technologies on geological and hydrogeological conditions of the candidate site at depth have been tested and verified. The key parameters for characterizing the candidate site have also been obtained. International research on buffer materials mainly focuses on the interpretation and analysis of the results of large-scale field tests. The physical and chemical reactions at the interface between the buffer material and the disposal container have become a new research hotspot. In China, the preparation technologies and performance assessment methods of engineering-scale buffer materials have been initially established. The multi-field coupling characteristics of surrounding rock mass and the mechanism of solute transport in fractures are still the research focus of rock mechanics. The international cooperation project DECOVALEX has studied numerical simulation technologies for evaluating the characteristics of fractured surrounding rocks under complex multi-field coupling conditions. In China, the URL site has been determined. The construction project of the Beishan URL and its supporting scientific research work are being conducted. The research on HLW disposal has gradually transitioned from the site selection and characterization stage to the engineering-scale field test stage.

Written by Wang Ju, Chen Liang, Zhao Xingguang, Liu Jian, Pan Pengzhi, Zhao Zhihong, Zhu Qizhi, Tian Xiao, Xie Jingli

Report on Advances in Hard Rock Mass Mechanics in Deep Engineering

It becomes inevitable for rock engineering activities to develop deeper and deeper, such as metal mines, traffic tunnels, water conservancy, hydropower tunnels, underground powerhouses, oil and gas resources development, underground oil and gas storage, underground nuclear waste disposal, and underground physics laboratory, etc. In the deep excavation, the failure mode is stress or stress-structure combined driven, which is hugely different from shallow engineering failure mode. Under the high stress and complex geological environment in the deep underground, the stress-induced disaster has frequently occurred, including rock spalling, deep cracking, collapse and rockburst. Those disasters posed a great challenge to rock mechanics and rock engineering research, which has attracted many scholars to study relative disciplines. Therefore, significant efforts have been made to establish a new research method system of rock mechanics analysis and disaster control design for deep hard rock excavation. The latest research progress is reviewed in this paper, covering the laboratory testing methods, rock mechanical characteristics, computation analysis theory, disaster evolution mechanism, and disaster control principles. Furthermore, this paper summarized the future challenges in deep hard rock engineering and provided countermeasures in the research area.

Written by Yang Chengxiang, Kong Rui, Zhou Yangyi, Hu Lei, Zhao Jun

Report on Advances in Deep Hard Rock Breakage Technology

With the large-scale construction of rock engineering in the mining, geotechnical, oil and gas, hydropower and other industries, rock breakage technology has been developed significantly, which has provided a strong support for the development and utilization of underground resources. The development status of fine blasting excavation, non-blasting mechanized rock breakage, hydraulic rock breakage, microwave-assisted rock breakage, and deep drilling technologies are introduced. Aiming at the high stress, high energy storage, and strong disturbance of deep hard rock, the theoretical and technical bottlenecks of deep hard rock breakages and the corresponding countermeasures are summarized to shed light on the development direction. In order to meet the requirements of the deep underground strategy, deep hard rock breakage urgently needs to overcome the challenges such as theoretical breakthroughs, technological changes, equipment upgrades, and design innovations, so as to achieve efficient, safe, economical and fine breakage of deep hard rock.

Written by Zhou Zilong, Wang Shaofeng, Li Xibing, Zhu Wancheng, Wu Zhijun, Zhao Gaofeng, Tian Shouceng, Gong Fengqiang, Huang Bingxiang

Report on Advances in Multiphysical Coupling Mechanism in Geotechnical Media

With the increase of the scale and difficulty in the construction of geotechnical engineering in China, multiphysical coupling issues encountered in geomaterials and geostructures become more complex. In recent years, extensive researches have been performed concerning testing methods, constitutive theories and numerical simulations on the multiphysical coupling mechanism as well as applications of multiphysical coupling theory in practical geotechnical problems. In this field, fruitful research results have been achieved. This chapter presents systematically some representative research advances made in the past five years in the experimental, theoretical, numerical and application aspects. Also, the challenges we nowadays have to face and the countermeasures we could take potentially are analyzed. Some future perspectives in the research field are finally addressed.

Written by Chen Weizhong, Yang Diansen, Yu Hongdan, Chen Yifeng, Hu Ran, Wei Changfu, Zhao Zhihong, Zhu Qizhi, Tang Xuhai

Report on Advances in Numerical Simulation and Software of Rock Mass Engineering

This paper reviews the art of state and innovation on rock mass engineering numerical simulation and engineering software in recent 5 years. The numerical analysis theory and simulation methods of rock mass engineering are discussed from the aspects of thermodynamic basis for plastic mechanics, constitutive models and analysis methods of rock mass. Additionally, the research progress of valley shrinkage deformation phenomenon and its simulation during high dam impoundment in recent years is also introduced. Engineering software research is summarized from the overall development, high-performance computing and cloud computing, and the progress of software ecological environment. Furthermore, the development of typical geotechnical engineering software in China in recent 5 years are also introduced and analyzed, separately. Finally, the challenges of rock mass engineering numerical simulation in non-equilibrium evolution, the combination with information technology, continuous and discontinuous analysis and generalization of engineering software application are discussed, and the corresponding countermeasures are proposed.

Written by Liu Yaoru, Yang Qiang, Feng Chun, Liang Zhengzhao, Wang Xuebin, Xu Wenjie, Liu Chun, Sun Guanhua, Pan Pengzhi, Wang Huanling, Chen Yifeng, Chen Xin, Zhang Qihua, Ye Jianhong

Report on Advances in Geotechnical Anchoring and Grouting

As the construction scale and difficulty of tunnels and underground projects continue increasing, the anchoring and grouting in the geotechnical engineering is facing unprecedented opportunities and challenges. This paper reviewed and summarized the main research results of the discipline development of geotechnical engineering anchoring and grouting, including anchoring and grouting theory, model tests, numerical analysis, materials and technology. This paper also systematically reviewed the current status and progress of anchoring and grouting in the geotechnical engineering from 2017 to 2020. Lastly, authors addressed the challenges and countermeasures of anchoring and grouting based on comprehensive review.

Written by Jiang Chong, Rong Chuanxin, Pang Li, Wang Xuesong, Shi Zexiong, Cheng Hua, Deng Liang

Report on Advances in Technology of Shield Tunneling in Mixed Face Ground Condition

In recent ten years, China's shield tunnel project has shown explosive growth, its market scale has reached the first in the world, and is developing towards large diameter, large buried depth and long distance. The probability of encountering composite strata is higher and higher, and the engineering geological environment is more and more complex, which has brought great technical challenges to engineering survey and design, equipment selection and shield construction. This paper summarizes the development scale, current situation and hot issues of shield tunnel engineering and related industries in China; At the same time, this paper summarizes and analyzes the emerging innovative technologies at home and abroad in the process of overcoming various problems and challenges in the practice of composite stratum shield tunnel engineering, including advanced geological prediction, comprehensive survey technology and BIM Technology in survey and design, multi-mode development, automatic detection, intelligent tunneling and other technologies in shield equipment, theoretical research progress in shield construction A number of auxiliary technologies, big data and artificial intelligence management technologies; Finally, the problems to be solved in the field of composite stratum shield tunnel engineering in China and the direction of scientific and technological innovation are put forward.

Written by Zhu Weibin, Mi Jinsheng, Yan Jinxiu, Nong Xingzhong, Hu Shengli,
Wang Dujuan, Cheng Yongliang, Zhou Jun, Luo Shuyi

Report on Advances in Key Technologies of Shield Tunneling under Water

With the development of the "One Belt, One Road", national maritime strategy, and regional economic integration strategy, a large number of large-scale infrastructure projects such as rail transit, highways, and railways are facing the challenge of crossing rivers and seas. From the beginning of the Nanjing Yangtze River Tunnel, Shanghai Yangtze River Tunnel, and Wuhan Yangtze River Tunnel, the importation, digestion, practice, and re-innovation of shield tunneling technology makes the underwater tunnel in China entering a stage of rapid development. A large number of super underwater shield tunnel projects have extensively promoted the development of underwater shield tunnel technology in China and even the world, breaking through the key technical bottlenecks of equipment, design, construction, operation and maintenance in this field. This paper systematically explains the three major elements of shield technology and their connotations, namely soil and water stability, shield equipment and control technology, structural safety and waterproofing. The current status and development trend of underwater shield tunnel technology at home and abroad are analyzed. The critical innovations of underwater shield tunnel technology in recent years are summarized, and the technical challenges, countermeasures and engineering applications of underwater shield tunnel engineering under large diameter, long-distance, high water pressure and complex geological conditions are proposed.

Written by Wu Yankun, Yuan Dajun, Xiao Mingqing, Xue Feng, Chen Jian,
Fang Yong, Liao Shaoming, Min Fanlu, Su Xiuting, Jin Dalong

Report on Advances in Advances in Discontinuous Deformation Analysis for Geotechnical Engineering

Joints and pores are typical features of geo-materials whose mechanical behaviour and multi-field coupled process are significantly depending on the properties of the discontinuities. In this paper, commonly used numerical modelling techniques for rock mechanics are summarized and compared. The recent progresses of "Key Block Theory", "Discontinuous Deformation Analysis", "Numerical Manifold Method" proposed by Dr. Shi Genhua together with other related numerical methods used in the discontinuous analysis of geo-materials are highlighted after 2016 based on four aspects: theoretical breakthrough, method innovation, software development, and engineering application. Challenges for the discontinuous deformation analysis of geo-materials are addressed, and the corresponding strategies to solve key problems related with the development of rock mechanics engineering software are proposed, orienting toward the national major construction projects.

Written by Ma Guowei, Jiao Yuyong, Zhao Gaofeng, Nie Wen, Ning Youjun,
Zhang Qihua, Li Xu, Chen Yun, Fan Lifeng

索 引

110/N00 工法　231，232
CO_2 封存　109，113，318

B

本构模型　7~9，12，16，25，26，48，50，52，54，55，66，90，91，122，123，174，184，190，226，240，256，283，301，309，330，332，333，343，348~352，358，361，425，427，430

边坡稳定　11~13，47，59，63，75，135~137，140，141，156~158，186，190，199，357，372，377，381，422，431

C

采矿岩石力学　224，232，238，349
场址评价　37，281，282，286
超前地质预报　15，64，114，248，254，255，263，389~391，410，411，419

D

大变形　5，9，13，16，18，25~27，51，57，63，64，66，76，78，82，84，86~94，96~101，112，118，123~125，146，147，153，181，182，185，187，190，192，197，227，228，232，233，236，241，242，257，298，305，313，354，358，367，385，422，424，428，430，432

大数据分析　6，32，51，52，113，212，341，394，396

岛礁工程　164，171~173

地基　25，31，42，44，49，63，71，72，75，79，149，150，155，161，164，165，168，170，172，176，178，179，185~187，198，361，377

地壳应力场　264，265，272，273，279

地下基础设施韧性　214~217

地下结构设计　104，106

地下空间　38，39，42，43，65，68，115，116，158，182，205~209，211~218，220~223，232，259，265，313，327，338，380，396，402，418，420，432

地下空间开发　42，43，205，212，213，216，217，221，338

地下实验室　4，36，37，266，280~289，294，

295，297，302，331，333，335
地下物流系统　209，210，220
地应力测量　101，253，254，262，265~267，271~276，278，285
地震动　12，49，50，61，122，144，147~149，152，155，161，426，430，431
地质处置　4，5，27，36，280~282，284~290，309，330，331，341，422，431
地质勘察　14，59，104~106，165，389，398，399
地质灾害　5，11，13~15，18，22，27，31，32，45，49~52，63，71，74，75，77，80，82，104，110，113，120，123，125~136，141~143，148~152，155~157，161，163~169，171~173，181~184，190，192，199，248，255，256，258，263~265，315，355，359
等强支护控制理论　228，243
断错机制　94
多场耦合　9，10，26~28，32，42，43，45，51，53，54，56，78，80，88，151，184，185，190，248，251，256，258，259，281，282，284，285，287，298，304，321，329~344，349，351，354，359，372，377，379，380，404，422，427，428，430~433
多模式盾构　391，398
多重屏障系统　36，280，281，284，287，288

F

防控技术　15~17，36，45，47，50，51，84，94，95，104，110，149，150，164~166，238，312，337

防灾减灾　11，13，22，71，73，75，78，81，113，119~122，128，129，134，162，167，169，273，274，340，384，438
非爆机械化破岩　314，315
非连续变形分析　25，26，28，29，43，317，334，421~423，425，426，428，430~433，435
非平衡演化　8，144，348~351，362
非线性分析　42，61，149，354，355，363
风险评价　71，109，119，129，157，266
辅助气压掘进　394，397
复合地层　5，17，23，45，51，122，298，386~392，394~399，401，402，406，412，413
复合型滑坡　120，122，124，126~128

G

高放废物　4，5，27，36，37，267，268，276，280~290，309，330，331，333，336，338，422，431
高海波隧道　104
高强预应力锚杆支护　226
高位远程灾害链　126~128
高性能计算　120，354，355，363
工程软件　348，349，353~356，361，423
工程治理　76，119
构造应力　34，96，121，126，264，265，267，268，271，272，275，278，294
谷幅变形　143，144，157，161，353，363，365
关键块体理论　28，421，430，437
光纤感测技术　22，75

索 引

H

海岸带工程　164，169，173
海洋地质灾害　163~166
海洋交通工程　164，167，173
海洋能源工程　164，173
衡盾泥　388，394，395，399，401
红层地质　9，13，50，149，181，183~185，190，192
红层工程　181~183，185，186，190~194
红层利用　181~183，188，190，191，193
红层生态　181~183，187~189，191，193
缓冲材料　36，280~283，287，288，290

J

计算分析理论　301
监测技术　13，31，32，42，45，49，59，65，71，73~75，77~82，107，109，111，113，117，123~125，133，146，148，150，153，155~157，161，169，177，197，236，258，303
监测预警　5，13，14，17，18，22，31，32，36，44，45，49，50，52，57，58，74~78，90，104，112，119，120，122~130，133，136，137，139，143，148~150，152，154，155，161，164，173，181，185，191，192，248，255，258，263，305，306
接触理论　421，423，424，432
结构安全　24，46，109，354，358，404，412，414，415，417
精细化爆破　17，45，238，314，315
井下充填岩层控制技术　230

K

开挖面稳定性　189，409，418
开挖破裂区　302
空基　42，44，72，79
控制对策　16，48，227，246

L

类岩石试样　248，249
冷冻刀盘　388，391，393，400，401
力学模型　8~10，12，13，15，16，19，27，45，49，52，53，56，57，97，118，121，125，127，149，150，158，227~229，232，236，241，244，246，283，296，301，302，306，349，357，375，377~379，384
力学特性　7~9，11，12，20，23，30，42，47，52，54，56，57，62，64，77，78，86，87，95，98，100，121，122，139，142，145，146，149，151，160，165，171，172，179，186，195，196，201，225，226，240，241，251，253，256，259，261，262，283，294~296，298，300，301，305，306，313，320，331，333，341，350，352，371，379，382，407，416，427
连续-离散耦合分析　352
联合破岩　322，324
链动成灾机理　120
裂隙传质　281，285

M

锚杆　16，26，31，45，57，59，63，64，90，92，93，96，97，100，107，112，

118，140，185，197，226~228，232，233，236，240，241，249，302，305，358，370~377，380，381~385，426，430

锚固理论　371~373

锚固模型试验　87，373

锚固数值试验　374，379

N

泥饼　386，388，397，398

P

喷涌　386，388，391，394，397

片帮　52，231，294，302，303

破坏仿真　24，349，362

Q

全空间协同支护技术　228

R

蠕变模型　9，87，194，343，381，426，427

软件生态环境　355

软岩工程　16，26，66，84，85，89，92，96，97，358，367

S

深部硬岩　20，48，186，294~297，300，302，305，306，311，313~316，322~324

深部灾害　84，85，89，96

深层钻进　314，320，322

世界地应力图　271

试验技术　9，19~21，44，54，55，155，192，225，248，250~253，256，296，300，306，340

数学覆盖　142，427

数值仿真　16，24，25，41，43，50，61，84，88，97，140，316，320，330，334，335，339，348，349，353~355，357，362，363，366

数值分析　24，25，27，28，30，38，43，46，52，178，191，266，302，348，349，356，359，363，374~376，379，382，429，432

数值流形方法　28，142，317，351，362，421，425，427

水力破岩　314，317，324

水下盾构隧道　399，403~405，407~409，411~416

水压致裂　19，56，253，262，265，266，274，275，305，306，318

水岩作用　8，53，181，352

塑性力学　25，142，349，350，377

隧道与地下工程　15，97，103~108，110~113，118，379，416，437

隧道智能检测　108

T

套芯解除　265

特大桥梁　139，140

特高拱坝　5，17，18，29，47，139，154，158，363

体基　42，72，79，237，285

天基　42，71，72，79

土石混合体　13，57，141，142，160

W

微波破岩　313，320，327

微震技术　72，77，110，111

文物保护 136，140，159，377

稳定性评价 11~13，26，46，47，50，56，122，123，140，141，143，148，149，158，165，172，348，352，361

无煤柱自成巷 33，231~234，237，241，246

X

显式计算方法 423，424

相似模拟试验 21，56

Y

岩爆 5，6，20~22，34~36，42，48，55，59，64，71，77，87，104，110，111，114，117，145，182，186，199，226，239，294，295，298~300，303~307，309，311~313，315，316，322，324，431

岩石（体）水力耦合 248，251

岩石力学试验 20，21，42，47，54，87，248，249，251，256，260，300，307，331

岩石破碎 17，62，313~315，320，322~324

岩石真三轴试验 20，38，248，252

岩体结构 8，12，15，17，21，24，38，45，47，49，55，107，112，118，121，134，139，144，145，150，153，167，226，229，248，250，251，260，261，264，282，287，336，348~352，354，356，357，359，362，363，366，422，426，429~431

岩体破裂 10，22，26，27，46，65，111，233，302，303，334，339，354，359，360，373，382

岩土锚固 370，371，373，375，377~379，384

遥感技术 71，77，80，124，150，169，177

液氮射流 17，322

应急处置 14，50，119，127，150

预测预警 5，13，14，22，44，51，52，57，75，113，117，142，146，155，165，258，273，274，298

原地应力 262，265~267，271，273，274，278

原位测试 15，23，42，77~79，105，165，258，338

原位监测 12，20，23，49，75，77，149，165，169，306，337

云计算 13，28，30，50，52，97，129，146，151，208，212，234，354，355，358，363，432

Z

灾变机理 48，50，96，104，110，125，148，184，242，298，302~304，306，341，397，398

灾害动力学 127，129

灾害防控 11，14，16，18，31，50，51，117，135，163，164，166，167，169，171~173，295，304，306，311

早期识别 14，22，45，74，75，77，80，82，119，120，122~124，127，128，130，131，143，149，154，161，248，255，258，263

真三轴试验 8，20，36，38，42，64，65，224，225，248，252，253，259，261，296，300，301，303，305~307

震源机制解 265，267，270~273，278

致灾理论 50，149

智慧地下空间　212，216
智慧运维　104，107，113，221
智能化注浆　378
智能建造　23，44，68，104，106，107，115
智能控制　23，30，52，212，220，234，378，379，385，396，406，419
滞排　386，388，391，394，397，398
注浆技术　227，285，378~380，384，385
注浆加固　17，90，92，100，101，225，227，228，337，372，374，375，378，383，415
注浆理论　371~373，379
注浆模型试验　374，379
装备制造　42，396，397，406
姿态控制　401，410，415，418，419
综合防灾　215
钻孔应变观测　267，269，270，273，274，276~278